DIRK W. HOFFMANN

Einführung in die Spezielle Relativitätstheorie

Erste Auflage
www.dirkwhoffmann.de

Albert Einstein

1879 – 1955

Impressum:

Dr. Dirk W. Hoffmann
Professor an der

Hochschule Karlsruhe
Fakultät für Informatik und Wirtschaftsinformatik
Moltkestraße 30
76133 Karlsruhe

www.dirkwhoffmann.de

ISBN 978-3-738-65807-1

Die Deutsche Nationalbibliothek verzeichnet diese Publikation in der Deutschen Nationalbibliografie.
Detaillierte bibliografische Daten sind im Internet über http://dnb.dnb.de abrufbar.

1. Auflage

Planung, Satz und Einbandentwurf:
Dirk W. Hoffmann

Herstellung und Verlag:
BoD – Books on Demand, Norderstedt
www.bod.de

Vorwort

„Von Stund' an sollen Raum für sich und Zeit für sich völlig zu Schatten herabsinken und nur noch eine Art Union der beiden soll Selbständigkeit bewahren."

Hermann Minkowski [41]

Das Unmögliche zu erkennen, ist eine intellektuelle Leistung, die den Menschen einzigartig macht. Mit diesem Satz ließ ich ein Buch beginnen, das ich vor wenigen Jahren über die Grenzen der Mathematik verfasste [35]. Ausführlich habe ich mich dort mit den Geschehnissen beschäftigt, die zu Beginn des 20. Jahrhunderts zu einem großen Umbruch in der Mathematik führten, wohlwissend, dass in der gleichen Zeit auch die Physik einen vergleichbar radikalen Wandel erlebte. In der Physik waren es die Quantentheorie und die Relativitätstheorie, die die Menschen kurz nach der Jahrhundertwende dazu zwangen, die Sicht auf die Welt grundlegend zu verändern.

Die Relativitätstheorie wurde in mehreren Etappen erschaffen. Den Grundstein legte Albert Einstein im Jahr 1905 mit einer Theorie, die wir heute als die *spezielle Relativitätstheorie*, kurz SRT, bezeichnen [15]. Mit ihr ließen sich nicht nur etliche in der Vergangenheit aufgekeimten Widersprüche beseitigen, sondern zugleich ehemals verschieden geglaubte Begriffe auf der konzeptionellen Ebene vereinen. Einstein ließ Raum und Zeit zu einer harmonischen Einheit verschmelzen, und als er wenige Monate später die Trägheit der Energie entdeckte, war klar, dass auch der Begriff der Masse einer völlig neuen Interpretation bedurfte [13]. Doch genau so wie die spezielle Relativitätstheorie alte Grenzen sprengte, hatte sie auch neue erschaffen. So folgt aus Einsteins Axiomen die Existenz einer Grenzgeschwindigkeit, die unter der Wahrung des Kausalprinzips unmöglich nach oben durchbrochen werden kann. Bereits bei meinem ersten Kontakt mit der Relativitätstheorie, als Schüler in der gymnasialen Oberstufe, hatte mich diese Konsequenz tief beeindruckt; und sie fasziniert mich bis heute. Bereits damals war es das Unmögliche, das mich noch stärker beeindruckte als das Mögliche.

Nachdem ich mich ausführlich mit den Grenzen der Mathematik befasst hatte, reifte in mir der Entschluss, auch die Grundlagen der speziellen Relativitätstheorie in einem Buch aufzuarbeiten. In den Werken, die ich in der Vergangenheit verfasste, war es mein erklärtes Ziel, die oftmals steril wirkenden Definitionen und Lehrsätze immer auch im Lichte ihrer historischen Entstehung zu betrachten, und im Falle der speziellen Relativitätstheorie halte ich diese Vorgehensweise sogar für unabdingbar: Einsteins zweites Axiom, das

Prinzip der Konstanz der Lichtgeschwindigkeit, wirkt auf den ersten Blick so kontraintuitiv, dass es einer ausführlichen Erklärung bedarf, warum die Fachwelt heute von seiner Richtigkeit überzeugt ist.

Mit dem geschilderten Ziel vor Augen ist in den letzten Jahren ein umfangreiches Manuskript entstanden, schier endlos gespickt mit Formeln, Beispielrechnungen und historischen Bezügen. Die Arbeit ging gut voran, doch je mehr ich schrieb, desto größer wurden meine Zweifel. Mit der Zeit war das Manuskript nicht nur sehr umfangreich geworden, sondern hatte aus meiner Sicht auch das Potenzial entwickelt, die von mir anvisierten Zielgruppen zu verprellen. Durch die stetig anwachsende Formelwüste war ich dabei, den wissenschaftlich interessierten Laien als Leser zu verlieren, während die Studierenden der Physik die oft abschweifenden historischen Exkurse wohl zunehmend als störend empfunden hätten. Ich beschloss daher, das Manuskript aufzuspalten und an beiden Teilen getrennt weiterzuarbeiten. Im Ergebnis sind zwei Bücher entstanden, die beide um das gleiche Thema kreisen, in der Darstellung aber völlig verschieden sind.

Das erste Buch ist als Sachbuch konzipiert. Es richtet sich an diejenigen Leser, die sich neben der formalen Theorie für die Hintergründe und die zahlreichen Personen interessieren, die in diesem spannenden Kapitel der Physik ihre Spuren hinterlassen haben. Inhaltlich ist es deutlich breiter aufgestellt als das zweite. Es deckt sowohl die spezielle als auch die allgemeine Relativitätstheorie ab und enthält zahlreiche Exkurse in angrenzende Gebiete wie die Teilchen- oder die Kernphysik.

Das zweite Buch ist jenes, das Sie in den Händen halten. Es ist als Lehrbuch konzipiert und bringt dem Leser die spezielle Relativitätstheorie in einer Weise nahe, wie sie heute an vielen Hochschulen unterrichtet wird. Im Vordergrund steht die mathematisch fundierten Herleitung der SRT, doch ganz ohne historische Bezüge kommt auch dieses Werk nicht aus. Um die Einstein'schen Axiome inhaltlich zu motivieren, werfe ich im ersten Kapitel ein Schlaglicht auf die Physik des 19. Jahrhunderts. Gleichzeitig packe ich die Gelegenheit am Schopfe, dort einen Teil des physikalischen Grundlagenwissens zu wiederholen, der zum Verständnis der speziellen Relativitätstheorie unabdingbar ist. Dazu gehören das Relativitätsprinzip der Mechanik, die Galilei-Transformation und die Grundzüge der Newton'schen Physik.

Beide Bücher, so unterschiedlich sie in ihrer Ausrichtung auch geworden sind, folgen in weiten Teilen noch immer dem gleichen roten Faden und ergänzen sich auf diese Weise gegenseitig. Welches der beiden Bücher Sie auch lesen mögen: Ich hoffe, dass es mir darin gelingt, einen Teil der Faszination zu transportieren, die ich für dieses Teilgebiet der Physik empfinde.

Karlsruhe, im August 2015 Dirk W. Hoffmann

Inhaltsverzeichnis

1 Einführung

> *„Wir wollen diese Vermutung (deren Inhalt im folgenden ‚Prinzip der Relativität' genannt werden wird) zur Voraussetzung erheben und außerdem die mit ihm nur scheinbar unverträgliche Voraussetzung einführen, daß sich das Licht im leeren Raum stets mit einer bestimmten, vom Bewegungszustande des emittierenden Körpers unabhängigen Geschwindigkeit V fortpflanze."*
>
> Albert Einstein [15]

Seit ihrem Bestehen sind die Naturwissenschaften von einem steten Fortschritt geprägt, und wir haben uns längst daran gewöhnt, Jahr für Jahr auf einen gewachsenen Wissensfundus zu blicken. Tatsächlich unterliegen die Naturwissenschaften aber nur aus der Ferne gesehen einem streng kontinuierlichen Prozess, und für jede Disziplin lassen sich dedizierte Ereignisse benennen, die sicher geglaubte Sachverhalte in einem ganz neuen Licht erscheinen ließen und die Forschung danach in eine völlig andere Richtung lenkten.

In der Physik markiert das Jahr 1905 einen solchen Wendepunkt. Es ist das Jahr, in dem Albert Einstein im Alter von nur 26 Jahren fünf Arbeiten in den Annalen der Physik publizierte, von denen jede einzelne das Prädikat „bahnbrechend" verdient [52]. Einsteins vierte Arbeit *Zur Elektrodynamik bewegter Körper* [15] ist jene, für die wir uns in diesem Buch vorrangig interessieren (Abbildung 1.1). Was der junge Physiker hinter diesem harmlos klingenden Titel verbarg, war ein Frontalangriff auf eine unserer innigsten Erfahrungstatsachen: auf unsere Vorstellung von Raum und Zeit. Nach Einstein machen wir einen grundlegenden Fehler, wenn wir uns den Raum und die Zeit als Größen vorstellen, die unabhängig von einem Beobachter in einem absoluten Sinn existieren. Dies ist in knappen Worten die Kernaussage der speziellen Relativitätstheorie, die wir in den folgenden Kapiteln zusammen mit ihren zahlreichen Konsequenzen detailliert aufarbeiten werden.

Die Einstein'schen Axiome

Es ist ein besonderer Charme der speziellen Relativitätstheorie, dass sie nahezu vollständig aus zwei einfachen Grundprinzipien abgeleitet werden kann, die wir im Folgenden als die *Einstein'schen Axiome* bezeichnen. Beide Axiome wollen wir uns kurz ansehen, bevor wir uns in den nachfolgenden Kapiteln ausführlich mit deren Konsequenzen beschäftigen.

3. ***Zur Elektrodynamik bewegter Körper;***
von A. Einstein.

Daß die Elektrodynamik Maxwells — wie dieselbe gegenwärtig aufgefaßt zu werden pflegt — in ihrer Anwendung auf bewegte Körper zu Asymmetrien führt, welche den Phänomenen nicht anzuhaften scheinen, ist bekannt. Man denke z. B. an die elektrodynamische Wechselwirkung zwischen einem Magneten und einem Leiter. Das beobachtbare Phänomen hängt hier nur ab von der Relativbewegung von Leiter und Magnet, während nach der üblichen Auffassung die beiden Fälle, daß der eine oder der andere dieser Körper der bewegte sei, streng voneinander zu trennen sind. Bewegt sich nämlich der Magnet und ruht der Leiter, so entsteht in der Umgebung des Magneten

Albert Einstein (1879 – 1955)

Abbildung 1.1: Einsteins vierte Arbeit aus dem Jahr 1905

Das erste Axiom ist jenes, das Einsteins Theorie den Namen verleiht:

> **Relativitätsprinzip**
>
> Die Naturgesetze nehmen in allen Inertialsystemen die gleiche Form an.

Den Begriff des *Inertialsystems* werden wir später ausführlich besprechen. An dieser Stelle sei lediglich erwähnt, dass es sich dabei um spezielle Bezugssysteme, d. h. lokale Koordinatensysteme, handelt, in denen das Trägheitsgesetz gilt.

Äußerlich wirkt das erste Axiom harmlos, im Gegensatz zu Einsteins zweitem Axiom, das folgendermaßen lautet:

> **Konstanz der Lichtgeschwindigkeit**
>
> Die Lichtgeschwindigkeit im Vakuum ist in jedem Inertialsystem gleich.

Um die inhaltliche Tragweite dieses Axioms zu verstehen, führen wir ein Gedankenexperiment durch. Wir zünden im Geiste einen Lichtblitz und beobachten die Lichtwelle, die sich danach in alle Richtungen mit der gleichen Geschwindigkeit c in den Raum ausbreitet. Zusätzlich nehmen wir an, ein zweiter Beobachter habe sich mit der Geschwindigkeit

$$v = \tfrac{3}{5}c$$

auf die Lichtquelle zubewegt und just in dem Moment die Lichtquelle passiert, in dem der erste Wellenberg emittiert wurde. Abbildung 1.2 zeigt die Details des geschilderten

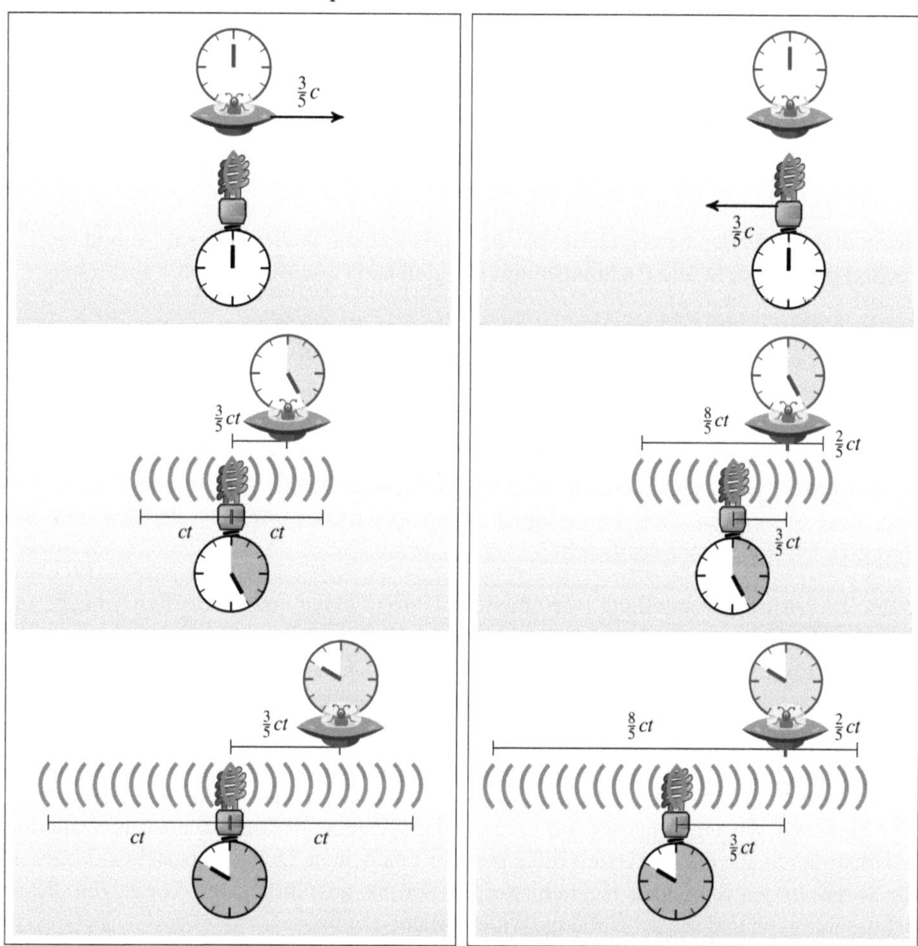

Abbildung 1.2: Lichtausbreitung in Sinne der klassischen Physik

Gedankenexperiments, wie es sich im Sinne der klassischen Physik abspielt. Der zeitliche Ablauf ist in Form von drei Momentaufnahmen festgehalten, links aus der Sicht der Lichtquelle und rechts aus der Sicht des Beobachters.

Als Nächstes wollen wir die Frage klären, wie der bewegte Beobachter die Lichtwelle wahrnimmt. Im Sinne der klassischen Physik müsste er eine Änderung der Ausbreitungsgeschwindigkeit registrieren. Für ihn müsste sich die Welle nach vorne mit der Geschwindigkeit

$$c - v = \frac{2}{5}c$$

ausbreiten und nach hinten mit der Geschwindigkeit

$$c + v = \tfrac{8}{5}c.$$

Dass wir die Umrechnung mit einer einfachen Addition oder Subtraktion erledigen dürfen, ist die Aussage des klassischen Additionstheorems für Geschwindigkeiten.

Nach Einstein stellt sich die Situation aber ganz anders dar. Das zweite Axiom postuliert, dass der bewegte Beobachter die Lichtwelle auf die gleiche Weise wahrnimmt wie der ruhende: Auch für den bewegten Beobachter muss sich die Welle, wie es in Abbildung 1.3 (rechts) gezeigt ist, in alle Richtungen mit der gleichen Geschwindigkeit c ausbreiten.

Um die Konstanz der Lichtgeschwindigkeit in beiden Bezugssystemen zu gewährleisten, müssen wir einen Preis zahlen, der unsere Intuition erheblich strapaziert: Wir müssen uns von dem Gedanken trennen, dass die Zeit in beiden Bezugssystemen in einem absoluten Sinne gleich schnell verstreicht. In Abbildung 1.3 (rechts) ist bereits eingezeichnet, was dies konkret bedeutet: Der reisende Beobachter stellt fest, dass in zehn Stunden, die auf seiner Borduhr vergangen sind, auf der Uhr der Lichtquelle nur acht Stunden verstrichen sind. Aber ist so etwas überhaupt möglich? Kann es wirklich sein, dass die Zeit auf einer bewegten Uhr langsamer verstreicht?

In der Tat wirft die Vorstellung, verschiedene Uhren tickten unterschiedlich schnell, zunächst mehr Fragen auf, als sie Antworten gibt. Das erste Einstein'sche Axiom drückt explizit aus, dass in jedem Inertialsystem die gleichen Gesetze gelten, und das bedeutet, dass die geschilderte Zeitdehnung in der gleichen Weise im Ruhesystem der Lichtquelle auftreten muss. Wechseln wir in Gedanken in dieses Bezugssystem zurück, so tauschen die ruhende und die bewegte Uhr ihre Rollen. Sollte dann nicht, wie es in Abbildung 1.3 (links) dargestellt ist, die andere Uhr langsamer ticken, im Gegensatz zu dem eben Gesagten? Sie sehen, wie einfach es ist, im Rahmen der speziellen Relativitätstheorie Szenarien zu konstruieren, die auf den ersten Blick paradox erscheinen. Dennoch besteht kein Grund zur Sorge. In den folgenden Kapiteln werden wir uns ausführlich mit Vorgängen dieser Art beschäftigen und die scheinbaren Widersprüche eliminieren.

Wie geht es weiter?

Im nächsten Kapitel unternehmen wir einen Ausflug in die Geschichte der Physik und beschäftigen uns detailliert mit einer Frage, die in vielen Darstellungen der speziellen Relativitätstheorie ausgespart wird. Was hat Einstein dazu bewogen, die beiden oben formulierten Axiome zu glauben? Wie kam er dazu, zwei Axiome zu formulieren, die in einem eklatanten Widerspruch zu sicher geglaubten Naturgesetzen standen? Am Ende dieses Kapitels werden Sie verstehen, warum Einstein seine beiden Axiome so gewählt hat und nicht anders.

In den sich anschließenden Kapiteln werden wir die Einstein'schen Axiome im euklidischen Sinne als Tatsachen akzeptieren und uns ausführlich mit den Konsequenzen be-

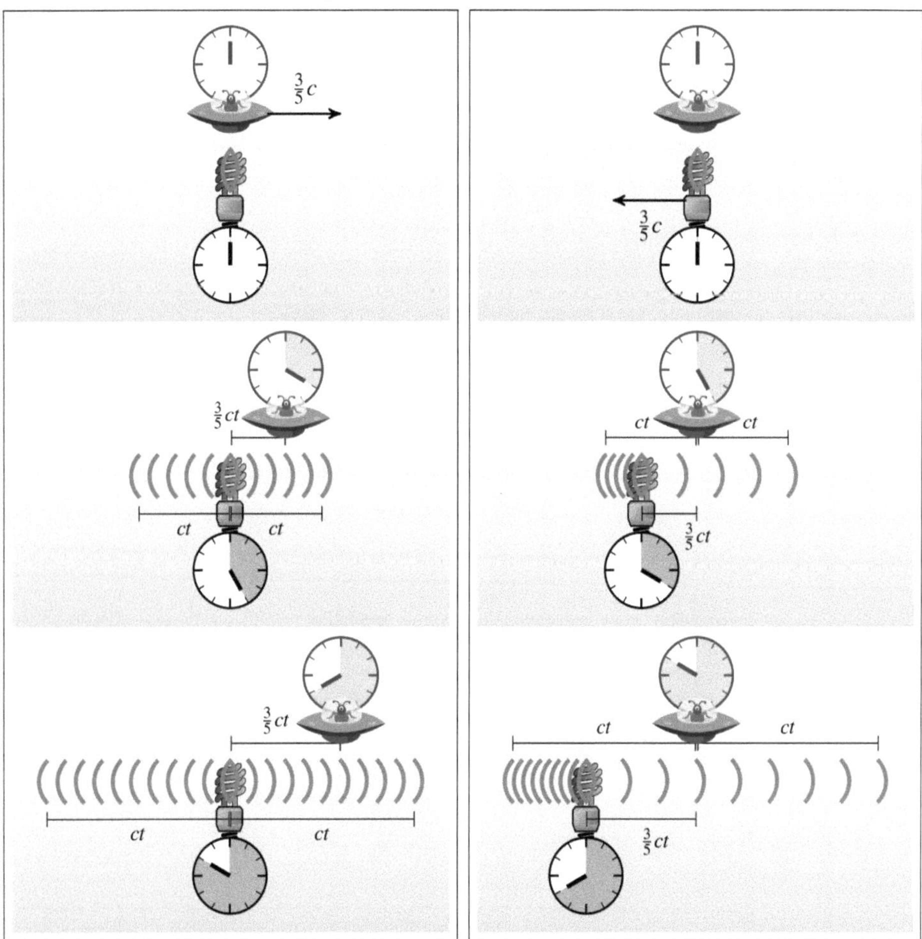

Abbildung 1.3: Lichtausbreitung in Sinne der relativistischen Physik

schäftigen, die sich daraus ergeben. Dies wird uns eine faszinierend neue Sicht auf die Begriffe *Raum* und *Zeit* gewähren, mit der sich die aufgekeimten Widersprüche der Vergangenheit auf einen Schlag beseitigen lassen. Gleich mehrmals werden wir dabei gezwungen sein, vertraut geglaubte Begriffe wie z. B. die *Gleichzeitigkeit* von Grund auf neu zu denken. Ferner werden wir erkennen, dass die Energie und die Masse eines Körpers viel enger miteinander verwoben sind, als es die klassische Physik suggeriert. Die angestellten Überlegungen werden uns Einsteins berühmte Formel $E = mc^2$ in die Hände spielen und uns verstehen lassen, warum es ausgerechnet die Lichtgeschwindigkeit ist, die als Koppelglied zwischen den beiden Größen fungiert.

Gegen Ende des Buchs werden wir das starke Äquivalenzprinzip skizzieren, das nicht mehr zur speziellen Relativitätstheorie gehört und daher nur am Rande eine Rolle spielt. Einstein ebnete es damals den Weg zur allgemeinen Relativitätstheorie, mit der es ihm gelang, die spezielle Relativitätstheorie zu einer Theorie der Gravitation zu erweitern. Die Konsequenzen, die sich aus dem starken Äquivalenzprinzip ergeben, sind so faszinierend, dass wir es uns nicht nehmen lassen wollen, unserem Protagonisten einige Schritte auf dessen historischem Pfad zu folgen. Seien Sie gespannt!

2 Historische Notizen

„Die Relativitätstheorie sollte streng genommen nicht mit einem bestimmten Datum und einem bestimmten Namen verbunden werden. Sie lag um 1900 sozusagen in der Luft, und mehrere große Mathematiker und Physiker [...] waren im Besitze von wichtigen Ergebnissen."

Max Born [5]

2.1 Galileo Galilei

Einsteins erstes Axiom ist das Relativitätsprinzip. Es besagt, dass die Naturgesetze in allen Bezugssystemen, in denen das Trägheitsgesetz gilt, die gleiche Form annehmen. Auch wenn es Einstein in einer allgemeineren Form postuliert hatte als alle Wissenschaftler zuvor, ist die getätigte Kernaussage nicht neu. Für den Bereich der Mechanik wurde das Relativitätsprinzip bereits vor vielen 100 Jahren formuliert, von dem gleichen Mann, der auch das Trägheitsgesetz entdeckte: Galileo Galilei. Der 1564 in Pisa geborene Gelehrte hat uns ein umfangreiches wissenschaftliches Vermächtnis hinterlassen, von dem wir uns einen kleinen Teil etwas genauer ansehen wollen.

2.1.1 Beiträge zur Mechanik

Als Galilei lebte, war die Physik, wie wir sie heute kennen, noch nicht geboren und die fast 2000 Jahre alte Bewegungslehre des Aristoteles das Maß der Dinge. Auch das physikalische Experiment war damals noch nahezu unbekannt, und Galilei gehörte zu den Ersten, die vorab geäußerte Hypothesen mit sorgfältig geplanten Versuchen systematisch auf die Probe stellten. Zu seinen berühmtesten Experimenten gehören jene zur Untersuchung des freien Falls, die er auf schräg aufgestellten Holzrinnen durchführte. Indem er verschieden geartete Kugeln herabrollen ließ, entdeckte er den Zusammenhang zwischen der Beschleunigung eines Körpers und der zurückgelegten Wegstrecke.

Noch mehr Zeit verbrachte Galilei mit der Untersuchung der Pendelbewegung. Dabei machte er die überraschende Entdeckung, dass die Dauer einer Schwingung lediglich von der Länge des Pendels abhing, aber weder durch die Masse noch durch den initial gewählten Ausschlag beeinflusst wurde. Schon früh hatte er dabei bemerkt, dass sich das Verhalten des schwingenden Pendels auf das Verhalten einer Kugel übertragen lässt, die sich auf einer kreisförmigen Holzrinne bewegt. Dass die Kugel viel schneller zum Stillstand kommt als das Pendel, konnte daher nichts mit den Bewegungsgesetzen zu tun haben. Galilei folgerte völlig korrekt, dass die Bremswirkung durch Roll- und Reibungswiderstände verursacht wurde.

Hieraus ergaben sich bemerkenswerte Konsequenzen. Wenn nämlich zwischen der Bewegung eines Pendels und dem Abrollen einer Kugel kein prinzipieller Unterschied besteht und die Schwingungsdauer eines Pendels unabhängig von dessen Gewicht ist, so müssen unterschiedlich schwere Kugeln auf der Rinne ebenfalls gleich schnell abrollen. Auch dies konnte Galilei verifizieren, wenngleich sich die Roll- und Reibungswiderstände hier stets merklich auf den Ausgang des Experiments auswirkten.

In Gedanken vollzog Galilei den nächsten Schritt. Wenn Kugeln unterschiedlicher Gewichte immer mit der gleichen Geschwindigkeit abrollen, so müsste dies auch für frei fallende Objekte gelten. Genau dies stand aber im Widerspruch zur Bewegungslehre des Aristoteles, die seit Jahrtausenden postulierte, dass schwere Gegenstände schneller fallen als leichte. Ferner war Aristoteles der Auffassung, dass eine Bewegung nur unter der permanenten Einwirkung einer Kraft aufrechterhalten werden kann. Galilei erkannte, dass Aristoteles hier der gleiche Fehlschluss unterlaufen war wie bei der Betrachtung des freien Falls. Dass beispielsweise eine Kutsche, die während der Fahrt von ihrem Gespann getrennt wird, an Geschwindigkeit verliert, ist nicht das natürliche Verhalten bewegter Körper, sondern lediglich das Werk diverser Roll- und Reibungswiderstände.

Und noch etwas anderes beobachtete Galilei: Seine Pendelversuche zeigten, dass eine Störung der Bewegungsbahn keinen Einfluss darauf hatte, wie hoch das Pendel ausschlug. Da sich Galilei bereits sicher war, dass zwischen der Bewegung eines Pendels und dem Abrollen einer Kugel kein prinzipieller Unterschied besteht, schloss er daraus, dass die Form der Holzrinne eine irrelevante Größe sein musste. Egal, wie diese geformt ist: In der Abwesenheit von Roll- und Reibungswiderständen würde eine losgelassene Kugel so lange in der Rinne rollen, bis sie wieder die ursprüngliche Höhe erreicht. Hieraus folgt im Besonderen, dass die Neigung der Rinne beliebig abgeflacht werden kann, ohne den Ausgang des Versuchs zu verändern. Die Kugel würde, wenn sie keine Widerstände erfährt, stets so lange rollen, bis sie wieder ihre Ausgangshöhe erreicht hat. Aber wenn dies so ist: Was passiert, wenn die Bahn so weit abgeflacht wird, dass sie in die Horizontale übergeht? Für diesen Grenzfall gab es nur eine Lösung: Die Kugel würde sich gleichförmig und geradlinig weiter bewegen, ohne jemals an Geschwindigkeit zu verlieren; keine andere Möglichkeit war mit den bisher angestellten Überlegungen vereinbar.

Der Ausgang dieses Gedankenexperiments markiert eine Sternstunde der Physik. Galilei hatte das Trägheitsgesetz der Mechanik entdeckt und damit die Lehre des Aristoteles überzeugend widerlegt.

Trägheitsgesetz der Mechanik

Ein kräftefreier Körper behält seine Geschwindigkeit in Betrag und Richtung bei.

Als Nächstes wollen wir auf einen wichtigen Aspekt des Trägheitsgesetzes eingehen und uns zu diesem Zweck eine einfach klingende Frage stellen: Gilt das Gesetz immer und überall? Eine nähere Betrachtung der Situation zeigt, dass wir diese Frage verneinen müssen. Stellen wir uns beispielsweise auf eine rotierende Scheibe und lassen dort eine Kugel rollen, so können wir keineswegs eine geradlinige Bewegung beobachten, sondern eine bogenförmige. Ob das Trägheitsgesetz gilt oder nicht gilt, hängt offenbar davon ab, welches *Bezugssystem*, d. h. welches Koordinatensystem, der Beobachtung zugrunde liegt. Bezugssysteme, in denen das Trägheitsgesetz gilt, sind für uns so wichtig, dass sie einen eigenen Namen tragen:

Inertialsystem

Ein Bezugssystem, in dem das Trägheitsgesetz der Mechanik gilt, heißt *Inertialsystem*.

Benannt sind diese Bezugssysteme nach dem lateinischen Wort *Inertia*, das Trägheit bedeutet. In der Literatur wird dieser Name allerdings nicht durchgängig verwendet. So spricht Einstein in seinen Arbeiten nicht von Inertialsystemen, sondern von *galileischen Koordinatensystemen*.

2.1.2 Das Relativitätsprinzip

„Schließt Euch in Gesellschaft eines Freundes in einen möglichst großen Raum unter dem Deck eines großen Schiffes ein. [...] Ihr werdet – wenn nur die Bewegung gleichförmig ist und nicht hier- und dorthin schwankend – bei allen genannten Erscheinungen nicht die geringste Veränderung eintreten sehen.“

Galileo Galilei, zitiert nach [28]

In diesem Abschnitt kommen wir auf ein physikalisches Prinzip zu sprechen, das wir als den historischen Vorläufer des ersten Einstein'schen Axioms ansehen dürfen: das *Relativitätsprinzip der Mechanik*. Galilei hat das Prinzip in einem seiner größten Werke, dem *Dialogo*, formuliert, als Erwiderung auf die von Aristoteles vertretene Auffassung, dass wir eine etwaige Bewegung der Erde genauso spüren müssten wie den Fahrtwind auf einem Karren. Im *Dialogo* zählt Galilei in bildhafter Sprache verschiedene physikalische Vorgänge auf, die sich unter dem Deck eines fahrenden Schiffes ereignen.

Mathematisch gesehen sind die Erde und das Schiff zwei verschiedene Bezugssysteme. Da das Schiff in Galileis Beschreibung mit einer konstanten Geschwindigkeit geradeaus fährt, gilt dort ebenfalls das Trägheitsgesetz: Ein Körper, auf den keine Kräfte einwirken, bewegt sich gleichförmig, d. h. mit einer gleichbleibenden Geschwindigkeit, auf einer geraden Linie. Damit können wir Galileis Relativitätsprinzip auch so ausdrücken:

Relativitätsprinzip von Galilei

Die *Gesetze der Mechanik* nehmen in allen Inertialsystemen die gleiche Form an.

Etwas später gibt Galilei eine Erklärung dafür ab, warum die Dinge seiner Meinung nach so sind und nicht anders:

> *„Die Ursache dieser Übereinstimmung aller Erscheinungen liegt darin, dass die Bewegung des Schiffes allen darin enthaltenen Dingen, auch der Luft, gemeinsam zukommt.“*
>
> Galileo Galilei, Discorsi, zitiert nach [7]

Galilei drückt hier aus, dass das Schiff jedem Gegenstand seine Bewegung aufprägt, und zwar zusätzlich zu der Eigenbewegung, die dieser Gegenstand unter Deck ausführt. Das bedeutet konkret: Werfen wir unter Deck einen Gegenstand in Fahrtrichtung, so wird seine Grundgeschwindigkeit, die ihm mit dem Schiff *„gemeinsam zukommt“*, um die Geschwindigkeit erhöht, die der Gegenstand relativ zu seiner Umgebung aufweist. Dies ist nichts anderes als das klassische *Additionstheorem für Geschwindigkeiten*:

Additionstheorem für Geschwindigkeiten (klassisch)

$$\left.\begin{array}{l} \mathrm{S} \xmapsto{v} \mathrm{S}' \xmapsto{u'} \mathrm{S}'' \\ \mathrm{S} \xmapsto{\quad u \quad} \mathrm{S}'' \end{array}\right\} u = v + u'$$

Hierin sind S, S$'$, S$''$ drei Bezugssysteme und v, u', u die Geschwindigkeiten, mit denen sich die Systeme relativ zueinander bewegen.

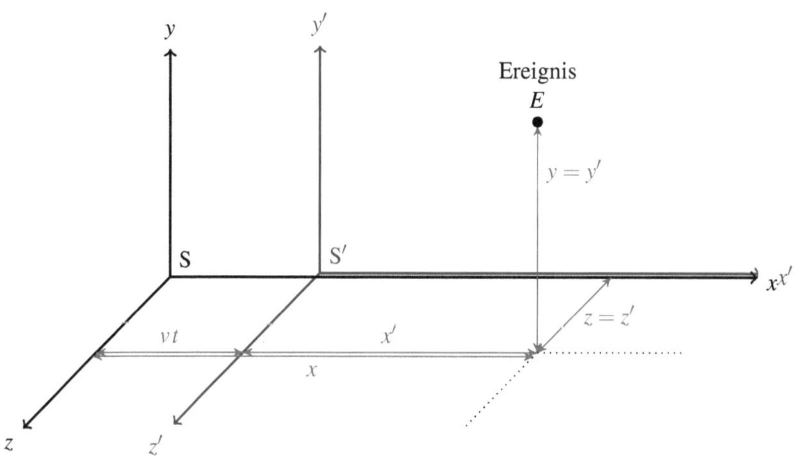

Abbildung 2.1: Die Bezugssysteme S und S′ (vgl. [26])

2.1.3 Die Galilei-Transformation

Transformation in einer Dimension

Unsere Überlegungen haben uns zu einem wichtigen Punkt gebracht, den wir sogleich in eine formale mathematische Form überführen wollen. Hierfür nehmen wir an, dass mit S und S′ zwei Inertialsysteme gegeben sind und sich S′ gegenüber S mit der konstanten Geschwindigkeit v entlang der positiven x-Achse bewegt. Ferner sei E ein Ereignis, das zu einer bestimmten Zeit t an einem bestimmten Ort stattfindet (Abbildung 2.1). Für die Beschreibung der Ortskoordinate haben wir zwei Möglichkeiten. Wir können sie bezüglich S mit den Koordinaten x, y, z beschreiben oder bezüglich S′ mit den Koordinaten x', y', z'. In der klassischen Physik hängen die ungestrichenen Koordinaten x, y, z mit den gestrichenen Koordinaten x', y', z' über die *Galilei-Transformation* zusammen, die in symbolischer Form folgendermaßen lautet:

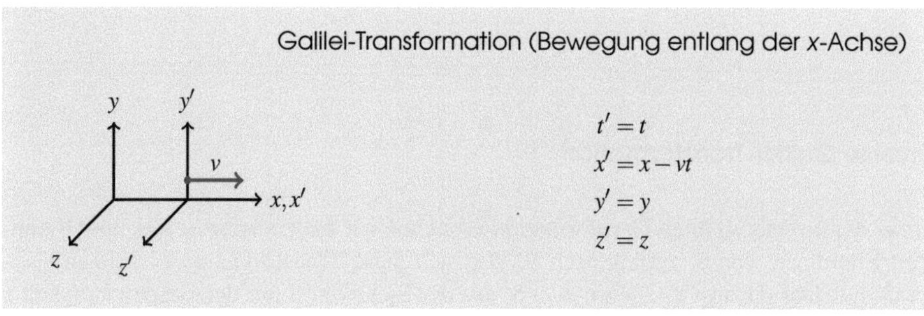

Übersichtlicher lässt sich diese Koordinatentransformation in Form einer Matrixmultiplikation ausdrücken. Es gilt dann:

$$\begin{pmatrix} t' \\ x' \\ y' \\ z' \end{pmatrix} = \begin{pmatrix} 1 & 0 & 0 & 0 \\ -v & 1 & 0 & 0 \\ 0 & 0 & 1 & 0 \\ 0 & 0 & 0 & 1 \end{pmatrix} \begin{pmatrix} t \\ x \\ y \\ z \end{pmatrix}$$

Im Kontext der speziellen Relativitätstheorie wird die Zeitkoordinate t gerne in Form einer Strecke angegeben, und zwar als diejenige Strecke, die das Licht in t Sekunden zurücklegt. Um dieser Konvention gerecht zu werden, müssen wir die aufgestellte Matrixschreibweise nur geringfügig anpassen:

$$\begin{pmatrix} ct' \\ x' \\ y' \\ z' \end{pmatrix} = \begin{pmatrix} 1 & 0 & 0 & 0 \\ -\frac{v}{c} & 1 & 0 & 0 \\ 0 & 0 & 1 & 0 \\ 0 & 0 & 0 & 1 \end{pmatrix} \begin{pmatrix} ct \\ x \\ y \\ z \end{pmatrix}$$

Führen wir jetzt noch die übliche Abkürzung

$$\beta := \frac{v}{c} \tag{2.1}$$

ein, dann können wir die Galilei-Transformation in die folgende Form bringen:

Galilei-Matrix (Bewegung entlang der x-Achse)

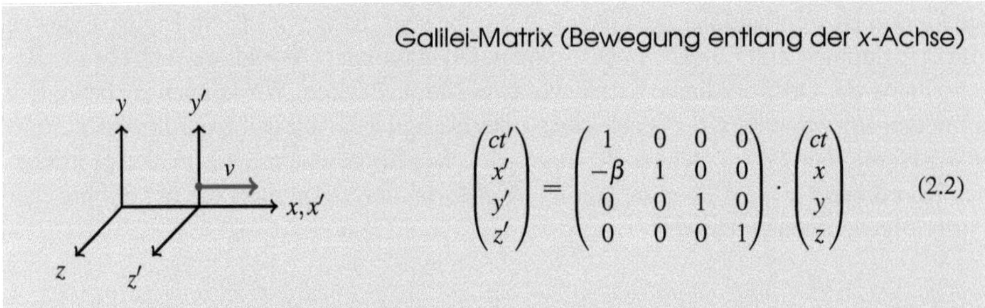

$$\begin{pmatrix} ct' \\ x' \\ y' \\ z' \end{pmatrix} = \begin{pmatrix} 1 & 0 & 0 & 0 \\ -\beta & 1 & 0 & 0 \\ 0 & 0 & 1 & 0 \\ 0 & 0 & 0 & 1 \end{pmatrix} \cdot \begin{pmatrix} ct \\ x \\ y \\ z \end{pmatrix} \tag{2.2}$$

Inverse Galilei-Transformation

Unter der inversen Galilei-Transformation verstehen wir die Transformation einer Raum-Zeit-Koordinate von S$'$ zurück nach S. Wie sich diese Transformation berechnen lässt, ist unmittelbar einzusehen. Wenn sich S$'$ aus der Sicht von S mit der Geschwindigkeit v wegbewegt, dann bewegt sich S aus der Sicht von S$'$ mit der Geschwindigkeit v in die entgegengesetzte Richtung. Das bedeutet, dass wir die Transformationsgleichungen für die inverse Transformation erhalten, indem wir in den ursprünglichen Gleichungen alle Vorkommen von v durch $-v$ ersetzen. Dies liefert uns das folgende Ergebnis:

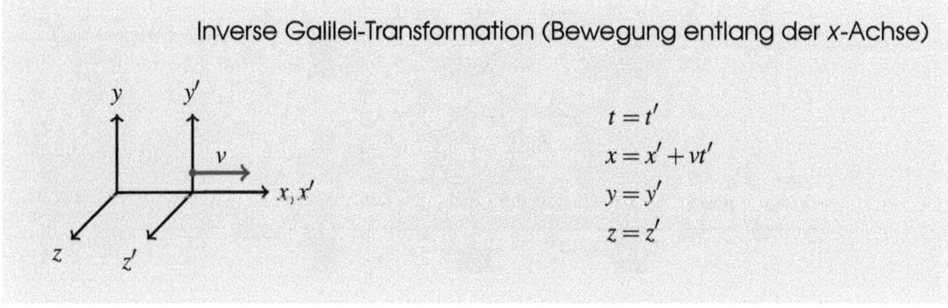

Auf die Matrixschreibweise wirkt sich die Richtungsumkehr in analoger Weise aus. Hier führt die Ersetzung von v durch $-v$ zu einem Vorzeichenwechsel von β:

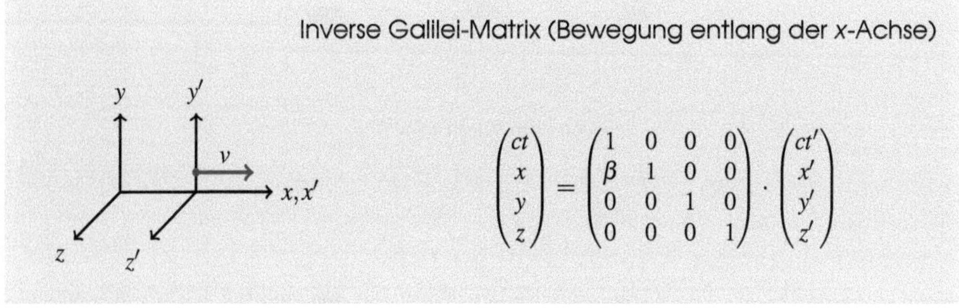

$$\begin{pmatrix} ct \\ x \\ y \\ z \end{pmatrix} = \begin{pmatrix} 1 & 0 & 0 & 0 \\ \beta & 1 & 0 & 0 \\ 0 & 0 & 1 & 0 \\ 0 & 0 & 0 & 1 \end{pmatrix} \cdot \begin{pmatrix} ct' \\ x' \\ y' \\ z' \end{pmatrix}$$

Die inverse Galilei-Transformation scheint trivial zu sein, und sie ist es auch. Dass sie überhaupt explizit erwähnt wird, geschieht im Vorgriff auf Abschnitt 3.3.1. Dort werden wir die gleiche Überlegung für die Lorentz-Transformation anstellen und dabei mit Ausdrücken hantieren, die sich weit weniger intuitiv umformen lassen als die äußerst einfach gestrickten Formeln dieses Abschnitts.

Beispiele

Wir wollen die Galilei-Transformation an zwei Beispielszenarien formal durchexerzieren. Auch dies geschieht im Vorgriff auf Abschnitt 3.3.1, wo uns diese Beispiele anschaulich vermitteln werden, wie Raum und Zeit in der speziellen Relativitätstheorie zusammenhängen.

Das erste Szenario ist in Abbildung 2.2 zu sehen und stellt sich für einen Beobachter, der innerhalb des Inertialsystems S ruht, folgendermaßen dar: Im Ursprung $x = 0$ sind zwei

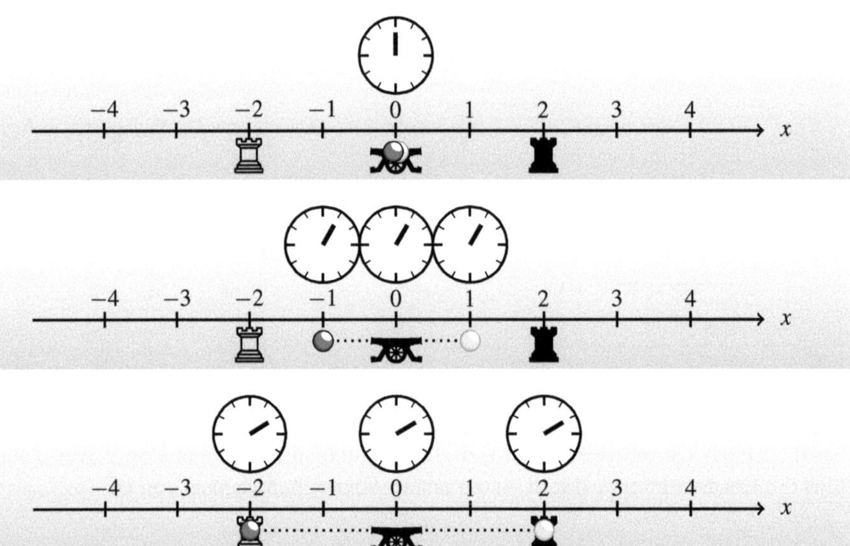

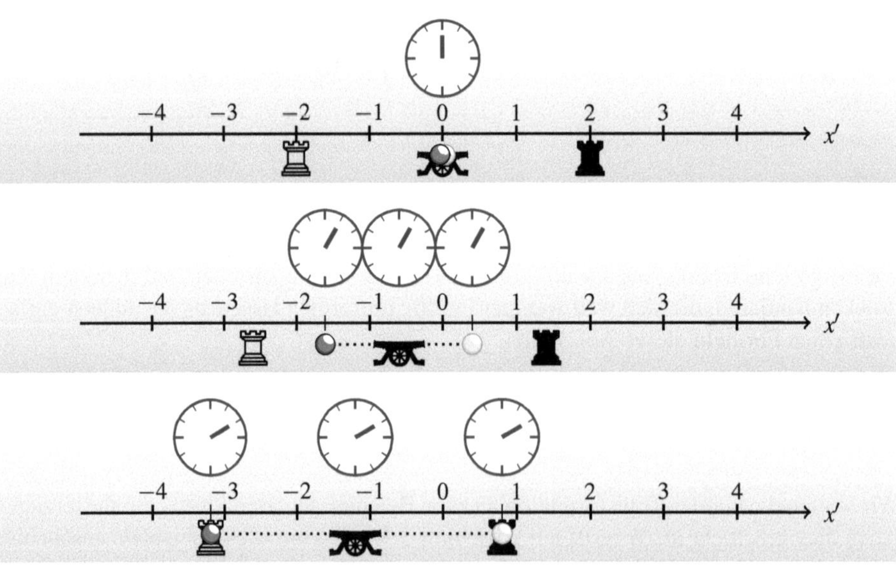

Abbildung 2.2: Beispielszenario 1 (nichtrelativistisch)

Kanonen installiert, die zum Zeitpunkt $ct = 0$ ein Projektil in die jeweils entgegengesetzte Richtung abfeuern. Wir nehmen an, dass sich die Geschosse mit Lichtgeschwindigkeit durch den Raum bewegen und zum Zeitpunkt $ct = 2$ gleichzeitig ihr Ziel treffen. Uns interessiert, wie ein Beobachter die Situation in einem Bezugssystem S′ wahrnimmt, das sich gegenüber S mit der Geschwindigkeit $v = \frac{3}{5}c$ entlang der positiven x-Achse bewegt.

Wir wollen die Situation formal analysieren, indem wir die folgenden vier Ereignisse der Galilei-Transformation unterziehen:

E_1 : Die nach links gerichtete Kanone feuert ihr Projektil ab.

E_2 : Die nach rechts gerichtete Kanone feuert ihr Projektil ab.

E_3 : Das Projektil der nach links gerichteten Kanone trifft ihr Ziel.

E_4 : Das Projektil der nach rechts gerichteten Kanone trifft ihr Ziel.

Nach dem oben Gesagten können wir die Raum-Zeit-Koordinaten dieser Ereignisse folgendermaßen beziffern:

$$\begin{aligned} E_1 &: (ct_1, x_1) = (0,0) \\ E_2 &: (ct_2, x_2) = (0,0) \\ E_3 &: (ct_3, x_3) = (2,-2) \\ E_4 &: (ct_4, x_4) = (2,2) \end{aligned}$$

Über die Galilei-Transformation können wir ausrechnen, welche Raum-Zeit-Koordinaten der bewegte Beobachter diesen Ereignissen nach Meinung der klassischen Physik zuweist:

$$\begin{aligned} E_1 &: (ct'_1, x'_1) = (ct_1, x_1 - \beta \cdot ct_1) = (0, 0 - \tfrac{3}{5} \cdot 0) = (0,0) \\ E_2 &: (ct'_2, x'_2) = (ct_2, x_2 - \beta \cdot ct_2) = (0, 0 - \tfrac{3}{5} \cdot 0) = (0,0) \\ E_3 &: (ct'_3, x'_3) = (ct_3, x_3 - \beta \cdot ct_3) = (2, -2 - \tfrac{3}{5} \cdot 2) = (2, -3\tfrac{1}{5}) \\ E_4 &: (ct'_4, x'_4) = (ct_4, x_4 - \beta \cdot ct_4) = (2, 2 - \tfrac{3}{5} \cdot 2) = (2, \tfrac{4}{5}) \end{aligned}$$

Das zweite Beispielszenario ist in Abbildung 2.3 zu sehen. Anders als im ersten Beispiel sind die Kanonen nun an verschiedenen Orten installiert und feuern zum Zeitpunkt $ct = 0$ auf ein gemeinsames Ziel, das sich in der Mitte befindet. Nachdem die Projektile in der Luft sind, bewegen sie sich mit Lichtgeschwindigkeit dem Ursprung $x = 0$ entgegen und treffen zum Zeitpunkt $ct = 2$ gleichzeitig das Ziel.

Für die Ereignisse E_1 bis E_4 gilt nun:

$$\begin{aligned} E_1 &: (ct_1, x_1) = (0,2) \\ E_2 &: (ct_2, x_2) = (0,-2) \\ E_3 &: (ct_3, x_3) = (2,0) \\ E_4 &: (ct_4, x_4) = (2,0) \end{aligned}$$

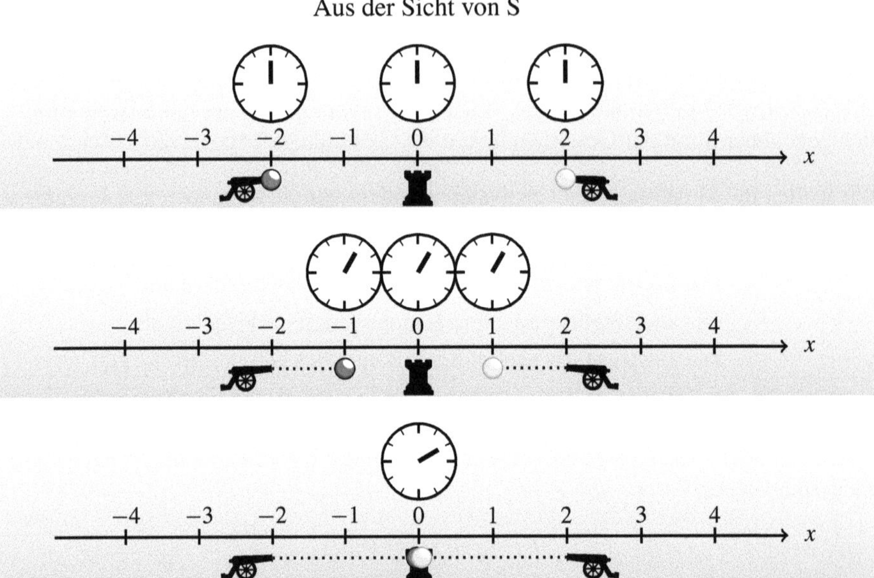

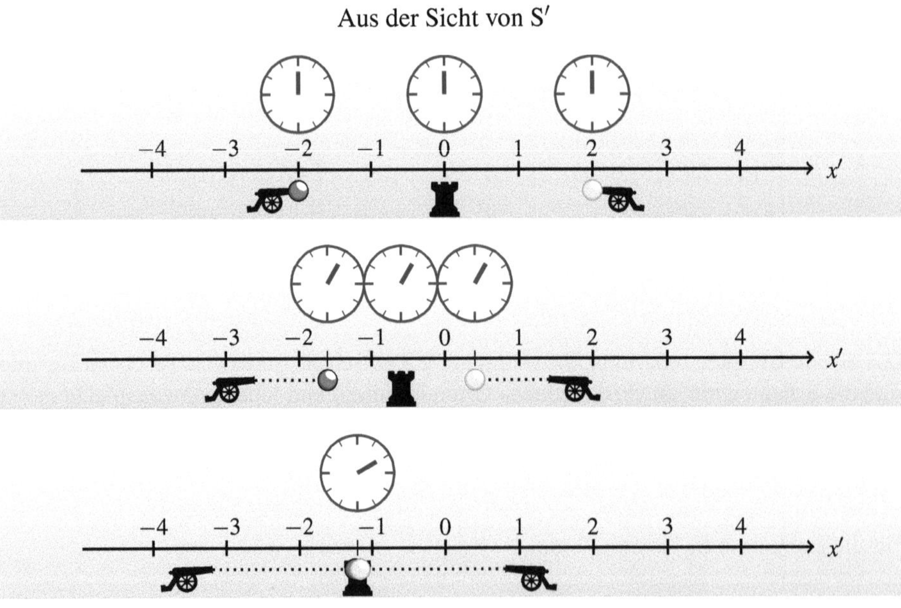

Abbildung 2.3: Beispielszenario 2 (nichtrelativistisch)

Genau wie im ersten Beispiel können wir die Galilei-Transformation verwenden, um die Dinge aus der Sicht von S′ zu beurteilen:

$$\begin{aligned}
E_1 &: (ct_1', x_1') = (ct_1, x_1 - \beta \cdot ct_1) = (0, 2 - \tfrac{3}{5} \cdot 0) = (0, 2)\\
E_2 &: (ct_2', x_2') = (ct_2, x_2 - \beta \cdot ct_2) = (0, -2 - \tfrac{3}{5} \cdot 0) = (0, -2)\\
E_3 &: (ct_3', x_3') = (ct_3, x_3 - \beta \cdot ct_3) = (2, 0 - \tfrac{3}{5} \cdot 2) = (2, -1\tfrac{1}{5})\\
E_4 &: (ct_4', x_4') = (ct_4, x_4 - \beta \cdot ct_4) = (2, 0 - \tfrac{3}{5} \cdot 2) = (2, -1\tfrac{1}{5})
\end{aligned}$$

Transformation in mehreren Dimensionen

Als Nächstes wollen wir die Galilei-Transformation auf den Fall übertragen, dass sich S′ gegenüber S in eine beliebige Richtung bewegt. An die Stelle der skalaren Geschwindigkeit v, mit der wir bisher gerechnet haben, tritt dann der Geschwindigkeitsvektor $\boldsymbol{v}$, der sich aus den drei Komponenten v_x, v_y und v_z zusammensetzt. Wie die Galilei-Transformation für diesen allgemeinen Fall lautet, ist wenig überraschend:

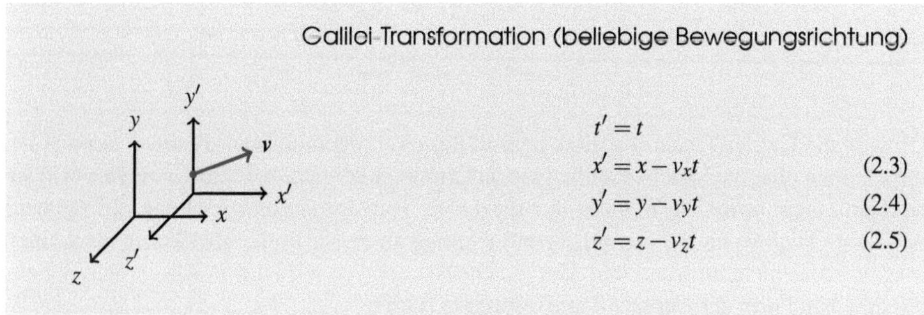

Galilei-Transformation (beliebige Bewegungsrichtung)

$$t' = t$$

$$x' = x - v_x t \tag{2.3}$$

$$y' = y - v_y t \tag{2.4}$$

$$z' = z - v_z t \tag{2.5}$$

Die Matrixschreibweise können wir auf die gleiche Weise verallgemeinern. Wir erhalten:

$$\begin{pmatrix} t' \\ x' \\ y' \\ z' \end{pmatrix} = \begin{pmatrix} 1 & 0 & 0 & 0 \\ -v_x & 1 & 0 & 0 \\ -v_y & 0 & 1 & 0 \\ -v_z & 0 & 0 & 1 \end{pmatrix} \begin{pmatrix} ct \\ x \\ y \\ z \end{pmatrix} \tag{2.6}$$

Diese können wir, wie oben, in eine Form bringen, in der die Zeitkoordinate in der Form ct angegeben ist. Vorab halten wir fest, dass die Konstante β auch weiterhin das Verhältnis zwischen der Relativgeschwindigkeit und der Lichtgeschwindigkeit angeben soll, und zwar unabhängig davon, in welche Richtung die Bewegung stattfindet. Mit anderen Worten: Immer dann, wenn die relative Bewegung von S′ gegenüber S durch einen Geschwindigkeitsvektor $\boldsymbol{v}$ beschrieben wird, bezeichnet β das Verhältnis zwischen dem Betrag der Relativgeschwindigkeit und dem Betrag der Lichtgeschwindigkeit:

$$\beta := \frac{|\boldsymbol{v}|}{c} = \frac{\sqrt{v_x^2 + v_y^2 + v_z^2}}{c}$$

Führen wir zusätzlich die Schreibweisen

$$\beta_x := \frac{v_x}{c}$$
$$\beta_y := \frac{v_y}{c}$$
$$\beta_z := \frac{v_z}{c}$$

ein, dann können wir die verallgemeinerte Galilei-Transformation in der folgenden Form angeben:

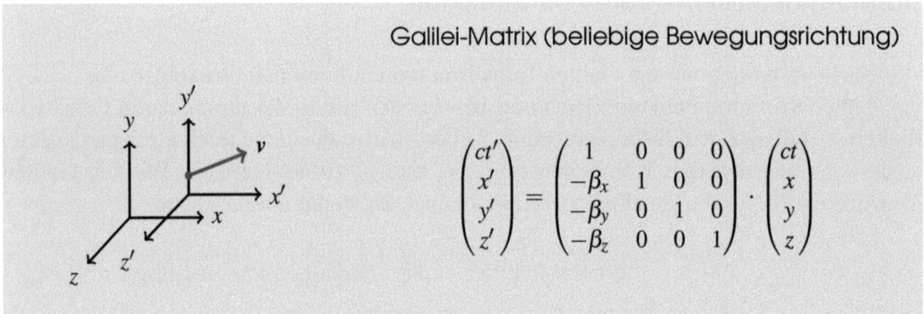

Obwohl die Galilei-Transformation auch in ihrer verallgemeinerten Form so einfach ist, dass wir sie ohne viel nachzudenken niederschreiben können, wollen wir zeigen, wie sie sich auf einem formalen Weg aus der speziellen Transformationsgleichung (2.2) gewinnen lässt. Auch wenn die komplizierte Rechnung an dieser Stelle überflüssig erscheinen mag, wird sie nicht umsonst sein. Der gleiche Rechenweg wird uns in Abschnitt 3.3.2 zur allgemeinen Form der Lorentz-Transformation führen.

Im Wesentlichen beruht unsere Herleitung auf einer einfachen Transformation der Koordinatensysteme. Um die Transformationsgleichungen zu erhalten, werden wir das Koordinatensystem zunächst um den in Abbildung 2.4 eingezeichneten Winkel φ um die y-Achse und anschließend um den Winkel ψ um die z-Achse rotieren. Die Rotationen erfolgen dabei stets im Uhrzeigersinn. Am Ende der Transformation zeigt der Vektor $\boldsymbol{v}$ in die Richtung der x-Achse, so dass wir die uns bekannten Transformationsgleichungen anwenden dürfen. Anschließend drehen wir das Koordinatensystem in die ursprüngliche Position zurück.

Bezeichnen wir die Matrizen, die den Vektor $\boldsymbol{v}$ um die y-Achse und die z-Achse rotieren, mit R_y bzw. R_z, dann wird die allgemeine Galilei-Transformation durch die folgende Produktmatrix beschrieben:

$$R_y^{-1} \cdot R_z^{-1} \cdot \begin{pmatrix} 1 & 0 & 0 & 0 \\ -\beta & 1 & 0 & 0 \\ 0 & 0 & 1 & 0 \\ 0 & 0 & 0 & 1 \end{pmatrix} \cdot R_z \cdot R_y \tag{2.7}$$

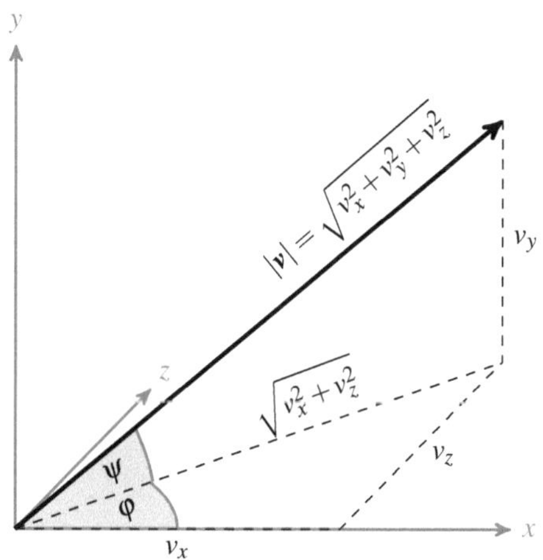

Abbildung 2.4: Zur Herleitung der allgemeinen Galilei-Transformation

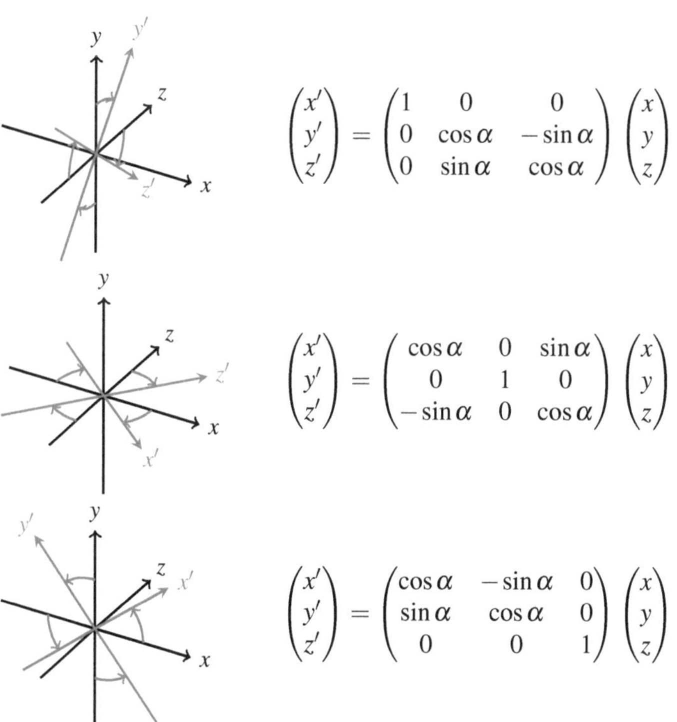

Abbildung 2.5: Rotationsmatrizen

Ein Blick auf Abbildung 2.5 gibt uns den Hinweis darauf, wie die Matrizen R_y und R_z aussehen müssen:

$$R_y = \begin{pmatrix} 1 & 0 & 0 & 0 \\ 0 & \cos\varphi & 0 & \sin\varphi \\ 0 & 0 & 1 & 0 \\ 0 & -\sin\varphi & 0 & \cos\varphi \end{pmatrix}$$

$$R_z = \begin{pmatrix} 1 & 0 & 0 & 0 \\ 0 & \cos\psi & \sin\psi & 0 \\ 0 & -\sin\psi & \cos\psi & 0 \\ 0 & 0 & 0 & 1 \end{pmatrix}$$

Um diese Matrizen in ihre endgültige Form zu bringen, werfen wir einen zweiten Blick auf Abbildung 2.4. Dieser liefert uns die folgenden trigonometrischen Beziehungen:

$$\sin\varphi = \frac{v_z}{\sqrt{v_x^2+v_z^2}}$$

$$\cos\varphi = \frac{v_x}{\sqrt{v_x^2+v_z^2}}$$

$$\sin\psi = \frac{v_y}{\sqrt{v_x^2+v_y^2+v_z^2}}$$

$$\cos\psi = \frac{\sqrt{v_x^2+v_z^2}}{\sqrt{v_x^2+v_y^2+v_z^2}}$$

Daraus folgt:

$$R_y = \begin{pmatrix} 1 & 0 & 0 & 0 \\ 0 & \frac{v_x}{\sqrt{v_x^2+v_z^2}} & 0 & \frac{v_z}{\sqrt{v_x^2+v_z^2}} \\ 0 & 0 & 1 & 0 \\ 0 & -\frac{v_z}{\sqrt{v_x^2+v_z^2}} & 0 & \frac{v_x}{\sqrt{v_x^2+v_z^2}} \end{pmatrix}$$

$$R_z = \begin{pmatrix} 1 & 0 & 0 & 0 \\ 0 & \frac{\sqrt{v_x^2+v_z^2}}{\sqrt{v_x^2+v_y^2+v_z^2}} & \frac{v_y}{\sqrt{v_x^2+v_y^2+v_z^2}} & 0 \\ 0 & -\frac{v_y}{\sqrt{v_x^2+v_y^2+v_z^2}} & \frac{\sqrt{v_x^2+v_z^2}}{\sqrt{v_x^2+v_y^2+v_z^2}} & 0 \\ 0 & 0 & 0 & 1 \end{pmatrix}$$

Das Produkt R_zR_y ist eine Transformationsmatrix, die das Koordinatensystem so dreht, dass die durch $\boldsymbol{v}$ gegebene Bewegungslinie auf der x-Achse liegt:

$$R_zR_y = \begin{pmatrix} 1 & 0 & 0 & 0 \\ 0 & \frac{v_x}{\sqrt{v_x^2+v_y^2+v_z^2}} & \frac{v_y}{\sqrt{v_x^2+v_y^2+v_z^2}} & \frac{v_z}{\sqrt{v_x^2+v_y^2+v_z^2}} \\ 0 & -\frac{v_xv_y}{\sqrt{v_x^2+v_z^2}\sqrt{v_x^2+v_y^2+v_z^2}} & \frac{\sqrt{v_x^2+v_z^2}}{\sqrt{v_x^2+v_y^2+v_z^2}} & -\frac{v_yv_z}{\sqrt{v_x^2+v_z^2}\sqrt{v_x^2+v_y^2+v_z^2}} \\ 0 & -\frac{v_z}{\sqrt{v_x^2+v_z^2}} & 0 & \frac{v_x}{\sqrt{v_x^2+v_z^2}} \end{pmatrix}$$

Die Rücktransformation können wir auf die gleiche Weise berechnen. Es ist:

$$R_y^{-1}R_z^{-1} = \begin{pmatrix} 1 & 0 & 0 & 0 \\ 0 & \frac{v_x}{\sqrt{v_x^2+v_y^2+v_z^2}} & -\frac{v_xv_y}{\sqrt{v_x^2+v_z^2}\sqrt{v_x^2+v_y^2+v_z^2}} & -\frac{v_z}{\sqrt{v_x^2+v_z^2}} \\ 0 & \frac{v_x}{\sqrt{v_x^2+v_y^2+v_z^2}} & \frac{\sqrt{v_x^2+v_z^2}}{\sqrt{v_x^2+v_y^2+v_z^2}} & 0 \\ 0 & \frac{v_z}{\sqrt{v_x^2+v_y^2+v_z^2}} & -\frac{v_yv_z}{\sqrt{v_x^2+v_z^2}\sqrt{v_x^2+v_y^2+v_z^2}} & \frac{v_x}{\sqrt{v_x^2+v_z^2}} \end{pmatrix}$$

Setzen wir die beiden Produktmatrizen in (2.7) ein, so erhalten wir nach einer längeren Rechnung das folgende Ergebnis:

$$\begin{pmatrix} 1 & 0 & 0 & 0 \\ -\frac{\beta v_x}{\sqrt{v_x^2+v_y^2+v_z^2}} & 1 & 0 & 0 \\ -\frac{\beta v_y}{\sqrt{v_x^2+v_y^2+v_z^2}} & 0 & 1 & 0 \\ -\frac{\beta v_z}{\sqrt{v_x^2+v_y^2+v_z^2}} & 0 & 0 & 1 \end{pmatrix}$$

Mithilfe der Vereinfachung

$$\frac{v_x}{\sqrt{v_x^2+v_y^2+v_z^2}} = \frac{\beta_x}{\beta}$$

$$\frac{v_y}{\sqrt{v_x^2+v_y^2+v_z^2}} = \frac{\beta_y}{\beta}$$

$$\frac{v_z}{\sqrt{v_x^2+v_y^2+v_z^2}} = \frac{\beta_z}{\beta}$$

können wir die Transformation in die Form bringen, die wir weiter oben direkt niedergeschrieben haben:

$$\begin{pmatrix} ct' \\ x' \\ y' \\ z' \end{pmatrix} = \begin{pmatrix} 1 & 0 & 0 & 0 \\ -\beta_x & 1 & 0 & 0 \\ -\beta_y & 0 & 1 & 0 \\ -\beta_z & 0 & 0 & 1 \end{pmatrix} \cdot \begin{pmatrix} ct \\ x \\ y \\ z \end{pmatrix}$$

2.1.4 Grafische Transformation

Als Nächstes wollen wir eine einfache Möglichkeit skizzieren, um die Galilei-Transformation geometrisch durchzuführen. Hierzu benutzen wir ein kartesisches Koordinatensystem mit einer horizontal angeordneten Ortsachse und einer vertikal angeordneten Zeitachse. Jedem Ereignis (t,x), das zu einer bestimmten Zeit t an einem gewissen Ort x stattfindet, entspricht dann einem eindeutig definierten Punkt auf der aufgespannten Ebene. Beachten Sie, dass wir, anders als es z. B. in der klassischen Mechanik üblich ist, die Zeit auf der vertikalen Achse abzeichnen. Das bedeutet, dass die weiter oben eingetragenen Ereignisse zu einem späteren Zeitpunkt eintreten als die weiter unten eingetragenen. Da wir es in den nachfolgenden Kapiteln hauptsächlich mit Geschwindigkeiten in der Nähe der Lichtgeschwindigkeit zu tun haben werden, tragen wir die Zeitkoordinaten bereits jetzt in der Form ct in das Diagramm ein.

Um die Galilei-Transformation geometrisch durchzuführen, überlagern wir das Koordinatensystem von S mit einem Koordinatensystem von S′. Die beiden horizontal verlaufenden Ortsachsen legen wir deckungsgleich übereinander und richten lediglich die Zeitachsen unterschiedlich aus. Wie es in Abbildung 2.6 gezeigt ist, wird die Zeitachse von S′ so eingezeichnet, dass sie gegenüber der Zeitachse von S eine gedehnte Zeiteinteilung aufweist und zusätzlich gedreht ist. Die Dehnung geschieht dabei so, dass eine horizontal gezogene Linie die beiden Zeitachsen immer in gleichen Zeitpunkten schneidet. Mathematisch ist dies die Forderung $t = t'$ in der Definition der Galilei-Transformation; sie entspricht der lange Zeit geglaubten Erfahrungstatsache, dass ein Ereignis immer zu dem gleichen Zeitpunkt geschieht, egal, ob wir es aus der Sicht von S oder aus der Sicht von S′ beurteilen.

Im Folgenden werden wir die gezeichneten Diagramme als *Galilei-Diagramme* und die Punkte auf der aufgespannten Ebene als *Weltpunkte* bezeichnen. Die Koordinaten, die einem Weltpunkt entsprechen, lassen sich direkt an den eingezeichneten Achsen ablesen. Hierzu müssen wir lediglich die Lote auf die Achsen von S oder S′ fällen, je nachdem, ob wir die Koordinaten aus der Sicht von S oder aus der Sicht von S′ angeben wollen.

Der Drehwinkel der Zeitachse ist von der Geschwindigkeit v abhängig, mit der sich das System S′ gegenüber S bewegt. Um die korrekte Neigung zu bestimmen, erinnern wir uns an die aufgestellten Berechnungsformeln. Aus diesen folgt, dass das Ereignis $(ct',x') = (1,0)$ in S den Koordinaten $(1,\beta)$ entspricht. Tragen wir dieses Ergebnis grafisch in das Diagramm ein, so entsteht ein rechtwinkliges Dreieck, das in Abbildung 2.6 innerhalb des vergrößerten Ausschnitts zu sehen ist. Anhand der dort eingetragenen Werte können wir für den Winkel θ die gesuchte Beziehung ablesen:

Drehwinkel der Zeitachse (Galilei-Diagramm)

$$\theta = \arctan\beta = \arctan\frac{v}{c}$$

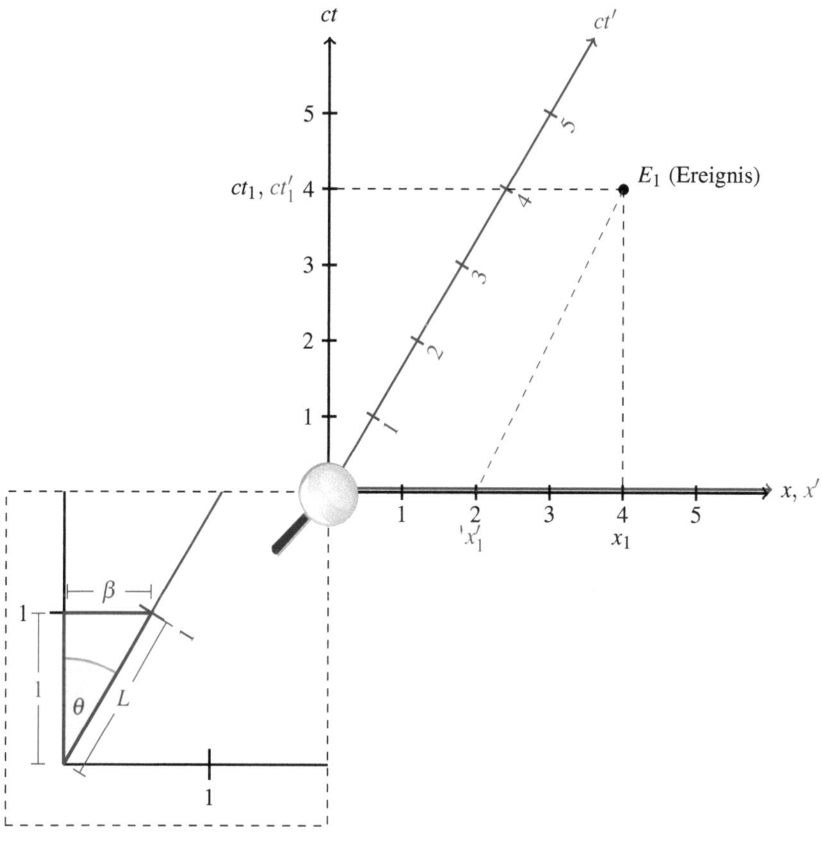

Abbildung 2.6: Geometrische Durchführung der Galilei-Transformation

Für die Längeneinheit L der gedrehten Zeitachse liefert uns der Satz von Pythagoras die Beziehung

$$L^2 = 1^2 + \beta^2,$$

und daraus folgt unmittelbar:

Längeneinheit der Zeitachse (Galilei-Diagramm)

$$L = \sqrt{1 + \beta^2}$$

Beobachten wir ein Objekt über einen längeren Zeitraum, so können wir ihm zu jedem Zeitpunkt einen Weltpunkt zuordnen. Zusammen bilden diese Weltpunkte eine Linie, die

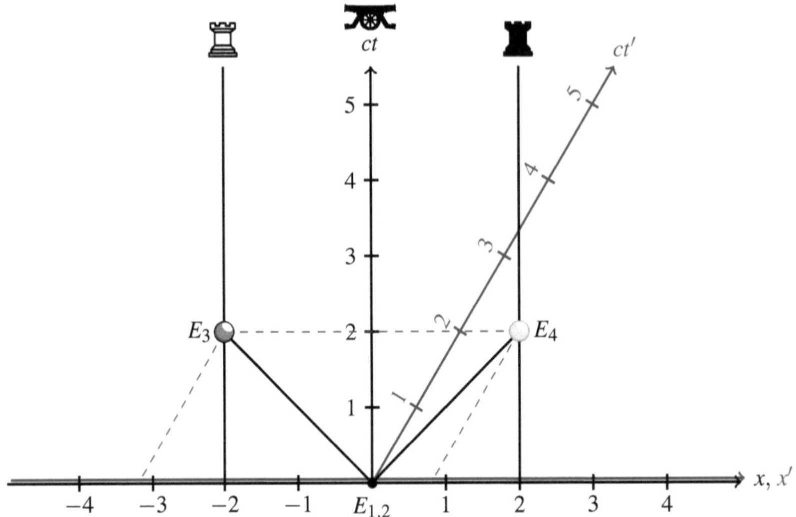

Abbildung 2.7: Beispielszenario 1 aus der Sicht von S (Galilei-Diagramm)

wir im Folgenden als *Weltlinie* bezeichnen. Als Beispiel ist in Abbildung 2.7 das Galilei-Diagramm für das Szenario in Abbildung 2.2 angegeben. Insgesamt sind in diesem Diagramm fünf Weltlinien eingetragen, von denen drei senkrecht nach oben verlaufen und Objekte beschreiben, die sich, aus der Sicht von S, nicht bewegen. In unserem Beispiel sind dies die Weltlinie der Kanonen und die Weltlinien der beschossenen Zielobjekte. Für jedes Projektil existiert ebenfalls eine Weltlinie. Da sich diese in unserem Beispiel mit Lichtgeschwindigkeit bewegen, verlaufen sie diagonal. Ferner sind in das Diagramm die Weltpunkte der Ereignisse E_1 bis E_4 eingetragen. Da die Ereignisse E_1 und E_2 am gleichen Ort zur selben Zeit stattfinden, teilen sie sich den gleichen Weltpunkt. Fällen wir die Lote auf die Koordinatenachsen von S oder S′, so können wir für jedes Ereignis ablesen, mit welcher Raum-Zeit-Koordinate es in S oder S′ identifiziert wird:

$$
\begin{array}{ll}
E_1: (ct_1, x_1) = (0,0) & (ct'_1, x'_1) = (0,0) \\
E_2: (ct_2, x_2) = (0,0) & (ct'_2, x'_2) = (0,0) \\
E_3: (ct_3, x_3) = (2,-2) & (ct'_3, x'_3) = (2,-3\tfrac{1}{5}) \\
E_4: (ct_4, x_4) = (2,2) & (ct'_4, x'_4) = (2,\tfrac{4}{5})
\end{array}
$$

Dies sind genau jene Koordinaten, die wir auf Seite 23 rechnerisch ermittelt haben.

Natürlich hätten wir genauso gut ein Galilei-Diagramm zeichnen können, mit dem das Szenario aus der Sicht von S′ geschildert wird. Für einen Beobachter, der in S′ ruht, bewegt sich S mit der Geschwindigkeit v in Richtung der negativen x-Achse. Das bedeutet, dass wir die Zeitachse so nach links eindrehen müssen, wie es in Abbildung 2.8 zu sehen

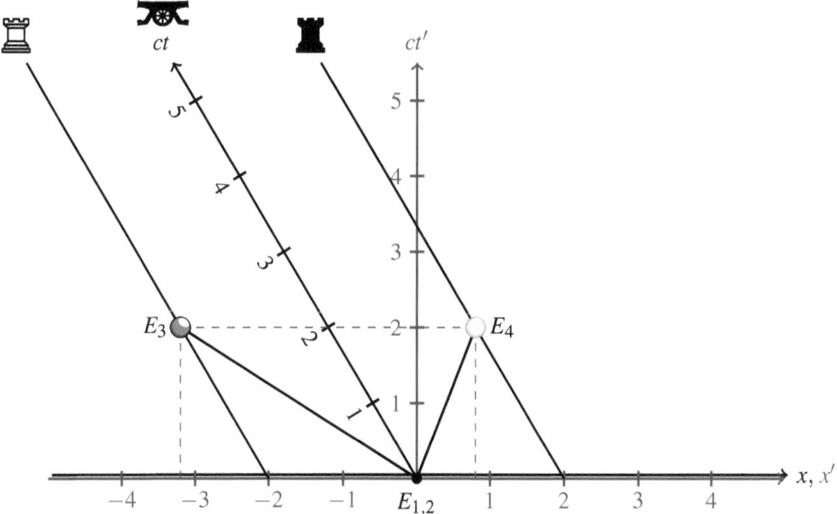

Abbildung 2.8: Beispielszenario 1 aus der Sicht von S′ (Galilei-Diagramm)

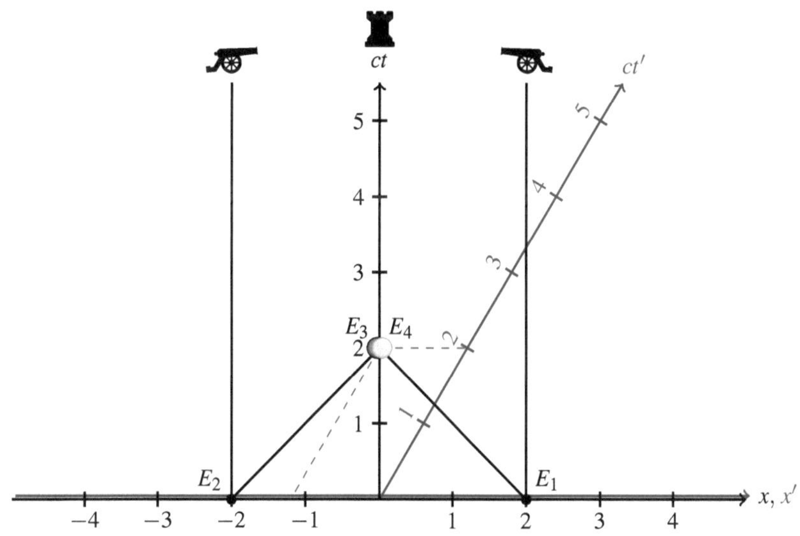

Abbildung 2.9: Beispielszenario 2 aus der Sicht von S (Galilei-Diagramm)

ist. Da sich die in S ruhenden Objekte aus der Sicht von S′ ebenfalls mit der Geschwindigkeit v in Richtung der negativen x-Achse bewegen, sind deren Weltlinien ebenfalls geneigt. Inhaltlich sind beide Diagramme gleichwertig; beide liefern uns dieselben Ereigniskoordinaten für E_1 bis E_4.

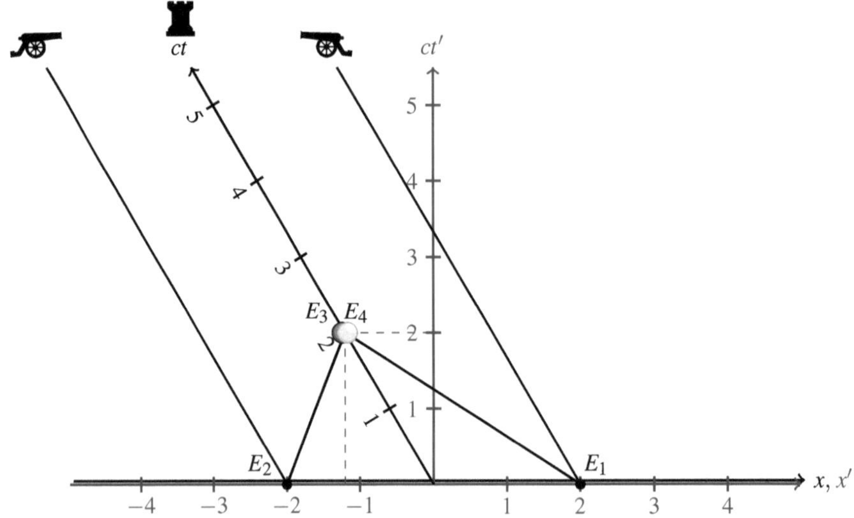

Abbildung 2.10: Beispielszenario 2 aus der Sicht von S′ (Galilei-Diagramm)

Das zweite Beispielszenario, das weiter oben, in Abbildung 2.3 eingeführt wurde, können wir auf die gleiche Weise in einem Galilei-Diagramm darstellen. Das Ergebnis ist in Abbildung 2.9 zu sehen. Das Galilei-Diagramm ist aus der Sicht eines in S ruhenden Beobachters gezeichnet, so dass die Weltlinien der in S ruhenden Objekte senkrecht nach oben und die Weltlinien der Projektile diagonal verlaufen. Für die Ereignisse E_1 bis E_4 können wir aus dem Diagramm die folgenden Werte ablesen:

$$\begin{aligned}
E_1 &: (ct_1, x_1) = (0,2) & (ct'_1, x'_1) &= (0,2) \\
E_2 &: (ct_2, x_2) = (0,-2) & (ct'_2, x'_2) &= (0,-2) \\
E_3 &: (ct_3, x_3) = (2,0) & (ct'_3, x'_3) &= (2,-1\tfrac{1}{5}) \\
E_4 &: (ct_4, x_4) = (2,0) & (ct'_4, x'_4) &= (2,-1\tfrac{1}{5})
\end{aligned}$$

Auch für dieses Beispiel erhalten wir dieselben Werte, die wir auf Seite 25 rechnerisch ermittelt haben.

Abschließend zeigt Abbildung 2.10 das gleiche Szenario, dieses Mal aus der Sicht von S′. Da sich S aus der Sicht von S′ entlang der negativen x-Achse bewegt, sind sowohl die Zeitachse von S als auch die Weltlinien der in S ruhenden Objekte nach links geneigt. Erneut ist es ohne Bedeutung, ob wir die Raum-Zeit-Koordinaten aus Abbildung 2.9 oder Abbildung 2.10 ablesen. In beiden Fällen erhalten wir die gleichen Ergebnisse.

2.2 Isaac Newton

> *„Niemand aber soll denken, dass durch diese oder irgendeine andere Theorie Newtons große Schöpfung im eigentlichen Sinne verdrängt werden könne. Seine klaren und großen Ideen werden als Fundament unserer ganzen modernen Begriffsbildung auf dem Gebiet der Naturphilosophie ihre eminente Bedeutung in aller Zukunft behalten."*
>
> Albert Einstein [18]

Die Vorstellung einer neuen physikalischen Theorie wäre unvollständig, ohne einen Blick auf jene Theorien zu werfen, die sie ersetzt oder erweitert. Im Fall der speziellen Relativitätstheorie ist dies die Newton'sche Physik, die mehr als 200 Jahre von den meisten Menschen für unumstößlich gehalten wurde. Mit Nachdruck sei an dieser Stelle darauf hingewiesen, dass die Newton'sche Physik durch die Formulierung der Relativitätstheorie keinesfalls ihre Berechtigung verloren, sondern lediglich eine Einschränkung ihres Gültigkeitsbereiches erfahren hat. Newtons Formeln sind in Einsteins Theorie als Grenzfälle enthalten und gelten immer dann, wenn mit Geschwindigkeiten gerechnet wird, die deutlich kleiner sind als die Lichtgeschwindigkeit. Nur wenn wir uns nahe an die Lichtgeschwindigkeit herantasten, sind die Newton'schen Vorhersagen relativistisch zu korrigieren.

Das Gesagte darf nicht darüber hinwegtäuschen, dass zwischen dem Newton'schen und dem Einstein'schen Weltbild dennoch ein fundamentaler Unterschied besteht. Newton war sich sicher, dass der Raum und die Zeit absolute Größen sind, die unabhängig voneinander existieren. Dies deckt sich mit der Art und Weise, wie wir den Raum und die Zeit in unserer Alltagserfahrung erleben, und dementsprechend vertraut wirkt Newtons Sichtweise auch heute noch auf uns. Deshalb verwundert es nicht, dass es gerade die Abkehr von diesen Prinzipien ist, die in der Einstein'schen Relativitätstheorie immer wieder zu Verständnisschwierigkeiten führt. Die Verneinung der Absolutheit von Raum und Zeit verlangt von unserem Geist so viel Abstraktionsvermögen, dass sich viele Wissenschaftler vehement dagegen sträubten, auch nur ansatzweise in diese Richtung zu denken.

2.2.1 Newtons Wunderjahre

Abseits der inhaltlichen Bezüge weisen die geistigen Väter der angesprochenen Theorie eine bemerkenswerte persönliche Gemeinsamkeit auf. Genau wie Einstein, der einen großen Teil seines wissenschaftlichen Vermächtnisses innerhalb eines Jahres schuf, entwickelte auch Newton den Großteil seines Lebenswerks innerhalb von wenigen Monaten. Wenn das Jahr 1905 heute als Einsteins Wunderjahr bezeichnet wird, so geht dies auf eine

Wortschöpfung zurück, die einst für die Jahre 1665 und 1666 verwendet wurde: die *Anni mirabiles* Isaac Newtons.

Newton hat die Jahre 1665 und 1666 abgeschieden in seinem Geburtshaus in Woolsthorpe verbracht, während der Großen Pest von London. In dieser Zeit hat er gleich auf drei Gebieten Großes geleistet: der Mathematik, der Optik und der Astronomie. In den folgenden Abschnitten wollen wir uns genauer ansehen, was unser Protagonist in dieser Zeit entdeckte.

Der Binomialsatz

Über seine erste Entdeckung äußerte sich Newton ausführlich in einem Brief, den er 1676 an den deutschen Gelehrten Gottfried Wilhelm Leibniz schrieb:

> *„Das Wurzelziehen wird durch dieses Theorem sehr abgekürzt,*
>
> $$(P+PQ)^{\frac{m}{n}} = P^{\frac{m}{n}} + \frac{m}{n}AQ + \frac{m-n}{2n}BQ + \frac{m-2n}{3n}CQ + \frac{m-3n}{4n}DQ + etc.$$
>
> *wobei $P+PQ$ die Größe bezeichnet, deren Wurzel oder irgend eine Potenz oder die Wurzel irgendeiner Potenz gefunden werden soll; P bezeichnet den ersten Term dieser Größe, Q den verbleibenden Term geteilt durch den ersten und $\frac{m}{n}$ ist der numerische Index der Potenz von $P+PQ$, ganz gleich ob die Potenz ganzzahlig oder (sozusagen) gebrochen ist oder ob sie positiv oder negativ ist.“*
>
> Isaac Newton, zitiert nach [51]

Wir wollen uns genauer ansehen, was sich hinter diesem Theorem verbirgt. Beschränken wir uns auf den Spezialfall $P = 1$, so nimmt Newtons Formel die folgende einfachere Gestalt an:

$$(1+Q)^{\frac{m}{n}} = 1 + \frac{m}{n}AQ + \frac{m-n}{2n}BQ + \frac{m-2n}{3n}CQ + \frac{m-3n}{4n}DQ + etc. \qquad (2.8)$$

Die Buchstaben $A, B, C, \ldots$ hat Newton als Abkürzungen für den jeweils vorangegangenen Ausdruck benutzt. Das bedeutet:

$$\begin{aligned}
A &= 1 \\
B &= \frac{m}{n}AQ = \frac{m}{n}Q \\
C &= \frac{m-n}{2n}BQ = \frac{m}{n}\frac{m-n}{2n}Q^2 \\
D &= \frac{m-2n}{3n}CQ = \frac{m}{n}\frac{m-n}{2n}\frac{m-2n}{3n}Q^3
\end{aligned}$$

Damit können wir (2.8) folgendermaßen umschreiben:

$$(1+Q)^{\frac{m}{n}} = 1+\frac{m}{n}Q+\frac{m}{n}\frac{m-n}{2n}Q^2+\frac{m}{n}\frac{m-n}{2n}\frac{m-2n}{3n}Q^3+etc.$$

Dividieren wir alle Zähler und Nenner durch n, so erhalten wir:

$$\begin{aligned}(1+Q)^{\frac{m}{n}} &= 1+\frac{\frac{m}{n}}{1!}Q+\frac{\frac{m}{n}(\frac{m}{n}-1)}{2!}Q^2+\frac{\frac{m}{n}(\frac{m}{n}-1)(\frac{m}{n}-2)}{3!}Q^3+etc.\\ &= \sum_{k=0}^{\infty}\frac{\frac{m}{n}(\frac{m}{n}-1)(\frac{m}{n}-2)\ldots(\frac{m}{n}-(k-1))}{k!}\end{aligned}$$

Jetzt müssen wir uns nur noch an die Definition des Binomialkoeffizienten erinnern, in seiner auf reelle Zahlen erweiterten Form:

$$\binom{\alpha}{k} := \begin{cases} \frac{\alpha(\alpha-1)(\alpha-2)\ldots(\alpha-(k-1))}{k!} & \text{falls } k>0\\ 1 & \text{falls } k=0\\ 0 & \text{falls } k<0\end{cases}$$

Damit können wir Gleichung (2.8) ihr modernes Gesicht verleihen. Es handelt sich um jene Gleichung, die wir heute als den *binomischen Lehrsatz* bezeichnen:

Binomischer Lehrsatz

$$(1+x)^{\alpha} = \sum_{k=0}^{\infty}\binom{\alpha}{k}x^k \quad \text{für } x,\alpha\in\mathbb{R} \text{ und } |x|<1$$

Den binomischen Lehrsatz haben wir an dieser Stelle nicht ohne Grund erwähnt. Wir werden aus ihm nun mehrere Näherungsformeln herleiten, die wir im Rest dieses Buchs an vielen Stellen verwenden. Wir erhalten die gesuchten Näherungen, indem wir für α nacheinander die Werte $\frac{1}{2}$, -1 und $-\frac{1}{2}$ einsetzen:

$$\begin{aligned}\sqrt{(1\pm x)} &= (1\pm x)^{\frac{1}{2}} = 1\pm\frac{1}{2}x-\frac{1}{8}x^2\pm\frac{1}{16}x^3-\frac{5}{128}x^4\pm\ldots && (0\le x<1)\\ \frac{1}{(1\pm x)} &= (1\pm x)^{-1} = 1\mp x+x^2\mp x^3+x^4+\ldots && (0\le x<1)\\ \frac{1}{\sqrt{1\pm x}} &= (1\pm x)^{-\frac{1}{2}} = 1\mp\frac{1}{2}x+\frac{3}{8}x^2\mp\frac{5}{16}x^3+\frac{35}{128}x^4+\ldots && (0\le x<1)\end{aligned}$$

Ist x so klein, dass diejenigen Terme, in denen x in dritter oder höherer Ordnung vorkommt, keine Rolle spielen, dann können wir diese Formeln auf die folgenden Näherungsformeln reduzieren:

Quadratische Näherungsformeln

$$
\begin{aligned}
\sqrt{1+x} &\approx 1+\frac{1}{2}x-\frac{1}{8}x^2 \\
\sqrt{1-x} &\approx 1-\frac{1}{2}x-\frac{1}{8}x^2 \\
\frac{1}{1+x} &\approx 1-x+x^2 && (2.9) \\
\frac{1}{1-x} &\approx 1+x+x^2 \\
\frac{1}{\sqrt{1+x}} &\approx 1-\frac{1}{2}x+\frac{3}{8}x^2 && (2.10) \\
\frac{1}{\sqrt{1-x}} &\approx 1+\frac{1}{2}x+\frac{3}{8}x^2
\end{aligned}
$$

Spielen bereits die Terme zweiter Ordnung keine Rolle, so lassen sich diese Formeln noch weiter vereinfachen. Sie reduzieren sich dann folgendermaßen:

Lineare Näherungsformeln

$$\sqrt{1+x} \approx 1+\frac{1}{2}x \tag{2.11}$$

$$\sqrt{1-x} \approx 1-\frac{1}{2}x \tag{2.12}$$

$$\frac{1}{1+x} \approx 1-x \tag{2.13}$$

$$\frac{1}{1-x} \approx 1+x \tag{2.14}$$

$$
\begin{aligned}
\frac{1}{\sqrt{1+x}} &\approx 1-\frac{1}{2}x \\
\frac{1}{\sqrt{1-x}} &\approx 1+\frac{1}{2}x && (2.15)
\end{aligned}
$$

Im Vorgriff auf Kapitel 8 wollen wir mit diesen Formeln eine lineare Abschätzung für den Ausdruck

$$\frac{\sqrt{1-x}}{\sqrt{1-y}}$$

herleiten. Aus den beiden Näherungsformeln (2.12) und (2.15) folgt:

$$\frac{\sqrt{1-x}}{\sqrt{1-y}} \overset{(2.12)}{\underset{(2.15)}{\approx}} \left(1-\frac{1}{2}x\right)\left(1+\frac{1}{2}y\right) = 1+\frac{1}{2}y-\frac{1}{2}x-\frac{1}{4}xy$$

Der letzte Summand ist ein Term zweiter Ordnung, so dass wir die folgende lineare Näherung als Ergebnis erhalten:

$$\frac{\sqrt{1-x}}{\sqrt{1-y}} \approx 1+\frac{y-x}{2} \tag{2.16}$$

Die Fluxionsmethode

Mit der *Fluxionsmethode* war es Newton in den Pestjahren 1665 und 1666 gelungen, die Grundlagen der Infinitesimalrechnung zu entwickeln, zeitgleich mit dem deutschen Gelehrten Gottfried Wilhelm Leibniz. Die Art und Weise, wie die Differential- und Integralrechnung an unseren Schulen und Hochschulen gegenwärtig gelehrt wird, folgt weitgehend dem Leibniz'schen Gedankenpfad, und dies führt dazu, dass wir Newtons Zugang heute eher als fremdartig empfinden. Newton sah in einer geometrischen Kurve, die wir heute als *Graph* bezeichnen, keine Menge von Punkten, wie es in der modernen Mathematik üblich ist. Als Physiker war es für ihn die natürliche Vorstellung, sich beispielsweise eine Ellipse als das Resultat eines sich um die Sonne bewegenden Planeten und eine Parabel als das Resultat eines in die Luft geworfenen Steins vorzustellen. Mit kurzen Worten: In seinem Geist wurde eine Kurve stets durch Bewegung erzeugt.

Wir kommen Newtons Vorstellung sehr nahe, wenn wir uns die Funktionsweise eines Flachbettplotters in Erinnerung rufen. Ein solcher Drucker besteht aus einem Stift, der beliebig auf der x-y-Ebene verschoben werden kann. Die richtige Position wird über zwei bewegliche Schienen angesteuert, von denen sich eine entlang der x-Achse und die andere entlang der y-Achse bewegt. Newton ließ sich von einem ganz ähnlichen Gedanken leiten: Für ihn entstand eine Kurve durch den Schnitt zweier Linien, von denen sich eine entlang der x-Achse und die andere entlang der y-Achse bewegte.

Abbildung 2.11 demonstriert das Gesagte am Beispiel eines Kreises, der die folgende Gleichung erfüllt:

$$f(x,y) = x^2+y^2-1 = 0 \tag{2.17}$$

Der Kreis wird, ganz im Newton'schen Sinne, durch zwei Linien erzeugt, deren Schnittpunkt sich im entgegengesetzten Uhrzeigersinn um den Ursprung bewegt. Für die Bezeichnung der Geschwindigkeit führte Newton später die Punktnotation ein, die wir in der Physik noch heute verwenden:

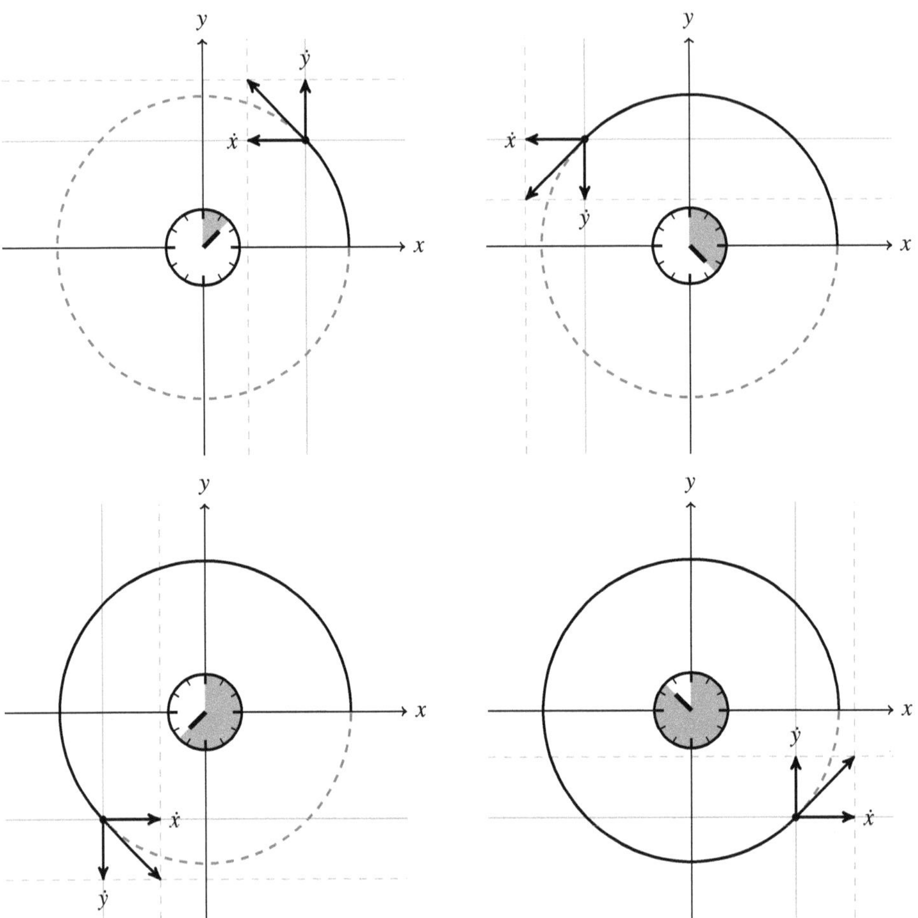

Abbildung 2.11: Kurven als das Resultat einer fließenden Bewegung

Newton'sche Punktnotation

$$\dot{x} := \frac{\mathrm{d}x}{\mathrm{d}t}, \quad \dot{y} := \frac{\mathrm{d}y}{\mathrm{d}t}$$

Die Größen x und y bezeichnete Newton als *Fluenten* und die Größen $\dot{x}$ und $\dot{y}$ als *Fluxionen*. Um die Bewegung der Kurve mathematisch zu beschreiben, verfolgte er die Idee, sie in winzigen Zeitintervallen zu betrachten, für die er in seinen späteren Arbeiten das Symbol o verwendete. In der modernen Nomenklatur ist o das, was wir heute als ein *infinitesimales Zeitintervall* bezeichnen. Newton erkannte, dass der Bewegungsvorgang in einem solch kleinen Zeitintervall durch eine gleichförmige geradlinige Bewegung approximiert werden darf, mit der Folge, dass sich ein Punkt in der Zeit o von der Position (x,y) zu jener Position weiterbewegt, die durch die beiden Ausdrücke

$$x + o\dot{x} \tag{2.18}$$

$$y + o\dot{y} \tag{2.19}$$

beschrieben wird. Der Quotient

$$\frac{o\dot{y}}{o\dot{x}} = \frac{\dot{y}}{\dot{x}}$$

entspricht dann der Tangentensteigung an der untersuchten Position, und genau an dieser Größe war Newton interessiert.

Am Beispiel der Kreisgleichung (2.17) wollen wir nachvollziehen, nach welchem Prinzip Newton die Steigung errechnete. Zunächst müssen wir die Ausdrücke (2.18) und (2.19) in die Kreisgleichung (2.17) einsetzen:

$$(x + o\dot{x})^2 + (y + o\dot{y})^2 - 1 = 0$$

Im nächsten Schritt wird die linke Seite dieser Gleichung expandiert. Dies ergibt:

$$x^2 + 2xo\dot{x} + o^2\dot{x}^2 + y^2 + 2yo\dot{y} + o^2\dot{y}^2 - 1 = 0$$

Die Terme, in denen die infinitesimale Zeit o mit sich selbst multipliziert wird, sind Terme *zweiter Ordnung*. Newton erfasste intuitiv, dass deren Beträge so klein sind, dass sie ohne Gefahr ignoriert werden dürfen. Folgen wir seinem Gespür und streichen alle Terme zweiter Ordnung heraus, so erhalten wir die nachstehende, deutlich einfachere Gleichung:

$$x^2 + 2xo\dot{x} + y^2 + 2yo\dot{y} - 1 = 0$$

Zusammen mit (2.17) ergibt dies

$$2xo\dot{x} + 2yo\dot{y} = 0,$$

und die anschließende Division durch o führt zu der Beziehung:

$$2x\dot{x} + 2y\dot{y} = 0 \tag{2.20}$$

Formen wir diese Gleichung noch geringfügig um, so erhalten wir das gesuchte Ergebnis: eine Formel, mit der wir für alle Kreispunkte, mit Ausnahme jener, die auf der x-Achse liegen, die Tangentensteigung berechnen können:

$$\frac{\dot{y}}{\dot{x}} = -\frac{x}{y}$$

In Wirklichkeit war die Methode, die wir hier lediglich an einem konkreten Beispiel exerziert haben, viel allgemeiner formuliert. Newton hatte ein Vorschrift gefunden, mit der sich das Äquivalent zu Gleichung (2.20) für jede Kurve, die in der Form

$$f(x,y) = \sum_{i,j} a_{ij} x^i y^j = 0 \tag{2.21}$$

angegeben werden kann, direkt niederschreiben lässt. Im Originalwortlaut liest sich diese Vorschrift so:

> „*Set all y^e^ termes on one side of y^e^ equation that they become equal to nothing. And first multiply each terme by so many times* $\frac{\dot{x}}{x}$ *as x hath dimensions in that terme. Secondly multiply each terme by so many times* $\frac{\dot{y}}{y}$ *as y hath dimensions in it* [...] *the summe of all these products shall bee equall to nothing. W^ch^ Equation gives y^e^ relation of y^e^ velocitys.*“
>
> Isaac Newton, zitiert nach [51]

Folgen wir Newtons Anweisungen, so wird aus (2.21) die Formel:

$$\sum_{i,j}\left(i\frac{\dot{x}}{x}a_{ij}x^iy^j + j\frac{\dot{y}}{y}a_{ij}x^iy^j\right) = 0$$

Oder, was dasselbe ist:

$$\dot{x}\sum_{i,j}\left(ia_{ij}x^{i-1}y^j\right) + \dot{y}\sum_{i,j}\left(ja_{ij}x^iy^{j-1}\right) = 0 \tag{2.22}$$

Wir wollen kurz nachrechnen, dass diese Gleichung für unser Beispiel auch wirklich das richtige Ergebnis liefert. Zunächst halten wir fest, dass Gleichung (2.21) in unsere Kreisgleichung (2.17) übergeht, wenn wir für a_{20}, a_{02} den Wert 1, für a_{00} den Wert -1 und für alle anderen Koeffizienten den Wert 0 wählen. Setzen wir diese Werte in Formel (2.22) ein, so geht diese tatsächlich in die Form (2.20) über, die wir weiter oben zu Fuß hergeleitet haben.

Als Nächstes wollen wir das Besprochene aus einer modernen Perspektive betrachten und auf diese Weise herausfinden, was sich wirklich hinter Newtons Entdeckung verbirgt. Wir erinnern uns: Newton stellte sich eine Kurve, die über eine Gleichung der Form (2.21) angegeben werden kann, als das Ergebnis eines zeitabhängig bewegten Punktes vor. Folgerichtig erhalten wir eine mathematisch präzise Darstellung, wenn wir die Symbole x und y nicht als Variablen, sondern als zeitabhängige Funktionen $x(t)$ und $y(t)$ auffassen. Setzen wir

$$F(t) := f(x(t), y(t)), \tag{2.23}$$

so erfüllt jedes Funktionenpaar $x(t)$ und $y(t)$, das die durch $f(x,y)$ definierte Kurve beschreibt, die folgende Gleichung:

$$F(t) = 0 \tag{2.24}$$

Aus der Kettenregel der mehrdimensionalen Analysis folgt

$$\frac{\mathrm{d}F}{\mathrm{d}t} \overset{(2.23)}{=} \frac{\partial f}{\partial x}\frac{\partial x}{\partial t} + \frac{\partial f}{\partial y}\frac{\partial y}{\partial t} \overset{(2.24)}{=} 0,$$

was wir genauso gut so aufschreiben können:

$$\frac{\partial f}{\partial x}\dot{x} + \frac{\partial y}{\partial t}\dot{y} = 0 \tag{2.25}$$

Ferner liefert uns ein Blick auf (2.21) die folgenden Beziehungen:

$$\frac{\partial f}{\partial x} = \sum_{i,j} i\, a_{ij} x^{i-1} y^j \tag{2.26}$$

$$\frac{\partial f}{\partial y} = \sum_{i,j} j\, a_{ij} x^i y^{j-1} \tag{2.27}$$

Setzen wir die rechten Seiten von (2.26) und (2.27) in Gleichung (2.25) ein, so erhalten wir die von Newton gefundene Formel in der Form (2.22). Damit ist klar, was in der Abgeschiedenheit von Woolsthorpe wirklich geschehen war: Newton hatte die Kettenregel der mehrdimensionalen Analysis entdeckt.

Neben der Bestimmung der Tangentensteigung hatte sich Newton auch mit der Berechnung von Flächeninhalten beschäftigt. Auch hier ließ er sich von der Vorstellung leiten, dass eine Fläche das Resultat eines zeitlich ablaufenden Prozesses ist. Im Geiste stellte er sich vor, dass eine Fläche von einer vertikal verlaufenden Strecke erzeugt wird, die sich mit konstanter Geschwindigkeit entlang der x-Achse bewegt. Denken wir uns einen der Endpunkte dieser Stecke fest mit der x-Achse verbunden, so zeichnet der andere Punkt die Kurve $y(x)$. Newton fand heraus, dass die unter der Kurve eingeschlossene Fläche einen engen Zusammenhang mit der Funktion $y(x)$ selbst aufweist. Er erkannte, dass die Fluxion der Fläche, d. h. deren zeitliche Änderung, mit der Funktion $y(x)$ identisch war. Mit anderen Worten: Newton hatte entdeckt, dass die Berechnung der Tangentensteigung und die Berechnung des Flächeninhalts zueinander inverse Probleme sind. Im Kern ist dies die Aussage jenes berühmten Satzes, den wir heute als den *Hauptsatz der Differential- und Integralrechnung* bezeichnen.

Erkenntnisse zum Gravitationsgesetz

In den Pestjahren 1665 und 1666 hatte Newton nicht nur das Fundament für sein mathematisches Lebenswerk gelegt, sondern auch einen wichtigen Teil seines berühmten Gravitationsgesetzes entdeckt: die Eigenschaft der Gravitationskraft, mit dem Quadrat der Entfernung schwächer zu werden.

Newton hatte das reziproke Quadratgesetz aus einem Postulat hergeleitet, das der deutsche Astronom Johannes Kepler im Jahr 1619 entdeckte und das Folgende besagt: Wird die zweite Potenz der Umlaufzeit eines Planeten durch die dritte Potenz der großen Halbachse seiner Umlaufbahn dividiert, so ist das Ergebnis eine Konstante, die ausschließlich von der Masse M des Zentralkörpers abhängt. Heute wird diese Konstante als die *Kepler-Konstante* C_M bezeichnet und die beschriebene Gesetzmäßigkeit als das *dritte keplersche Gesetz.*

Fassen wir die Planetenbahnen, wie es Newton tat, als Kreise auf, so entspricht die große Halbachse dem Kreisradius r. Es gilt dann:

$$T^2 = C_M r^3 \tag{2.28}$$

Hätte Newton bereits in den Pestjahren über das physikalische Wissen verfügt, das er im Laufe seines Lebens erarbeitete, so wäre der Rest der Herleitung sehr einfach gewesen. Er hätte dann ein Argument vorbringen können, das wir aus der Schulphysik kennen: Ein Planet, der sich auf einer Umlaufbahn bewegt, erfährt eine *Gravitationskraft* F_G, die stets genauso stark ist, wie die ihr entgegengerichtete *Zentripetalkraft* F_Z, die sich folgendermaßen berechnet:

Zentripetalkraft

$$F_Z = \frac{mv^2}{r}$$

Da wir die Kräfte hier nur als Skalare und nicht als Vektoren beschreiben, spielt die Richtung der Krafteinwirkung keine Rolle. Es gilt dann:

$$F_G = F_Z = \frac{mv^2}{r} \tag{2.29}$$

Inhaltlich kam Newton ebenfalls zu diesem Ergebnis, allerdings auf einem weniger eleganten Weg. Sein Begriffsgerüst war noch lange nicht ausgereift genug, um den Kraftbegriff so freizügig und selbstverständlich zu benutzen, wie wir es in der Physik heute gewohnt sind.

Akzeptieren wir die Formel (2.29) in ihrer modernen Form, so sind wir schon so gut wie am Ziel. Um aus ihr den gewünschten Zusammenhang zu erhalten, müssen wir die Formel nur noch ein wenig umformen in:

$$F_G = F_Z = \frac{mv^2}{r} = \frac{m\left(\frac{2\pi r}{T}\right)^2}{r} = 4\pi^2 m \frac{r}{T^2} \overset{(2.28)}{=} 4\pi^2 m \frac{r}{C_M r^3} = \left(\frac{4\pi^2}{C_M}\right)\frac{m}{r^2} \tag{2.30}$$

Daraus folgt sofort das gesuchte Ergebnis:

Abstandsgesetz der Gravitation

Die Gravitationskraft F_G nimmt mit dem Quadrat des Abstands r ab:

$$F_G \sim \frac{1}{r^2}$$

In der eben gezeigten Herleitung spielte das dritte keplersche Gesetz eine zentrale Rolle. Detailliert werden dieses und die zwei anderen keplerschen Gesetze in Anhang A besprochen. Ferner wird dort gezeigt, wie sie sich formal aus dem Newton'schen Gravitationsgesetz herleiten lassen, das wir im nächsten Abschnitt kennenlernen werden.

2.2.2 *Principia Mathematica*

In diesem Abschnitt werfen wir einen kurzen Blick in Newtons Hauptwerk: die *Philosophiae Naturalis Principia Mathematica*. Die in Latein verfasste Schrift ist in drei Kapitel aufgeteilt, die Newton *Bücher* nannte. Die wichtigsten Passagen der *Principia* finden wir im ersten Buch. Dort formuliert Newton die drei grundlegenden Gesetze, die wir heute als die *Newton'schen Gesetze* bezeichnen. Zusammen bilden sie das Fundament, auf dem die gesamte klassische Mechanik errichtet ist.

Das erste Gesetz ist das Trägheitsgesetz der Mechanik:

Erstes Newton'sches Gesetz (Trägheitsprinzip)

Ein kräftefreier Körper behält seine Geschwindigkeit in Betrag und Richtung bei.

Newtons zweites Gesetz stellt einen Zusammenhang zwischen einer einwirkenden Kraft und der daraus resultierenden Beschleunigung eines Körpers her. Es besagt, dass die Änderung der Bewegung proportional und richtungsgleich zur Antriebskraft ist. Symbolisch können wir diese Beziehung durch die folgende Vektorbeziehung ausdrücken:

$$\dot{\boldsymbol{v}} \sim \boldsymbol{F}$$

Die „*Änderung der Bewegung*" eines Körpers ist dessen *Beschleunigung*. Wie üblich verwenden wir dafür das Skalarsymbol a, wenn uns lediglich der Betrag der Beschleunigung interessiert, oder das Vektorsymbol $\boldsymbol{a}$, wenn zusätzlich die Richtung eine Rolle spielt. Die von Newton aufgestellte Beziehung liest sich dann folgendermaßen:

$$\boldsymbol{a} \sim \boldsymbol{F}$$

Der Proportionalitätsfaktor, der die einwirkende Kraft mit der verursachten Beschleunigung koppelt, ist die *träge Masse* eines Körpers. Benutzen wir für sie wie üblich das Symbol m, so nimmt das zweite Newton'sche Gesetz seine bekannte Form an:

Zweites Newton'sche Gesetz (Aktionsprinzip)

Skalare Form: $F = ma$ (2.31)

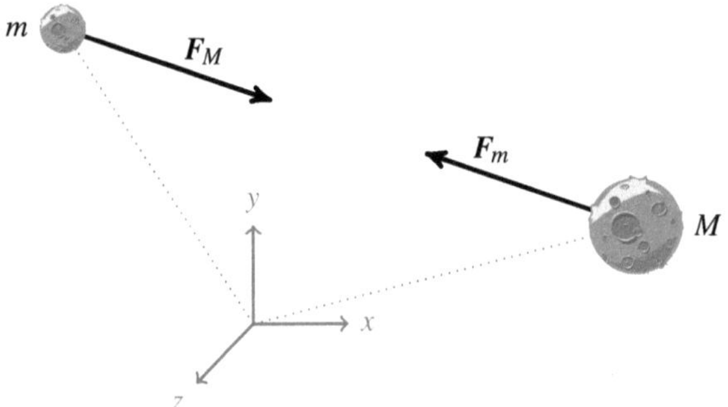

Abbildung 2.12: Zu Newtons drittem Gesetz

$$\text{Vektorielle Form:} \quad \boldsymbol{F} = m\boldsymbol{a} \tag{2.32}$$

Das dritte Newton'sche Gesetz ist das *Gegenwirkungsprinzip*. Es besagt, dass jede Aktion („*Wirkung*") eine Reaktion („*Gegenwirkung*") hervorruft, und meint dies in dem folgenden Sinn: Übt ein Körper auf einen anderen Körper eine Kraft aus, so erzeugt dies eine gleich starke Gegenkraft in die entgegengesetzte Richtung (Abbildung 2.12).

Drittes Newton'sches Gesetz (Gegenwirkungsprinzip)

$$\text{Skalare Form:} \quad F_M = F_m$$

$$\text{Vektorielle Form:} \quad \boldsymbol{F}_M = -\boldsymbol{F}_m$$

Das Gravitationsgesetz

In der folgenden Betrachtung geht es um zwei Körper mit den Massen M und m. Sind M und m unterschiedlich, so sei M die Masse des schwereren Körpers.

Als Erstes rufen wir uns Gleichung (2.30) ins Gedächtnis, die wir auf Seite 44 hergeleitet haben. Diese besagte, dass der größere Körper die Kraft

$$F_M = \left(\frac{4\pi^2}{C_M}\right)\frac{m}{r^2}$$

auf den kleineren ausübt. Wir wollen versuchen, diese Formel so umzuformen, dass die massenabhängige Konstante C_M verschwindet. Hierzu halten wir fest, dass auch der kleinere Körper eine Kraft auf den größeren ausübt, die wir folgendermaßen beziffern können:

$$F_m = \left(\frac{4\pi^2}{C_m}\right)\frac{M}{r^2}$$

Nach dem dritten Newton'schen Gesetz unterscheiden sich die Kräfte nur in ihrer Richtung, aber nicht in ihrem Betrag, es gilt also $F_M = F_m$.

Dann gilt auch

$$\frac{M}{M}F_M = \frac{m}{m}F_m,$$

und dies ist ausgeschrieben das Gleiche wie

$$\left(\frac{4\pi^2}{MC_M}\right)\frac{Mm}{r^2} = \left(\frac{4\pi^2}{mC_m}\right)\frac{Mm}{r^2}.$$

Das bedeutet, dass die beiden in Klammern gesetzten Faktoren identisch sind. Bezeichnen wir diesen konstanten Wert mit G, setzen wir also

$$G := \frac{4\pi^2}{MC_M} = \frac{4\pi^2}{mC_m},$$

dann können wir das Newton'sche Gravitationsgesetz in seiner bekannten Form angeben. Es lautet dann folgendermaßen:

Newton'sches Gravitationsgesetz

Skalare Form: $$F = G\frac{Mm}{r^2} \tag{2.33}$$

Vektorielle Form: $$\boldsymbol{F} = -G\frac{Mm}{|\boldsymbol{r}|^3}\boldsymbol{r} \tag{2.34}$$

Die vektorielle Form ergibt sich aus der Formel

$$\boldsymbol{F} = -F\frac{\boldsymbol{r}}{|\boldsymbol{r}|}$$

Hierin ist F der Betrag der Kraft und

$$-\frac{\boldsymbol{r}}{|\boldsymbol{r}|}$$

der Einheitsvektor, der in Richtung des Gravitationszentrums zeigt.

Die Proportionalitätskonstante G ist in der Physik so wichtig, dass sie einen eigenen Namen trägt. Sie wird als *Gravitationskonstante* bezeichnet und hat folgenden Wert:

Gravitationskonstante

$$G \approx 6,67384 \cdot 10^{-11}\ \frac{\mathrm{m}^3}{\mathrm{kg\ s}^2}$$

Beachten Sie, dass G tatsächlich eine universelle Naturkonstante ist, obwohl in ihrer Definition die massenabhängige Kepler-Konstante vorkommt. Die Varianz von C_M wird durch die Multiplikation mit der Masse M aufgehoben.

Mit Newtons Gravitationsgesetz können wir ohne Mühe ausrechnen, wie stark die Gravitationskraft einen Körper beschleunigt. Aus dem zweiten Newton'schen Gesetz folgt die Beziehung

$$a = \frac{F}{m},$$

so dass der Körper mit der Masse m die Beschleunigung

$$a_m = G\frac{M}{r^2}$$

und der Körper mit der Masse M die Beschleunigung

$$a_M = G\frac{m}{r^2}$$

erfährt. Beide Körper bewegen sich aufeinander zu, und das bedeutet das Folgende: Verwenden wir einen der beiden Körper als Bezugspunkt, so ist die Gesamtbeschleunigung, die wir von dort beobachten können, die Summe der beiden Einzelbeschleunigungen. Damit erhalten wir die folgenden beiden Gleichungen, mit denen sich die Gravitationsbeschleunigung in skalarer oder in vektorieller Form ausrechnen lässt:

Gravitationsbeschleunigung (allgemeine Form)

Skalare Form: $$a = G\frac{M+m}{r^2} \tag{2.35}$$

Vektorielle Form: $$\boldsymbol{a} = -G\frac{M+m}{|\boldsymbol{r}|^3}\boldsymbol{r} \tag{2.36}$$

Ist die Masse des Körpers M viel größer als die Masse m, so machen wir einen vernachlässigbar kleinen Fehler, wenn wir die Gleichungen (2.35) und (2.36) folgendermaßen angeben:

Gravitationsbeschleunigung (spezielle Form)

Skalare Form: $$a = \frac{GM}{r^2} \tag{2.37}$$

Vektorielle Form: $$\boldsymbol{a} = -\frac{GM}{|\boldsymbol{r}|^3}\boldsymbol{r}$$

Newtons Gravitationsgesetz wirkt einfach und elegant, und genau dies wirft eine interessante Frage auf: Reicht dieses so simpel gestrickte Gesetz wirklich aus, um die Bewegung der Planeten vollständig zu erklären? Die Antwort lautet Ja, und in Anhang A werden wir zeigen, wie die trickreiche Herleitung im Detail funktioniert.

Träge und schwere Masse

Weiter oben haben wir an verschiedenen Stellen über die Masse eines Körpers gesprochen, und auf den ersten Blick wirkt dieser Begriff reichlich unspektakulär. Werfen wir einen zweiten Blick auf die besagten Textpassagen, so kommt eine Ungereimtheit zum Vorschein, die wir auf keinen Fall übergehen dürfen. Sie rührt daher, dass wir es im Grunde genommen mit zwei völlig verschiedenen Massebegriffen zu tun haben.

In den Formeln (2.31) und (2.32) ist die Masse ein Maß für die Trägheit: Sie beschreibt die Tendenz eines Körpers, die Beschleunigung zu hemmen, die eine einwirkende Kraft hervorrufen möchte. Die Beschleunigung und die Masse sind dabei umgekehrt proportional. Unter der Einwirkung derselben Kraft erfährt ein halb so schwerer Körper eine doppelt so große Beschleunigung. Als Koppelglied zwischen einer einwirkenden Kraft und der daraus hervorgerufenen Beschleunigung ist die Masse, die dann *träge Masse* genannt wird, eindeutig festgelegt.

In den Formeln (2.33) und (2.34) spielt die Masse aber eine ganz andere Rolle. Sie bestimmt dort, wie sich ein Körper im Schwerefeld verhält, d. h., welche Gravitationskräfte er durch andere Körper erfährt und welche Gravitationskräfte er selbst erzeugt. Diese Bedeutung ist gemeint, wenn von der *schweren Masse* eines Körpers gesprochen wird. Würden wir die träge Masse und die schwere Masse als ganz unterschiedliche Eigenschaften der Materie betrachten, so müssten wir die erwähnten Zusammenhänge korrekterweise so aufschreiben:

$$F = m_{\text{träg}}\, a \tag{2.38}$$

$$F \sim \frac{M_{\text{schwer}}\, m_{\text{schwer}}}{r^2} \tag{2.39}$$

Newton hatte bei seinen Untersuchungen bemerkt, dass die Verdoppelung der trägen Masse immer auch die die Verdoppelung der schweren Masse nach sich zieht und umgekehrt. Mit anderen Worten: Die träge und die schwere Masse eines Körpers offenbarten sich als zueinander proportional. Erst diese Eigenschaft erlaubt es uns, die Beziehungen (2.38) und (2.39) in der Form

$$F = ma$$

$$F \sim \frac{Mm}{r^2} \tag{2.40}$$

aufzuschreiben und die Proportionalitätsbeziehung (2.40) über die Gravitationskonstante G zu einer echten Gleichung zu machen.

Die Äquivalenz von träger und schwerer Masse ist in der Physik so wichtig, dass sie einen eigenen Namen trägt: Sie wird als das *schwache Äquivalenzprinzip* bezeichnet.

Schwaches Äquivalenzprinzip

Die träge und die schwere Masse eines Körpers sind gleich.

Aus dem Blickwinkel der klassischen Mechanik wirkt das schwache Äquivalenzprinzip wie ein erstaunlicher Zufall, und tatsächlich war Einstein einer der Ersten, der die Gleichheit von träger und schwerer Masse in einer völlig neuen Richtung deutete. Er vermutete, dass sich hinter den beiden Begriffen ein gemeinsames Naturphänomen verbarg, das sich manchmal als Trägheit und manchmal als Schwere manifestiert. Dieser Gedanke führte ihn schließlich zur Formulierung der allgemeinen Relativitätstheorie. Dort erhob er zum Grundsatz, dass wir in einem geschlossenen Labor nicht entscheiden können, ob ein gleichmäßig beschleunigter Laborboden gegen unsere trägen Füße drückt oder wir von einem Schwerefeld am Boden gehalten werden. Indem er dieses Prinzip allen anderen Überlegungen voranstellte, gab die Gleichheit von träger und schwerer Masse keinerlei Rätsel mehr auf. Intuitiv hatte sich Einstein dazu entschieden, die Unterschiede axiomatisch zu eliminieren, mit durchschlagendem Erfolg.

2.3 Licht

Mehrfach haben wir in den vorangegangenen Abschnitten auf die prominente Rolle hingewiesen, die der Lichtgeschwindigkeit in der Relativitätstheorie zukommt. Aber was überhaupt ist Licht? Und wie breitet es sich aus? In der Vergangenheit standen diese Fragen lange im Mittelpunkt des physikalischen Diskurses, doch so banal sie auch klingen, so schwer sind sie zu beantworten.

2.3.1 Welle oder Teilchen?

Als Newton lebte, standen sich mit der Korpuskel- und der Wellentheorie zwei fundamental verschiedene Erklärungsansätze konkurrierend gegenüber:

- Korpuskeltheorie

  Nach der Korpuskeltheorie besteht das Licht aus kleinen Teilchen. Newton, der in seinem Leben zahlreiche optische Versuche durchführte, war ein Verfechter dieser Theorie. Wir kommen seiner damals vertretenen Ansicht sehr nahe, wenn wir uns einen Sonnenstrahl als eine Armada unterschiedlich farbiger Lichtteilchen vorstellen, die unser Auge zusammen als weißes Licht wahrnimmt.

- Wellentheorie

  Wir wissen, dass sich Lichtstrahlen, die aus unterschiedlichen Richtungen einfallen, mühelos durchdringen: Sie *superponieren.* Zur damaligen Zeit kannte man das *Superpositionsprinzip* aus der Akustik, und so lag der Verdacht nahe, dass sich Licht genau wie der Schall als Welle ausbreitet. Der Niederländer Christiaan Huygens vertrat diese Meinung als einer der Ersten, und so ist sein Name bis heute untrennbar mit der Wellentheorie des Lichts verbunden.

Die geradlinige Ausbreitung und die Reflexion des Lichts lassen sich mit der Korpuskeltheorie elegant erklären, nicht aber die Lichtbrechung. Newton dachte lange darüber nach, warum ein Lichtstrahl, der schräg in ein Wasserbecken eingeleitet wird, seine Richtung ändert, und führte das Phänomen am Ende auf die Gravitation zurück. Er nahm an, dass die Lichtteilchen von den Wassermolekülen angezogen und hierdurch senkrecht zur Wasseroberfläche beschleunigt werden.

In der Wellentheorie wird die Lichtbrechung mithilfe des *huygensschen Prinzips* erklären, das sich folgendermaßen zusammenfassen lässt:

- Jeder Punkt einer Wellenfront ist der Ursprung einer *Elementarwelle.*
- Die Überlagerung aller Elementarwellen ergibt die neue Position der Wellenfront.

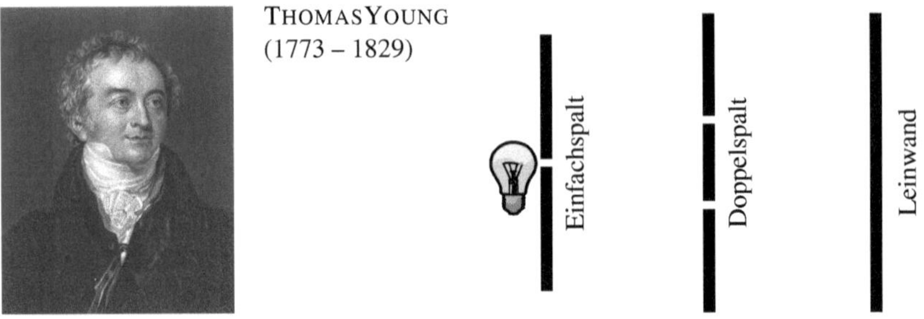

Abbildung 2.13: Aufbau des Doppelspaltexperiments

Am Ende führt auch die huygenssche Wellentheorie die Lichtbrechung auf die Eigenschaft des Lichts zurück, sich in verschiedenen Medien unterschiedlich schnell auszubreiten. Im Detail betrachtet gibt es zwischen den beiden Theorien aber einen entscheidenden Unterschied. Um die Lichtbrechung korrekt zu erklären, muss sich Licht nach der Korpuskeltheorie z. B. im Wasser schneller bewegen als in der Luft. In der Wellentheorie ist dies genau umgekehrt. Hier erhalten wir den korrekten Wellenzug nur dann, wenn wir dem Licht im Wasser eine geringere Geschwindigkeit zuschreiben als in der Luft. Wir resümieren:

- Nach der Korpuskeltheorie ist Licht im Wasser schneller als in der Luft.
- Nach der Wellentheorie ist Licht im Wasser langsamer als in der Luft.

Weder Newton noch Huygens hatten damals die technischen Möglichkeiten, um ihren Wettstreit in einem Experiment zu entscheiden, und so blieb das Wesen des Lichts über mehr als 100 Jahre ein Mysterium.

Neue Erkenntnisse lieferte das *Doppelspaltexperiment* von Thomas Young, das in Abbildung 2.13 skizziert ist. Der Versuchsaufbau ist denkbar einfach: Aus einer Lichtquelle wird mithilfe eines Einfachspalts ein Lichtbündel isoliert, das anschließend durch einen Doppelspalt auf eine Leinwand fällt. Verhält sich das Licht wie von Newton vermutet, dann müssten die Lichtteilchen durch die beiden Spalte drängen und auf der Leinwand zwei isolierte Streifen erzeugen, wie sie auf der linken Seite in Abbildung 2.14 zu sehen sind. Die Wellentheorie sagt etwas anderes vorher. Nach dem huygensschen Prinzip gehen von beiden Spalten Elementarwellen aus, die sich zu der tatsächlich beobachtbaren Wellenfront überlagern. Dies müsste dazu führen, dass die Elementarwellen in manchen Bereichen immer phasengleich und in anderen Bereichen immer phasenverschieden sind. Kurzum: Die Wellen müssten *interferieren* und auf dem Schirm ein ausgeprägtes Streifenmuster erzeugen.

Youngs Beobachtung war eindeutig: Fällt Licht durch einen Doppelspalt, so entsteht ein Interferenzmuster, wie es auf der rechten Seite in Abbildung 2.14 zu sehen ist. Es schien,

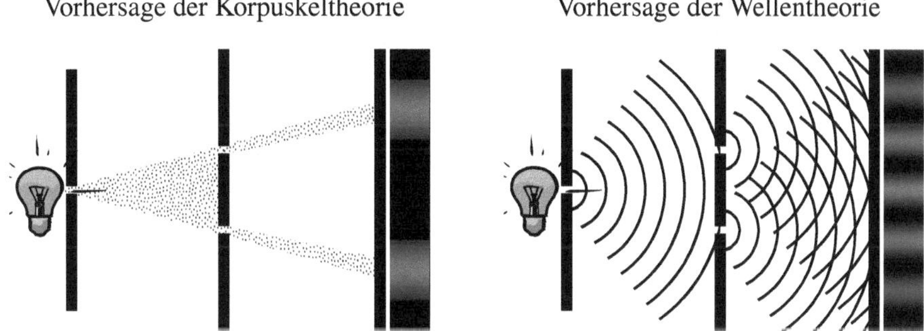

Abbildung 2.14: Das Doppelspaltexperiment von Thomas Young

als hätte das Experiment die mehr als 100 Jahre zuvor aufgeworfene Frage zu Gunsten der Wellentheorie entschieden, doch gegen Ende des 19. Jahrhunderts wurde klar, dass die Dinge komplizierter liegen.

2.3.2 Der photoelektrische Effekt

Im Jahr 1888 entdeckte der deutsche Physiker Wilhelm Hallwachs, dass ultraviolettes Licht die Eigenschaft besitzt, eine negativ aufgeladene Zinkplatte zu entladen. Die Fähigkeit des Lichts, Elektronen aus einer Metalloberfläche herauszulösen, ist der *photoelektrische Effekt*, der seinem Entdecker zu Ehren auch als *Hallwachs-Effekt* bezeichnet wird (Abbildung 2.15).

Eine naheliegende Erklärung für diesen Effekt lautet folgendermaßen: Durch die eintreffenden Lichtwellen gerät ein Elektron, das sich auf der Oberfläche der Metallplatte befindet, in Schwingung und gewinnt dadurch kontinuierlich an Energie. Irgendwann ist diese Energie so groß, dass es sich aus der Atomhülle lösen und die Metallplatte verlassen kann. Nach dieser Theorie muss die Anzahl der emittierten Elektronen proportional mit der Intensität des Lichts ansteigen, in Übereinstimmung mit dem Experiment.

Zusätzlich ist zu erwarten, dass die Erhöhung der Lichtintensität zu einer Erhöhung der kinetischen Energie führt, aber genau dies ist nicht der Fall: Die kinetische Energie der weggeschleuderten Elektronen ist von der Lichtintensität völlig unabhängig. Und noch etwas anderes ist sonderbar: Wird die Metallplatte nicht mit ultraviolettem, sondern mit langwelligerem Licht bestrahlt, so setzen die meisten Metalle überhaupt keine Elektronen mehr frei. Alleine die Frequenz des Lichts entscheidet, ob sich ein Elektron von der Platte löst und welche kinetische Energie es in diesem Fall besitzt.

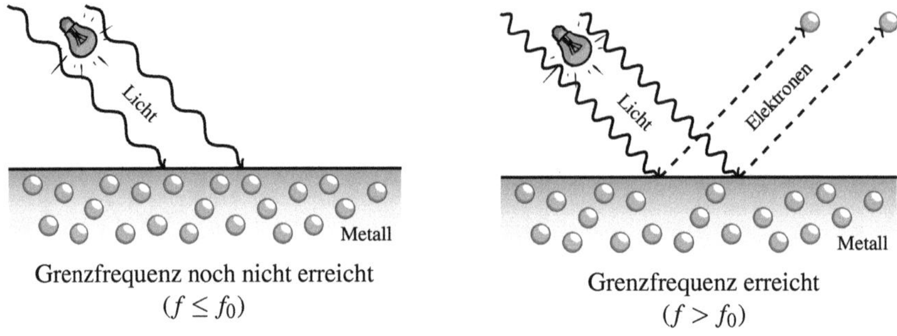

Abbildung 2.15: Der photoelektrische Effekt (Hallwachs-Effekt)

Symbolisch können wir den Zusammenhang, der zwischen der kinetischen Energie E_{kin} eines weggeschleuderten Elektrons und der Frequenz f des einfallenden Lichts besteht, folgendermaßen ausdrücken:

Photoelektrischer Effekt

$$E_{\text{kin}} = \mathrm{h}(f - f_0) \tag{2.41}$$

Die Größe f_0 ist die Grenzfrequenz, die in Abhängigkeit des bestrahlten Materials variiert. Elektronen werden nur dann freigesetzt, wenn f, die Frequenz des einfallenden Lichts, f_0 übersteigt. Die Konstante h ist das *plancksche Wirkungsquantum*. Sie ist eine materialunabhängige Naturkonstante und hat den Wert:

Plancksches Wirkungsquantum

$$\mathrm{h} = 6{,}62606957 \cdot 10^{-34}\,\mathrm{Js} = 4{,}135667516 \cdot 10^{-15}\,\mathrm{eVs}$$

Im Jahr 1905 erklärte Einstein den photoelektrischen Effekt mit einer gewagten Hypothese:

> *„Es scheint mir nun in der Tat, dass die Beobachtungen [...] besser verständlich erscheinen unter der Annahme, dass die Energie des Lichtes diskontinuierlich im Raume verteilt sei. Nach der hier ins Auge zu fassenden Annahme ist bei Ausbreitung eines von einem Punkte ausgehenden Lichtstrahles die Energie nicht kontinuierlich auf größer und größer werdende Räume verteilt, sondern es besteht dieselbe*

aus einer endlichen Zahl von in Raumpunkten lokalisierten Energiequanten, welche sich bewegen, ohne sich zu teilen und nur als Ganze absorbiert und erzeugt werden können.“

Albert Einstein [14]

Nach einer Reihe komplexer Rechnungen ist Einstein in der Lage, seine Hypothese zu konkretisieren:

„Es werde [...] gemäß dem eben erlangten Resultat angenommen, dass [...] Licht aus Energiequanten von der Größe $(R/N)\beta\nu$ bestehe, wobei ν die betreffende Frequenz bedeutet.“

Albert Einstein [14]

Der Ausdruck $(R/N)\beta$ ergibt das plancksche Wirkungsquantum h. Bezeichnen wir die Lichtfrequenz wie gewöhnlich mit f, dann nimmt die geäußerte Hypothese die folgende Gestalt an:

Photonenhypothese (Einstein, 1905)

Licht besteht aus *Photonen* der Energie $E = \mathrm{h}f$ (2.42)

Mit der Photonenhypothese war Einstein in der Lage, den photoelektrischen Effekt auf natürliche Weise zu deuten. Er schreibt:

„Nach der Auffassung, dass das erregende Licht aus Energiequanten von der Energie $(R/N)\beta\nu$ bestehe, lässt sich die Erzeugung von Kathodenstrahlen durch Licht folgendermaßen auffassen. In die oberflächliche Schicht des Körpers dringen Energiequanten ein, und deren Energie verwandelt sich wenigstens zum Teil in kinetische Energie von Elektronen. Die einfachste Vorstellung ist die, dass ein Lichtquant seine ganze Energie an ein einziges Elektron abgibt; [...] Außerdem wird anzunehmen sein, dass jedes Elektron beim Verlassen des Körpers eine (für den Körper charakteristische) Arbeit P zu leisten hat, wenn es den Körper verlässt. Mit der größten Normalgeschwindigkeit werden die unmittelbar an der Oberfläche normal zu dieser erregten Elektronen den Körper verlassen. Die kinetische Energie solcher Elektronen ist

$$\frac{R}{N}\beta\nu - P.\text{“}$$

Albert Einstein, 1905 [14]

In unserer Notation nimmt Einsteins Formel die Gestalt $E_{\text{kin}} = \mathrm{h}f - P$ an, und dies können wir weiter umschreiben in:

$$E_{\text{kin}} = \mathrm{h}\left(f - \frac{P}{\mathrm{h}}\right) \tag{2.43}$$

Messen wir P in der Einheit Joule (J), so besitzt der Quotient

$$\frac{P}{\mathrm{h}} \tag{2.44}$$

die Einheit $\frac{1}{s}$. Damit ist (2.44) nichts anderes als die oben eingeführte Grenzfrequenz f_0. Formen wir (2.43) dementsprechend um, so zeigt die von Einstein zitierte Formel ein bekanntes Gesicht:

$$E_{\text{kin}} = \mathrm{h}(f - f_0)$$

Diese Formel ist die gleiche, die wir weiter oben, auf Seite 54, angegeben haben. Mit der Photonenhypothese hatte Einstein die Teilchenvorstellung des Lichts zurückgebracht, wenn auch in einer völlig unerwarteten Form. In der neuen Theorie war der Wellencharakter des Lichts nämlich keinesfalls verschwunden, was sofort am Verbleib des Parameters f in der Formel (2.42) zu erkennen ist. Verabschiedet hatte sich Einstein von der Vorstellung, Licht sei ein Welle, die ihre Energie kontinuierlich abgeben kann.

Die neue Theorie verkörperte, was wir heute als den *Welle-Teilchen-Dualismus* bezeichnen: Licht besitzt die faszinierende Eigenschaft, in manchen Aspekten wie eine klassische Welle und in anderen Aspekten wie ein gewaltiges Teilchengewitter zu agieren.

2.3.3 Die Lichtgeschwindigkeit

Wir wissen bereits, dass die Lichtgeschwindigkeit in Einsteins Relativitätstheorie eine prominente Rolle spielt, und wir wissen auch, dass sie so atemberaubend hoch ist, dass wir keine Chance haben, sie mit unseren Sinnen zu erfassen. Entsprechend lange taten sich die Physiker schwer damit, die Lichtausbreitung in physikalischen Experimenten zu untersuchen.

Astronomische Messungen

Die erste ernstzunehmende Messung der Lichtgeschwindigkeit ging auf eine Entdeckung von Galileo Galilei zurück. Während seiner astronomischen Studien hatte der Italiener am 7. Januar 1610 in der unmittelbaren Nähe des Jupiters vier kleine Punkte entdeckt, die ein regelmäßiges Bewegungsmuster aufwiesen. Einer dieser Punkte war der Mond Io, der innerste der vier großen Jupitermonde.

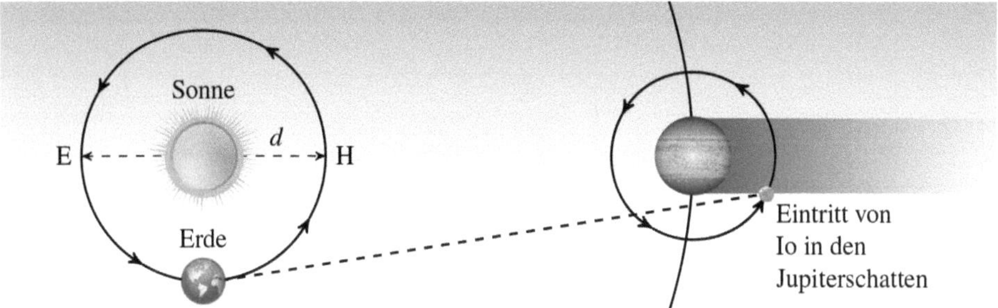

Abbildung 2.16: Zur Verdunkelung des Jupitermondes Io

Die Messung von Ole Rømer

66 Jahre nach Galileis Entdeckung wurde die Umlaufzeit von Io präzise vermessen und dabei akribisch vermerkt, wann der Trabant in den Jupiterschatten eintrat. Abbildung 2.16 macht klar, wie sich dieses Ereignis für einen Beobachter auf der Erde manifestiert. Der Eintritt von Io in den Jupiterschatten wird auf der Erde durch eine rasche Verfinsterung des Mondes sichtbar.

Zum Erstaunen der Astronomen variierten die Zeitspannen zwischen zwei Eintrittsereignissen in einem periodischen Muster. Bewegte sich die Erde auf Jupiter zu, so schien Io immer etwas früher in dessen Schatten einzutreten; bewegte sie sich hingegen von Jupiter weg, so galt das Gegenteil. Io verdunkelte sich dann immer ein wenig später. Der dänische Astronom Ole Christensen Rømer gehörte zu den Ersten, die diesen Effekt auf die endliche Ausbreitungsgeschwindigkeit des Lichts zurückführten und darin gleichermaßen eine Möglichkeit sahen, die Lichtgeschwindigkeit zu messen.

Wir wollen uns an Rømers Fersen heften und mithilfe der damals bekannten Parameter die Lichtgeschwindigkeit abschätzen. Die Formel, die wir hierfür benötigen, erschließt sich aus dem Weg-Zeit-Diagramm in Abbildung 2.17. Die horizontale Achse ist die Raumachse, die vertikale Achse die Zeitachse, und die beiden zueinander geneigten *Weltlinien* zeigen an, wie sich Erde und Jupiter relativ zueinander bewegen. Die Linien sind so eingezeichnet, dass sich der Abstand zwischen den Planeten mit der Zeit vergrößert, d. h., die Grafik entspricht einem Szenario, in dem sich die Erde mit der Geschwindigkeit v von Jupiter entfernt.

Auf der Weltlinie von Jupiter sind zwei *Weltpunkte* eingezeichnet, die zwei Verdunkelungen von Io markieren. Von jedem Weltpunkt geht ein Lichtstrahl aus, dessen Weltlinie diagonal von rechts unten nach links oben verläuft. Die Größe τ ist der zeitliche Abstand zwischen den beiden Ereignissen: Sie entspricht der Umlaufzeit von Io. Auf der Erde kommen die Lichtstrahlen mit der Zeitdifferenz T an, und da der zweite Lichtstrahl eine größere Entfernung zurücklegen muss, gilt in unserem Szenario die Beziehung $T > \tau$.

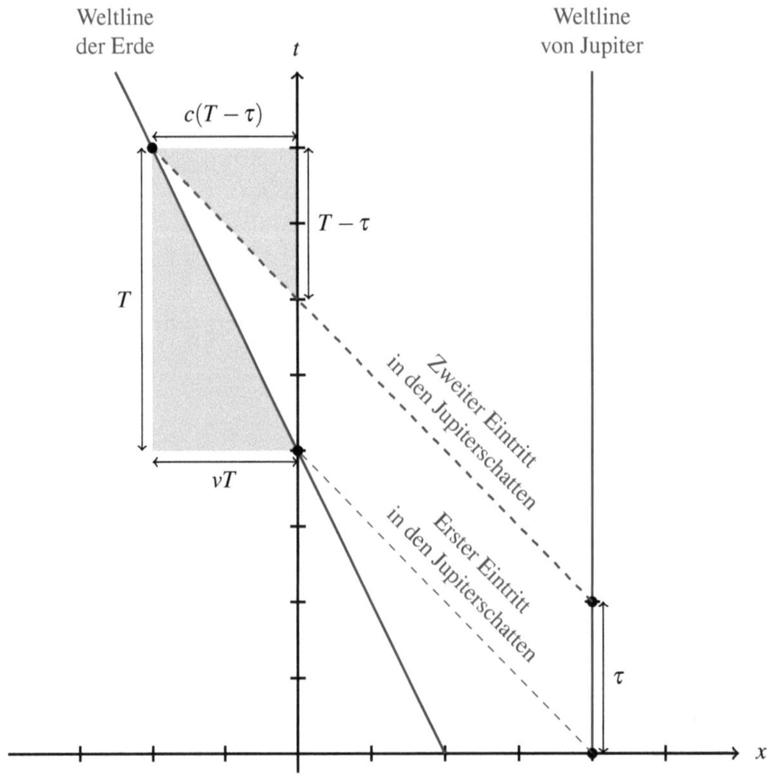

Abbildung 2.17: Weg-Zeit-Diagramm zweier Io-Verdunkelungen

Die Formel, die wir suchen, lässt sich mit wenig Mühe aus dem Diagramm ablesen. Wir erhalten sie, indem wir die Gleichung

$$c(T-\tau) = vT$$

nach c auflösen:

$$c = v\frac{T}{T-\tau} \tag{2.45}$$

Um die Lichtgeschwindigkeit mit dieser Formel auszurechnen, benötigen wir die Größen T, τ und v, von denen sich nur die erste durch eine direkte Beobachtung von der Erde aus bestimmen lässt. Was können wir also tun, wenn v gar nicht und τ nur näherungsweise bekannt ist?

Zunächst halten wir fest, dass sich die Entfernung zwischen Erde und Jupiter in der Zeit T um den Betrag vT erhöht hat. Kürzen wir den Ausdruck vT mit l ab, dann können wir Gleichung (2.45) folgendermaßen aufschreiben:

$$c = \frac{l}{T - \tau}$$

Nach T aufgelöst ergibt dies:

$$T = \frac{l + c\tau}{c} = \frac{l}{c} + \tau$$

Rømers Lösung bestand darin, die Beobachtung von Io über einen längeren Zeitraum durchzuführen. Werden n Verdunkelungen auf der Erde abgewartet, so gilt für die insgesamt verstrichene Zeit:

$$\sum_{i=1}^{n} T_i = \sum_{i=1}^{n} \left(\frac{l_i}{c} + \tau \right) = n\tau + \frac{1}{c} \sum_{i=1}^{n} l_i \tag{2.46}$$

In dieser Formel gibt es immer noch viele Unbekannte: Neben der Lichtgeschwindigkeit c, die wir suchen, kommen darin die Io-Umlaufzeit τ und die Abstände $l_1, \ldots, l_n$ vor, die wir alle noch nicht kennen.

Dennoch erreichen wir unser Ziel mit zwei einfachen Messungen, die sich problemlos auf der Erde durchführen lassen. Zunächst wird Io für ein halbes Jahr ($\frac{1}{2}$ a) beobachtet, und zwar so, dass die Erde das Bahnsegment durchläuft, das in Abbildung 2.16 die Punkte E und H verbindet. Es gilt dann

$$\sum_{i=1}^{n} l_i = d,$$

wobei d der Durchmesser der Erdumlaufbahn ist. Damit vereinfacht sich (2.46) zu

$$\frac{1}{2}\,\mathrm{a} = n\tau + \frac{d}{c}.$$

Aufgelöst nach c ergibt dies:

$$c = \frac{d}{\frac{1}{2}\,\mathrm{a} - n\tau} \tag{2.47}$$

Der Parameter τ ist immer noch unbekannt; er lässt sich jedoch auf sehr einfache Weise bestimmen, indem die Messung um ein halbes Jahr verlängert wird. Nach den $2n$ Io-Umläufen, die wir in dieser Zeit beobachten, hat sich die Erde genau einmal um die Sonne herum bewegt. Nach einer kompletten Umdrehung sind alle Längenunterschiede l_i ausgeglichen, was das Folgende bedeutet:

$$\sum_{i=1}^{2n} l_i = 0$$

Damit können wir (2.46) folgendermaßen vereinfachen:

$$1\,\mathrm{a} = 2n\tau$$

Mit dieser Formel können wir die Umlaufzeit τ direkt ausrechnen. Wenn wir den ermittelten Wert für τ in (2.47) einsetzen, erhalten wir die Lichtgeschwindigkeit c. Basierend auf den damals vorliegenden Messwerten rechnete Rømer aus, dass das Licht ca. 22 Minuten benötigt, um den Durchmesser der Erdbahn zu durchqueren. Dies ist gleichbedeutend mit der Aussage, dass Licht in ca. 11 Minuten eine *astronomische Einheit* (AE) zurücklegt, die der mittleren Entfernung zwischen der Erde und der Sonne entspricht.

Ole Christensen Rømer, 1676

$$c \approx \frac{1}{11 \cdot 60} \frac{\mathrm{AE}}{\mathrm{s}}$$

Rømer schätzte, dass die Erde von der Sonne ca. 90 000 km entfernt ist [55], was eine Lichtgeschwindigkeit von ca.

$$135\,000\,\frac{\mathrm{km}}{\mathrm{s}}$$

entsprach. Wäre ihm der exakte Wert von ca. 150 000 000 km bekannt gewesen, so hätte er mit seiner Formel eine Lichtgeschwindigkeit von ca.

$$220\,000\,\frac{\mathrm{km}}{\mathrm{s}}$$

ausgerechnet.

Die stellare Aberration

Eine erstaunlich präzise Messung der Lichtgeschwindigkeit wurde im 18. Jahrhundert von James Bradley und Samuel Molyneux durchgeführt. Die beiden englischen Astronomen wiederholten damals ein Experiment von Robert Hooke, der mit der Beobachtung des Sterns γ Draconis (*Gamma Draconis*) die stellare Parallaxe nachweisen wollte. Der Begriff der Parallaxe beschreibt das optische Phänomen, dass unterschiedlich weit entfernte Objekte für einen Beobachter gegeneinander verschoben wirken, wenn sie aus verschiedenen Blickwinkeln betrachtet werden.

In den Nächten des Jahres 1725 fand Bradley heraus, dass γ Draconis vor dem Fixsternhintergrund tatsächlich im Laufe eines Jahres eine winzige Kreisbahn durchlief. Peilte er den Bahnmittelpunkt an, so musste er sein Teleskop um ca. $20,2''$ ($20,2$ Bogensekunden) neigen, um den Stern zu sehen. Anhand des ermittelten Bewegungsmusters konnte Bradley die Parallaxe als Ursache aber schnell ausschließen. Stattdessen kam er zu

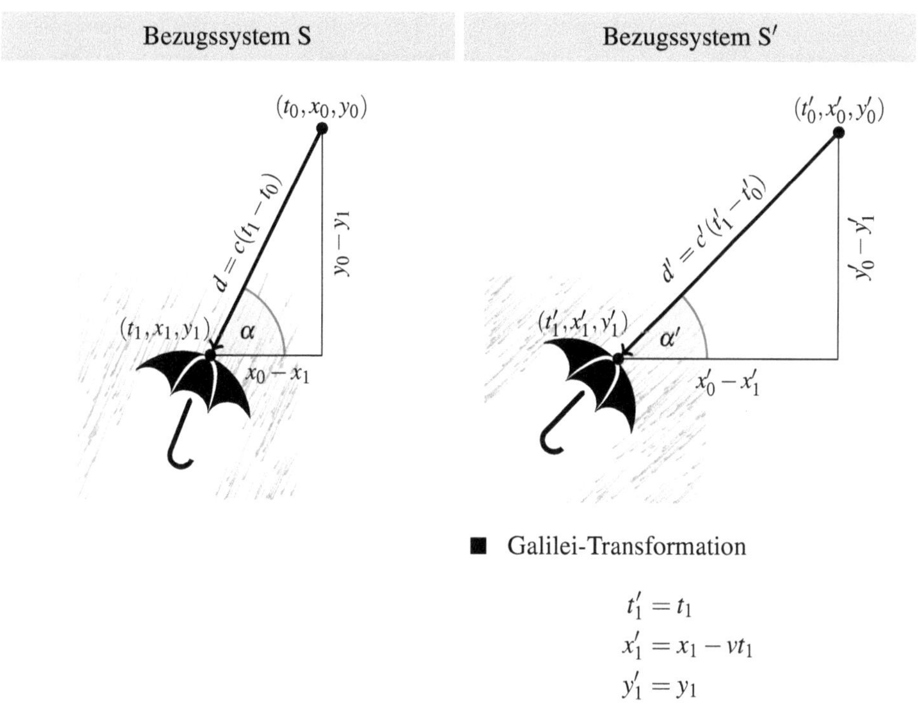

Abbildung 2.18: Die klassische Aberration, rechnerisch betrachtet

dem Schluss, dass die Bewegung von γ Draconis nur mit einer endlichen Ausbreitungsgeschwindigkeit des Lichts und einer sich relativ zur Lichtquelle bewegenden Erde zu erklären war. Bradley sollte recht behalten: Er hatte die *stellare Aberration* entdeckt.

Am einfachsten lässt sich das beobachtete Phänomen verstehen, wenn wir uns Photonen als Teilchen vorstellen, die sich wie die Wassertropfen eines Regenschauers verhalten. Wir wissen aus dem Alltag, dass ein Schirm schräg nach vorne gehalten werden muss, um im Regen trockenen Hauptes spazieren zu gehen, da die Tropfen dann nicht mehr senkrecht herabfallen, sondern schräg von vorne. Die augenscheinliche Richtungsänderung, die durch die Bewegung des Beobachters verursacht wird, ist die Aberration.

Wir wollen das Phänomen mit den Mitteln der klassischen Physik quantitativ analysieren. Hierfür blicken wir, mit der geschilderten Analogie vor Augen, auf das in Abbildung 2.18 skizzierte Szenario eines Partikels, das sich auf einer geradlinigen Bahn auf einen Beobachter zubewegt. Die linke Seite zeigt das Szenario aus der Sicht eines relativ zur Quelle ruhenden Beobachters (System S) und die rechte Seite aus der Sicht eines Beobachters, der sich auf die Quelle zubewegt (System S′). Die Geschwindigkeit, mit der sich S′ gegenüber S in die Richtung der positiven x-Achse bewegt, sei v.

Uns interessiert die Frage, unter welchem Winkel α' der Beobachter das einfallende Partikel wahrnimmt. Um den gewünschten Zusammenhang herzustellen, nehmen wir an, dass das Partikel im System S zum Zeitpunkt t_0 im Punkt (x_0, y_0) emittiert wird und zum Zeitpunkt t_1 im Punkt (x_1, y_1) den Beobachter erreicht. Aus der Definition der trigonometrischen Funktionen folgen dann unmittelbar die nachstehenden Zusammenhänge:

$$\begin{aligned}
\sin\alpha &= \frac{y_0 - y_1}{d} = \frac{y_0 - y_1}{c(t_1 - t_0)} \\
\cos\alpha &= \frac{x_0 - x_1}{d} = \frac{x_0 - x_1}{c(t_1 - t_0)} \\
\sin\alpha' &= \frac{y'_0 - y'_1}{d'} = \frac{y'_0 - y'_1}{c'(t'_1 - t'_0)} \\
\cos\alpha' &= \frac{x'_0 - x'_1}{d'} = \frac{x'_0 - x'_1}{c'(t'_1 - t'_0)}
\end{aligned}$$

Um die Rechnung zu vereinfachen, nehmen wir an, das betrachtete Partikel werde zum Zeitpunkt $t_0 = t'_0 = 0$ emittiert und die Ursprünge beider Koordinatensysteme befänden sich zu diesem Zeitpunkt am Ort der Emission. Es sei also:

$$\begin{aligned}
x_0 &= y_0 = t_0 = 0 \\
x'_0 &= y'_0 = t'_0 = 0
\end{aligned}$$

Damit können wir die obigen Formeln in eine deutlich einfachere Form bringen:

$$\sin\alpha = -\frac{y_1}{ct_1} \tag{2.48}$$

$$\cos\alpha = -\frac{x_1}{ct_1} \tag{2.49}$$

$$\sin\alpha' = -\frac{y'_1}{c't'_1} \tag{2.50}$$

$$\cos\alpha' = -\frac{x'_1}{c't'_1} \tag{2.51}$$

Betrachten wir die Aberration im Sinne der klassischen Physik, so hängen die Koordinaten von S und S' über die Galilei-Transformation zusammen:

$$\begin{aligned}
x'_1 &= x_1 - vt_1 \\
y'_1 &= y_1 \\
t'_1 &= t_1
\end{aligned}$$

Damit können wir (2.50) und (2.51) folgendermaßen umformen:

$$\sin\alpha' = -\frac{y_1}{c't_1} \overset{(2.48)}{=} \frac{ct_1 \sin\alpha}{c't_1} = \frac{c\sin\alpha}{c'}$$

$$\cos\alpha' = -\frac{x_1 - vt_1}{c't_1} \overset{(2.49)}{=} \frac{ct_1\cos\alpha + vt_1}{c't_1} = \frac{c\cos\alpha + v}{c'}$$

Hieraus erhalten wir:

$$\tan\alpha' = \frac{\sin\alpha'}{\cos\alpha'} = \frac{c\sin\alpha}{c\cos\alpha + v} = \frac{\sin\alpha}{\cos\alpha + \frac{v}{c}} \tag{2.52}$$

Im Kontext der Aberration wird der Ausdruck $\frac{v}{c}$ als *Aberrationskonstante* bezeichnet und mit dem gleichen Buchstaben β abgekürzt, den wir bereits auf Seite 20 für diesen Quotienten benutzt haben. Schreiben wir Gleichung (2.52) mit dem neu eingeführten Symbol um, so erhalten wir das gesuchte Ergebnis:

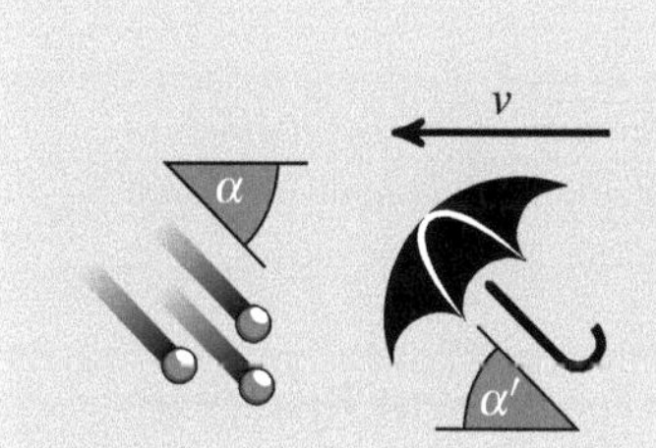

Nichtrelativistische Aberrationsformel

Für einen bewegten Beobachter, der sich mit der Geschwindigkeit v einer ruhenden Quelle nähert, gilt:

$$\tan\alpha' = \frac{\sin\alpha}{\cos\alpha + \beta} \tag{2.53}$$

Fällt ein Partikel senkrecht von oben auf die Erde, so ist

$$\alpha = 90^\circ.$$

Wir wollen für diesen Fall die Frage beantworten, um wie viel Grad wir einen Regenschirm oder ein nach oben ausgerichtetes Fernrohr in die Bewegungsrichtung neigen müssen, um ein solches Partikel einzufangen. In Zeichen ausgedrückt suchen wir den Winkel

$$90^\circ - \alpha'.$$

Für diesen Winkel gilt

$$\tan\left(90^\circ - \alpha'\right) = \frac{1}{\tan\alpha'} \overset{(2.53)}{=} \frac{\cos 90^\circ + \beta}{\sin 90^\circ}.$$

Damit können wir die Aberrationsformel in eine besonders einfache Form bringen:

Nichtrelativistische Aberrationsformel ($\alpha = 90^\circ$)

$$\tan\left(90^\circ - \alpha'\right) = \beta = \frac{v}{c}$$

Diese Formel konnte Bradley für die Approximation der Lichtgeschwindigkeit verwenden, da sich der Stern γ Draconis, von London aus beobachtet, ziemlich genau im Zenit befindet. Setzen wir in die Formel eine Winkelabweichung von $20,2''$ ein, so erhalten wir für das Verhältnis aus Erdgeschwindigkeit und Lichtgeschwindigkeit den Wert

$$\frac{v}{c} = \tan 20,2'' \approx \frac{1}{10210}$$

Das bedeutet, dass sich das Licht rund 10 210 Mal schneller ausbreitet, als sich die Erde um die Sonne bewegt. Da die Erde in einem Jahr die Sonne umrundet, muss das Licht diese Distanz in rund 51,4 Minuten bewältigen. Dies wiederum bedeutet, dass das Licht die Distanz von der Sonne zur Erde in ca. 8 Minuten und 12 Sekunden zurücklegt, und genau diesen Wert hatte Bradley in seinem Experiment ermittelt:

> „[c will be to v], *that is, the Velocity of Light to the Velocity of the Eye (which in this Case may be supposed the same as the Velocity of the Earth's annual Motion in its Orbit) as 10210 to One, from whence it would follow, that Light moves, or is propagated as far as from the Sun to the Earth in* $8'\ 12''$.“
>
> James Bradley [6]

Wir halten fest:

James Bradley, 1727

$$c \approx \frac{1}{8 \cdot 60 + 12} \frac{\mathrm{AE}}{\mathrm{s}}$$

Legen wir zugrunde, dass die Erde ca. 150 000 000 km von der Sonne entfernt ist, so können wir folgern, dass sich Licht mit einer Geschwindigkeit von ca. 304 878 $\frac{\mathrm{km}}{\mathrm{s}}$ fortbewegt. Mit seinem Experiment hatte Bradley den wahren Wert der Lichtgeschwindigkeit damit erstaunlich genau approximiert.

Terrestrische Messungen

Nach der Entdeckung der Aberration durch James Bradley verstrichen mehr als 100 Jahre, bis in Frankreich verschiedene terrestrische Methoden für die Messung der Lichtgeschwindigkeit entwickelt wurden. Zwei historisch bedeutsame Experimente wollen wir uns genauer ansehen: das Zahnradexperiment von Hippolyte Fizeau und das Drehspiegelexperiment von Jean Bernard Léon Foucault.

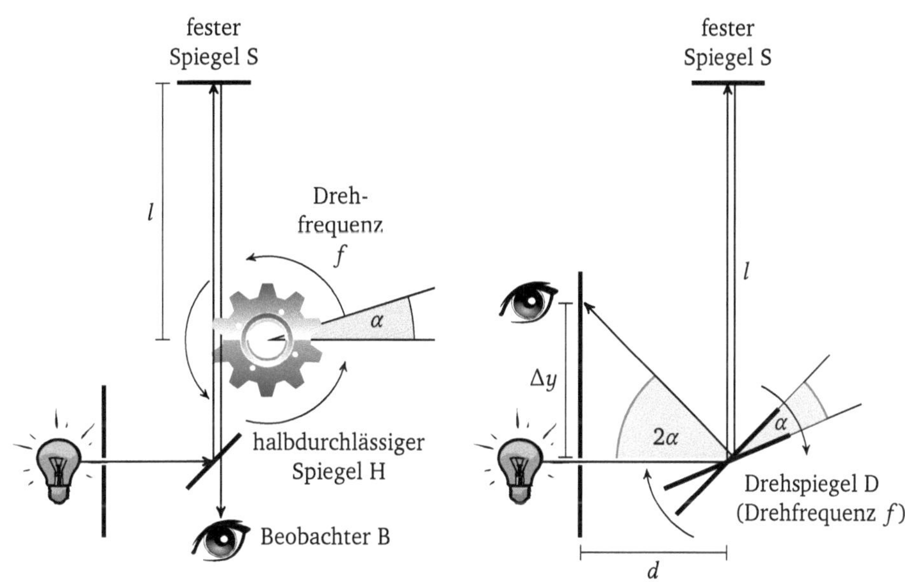

Abbildung 2.19: Zur Zahnrad- und Drehspiegelmethode

Das Experiment von Fizeau

Die Zahnradmethode basiert, wie in Abbildung 2.19 links zu sehen, auf einem Lichtstrahl, der über einen halbdurchlässigen Spiegel H auf einen entfernt aufgestellten Spiegel geleitet und von dort in das Okular des Beobachters zurück reflektiert wird. Direkt hinter dem halbdurchlässigen Spiegel läuft der Strahl so durch ein Zahnrad, dass er auf den Wegstrecken $\overline{HS}$ und $\overline{SH}$ entweder auf einen Zahn oder auf eine Lücke zwischen zwei Zähnen trifft. Im ersten Fall wird der Lichtstrahl blockiert, im zweiten Fall kann er ungehindert passieren. Wird das Zahnrad langsam gedreht, so ist der Lichtstrahl immer dann zu sehen, wenn er auf der Wegstrecke $\overline{HS}$ durch eine Lücke zwischen zwei Zähnen hindurchgeht; das Licht ist im Verhältnis zur Drehgeschwindigkeit dann so schnell, dass es bei seiner Rückkehr die gleiche Lücke passiert. Wird die Drehzahl kontinuierlich erhöht, deckt der nachfolgende Zahn einen immer größeren Teil des zurückkehrenden Lichtstrahls ab, bis dieser im Okular des Beobachtungsfernrohrs vollständig verschwindet. In diesem Moment kann aus der Drehfrequenz des Rads die Lichtgeschwindigkeit berechnet werden.

Wir wollen uns überlegen, wie die zahlreichen Parameter in Fizeaus Versuch quantitativ zusammenhängen. Als Erstes halten wir fest, dass der Lichtstrahl zum zweimaligen

Durchlaufen der Strecke l die Zeit

$$t = \frac{2l}{c} \tag{2.54}$$

benötigt. Ist die Drehfrequenz f so eingestellt, dass gerade kein Licht mehr den Beobachter erreicht, so dreht sich das Zahnrad in der Zeit t um einen halben Zahn weiter. Messen wir den Winkel im Bogenmaß und legen für die Berechnung ein Zahnrad mit n Zähnen zugrunde, dann gilt die folgende Beziehung:

$$\alpha = 2\pi f t = \frac{\pi}{n}$$

Zusammen mit (2.54) wird daraus:

$$4f\frac{l}{c} = \frac{1}{n}$$

Lösen wir diese Gleichung nach c auf, so erhalten wir die von uns gesuchte Formel zur Approximation der Lichtgeschwindigkeit:

Bestimmung der Lichtgeschwindigkeit nach Fizeau

$$c = 4fln \tag{2.55}$$

Fizeau konnte die Messung nicht in seinem Labor durchführen, denn dort hätte er das Zahnrad schneller drehen müssen, als es ihm technisch möglich war. Er löste das Problem, indem er den Versuch ins Freie verlegte und den festen Spiegel S in einer Entfernung von

$$l \approx 8\,633 \text{ m}$$

platzierte. Das Experiment verlief wie vorhergesagt. Fizeau konnte einen Lichtstrahl beobachten, der mit zunehmender Drehzahl immer schwächer wurde und bei der Frequenz

$$f \approx 12{,}6 \ \tfrac{1}{\text{s}}$$

vollständig verschwand. Fizeau nutzte in seinem Experiment ein Zahnrad mit

$$n = 720$$

Zähnen. Setzen wir diese Werte in (2.55) ein, so erhalten wir:

$$c \approx 4 \cdot 12{,}6 \ \tfrac{1}{\text{s}} \cdot 8633 \text{ m} \cdot 720$$

Ausmultipliziert ergibt dies jenen Wert, den Fizeau in seinem historischen Versuch ermittelt hat:

Hippolyte Fizeau, 1849

$$c \approx 313\,274\,304\ \tfrac{\mathrm{m}}{\mathrm{s}}$$

Das Experiment von Foucault

Die Drehspiegelmethode von Foucault ist in Abbildung 2.19 rechts skizziert und basiert auf einer ähnlichen Idee wie die Zahnradmethode von Fizeau. Von der Lichtquelle fällt ein Lichtstrahl auf einen beweglich montierten Drehspiegel D und anschließend auf einen fest installierten Spiegel S. Von dort wird er zurück auf den Drehspiegel und danach in das Auge des Betrachters reflektiert. Solange sich der Drehspiegel in Ruhe befindet, bewegt sich der Lichtstrahl von S auf dem gleichen Weg zurück, auf dem er dort hingelangte; er kommt also wieder an der Lichtquelle an. Ist der Drehspiegel in Bewegung, wird der Rückweg des Lichtstrahls geringfügig verändert. In der Zeit, in der das Licht zweimal die Strecke l überbrückt, hat sich der Spiegel um einen Winkel α weitergedreht, und das bedeutet, dass der Lichtstrahl mit dem Winkel 2α gegenüber der Einfallslinie zurückgeworfen wird. Über den Versatz Δy lässt sich die Lichtgeschwindigkeit direkt ausrechnen.

Die Formel, die Foucault hierfür benutzte, können wir mit wenig Mühe herleiten. Zunächst halten wir fest, dass für kleine Winkel α die Abschätzung

$$\alpha \approx \tan\alpha$$

verwendet werden darf, was uns den folgenden Zusammenhang beschert:

$$\alpha \approx \frac{1}{2}\tan(2\alpha) = \frac{\Delta y}{2d} \tag{2.56}$$

Zum zweimaligen Durchlaufen der Strecke l benötigt das Licht die Zeit

$$t = \frac{2l}{c}. \tag{2.57}$$

In dieser Zeit hat sich der Spiegel um den Winkel

$$\alpha = 2\pi f t \overset{(2.57)}{=} \frac{4\pi f l}{c}$$

weiter gedreht, so dass wir, unter Berücksichtigung von (2.56), den folgenden Zusammenhang formulieren können:

$$\frac{\Delta y}{2d} \approx \frac{4\pi f l}{c}$$

Lösen wir diese Gleichung nach c auf, so erhalten wir die gesuchte Formel zur Approximation der Lichtgeschwindigkeit:

Bestimmung der Lichtgeschwindigkeit nach Foucault

$$c \approx \frac{8\pi f l d}{\Delta y} \tag{2.58}$$

In seinem ersten Experiment benutzte Foucault eine kleine Luftdruckturbine, die den Spiegel mit der Frequenz

$$f \approx 800\,\text{Hz}$$

drehen ließ [2], und für den Abstand d galt

$$d \approx 1\,\text{m}.$$

Die Entfernung l betrug in Foucaults ursprünglicher Versuchsanordnung 4 m. Die Verschiebung des Lichtstrahls stellte sich jedoch als so gering heraus, dass er den Abstand durch den Einsatz mehrerer Spiegel auf

$$l \approx 20\,\text{m}$$

vergrößerte [2]. Mit dieser verbesserten Versuchsanordnung maß Foucault eine Verschiebung in der Nähe von

$$\Delta y \approx 1{,}34\,\text{mm}.$$

Setzen wir diese Parameter in Formel (2.58) ein, so erhalten wir das von Foucault ermittelte Ergebnis:

Jean Bernard Léon Foucault, 1850/51

$$c \approx 300\,900\,000\,\tfrac{\text{m}}{\text{s}}$$

Verbesserung durch Michelson

Dass sich die Lichtgeschwindigkeit mit der Drehspiegelmethode sehr präzise messen lässt, hat der US-amerikanische Nobelpreisträger Albert Abraham Michelson unter Beweis gestellt. In den Jahren 1877 bis 1935 hatte er die Messmethode kontinuierlich verbessert und dabei die folgenden Ergebnisse erzielt:

Albert Abraham Michelson

$$c \approx 299\,940\,000\ \tfrac{\mathrm{m}}{\mathrm{s}} \qquad \text{(☞ Annapolis-Experiment, 1880)}$$
$$c \approx 299\,853\,000\ \tfrac{\mathrm{m}}{\mathrm{s}} \qquad \text{(☞ Cleveland-Experiment, 1883)}$$
$$c \approx 299\,796\,000\ \tfrac{\mathrm{m}}{\mathrm{s}} \qquad \text{(☞ Mount-Wilson-Experiment, 1927)}$$
$$c \approx 299\,774\,000\ \tfrac{\mathrm{m}}{\mathrm{s}} \qquad \text{(☞ Pasadena-Experiment, 1935)}$$

Die Lichtgeschwindigkeit heute

Durch gewaltige Fortschritte in der Lasertechnik war es in den Siebzigerjahren möglich geworden, die Lichtgeschwindigkeit noch viel präziser zu messen. Heute lassen sich kurzwellige Laserstrahlen mit einer hohen Frequenzstabilität erzeugen und sowohl die Frequenz f als auch die Wellenlänge λ in hoher Genauigkeit messen. Sind beide Größen bekannt, lässt sich die Lichtgeschwindigkeit durch eine einfache Multiplikation sofort ausrechnen.

Im Jahr 1972 fand eine solche Präzisionsmessung am National Bureau of Standards in Boulder, Colorado, mit einem Helium-Neon-Laser statt. Für die Frequenz und die Wellenlänge des Laserlichts ergaben sich dabei die folgenden Werte [22]:

$$f \approx 88{,}376\,181\,627\ \mathrm{THz} \tag{2.59}$$
$$\lambda \approx 3{,}392\,231\,376\ \mu\mathrm{m} \tag{2.60}$$

Das Produkt dieser beiden Größen ist die Lichtgeschwindigkeit:

Boulder-Gruppe, 1972

$$c \approx 299\,792\,456{,}2\ \tfrac{\mathrm{m}}{\mathrm{s}}$$

An dieser Stelle wollen wir eine kurze Bemerkung zur Schreibweise physikalischer Größen einstreuen. Ein Blick in die Originalpublikation aus dem Jahr 1972 zeigt, dass die Messwerte (2.59) und (2.60) dort in der folgenden Form angegeben sind:

$$f = 88{,}376\,181\,627(50)\ \mathrm{THz} \tag{2.61}$$
$$\lambda = 3{,}392\,231\,376(12)\ \mu\mathrm{m} \tag{2.62}$$

Die in Klammern angegebenen Ziffern geben Auskunft über die Messunsicherheit. Enthält die Klammer n Ziffern, so sind die letzten n Ziffern unsicher und können um den eingeklammerten Wert größer oder kleiner sein. Das bedeutet, dass sich hinter den Gleichungen (2.61) und (2.62) die folgenden beiden Abschätzungen verbergen:

$$f = 88{,}376\,181\,627 \pm 0{,}000\,000\,050\ \text{THz}$$
$$\lambda = 3{,}392\,231\,376 \pm 0{,}000\,000\,012\ \mu\text{m}$$

Die Lichtgeschwindigkeit bezifferte die Boulder-Gruppe mit

$$c = 299\,792\,456{,}2(1{,}1)\ \tfrac{\text{m}}{\text{s}}.$$

Damit war den Forschern eine hochpräzise Messung gelungen. Sie konnten die Lichtgeschwindigkeit mit einer Abweichung bestimmen, die nach oben oder unten nur ca. 1 $\frac{\text{m}}{\text{s}}$ betrug.

Ab jetzt war es mit der neuen Lasertechnik möglich, die Lichtgeschwindigkeit so genau zu ermitteln, dass im Jahr 1983 eine Neudefinition der Längeneinheit *Meter* erfolgte. Seit dieser Zeit gilt:

Meter (Einheit)

Der *Meter* ist die Strecke, die Licht im 299 792 458 sten Teil einer Sekunde im Vakuum zurücklegt.

Die vorgenommene Neudefinition hat die Lichtgeschwindigkeit im Vakuum zu einer echten numerischen Konstanten werden lassen. Genauere Messungen werden an ihr nichts mehr ändern und stattdessen zu einer Anpassung des Meters führen. Heute wie morgen gilt:

Lichtgeschwindigkeit im Vakuum

$$c := 299\,792\,458\ \tfrac{\text{m}}{\text{s}}$$

2.3.4 Interferometrie

Tatsächlich war die Geschwindigkeit des Lichts nur eine Facette, mit der sich Michelson intensiv beschäftigte. Zeitlebens war er mit seinen ausgeklügelten Messinstrumenten auch einer zweiten fundamentalen Größe auf der Spur: der *Frequenz* einer Lichtwelle. Damit ist die Zeit gekommen, uns jenes Messinstrument genauer anzusehen, das Albert Abraham Michelson einst zu großem wissenschaftlichem Ruhm verhalf: das *Michelson-Interferometer*.

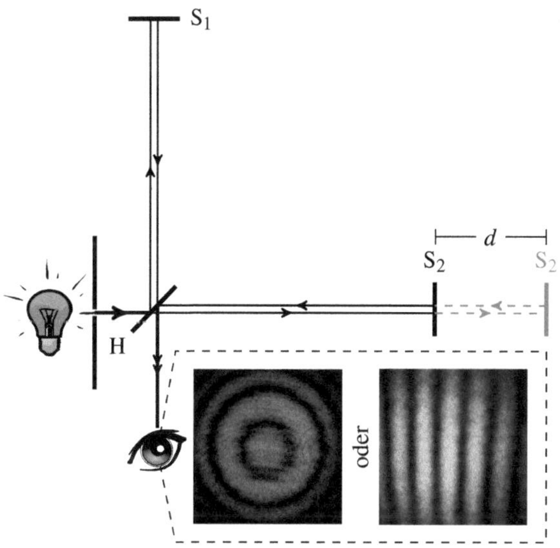

Abbildung 2.20: Zum Interferometerversuch von Michelson [25]

Interferometerversuch von Michelson

Der grundlegende Aufbau des Michelson-Interferometers ist in Abbildung 2.20 skizziert. Links ist eine Lichtquelle zu sehen, die monochromatisches Licht, d. h. Licht einer einzigen Frequenz, emittiert. Von dieser Quelle aus wird ein Lichtstrahl auf einen halbdurchlässigen Spiegel H geleitet und dort in zwei Teilstrahlen zerlegt. Der erste Teilstrahl fällt auf den Spiegel S_1 und von dort zurück in das Auge des Beobachters. Der zweite Teilstrahl erreicht den Beobachter über den Spiegel S_2. Haben S_1 und S_2 den gleichen Abstand zu H, so treffen die Wellen Berg auf Berg und Tal auf Tal aufeinander. In der Messvorrichtung wird ein Beobachter den Lichtstrahl in diesem Fall als ein ringförmiges Interferenzmuster wahrnehmen, das in der Mitte einen ausgeprägten hellen Fleck aufweist. Die Ringform geht auf die Eigenschaft der Lichtquelle zurück, Kugelwellen auszustrahlen. In der Praxis wird die Versuchsanordnung manchmal so modifiziert, dass in der Messvorrichtung kein ringförmiges, sondern ein streifenförmiges Interferenzmuster entsteht, wie es in Abbildung 2.20 ebenfalls zu sehen ist.

Wird einer der Spiegel, beispielsweise S_2, geringfügig in seiner Position verschoben, so verändert sich die Strecke, die der entsprechende Teilstrahl durchlaufen muss. Die Wellenberge und die Wellentäler treffen dann nicht mehr exakt aufeinander und löschen sich teilweise aus. In der Messvorrichtung des Beobachters wird dieser Effekt unmittelbar sichtbar: Während der Spiegel verschoben wird, bewegt sich das Interferenzmuster.

Um die Wellenlänge des Lichts zu bestimmen, stellte Michelson die Apparatur zunächst so ein, dass das Interferenzmuster in der Mitte einen hellen Fleck zeigte. Anschließend schob er den Spiegel S_2 so lange nach außen, bis das Muster wieder seine ursprüngliche Gestalt annahm, d. h., bis der helle Fleck wieder in der Mitte war. Im Vergleich zur Ausgangsposition waren die interferierenden Lichtstrahlen jetzt um genau eine Wellenlänge λ verschoben. Da der über S_2 laufende Teilstrahl den Verschiebeabstand d zweimal durchlaufen musste, galt der Zusammenhang

$$\lambda = 2d.$$

Tatsächlich erlaubt es die Apparatur, die Frequenz des Lichts in einer nahezu beliebigen Genauigkeit zu messen. Wird der Spiegel z. B. so weit nach außen geschoben, dass er den Lichtstrahl um zwei Wellenlängen versetzt, so bleibt der absolute Messfehler gleich, verteilt sich nun aber auf zwei Wellenlängen. Damit ist die Idee offengelegt: Wird der Spiegel S_2 des Interferometers um N Wellenlängen versetzt, so ergibt sich die Wellenlänge über die Formel

$$\lambda = \frac{2d}{N}.$$

Mit zunehmenden Werten von N wird die Berechnung immer präziser, und genau dies ist die Stärke des Michelson-Interferometers.

Interferometerversuch von Fizeau

In diesem Abschnitt wollen wir unser Augenmerk auf einen berühmten Versuch richten, den Hippolyte Fizeau bereits 1851, nur zwei Jahre nach seiner Messung der Lichtgeschwindigkeit, durchgeführt hat. Fizeaus Versuchsaufbau ist in Abbildung 2.21 skizziert. Aus einer Lichtquelle wird ein Lichtstrahl isoliert, der von einem halbdurchlässigen Spiegel (H) in zwei separate Strahlen aufgeteilt wird. Beide Strahlen werden von insgesamt drei Spiegeln (S_1,S_2,S_3) reflektiert und anschließend in die Messvorrichtung des Betrachters geleitet. Die Konstruktion stellt sicher, dass die Teilstrahlen die gleiche Distanz zurücklegen, die Wegstrecke aber gegenläufig durchqueren.

Um herauszufinden, wie sich die Geschwindigkeit des Lichts ändert, wenn sich die Wellen in einem bewegten Medium ausbreiten, brachte Fizeau eine wasserdurchströmte Glasröhre in den Versuchsaufbau ein. Die Form der Röhre stellte sicher, dass sich einer der beiden Lichtstrahlen stets *mit* dem Wasser und der andere Teilstrahl *gegen* das Wasser bewegte.

Fizeau nahm an, dass sich die Geschwindigkeit des Lichts im ersten Fall erhöhen und im zweiten Fall erniedrigen würde. Sollte er recht haben, so würden die Lichtstrahlen für die Bewältigung der gleichen Wegstrecke unterschiedlich lange benötigen und sich nach ihrer Zusammenführung nicht mehr phasengleich überlagern. Der Beobachter sollte dies direkt feststellen können. Er müsste in seinem Objektiv Interferenzstreifen wahrnehmen, die in

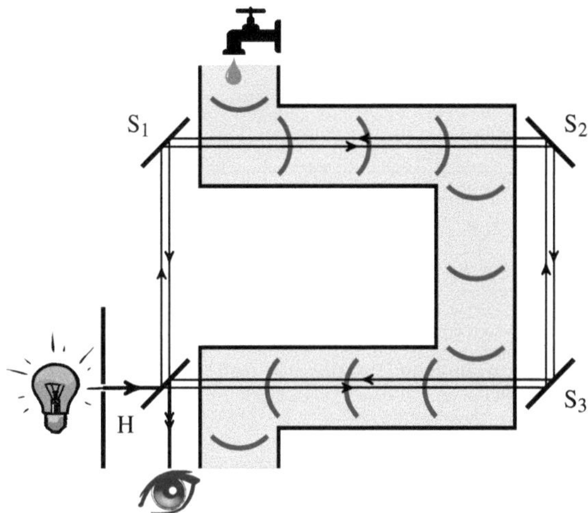

Abbildung 2.21: Zum Interferometerversuch von Fizeau

Fizeaus Originalarbeit „Fransen“ heißen und sich bei der Erhöhung oder der Erniedrigung der Fließgeschwindigkeit verschieben [24].

Bevor wir den Ausgang des Fizeau'schen Versuchs verraten, wollen wir mit den Mitteln der klassischen Physik abschätzen, wie groß die erwartete Verschiebung ausfallen müsste. Zunächst halten wir fest, dass sich Licht in einem Medium mit dem Brechungsindex n mit der Geschwindigkeit

$$c_{\text{Medium}} = \frac{c}{n}$$

ausbreitet. Nach dem klassischen Additionstheorem für Geschwindigkeiten, das wir auf Seite 18 formuliert haben, wird sich die Geschwindigkeit des einen Lichtstrahls um die Geschwindigkeit des Wassers erhöhen, und die des anderen Lichtstrahls um den gleichen Betrag erniedrigen. Ist v die Fließgeschwindigkeit des Wassers, so können wir dies folgendermaßen niederschreiben:

$$v_1 = \frac{c}{n} + v \tag{2.63}$$

$$v_2 = \frac{c}{n} - v \tag{2.64}$$

Ist l die Länge der Röhre, die jeder Lichtstrahl zweimal durchlaufen muss, so können wir über die folgenden beiden Formeln ausrechnen, wie lange der erste bzw. der zweite Teilstrahl benötigt, um die Gesamtstrecke $2l$ zurückzulegen:

$$t_1 = \frac{2l}{v_1} = \frac{2l}{\frac{c}{n} + v}$$

$$t_2 = \frac{2l}{v_2} = \frac{2l}{\frac{c}{n} - v}$$

Die Differenz dieser Werte gibt an, wie viel später der langsamere Lichtstrahl das Auge des Betrachters erreicht:

$$\begin{aligned} t_2 - t_1 &= \frac{2l}{\frac{c}{n} - v} - \frac{2l}{\frac{c}{n} + v} \\ &= \frac{2l\left(\frac{c}{n} + v - \frac{c}{n} + v\right)}{\left(\frac{c}{n}\right)^2 - v^2} = \frac{4lv}{\left(\frac{c}{n}\right)^2 - v^2} \\ &\approx \frac{4lv}{\left(\frac{c}{n}\right)^2} = \frac{4lvn^2}{c^2} \end{aligned} \tag{2.65}$$

Fizeau hatte in seinem historischen Experiment ein Glasrohr mit der Länge

$$l \approx 1{,}487\ \mathrm{m} \tag{2.66}$$

verbaut, in dem Wasser mit der Geschwindigkeit

$$v \approx 7{,}069\ \tfrac{\mathrm{m}}{\mathrm{s}}$$

strömte. Wasser hat den Brechungsindex

$$n \approx 1{,}33. \tag{2.67}$$

Setzen wir diese Werte in Formel (2.65) ein, so erhalten wir die folgende Zeitdifferenz:

$$t_2 - t_1 \approx 8{,}26 \cdot 10^{-16}\ \mathrm{s}$$

Legen wir eine durchschnittliche Periodendauer des sichtbaren Sonnenlichts von

$$T \approx 1{,}75 \cdot 10^{-15}\ \mathrm{s} \tag{2.68}$$

zugrunde, so führen die unterschiedlichen Laufzeiten dazu, dass sich die Interferenzstreifen in der Messvorrichtung des Beobachters um

$$\frac{t_2 - t_1}{T} \approx \frac{8{,}26 \cdot 10^{-16}\ \mathrm{s}}{1{,}75 \cdot 10^{-15}\ \mathrm{s}} \approx 0{,}47$$

Interferenzstreifen verschieben, wenn das Wasser vorher in Ruhe war. Fizeau spricht in diesem Fall von einer *„einfachen Verschiebung"*. Um einen größeren Messbereich zu erhalten, führte der Franzose das Experiment zusätzlich so aus, dass das Wasser zu Beginn mit der Geschwindigkeit v in die umgekehrte Richtung floss. Immer dann, wenn er sich auf diese Variante des Experiments bezieht, spricht Fizeau von einer *„doppelten Verschiebung"*.

Tatsächlich verlief das Experiment ganz anders als geplant:

Interferometerversuch von Fizeau

$$\text{Vorhersage der klassischen Physik:} \quad \frac{t_2 - t_1}{T} \approx 0,47$$

$$\text{Gemessener Effekt:} \quad \frac{t_2 - t_1}{T} \approx 0,23$$

Die Diskrepanz zwischen dem vorgesagten und dem gemessenen Wert ist viel zu groß, um sie mit einem Messfehler zu erklären. Offenkundig hatte Fizeau ein Phänomen der Lichtausbreitung entdeckt, das sich mit dem Wissen der damaligen Zeit nicht erklären ließ.

Für die Entwicklung der modernen Physik war Fizeaus Entdeckung von großem Wert, und wir kommen in diesem Buch gleich an zwei Stellen wieder auf sie zurück: das erste Mal in Abschnitt 2.5.1, wo wir erkennen werden, warum sie die Physiker auf der Suche nach dem Wesen des Lichts für viele Jahre auf eine falsche Fährte lockte, und das zweite Mal in Abschnitt 4.3, wo unser relativistisches Begriffsgerüst so weit entwickelt sein wird, dass der Ausgang des Fizeau'schen Experiments jegliche Mystik verliert. Wir werden dort sehen, dass die spezielle Relativitätstheorie exakt den Wert vorhersagt, den Fizeau im Jahr 1851 gemessen hat.

2.4 Elektrodynamik

Das Doppelspaltexperiment von Young hatte gezeigt, dass sich Licht wie eine Welle verhält, doch lange Zeit blieb unklar, wie man sich eine solche Welle konkret vorzustellen hatte, geschweige denn, in welchem Medium die Ausbreitung vonstattengeht. Mehr als fünfzig Jahre verstrichen, bis der schottische Physiker James Clerk Maxwell die Antwort fand. Seine mathematische Theorie des elektromagnetischen Felds lieferte handfeste Indizien dafür, dass Licht eine elektromagnetische Welle ist.

Maxwells Feldtheorie ist für das Verständnis des Lichts und die Entwicklung der Relativitätstheorie von so großer Bedeutung, dass wir in diesem Abschnitt einen genaueren Blick darauf werfen wollen. Zuvor kommen wir allerdings nicht umhin, einige grundlegende Eigenschaften der Elektrizität und des Magnetismus zu wiederholen.

Wir beginnen mit einem von Charles-Augustin de Coulomb entdeckten Gesetz, das etwas über die Kraft aussagt, die zwei elektrische Ladungen aufeinander ausüben. In seiner moderner Form lautet es folgendermaßen:

Coulomb'sches Gesetz

Skalare Form: $F = \frac{1}{4\pi\varepsilon} \frac{Q \cdot q}{r^2}$

Vektorielle Form: $\boldsymbol{F} = \frac{1}{4\pi\varepsilon} \frac{Q \cdot q}{|\boldsymbol{r}|^3} \boldsymbol{r}$

In Worten besagt das Coulomb'sche Gesetz, dass die Kraft, die zwischen zwei elektrischen Punktladungen Q und q wirkt, umgekehrt proportional zum Quadrat der Entfernung r und proportional zum Produkt der beiden Ladungen ist. In der Proportionalitätskonstante

$$\frac{1}{4\pi\varepsilon}$$

kommt neben der Kreiszahl π die Konstante ε vor. Sie beschreibt die *dielektrische Leitfähigkeit* (*Permittivität*) des raumfüllenden Mediums und ist ein Maß dafür, wie leicht ein elektrisches Feld ein bestimmtes Material, z. B. Wasser, durchdringen kann.

In der vektoriellen Darstellung des Coulomb'schen Gesetzes ist $\boldsymbol{r}$ der Verbindungsvektor, der von Q ausgeht und in q endet. Achten Sie darauf, die Richtung von $\boldsymbol{F}$ korrekt zu interpretieren. Sind Q und q zwei positive oder zwei negative Ladungen, so zeigt $\boldsymbol{F}$ in die gleiche Richtung wie $\boldsymbol{r}$. Ist dagegen eine der Ladungen positiv und die andere negativ, so weist $\boldsymbol{F}$ in die entgegengesetzte Richtung. Da sich die Ladung q im ersten Fall von Q entfernt und im zweiten Fall auf Q zubewegt, entspricht die Richtung von $\boldsymbol{F}$ in beiden Fällen der Bewegungsrichtung von q. Mit anderen Worten: Die Ladung q erfährt die Kraft $\boldsymbol{F}$ und Q die Kraft $-\boldsymbol{F}$.

Unserem Protagonisten zu Ehren werden elektrische Ladungen heute in der Einheit *Coulomb* (C) gemessen. Setzen wir die Ladungsmenge 1 C mit der kleinsten frei existierenden Ladung, der *Elementarladung* e, in Beziehung, so gilt mit hoher Genauigkeit:

Elementarladung

$$e = 1{,}60217657 \cdot 10^{-19}\ \mathrm{C}$$

Ein Elektron hat die Ladung $-e$. Missachten wir das Vorzeichen, so können wir in guter Näherung sagen:

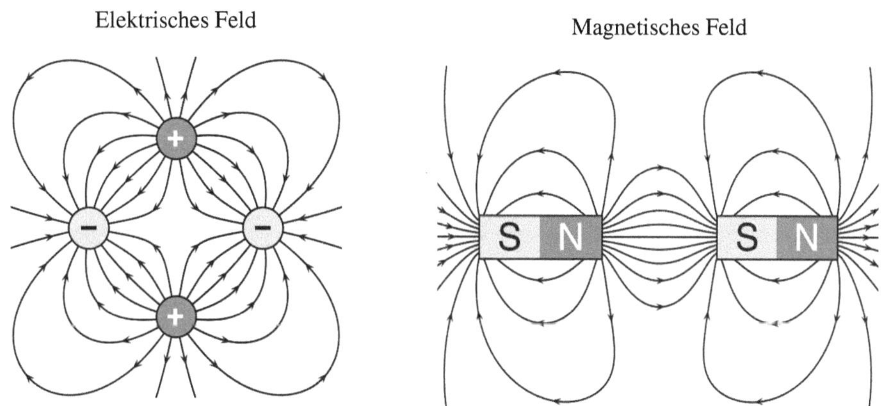

Abbildung 2.22: Das Faraday'sche Feldkonzept

Coulomb (Einheit)

1 C entspricht der Ladung von ungefähr $6{,}241\,509\,324 \cdot 10^{18}$ Elektronen.

Dass dieser Zusammenhang nur „ungefähr" richtig ist, hat einen formalen Grund. In der zurzeit gültigen Fassung des *Internationalen Einheitensystems*, des *Système international d'unités* (SI), ist das Coulomb nicht über ein Vielfaches der Elementarladung, sondern über die Stromstärke definiert: 1 C ist die Ladung, die innerhalb einer Sekunde durch den Querschnitt eines Leiters transportiert wird, in dem ein Strom der Stärke 1 A fließt.

2.4.1 Das geometrische Feldkonzept

Das Coulomb'sche Gesetz macht eine Aussage über die Kräfte, die zwei Punktladungen aufeinander ausüben, lässt aber völlig offen, wie diese durch den Raum übertragen werden. Um die Kraftübertragung zu erklären, greifen wir heute fast selbstverständlich auf die Modellbegriffe des elektrischen Felds oder des magnetischen Felds zurück, die in der Mitte des 19. Jahrhunderts von Michael Faraday geschaffen wurden. Der Engländer ging von der Vorstellung aus, dass die Ladung den umgebenden Raum in einen speziellen Zustand versetzt, den er als *Feld* bezeichnete. Gewöhnlich werden elektrische Felder durch Feldlinien dargestellt, die von positiven Ladungen, den *Quellen*, ausgehen und an negativen Ladungen, den *Senken*, enden (Abbildung 2.22 links).

In analoger Weise ging Faraday von der Existenz eines magnetischen Felds aus, das er sich ebenfalls als eine Ansammlung raumdurchdringender Feldlinien vorstellte (Abbildung 2.22 rechts). Die Richtung der Feldlinien wird mithilfe einer gedachten Kompassnadel festgelegt, und zwar so, dass sich ihr Nordpol in die Richtung der Feldlinien dreht. Trotz ihrer Gemeinsamkeiten besteht zwischen elektrischen und magnetischen Feldern ein zentraler Unterschied. In einem elektrischen Feld sind die positiven und die negativen Ladungen sogenannte *Monopole*: Sie sind die Quellen und die Senken von elektrischen Feldlinien. In Faradays Magnetfeldern gibt es keine Monopole; dort sind sämtliche Feldlinien geschlossen.

Für elektrische Felder und magnetische Felder gilt das Prinzip der *Superposition*. Das bedeutet im Falle der elektrischen Felder, dass mehrere im Raum verteilte Ladungen ein Feld erzeugen, das der linearen Überlagerung der Einzelfelder entspricht. Damit lassen sich die Feldvektoren berechnen, indem die im Raum verteilten Ladungen separat betrachtet und die auftretenden Kräfte vektoriell addiert werden.

Dass die Elektrizität und der Magnetismus keine voneinander unabhängigen Phänomene sind, hatte der Däne Hans Christian Ørsted im Jahr 1820 entdeckt. Während einer Vorlesung hatte er bemerkt, dass eine Kompassnadel ihre Richtung ändert, wenn sie in die Nähe eines stromdurchflossenen Leiters gebracht wird. In einer Reihe von Folgeversuchen fand der Franzose André-Marie Ampère heraus, dass sich die Nadel immer senkrecht zu dem stromdurchflossenen Leiter ausrichtete.

Mithilfe des Faraday'schen Feldbegriffs können wir den entdeckten Zusammenhang elegant erklären. In der Sprache der Feldtheorie bedeutet Ampères Ergebnis, dass der Leiter von einem ringförmigen Magnetfeld umgeben ist. Felder dieser Form werden in der Physik als *Wirbelfelder* bezeichnet, so dass wir konstatieren können:

Ampère'sches Gesetz

Elektrische Ströme sind von magnetischen Wirbelfeldern umschlossen.

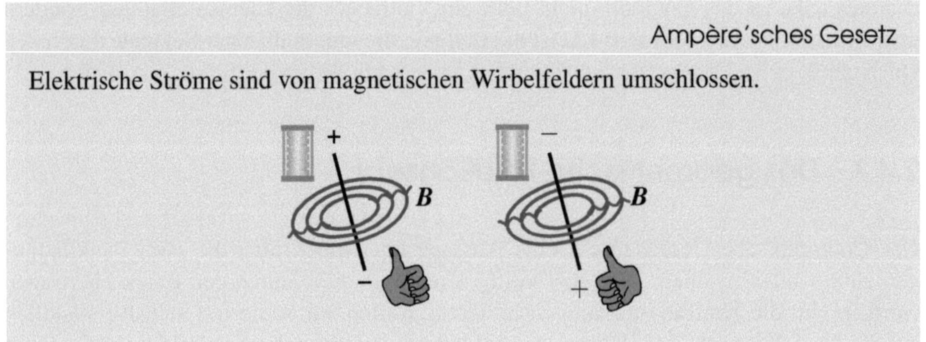

Die Richtung der Feldlinien lässt sich über die Linke-Faust- bzw. die Rechte-Faust-Regel bestimmen, je nachdem, ob wir die physikalische Stromrichtung von ‚−' nach ‚+' oder die technische Stromrichtung von ‚+' nach ‚−' zugrunde legen. Zeigt der Daumen der entsprechenden Faust in die Richtung des Stroms, so geben die gekrümmten Finger die Richtung der elektrischen Feldlinien wieder.

Ampère hatte aber noch etwas anderes entdeckt. Er konnte beobachten, dass zwei parallel verlaufende, stromdurchflossene Leiter eine anziehende oder eine abstoßende Kraft aufeinander ausüben, je nachdem, ob der Strom in die gleiche oder die entgegengesetzte Richtung floss. Mit unserem bisherigen Wissen lässt sich das Phänomen nicht erklären. Zwar wissen wir bereits, dass sich um die stromdurchflossenen Leiter ringförmige Magnetfelder ausbilden, bisher sind wir aber davon ausgegangen, dass elektrische Ladungen nur in elektrischen Feldern eine Kraft erfahren. Für ruhende Ladungen ist dies richtig, für die Elektronen in einem stromdurchflossenen Draht müssen wir die Situation aber ganz offensichtlich überdenken. Ampères Versuch hatte gezeigt, dass auf bewegte Ladungen, und nichts anderes sind die Elektronen in einem stromdurchflossenen Leiter, auch in einem Magnetfeld eine Kraft wirkt. Sie wird, nach dem holländischen Physiker Antoon Lorentz, als *Lorentzkraft* bezeichnet. Damit haben wir ein wichtiges Etappenziel erreicht:

Coulomb-Kraft und Lorentzkraft

- Elektrische Felder wirken durch die Coulomb-Kraft auf Ladungen.
- Magnetische Felder wirken durch die Lorentzkraft auf bewegte Ladungen.

Anders als die Coulomb-Kraft wirkt die Lorentzkraft nur auf bewegte Ladungen, und es spielt eine wesentlich Rolle, in welche Richtung sich die Ladung dabei bewegt. Die Kraft ist am stärksten, wenn der Richtungsvektor senkrecht auf den Feldlinien steht, und sie nimmt ab, wenn der Winkel spitzer wird. Ist der Winkel gleich null, bewegt sich eine Ladung also entlang einer Feldlinie, so ist überhaupt keine Kraft messbar.

Manchmal wird die Coulomb-Kraft und die Lorentzkraft als die elektrische und die magnetische Komponente einer gemeinsamen Kraft interpretiert, die dann als *Lorentzkraft im weiteren Sinne* bezeichnet wird. Wir werden diese Zusammenfassung nicht vornehmen und nur diejenige Kraft als *Lorentzkraft* bezeichnen, die eine bewegte Ladung in einem Magnetfeld erfährt.

Auch ein anderes physikalisches Phänomen können wir jetzt elegant erklären: die *elektrische Induktion*. Sehr einfach lässt sich dieses Phänomen mithilfe eines hufeisenförmigen Permanentmagneten und einer Leiterschleife demonstrieren. Wird die Schleife so durch das Magnetfeld bewegt, dass ein größeres Stück des Leiters senkrecht zu den magnetischen Feldlinien steht, so lässt sich ein Strom messen. Mit unserem erworbenen Wissen ist die Ursache dieses *Induktionsstroms* schnell ausgemacht: Durch die Bewegung der Leiterschleife bewegen sich die im Draht befindlichen Elektronen durch das Magnetfeld. Die Lorentzkraft treibt die Elektronen in eine gemeinsame Richtung und erzeugt dadurch einen Potenzialunterschied. Es entsteht eine *Induktionsspannung*, die für den beobachteten Stromfluss sorgt.

Interessant wird die Situation vor allem dann, wenn wir sie aus der Sicht des Leiters betrachten. In diesem Fall sind die Elektronen ruhend, und wir wissen bereits, dass magnetische Kräfte nur auf bewegte Ladungen wirken. Dennoch erfahren die Elektronen eine Kraft. Kann die Bewegung der Elektronen vielleicht durch ein elektrisches Feld verursacht worden sein? Faraday hatte genau diese Idee: Er erkannte, dass sich der Stromfluss auf natürliche Weise dadurch erklären lässt, dass veränderliche Magnetfelder elektrische Felder induzieren. Folgerichtig müsste auch dann ein elektrisches Feld entstehen, wenn der Magnet und die Leiterschleife beide ruhen und lediglich die Feldstärke variiert. Tatsächlich liefert ein solches Experiment das erwartete Ergebnis: Immer dann, wenn sich ein Magnetfeld ändert, ist es von einem elektrischen Feld umgeben. Dies ist die Aussage des Faraday'schen Induktionsgesetzes:

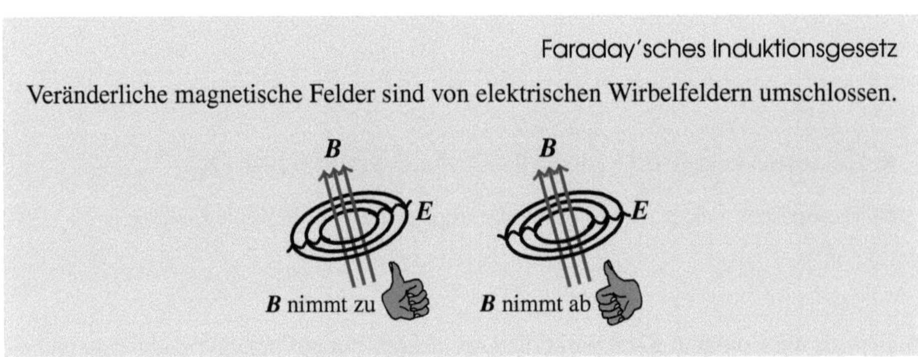

Lässt sich das Phänomen auch umgekehrt beobachten? Sind elektrische und magnetische Felder so eng miteinander verwoben, dass nicht nur ein veränderliches magnetisches Feld ein elektrisches Feld erzeugt, sondern auch ein veränderliches elektrisches Feld ein magnetisches? Dies ist tatsächlich der Fall: Veränderliche elektrische Felder erzeugen magnetische Wirbelfelder. Kombinieren wir dies mit der Beobachtung von Ørsted und Ampère, dass elektrische Ströme, d. h. bewegte Ladungen, von einem magnetischen Feld umgeben sind, so erhalten wir die inhaltliche Aussage des *erweiterten Ampère'schen Gesetzes*:

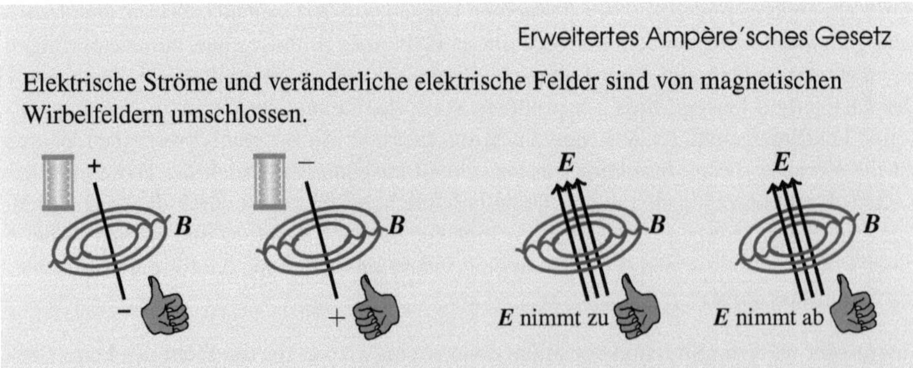

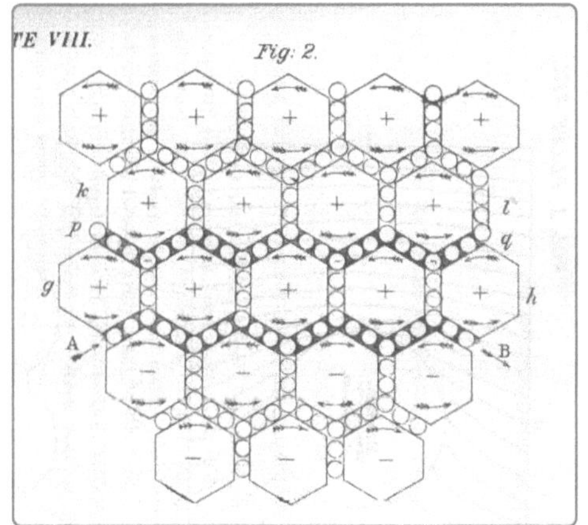

Abbildung 2.23

Maxwells Analogiemodell [38]

2.4.2 Das mathematische Feldkonzept

„I propose now to examine magnetic phenomena from a mechanical point of view, and to determine what tensions in, or motions of, a medium are capable of producing the mechanical phenomena observed.“

James Clerk Maxwell [38]

Aufgegriffen wurden Faradays Ideen von James Clerk Maxwell, der kurz nach Abschluss seines Studiums damit begonnen hatte, das geometrische Feldkonzept in eine mathematische Form zu überführen. Für die Ableitung seiner Formeln bediente sich der Schotte eines mechanischen Analogiemodells, mit dem er die Wirkungsweise elektrischer und magnetischer Kräfte erstaunlich genau erklären konnte. Er spekulierte, das magnetische Feld werde durch eine Vielzahl kleiner Wirbel (*„magnetic vortices“*) gebildet, deren Achsen entlang der magnetischen Feldlinien verlaufen. Zwischen den Wirbeln befand sich eine trennende Substanz, die aus kleinen elektrischen Partikeln bestand. Die Partikel erfüllten zwei wichtige Aufgaben. Zum einen dienten sie zur Kraftübertragung zwischen den Wirbeln, zum anderen erzeugten sie durch ihre eigene Bewegung elektrische Ströme.

In Abbildung 2.23 ist die berühmte Originalskizze zu sehen, mit der Maxwell sein Modell selbst illustriert hat. Jedes Hexagon repräsentiert einen magnetischen Wirbel, dessen Rotationsachse in Richtung der magnetischen Feldlinie zeigt. Das eingezeichnete Vorzeichen weist auf die Richtung hin. Das Pluszeichen beschreibt eine Feldlinie, die aus der Papierebene heraus ragt, und das Minuszeichen eine Feldlinie, die in die Papierebene hinein zeigt. Die Geschwindigkeit, mit der ein Wirbel rotiert, gibt Auskunft über die magnetische Feldstärke; beide Größen sind zueinander proportional. Die elektrischen Partikel hat Maxwell als kleine Kügelchen eingezeichnet. Befinden sich diese in Ruhe, so lässt sich kein Strom messen. Bewegen sich die Partikel stattdessen in eine gewisse Richtung, so fließt ein elektrischer Strom.

In den Folgejahren hatte Maxwell seine Modellvorstellung immer weiter verfeinert und sich dabei intensiv mit der Frage befasst, ob sich ein elektromagnetisches Feld in Form einer Welle durch den Äther bewegen kann. Im Jahr 1865 beantwortete er diese Frage positiv. Maxwell konnte zeigen, dass die Wellenbewegung 20 vorab aufgestellte Differentialgleichungen löste, die das Zusammenspiel von elektrischen und magnetischen Feldern beschrieben. Von Oliver Heaviside wurden diese Differentialgleichungen später zu jenen vier berühmten Formeln zusammengefasst, die wir heute als die *Maxwell'schen Gleichungen* bezeichnen.

Vektorfelder

Wenn Sie die Maxwell'schen Gleichungen in der physikalischen Literatur nachschlagen, werden Sie dort auf zwei völlig unterschiedliche Darstellungsformen stoßen. Manche Autoren notieren die Gleichungen mithilfe von Oberflächen- und Volumenintegralen, andere bevorzugen eine Formulierung, die auf den Begriffen der Vektoranalysis aufbaut. Die vektoranalytische Formulierung ist von so hoher mathematischer Schönheit, dass wir die Maxwell'schen Gleichungen in dieser Form offenlegen wollen. Bevor wir dies tun, müssen Sie sich jedoch noch ein wenig gedulden. Um die Gleichungen in ihrer vollen Breite verstehen zu können, kommen wir nicht umhin, zwei elementare Begriffe aus der Vektoranalysis einzuführen: die *Divergenz* und die *Rotation* eines Vektorfelds.

Divergenz und Rotation

Unter einem Vektorfeld $\boldsymbol{F}$ auf der Menge $\mathbb{R}^n$ wird in der Mathematik eine Abbildung verstanden, die jedem Punkt $\boldsymbol{a} \in \mathbb{R}^n$ einen Vektor $\boldsymbol{F}(\boldsymbol{a}) \in \mathbb{R}^n$ zuordnet. Kurzum: Ein Vektorfeld ist eine Abbildung der Form:

$$\boldsymbol{F} : \mathbb{R}^n \to \mathbb{R}^n$$

In diesem Abschnitt werden wir ausschließlich Vektorfelder betrachten, die im euklidischen Raum definiert sind, d. h. die Signaturen $\boldsymbol{F} : \mathbb{R}^3 \to \mathbb{R}^3$ aufweisen. Ein solches Feld können wir in der Form

$$\boldsymbol{F}(x,y,z) = (F_x(x,y,z), F_y(x,y,z), F_z(x,y,z))$$

angeben, wobei die Funktionen $F_x, F_y, F_z : \mathbb{R}^3 \to \mathbb{R}$ die Komponenten des Zielvektors entlang der kartesischen Koordinatenachsen beschreiben. Zwei Vektorfelder, die diesem Schema entsprechen, sind diese hier:

$$\boldsymbol{F}_1(x,y,z) = (x,y,0)$$

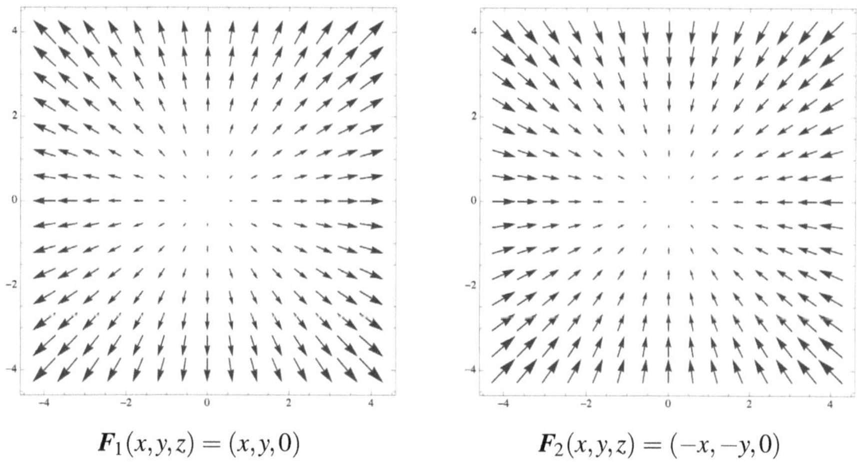

$F_1(x,y,z) = (x,y,0)$ $\quad$ $F_2(x,y,z) = (-x,-y,0)$

Abbildung 2.24: Vektorfelder

$$F_2(x,y,z) = (-x,-y,0)$$

Die z-Komponente ist in beiden Fällen konstant 0, so dass wir die Felder übersichtlich mithilfe zweidimensionaler Grafiken visualisieren können. Abbildung 2.24 zeigt, wie diese Grafiken für unsere beiden Beispiele aussehen.

Um die Begriffe, die wir weiter unten einführen werden, anschaulich deuten zu können, stellen wir uns $\boldsymbol{F}$ als die Beschreibung einer strömenden Flüssigkeit vor. In diesem Fall geben die Richtung und der Betrag von $\boldsymbol{F}(\boldsymbol{a})$ an, wohin und mit welcher Geschwindigkeit sich ein Partikel bewegt, das sich an der Position $\boldsymbol{a}$ in der Flüssigkeit befindet. Partikel mit $\boldsymbol{F}(\boldsymbol{a}) = \boldsymbol{0}$ befinden sich in Ruhe, während Partikel mit $\boldsymbol{F}(\boldsymbol{a}) \neq \boldsymbol{0}$ in Bewegung sind.

Divergenz eines Vektorfelds

Für die Definition der Divergenz benötigen wir den *Nabla-Operator* ∇, der in seiner allgemeinen Form folgendermaßen definiert ist:

Nabla-Operator

$$\nabla := \left(\frac{\partial}{\partial x_1}, \ldots, \frac{\partial}{\partial x_n}\right)$$

Der *Nabla-Operator* ist ein sogenannter *Differentialoperator*, da seine Komponenten aus Operatoren bestehen, die eine Funktion auf ihre partiellen Ableitungen abbilden. Differentialoperatoren werden bewusst so notiert, dass sie wie gewöhnliche Vektoren aussehen, und wir können mit ihnen auch in der üblichen Weise rechnen. Ist f beispielsweise eine Funktion der Form $\mathbb{R}^2 \to \mathbb{R}$, so ist ∇f die Funktion

$$\nabla f = \left(\frac{\partial}{\partial x}, \frac{\partial}{\partial y}\right) f := \left(\frac{\partial}{\partial x} f, \frac{\partial}{\partial y} f\right) := \left(\frac{\partial f}{\partial x}, \frac{\partial f}{\partial y}\right).$$

Kommt Ihnen diese Definition bekannt vor? Die Funktion ∇f spielt eine zentrale Rolle in der mehrdimensionalen Analysis und wird als der *Gradient* von f bezeichnet. Ist f, wie in unserem Beispiel, eine zweidimensionale Funktion, dann können wir dem Ausdruck ∇f eine anschauliche Bedeutung verleihen. Hierfür müssen wir uns den Funktionswert $f(x,y)$ lediglich als die Reliefhöhe einer Landschaft vorstellen, die sich über die x-y-Ebene erstreckt. Für jeden Punkt dieser Landschaft ist der Gradient dann ein zweidimensionaler Vektor, der in die Richtung des steilsten Anstiegs zeigt. Die Steigung von f in dieser Richtung lässt sich ebenfalls sehr einfach bestimmen: Sie ist mit dem Betrag des Gradientenvektors identisch.

Wir rekapitulieren: In der eben verwendeten Form war ∇f ein Ausdruck, in dem auf der linken Seite ein Vektor und auf der rechten Seite eine Funktion mit einem eindimensionalen Wertebereich stand. In diesem Falle hatten wir ∇ und f auf die gleiche Art und Weise kombiniert, wie in der linearen Algebra Vektoren und Skalare miteinander verrechnet werden. Wenden wir den Nabla-Operator dagegen auf ein Vektorfeld $\boldsymbol{F}$ an, wir schreiben dann $\nabla \cdot \boldsymbol{F}$, so stehen auf beiden Seiten des Multiplikationszeichens Vektoren. In diesem Fall werden ∇ und $\boldsymbol{F}$ so miteinander kombiniert, wie wir es von der Skalarmultiplikation her kennen. Damit haben wir unser erstes Etappenziel bereits erreicht, denn der Ausdruck $\nabla \cdot \boldsymbol{F}$ ist die Divergenz des Vektorfelds $\boldsymbol{F}$:

Divergenz eines Vektorfelds

$$\nabla \cdot \boldsymbol{F} := \frac{\partial}{\partial x} F_x + \frac{\partial}{\partial y} F_y + \frac{\partial}{\partial z} F_z \tag{2.69}$$

Beachten Sie, dass die Divergenz eines Vektorfelds selbst kein Vektorfeld ist. Da wir das Multiplikationszeichen in $\nabla \cdot \boldsymbol{F}$ wie ein Skalarprodukt behandeln, ist $\nabla \cdot \boldsymbol{F}$ eine Funktion, die jedem Raumpunkt aus der Menge $\mathbb{R}^3$ eine einzige reelle Zahl, ein Skalar, zuordnet. In der Mathematik wird eine solche Funktion als *Skalarfeld* bezeichnet.

Um die physikalische Bedeutung der Divergenz zu verstehen, interpretieren wir das Vektorfeld $\boldsymbol{F}$ wieder als die Beschreibung einer Strömung und führen mit Φ eine Größe ein, die wir ganz allgemein als *Fluss* bezeichnen. Diese Größe beschreibt, wie viel Flüssigkeit in einer Zeiteinheit durch eine gegebene Fläche A hindurchdringt. Ist die Fließgeschwindigkeit v überall konstant und durchdringt der Strom unsere Fläche in einem rechten Winkel, so ist der Fluss Φ das Produkt von v und A:

$$\Phi = v \cdot A \tag{2.70}$$

Dringt die Flüssigkeit schräg durch unsere Fläche, so hilft die Vektorrechnung weiter. In diesem Fall treten an die Stellen der skalaren Größen v und A die beiden Vektoren $\boldsymbol{F}$ und $\boldsymbol{A}$. Die Richtung und der Betrag von $\boldsymbol{F}$ definieren die Richtung und die Geschwindigkeit der Strömung, und die Richtung und der Betrag von $\boldsymbol{A}$ geben Auskunft über die Orientierung und die Größe der Fläche. Wählen wir die Orientierung von $\boldsymbol{A}$ so, dass der Vektor senkrecht auf der durchströmten Fläche steht, dann können wir (2.70) folgendermaßen verallgemeinern:

$$\Phi = \boldsymbol{F} \cdot \boldsymbol{A}$$

Für gekrümmte Flächen hilft uns die Integralrechnung weiter. Hierbei wird die Fläche in viele kleine Segmente zerlegt, von denen jedes für sich als eben angesehen und mit einem eigenen orthogonalen Vektor $\boldsymbol{A}$ beschrieben wird. Lassen wir die Größe der Einzelflächen gedanklich gegen null streben, so erhalten wir als Grenzwert den gesuchten Fluss. In der Formelsprache der mehrdimensionalen Infinitesimalrechnung liest sich der geschilderte Sachverhalt so:

$$\Phi = \int_A \boldsymbol{F} \, \mathrm{d}\boldsymbol{A} \tag{2.71}$$

Integrieren wir über eine geschlossene Fläche, so wird ein Volumenelement beschrieben und die Größe Φ bekommt eine besondere Bedeutung. Sie entspricht dann der Differenz zwischen der austretenden und der eintretenden Flüssigkeitsmenge. Ist Φ größer als 0, so tritt mehr Flüssigkeit aus als ein; die Fläche umschließt dann eine Quelle. Ist Φ kleiner als 0, so tritt mehr Flüssigkeit ein als aus; die Fläche umschließt dann eine Senke. Ist Φ gleich 0, tritt also genauso viel Flüssigkeit ein wie aus, so ist das umschlossene Volumenelement *quellenfrei*.

Auch wenn die Formeln (2.69) und (2.71) optisch kaum etwas gemeinsam haben, sind wir kurz davor, die Bedeutung der Divergenz offenzulegen. Um den Zusammenhang herzustellen, müssen wir das Flächenintegral (2.71) lediglich in ein Volumenintegral überführen. Das mathematische Instrument für diesen Zweck ist der *Satz von Gauß*. Aus ihm folgt die Beziehung

$$\Phi = \int_A \boldsymbol{F} \, \mathrm{d}\boldsymbol{A} = \int_V \nabla \cdot \boldsymbol{F} \, \mathrm{d}\boldsymbol{V}.$$

Mit dieser Formel sind wir am Ziel. Sie macht deutlich, dass die Divergenz $\nabla \cdot \boldsymbol{F}$ ein Skalarfeld ist, das für jeden Raumpunkt die lokale *Quellendichte* beschreibt. Das bedeutet, dass uns die Divergenz für jeden Raumpunkt Auskunft darüber gibt, ob dieser zu einer Quelle, zu einer Senke oder zu einem quellenfreien Raumsegment gehört.

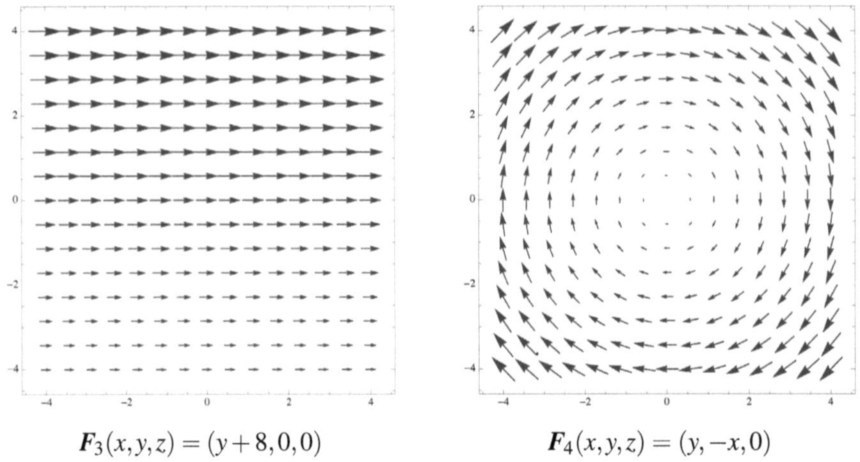

Abbildung 2.25: Vektorfelder (weitere Beispiele)

Damit ist es an der Zeit, unser erworbenes Wissen praktisch zu erproben. Wenden wir die Formel (2.69) beispielsweise auf das Vektorfeld $\boldsymbol{F}_1$ in Abbildung 2.24 an, so erhalten wir:

$$\nabla \cdot \boldsymbol{F}_1 = \frac{\partial x}{\partial x} + \frac{\partial y}{\partial y} + \frac{\partial 0}{\partial z} = 2$$

An der visuellen Darstellung des Felds war dieses Ergebnis bereits zu erahnen. Je weiter wir uns vom Ursprung entfernen, desto größer wird in unserem Beispiel die Fließgeschwindigkeit; in jedem Punkt scheint die Flüssigkeit mit aller Macht nach außen zu drängen. Das bedeutet, dass in jedes Volumenelement, egal wo wir es platzieren, weniger Flüssigkeit ein- als austritt. Kurzum: In dem betrachteten Vektorfeld ist jeder Punkt eine Quelle.

Das Vektorfeld $\boldsymbol{F}_2$ verhält sich genau umgekehrt. Hier drängt die Flüssigkeit von außen nach innen und scheint sich in jedem Punkt zu verdichten. Wir haben es hier mit einem Feld zu tun, das ausschließlich aus Senken besteht, und eine einfache Rechnung bestätigt diese Vermutung:

$$\nabla \cdot \boldsymbol{F}_2 = \frac{\partial(-x)}{\partial x} + \frac{\partial(-y)}{\partial y} + \frac{\partial 0}{\partial z} = -2$$

Als weitere Beispiele betrachten wir die beiden Vektorfelder in Abbildung 2.25. Für das Feld $\boldsymbol{F}_3$ erhalten wir die folgende Divergenz:

$$\nabla \cdot \boldsymbol{F}_3 = \frac{\partial(y+8)}{\partial x} + \frac{\partial 0}{\partial y} + \frac{\partial 0}{\partial z} = 0$$

Auch hier bestätigt das berechnete Ergebnis unsere Erwartung. Da sich die Flüssigkeit ausschließlich entlang der x-Achse bewegt und die Geschwindigkeit auf jeder horizontal

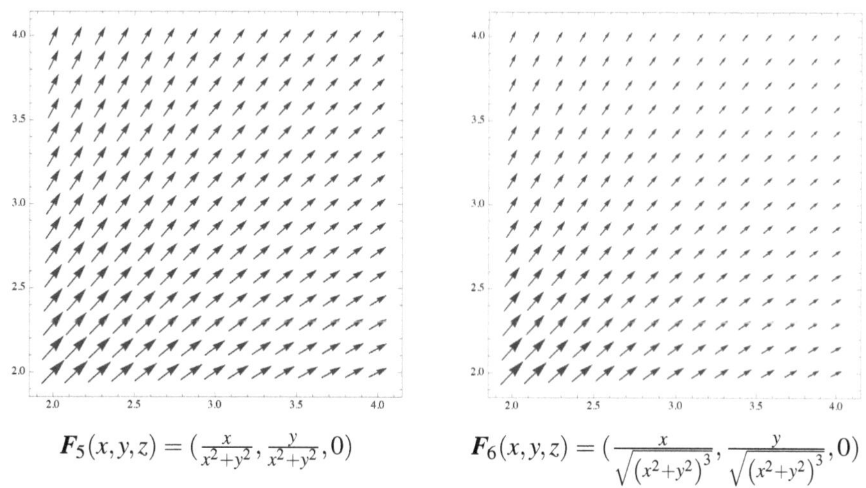

$\boldsymbol{F}_5(x,y,z) = (\frac{x}{x^2+y^2}, \frac{y}{x^2+y^2}, 0)$ $\boldsymbol{F}_6(x,y,z) = (\frac{x}{\sqrt{(x^2+y^2)}^3}, \frac{y}{\sqrt{(x^2+y^2)}^3}, 0)$

Abbildung 2.26: Vektorfelder (weitere Beispiele)

gedachten Linie konstant bleibt, wird ein beliebig platziertes Volumenelement gleichmäßig durchströmt; es tritt an jeder Stelle genauso viel Flüssigkeit ein wie aus. Mit anderen Worten: Das Vektorfeld ist *quellenfrei.*

Das Feld $\boldsymbol{F}_4$ ist ebenfalls quellenfrei. Dort rotiert die Flüssigkeit gleichmäßig um den Ursprung, so dass auch hier in einem beliebig platzierten Volumenelement genauso viel Flüssigkeit ein- wie austritt. Die folgende Rechnung belegt unsere Behauptung:

$$\nabla \cdot \boldsymbol{F}_4 = \frac{\partial y}{\partial x} + \frac{\partial(-x)}{\partial y} + \frac{\partial 0}{\partial z} = 0$$

Die bisher präsentierten Beispiele suggerieren, dass sich die Divergenz eines Vektorfelds sehr leicht mit dem bloßen Auge erkennen lässt. Dass wir bei der Interpretation von Feldbildern äußerste Vorsicht walten lassen müssen, macht das Feld $\boldsymbol{F}_5$ in Abbildung 2.26 deutlich. Genau wie im Falle von $\boldsymbol{F}_1$ haben wir es hier mit einem makroskopisch nach außen strebenden Strom zu tun. Wenn wir die Divergenz berechnen, betrachten wir die Vorgänge jedoch auf der mikroskopischen Ebene, auf der Ebene infinitesimaler Volumenelemente, und dies beschert uns für das Feld $\boldsymbol{F}_5$ ein überraschendes Ergebnis:

$$\begin{aligned}
\nabla \cdot \boldsymbol{F}_5 &= \frac{\partial}{\partial x}\frac{x}{x^2+y^2} + \frac{\partial}{\partial y}\frac{y}{x^2+y^2} + \frac{\partial}{\partial z}0 \\
&= \left(\frac{1}{x^2+y^2} - \frac{2x^2}{(x^2+y^2)^2}\right) + \left(\frac{1}{x^2+y^2} - \frac{2y^2}{(x^2+y^2)^2}\right) \\
&= \frac{(x^2+y^2) - 2x^2 + (x^2+y^2) - 2y^2}{(x^2+y^2)^2} = \frac{0}{(x^2+y^2)^2} = 0
\end{aligned}$$

Obwohl das Feld makroskopisch betrachtet nach außen strebt, ist es quellenfrei; auf der mikroskopischen Ebene tritt in ein Volumenelement genauso viel Flüssigkeit ein wie aus. Auf den ersten Blick widerspricht dieses Ergebnis der Intuition, da die Feldvektoren radial nach außen laufen und die Fläche, durch die Flüssigkeit aus einem mikroskopisch kleinen Volumenelement austritt, größer ist als die Fläche, durch die Flüssigkeit eintritt. Dass wir trotzdem ein quellenfreies Feld vor uns haben, liegt daran, dass die austretenden Feldvektoren kürzer sind als die eintretenden, d. h., die Flüssigkeit fließt langsamer hinaus als hinein. Da sich die beiden Effekte in unserem Beispiel exakt die Waage halten, ist das Feld überall quellenfrei.

Das Vektorfeld $\boldsymbol{F}_6$ stellt unsere Intuition auf eine noch härtere Probe. Es hat die Divergenz

$$\begin{aligned}
\nabla \cdot \boldsymbol{F}_6 &= \frac{\partial}{\partial x}\frac{x}{\sqrt{(x^2+y^2)^3}} + \frac{\partial}{\partial y}\frac{y}{\sqrt{(x^2+y^2)^3}} + \frac{\partial}{\partial z}0 \\
&= \frac{-2x^2+y^2}{(x^2+y^2)\sqrt{(x^2+y^2)^3}} + \frac{x^2-2y^2}{(x^2+y^2)\sqrt{(x^2+y^2)^3}} \\
&= \frac{-x^2-y^2}{(x^2+y^2)\sqrt{(x^2+y^2)^3}} \\
&= -\frac{1}{\sqrt{(x^2+y^2)^3}} \qquad (2.72)
\end{aligned}$$

Die Rechnung ist unmissverständlich: Obwohl die Flüssigkeit, makroskopisch betrachtet, nach außen strebt, fließt in ein mikroskopisch kleines Volumenelement mehr Flüssigkeit hinein als heraus, d. h., jeder Punkt außerhalb des Ursprungs agiert als Senke. Erst auf den zweiten Blick wird deutlich, warum dies so ist. Bewegen wir uns vom Ursprung weg, so verringert sich die Flussgeschwindigkeit viel stärker, als es in den bisherigen Beispielen der Fall war, und das bedeutet, dass an jeder Stelle Flüssigkeit verschwindet. Beachten Sie, dass das Gesagte nicht im Ursprung gilt. Dort ist der Ausdruck (2.72) undefiniert.

Rotation eines Vektorfelds

Die Rotation eines Vektorfelds lässt sich mit einem ähnlichen Gedankenkonstrukt veranschaulichen wie die Divergenz. Anstelle eines kleinen Volumenelements bringen wir in das Vektorfeld, das wir immer noch als das Modell einer strömenden Flüssigkeit interpretieren, ein kleines Schaufelrädchen ein, dessen Rotationsachse senkrecht auf der x-y-Ebene steht. Wir gehen davon aus, dass die z-Komponente aller Feldvektoren gleich 0 ist, und wollen uns überlegen, wie sich ein solches Schaufelrädchen verhält. Wird es beispielsweise in $\boldsymbol{F}_1$ oder $\boldsymbol{F}_2$ eingebracht und seine Achse fest verankert, so werden wir keinen Effekt beobachten. Die Kräfte, die auf die Schaufelräder wirken, sind allesamt im Gleichgewicht, so dass das Rad in seiner Position verharrt.

Setzen wir das Rädchen dagegen innerhalb des Vektorfelds $\boldsymbol{F}_3$ oder $\boldsymbol{F}_4$ ab, so wirken unterschiedliche Kräfte auf die Schaufelräder. In beiden Fällen beginnt das Rädchen, sich im Uhrzeigersinn zu drehen, wie es in Abbildung 2.27 zu sehen ist. Mathematisch wird die Rotation, die ein Partikel an einer bestimmten Position um seine eigene Achse erfährt, durch das Vektorfeld $\nabla \times \boldsymbol{F}$ beschrieben. Dieses Feld entsteht, indem der Nabla-Operator ∇ und die Komponenten des Vektorfelds $\boldsymbol{F}$ nach den Regeln des Kreuzprodukts ($\times$) miteinander verrechnet werden:

Rotation eines Vektorfelds

$$\nabla \times \boldsymbol{F} := \left(\frac{\partial F_z}{\partial y} - \frac{\partial F_y}{\partial z}, \frac{\partial F_x}{\partial z} - \frac{\partial F_z}{\partial x}, \frac{\partial F_y}{\partial x} - \frac{\partial F_x}{\partial y} \right) \tag{2.73}$$

Beachten Sie, dass das Kreuzprodukt zweier Vektoren wieder einen Vektor ergibt. Diese Eigenschaft sorgt dafür, dass die Rotation $\nabla \times \boldsymbol{F}$ ein Vektorfeld ist, im Gegensatz zur Divergenz $\nabla \cdot \boldsymbol{F}$, die wir weiter oben als ein Skalarfeld kennengelernt haben. Wir fassen zusammen:

Merke

- Die Divergenz eines Vektorfelds wird durch ein Skalarfeld beschrieben.
- Die Rotation eines Vektorfelds wird durch ein Vektorfeld beschrieben.

Wir wollen uns die Rotationsfelder von $\boldsymbol{F}_3$ und $\boldsymbol{F}_4$ genauer ansehen. Zunächst halten wir fest, dass sich Formel (2.73) in eine vereinfachte Form bringen lässt, wenn, zusätzlich zu der Bedingung $F_z = 0$, alle Feldvektoren von der z-Koordinate unabhängig sind. In diesem Fall ist

$$\frac{\partial F_x}{\partial z} = \frac{\partial F_y}{\partial z} = \frac{\partial F_z}{\partial z} = \frac{\partial F_z}{\partial x} = \frac{\partial F_z}{\partial y} = 0,$$

so dass sich Formel (2.73) folgendermaßen verkürzt:

$$\nabla \times \boldsymbol{F} = (0, 0, \frac{\partial F_y}{\partial x} - \frac{\partial F_x}{\partial y})$$

Als Ergebnis erhalten wir Vektoren, die alle senkrecht zur x-y-Ebene ausgerichtet sind und für die Beispielfelder $\boldsymbol{F}_3$ und $\boldsymbol{F}_4$ folgendermaßen lauten:

$$\nabla \times \boldsymbol{F}_3 = (0, 0, \frac{\partial 0}{\partial x} - \frac{\partial (y+8)}{\partial y}) = (0, 0, -1)$$

$$\nabla \times \boldsymbol{F}_4 = (0, 0, \frac{\partial (-x)}{\partial x} - \frac{\partial y}{\partial y}) = (0, 0, -2)$$

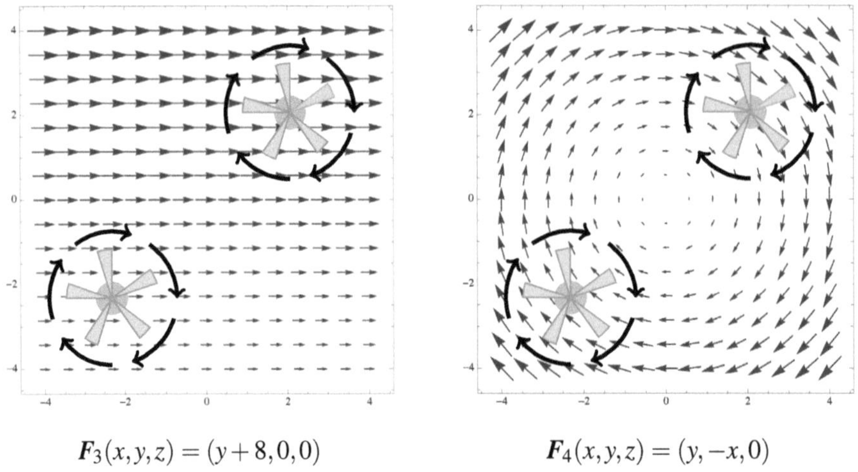

Abbildung 2.27: Vektorfeldrotation im Schaufelradmodell

Beide Vektoren erfüllen das Folgende: Ihr Betrag beschreibt die Tendenz, ein Partikel an der angegebenen Koordinate in Rotation zu versetzen, und sie zeigen beide in die Richtungen der Rotationsachse. Da sich die Partikel in unseren Beispielen ausschließlich auf der x-y-Ebene bewegen, steht die Drehachse immer senkrecht darauf. In einem beliebigen Feld kann ein Partikel durchaus in verschiedene Richtungen rotieren. In diesem Fall zeigt der Rotationsvektor an, in welche Richtung wir die Achse unseres Schaufelrädchens positionieren müssten, um es maximal zu beschleunigen.

Ob sich ein Partikel im Uhrzeigersinn oder gegen den Uhrzeigersinn um die eigene Achse bewegt, können wir am Vorzeichen des Rotationsvektors ablesen. Als Merkhilfe dient die *Rechte-Faust-Regel*. Richten wir den rechten Daumen entlang des Vektors aus, dann zeigen die vier gekrümmten Finger einer Faust die Drehrichtung an.

Achten Sie bei der Interpretation des Rotationsbegriffs darauf, die Drehbewegung eines Partikels um die eigene Achse nicht mit der Drehbewegung zu verwechseln, die eine Flüssigkeit auf der makroskopischen Ebene vollzieht. Ein Feld, das diese Verwechslung provoziert, ist das Vektorfeld $\boldsymbol{F}_4$ in Abbildung 2.25. Dort bewegt sich die Flüssigkeit im Uhrzeigersinn um den Ursprung, und auch das Rotationsfeld zeigt an jeder Stelle eine Drehung im Uhrzeigersinn an (Abbildung 2.27). Zwischen der makroskopischen Bewegung und der mikroskopischen Rotationsbewegung gibt es in diesem Feld keinen Unterschied. Dass die beiden Bewegungen nicht immer im Einklang stehen, beweist das Vektorfeld $\boldsymbol{F}_3$. Dort findet auf der makroskopischen Ebene keine Drehung statt, und dennoch lassen die unterschiedlichen Flussgeschwindigkeiten ein gedachtes Schaufelrädchen um seine eigene Achse rotieren.

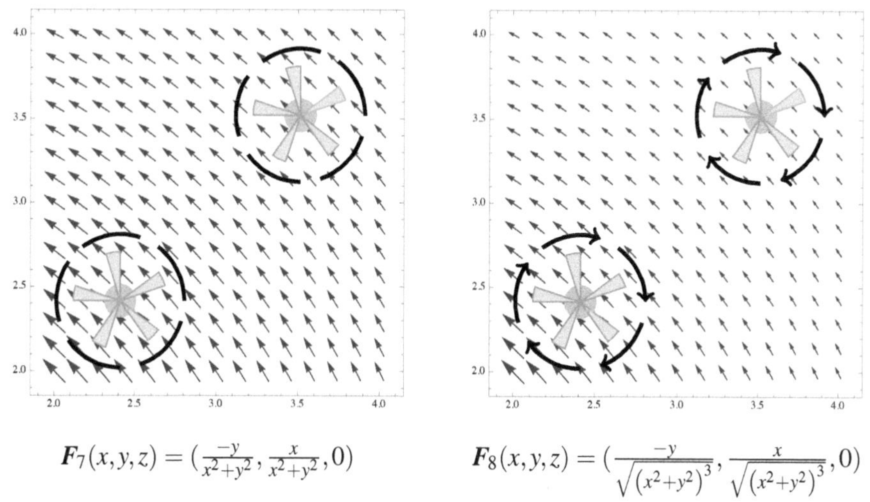

Abbildung 2.28: Vektorfelder (weitere Beispiele)

Noch eindringlicher wird dieses Phänomen durch die Vektorfelder $\boldsymbol{F}_7$ und $\boldsymbol{F}_8$ demonstriert, die ausschnittsweise in Abbildung 2.28 dargestellt sind. Genau wie $\boldsymbol{F}_4$ rotieren auch diese Felder um den Ursprung, allerdings nimmt die Flussgeschwindigkeit nach außen hin nicht zu, sondern ab. Wir wollen berechnen, wie sich ein gedachtes Schaufelrädchen in $\boldsymbol{F}_7$ verhält, wenn wir es irgendwo außerhalb des Ursprungs platzieren. Wegen

$$\begin{aligned}\frac{\partial F_y}{\partial x} - \frac{\partial F_x}{\partial y} &= \frac{\partial}{\partial x}\frac{x}{x^2+y^2} - \frac{\partial}{\partial y}\frac{-y}{x^2+y^2} \\ &= \left(\frac{1}{x^2+y^2} - \frac{2x^2}{(x^2+y^2)^2}\right) - \left(\frac{2y^2}{(x^2+y^2)^2} - \frac{1}{x^2+y^2}\right) \\ &= \frac{(x^2+y^2) - 2x^2 - 2y^2 + (x^2+y^2)}{(x^2+y^2)^2} \\ &= \frac{0}{(x^2+y^2)^2} = 0\end{aligned}$$

ist

$$\nabla \times \boldsymbol{F}_7 = (0,0,0).$$

Die Rotation des Vektorfelds verschwindet überall. Das bedeutet, dass sich ein frei bewegliches Schaufelrädchen zwar makroskopisch um den Ursprung dreht, dabei aber keine Rotation um die eigene Achse erfährt. Felder mit dieser Eigenschaft tragen in der Physik einen besonderen Namen: Sie heißen *wirbelfrei*. Wir fassen zusammen:

Vektorfelder (Begriffe)

- Ein Vektorfeld mit $\nabla \cdot \boldsymbol{F} = 0$ heißt *quellenfrei.*
- Ein Vektorfeld mit $\nabla \times \boldsymbol{F} = \boldsymbol{0}$ heißt *wirbelfrei.*

Das Vektorfeld $\boldsymbol{F}_8$ macht vollends klar, dass wir streng zwischen der makroskopischen und der mikroskopischen Rotation einer Flüssigkeit unterscheiden müssen. Aus

$$\begin{aligned}\frac{\partial F_y}{\partial x} - \frac{\partial F_x}{\partial y} &= \frac{\partial}{\partial x}\frac{x}{\sqrt{(x^2+y^2)^3}} - \frac{\partial}{\partial y}\frac{-y}{\sqrt{(x^2+y^2)^3}} \\ &= \frac{-2x^2+y^2}{(x^2+y^2)\sqrt{(x^2+y^2)^3}} - \frac{2y^2-x^2}{(x^2+y^2)\sqrt{(x^2+y^2)^3}} \\ &= \frac{-x^2-y^2}{(x^2+y^2)\sqrt{(x^2+y^2)^3}} = -\frac{1}{\sqrt{(x^2+y^2)^3}}\end{aligned}$$

folgt

$$\nabla \times \boldsymbol{F}_8 = (0, 0, -\frac{1}{\sqrt{(x^2+y^2)^3}}).$$

Das bedeutet, dass die makroskopische und die mikroskopische Drehung unseres Schaufelrädchens nun gegenläufig sind. Während sich das Rad in der Flüssigkeit gegen den Uhrzeigersinn um den Ursprung bewegt, dreht es sich im Uhrzeigersinn um seine eigene Achse. Es ist die zuletzt genannte Eigenschaft, die durch die Rotation eines Vektorfelds beschrieben wird; die makroskopische Bewegung spielt für diesen Begriff keine Rolle.

Der Laplace-Operator

An dieser Stelle wollen wir unser mathematisches Instrumentarium um einen Differentialoperator ergänzen, der uns weiter unten sehr nützlich sein wird. Gemeint ist der *Laplace-Operator* Δ, der folgendermaßen definiert ist:

Laplace-Operator

$$\Delta := \nabla^2 = \left(\frac{\partial^2}{\partial x^2} + \frac{\partial^2}{\partial y^2} + \frac{\partial^2}{\partial z^2}\right)$$

Genau wie die anderen Differentialoperatoren taucht der Laplace-Operator häufig in einem Ausdruck der Form $\Delta \boldsymbol{F}$ auf. Diese Schreibweise ist für uns nichts Neues mehr. Für ein Vektorfeld der Form $\boldsymbol{F} : \mathbb{R}^3 \to \mathbb{R}^3$ bedeutet sie, dass der Laplace-Operator separat auf die drei Vektorkomponenten F_x, F_y, F_z angewendet wird, ganz so, als sei Δ ein Skalar, der mit einem dreielementigen Vektor multipliziert wird:

$$\Delta \boldsymbol{F} = \left(\frac{\partial^2 F_x}{\partial x^2} + \frac{\partial^2 F_x}{\partial y^2} + \frac{\partial^2 F_x}{\partial z^2}, \frac{\partial^2 F_y}{\partial x^2} + \frac{\partial^2 F_y}{\partial y^2} + \frac{\partial^2 F_y}{\partial z^2}, \frac{\partial^2 F_z}{\partial x^2} + \frac{\partial^2 F_z}{\partial y^2} + \frac{\partial^2 F_z}{\partial z^2} \right)$$

Im Vorgriff auf Abschnitt 2.4.3, wo wir uns ausführlich mit der Existenz elektromagnetischer Wellen beschäftigen, wollen wir einen wichtigen Zusammenhang zwischen dem Laplace-Operator und den folgenden beiden Größen herstellen:

$$\nabla(\nabla \cdot \boldsymbol{F}) \tag{2.74}$$

$$\nabla \times (\nabla \times \boldsymbol{F}) \tag{2.75}$$

Zunächst wollen wir uns davon überzeugen, dass beide ein Vektorfeld beschreiben. Für den Ausdruck (2.75) ist die Überlegung einfach: $\nabla \times (\nabla \times \boldsymbol{F})$ ist die zweimalige Rotation von $\boldsymbol{F}$, und wir wissen bereits, dass die Rotation eines Vektorfelds ebenfalls ein Vektorfeld ist. Den Ausdruck (2.74) müssen wir etwas genauer untersuchen. Zunächst halten wir fest, dass $\nabla \cdot \boldsymbol{F}$ ein Skalarfeld beschreibt, da das Punktsymbol ‚$\cdot$' den Operator ∇ nach den Regeln der Skalarmultiplikation auf $\boldsymbol{F}$ anwendet. Das entstehende Feld kennen wir mittlerweile sehr gut: Es handelt sich um die Divergenz von $\boldsymbol{F}$. Durch die nochmalige Anwendung von ∇, dieses Mal ohne das Punktsymbol, wird der Gradient gebildet, wodurch aus dem Skalarfeld wieder ein Vektorfeld wird. Damit ist gleichsam die tiefere Bedeutung dieses Ausdrucks offengelegt: $\nabla(\nabla \cdot \boldsymbol{F})$ ist der Gradient der Divergenz.

Beide Größen wollen wir nun ausrechnen. Für den Ausdruck $\nabla(\nabla \cdot \boldsymbol{F})$ erhalten wir

$$\begin{aligned}
\nabla(\nabla \cdot \boldsymbol{F}) = & \nabla \left(\frac{\partial}{\partial x} F_x + \frac{\partial}{\partial y} F_y + \frac{\partial}{\partial z} F_z \right) \\
= & \left(\frac{\partial^2 F_x}{\partial x^2} + \frac{\partial^2 F_y}{\partial x \partial y} + \frac{\partial^2 F_z}{\partial x \partial z}, \right. \\
& \quad \frac{\partial^2 F_x}{\partial y \partial x} + \frac{\partial^2 F_y}{\partial y^2} + \frac{\partial^2 F_z}{\partial y \partial z}, \\
& \quad \left. \frac{\partial^2 F_x}{\partial z \partial x} + \frac{\partial^2 F_y}{\partial z \partial y} + \frac{\partial^2 F_z}{\partial z^2} \right) \\
= & \left(\frac{\partial^2 F_x}{\partial x^2} + \frac{\partial^2 F_y}{\partial y \partial x} + \frac{\partial^2 F_z}{\partial z \partial x}, \right. \\
& \quad \frac{\partial^2 F_x}{\partial x \partial y} + \frac{\partial^2 F_y}{\partial y^2} + \frac{\partial^2 F_z}{\partial z \partial y}, \\
& \quad \left. \frac{\partial^2 F_x}{\partial x \partial z} + \frac{\partial^2 F_y}{\partial y \partial z} + \frac{\partial^2 F_z}{\partial z^2} \right)
\end{aligned}$$

und $\nabla \times (\nabla \times \boldsymbol{F})$ ergibt umgeformt:

$$\begin{aligned}
\nabla \times (\nabla \times \boldsymbol{F}) =& \nabla \times \left(\frac{\partial F_z}{\partial y} - \frac{\partial F_y}{\partial z}, \frac{\partial F_x}{\partial z} - \frac{\partial F_z}{\partial x}, \frac{\partial F_y}{\partial x} - \frac{\partial F_x}{\partial y} \right) \\
=& \left(\frac{\partial}{\partial y} \left(\frac{\partial F_y}{\partial x} - \frac{\partial F_x}{\partial y} \right) - \frac{\partial}{\partial z} \left(\frac{\partial F_x}{\partial z} - \frac{\partial F_z}{\partial x} \right), \right. \\
& \frac{\partial}{\partial z} \left(\frac{\partial F_z}{\partial y} - \frac{\partial F_y}{\partial z} \right) - \frac{\partial}{\partial x} \left(\frac{\partial F_y}{\partial x} - \frac{\partial F_x}{\partial y} \right), \\
& \left. \frac{\partial}{\partial x} \left(\frac{\partial F_x}{\partial z} - \frac{\partial F_z}{\partial x} \right) - \frac{\partial}{\partial y} \left(\frac{\partial F_z}{\partial y} - \frac{\partial F_y}{\partial z} \right) \right) \\
=& \left(\frac{\partial^2 F_y}{\partial y \partial x} - \frac{\partial^2 F_x}{\partial y^2} - \frac{\partial^2 F_x}{\partial z^2} + \frac{\partial^2 F_z}{\partial z \partial x}, \right. \\
& \frac{\partial^2 F_z}{\partial z \partial y} - \frac{\partial^2 F_y}{\partial z^2} - \frac{\partial^2 F_y}{\partial x^2} + \frac{\partial^2 F_x}{\partial x \partial y} \\
& \left. \frac{\partial^2 F_x}{\partial x \partial z} - \frac{\partial^2 F_z}{\partial x^2} - \frac{\partial^2 F_z}{\partial y^2} + \frac{\partial^2 F_y}{\partial y \partial z} \right)
\end{aligned}$$

Daraus folgt:

$$\begin{aligned}
\nabla(\nabla \cdot \boldsymbol{F}) - \nabla \times (\nabla \times \boldsymbol{F}) = & \left(\frac{\partial^2 F_x}{\partial x^2} + \frac{\partial^2 F_x}{\partial y^2} + \frac{\partial^2 F_x}{\partial z^2}, \right. \\
& \frac{\partial^2 F_y}{\partial x^2} + \frac{\partial^2 F_y}{\partial y^2} + \frac{\partial^2 F_y}{\partial z^2}, \\
& \left. \frac{\partial^2 F_z}{\partial x^2} + \frac{\partial^2 F_z}{\partial y^2} + \frac{\partial^2 F_z}{\partial z^2} \right) = \Delta \boldsymbol{F}
\end{aligned}$$

Insgesamt hat uns die Rechnung den folgenden Zusammenhang geliefert, der uns später noch von großem Nutzen sein wird:

$$\nabla(\nabla \cdot \boldsymbol{F}) - \Delta \boldsymbol{F} = \nabla \times (\nabla \times \boldsymbol{F}) \tag{2.76}$$

Elektrische und magnetische Felder

Wir kommen nun auf den eigentlichen Gegenstand unseres Interesses zurück: die Maxwell'schen Gleichungen. Diese stellen einen Zusammenhang zwischen zwei Vektorfeldern $\boldsymbol{E} : \mathbb{R}^3 \to \mathbb{R}^3$ und $\boldsymbol{B} : \mathbb{R}^3 \to \mathbb{R}^3$ her, die für jeden Raumpunkt beschreiben, welche elektrischen und magnetischen Kräfte dort wirken.

Das elektrische Feld

Wird eine positive Probeladung q an der Position (x,y,z) in ein elektrisches Feld eingebracht, so erfährt sie dort eine Kraft, die in Richtung des Feldvektors $\boldsymbol{E}(x,y,z)$ wirkt. Der Betrag des Feldvektors beschreibt die ladungsnormierte Stärke dieser Kraft:

Coulomb-Kraft

In einem elektrischen Feld $\boldsymbol{E}$ erfährt eine Ladung q die Kraft:

$$\boldsymbol{F}_E(x,y,z) = q \cdot \boldsymbol{E}(x,y,z) \tag{2.77}$$

Für eine Punktladung Q, die sich im Koordinatenursprung befindet, können wir das elektrische Feld sofort berechnen. Nach dem Coulomb'schen Gesetz üben zwei Ladungen Q und q die Kraft

$$\boldsymbol{F}_E(\boldsymbol{r}) = \frac{1}{4\pi\varepsilon} \frac{Q \cdot q}{|\boldsymbol{r}|^3} \boldsymbol{r}$$

aufeinander aus. Setzen wir die rechte Seite dieser Gleichung in (2.77) ein, so erhalten wir für das elektrische Feld die Formel:

$$\boldsymbol{E}(\boldsymbol{r}) = \frac{1}{4\pi\varepsilon} \frac{Q}{|\boldsymbol{r}|^3} \boldsymbol{r} \tag{2.78}$$

Das magnetische Feld

Um die Definition des Vektorfelds $\boldsymbol{B}$ zu verstehen, erinnern wir uns daran, dass auf einen stromdurchflossenen Leiter in einem Magnetfeld die Lorentzkraft wirkt. Diese Kraft ist die Grundlage für die Definition der magnetischen Feldstärke, die in der Einheit *Tesla* (T) gemessen wird. Eine Feldstärke von 1 T bedeutet, dass auf einen elektrischen Leiter der Länge $l = 1$ m (Meter), durch den der Strom $I = 1$ A (Ampere) fließt, die Kraft $F = 1$ N (Newton) wirkt. Wir wissen bereits, dass die Lorentzkraft durch den Winkel zwischen dem Leiter und den magnetischen Feldlinien beeinflusst wird, und die eben gewählte Formulierung setzt voraus, dass die Feldlinien und der Leiter senkrecht aufeinander stehen.

In der vektoriellen Schreibweise können wir die Einschränkung, der Strom fließe in einem rechten Winkel zu den Feldlinien, fallen lassen, und die Kraftwirkung an der Raumposition (x,y,z) elegant über das Kreuzprodukt ‚$\times$' ausdrücken. Es gilt dann:

$$\boldsymbol{F}_B(x,y,z) = I \cdot (\boldsymbol{s} \times \boldsymbol{B}(x,y,z))$$

Hierin gibt der Vektor $\boldsymbol{s}$ die Länge und die Richtung des Leiters an, durch den ein Strom der Stärke I fließt.

Ströme entstehen durch bewegte Ladungen, und die angegebene Formel lässt sich so umschreiben, dass die Größen I und $\boldsymbol{s}$ verschwinden und an deren Stellen eine Ladung q und ein Geschwindigkeitsvektor $\boldsymbol{v}$ treten. Insgesamt führt dies zu den folgenden Beziehungen:

Lorentzkraft

In einem Magnetfeld $\boldsymbol{B}$ erfährt

- ein Leiter $\boldsymbol{s}$, durch den der Strom I fließt, die Kraft:

$$\boldsymbol{F}_B(x,y,z) = I \cdot (\boldsymbol{s} \times \boldsymbol{B}(x,y,z))$$

- eine Ladung q, die sich mit der Geschwindigkeit $\boldsymbol{v}$ bewegt, die Kraft:

$$\boldsymbol{F}_B(x,y,z) = q \cdot (\boldsymbol{v} \times \boldsymbol{B}(x,y,z))$$

Die Maxwell'schen Gleichungen

„War es ein Gott, der diese Zeichen schrieb?" [3]

Ludwid Boltzmann, in Anlehnung an

„War es ein Gott, der diese Zeichen schrieb,
Die mir das innre Toben stillen,
Das arme Herz mit Freude füllen,
Und mit geheimnisvollem Trieb
Die Kräfte der Natur rings um mich her enthüllen?"

Goethes Faust, erster Teil

Mit der geleisteten Vorarbeit sind wir in der Lage, den Inhalt der Maxwell'schen Gleichungen zu verstehen. Wir werden alle vier Gleichungen einzeln besprechen und im Anschluss daran Maxwells berühmte *Wellengleichung* ableiten.

- Das erste Maxwell'sche Gesetz

  Das erste Maxwell'sche Gesetz macht eine Aussage über die Divergenz des elektrischen Felds. Durch die geleistete Vorarbeit sind wir mit dem Divergenzbegriff bereits vertraut. Um ihm eine intuitive Bedeutung zu verleihen, hatten wir weiter oben den *Fluss* Φ definiert und dabei erkannt, dass $\nabla \cdot \boldsymbol{F}$ ein Skalarfeld ist, das für jede Stelle des Raums die Quellendichte, d. h. den volumennormierten Fluss, angibt. Genauso gehen wir jetzt wieder vor und führen zunächst den Begriff des *elektrischen Flusses* ein:

Elektrischer Fluss

$$\Phi_E := \int_A \boldsymbol{E} \, \mathrm{d}\boldsymbol{A} \tag{2.79}$$

Im Folgenden interessieren wir uns nur noch für den Fall, dass $\boldsymbol{A}$ eine Kugel beschreibt, die eine Punktladung Q einschließt. Wie das elektrische Feld um eine solche Ladung aussieht, haben wir weiter oben bereits hergeleitet. Setzen wir die Formel (2.78) in die Integralgleichung (2.79) ein, so erhalten wir das folgende Ergebnis:

$$\Phi_E = \frac{1}{4\pi\varepsilon} \int_A \frac{Q}{|\boldsymbol{r}|^3} \boldsymbol{r} \, \mathrm{d}\boldsymbol{A}$$

Unterteilen wir die Oberfläche der Kugel in n gleich große Segmente, so hat jedes davon die Fläche

$$A = \frac{4\pi|\boldsymbol{r}|^2}{n}$$

und geht mit dem Betrag

$$\frac{Q}{|\boldsymbol{r}|^3} \cdot \underbrace{\boldsymbol{r} \cdot \boldsymbol{A}}_{=|r|\frac{4\pi|\boldsymbol{r}|^2}{n}} = \frac{4\pi}{n} Q$$

in die Lösung des Integrals ein. Damit können wir Gleichung (2.79) folgendermaßen umschreiben:

$$\Phi_E = \frac{1}{4\pi\varepsilon} \lim_{n\to\infty} n \left(\frac{4\pi}{n} Q \right) = \frac{1}{4\pi\varepsilon} 4\pi Q = \frac{Q}{\varepsilon} \tag{2.80}$$

Ladungen kommen in der Realität nicht als punktförmige Größen vor. Betrachten wir beispielsweise eine negativ aufgeladene Kondensatorplatte, so wird deren Ladung von einer Vielzahl überschüssiger Elektronen gebildet, die sich mehr oder weniger gleichmäßig auf der Platte verteilen. Die räumliche Ausdehnung können wir beschreiben, indem wir jedem Raumpunkt eine *Ladungsdichte* $\rho(x,y,z)$ zuordnen. Ist ρ in einem Raumsegment überall konstant, so entspricht die eingeschlossene Ladung dem Produkt aus der Ladungsdichte und dem Volumen:

$$Q = \rho \cdot V$$

Variiert die Ladungsdichte, so lässt sie die Ladung über das Volumenintegral

$$Q = \int_V \rho \, \mathrm{d}\boldsymbol{V}$$

berechnen und (2.80) umschreiben in:

$$\Phi_E = \frac{1}{\varepsilon} \int_V \rho \, \mathrm{d}\boldsymbol{V} = \int_V \frac{\rho}{\varepsilon} \, \mathrm{d}\boldsymbol{V} \qquad (2.81)$$

Nach dem *Satz von Gauß* ist (2.79) das Gleiche wie

$$\Phi_E = \int_V \nabla \cdot \boldsymbol{E} \, \mathrm{d}\boldsymbol{V},$$

und dies liefert uns in Kombination mit (2.81) die Beziehung

$$\int_V \frac{\rho}{\varepsilon} \, \mathrm{d}\boldsymbol{V} = \int_V \nabla \cdot \boldsymbol{E} \, \mathrm{d}\boldsymbol{V}.$$

Hieraus können wir schließen:

Satz vom elektrischen Fluss

$$\nabla \cdot \boldsymbol{E} = \frac{\rho}{\varepsilon}$$

Diese Formel ist das erste Maxwell'sche Gesetz. In Worten besagt es, dass die Divergenz des elektrischen Felds überall proportional zur Ladungsdichte ist. Die Gleichheit wird durch die Proportionalitätskonstante ε^{-1} hergestellt.

Die Feldlinienbilder, die wir in Abschnitt 2.4.1 eingeführt haben, lassen uns diesen Zusammenhang sehr anschaulich interpretieren. Dort waren positive Ladungen die Quellen und negative Ladungen die Senken von Feldlinien, und genau dies drückt die Divergenz des Vektorfelds aus. Überall dort, wo die Ladungsdichte positiv ist, ist auch die Divergenz des elektrischen Felds positiv und weist auf eine Quelle hin, und überall dort, wo die Ladungsdichte negativ ist, ist auch die Divergenz des elektrischen Felds negativ und weist auf eine Senke hin. Ist die Ladungsdichte gleich 0, so treten in jedes gedachte Volumenelement genauso viele Feldlinien ein wie aus. Das elektrische Feld ist an dieser Stelle quellenfrei und die Divergenz gleich 0. Plakativ können wir die erste Maxwell'sche Gleichung daher auch so formulieren: Elektrische Ladungen sind die Quellen der Feldlinien. Wo die Ladungsdichte verschwindet, ist das elektrische Feld quellenfrei.

■ Das zweite Maxwell'sche Gesetz

Wir wollen versuchen, unsere Überlegungen auf die Divergenz des magnetischen Felds $\boldsymbol{B}$ zu übertragen. Tatsächlich haben wir hier eine viel einfachere Aufgabe zu lösen, da magnetische Feldlinien stets geschlossen sind und es deshalb überhaupt keine Quellen gibt.

Genau dies drückt das zweite Maxwell'sche Gesetz aus, das folgendermaßen lautet:

Satz vom magnetischen Fluss

$$\nabla \cdot \boldsymbol{B} = 0$$

- Das dritte Maxwell'sche Gesetz

Hinter dem dritten Maxwell'schen Gesetz verbirgt sich die mathematische Formulierung des *Faraday'schen Induktionsgesetzes*, das wir auf Seite 80 folgendermaßen formuliert hatten:

> *„Veränderliche magnetische Felder sind von elektrischen Wirbelfeldern umschlossen.“*

Wie das elektrische Wirbelfeld aussieht, wissen wir bereits: Die elektrischen Feldlinien sind so ausgerichtet, dass sie die magnetischen Feldlinien ringförmig umschließen. Mit den Mitteln der Vektoranalysis können wir die symbiotische Beziehung zwischen elektrischen und magnetischen Feldern in ein besonders elegantes Gewand kleiden. Für diesen Zweck müssen wir uns lediglich an Maxwells mechanisches Analogiemodell erinnern, das wir auf Seite 81 in Abbildung 2.23 eingeführt haben. In diesem Modell wird das Magnetfeld durch mikroskopisch kleine Wirbel erzeugt, deren Rotationsachsen in die Richtung der Feldlinien zeigen. Tatsächlich besteht zwischen Maxwells Wirbeln und den Rotationsfeldern, mit denen wir uns in Abschnitt 2.4.2 beschäftigt haben, nicht nur eine optische Gemeinsamkeit. Ganz im Gegenteil: Die magnetischen Wirbel lassen sich mit dem mathematischen Konstrukt der Vektorfeldrotation exakt beschreiben. Das elektrische Wirbelfeld erfüllt die Beziehung:

Faraday'sches Induktionsgesetz

$$\nabla \times \boldsymbol{E} = -\frac{\partial \boldsymbol{B}}{\partial t}$$

- Das vierte Maxwell'sche Gesetz

Das vierte Maxwell'sche Gesetz ist die mathematische Formulierung des *erweiterten Ampère'schen Gesetzes*, das wir auf Seite 80 so formuliert haben:

> *„Elektrische Ströme und veränderliche elektrische Felder sind von magnetischen Wirbelfeldern umschlossen.“*

Da die Entstehung eines Magnetfelds mehrere Ursachen haben kann, ist die mathematische Formulierung der vierten Maxwell'schen Gleichung ein wenig aufwendiger als die Umsetzung des Induktionsgesetzes. In ihr kommt neben der Zeitableitung des elektrischen Felds die *Stromdichte* (Strom pro Fläche) vor, die eine räumliche Beschreibung fließender Ströme erlaubt. Für einen Leiter mit der Querschnittsfläche A, in dem ein Strom der Stärke I fließt, ist die Stromdichte der Quotient aus I und A:

$$J = \frac{I}{A}$$

Oder, was dasselbe ist:

$$I = J \cdot A \tag{2.82}$$

Beachten Sie, dass diese Formeln nur gelten, wenn die Querschnittsfläche senkrecht durchdrungen wird. Fließt der Strom schräg hindurch, so hilft erneut die Vektorrechnung weiter. An die Stellen der skalaren Größen J und A treten dann die beiden Vektoren $\boldsymbol{J}$ und $\boldsymbol{A}$. Wird der Vektor $\boldsymbol{A}$ so gewählt, dass er senkrecht auf der durchflossenen Fläche steht, dann können wir Formel (2.82) folgendermaßen verallgemeinern:

$$I = \boldsymbol{J} \cdot \boldsymbol{A}$$

Ist die Fläche gekrümmt oder die Stromdichte inhomogen, müssen wir auf die Mittel der Integralrechnung zurückgreifen. Als Ergebnis erhalten wir eine Formel, die den allgemeinen Zusammenhang zwischen der Stromstärke und der Stromdichte wiedergibt:

$$I = \int_A \boldsymbol{J} \, \mathrm{d}\boldsymbol{A}$$

An dieser Stelle kommen wir auf das erweiterte Ampère'sche Gesetz zurück. Dessen Teilaussage, dass elektrische Ströme von magnetischen Wirbelfeldern umgeben sind, nimmt in der Sprache der Vektoranalysis die folgende Form an:

$$\nabla \times \boldsymbol{B} = \mu \boldsymbol{J} \tag{2.83}$$

Die Konstante μ beschreibt die *magnetische Leitfähigkeit* (*Permeabilität*) des raumfüllenden Mediums. Sie ist ein Maß dafür, wie leicht ein magnetisches Feld ein bestimmtes Material durchdringen kann.

Ferner besagt das erweiterte Ampère'sche Gesetz, dass auch veränderliche elektrische Felder von magnetischen Feldern umschlossen sind. Die Formulierung ist nicht nur im Wortlaut dem Faraday'schen Induktionsgesetz zum Verwechseln ähnlich, sie lässt sich auch auf die gleiche Weise in eine mathematische Formel übersetzen:

$$\nabla \times \boldsymbol{B} = \mu \varepsilon \frac{\partial \boldsymbol{E}}{\partial t} \tag{2.84}$$

Für die Proportionalitätskonstante benötigen wir kein neues Symbol, da sie dem Produkt der uns bereits bekannten Materialkonstanten ε und μ entspricht. Für die Gleichungen (2.83) und (2.84) gilt das Prinzip der Superposition. Überlagern wir sie linear, so fällt uns die vierte Maxwell'sche Gleichung in die Hände, das erweiterte Ampère'sche Gesetz in vektoranalytischer Form:

Erweitertes Ampère'sches Gesetz

$$\nabla \times \boldsymbol{B} = \mu \left(\boldsymbol{J} + \varepsilon \frac{\partial \boldsymbol{E}}{\partial t} \right)$$

Damit ist die Ziellinie überquert. Wir sind nun in der Lage, die vier Maxwell'schen Feldgleichungen niederzuschreiben und ihre inhaltliche Bedeutung zu verstehen:

Maxwell'sche Gleichungen

$$\begin{aligned}
\nabla \cdot \boldsymbol{E} &= \frac{\rho}{\varepsilon} \\
\nabla \cdot \boldsymbol{B} &= 0 \\
\nabla \times \boldsymbol{E} &= -\frac{\partial \boldsymbol{B}}{\partial t} \\
\nabla \times \boldsymbol{B} &= \mu \left(\boldsymbol{J} + \varepsilon \frac{\partial \boldsymbol{E}}{\partial t} \right)
\end{aligned}$$

2.4.3 Elektromagnetische Wellen

Mit der Formulierung der elektromagnetischen Feldgleichungen hat Maxwell Großes geleistet. Es war ihm gelungen, die komplizierten Wechselwirkungen elektrischer und magnetischer Felder mithilfe von elementaren Formeln zu beschreiben, deren tiefe innere Schönheit die Mathematiker und Physiker bis heute begeistert. Neben der mathematischen Eleganz gewinnen die Maxwell'schen Gleichungen aber noch durch einen ganz anderen Aspekt an Strahlkraft. Schon kurz nach ihrer Formulierung war klar, dass sich aus ihnen noch niemals zuvor beobachtete physikalische Phänomene ableiten lassen. Maxwell fand heraus, dass die Feldgleichungen eine Lösung zulassen, in der sich elektrische und magnetische Felder derart aufrechterhalten, dass sie sich, periodisch schwingend, durch den Raum bewegen. Maxwell hatte das Bewegungsmuster elektromagnetischer Wellen entdeckt.

Die Wellengleichung

Wir wollen genauer untersuchen, wie die Existenz elektromagnetischer Wellen aus den Maxwell'schen Gleichungen abgeleitet werden kann. Um die Betrachtung möglichst einfach zu halten, beschränken wir uns auf die Herleitung der Wellengleichung im Vakuum. Dort gibt es weder Ladungen noch Ströme, so dass wir die Maxwell'schen Gleichungen folgendermaßen vereinfachen können:

Maxwell'sche Gleichungen im Vakuum

$$\nabla \cdot \boldsymbol{E} = 0$$
$$\nabla \cdot \boldsymbol{B} = 0$$
$$\nabla \times \boldsymbol{E} = -\frac{\partial \boldsymbol{B}}{\partial t}$$
$$\nabla \times \boldsymbol{B} = \mu_0 \varepsilon_0 \frac{\partial \boldsymbol{E}}{\partial t}$$

Im Vakuum geht die Konstante ε in die *elektrische Feldkonstante* ε_0 und die Konstante μ in die *magnetische Feldkonstante* μ_0 über. Diese Feldkonstanten beschreiben die elektrische Permittivität und die magnetische Permeabilität des Vakuums:

Elektrische Feldkonstante (Permittivität des Vakuums)

$$\varepsilon_0 \approx 8{,}85418782 \cdot 10^{-12} \, \frac{\mathrm{C}^2}{\mathrm{Nm}^2}$$

Magnetische Feldkonstante (Permeabilität des Vakuums)

$$\mu_0 \approx 12{,}56637061 \cdot 10^{-7} \, \frac{\mathrm{N}}{\mathrm{A}^2}$$

Um die Wellengleichung herzuleiten, bilden wir zunächst die Zeitableitung der vierten Maxwell'schen Gleichung:

$$\mu_0 \varepsilon_0 \frac{\partial^2 \boldsymbol{E}}{\partial t^2} = \frac{\partial}{\partial t} (\nabla \times \boldsymbol{B})$$

$$= \frac{\partial}{\partial t}\left(\frac{\partial B_z}{\partial y} - \frac{\partial B_y}{\partial z}, \frac{\partial B_x}{\partial z} - \frac{\partial B_z}{\partial x}, \frac{\partial B_y}{\partial x} - \frac{\partial B_x}{\partial y}\right)$$
$$= \left(\frac{\partial^2 B_z}{\partial t \partial y} - \frac{\partial^2 B_y}{\partial t \partial z}, \frac{\partial^2 B_x}{\partial t \partial z} - \frac{\partial^2 B_z}{\partial t \partial x}, \frac{\partial^2 B_y}{\partial t \partial x} - \frac{\partial^2 B_x}{\partial t \partial y}\right)$$
$$= \left(\frac{\partial^2 B_z}{\partial y \partial t} - \frac{\partial^2 B_y}{\partial z \partial t}, \frac{\partial^2 B_x}{\partial z \partial t} - \frac{\partial^2 B_z}{\partial x \partial t}, \frac{\partial^2 B_y}{\partial x \partial t} - \frac{\partial^2 B_x}{\partial y \partial t}\right)$$
$$= \nabla \times \frac{\partial \boldsymbol{B}}{\partial t}$$

Mithilfe der dritten Maxwell'schen Gleichung können wir den erhaltenen Ausdruck in

$$\nabla \times \frac{\partial \boldsymbol{B}}{\partial t} = \nabla \times (-\nabla \times \boldsymbol{E}) = -\nabla \times (\nabla \times \boldsymbol{E})$$

umformen und über die Beziehung (2.76), die wir auf Seite 94 in weiser Voraussicht hergeleitet haben, weiter umschreiben in:

$$-\nabla \times (\nabla \times \boldsymbol{E}) = \Delta \boldsymbol{E} - \nabla(\nabla \cdot \boldsymbol{E})$$

Mit der ersten Maxwell'schen Gleichung folgt daraus:

$$\Delta \boldsymbol{E} - \nabla(\nabla \cdot \boldsymbol{E}) = \Delta \boldsymbol{E}$$

Fügen wir die einzelnen Ableitungsschritte aneinander, so erhalten wir die folgende Formel:

$$\mu_0 \varepsilon_0 \frac{\partial^2 \boldsymbol{E}}{\partial t^2} = \Delta \boldsymbol{E}$$

Subtrahieren wir von beiden Seiten den linken Ausdruck, so sind wir am Ziel. Das Ergebnis ist die *homogene Wellengleichung*, die in der allgemeinen Operatorenschreibweise folgendermaßen lautet:

Homogene Wellengleichung

$$\Delta - \mu_0 \varepsilon_0 \frac{\partial^2}{\partial t^2} = 0 \qquad (2.85)$$

Um die Überlegung an dieser Stelle noch weiter zu vereinfachen, betrachten wir die Wellengleichung nur noch in einer Dimension. Eliminieren wir die y-Komponente und die z-Komponente, so ist

$$\Delta = \frac{\partial^2}{\partial x^2},$$

und die Wellengleichung nimmt die folgende vereinfachte Form an:

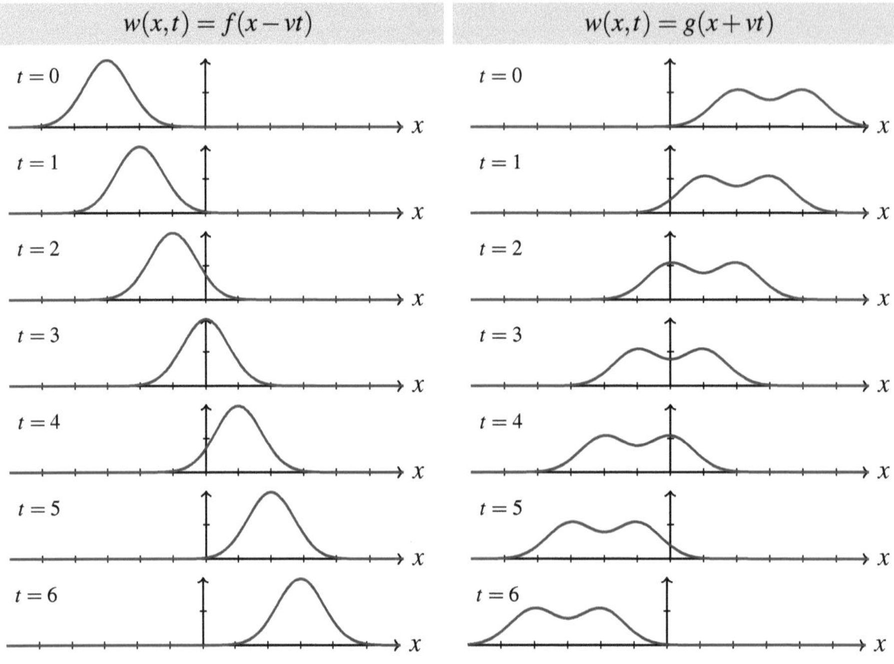

Abbildung 2.29: Ausbreitung einer Wellenfront entlang der x-Achse

Homogene Wellengleichung in einer Dimension

$$\frac{\partial^2}{\partial x^2} - \mu_0 \varepsilon_0 \frac{\partial^2}{\partial t^2} = 0 \tag{2.86}$$

Als Nächstes wollen wir herausarbeiten, warum diese Gleichung ihren Namen verdient. Hierfür betrachten wir zunächst eine Welle, die sich, wie in Abbildung 2.29 gezeigt, entlang der x-Achse bewegt. Für $v > 0$ erfolgt die Bewegung in Richtung der Koordinatenachse und für $v < 0$ entgegengesetzt. Da die geometrische Form der Welle für unsere Überlegungen irrelevant ist, nehmen wir ganz allgemein an, dass sie zum Startzeitpunkt unserer Betrachtung, bei $t = 0$, durch eine Funktion $f(x)$ oder eine Funktion $g(x)$ beschrieben wird.

Bewegt sich die Welle, unter Beibehaltung ihrer geometrische Form, mit der konstanten Geschwindigkeit v, so können wir sie durch die *Wellenfunktion* $w(x,t)$ beschreiben, die folgendermaßen definiert ist:

Wellenfunktion

$$w(x,t) := f(x - vt) \tag{2.87}$$

Wir wollen herausfinden, unter welchen Bedingungen $w(x,t)$ eine Lösung der homogenen Wellengleichung ist. Ein nochmaliger Blick auf Gleichung (2.86) zeigt, dass wir für deren Berechnung sowohl die zweifache Weg- als auch die zweifache Zeitableitung von $w(x,t)$ benötigen. Beide können wir über die Kettenregel der Differentialrechnung erhalten. Um die Anwendung dieser Regel explizit zu machen, führen wir zunächst die Hilfsvariable

$$u(x,t) = x - vt$$

ein und bringen damit (2.87) in die Form:

$$w(x,t) = f(u(x,t))$$

Unter der Berücksichtigung von

$$\frac{\partial u}{\partial x} = 1 \quad \text{und} \quad \frac{\partial u}{\partial t} = -v$$

können wir die benötigten Ableitungen wie folgt über die Kettenregel berechnen:

$$\begin{aligned}
\frac{\partial^2 w}{\partial x^2} &= \frac{\partial\left(\frac{\partial f}{\partial u}\frac{\partial u}{\partial x}\right)}{\partial u}\frac{\partial u}{\partial x} = \frac{\partial \frac{\partial f}{\partial u}}{\partial u} = \frac{\partial^2 f}{\partial u^2} \\
\frac{\partial^2 w}{\partial t^2} &= \frac{\partial\left(\frac{\partial f}{\partial u}\frac{\partial u}{\partial t}\right)}{\partial u}\frac{\partial u}{\partial t} = \frac{\partial \frac{\partial f}{\partial u}(-v)}{\partial u}(-v) = v^2\frac{\partial^2 f}{\partial u^2}
\end{aligned}$$

Setzen wir die beiden Teilergebnisse in die Wellengleichung ein, so können wir daraus die nachstehende Beziehungskette ableiten:

$$\begin{aligned}
& \frac{\partial^2 w}{\partial x^2} - \mu_0 \varepsilon_0 \frac{\partial^2 w}{\partial t^2} = 0 \\
\Leftrightarrow\quad & \frac{\partial^2 f}{\partial u^2} - \mu_0 \varepsilon_0 v^2 \frac{\partial^2 f}{\partial u^2} = 0 \\
\Leftrightarrow\quad & \mu_0 \varepsilon_0 v^2 = 1 \\
\Leftrightarrow\quad & v^2 = \frac{1}{\mu_0 \varepsilon_0} \\
\Leftrightarrow\quad & v = \frac{1}{\sqrt{\mu_0 \varepsilon_0}} \quad \text{oder} \quad v = -\frac{1}{\sqrt{\mu_0 \varepsilon_0}}
\end{aligned}$$

Damit haben wir die Lösung schwarz auf weiß vor Augen: Die eindimensionale homogene Wellengleichung lässt die Existenz einer elektromagnetischen Welle zu, die sich mit einer fest definierten Geschwindigkeit nach links oder rechts ausbreitet.

Ersetzen wir die Konstanten ε_0 und μ_0 durch die weiter oben angegebenen Werte, so erhalten wir als Ergebnis die Lichtgeschwindigkeit:

Geschwindigkeit elektromagnetischer Wellen

$$v = \frac{1}{\sqrt{\mu_0 \varepsilon_0}} = 299\,792\,458\ \frac{\mathrm{m}}{\mathrm{s}} = c \tag{2.88}$$

Maxwell war sich der Tragweite seiner Entdeckung bewusst. Er hatte gezeigt, dass seine Feldgleichungen die Existenz elektromagnetischer Wellen zulassen, sich diese aber keinesfalls mit einer beliebigen Geschwindigkeit bewegen können. Sollte es die postulierten Wellen tatsächlich geben, so müssten diese im Vakuum knapp 300 000 km pro Sekunde zurücklegen. Natürlich war ihm nicht entgangen, dass sich die hypothetischen Wellen mit annähernd derselben Geschwindigkeit bewegten, die damals für die Lichtgeschwindigkeit gemessen wurde, und entsprechend früh hegte er die Vermutung, dass Licht eine elektromagnetische Welle sei. Maxwell sollte recht behalten.

Das Superpositionsprinzip

Wir wissen, dass sich elektromagnetische Wellen störungsfrei durchdringen: Sie *superponieren.* Im eindimensionalen Fall können wir das *Superpositionsprinzip* folgendermaßen mathematisch erfassen: Sind $w_1(x,t)$ und $w_2(x,t)$ die Wellenfunktionen einer linkslaufenden und einer rechtslaufenden Welle, die sich mit der Geschwindigkeit c bewegen, so ist auch die Summe

$$w(x,t) = w_1(x,t) + w_2(x,t)$$

eine Lösung der Wellengleichung. Um diese Eigenschaft formal zu beweisen, halten wir fest, dass die Kombination zweier entgegengesetzt laufender Wellen, wie sie in Abbildung 2.30 dargestellt ist, folgendermaßen beschrieben werden kann:

$$w(x,t) := f(x - ct) + g(x + ct)$$

Mit den Hilfsvariablen

$$u := x - ct$$
$$v := x + ct$$

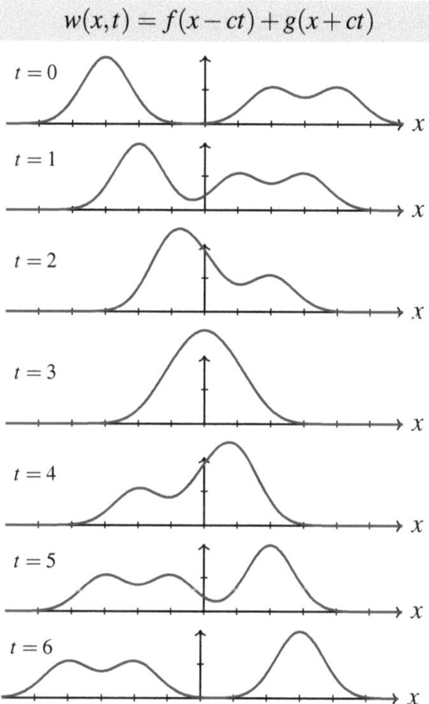

Abbildung 2.30: Zum Superpositionsprinzip elektromagnetischer Wellen

können wir diese Wellenfunktion in der Form

$$w(x,t) := f(u) + g(v)$$

notieren und die Orts- und die Zeitableitungen folgendermaßen angeben:

$$\frac{\partial^2 w}{\partial x^2} = \frac{\partial^2 f}{\partial x^2} + \frac{\partial^2 g}{\partial x^2} = \frac{\partial\left(\frac{\partial f}{\partial u}\frac{\partial u}{\partial x}\right)}{\partial u}\frac{\partial u}{\partial x} + \frac{\partial\left(\frac{\partial g}{\partial u}\frac{\partial u}{\partial x}\right)}{\partial u}\frac{\partial u}{\partial x} = \frac{\partial^2 f}{\partial u^2} + \frac{\partial^2 g}{\partial v^2}$$

$$\frac{\partial^2 w}{\partial t^2} = \frac{\partial^2 f}{\partial t^2} + \frac{\partial^2 g}{\partial t^2} = \frac{\partial\left(\frac{\partial f}{\partial u}\frac{\partial u}{\partial t}\right)}{\partial u}\frac{\partial u}{\partial t} + \frac{\partial\left(\frac{\partial g}{\partial u}\frac{\partial u}{\partial t}\right)}{\partial u}\frac{\partial u}{\partial t} = c^2\frac{\partial^2 f}{\partial u^2} + c^2\frac{\partial^2 g}{\partial v^2}$$

In die Wellengleichung eingesetzt ergibt dies:

$$\frac{\partial^2 w}{\partial x^2} - \mu_0\varepsilon_0\frac{\partial^2 w}{\partial t^2} = \left(\frac{\partial^2 f}{\partial u^2} + \frac{\partial^2 g}{\partial v^2}\right)(1 - \mu_0\varepsilon_0 c^2) \tag{2.89}$$

Aus (2.88) folgt

$$\mu_0\varepsilon_0 c^2 = 1,$$

so dass die rechte Seite von (2.89) vollständig verschwindet:

$$\frac{\partial^2 w}{\partial x^2} - \mu_0 \varepsilon_0 \frac{\partial^2 w}{\partial t^2} = 0$$

Damit haben wir das gesuchte Ergebnis direkt vor Augen: Die Wellengleichung ist erfüllt!

Unsere Rechnung wirft die Frage auf, ob die Wellengleichung noch andere Lösungen hat. Die Antwort ist negativ, und damit beschneiden die Maxwell'schen Gleichungen abermals die Wahlfreiheit der Natur: Die Eigenschaft elektromagnetischer Wellen, sich störungsfrei zu durchdringen, ist eine notwendige Eigenschaft, ohne die sie nicht existieren könnten.

Galilei-Varianz

Nachdem wir uns mit den Maxwell'schen Gleichungen vertraut gemacht haben, ist es an der Zeit, ein Ergebnis herzuleiten, das in die Entstehung der Relativitätstheorie eine wichtige Rolle spielte. Wir werden zeigen, dass die Wellengleichung, die eine unmittelbare Folge aus den Maxwell'schen Gleichungen ist, beim Übergang von einem Inertialsystem in ein anderes ihre Form verändert. Mit anderen Worten: Die Wellengleichung ist *Galilei-variant.*

Um dies formal zu belegen, betrachten wir ein Bezugssystem S', das sich gegenüber einem Inertialsystem S mit der Geschwindigkeit v entlang der positiven x-Achse bewegt. Der Übergang von S nach S' berechnet sich dann folgendermaßen:

$$\begin{aligned} x' &= x - vt \\ y' &= y \\ z' &= z \\ t' &= t \end{aligned}$$

Mit der Kettenregel können wir aus diesen Transformationsgleichungen die partiellen Ableitungsoperatoren gewinnen. Sie lauten:

$$\begin{aligned}
\frac{\partial}{\partial x} &= \frac{\partial}{\partial x'}\underbrace{\frac{\partial x'}{\partial x}}_{=1} + \frac{\partial}{\partial y'}\underbrace{\frac{\partial y'}{\partial x}}_{=0} + \frac{\partial}{\partial z'}\underbrace{\frac{\partial z'}{\partial x}}_{=0} + \frac{\partial}{\partial t'}\underbrace{\frac{\partial t'}{\partial x}}_{=0} = \frac{\partial}{\partial x'} \\
\frac{\partial}{\partial y} &= \frac{\partial}{\partial x'}\underbrace{\frac{\partial x'}{\partial y}}_{=0} + \frac{\partial}{\partial y'}\underbrace{\frac{\partial y'}{\partial y}}_{=1} + \frac{\partial}{\partial z'}\underbrace{\frac{\partial z'}{\partial y}}_{=0} + \frac{\partial}{\partial t'}\underbrace{\frac{\partial t'}{\partial x}}_{=0} = \frac{\partial}{\partial y'} \\
\frac{\partial}{\partial z} &= \frac{\partial}{\partial x'}\underbrace{\frac{\partial x'}{\partial z}}_{=0} + \frac{\partial}{\partial y'}\underbrace{\frac{\partial y'}{\partial z}}_{=0} + \frac{\partial}{\partial z'}\underbrace{\frac{\partial z'}{\partial z}}_{=1} + \frac{\partial}{\partial t'}\underbrace{\frac{\partial t'}{\partial z}}_{=0} = \frac{\partial}{\partial z'}
\end{aligned}$$

$$\frac{\partial}{\partial t} = \frac{\partial}{\partial x'}\underbrace{\frac{\partial x'}{\partial t}}_{=-v} + \frac{\partial}{\partial y'}\underbrace{\frac{\partial y'}{\partial t}}_{=0} + \frac{\partial}{\partial z'}\underbrace{\frac{\partial z'}{\partial t}}_{=0} + \frac{\partial}{\partial t'}\underbrace{\frac{\partial t'}{\partial t}}_{=1} = -v\frac{\partial}{\partial x'} + \frac{\partial}{\partial t'}$$

Daraus folgt für die zweiten Ableitungen:

$$\begin{aligned}
\frac{\partial^2}{\partial x^2} &= \frac{\partial^2}{\partial x'^2} \\
\frac{\partial^2}{\partial y^2} &= \frac{\partial^2}{\partial y'^2} \\
\frac{\partial^2}{\partial z^2} &= \frac{\partial^2}{\partial z'^2} \\
\frac{\partial^2}{\partial t^2} &= -v\frac{\partial\left(-v\frac{\partial}{\partial x'} + \frac{\partial}{\partial t'}\right)}{\partial x'} + \frac{\partial\left(-v\frac{\partial}{\partial x'} + \frac{\partial}{\partial t'}\right)}{\partial t'} \\
&= v^2\frac{\partial^2}{\partial x'^2} - v\frac{\partial^2}{\partial x'\partial t'} - v\frac{\partial^2}{\partial t'\partial x'} + \frac{\partial^2}{\partial t'^2} \\
&= v^2\frac{\partial^2}{\partial x'^2} - 2v\frac{\partial^2}{\partial t'\partial x'} + \frac{\partial^2}{\partial t'^2}
\end{aligned}$$

In die Wellengleichung (2.85) von Seite 103 eingesetzt, ergibt dies

$$\frac{\partial^2}{\partial x'^2} + \frac{\partial^2}{\partial y'^2} + \frac{\partial^2}{\partial z'^2} - \mu_0\varepsilon_0\left(v^2\frac{\partial^2}{\partial x'^2} - 2v\frac{\partial^2}{\partial t'\partial x'} + \frac{\partial^2}{\partial t'^2}\right) = 0,$$

was wiederum das Gleiche ist wie:

$$\begin{aligned}
&\frac{\partial^2}{\partial x'^2} + \frac{\partial^2}{\partial y'^2} + \frac{\partial^2}{\partial z'^2} - \mu_0\varepsilon_0\frac{\partial^2}{\partial t'^2} \\
&= v^2\mu_0\varepsilon_0\frac{\partial^2}{\partial x'^2} - 2v\mu_0\varepsilon_0\frac{\partial^2}{\partial t'\partial x'}
\end{aligned}$$

Dies können wir weiter umformen in die Wellengleichung aus der Sicht von S′:

Homogene Wellengleichung (Galilei-transformiert)

$$\Delta' - \mu_0\varepsilon_0\frac{\partial^2}{\partial t'^2} = v\mu_0\varepsilon_0\left(v\frac{\partial^2}{\partial x'^2} - 2\frac{\partial^2}{\partial t'\partial x'}\right)$$

Die rechte Seite ist von 0 verschieden, und das bedeutet, dass die Wellengleichung in eine andere Form übergegangen ist.

War die Galilei-Varianz der Wellengleichung zu erwarten? Gingen wir davon aus, dass sich elektromagnetische Wellen, genau wie Schall- oder Wasserwellen, in einem Medium ausbreiten, so wäre die Antwort ein klares Ja. In ihrer Reinform würde die Wellengleichung dann genau in einem einzigen Bezugssystem gelten: im Ruhesystem des Mediums. Für einen Beobachter, der sich relativ zu diesem Medium bewegt, würden sich die Wellen unterschiedlich schnell in die verschiedenen Richtungen ausbreiten, genau so, wie wir es von Schall- und Wasserwellen her kennen. Die Maxwell'schen Gleichungen könnten im Bezugssystem des bewegten Beobachters daher nicht in ihrer Reinform gelten, und genau dies besagt die Galilei-Varianz. Solange wir also von der Existenz eines *Lichtäthers* ausgehen, der als Medium für die Ausbreitung von Lichtwellen fungiert, verweilen wir auf sicherem Terrain. Die Galilei-Varianz ist dann kein Widerspruch, sondern eine notwendige Folge.

Im nächsten Abschnitt werden wir uns mit dem hypothetischen Lichtäther ausführlich beschäftigen, und so viel sei vorweg verraten: Die Erkenntnisse, die wir dort gewinnen, werden dieses vermeintlich sichere Terrain zum Beben bringen.

2.5 Der Lichtäther

Als Maxwell entdeckte, dass Licht eine elektromagnetische Welle ist, hatte dies einschneidende Konsequenzen, denn wir wissen aus der Erfahrung, dass Wellen ein Medium benötigen, um sich auszubreiten. Eine Schallquelle beispielsweise regt die Luftmoleküle in ihrer Umgebung zu Schwingungen an, die sich nach und nach auf die angrenzenden Luftmoleküle übertragen. In seinem Medium, der Luft, breitet sich der Schall als eine *Longitudinalwelle* (*Längswelle*) aus, d. h., die Luftmoleküle bewegen sich in der gleichen Richtung hin und her, in die sich auch die Welle bewegt.

Anders als der Schall kann das Licht aber keine Longitudinalwelle sein, denn schon zu Newtons Zeiten war bekannt, dass Licht die Eigenschaft besitzt, in verschiedene Richtungen zu schwingen. Aufgefallen war das Phänomen bei Experimenten mit bestimmten Kalkspaten, die einfallende Lichtbündel in zwei verschieden polarisierte Teilbündel aufspalteten. So war den Forschern früh bewusst, dass sich Lichtwellen *transversal* durch den Raum bewegen. Solche Wellen sind uns aus dem Alltag bekannt. Eine Transversalwelle (*Querwelle*) entsteht beispielsweise dann, wenn wir das eine Ende eines langen Seils rhythmisch bewegen. Je nachdem, ob wir das Seil von oben nach unten, von links nach rechts oder diagonal bewegen, entsteht eine Welle, die in einer jeweils anderen Richtung schwingt. Die meisten Physiker waren sich einig darin, dass auch transversale Wellen ein Medium benötigen, um sich auszubreiten. Aber woraus bestand dieser noch völlig unbekannte *Lichtäther*, und wie war er aufgebaut?

2.5.1 Der mitgeführte Äther

Der Versuch von Arago

Ein wichtiges Ergebnis für die Klärung der Ätherfrage hat der Physiker François Arago im Jahr 1810 erzielt, als er im Licht ferner Sterne nach einem Beweis der Newton'schen Korpuskeltheorie suchte. Hierfür benutzte er ein trickreich modifiziertes Teleskop, das einfallendes Licht in zwei Bündel aufspaltete, die abhängig von ihrer Geschwindigkeit unterschiedlich weit gespreizt wurden. Arago war überzeugt: Wenn Licht, wie Newton es vorhergesagt hatte, aus kleinen materiellen Partikeln bestand, dann müssten die von massereichen Sternen emittierten Lichtpartikel mehr Arbeit geleistet haben, um die Gravitation zu überwinden, und daher langsamer sein als die Lichtpartikel von leichteren Sternen. Zum anderen müsste schon die relative Bewegung der Himmelskörper dazu führen, dass sich die ausgesendeten Lichtpartikel unterschiedlich schnell auf die Erde zubewegten. Tatsächlich verlief Aragos Experiment aber ganz anders als erwartet:

François Arago, März 1810

Die auf der Erde gemessene Lichtgeschwindigkeit ist unabhängig von der Geschwindigkeit und dem Gewicht des lichtemittierenden Sterns.

Ein halbes Jahr später wiederholte Arago sein Experiment. Da sich in den vergangenen 6 Monaten die Bewegungsrichtung der Erde umgekehrt hatte, sollte sich die Geschwindigkeit, mit der die Lichtteilchen in das Teleskop eindrangen, um einen Betrag ändern, der doppelt so groß war wie die Geschwindigkeit, mit der sich die Erde um die Sonne bewegte. Doch auch dieses Mal widersprach der Ausgang des Experiments der Vorhersage:

François Arago, Oktober 1810

Die Bewegung der Erde um die Sonne hat keinen Einfluss auf die gemessene Lichtgeschwindigkeit.

Wir rekapitulieren: Aragos erstes Experiment hatte gezeigt, dass die Geschwindigkeit des Lichts unabhängig von der Bewegung und der Masse der Emissionsquelle ist. Mit der Korpuskeltheorie war dieses Ergebnis schwer vereinbar, wohl aber mit der Vorstellung eines stationären Äthers, in dem sich Licht als Welle ausbreitet. Stellen wir uns diesen Äther als einen elastischen Festkörper vor, so würde die Ausbreitung des Lichts lediglich durch dessen Dichte und dessen Elastizität bestimmt werden und nicht durch die Masse und die Relativgeschwindigkeit der Emissionsquelle.

Mit der Wellentheorie ist Aragos erstes Experiment wunderbar vereinbar, nicht aber das zweite. Wenn der interstellare Raum mit einem stationären Äther gefüllt wäre, so müsste die Geschwindigkeit des Lichts davon abhängen, ob sich die Erde mit dem Äther oder gegen ihn bewegt. Folgerichtig hätten die im März eingefangenen Lichtstrahlen eine andere Geschwindigkeit aufweisen müssen als die im Oktober eingefangenen. Das bedeutet:

Merke

Die Hypothese eines stationären Äthers steht im Widerspruch zu Aragos zweitem Experiment.

Erklären ließe sich Aragos Beobachtung allerdings dann, wenn der Äther von der Erde vollständig mitgeführt würde. In diesem Fall gäbe es auf der Erdoberfläche keinen spürbaren Ätherwind, und das Licht würde, wie es in Aragos Experiment der Fall war, unabhängig von der Jahreszeit und der relativen Bewegung zur Quelle mit der immer gleichen Geschwindigkeit eintreffen. Der prominenteste Anhänger dieser Hypothese war Sir George Gabriel Stokes. Lange Zeit vertrat er die Auffassung, dass der Äther von der Erde genauso mitgeführt wird wie die Atmosphäre und die Ätherbewegung nach außen hin langsam abnimmt [53]. Aber auch gegen diese Hypothese gab es ein handfestes Argument: In einem vollständig mitgeführten Äther hätte sich die stellare Aberration, die wir in Abschnitt 2.3.3 besprochen haben, nicht von der Erde aus beobachten lassen dürfen. Das bedeutet:

Merke

Die Hypothese eines vollständig mitgeführten Äthers steht im Widerspruch zur stellaren Aberration des Lichts.

Fresnels Mitführungshypothese

Eine vermeintliche Lösung für die geschilderten Probleme hatte Augustin Jean Fresnel gefunden. Der französische Physiker kam zu dem Schluss, dass es für die Erklärung von Aragos Beobachtung gar nicht nötig war, eine vollständige Mitführung im Stokes'schen Sinne zu fordern. Er konnte sowohl die Beobachtung von Arago als auch das Phänomen der Aberration unter der Prämisse rechtfertigen, dass materielle Objekte den Äther nur partiell mitziehen.

Wenn wir im nächsten Abschnitt die Hypothese des teilweise mitgeführten Äthers genauer beleuchten, verlassen wir bewusst den historischen Pfad, den wir bisher gegangen sind. Stattdessen folgen wir dem in [5] eingeschlagenen Weg, Fresnels Ergebnis anhand eines Experiments abzuleiten, das der niederländische Astronom Martin Hoek im Jahr

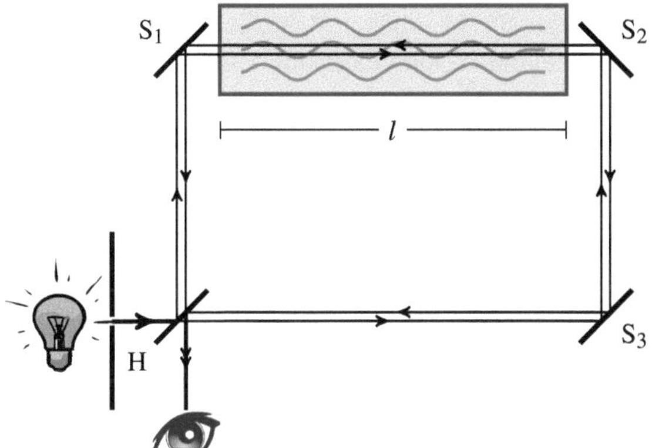

Abbildung 2.31: Zum Interferometerversuch von Hoek

1868 durchgeführt hat. Die dabei angestellten Berechnungen werden uns dieselbe *Mitführungsformel* in die Hände spielen, die Fresnel damals hergeleitet hat, allerdings auf deutlich einfachere Weise.

Das Experiment von Hoek

Das in Abbildung 2.31 skizzierte Experiment von Hoek ist ein Interferometerversuch, der in seinem Aufbau an das Fizeau'sche Experiment aus dem Jahr 1851 erinnert. Ein vergleichender Blick auf Fizeaus Versuchsanordnung, die auf Seite 73 in Abbildung 2.21 zu sehen ist, offenbart zwei wesentliche Unterschiede. Während das Wasser in Hoeks Experiment in Ruhe ist und die Lichtstrahlen auf ihrem Weg von der Quelle zum Beobachter nur einmal durch die Röhre laufen, wird das Wasser in Fizeaus Experiment mit hohem Druck durch die Röhre gepumpt, und die Lichtstrahlen laufen zweimal durch das Wasser. Trotz dieser Unterschiede sieht der Beobachter in der Messvorrichtung von Hoek ein ähnliches Bild wie in der Messvorrichtung von Fizeau: ein kreis- oder streifenförmiges Interferenzmuster, das durch die Überlagerung der beiden Teilstrahlen entsteht.

Bevor wir den eigentlich Zweck des Experiments besprechen, wollen wir uns überlegen, wie sich die Lichtstrahlen in Hoeks Apparatur unter der Annahme eines stationären Äthers ausbreiten. Hierfür nehmen wir an, die Apparatur sei so ausgerichtet, dass die Wasserröhre in die gleiche Richtung zeigt, in der sich die Erde durch den stationären Äther bewegt. Die beiden Lichtstrahlen sind dann einem sogenannten *Ätherwind* ausgesetzt, der einmal als *Rückenwind* und einmal als *Gegenwind* in Erscheinung tritt. Bezeichnen wir die Geschwindigkeit des hypothetischen Ätherwinds mit v, so würde sich einer der beiden Lichtstrahlen in Hoeks Apparatur mit der Geschwindigkeit $c_{\mathrm{H_2O}} + v$ durch die wassergefüllte Röhre bewegen und der andere Lichtstrahl mit der Geschwindigkeit $c_{\mathrm{H_2O}} - v$. Beide Strahlen legen die gleiche Strecke ein zweites Mal zurück, dieses Mal aber durch die Luft. Die Lichtgeschwindigkeit in Luft unterscheidet sich nur geringfügig von der Lichtgeschwindigkeit im Vakuum, so dass der erste Strahl annähernd die Geschwindigkeit $c-v$ aufweisen müsste und der zweite Lichtstrahl die Geschwindigkeit $c+v$.

Damit können wir die Zeit, die beide Lichtstrahlen für den Hin- und Rückweg benötigen, folgendermaßen beziffern:

$$t_1 = \frac{l}{c_{\mathrm{H_2O}}+v} + \frac{l}{c-v} \tag{2.90}$$

$$t_2 = \frac{l}{c_{\mathrm{H_2O}}-v} + \frac{l}{c+v} \tag{2.91}$$

Als Nächstes wollen wir die Apparatur in Gedanken um 180° drehen und die angestellte Überlegung wiederholen. Da der Ätherwind nun aus der entgegengesetzten Richtung bläst, benötigt der erste Lichtstrahl jetzt die Zeit t_2 und der zweite Lichtstrahl die Zeit t_1. Da die Formeln (2.90) und (2.91) für t_1 und t_2 unterschiedliche Werte vorhersagen, müsste sich das Interferenzmuster durch die Drehung verschieben. Beobachtet hat Hoek aber etwas ganz anderes:

> *„The experiment having been carried out, no band were shown. I initially studied my apparatus to make sure that there were no imperfections which hid the phenomenon. I modified it in several ways. [...] Always the same result, no band was visible.“*
>
> Martin Hoek, aus einer englischen Übersetzung von [34]

Dass die Drehung des Apparats keinen Einfluss auf das Interferenzmuster hatte, bedeutete, dass die beiden Lichtstrahlen unabhängig von der Orientierung der Apparatur immer die gleiche Zeit benötigten, um die Strecke l hin- und herzulaufen. Entsprechend der Beobachtung musste also die folgende Identität gelten:

$$t_1 = t_2 \tag{2.92}$$

Unter der Annahme eines stationären Äthers lautet (2.92) ausgeschrieben so:

$$\frac{l}{c_{\mathrm{H_2O}}+v} + \frac{l}{c-v} = \frac{l}{c_{\mathrm{H_2O}}-v} + \frac{l}{c+v}$$

Diese Gleichung ist offensichtlich falsch. Sie würde nur dann gelten, wenn sich das Licht im Wasser genauso schnell ausbreiten würde wie in der Luft, was nicht der Fall ist.

Als Nächstes wollen wir der Frage nachgehen, ob sich Gleichung (2.92) unter der Annahme eines teilweise mitgeführten Äthers lösen lässt. Das folgende Zitat von Hoek nimmt vorweg, dass dies tatsächlich der Fall ist:

> *„This negative result having been found without a doubt for me, I dealt with the theoretical consequences, and I recognized that it completely confirms the coefficient of entrainment of Fresnel.“*
>
> Martin Hoek [34]

Wir erinnern uns: Fresnel hatte postuliert, dass Stoffe wie Wasser oder Glas, die eine höhere Dichte aufweisen als Luft, mit dem Äther wechselwirken und diesen teilweise mitziehen. Nach dieser Hypothese wird die Geschwindigkeit des Lichtstrahls in der Wasserröhre somit nicht um die volle Geschwindigkeit des Ätherwinds verändert, sondern um einen reduzierten Betrag

$$v - \varphi.$$

Unter der Annahme eines teilweise mitgeführten Äthers müssen wir die Gleichungen (2.90) und (2.91) dann folgendermaßen modifizieren:

$$t_1 = \frac{l}{c_{\mathrm{H_2O}} + v - \varphi} + \frac{l}{c - v}$$

$$t_2 = \frac{l}{c_{\mathrm{H_2O}} - v + \varphi} + \frac{l}{c + v}$$

Ausgeschrieben ergibt (2.92) jetzt die folgende Identität:

$$\frac{l}{c_{\mathrm{H_2O}} + v - \varphi} + \frac{l}{c - v} = \frac{l}{c_{\mathrm{H_2O}} - v + \varphi} + \frac{l}{c + v}$$

Oder, was dasselbe ist:

$$\frac{1}{c_{\mathrm{H_2O}} + v - \varphi} + \frac{1}{c - v} = \frac{1}{c_{\mathrm{H_2O}} - v + \varphi} + \frac{1}{c + v} \tag{2.93}$$

Für die Lösung dieser Gleichung erinnern wir uns an die auf Seite 38 formulierten Näherungsformeln, die immer dann verwendet werden dürfen, wenn β in zweiter oder höherer Ordnung einen vernachlässigbar kleinen Wert annimmt. Damit können wir die in (2.93) auftretenden Teilterme folgendermaßen vereinfachen:

$$\frac{1}{c_{\mathrm{H_2O}} + v - \varphi} = \frac{1}{c_{\mathrm{H_2O}}}\left(\frac{1}{1 + \frac{v-\varphi}{c_{\mathrm{H_2O}}}}\right) \overset{(2.13)}{\approx} \frac{1}{c_{\mathrm{H_2O}}}\left(1 - \frac{v - \varphi}{c_{\mathrm{H_2O}}}\right)$$

$$\frac{1}{c - v} = \frac{1}{c}\left(\frac{1}{1 - \frac{v}{c}}\right) \overset{(2.14)}{\approx} \frac{1}{c}\left(1 + \frac{v}{c}\right)$$

$$\frac{1}{c_{\mathrm{H_2O}} - v + \varphi} = \frac{1}{c_{\mathrm{H_2O}}}\left(\frac{1}{1 - \frac{v-\varphi}{c_{\mathrm{H_2O}}}}\right) \overset{(2.13)}{\approx} \frac{1}{c_{\mathrm{H_2O}}}\left(1 + \frac{v - \varphi}{c_{\mathrm{H_2O}}}\right)$$

$$\frac{1}{c + v} = \frac{1}{c}\left(\frac{1}{1 + \frac{v}{c}}\right) \overset{(2.14)}{\approx} \frac{1}{c}\left(1 - \frac{v}{c}\right)$$

Schreiben wir (2.93) damit um, so erhalten wir die folgende Gleichung:

$$\frac{1}{c_{\mathrm{H_2O}}}\left(1 - \frac{v - \varphi}{c_{\mathrm{H_2O}}}\right) + \frac{1}{c}\left(1 + \frac{v}{c}\right) = \frac{1}{c_{\mathrm{H_2O}}}\left(1 + \frac{v - \varphi}{c_{\mathrm{H_2O}}}\right) + \frac{1}{c}\left(1 - \frac{v}{c}\right)$$

Dies können wir zu

$$\frac{\varphi - v}{c_{H_2O}{}^2} + \frac{v}{c^2} = \frac{v - \varphi}{c_{H_2O}{}^2} - \frac{v}{c^2}$$

vereinfachen, was wiederum das Gleiche ist wie

$$\frac{\varphi}{c_{H_2O}{}^2} = \frac{v}{c_{H_2O}{}^2} - \frac{v}{c^2}.$$

Aufgelöst nach φ ergibt dies die Beziehung

$$\varphi = c_{H_2O}{}^2 \left(\frac{v}{c_{H_2O}{}^2} - \frac{v}{c^2} \right) = \left(1 - \frac{c_{H_2O}{}^2}{c^2} \right) v. \tag{2.94}$$

Bezeichnen wir den Brechungsindex von Wasser mit n, so ist

$$c_{H_2O} = \frac{c}{n},$$

und wir erhalten aus (2.94) jene berühmte Formel, die heute als die *Fresnel'sche Mitführungsformel* bezeichnet wird:

Fresnel'sche Mitführungsformel

$$\varphi = \left(1 - \frac{1}{n^2} \right) v$$

Inhaltlich postuliert die Mitführungsformel einen direkten Zusammenhang zwischen dem Brechungsindex n eines Mediums und dessen Eigenschaft, den Äther partiell mitzuziehen. Der Brechungsindex des Vakuums hat den Wert 1, so dass überhaupt kein Äther mitgezogen wird. Ähnliches gilt für die Luft. Der Brechungsindex dieses Mediums ist nur geringfügig größer als 1, so dass lediglich eine minimale Mitführung stattfindet. Je weiter der Brechungsindex eines Mediums den Wert 1 übersteigt, desto stärker wird auch der Äther mitgeführt; ein auf den ersten Blick einleuchtendes Ergebnis.

Der Interferometerversuch von Fizeau

In diesem Abschnitt wollen wir zu Fizeaus Interferometerversuch zurückkehren, mit dem wir uns ausführlich in Abschnitt 2.3.4 befasst haben. Wir hatten dort eine Vielzahl technischer Details erörtert, aber zu keiner Zeit die Frage nach dem eigentlich Zweck des Experiments gestellt. Fizeau wollte damit genau jene Frage beantworten, die uns auf den letzten Seiten selbst beschäftigt hat: die Frage nach der Mitführung des Äthers.

Wir wollen ausloten, inwieweit sich der Ausgang des Experiments mit der Fresnel'schen Hypothese eines teilweise mitgeführten Äthers erklären lässt, und uns zu diesem Zweck die in Abschnitt 2.5.1 durchgeführte Rechnung ins Gedächtnis rufen. Von dieser bleibt richtig, dass sich Licht in einem Medium mit dem Brechungsindex n mit der Geschwindigkeit

$$c_{\text{Medium}} = \frac{c}{n}$$

ausbreitet. Die Fresnel'sche Mitführungsformel besagt, dass sich die beiden gegenläufigen Lichtstrahlen mit den folgenden Geschwindigkeiten durch die Röhre bewegen:

$$v_1 = \frac{c}{n} + \left(1 - \frac{1}{n^2}\right) v$$
$$v_2 = \frac{c}{n} - \left(1 - \frac{1}{n^2}\right) v$$

Jetzt können wir genauso argumentieren wie auf Seite 73. Ist l die Länge der Röhre, die jeder Lichtstrahl zweimal durchlaufen muss, so lässt sich über die folgenden beiden Formeln ausrechnen, wie lange der erste bzw. der zweite Teilstrahl benötigt, um die Gesamtstrecke $2l$ zurückzulegen:

$$t_1 = \frac{2l}{v_1} = \frac{2l}{\frac{c}{n} + \left(1 - \frac{1}{n^2}\right) v}$$
$$t_2 = \frac{2l}{v_2} = \frac{2l}{\frac{c}{n} - \left(1 - \frac{1}{n^2}\right) v}$$

Die Differenz der beiden Werte gibt an, wie viel später der langsamere Lichtstrahl das Auge des Betrachters erreicht:

$$\begin{aligned} t_2 - t_1 &= \frac{2l}{\frac{c}{n} - \left(1 - \frac{1}{n^2}\right) v} - \frac{2l}{\frac{c}{n} + \left(1 - \frac{1}{n^2}\right) v} \\ &= 2l \frac{\frac{c}{n} + \left(1 - \frac{1}{n^2}\right) v - \frac{c}{n} + \left(1 - \frac{1}{n^2}\right) v}{\left(\frac{c}{n} - \left(1 - \frac{1}{n^2}\right) v\right)\left(\frac{c}{n} + \left(1 - \frac{1}{n^2}\right) v\right)} \\ &= \frac{4l\left(1 - \frac{1}{n^2}\right) v}{\left(\frac{c}{n}\right)^2 - \left(1 - \frac{1}{n^2}\right)^2 v^2} \end{aligned}$$

Mit den Werten (2.66) bis (2.67) von Seite 74 ergibt dies die Zeitdifferenz

$$t_2 - t_1 \approx 3{,}59 \cdot 10^{-16}\ \text{s}. \tag{2.95}$$

Die unterschiedliche Ankunft der Lichtwellen führt dazu, dass sich die Interferenzstreifen im Objektiv des Empfängers um

$$\frac{t_2 - t_1}{T} \overset{(2.95)}{\underset{(2.68)}{\approx}} \frac{3{,}59 \cdot 10^{-16}\,\mathrm{s}}{1{,}75 \cdot 10^{-15}\,\mathrm{s}} \approx 0{,}21$$

Interferenzstreifen verschieben, wenn das Wasser vorher in Ruhe war. Tatsächlich stimmt dieser Wert fast exakt mit dem experimentell ermittelten Wert überein, wie die folgende Textstelle aus Fizeaus Originalarbeit belegt:

> „[...]; *so fand sich durch ein Mittel aus 19 ziemlich übereinstimmenden Beobachtungen für die einfache Verschiebung 0,23, also für die doppelte 0,46 der Breite einer Franse.*“
>
> Hippolyte Fizeau [24]

Die hohe Übereinstimmung war für Fizeau ein starkes Indiz für die Korrektheit der Mitführungsformel. Dennoch hat Fresnels Lösungsvorschlag die Zeit nicht überdauert. Zu Beginn des 20. Jahrhunderts hatte die Physik einen so hohen Wissensstand erreicht, dass sowohl die Stokes'sche Hypothese eines vollständig mitbewegten Äthers als auch die Fresnel'sche Hypothese einer teilweisen Mitführung mit hoher Sicherheit als widerlegt angesehen werden durfte.

2.5.2 Der stationäre Äther

Die Existenz eines stationären Äthers schien die unausweichliche Konsequenz zu sein, auch wenn Aragos zweites Experiment aus dem Jahr 1810 anderes behauptete. Inmitten der wachsenden Verunsicherung waren sich die Physiker aber immer noch in einem zentralen Punkt einig: Wellen benötigen ein Medium, um sich auszubreiten, und Licht konnte hier keine Ausnahme machen. Den Lichtäther musste es einfach geben!

Auch wir wollen uns an dieser Stelle noch nicht geschlagen geben, auch wenn wir bereits wissen, dass Aragos Nullresultat alles andere als ein Messfehler war. Stattdessen wollen wir uns mit den prinzipiellen Möglichkeiten beschäftigen, einen stationären Äther experimentell nachzuweisen. Zwei Fragen müssen wir in diesem Zusammenhang beantworten. Zum einen haben wir zu klären, welche charakteristischen Parameter eines Lichtstrahls durch den Ätherwind beeinflusst werden. Zum anderen müssen wir nachrechnen, ob der zu erwartende Effekt groß genug ist, um ihn unter realen Bedingungen messen zu können. Hierbei wird insbesondere wichtig werden, von welcher Größenordnung die Spuren sind, die der hypothetische Ätherwind hinterlässt.

In den folgenden Abschnitten werden wir uns auf zwei charakteristische Parameter des Lichts konzentrieren: die *Frequenz*, mit der eine Lichtwelle schwingt, und die *Geschwin-*

digkeit, mit der sie sich ausbreitet. Wir beginnen unsere Untersuchung mit dem Einfluss des Ätherwinds auf die Frequenz.

Der Doppler-Effekt

Bewegt sich ein Beobachter relativ zu einer Quelle, die eine Welle mit der Frequenz f_Q emittiert, so nimmt er die Welle mit einer anderen Frequenz wahr. Die beobachtete Frequenz f_B ist höher als f_Q, wenn sich der Beobachter und die Quelle einander nähern, und sie ist niedriger, wenn sich beide voneinander entfernen. Diese Frequenzverschiebung ist der *Doppler-Effekt*, benannt nach dem österreichischen Physiker Christian Doppler.

Der Doppler-Effekt betrifft Schall- und Lichtwellen gleichermaßen. Während er bei Schallwellen eine Veränderung der Tonhöhe herbeiführt, wirkt er sich bei Lichtwellen auf die Farbe aus. Das wahrnehmbare Frequenzspektrum des menschlichen Auges wird im unteren Frequenzbereich durch die Farbe Violett und im oberen Frequenzbereich durch die Farbe Rot begrenzt. Für einen Beobachter, der sich einer Lichtquelle nähert, wird die Farbe des Lichts daher ein wenig nach Violett gerückt, was in der Physik als eine *Blauverschiebung* bezeichnet wird. Entfernen sich der Beobachter und die Lichtquelle voneinander, so führt dies zu einer *Rotverschiebung*.

Breitet sich eine Welle in einem Medium aus, so ist der Doppler-Effekt asymmetrisch. Das bedeutet, dass wir eine andere Frequenzverschiebung erhalten, je nachdem, ob sich die Quelle oder der Beobachter gegen das Medium bewegt. Die Asymmetrie des Doppler-Effekts öffnet uns eine Tür für den Nachweis des Ätherwinds, zumindest theoretisch.

Für die exakte Berechnung der zu erwartenden Frequenzverschiebung bedienen wir uns im Vorgriff auf Kapitel 5, wo die verschiedenen Varianten des Doppler-Effekts formal hergeleitet werden, der folgenden beiden Formeln:

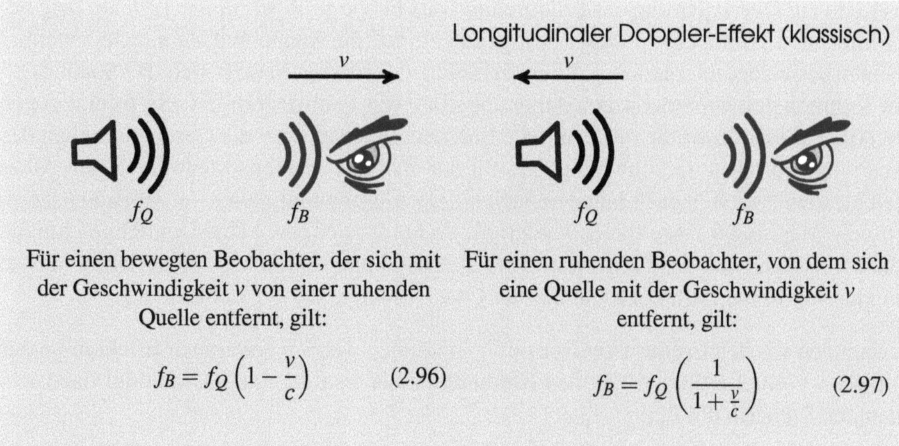

Für einen bewegten Beobachter, der sich mit der Geschwindigkeit v von einer ruhenden Quelle entfernt, gilt:

$$f_B = f_Q\left(1 - \frac{v}{c}\right) \tag{2.96}$$

Für einen ruhenden Beobachter, von dem sich eine Quelle mit der Geschwindigkeit v entfernt, gilt:

$$f_B = f_Q\left(\frac{1}{1+\frac{v}{c}}\right) \tag{2.97}$$

Um in den folgenden Rechnungen Schreibarbeit zu sparen, kürzen wir das Verhältnis der Geschwindigkeiten v und c wie üblich mit dem griechischen Buchstaben β ab. Uns interessiert die Frage, wie stark die Empfangsfrequenz f_B variiert, wenn wir sie ein erstes Mal mit Formel (2.96) und ein zweites Mal mit Formel (2.97) berechnen. Eine einfache Rechnung ergibt:

$$f_Q\left(\frac{1}{1+\beta}\right) - f_Q(1-\beta) \overset{(2.9)}{\approx} f_Q\left(1-\beta+\beta^2-1+\beta\right) = f_Q \cdot \beta^2$$

Damit haben wir ein ernüchterndes Ergebnis erzielt: Ob sich die Quelle oder der Beobachter bewegt, macht sich nur in einer Größe *zweiter Ordnung* bemerkbar. Da es als wahrscheinlich galt, dass sich das Sonnensystem, und damit auch die Erde, mit einer Geschwindigkeit durch den hypothetischen Äther bewegt, die im Vergleich zur Lichtgeschwindigkeit sehr klein ist, wurde die Hoffnung schnell begraben, einen solchen Effekt jemals messen zu können.

Vom Winde verweht

Wir wollen nun die zweite charakteristische Größe untersuchen, die uns die Existenz eines im absoluten Raum ruhenden Äthers verraten könnte: die Lichtgeschwindigkeit. Alle Experimente, die wir in diesem Zusammenhang besprechen werden, basieren auf einer einfachen Überlegung: Wenn sich ein Lichtstrahl im ruhenden Äther mit der Geschwindigkeit c ausbreitet, so müsste ein Beobachter, der mit der Geschwindigkeit v dem Lichtstrahl entgegeneilt oder sich von diesem entfernt, die Geschwindigkeit $c+v$ bzw. $c-v$ messen.

Im Jahr 1879 schlug James Clerk Maxwell als Erster ein entsprechendes Experiment vor. Er war gut mit den Arbeiten von Ole Rømer vertraut und wusste daher, wie sich durch die Beobachtung des Jupitermondes Io über ein Jahr hinweg ausrechnen lässt, welche Zeit das Licht zur Durchquerung des Erddurchmessers benötigt. Wird Jupiter 12 Jahre lang beobachtet, so umrundet er in dieser Zeit genau einmal die Sonne und steht dabei zweimal in einer besonders interessanten Konstellation. In der ersten bewegt sich das Sonnensystem so durch den hypothetischen Äther, dass das von Io abgestrahlte Licht frontal gegen den Ätherwind ankämpfen muss, um die Erde zu erreichen. Ist v die Geschwindigkeit des Ätherwinds, d. h. die Geschwindigkeit, mit der sich das Sonnensystem durch den Äther bewegt, so müsste sich das Licht demnach mit der Geschwindigkeit $c-v$ der Erde nähern. Wird die Messung 6 Jahre später wiederholt, so hat Jupiter eine halbe Umdrehung um die Sonne vollzogen und das Licht spürt den Ätherwind nun im Rücken. Folgerichtig müsste sich das von Io abgestrahlte Licht mit der Geschwindigkeit $c+v$ der Erde nähern.

Bezeichnen wir den Erddurchmesser mit l, so können wir den erwarteten Effekt mit einer einfachen Formel erfassen. Um den Erddurchmesser zu durchlaufen, benötigt das Licht im ersten Szenario die Zeit

$$\frac{l}{c-v}$$

und im zweiten Szenario die Zeit

$$\frac{l}{c+v}.$$

Für die Zeitdifferenz folgt hieraus:

$$\begin{aligned}\frac{l}{c-v}-\frac{l}{c+v} &= l\cdot\frac{c+v-c+v}{c^2-v^2}\\ &= \frac{2lv}{c^2}\cdot\frac{1}{1-\beta^2}=\frac{2l}{c}\beta\cdot\frac{1}{1-\beta^2}\\ &\overset{(2.14)}{\approx}\frac{2l}{c}\beta\left(1+\beta^2\right)\approx\frac{2l}{c}\beta\end{aligned} \tag{2.98}$$

Scheinbar sind wir am Ziel. Im Gegensatz zur Frequenz, die durch den Ätherwind lediglich in zweiter Ordnung beeinflusst wird, haben wir mit (2.98) eine messbare Größe vor uns, die einen Effekt erster Ordnung erfährt. Als Maxwell im Jahr 1879 den Astronomen David Peck Todd befragte, ob sich der vorhergesagte Effekt mit einer astronomischen Beobachtung nachweisen ließe, erhielt er jedoch eine negative Antwort: Eine solche Präzisionsmessung lag damals weit jenseits des Möglichen.

Für Maxwell war Todds Antwort ein schwerer Rückschlag, da er einen terrestrischen Nachweis ebenfalls für unmöglich hielt. Der Grund dafür ist folgender: Alle damals konstruierten Apparaturen beruhten auf dem Prinzip, einen isolierten Lichtstrahl über mehr oder weniger komplexe Spiegelkonstruktionen in die Nähe des Ausgangspunkts zurück zu reflektieren. Die Lichtquelle und der Beobachter befanden sich also stets in unmittelbarer Nähe zueinander. Folgerichtig existierte für jedes Wegsegment, den der Lichtstrahl mit dem Ätherwind zurücklegte, ein anderes Segment, auf dem er sich gegenläufig bewegte. Für das Aufspüren des Ätherwinds war dieser Umstand von immenser Bedeutung, da er den Effekt erster Ordnung vollständig eliminierte.

Wieder wollen wir ein wenig genauer hinsehen und uns rechnerisch davon überzeugen, dass der Effekt erster Ordnung wirklich verschwindet. Der Ausgangspunkt für unsere Überlegung ist in Abbildung 2.32 skizziert. In der gezeigten Versuchsanordnung wird aus einer Quelle ein Lichtstrahl isoliert und entlang der positiven x-Achse auf einen Spiegel geleitet. Von dort wird er entlang der negativen x-Achse zurückgeworfen und von einem in der Nähe der Quelle postierten Beobachter registriert.

Ruht die Apparatur im Äther, wie es in Abbildung 2.32 auf der linken Seite angedeutet ist, so ist die Analyse leicht. Um die Distanz l zu überbrücken, benötigt das Licht dann für den Hinweg und den Rückweg jeweils die Zeit $\frac{l}{c}$ und legt den Gesamtweg in der Zeit

$$t=\frac{2l}{c}$$

zurück. Bläst der Ätherwind hingegen mit der Geschwindigkeit v von links nach rechts, so ist der Lichtstrahl auf dem Hinweg schneller als auf dem Rückweg. Er bewegt sich dann

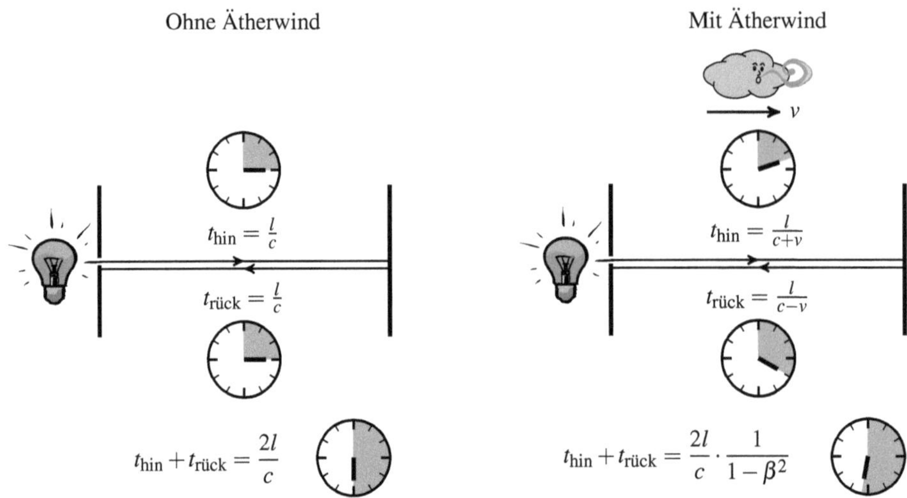

Abbildung 2.32: Einfluss des Ätherwinds auf die Lichtgeschwindigkeit

auf der ersten Teilstrecke mit der Geschwindigkeit $c+v$ und auf der zweiten Teilstrecke mit der Geschwindigkeit $c-v$.

Damit legt der Lichtstrahl den Gesamtweg in der Zeit

$$t = \frac{l}{c-v} + \frac{l}{c+v} = l \cdot \frac{c+v+c-v}{c^2-v^2} = l \cdot \frac{2c}{c^2-v^2} = \frac{2l}{c} \cdot \frac{1}{1-\beta^2} \tag{2.99}$$

zurück, mit der durchschnittlichen Geschwindigkeit

$$\frac{2l}{t} \overset{(2.99)}{=} \frac{2l}{\frac{2l}{c} \cdot \frac{1}{1-\beta^2}} = c \cdot \left(1-\beta^2\right).$$

Damit haben wir das Ergebnis direkt vor Augen: Der Ätherwind wirkt sich auf einen hin- und herlaufenden Lichtstrahl nur noch als ein Effekt zweiter Ordnung aus, der nach Maxwells Ansicht weit unterhalb der damals möglichen Messgenauigkeit lag.

Das Experiment von Michelson

Maxwells ablehnende Haltung wurde nicht von allen Wissenschaftlern geteilt. Zu den stärksten Kritikern gehörte auch Albert Abraham Michelson, dessen Beiträge zur Physik wir bereits in Abschnitt 2.3.3 gewürdigt haben. Der erfahrene Experimentalphysiker war sich sicher, mit einem präzise hergestellten Interferometer auch einen Effekt zweiter Ordnung „mit Leichtigkeit" messen zu können.

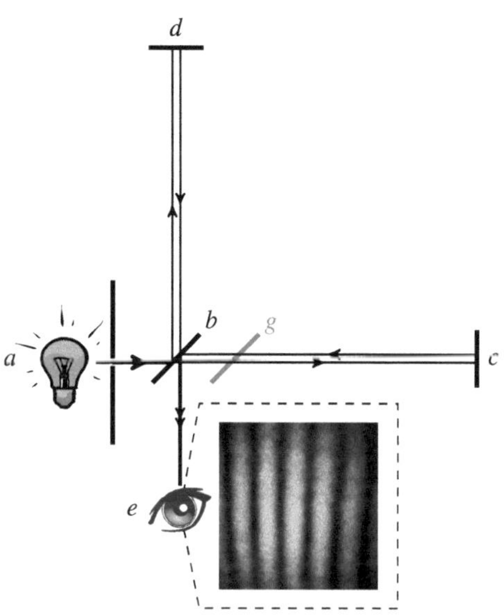

Abbildung 2.33: Zum Interferometerversuch von Michelson aus dem Jahr 1881

Die Grundlage für Michelsons Experiment war ein Interferometer, wie es in Abschnitt 2.3.4 besprochen wurde und in Abbildung 2.33 nochmals in leicht modifizierter Form dargestellt ist. In dem gezeigten Interferometer wird von der Lichtquelle a ein Lichtstrahl auf einen halbdurchlässigen Spiegel b geworfen und dort geteilt. Einer der beiden Teilstrahlen wird auf den Spiegel c geleitet und der andere auf den Spiegel d. Dort kehren beide Teilstrahlen ihre Richtung um, überlagern sich auf der Wegstrecke $\overline{be}$ und erzeugen im Okular des Beobachters ein streifenförmiges Interferenzmuster.

Michelson war sich sicher, mit seinem Interferometer den Ätherwind aufzuspüren, und eine einfache Überlegung zeigt, warum. Ist das Interferometer so ausgerichtet, dass einer der Arme in Richtung der Erdbewegung weist, so würde der Lichtstrahl den Ätherwind in diesem Arm einmal als Rückenwind und einmal als Gegenwind spüren. Ist v die Geschwindigkeit, mit der die Erde durch den hypothetischen Äther zieht, so würde sich der Lichtstrahl im ersten Fall mit der Geschwindigkeit $c+v$ fortbewegen und im zweiten Fall mit der Geschwindigkeit $c-v$.

Bezeichnen wir die Länge des Interferometerarms mit l, dann können wir die Zeit, die der Lichtstrahl für den Hin- und Rückweg benötigt, mit einer zu (2.99) identischen Formel berechnen:

$$t_1 = \frac{l}{c+v} + \frac{l}{c-v} = \frac{2l}{c} \cdot \frac{1}{1-\beta^2}$$

Über den zweiten, dazu senkrecht laufenden Teilstrahl äußerste sich Michelson folgendermaßen:

„If, however, the light had traveled in a direction at right angles to the earth's motion it would be entirely unaffected[.]"

Albert Abraham Michelson [39]

Nach Michelson benötigt der zweite Teilstrahl für den Hin- und Rückweg die Zeit

$$t_2 = \frac{2l}{c},$$

und das bedeutet für die Laufzeitdifferenz das Folgende:

$$t_1 - t_2 = \frac{2l}{c} \cdot \frac{1}{1-\beta^2} - \frac{2l}{c} = \frac{2l}{c}\left(\frac{1}{1-\beta^2} - 1\right)$$

Vernachlässigen wir alle Terme, in denen β in dritter und höherer Ordnung vorkommt, so können wir die Laufzeitdifferenz folgendermaßen abschätzen:

$$t_1 - t_2 \overset{(2.14)}{\approx} \frac{2l}{c}\left(1 + \beta^2 - 1\right) = \frac{2l}{c}\beta^2$$

Das Licht legt in dieser Zeit eine Distanz zurück, die

$$\frac{c(t_1 - t_2)}{\lambda} \approx \frac{2l}{\lambda}\beta^2 \tag{2.100}$$

Wellenlängen entspricht. Michelson verwendete in seinem Versuch gelbes Licht mit der Wellenlänge

$$\lambda = 0{,}0006\,\text{mm}, \tag{2.101}$$

und die Länge der Interferometerarme betrug

$$l = 1200\,\text{mm}.$$

Schätzen wir die Geschwindigkeit v, mit der die Erde durch den hypothetischen Lichtäther zieht, mit der Geschwindigkeit ab, mit der sie sich um die Sonne bewegt, so ist

$$\beta \approx \frac{30\,\frac{\text{km}}{\text{s}}}{c} \approx \frac{30}{300\,000} = 10^{-4}. \tag{2.102}$$

In Formel (2.100) eingesetzt, ergibt dies:

$$\frac{c(t_1 - t_2)}{\lambda} \approx \frac{2 \cdot 1200}{6 \cdot 10^{-4}} \cdot 10^{-8} = \frac{4}{100}$$

In der Ausgangsstellung der Apparatur sollten die beiden Teilstrahlen also um vier hundertstel Wellenlängen versetzt im Okular des Beobachters ankommen.

Als Nächstes wollen wir die Apparatur in Gedanken um 90° drehen und die eben angestellte Überlegung wiederholen. Nach der Drehung kommt der Ätherwind von der Seite, so dass sich die beiden Lichtstrahlen jetzt mit der jeweils anderen Geschwindigkeit durch die Apparatur bewegen; der vormals langsamere Lichtstrahl ist nun der schnellere und umgekehrt. Das bedeutet, dass der vormals um vier hundertstel Wellenlängen nach vorne verschobene Teilstrahl jetzt um vier hundertstel Wellenlängen nach hinten verschoben ist. Während der Drehung müssten sich die Interferenzstreifen somit um acht hundertstel Wellenlängen verschieben, und dieser Wert lag im Messbereich der Apparatur.

Michelson glaubte fest an die Existenz eines stationären Äthers, doch das Experiment verlief ganz anders als erwartet. Die Messwerte stimmten in keiner Weise mit der Vorhersage überein, und für den erfahrenen Experimentator war schnell klar, dass die beobachteten Abweichungen nichts anderes als Messfehler waren.

Das Experiment von Michelson und Morley

Die öffentliche Reaktion auf das 1881 in Potsdam durchgeführte Experiment war ebenfalls anders als erwartet, denn noch im selben Jahr wies der Franzose Alfred Potier auf einen kritischen Fehler in den theoretischen Berechnungen hin. Später äußerte sich Michelson wie folgt darüber:

> „*In deducing the formula for the quantity to be measured, the effect of the motion of the earth through the ether on the path of the ray at right angles to this motion was overlooked. The discussion of this oversight and of the entire experiment forms the subject of a very searching analysis by H. A. Lorentz, who finds that this effect can by no means be disregarded.*“
>
> Albert Abraham Michelson [39]

Verantwortlich für den Rechenfehler ist eine Annahme, die wir auf Seite 124 im Originalwortlaut zitiert haben. Michelson ging davon aus, dass der Lichtstrahl, der sich senkrecht zum Ätherwind bewegt, mit der Lichtgeschwindigkeit c durch den Interferometerarm läuft. Diese Annahme ist aber grundlegend falsch.

Abbildung 2.34 verdeutlicht im Detail, welchen Weg der Lichtstrahl im Interferometer zurücklegen muss, wenn der hypothetische Ätherwind mit der Geschwindigkeit v von der Seite bläst. Aus der Zeichnung können wir für die Zeit t_2, die der Lichtstrahl im Querarm für die Bewältigung des Hin- und des Rückwegs benötigt, die folgende Beziehung ablesen:

$$\left(\frac{ct_2}{2}\right)^2 = l^2 + \left(\frac{vt_2}{2}\right)^2$$

Lösen wir diese Gleichung nach t_2 auf, so erhalten wir zunächst

$$t_2^2\left(c^2 - v^2\right) = 4l^2$$

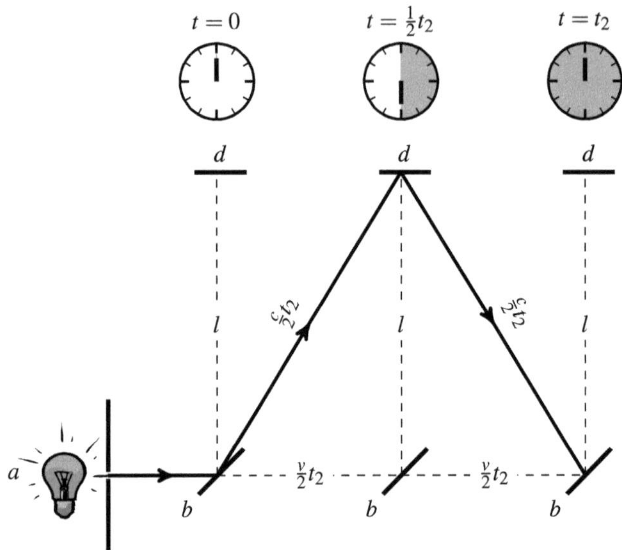

Abbildung 2.34: Lichtweg im Querarm des Michelson-Interferometers

und daraus schließlich:

$$t_2 = \sqrt{\frac{4l^2}{c^2 - v^2}} = \frac{2l}{c} \cdot \frac{1}{\sqrt{1-\beta^2}}$$

Für den zeitlichen Versatz, mit dem die Lichtstrahlen im Okular des Beobachters eintreffen, folgt hieraus:

$$\begin{aligned} t_1 - t_2 &= \frac{2l}{c} \cdot \frac{1}{1-\beta^2} - \frac{2l}{c} \cdot \frac{1}{\sqrt{1-\beta^2}} \\ &= \frac{2l}{c}\left(\frac{1}{1-\beta^2} - \frac{1}{\sqrt{1-\beta^2}}\right) \\ &\overset{(2.14)}{\underset{(2.15)}{\approx}} \frac{2l}{c}\left(1 + \beta^2 - 1 - \frac{1}{2}\beta^2\right) = \frac{2l}{c}\frac{1}{2}\beta^2 = \frac{l}{c}\beta^2 \end{aligned}$$

Das bedeutet, dass wir die weiter oben hergeleitete Gleichung (2.100) folgendermaßen korrigieren müssen:

$$\frac{c(t_1 - t_2)}{\lambda} \approx \frac{l}{\lambda}\beta^2 \tag{2.103}$$

In Wirklichkeit war die zu erwartende Verschiebung der Interferenzstreifen aber nur halb so groß wie ursprünglich prognostiziert. Am Ende sah Michelson keinen anderen Ausweg, als das Experiment in einer höheren Präzision zu wiederholen.

Das neue Interferometer konstruierte er an der Case School of Applied Science in Cleveland, Ohio, zusammen mit dem Chemieprofessor Edward Williams Morley. Um die äußeren Störeinflüsse zu reduzieren, montierten Michelson und Morley die Apparatur auf eine massive Sandsteinplatte, die schwimmend in einem Quecksilberbad gelagert war. Ferner wurden die Lichtstrahlen mehrmals auf der Steinplatte hin und her reflektiert, bis sie sich vor dem Okular des Beobachters überlagerten. Durch die komplexe Spiegelanordnung entsprach das neue Instrument einem klassischen Interferometer mit der Armlänge

$$l = 11000\,\text{mm}. \tag{2.104}$$

Den erwarteten Ausgang des Experiments können wir rasch ausrechnen, indem wir die Werte (2.101), (2.102) und (2.104) in die Formel (2.103) einsetzen:

$$\frac{c(t_1 - t_2)}{\lambda} \approx \frac{l}{\lambda}\beta^2 \approx \frac{11000}{6 \cdot 10^{-4}} \cdot 10^{-8} = \frac{11000}{60000} \approx \frac{1}{5}$$

Das bedeutet, dass die Lichtstrahlen, die im Michelson-Morley-Interferometer um die Wette laufen, um den fünften Teil einer Wellenlänge versetzt im Okular des Beobachters ankommen müssten. Nach der Drehung um 90° bewegen sich die beiden Lichtstrahlen mit der jeweils anderen Geschwindigkeit durch das Interferometer, so dass der vormals langsamere Lichtstrahl nun der schnellere ist und umgekehrt. Folglich müssten sich die Interferenzstreifen während der Drehung um zwei fünftel Wellenlängen verschieben, und genau diesen Wert hatten Michelson und Morley erwartet:

> *„The distance D was about eleven meters, or 2×10^7 wave-lengths of yellow light; hence the displacement to be expected was 0.4 fringe.“*
>
> Albert Abraham Michelson, Edward Morley [40]

Der Ausgang des Experiments ist schnell erzählt. Der akribisch geplante und sorgfältig ausgeführte Versuch lieferte ein Nullresultat, genau wie das 6 Jahre zuvor ausgeführte Experiment in Potsdam. Seitdem wurde das Experiment von Michelson und Morley von zahlreichen Forschergruppen wiederholt, mit dem immer gleichen Ergebnis: Licht breitet sich auf der Erde in alle Richtungen mit derselben Geschwindigkeit aus. Moderne Messapparaturen haben mittlerweile eine so hohe Genauigkeit erreicht, dass sich die Veränderung der Lichtgeschwindigkeit durch das Einwirken eines hypothetischen Ätherwinds in der Größenordnung von 10^{-17} ausschließen lässt [33, 21]. Das bedeutet:

Merke

Die Hypothese eines stationären oder eines nur teilweise mitgeführten Äthers steht im Widerspruch zum Experiment von Michelson und Morley.

Die Kontraktionshypothese

Mit dem Wissensstand des ausgehenden 19. Jahrhunderts war das Ergebnis des Michelson-Morley-Experiments nur schwer einzuordnen. Für Michelson, der fest an die Existenz eines Lichtäthers glaubte, gab es am Ende nur eine mögliche Erklärung: Der Äther musste auf der Erde vollständig mitgeführt werden. Dass dies im Widerspruch zu den zahlreich durchgeführten Experimenten stand, die nur mit einem stationären oder einem teilweise mitgeführten Äther erklärt werden konnten, war natürlich auch Michelson bekannt. Dennoch sah er keine andere Möglichkeit, die Nullergebnisse zu deuten.

Wie verzweifelt damals um eine Lösung gerungen wurde, zeigt ein kurioser Erklärungsversuch aus dem Jahr 1889. Der irische Physiker Francis FitzGerald äußerte damals die Vermutung, dass ein massiver Körper, der mit der Geschwindigkeit v durch den Äther zieht, entlang seiner Bewegungsrichtung kontrahiert wird, und zwar um einen Faktor, der durch das Verhältnis von v zur Lichtgeschwindigkeit c in zweiter Ordnung beeinflusst wird. Der niederländische Physiker Hendrik Antoon Lorentz hatte die gleiche Idee. Anders als FitzGerald, der die *Kontraktionshypothese* in einem Brief an das Wissenschaftsmagazin *Nature* nur knapp umrissen hatte, veröffentlichte Lorentz ein detailliert ausgearbeitetes Formelwerk, mit dem sich die Versuche der Vergangenheit einheitlich und widerspruchsfrei erklären ließen.

In modernen Worten lautet die Kontraktionshypothese folgendermaßen:

FitzGerald-Lorentz'sche Kontraktionshypothese

Bewegt sich ein Körper der Länge l mit der Geschwindigkeit v durch den Äther, so wird er in der Bewegungsrichtung verkürzt. Die neue Länge beträgt

$$l' = \frac{l}{\gamma} \quad \text{mit}$$

$$\gamma = \frac{1}{\sqrt{1-\beta^2}} = \frac{1}{\sqrt{1-\frac{v^2}{c^2}}}.$$

Der Faktor γ heißt *Lorentzfaktor*.

Abbildung 2.35 zeigt, wie sich die Größe γ abhängig von v entwickelt. Für Geschwindigkeiten, die im Vergleich zur Lichtgeschwindigkeit klein sind, ist der Lorentzfaktor nur geringfügig größer als 1. Danach steigt er fast schlagartig an und strebt für $v \to c$ gegen unendlich. Der Kurvenverlauf erklärt, warum der vermeintliche Kontraktionseffekt vor unserem Auge verborgen bleiben muss. Für die Geschwindigkeiten, die wir mit unseren Sinnen wahrnehmen können, weicht γ nur so wenig von 1 ab, dass der postulierte Effekt weit unterhalb der Messgenauigkeit liegt.

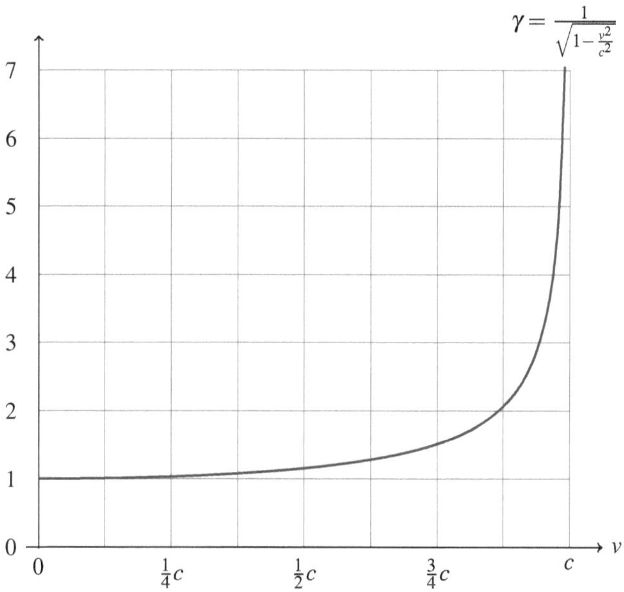

Abbildung 2.35: Der Lorentzfaktor γ

Wir wollen kurz skizzieren, wie das Ergebnis des Michelson-Morley-Experiments mithilfe der Kontraktionshypothese erklärt werden kann. Weiter oben haben wir erarbeitet, dass der Teilstrahl, der sich einmal mit und einmal gegen den Ätherwind bewegt, die Zeit

$$t_1 = \frac{2l}{c} \cdot \frac{1}{1-\beta^2} \tag{2.105}$$

benötigt, um durch das Interferometer zu gelangen. Entsprechend galt für den Teilstrahl im Querarm, der den Ätherwind als Seitenwind erfährt, die Formel:

$$t_2 = \frac{2l}{c} \cdot \frac{1}{\sqrt{1-\beta^2}}$$

Nach der Kontraktionshypothese behält der Querarm seine ursprüngliche Länge von $2l$ bei, der Längsarm wird aber um den Faktor $\sqrt{1-\beta^2}$ verkürzt. Die Länge des Längsarms beträgt daher nur noch

$$l' = l\sqrt{1-\beta^2}.$$

Das bedeutet, dass Formel (2.105), die wir für die Berechnung von t_1 verwendet haben, folgendermaßen korrigiert werden muss:

$$t_1 = \frac{2l'}{c} \cdot \frac{1}{1-\beta^2}$$

Dies ist das Gleiche wie:

$$t_1 = \frac{2l\sqrt{1-\beta^2}}{c} \cdot \frac{1}{1-\beta^2} = \frac{2l}{c} \cdot \frac{1}{\sqrt{1-\beta^2}} = t_2$$

Die Zeiten t_1 und t_2 sind jetzt gleich und die Widersprüche, die das Michelson-Morley-Experiment aufgeworfen hat, verschwunden. Natürlich dürfen wir uns von der Rechnung nicht täuschen lassen: Die Kontraktionshypothese war ein aus der Not geborenes Konstrukt, ein letzter verbliebener Strohhalm, an den sich die Physiker damals klammern konnten.

2.6 Interludium

Betrachten wir die zahlreichen Experimente, mit denen die Wissenschaft im 19. und 20. Jahrhundert die diversen Äthertheorien zu bestätigen versuchte, mit etwas Abstand, so rückt eine damals für undenkbar gehaltene Alternative näher. Ist es möglich, dass die vielen Widersprüche nur deshalb entstanden sind, weil etwas für existent gehalten wurde, das es in Wirklichkeit gar nicht gibt? Ist der Lichtäther lediglich ein Konstrukt unseres Geistes, der uns die Vorstellung, eine Welle könne sich auch ohne ein Medium ausbreiten, schlichtweg verbieten möchte?

Es ist Einsteins Verdienst, diese Möglichkeit ohne Vorbehalte aufgegriffen und in aller Konsequenz zu Ende gedacht zu haben. Aber warum ist die Vorstellung eines ätherlosen Raums überhaupt so gewagt, wie es gerade angedeutet wurde? Die Antwort liegt in den Konsequenzen verborgen. Sicher erinnern Sie sich daran, dass wir den Lichtäther weiter oben als die Verkörperung des absoluten Raums interpretiert haben. Halten wir an dieser Interpretation fest, und dies werden wir weiterhin tun, so verliert mit dem Lichtäther auch der Begriff des absoluten Raums seine Rechtfertigung. Dies wiederum bedeutet, dass wir die Vorstellung, unter den unendlich vielen Inertialsystemen existiere ein ausgezeichnetes, den absoluten Raum definierendes, fallen lassen müssen.

Wenn Sie der Argumentation bis zu diesem Punkt gefolgt sind, haben Sie im Geiste bereits den wichtigsten Schritt vollzogen: Sie haben das Prinzip des absoluten Raums gedanklich durch das Einstein'sche Relativitätsprinzip ersetzt:

Relativitätsprinzip von Einstein

Die Naturgesetze nehmen in allen Inertialsystemen die gleiche Form an.

Ein Blick auf Seite 18 zeigt, dass Einsteins Relativitätsprinzip eine im Wortlaut unscheinbare Weiterentwicklung des Relativitätsprinzips von Galilei ist. Inhaltlich könnten die

Unterschiede allerdings kaum größer sein: Während Galilei das Prinzip lediglich auf die Gesetze der Mechanik bezog, hat es Einstein auf sämtliche Naturgesetze ausgeweitet. Um die einschneidenden Konsequenzen dieser Erweiterung zu verstehen, erinnern wir uns an Abschnitt 2.4.2. Dort haben wir die mathematische Feldtheorie der Elektrodynamik besprochen und auf Seite 108 darauf hingewiesen, dass die Maxwell'schen Gleichungen Galilei-variant sind. Erstaunt waren wir über dieses Ergebnis nicht, da es wunderbar zur Vorstellung eines Lichtäthers passte.

Im Lichte des Relativitätsprinzips sieht dies ganz anders aus. Die Galilei-Varianz sorgt dafür, dass die Maxwell'schen Gleichungen in jedem Inertialsystem eine andere Form annehmen, und dies führt zu einer asymmetrischen Situation. Es gebe dann genau ein Bezugssystem, in dem die Gleichungen in ihrer Reinform gelten, und nur in diesem Bezugssystem würden sich elektromagnetische Wellen in alle Richtungen mit derselben Geschwindigkeit ausbreiten. Über dieses Bezugssystem käme der absolute Raum in unsere Vorstellung zurück und würde das gerade formulierte Relativitätsprinzip in eklatanter Weise konterkarieren.

Einstein musste im Jahr 1905 etwas Ähnliches gespürt haben. Für ihn waren die Maxwell'schen Gleichungen von einer so hohen mathematischen Schönheit, dass er sie niemals in Frage stellte. Er war bereit, die Konsequenzen zu akzeptieren, die sich aus der Anwendung des Relativitätsprinzips ergeben, auch wenn diese die menschliche Intuition auf eine harte Probe stellten. Vertrauen wir nämlich den Maxwell'schen Gleichungen *und* dem Relativitätsprinzip, so ergibt sich daraus, dass die Gleichungen in *jedem* Inertialsystem in ihrer Reinform gelten.

Wie groß die Sprengkraft ist, die in Einsteins harmlos wirkender Formulierung steckt, können wir durch die in Abschnitt 2.4 geleistete Vorarbeit sofort erkennen. Maxwell hatte gezeigt, dass die Existenz von elektromagnetischen Wellen nur dann mit seinen Gleichungen vereinbar ist, wenn sich die Wellen im Vakuum in alle Richtungen mit der gleichen, eindeutig festgelegten Geschwindigkeit c ausbreiten. Wenn die Maxwell'schen Gleichungen, wie wir es im Geiste gerade zu akzeptieren beginnen, aber in jedem Inertialsystem in ihrer Reinform gelten, so folgt daraus unmittelbar das zweite Einstein'sche Axiom:

Konstanz der Lichtgeschwindigkeit

Die Lichtgeschwindigkeit im Vakuum ist in jedem Inertialsystem gleich.

Wir wollen das Kapitel mit einer Bemerkung schließen, die eher technischer Natur ist, an dieser Stelle aber nicht unerwähnt bleiben soll. Weiter oben haben wir von den beiden Einstein'schen Axiomen gesprochen und damit das Relativitätsprinzip und das Prinzip der Konstanz der Lichtgeschwindigkeit gemeint. Von den beiden ist aber nur das erste ein Axiom, wenn wir die mathematische Bedeutung dieses Begriffs zugrunde legen. Das zweite Axiom ist vielmehr ein Korollar, da es sich unmittelbar aus der Anwendung des Relativitätsprinzips auf die Maxwell'schen Gleichungen ergibt. Für die Herleitung der speziellen Relativitätstheorie hätte Einstein also genauso gut die Maxwell'schen Gleichungen axiomatisch in den Rang eines Naturgesetzes heben und die Konstanz der Lichtgeschwindigkeit anschließend daraus ableiten können.

Von einem didaktischen Standpunkt aus beurteilt, ist der gewählte Ansatz aber durchaus gelungen. Zum einen hat Einstein mit seinem zweiten Axiom einen Kernaspekt der speziellen Relativitätstheorie nahezu wörtlich ausformuliert, da sich viele Konsequenzen direkt aus der Konstanz der Lichtgeschwindigkeit ergeben. Zum anderen macht das zweite Axiom deutlich, dass ein isolierter Teilaspekt der Elektrodynamik genügt, um die Begriffe *Raum* und *Zeit* in einem faszinierenden Sinne neu zu ordnen. Wie diese Ordnung im Detail aussieht, werden wir in den nachfolgenden Kapiteln ausführlich erarbeiten. Seien Sie gespannt!

2.7 Übungsaufgaben

Aufgabe 2.1

In der Mathematik wird ein Tupel $(M, \circ)$, bestehend aus einer Menge M und einer binären Operation ‚$\circ$', als *Gruppe* bezeichnet, wenn die folgenden vier Eigenschaften gelten:

- Abgeschlossenheit

  ☞ Für alle $x, y \in M$ ist $x \circ y \in M$.

- Assoziativität

  ☞ Für alle $x, y, z \in M$ ist $(x \circ y) \circ z = x \circ (y \circ z)$.

- Existenz eines neutralen Elements

  ☞ Für ein $e \in M$ gilt für alle $x \in M$ die Beziehung $x \circ e = x$.

- Existenz inverser Elemente

  ☞ Für alle $x \in M$ existiert ein Element $x^{-1} \in M$ mit $x \circ x^{-1} = e$.

Eine Gruppe $(M, \circ)$ heißt *kommutative Gruppe* oder *Abel'sche Gruppe*, wenn sie zusätzlich die folgende Eigenschaft erfüllt:

- Kommutativität

  ☞ Für alle $x, y \in M$ ist $x \circ y = y \circ x$.

Zeigen Sie, dass die Menge der Galilei-Transformationen mit der Komposition ‚$\circ$', d. h. der Hintereinanderausführung zweier Transformationen, eine Abel'sche Gruppe bildet.

Aufgabe 2.2

Seit dem Jahr 1998 umkreist die Internationale Raumstation (ISS) die Erde. Sie ist das zurzeit größte künstliche Objekt am Nachthimmel und benötigt ca. 92,7 Minuten für einen Umlauf. Geringfügig länger ist das Hubble-Weltraumteleskop unterwegs. Seine Umlaufzeit beträgt rund 95,8 Minuten.

Das Oskar-prämierte Hollywood-Spektakel *Gravity* beginnt mit einer Szene, die drei Spaceshuttle-Astronauten der NASA bei der Ausführung von Reparaturarbeiten am Hubble-Weltraumteleskop zeigt. Kurze Zeit später werden das Teleskop und das Shuttle durch die Trümmerteile eines russischen Satelliten zerstört. Die einzigen Überlebenden sind die Biomedizinerin Dr. Ryan Stone und der Astronaut Matt Kowalski, die von Sandra Bullock und George Clooney gekonnt in Szene gesetzt werden. In der Realität hätte die Zerstörung des Shuttles für alle den sicheren Tod bedeutet, doch im Film erscheint am Horizont die ISS, in die sich Stone mit Kowalskis Hilfe in einem dramatisch inszenierten Freiflug in letzter Sekunde hinüberretten kann. In dieser Aufgabe wollen wir uns rechnerisch mit dem Realitätsgehalt des Film-Plots auseinandersetzen.

a) Die Inklination, d. h. die Neigung der Orbitalebene gegenüber der Äquatorebene, beträgt im Falle des Hubble-Teleskops $28,5^\circ$ und im Falle der ISS $51,6^\circ$. Ergänzen Sie die nebenstehende Zeichnung um die Orbitalbahn der ISS und leiten Sie daraus ab, ob ein naher Vorbeiflug der beiden überhaupt möglich ist.

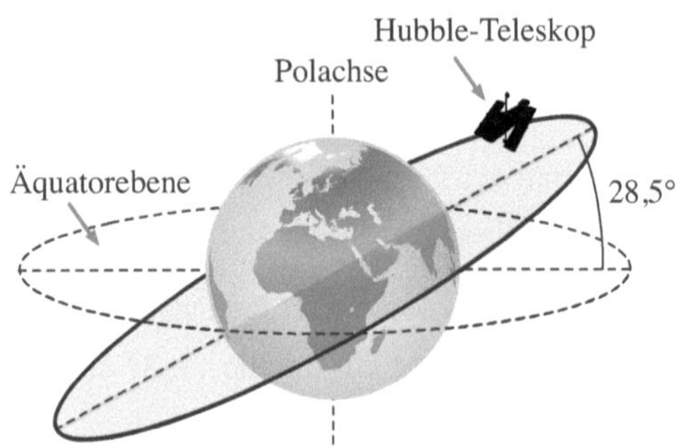

Als Nächstes wollen wir erarbeiten, wie die Umlaufzeit T mit der Orbitalhöhe r und der Bahngeschwindigkeit v zusammenhängt.

b) Schreiben Sie die Formel für die Berechnung der Zentripetalkraft so um, dass darin einmal die Variablen m, v und T vorkommen und ein anderes Mal die Variablen m, r und T.

c) Ersetzen Sie die linke Seite von Newtons Gravitationsgesetz durch die eben hergeleiteten Ausdrücke. Leiten Sie daraus zwei Formeln ab, mit denen sich aus der Umlaufzeit die Orbitalhöhe und die Bahngeschwindigkeit berechnen lassen.

d) Benutzen Sie die hergeleiteten Formeln, um die Orbitalhöhe und die Bahngeschwindigkeit der ISS zu ermitteln. Wiederholen Sie die Berechnung für das Hubble-Teleskop.

e) Im Film steuern Stone und Kowalski die ISS mit einem Düsenrucksack an. Ist dieses Szenario aufgrund Ihrer Berechnungen realistisch?

f) Gleich zu Beginn des Films fallen auch mehrere Kommunikationssatelliten dem Trümmerhagel zum Opfer, was jedwede Verbindung mit dem Kontrollzentrum in Houston unmöglich macht. Was haben die Filmemacher an dieser Stelle nicht bedacht?

Aufgabe 2.3

Im Jahr 1922 beobachtete der US-amerikanische Physiker Arthur Compton, dass die Photonen eines hochenergetischen Röntgenstrahls in der Lage sind, Elektronen aus der Hülle von Graphitatomen herauszuschlagen. Bildlich können wir uns den *Compton-Effekt* wie die Kollision zweier Billardkugeln vorstellen:

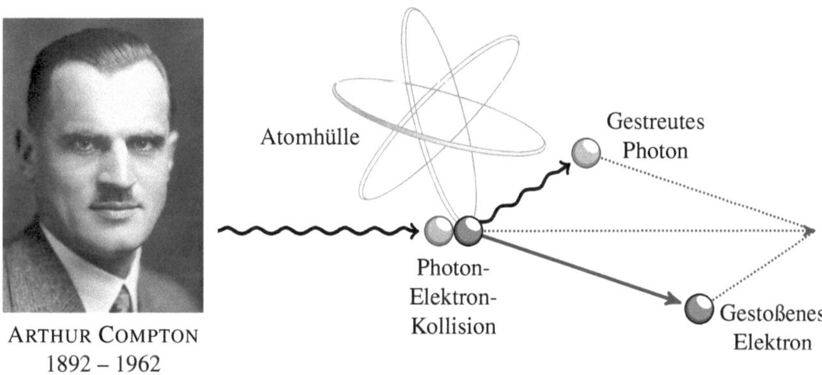

ARTHUR COMPTON
1892 – 1962

a) Von wo stammt die kinetische Energie des weggeschleuderten Elektrons?

b) Wie wirkt sich dieser Energieverlust auf den gestreuten Lichtstrahl aus?

Unter anderem wird der Compton-Effekt genutzt, um Gamma-Strahlung in einer Nebelkammer sichtbar zu machen. Treten hochenergetische Photonen in eine solche Kammer ein, so schlagen sie Elektronen aus den Hüllen von Gasmolekülen heraus und hinterlassen auf diese Weise eine Spur positiv geladener Ionen. Die Ionen agieren als Kondensationskeime, an denen sich eine sichtbare Nebelspur ausbildet.

Aufgabe 2.4

In dieser Aufgabe betrachten wir die Satelliten des *Global Positioning Systems* (GPS), die auf der L1-Trägerfrequenz 1575,42 MHz ein phasengetastetes Nutzsignal, das sogenannte C/A-Signal, abstrahlen. Wir wollen uns eine räumliche Vorstellung von dieser elektromagnetischen Welle verschaffen.

a) Bestimmen Sie die Wellenlänge des L1-Trägers.

b) 1540 Schwingungen des Trägersignals codieren einen *Chip*, die kleinste logische Einheit des C/A-Signals. Die größeren logischen Einheiten sind die *Chipsequenzen*, die aus jeweils 1023 Chips bestehen. Wieviele Chipsequenzen sendet ein GPS-Satellit pro Sekunde auf die Erde?

c) Wie viele Meter der Welle entsprechen einer Chipsequenz und wie viele Meter einem einzigen Chip?

d) Recherchieren Sie die Orbitalhöhe eines GPS-Satelliten. Wie viele Chipsequenzen passen, räumlich gesehen, auf die Strecke zwischen einem Satelliten und einem GPS-Empfänger?

e) 20 hintereinander gesendete Chipsequenzen ergeben ein Datenbit des GPS-Signals. Wieviele Datenbits befinden sich, räumlich gesehen, gleichzeitig auf der Sendestrecke?

f) Wie viele Datenbits kommen pro Sekunde im GPS-Empfänger an?

Aufgabe 2.5

Viele Schiffe bestimmen ihre Position mithilfe des LORAN-C-Verfahrens. Hierbei werden von fest vermessenen Radiostationen periodische Impulse ausgesandt, die noch in großer Entfernung empfangen werden können.

In der abgebildeten Grafik empfängt ein Schiff die Impulse von zwei Sendestationen. Wird eine Atomuhr mitgeführt, so können an Bord die Laufzeiten der Signale t_1 und t_2 ermittelt und daraus die Distanzen zu den Sendestationen bestimmt werden. Sind die Distanzen bekannt, ergibt sich die Position des Schiffs durch den Schnitt zweier Kreise.

a) Welche Auswirkung hat die spezielle Relativitätstheorie auf die Konstruktion eines LORAN-C-Empfängers?

b) Normalerweise haben Schiffe keine Atomuhr an Bord. Anstelle der Laufzeiten t_1 und t_2 ist dann ausschließlich die Laufzeitdifferenz $t_2 - t_1$ bekannt. Welche Aussage kann die Schiffsbesatzung mit dieser Information über ihre Position treffen?

c) Haben Sie eine Idee, warum LORAN-C als eine *Hyperbelnavigation* bezeichnet wird?

Aufgabe 2.6

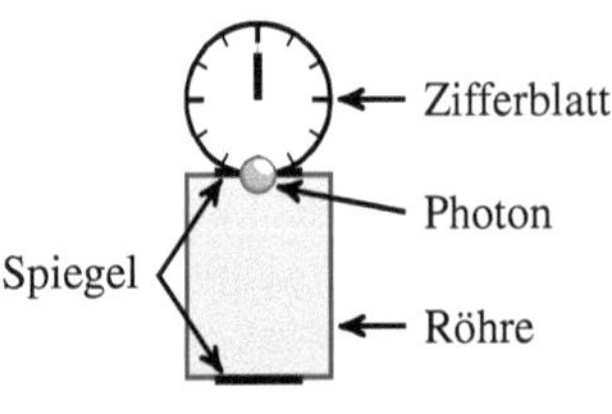

In dieser Aufgabe führen wir mehrere Gedankenexperimente mit *Lichtuhren* durch. Eine solche Uhr besteht aus einer Röhre, die an ihrem oberen und unteren Ende durch einen Spiegel begrenzt ist. Betrieben wird die Uhr mit einem Photon, das zwischen den Spiegeln hin und her reflektiert wird. Jedes Mal, wenn das Photon den oberen Spiegel erreicht, springt der Zeiger auf dem Zifferblatt eine Position weiter.

In unserem Gedankenexperiment verwenden wir drei Lichtuhren (A, B und C), von denen sich die Uhren A und B in Ruhe befinden. Die dritte Uhr C bewegt sich mit einer gleichförmigen Geschwindigkeit an A und B vorbei. Die folgende Grafik verdeutlicht, wie sich dieses Szenario im Sinne der klassischen Physik darstellen würde:

a) Bestimmen Sie mit einem Lineal die Höhe der Lichtuhren sowie die von C zurückgelegte Strecke. Bestimmen Sie daraus, mit wie viel Prozent der Lichtgeschwindigkeit sich C in dem dargestellten Beispiel von links nach rechts bewegt.

b) Die Grafik zeigt, dass das Licht in der bewegten Uhr C einen längeren Weg zurücklegen muss als in den beiden ruhenden Uhren A und B. Um welchen Faktor vergrößert sich der Lichtweg, wenn sich C mit der Geschwindigkeit v von links nach rechts bewegt? Leiten Sie eine Formel ab, mit der sich dieser Faktor ausrechnen lässt.

c) Setzen Sie den in Teil a) ermittelten Wert in die hergeleitete Formel ein und berechnen Sie damit den Faktor, um den sich der Lichtweg vergrößert hat. Verifizieren Sie das Ergebnis, indem Sie den zackenförmigen Lichtweg mit einem Lineal nachmessen.

d) Wie schnell ist das Photon in dem dargestellten Beispiel in der bewegten Lichtuhr unterwegs?

Offenbar ist das Ergebnis, das wir mit den Formeln der klassischen Physik erzielt haben, nicht mit den Annahmen der speziellen Relativitätstheorie vereinbar. Nach dem zweiten Einstein'schen Axiom ist die Lichtgeschwindigkeit konstant, so dass ein Photon immer die gleiche Strecke zurücklegt, egal, ob es in den ruhenden Uhren A und B oder der bewegten Uhr C umherläuft. Demnach ist das oben dargestellte Szenario folgendermaßen zu korrigieren:

e) Was ist auf dem Zifferblatt der bewegten Uhr zu sehen, nachdem diese rechts angekommen ist?

f) Wir nehmen jetzt an, dass sich C mit Lichtgeschwindigkeit von links nach rechts bewegt. Zeichnen Sie die Bewegungslinie des Photons ein und geben Sie an, was auf dem Zifferblatt zu sehen ist.

g) Als Letztes nehmen wir an, dass sich C noch schneller, d. h. mit Überlichtgeschwindigkeit, von links nach rechts bewegt. Zeichnen Sie die Bewegungslinie des Photons ein und geben Sie an, was auf dem Zifferblatt zu sehen ist.

3 Die Raumzeit

„Ich habe mehrfach betont, dass ich den Raum ebenso wie die Zeit für etwas rein relatives halte; für eine Ordnung der Existenzen im Beisammen, wie die Zeit eine Ordnung des Nacheinander ist."

Gottfried Wilhelm Leibniz, zitiert nach [9]

3.1 Raum- und Zeitkoordinaten

Wir wissen aus Kapitel 1, dass Raum und Zeit in der speziellen Relativitätstheorie lokale Größen sind, die von relativ zueinander bewegten Beobachtern unterschiedlich beurteilt werden. Dies hat weitreichende Konsequenzen. So ist z. B. die Aussage, ein Ereignis habe zu einer gewissen Uhrzeit stattgefunden, in der speziellen Relativitätstheorie nur noch dann sinntragend, wenn sie für ein bestimmtes Bezugssystem formuliert wird. Einen ähnlichen Effekt werden wir für die Geometrie des Raums beobachten. Auch hier müssen wir uns in Zukunft daran gewöhnen, Längenangaben stets auf ein konkretes Bezugssystem zu beziehen.

In uns Menschen ist die Tendenz, Raum und Zeit als absolute Größen zu begreifen, so tief verwurzelt, dass die spezielle Relativitätstheorie auf fast jeden, der sich das erste Mal mit ihr beschäftigt, verwirrend wirkt. Aus diesem Grund wollen wir mehrere grundlegende Sachverhalte benennen, die auch in der Relativitätstheorie in keiner Weise in Frage gestellt werden.

- Ereigniskonformität

  Findet ein Ereignis für einen Beobachter statt, so findet dieses Ereignis auch für alle anderen Beobachter statt, egal, wie sich diese relativ zueinander bewegen. Mit anderen Worten: Eine explodierende Rakete ist eine explodierende Rakete, und es ist ausgeschlossen, dass die Explosion nur für einige Beobachter stattfindet und für andere nicht. In Kapitel 6 werden wir mehrere vermeintliche Paradoxien diskutieren, die einen augenscheinlichen Widerspruch zu diesem Prinzip suggerieren, doch bereits an dieser Stelle sei erwähnt, dass keine davon in der Lage sein wird, die Ereigniskonformität auch nur ansatzweise zu erschüttern. In Kapitel 6 werden wir zu der Erkenntnis gelangen, dass die meisten Antinomien durch die Missachtung eines Prinzips entstehen, das wir weiter unten als die *Relativität der Gleichzeitigkeit* bezeichnen werden.

- Kausalität

  Es ist ein Grundprinzip unseres Denkens, dass die Ursache seiner Wirkung vorausgeht, und an diesem *Kausalprinzip* wird auch die Relativitätstheorie nicht rütteln. Manchmal werden Einsteins Erkenntnisse so dargestellt, als versetzten sie uns in die Lage, die Reihenfolge kausal zusammenhängender Ereignisse tatsächlich zu verändern. Im Kern basieren diese meist reißerisch inszenierten Darstellungen auf einem Ergebnis, das wir in Kapitel 3 herleiten werden. Dort werden Sie sehen, dass die Geschwindigkeit des Lichts so eng mit der Kausalität von Ereignissen verwoben ist, dass ihre Überschreitung in der Tat zu einer Umkehr dieses Prinzips führen würde. Wir werden uns in diesem Buch ebenfalls auf dieses Ergebnis stützen, aber genau in die entgegengesetzte Richtung argumentieren. Aus der Unumstößlichkeit des Kausalprinzips werden wir folgern, dass sich kein materieller Körper schneller bewegen kann als das Licht.

- Erhaltungssätze

  Die klassische Physik lebt von einer Reihe von Wahrungsprinzipien, zu denen insbesondere die Erhaltung der Energie und die Erhaltung des Impulses gehören. Beide haben sich in der Physik als so fruchtbar erwiesen, dass sie bis heute von niemandem ernsthaft in Frage gestellt wurden. Auch Einstein machte hier keine Ausnahme. Er sah in ihnen elementare Gesetzmäßigkeiten, denen er genauso fest vertraute wie den Maxwell'schen Gleichungen, die Sie in Abschnitt 2.4 kennengelernt haben. Entsprechend häufig hat Einstein die Erhaltungssätze in seinen eigenen Arbeiten verwendet, so auch für die Herleitung seiner berühmten Formel $E = mc^2$. Nebenbei sei bemerkt, dass der Rückgriff auf diese Sätze einer der Gründe ist, warum wir auf Seite 9 konstatierten, die spezielle Relativitätstheorie ließe sich „nahezu vollständig" aus den beiden in Kapitel 1 formulierten Axiomen, dem Prinzip der Relativität und der Konstanz der Lichtgeschwindigkeit, herleiten. Ohne das Wörtchen „nahezu" wäre das Gesagte falsch, zumindest im mathematisch präzisen Sinne.

An dieser Stelle wollen wir unsere Aufmerksamkeit auf eine elementare Folge aus der Ereigniskonformität lenken: das Prinzip der *Raum-Zeit-Koinzidenz.* Der Begriff der *Koinzidenz* drückt das Zusammentreffen von Ereignissen aus, und von einer *Raum-Zeit-Koinzidenz* sprechen wir immer dann, wenn zwei Ereignisse sowohl am selben Ort als auch zur selben Zeit stattfinden:

> Raum-Zeit-Koinzidenz
>
> Finden zwei Ereignisse am selben Ort zur selben Zeit statt, so sprechen wir von einer *Raum-Zeit-Koinzidenz.*

Als Beispiel greifen wir das oben geschilderte Szenario einer explodierenden Rakete auf und nehmen an, die Zerstörung wurde durch ein einschlagendes Projektil verursacht. Die

Flugbahnen des Projektils und der Rakete können wir uns im Geiste als eine Abfolge von diskreten Ereignissen vorstellen. Jedem Ereignis entspricht das Dasein des Projektils oder der Rakete zu einer bestimmten Zeit an einem bestimmten Ort. Bilden zwei dieser Ereignisse eine Raum-Zeit-Koinzidenz, so ist dies lediglich eine komplizierte Ausdrucksweise für den Sachverhalt, dass das Projektil die Rakete trifft und zerstört. Nach dem Prinzip der Ereigniskonformität wird die Rakete für ausnahmslos alle Beobachter zerstört, auch wenn sich die Angaben über den Ort und die Zeit der Explosion unterscheiden. Damit ist klar: Finden zwei Ereignisse für einen Beobachter zur selben Zeit am selben Ort statt, so gilt dies auch für jeden anderen Beobachter. Oder, in einer etwas prägnanteren Formulierung:

Invarianz der Raum-Zeit-Koinzidenz

Raum-Zeit-Koinzidenzen sind beobachtungsinvariant.

In Abschnitt 3.3.1 werden wir zeigen, dass das Gesagte falsch ist, wenn nur noch *Zeit-Koinzidenzen* betrachtet werden, also Ereignisse, die zwar zur selben Zeit, aber an unterschiedlichen Orten stattfinden. Es ist ein Kernergebnis der speziellen Relativitätstheorie, dass Ereignisse, die ein gewisser Beobachter als gleichzeitig klassifiziert, für einen relativ dazu bewegten Beobachter zu unterschiedlichen Zeitpunkten stattfinden.

Vermessung von Raum und Zeit

Legen wir uns auf ein bestimmtes Bezugssystem fest, so können wir jedem Ereignis eine Zeitkoordinate t und drei Raumkoordinaten x, y, z zuordnen. Das Quadrupel (t,x,y,z) nennen wir eine Raum-Zeit-Koordinate. Im Folgenden werden wir es häufig mit mehreren gegeneinander bewegten Bezugssystemen zu tun haben, die wir mit S, S$'$ oder S$''$ bezeichnen. Ist (t,x,y,z) die in S gemessene Raum-Zeit-Koordinate eines Ereignisses, so sind (t',x',y',z') und (t'',x'',y'',z'') die Raum-Zeit-Koordinaten des gleichen Ereignisses für einen Beobachter in S$'$ bzw. S$''$.

Damit sind wir an einem wichtigen Punkt angekommen. Wenn Raum und Zeit ihren absoluten Charakter verlieren, welche Bedeutung hat dann überhaupt die Aussage, dass jedem Ereignis eine Raum-Zeit-Koordinate (t,x,y,z) entspricht? Eine Zuordnung von Ereignissen zu Raum-Zeit-Koordinaten kann unter den Prämissen der Relativitätstheorie nur dann sinnvoll gelingen, wenn sie ohne einen Rückgriff auf absolute Größen hergestellt werden kann.

Um eine solche Zuordnung zu ermöglichen, übernehmen wir die Rolle eines Beobachters, der in einem beliebig gewählten Inertialsystem ruht und dort in Gedanken einen *Bezugskörper* aufspannt. Abbildung 3.1 zeigt, dass wir uns einen solchen Körper wie ein starres Gittergerüst vorstellen dürfen, das von unzähligen Stäben einer bestimmten Einheitslänge gebildet wird. Definieren wir einen beliebigen Knotenpunkt als Ursprung, so

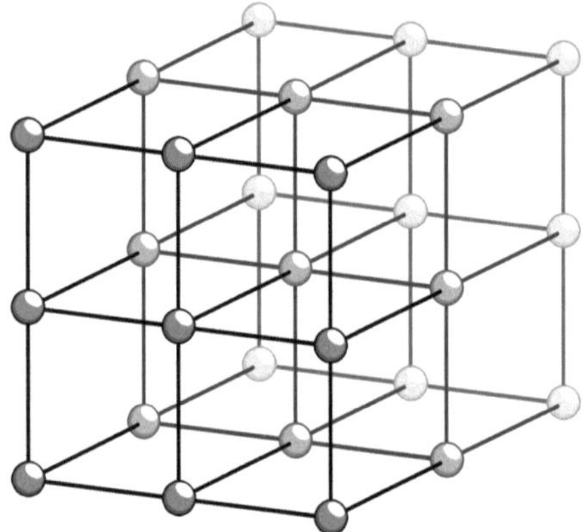

Abbildung 3.1

Bezugskörper für den euklidischen Raum

können wir für jeden anderen Knotenpunkt abzählen, wie viele Einheitsstäbe dieser in den drei Raumrichtungen vom Ursprung entfernt ist. Als Ergebnis erhalten wir ein Tripel (x,y,z), das wir per Definition als die *Raumkoordinate* oder die *Ortskoordinate* des Gitterpunkts bezeichnen. Mit dieser gedanklichen Vorarbeit können wir auch jedem Ereignis eine Raumkoordinate zuordnen. Per Definition sei die Raumkoordinate eines Ereignisses die Raumkoordinate des Gitterpunktes, der dem Ereignis am nächsten liegt. Um den Messfehler, der durch den Sprung zum nächsten Gitterpunkt zwangsläufig entsteht, brauchen wir uns an dieser Stelle nicht zu sorgen. Da wir den Raum nur in Gedanken mit unserem Bezugskörper auskleiden, können wir durch eine immer kleinere Wahl der Einheitslänge jede gewünschte Genauigkeit erzielen.

Halten Sie für den Rest dieses Buchs im Gedächtnis, dass sich hinter der Bestimmung einer Ortskoordinate, wie wir sie gerade festgelegt haben, eine Messung verbirgt: Ausgehend vom Ursprung zählen wir für alle drei Raumrichtungen ab, wie oft ein Einheitsmaßstab angelegt werden muss, um den betreffenden Knotenpunkt zu erreichen. Damit ist auch die Länge eines Objekts keine Größe mehr, die wir in einem absoluten Sinne interpretieren dürfen. Ordnet ein Beobachter einem Gegenstand, der entlang einer der drei Raumkoordinaten ausgerichtet ist, die Länge 3 zu, so bedeutet dies nichts anderes, als dass wir vom Gitterpunkt, der dem einen Ende des Gegenstands am nächsten liegt, drei Einheitsstäbe abmessen müssen, um den Gitterpunkt zu erreichen, der dem anderen Ende am nächsten liegt. Damit ist klar: Immer dann, wenn wir in der Relativitätstheorie von einer *Länge* sprechen, meinen wir ebenfalls das Ergebnis eines Messprozesses.

Folgerichtig sind nicht nur Orts- und Zeitangaben, sondern auch Längenangaben immer an ein bestimmtes Bezugssystem gebunden, und zwar an jenes, in dem die Messung stattfindet. Später werden Sie sehen, dass dies irritierend wirkende Konsequenzen nach sich zieht, denn die gemessenen Längen werden von Bezugskörper zu Bezugskörper variieren. Genauso wie die Zeit wird sich auch die räumliche Ausdehnung als eine relative, vom Bezugssystem des Beobachters abhängige Größe erweisen.

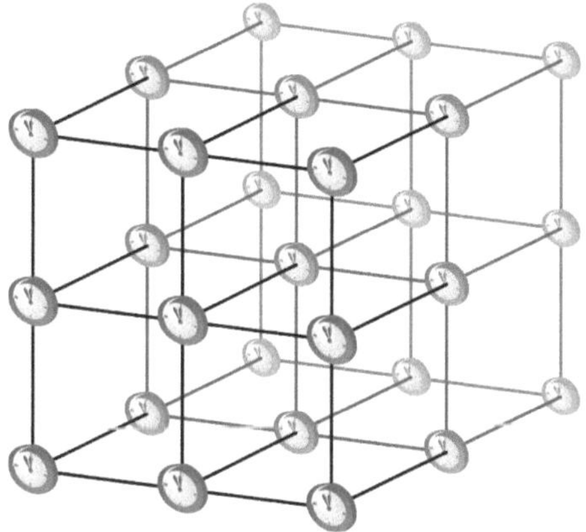

Abbildung 3.2

Bezugskörper für die Raumzeit

Als Nächstes wenden wir uns der Zeitkoordinate und damit der folgenden Frage zu: Was genau ist gemeint, wenn wir sagen, ein Ereignis findet zu einer gewissen Uhrzeit, z. B. um 12:00, statt? In der klassischen Physik ist diese Frage trivial, da wir dort von einer in einem absoluten Sinne verstreichenden Zeit ausgehen und lediglich mit dem Problem konfrontiert sind, unsere Uhren diese absolute Zeit möglichst exakt anzeigen zu lassen. Sprechen wir der Zeit ihren absoluten Charakter ab, so ist die Antwort nicht mehr ganz so einfach.

Um Ereignisse mit Zeitkoordinaten zu versehen, erweitern wir unser raumdurchdringendes Gittergerüst im Geiste so, dass sich an jedem Knotenpunkt eine Uhr befindet. Der Bezugskörper, der auf diese Weise entsteht, ist in Abbildung 3.2 zu sehen. Er erlaubt es uns, die Zeitkoordinate eines Ereignisses ganz einfach als die Zeigerstellung derjenigen Uhr zu interpretieren, die an der räumlichen Koordinate des Ereignisses angebracht ist. Damit haben wir gleich zwei Probleme im Ansatz beseitigt: Wir müssen die Zeit weder von einer weit entfernten noch von einer bewegten Uhr ablesen. In methodischer Hinsicht weisen die Ortskoordinate und die Zeitkoordinate demnach eine große Gemeinsamkeit auf. Beide sind das Ergebnis einer Messung und dadurch prinzipiell beobachtbare Größen.

3.2 Uhrensynchronisation

Eines haben wir bis jetzt noch nicht bedacht. Damit das erdachte Verfahren funktioniert, müssen wir darauf achten, dass die Zeigerstellungen der Uhren *„gleichzeitig dieselben sind“*, wie es einst Einstein ausdrückte [19]. Mit anderen Worten: Wir müssen die Uhren unseres Bezugskörpers *synchronisieren*.

Aber was bedeutet es überhaupt, dass zwei oder mehrere Uhren synchron laufen? Zunächst ist dies ein anderer Ausdruck dafür, dass die Zeiger der Uhren gleichzeitig auf

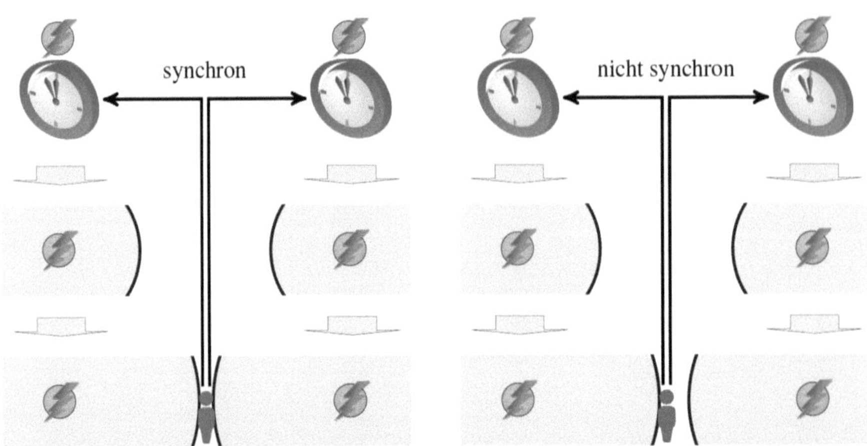

Abbildung 3.3: Zwei Uhren laufen synchron, wenn zwei Lichtwellen, die zu der gleichen angezeigten Uhrzeit gezündet wurden, einen in der Mitte platzierten Beobachter gleichzeitig erreichen.

die jeweiligen Ziffern springen, und damit sind wir an einem zentralen Begriff angelangt: dem Begriff der *Gleichzeitigkeit*. Nach all dem, was wir bisher erarbeitet haben, ist eines ganz klar: Um auf sicherem Boden zu verweilen, müssen wir auch die Eigenschaft der Gleichzeitigkeit zu einer messbaren Größe machen. Um dies zu erreichen, lassen wir jedes eintretende Ereignis in Gedanken einen Lichtblitz auslösen, der sich in Form einer Kugelwelle in den Raum ausbreitet. Das Zentrum des Lichtblitzes ist der Ort des Ereignisses. Um zu bestimmen, ob zwei Ereignisse gleichzeitig stattfinden, messen wir die Verbindungslinie zwischen den Eintrittsorten aus und platzieren in der Mitte einen Beobachter. Nimmt dieser Beobachter die ausgelösten Lichtblitze gleichzeitig wahr, so fanden die Ereignisse per Definition gleichzeitig statt (Abbildung 3.3).

Beachten Sie, dass sich in dieser Definition kein Zirkelschluss verbirgt, auch wenn wir das gleichzeitige Eintreten zweier Ereignisse durch die gleichzeitige Wahrnehmung der Lichtblitze definiert haben. Im ersten Fall bezieht sich die Gleichzeitigkeit auf Ereignisse, die an verschiedenen Orten stattfinden, und im zweiten auf Ereignisse, die am gleichen Ort stattfinden. Über die Lichtgeschwindigkeit, die wir nach dem zweiten Einstein'schen Axiom in jedem Inertialsystem als konstant annehmen dürfen, wird der Begriff *„gleichzeitig an verschiedenen Orten"* auf den Begriff *„gleichzeitig an dem gleichen Ort"* zurückgeführt. Dass wir den Letzteren gefahrlos verwenden dürfen, haben unsere Überlegungen über das Prinzip der Invarianz der Raum-Zeit-Koinzidenz offengelegt.

Das geschilderte Verfahren gibt uns nicht nur eine Möglichkeit an die Hand, um die Synchronizität zweier Uhren experimentell zu überprüfen. Durch eine leichte Abwandlung können wir es verwenden, um die Uhren unseres Bezugskörpers zu synchronisieren. Zu diesem Zweck zünden wir im Koordinatenursprung einen Lichtblitz, der sich kugelförmig in den Raum ausbreitet (Abbildung 3.4). Ferner statten wir die Uhren in Gedanken mit

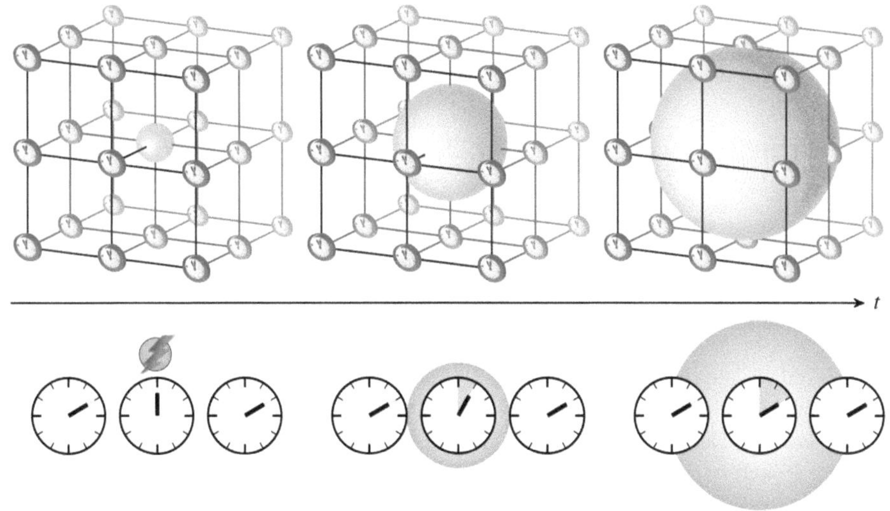

Abbildung 3.4: Uhrensynchronisation mithilfe einer Kugelwelle

einer Vorrichtung aus, die die Zeiger beim Eintreffen der Kugelwelle an einer voreingestellten Position loslaufen lässt. Hat eine Uhr vom Ursprung die Entfernung ct, so wird sie von der Kugelwelle t Sekunden nach ihrer Zündung getroffen. Damit ist klar: Lassen wir diese Uhr bei t loslaufen, so ist sie zu allen anderen Uhren, die die Kugelwelle bereits passiert hat, synchron.

Unsere Vorüberlegungen sind damit abgeschlossen. Wir haben die Raum- und Zeitkoordinaten, die wir im Folgenden ausgiebig für die Beschreibung von Ereignissen verwenden werden, auf eine solide begriffliche Basis gestellt.

3.3 Lorentz-Transformation

In Abschnitt 2.1.3 haben wir gezeigt, wie sich mithilfe der Galilei-Transformation die Raum-Zeit-Koordinaten von einem Bezugssystem in ein anderes Bezugssystem im Sinne der klassischen Physik umrechnen lassen. Nach alldem, was wir bisher über die Relativitätstheorie erarbeitet haben, ist klar, dass wir diese Transformation von Grund auf überdenken müssen. Wir wissen, dass aus der Galilei-Transformation das klassische Additionstheorem für Geschwindigkeiten hergeleitet werden kann und dieses Theorem in der speziellen Relativitätstheorie falsch ist: Es widerspricht Einsteins zweiten Axiom, das die Änderung der Lichtgeschwindigkeit bei einem Wechsel des Bezugssystems ausschließt.

Nun ist es unsere Aufgabe, die Galilei-Transformation durch ihr relativistisches Pendant, die *Lorentz-Transformation*, zu ersetzen. Genau wie die Galilei-Transformation erfüllt auch die Lorentz-Transformation den Zweck, die Raum-Zeit-Koordinaten von einem Bezugssystem in ein anderes Bezugssystem zu übersetzen.

3.3.1 Transformation in einer Dimension

Der Ausgangspunkt für unsere Herleitung sind zwei Inertialsysteme S und S′, von denen wir annehmen, dass die beiden x-Achsen zusammenfallen und sich S′ gegenüber S mit der Geschwindigkeit v entlang der positiven x-Achse bewegt. Das gleiche Szenario hatten wir in Abbildung 2.1.3 für die Herleitung der Galilei-Transformation verwendet.

Konkret sind wir auf der Suche nach zwei Transformationsgleichungen $t'(t,x)$ und $x'(t,x)$, die aus einer Raum-Zeit-Koordinate (t,x) die Raum-Zeit-Koordinate (t',x') berechnen. Wir erinnern uns: Das Tupel (t,x) ist die Koordinate, die ein Beobachter in S einem Ereignis zuordnet, und (t',x') die Koordinate, die ein Beobachter in S′ für das gleiche Ereignis angibt.

In der folgenden Betrachtung gehen wir davon aus, dass die Uhren, die sich in den Koordinatenursprüngen von S und S′ befinden, im Augenblick ihres Zusammentreffens die Zeit 0 anzeigen. Dies bedeutet symbolisch, dass unsere Transformationsgleichungen die folgenden Forderungen erfüllen müssen:

$$t'(0,0) = 0 \tag{3.1}$$

$$x'(0,0) = 0 \tag{3.2}$$

Als Nächstes wollen wir herausfinden, welche Form die Transformationsgleichungen annehmen werden. Der folgende Gedanke weist uns den Weg: Sowohl S als auch S′ sind Inertialsysteme, so dass in beiden das galileische Trägheitsprinzip gilt. Das bedeutet, dass gleichförmige geradlinige Bewegungen auf gleichförmige geradlinige Bewegungen abgebildet werden. Ferner muss die inverse Transformation, die uns Raum-Zeit-Koordinaten von S′ nach S umrechnen lässt, aufgrund des Relativitätsprinzips die gleiche Form aufweisen. Beides sind starke Indizien dafür, dass die Transformation eine lineare Umrechnung der Koordinaten erfordert und deshalb in der folgenden Form aufgeschrieben werden kann:

$$\begin{aligned} t'(t,x) &= \gamma t + \mu x + \lambda \\ x'(t,x) &= \rho t + \sigma x + \varepsilon \end{aligned}$$

Ein flüchtiger Blick auf (3.1) und (3.2) macht klar, dass die additiven Komponenten λ und ε verschwinden müssen. Es ist:

$$\lambda = t'(0,0) \overset{(3.1)}{=} 0$$

$$\varepsilon = x'(0,0) \stackrel{(3.2)}{=} 0$$

Als Nächstes wollen wir klären, in welcher Beziehung die Raumkoordinaten y und y' bzw. z und z' zueinander stehen. Betrachten wir ein Ereignis, das in S auf der x-Achse lokalisiert ist, so können wir erwarten, dass der Beobachter S′ das Ereignis ebenfalls auf der x-Achse lokalisiert. Wäre dies nicht der Fall, so würde die Transformation die Koordinaten in eine bestimmte Richtung verschieben und damit eine bestimmte Raumrichtung gegenüber den anderen bevorzugen. Dies stünde im Widerspruch zur *Isotropie* des Raums: der Eigenschaft, dass der Raum *richtungsunabhängig* ist, sich also keine Raumlage gegenüber den anderen in einer besonderen Weise auszeichnet. Damit haben wir das folgende Zwischenergebnis erreicht:

$$\begin{aligned} t' &= \gamma t + \mu x \\ x' &= \rho t + \sigma x \\ y' &= y \\ z' &= z \end{aligned} \tag{3.3}$$

Unsere nächste Aufgabe ist es, die vier Unbekannten γ, μ, ρ und σ zu bestimmen. Zu diesem Zweck zünden wir im Geiste in genau jenem Moment einen Lichtblitz, in dem die Ursprünge der gegeneinander bewegten Bezugssysteme S und S' aufeinandertreffen. Anschließend betrachten wir die Wellenfront, die sich entlang der x-Achse nach rechts bewegt. In S erfüllen die Raum-Zeit-Koordinaten dieser Wellenfront die Beziehung

$$x = ct.$$

Nach dem zweiten Einstein'schen Axiom breitet sich die Wellenfront für einen Beobachter in S′ genau gleich aus, und das bedeutet, dass die gesuchten Transformationsgleichungen die Raum-Zeit-Koordinaten der Wellenfront auf sich selbst abbilden müssen. Symbolisch können wir diese Forderung in der Form

$$\begin{aligned} t'(t,ct) &= t \\ x'(t,ct) &= ct \end{aligned}$$

notieren, was ausgeschrieben das Gleiche ist wie:

$$\begin{aligned} \gamma t + \mu ct &= t \\ \rho t + \sigma ct &= ct \end{aligned}$$

Hieraus folgt

$$\gamma ct + \mu c^2 t = \rho t + \sigma ct,$$

und die Division beider Seiten durch t ergibt:

$$\gamma c + \mu c^2 = \rho + \sigma c \tag{3.4}$$

Die gleiche Überlegung können wir für die Lichtfront anstellen, die sich auf der x-Achse nach links bewegt. Die Raum-Zeit-Koordinaten dieser Wellenfront erfüllen in S die Beziehung

$$x = -ct,$$

was für unsere Transformationsgleichungen das Folgende bedeutet:

$$t'(t, -ct) = t$$
$$x'(t, -ct) = -ct$$

Ausgeschrieben ergibt dies

$$\gamma t - \mu ct = t$$
$$\rho t - \sigma ct = -ct,$$

und analog zum ersten Fall können wir daraus den folgenden Zusammenhang gewinnen:

$$\gamma c - \mu c^2 = -\rho + \sigma c \tag{3.5}$$

Die Addition und die Subtraktion von (3.4) und (3.5) liefern uns nacheinander die Beziehungen

$$\begin{aligned} \gamma &= \sigma, \\ \mu c^2 &= \rho, \end{aligned} \tag{3.6}$$

womit wir die Transformationsgleichung (3.3) folgendermaßen vereinfachen können:

$$x' = \mu c^2 t + \gamma x \tag{3.7}$$

Als Nächstes betrachten wir den Koordinatenursprung von S'. Aus der Sicht von S bewegt sich dieser Punkt mit der Geschwindigkeit v entlang der positiven x-Achse, während er aus der Sicht von S′ in Ruhe ist. Es gilt also:

$$x = vt \tag{3.8}$$

$$x' = 0 \tag{3.9}$$

Zusammen mit (3.7) erhalten wir daraus die Beziehung

$$\begin{aligned} x' &\overset{(3.7)}{=} \mu c^2 t + \gamma x \\ &\overset{(3.8)}{=} \mu c^2 t + \gamma v t = t\left(\mu c^2 + \gamma v\right) \overset{(3.9)}{=} 0. \end{aligned}$$

Hieraus folgt

$$\mu = -\gamma \frac{v}{c^2}$$

und daraus wiederum

$$\rho \overset{(3.6)}{=} -\gamma v.$$

Damit haben wir den folgenden Zwischenstand erreicht:

$$\begin{aligned} t' &= \gamma t - \gamma \frac{v}{c^2} x \\ x' &= -\gamma v t + \gamma x \\ y' &= y \\ z' &= z \end{aligned}$$

Um den verbliebenen Vorfaktor γ zu bestimmen, erinnern wir uns daran, dass die Transformationsgleichungen den Übergang von S nach S' beschreiben. Wenden wir die Transformation ein zweites Mal an, so können wir damit den Übergang von S' in ein Inertialsystem S'' berechnen, das sich gegenüber S' genauso verhält wie S' gegenüber S:

Ersetzen wir alle Vorkommen von v durch $-v$, benutzen wir also die Transformation

$$\begin{aligned} t'' &= \gamma t' + \gamma \frac{v}{c^2} x' \\ x'' &= \gamma v t' + \gamma x', \end{aligned}$$

so ist dies dasselbe, als bewege sich S'' gegenüber S' in die umgekehrte Richtung. Das bedeutet, dass S$''$ mit S identisch ist und die zweifach gestrichenen Variablen durch die ungestrichenen ersetzt werden dürfen. Es gilt daher:

$$\begin{aligned} t &= t'' \\ &= \gamma t' + \gamma \frac{v}{c^2} x' \\ &= \gamma(\gamma t - \gamma \frac{v}{c^2} x) + \gamma \frac{v}{c^2}(-\gamma v t + \gamma x) \\ &= \gamma^2 t - \gamma^2 \frac{v}{c^2} x - \gamma^2 \frac{v^2}{c^2} t + \gamma^2 \frac{v}{c^2} x \end{aligned}$$

$$= \gamma^2 t - \gamma^2 \frac{v^2}{c^2} t$$

$$= \gamma^2 t \left(1 - \frac{v^2}{c^2}\right)$$

Hieraus folgt

$$\gamma^2 \left(1 - \frac{v^2}{c^2}\right) = 1$$

und daraus wiederum:

$$\gamma = \frac{1}{\sqrt{1-\frac{v^2}{c^2}}} = \frac{1}{\sqrt{1-\beta^2}} \quad \text{mit} \quad \beta = \frac{1}{\sqrt{1-\frac{v^2}{c^2}}}$$

Mit der eben ermittelten Größe haben wir eine alte Bekannte vor uns: γ ist der *Lorentzfaktor*, den wir auf Seite 128 eingeführt und bereits dort in weiser Voraussicht auf die eben durchgeführte Rechnung mit dem griechischen Symbol Gamma bezeichnet haben.

Damit sind wir am Ziel. Wir haben die Transformationsgleichungen vollständig hergeleitet:

Lorentz-Transformation (Bewegung entlang der x-Achse)

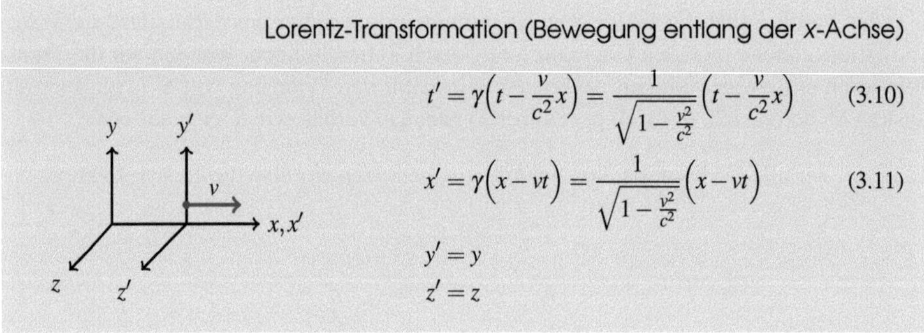

$$t' = \gamma\left(t - \frac{v}{c^2}x\right) = \frac{1}{\sqrt{1-\frac{v^2}{c^2}}}\left(t - \frac{v}{c^2}x\right) \tag{3.10}$$

$$x' = \gamma\left(x - vt\right) = \frac{1}{\sqrt{1-\frac{v^2}{c^2}}}\left(x - vt\right) \tag{3.11}$$

$$y' = y$$

$$z' = z$$

Genau wie die Galilei-Transformation können wir auch die Lorentz-Transformation in Form einer Matrixmultiplikation ausdrücken. Sie lautet:

$$\begin{pmatrix} t' \\ x' \\ y' \\ z' \end{pmatrix} = \begin{pmatrix} \gamma & -\gamma\frac{v}{c^2} & 0 & 0 \\ -\gamma v & \gamma & 0 & 0 \\ 0 & 0 & 1 & 0 \\ 0 & 0 & 0 & 1 \end{pmatrix} \cdot \begin{pmatrix} t \\ x \\ y \\ z \end{pmatrix}$$

Ein besonders elegantes Erscheinungsbild nimmt die Lorentz-Transformation an, wenn wir die Zeitkoordinate t als die Strecke ansehen, die das Licht in t Sekunden zurücklegt. Sie nimmt dann die folgende Gestalt an:

Lorentz-Matrix (Bewegung entlang der x-Achse)

$$\begin{pmatrix} ct' \\ x' \\ y' \\ z' \end{pmatrix} = \begin{pmatrix} \gamma & -\gamma\beta & 0 & 0 \\ -\gamma\beta & \gamma & 0 & 0 \\ 0 & 0 & 1 & 0 \\ 0 & 0 & 0 & 1 \end{pmatrix} \cdot \begin{pmatrix} ct \\ x \\ y \\ z \end{pmatrix} \tag{3.12}$$

An dieser Stelle wollen wir auf eine wichtige Eigenschaft der Lorentz-Transformation hinweisen, die unmittelbar mit der Definition des Lorentzfaktors γ zusammenhängt:

$$\gamma = \frac{1}{\sqrt{1 - \frac{v^2}{c^2}}}$$

Betrachten wir ausschließlich Inertialsysteme S′, die sich gegenüber S langsamer bewegen als das Licht, so ist γ größer als 1. Wählen wir für v aber eine Geschwindigkeit, die c übersteigt, so wird der Wert unter der Wurzel negativ. Mathematisch hat der Ausdruck

$$\sqrt{1 - \frac{v^2}{c^2}} \tag{3.13}$$

dann nur noch eine Lösung in den komplexen Zahlen, die wir physikalisch nicht mehr sinnvoll deuten können. Ist $v = c$, so stehen wir vor einem ähnlichen Problem. In diesem Fall verschwindet die Größe (3.13) und der Lorentzfaktor γ wird unendlich groß. Um die geschilderten Probleme zu vermeiden, gehen wir im Folgenden stets davon aus, dass sich das System S′ gegenüber S langsamer bewegt als das Licht.

Bedeutet das Gesagte, dass die Lorentz-Transformation nur eine partielle Lösung ist, die lediglich die Umrechnung für Geschwindigkeiten unterhalb von c korrekt beschreibt? In den späteren Abschnitten werden wir dies verneinen und zahlreiche Gründe dafür nennen, warum die Lichtgeschwindigkeit nicht nach oben durchbrochen werden kann. Spätestens dann wird klar sein, dass sich hinter der Konstanten c mehr verbirgt als die Geschwindigkeit, mit der sich das Licht ausbreitet. In der Natur spielt c die Rolle einer Maximalgeschwindigkeit und wäre somit auch dann eine zentrale Naturkonstante, wenn es überhaupt keine elektromagnetischen Wellen gäbe. Damit können wir schon jetzt konstatieren: Elektromagnetische Wellen haben die faszinierende Eigenschaft, sich mit der maximal möglichen Geschwindigkeit auszubreiten.

Inverse Lorentz-Transformation

Wir wollen die Plausibilität des hergeleiteten Ergebnisses überprüfen und die Transformationsgleichungen (3.10) und (3.11) nach x und t auflösen. Die Formeln, die wir auf diesem Weg erhalten, berechnen dann den Übergang von S′ nach S. Bevor wir die Rechnung durchführen, wollen wir uns über das zu erwartende Ergebnis Gedanken machen. Zunächst ist klar, dass die Bezugssysteme S und S′ nach dem Relativitätsprinzip völlig gleichberechtigt sind, so dass auch die Rücktransformation eine Lorentz-Transformation sein muss. Aus der Sicht von S′ bewegt sich S mit der gleichen Geschwindigkeit wie S′ aus der Sicht von S, allerdings in die entgegengesetzte Richtung. Das bedeutet, dass die Formeln der Rücktransformation mit den Formeln der Hintransformation bis auf das Vorzeichen der Variablen v identisch sein müssen und das zu erwartende Ergebnis demnach folgendermaßen lautet:

$$t = \gamma\left(t' + \frac{v}{c^2}x'\right)$$
$$x = \gamma\left(x' + vt'\right)$$

Wir werden nun zeigen, dass wir genau dieses Formeln erhalten, wenn wir die Gleichungen (3.10) und (3.11) nach x und t auflösen. Als Erstes bringen wir diese Gleichungen in die Form

$$t = \frac{t'}{\gamma} + \frac{v}{c^2}x$$
$$x = \frac{x'}{\gamma} + vt$$

und setzen die Ergebnisse anschließend gegenseitig ineinander ein. Dies ergibt:

$$t = \frac{t'}{\gamma} + \frac{v}{c^2}\frac{x'}{\gamma} + \frac{v^2}{c^2}t$$
$$x = \frac{x'}{\gamma} + v\frac{t'}{\gamma} + \frac{v^2}{c^2}x$$

Bringen wir alle Vorkommen von t und x auf die linken Seiten, so erhalten wir:

$$t\left(1 - \frac{v^2}{c^2}\right) = \frac{1}{\gamma}\left(t' + \frac{v}{c^2}x'\right) = \sqrt{1 - \frac{v^2}{c^2}}\left(t' + \frac{v}{c^2}x'\right)$$
$$x\left(1 - \frac{v^2}{c^2}\right) = \frac{1}{\gamma}\left(x' + vt'\right) = \sqrt{1 - \frac{v^2}{c^2}}\left(x' + vt'\right)$$

Oder, was dasselbe ist:

$$t = \frac{\sqrt{1 - \frac{v^2}{c^2}}}{1 - \frac{v^2}{c^2}}\left(t' + \frac{v}{c^2}x'\right) = \frac{1}{\sqrt{1 - \frac{v^2}{c^2}}}\left(t' + \frac{v}{c^2}x'\right) = \gamma\left(t' + \frac{v}{c^2}x'\right)$$

$$x = \frac{\sqrt{1-\frac{v^2}{c^2}}}{1-\frac{v^2}{c^2}}\left(x' + vt'\right) = \frac{1}{\sqrt{1-\frac{v^2}{c^2}}}\left(x' + vt'\right) = \gamma\left(x' + vt'\right)$$

Damit sind wir bereits am Ziel. Die formale Herleitung der Rücktransformation hat uns genau diejenigen Gleichungen in die Hände gespielt, die wir weiter oben, unter Bezugnahme auf das Relativitätsprinzip, vorhergesagt haben.

Noch einfacher wird die Rechnung, wenn wir die Lorentz-Transformation als Matrixmultiplikation niederschreiben. Die inverse Transformation sieht dann folgendermaßen aus:

$$\begin{pmatrix} ct \\ x \\ y \\ z \end{pmatrix} = \begin{pmatrix} \gamma & \gamma\beta & 0 & 0 \\ \gamma\beta & \gamma & 0 & 0 \\ 0 & 0 & 1 & 0 \\ 0 & 0 & 0 & 1 \end{pmatrix} \cdot \begin{pmatrix} ct' \\ x' \\ y' \\ z' \end{pmatrix}$$

Dass die angegebene Matrix tatsächlich die inverse Transformation repräsentiert, können wir durch eine einfache Multiplikation mit der ursprünglichen Lorentz-Matrix herausfinden. Die Transformationen heben sich genau dann gegenseitig auf, wenn deren Produkt die Einheitsmatrix ergibt.

Wir werden nun zeigen, dass dies tatsächlich der Fall ist. Die Multiplikation der beiden Matrizen ergibt:

$$\begin{pmatrix} \gamma & -\gamma\beta & 0 & 0 \\ -\gamma\beta & \gamma & 0 & 0 \\ 0 & 0 & 1 & 0 \\ 0 & 0 & 0 & 1 \end{pmatrix} \cdot \begin{pmatrix} \gamma & \gamma\beta & 0 & 0 \\ \gamma\beta & \gamma & 0 & 0 \\ 0 & 0 & 1 & 0 \\ 0 & 0 & 0 & 1 \end{pmatrix} = \begin{pmatrix} \gamma^2-\gamma^2\beta^2 & 0 & 0 & 0 \\ 0 & \gamma^2-\gamma^2\beta^2 & 0 & 0 \\ 0 & 0 & 1 & 0 \\ 0 & 0 & 0 & 1 \end{pmatrix}$$

Der Ausdruck auf der Hauptdiagonalen lässt sich in

$$\begin{aligned} \gamma^2-\gamma^2\beta^2 &= \gamma^2(1-\beta^2) \\ &= \frac{1-\beta^2}{1-\beta^2} = 1 \end{aligned} \tag{3.14}$$

umformen, so dass als Ergebnis tatsächlich die Einheitsmatrix entsteht:

$$\begin{pmatrix} \gamma^2-\gamma^2\beta^2 & 0 & 0 & 0 \\ 0 & \gamma^2-\gamma^2\beta^2 & 0 & 0 \\ 0 & 0 & 1 & 0 \\ 0 & 0 & 0 & 1 \end{pmatrix} \stackrel{(3.14)}{=} \begin{pmatrix} 1 & 0 & 0 & 0 \\ 0 & 1 & 0 & 0 \\ 0 & 0 & 1 & 0 \\ 0 & 0 & 0 & 1 \end{pmatrix}$$

Wir fassen zusammen:

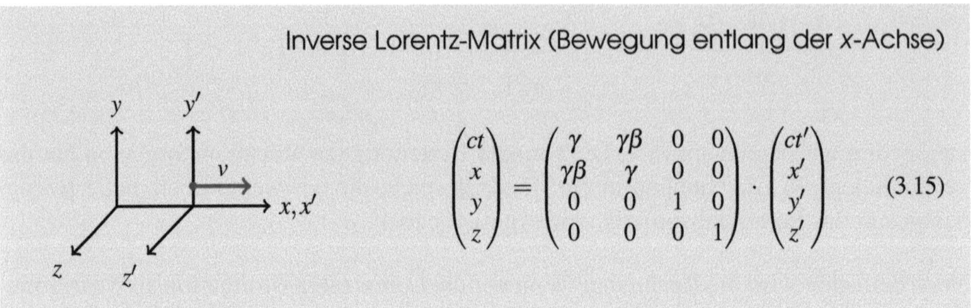

Inverse Lorentz-Matrix (Bewegung entlang der x-Achse)

$$\begin{pmatrix} ct \\ x \\ y \\ z \end{pmatrix} = \begin{pmatrix} \gamma & \gamma\beta & 0 & 0 \\ \gamma\beta & \gamma & 0 & 0 \\ 0 & 0 & 1 & 0 \\ 0 & 0 & 0 & 1 \end{pmatrix} \cdot \begin{pmatrix} ct' \\ x' \\ y' \\ z' \end{pmatrix} \tag{3.15}$$

Beispiele

Wir wollen die Lorentz-Transformation an denselben Beispielszenarien erproben, die uns zur Demonstration der Galilei-Transformation dienten. Das erste Szenario ist in Abbildung 3.5 zu sehen. Ein in S ruhender Beobachter sieht zwei am Ortspunkt $x = 0$ fest installierte Kanonen, die zum Zeitpunkt $t = 0$ gleichzeitig ein Projektil in die jeweils entgegengesetzte Richtung abfeuern. Die Geschosse bewegen sich mit Lichtgeschwindigkeit durch den Raum und treffen zum Zeitpunkt $t = 2$ gleichzeitig ihr Ziel. Genau wie auf Seite 23 richten wir unser Augenmerk auf die folgenden vier Ereignisse:

E_1 : Die nach links gerichtete Kanone feuert ihr Projektil ab.

E_2 : Die nach rechts gerichtete Kanone feuert ihr Projektil ab.

E_3 : Das Projektil der nach links gerichteten Kanone trifft ihr Ziel.

E_4 : Das Projektil der nach rechts gerichteten Kanone trifft ihr Ziel.

Ein Beobachter in S weist den Ereignissen die folgenden Raum-Zeit-Koordinaten zu:

$$\begin{aligned} E_1 &: (ct_1, x_1) = (0,0) \\ E_2 &: (ct_2, x_2) = (0,0) \\ E_3 &: (ct_3, x_3) = (2,-2) \\ E_4 &: (ct_4, x_4) = (2,2) \end{aligned}$$

Wir wollen herausfinden, wie ein Beobachter die Situation in einem Bezugssystem S′ wahrnimmt, das sich gegenüber S mit der Geschwindigkeit $v = \frac{3}{5}c$ entlang der positiven x-Achse bewegt. Um die Antwort zu erhalten, müssen wir die vier Ereignisse lediglich mithilfe der Lorentz-Transformation in das Koordinatensystem von S′ umrechnen. Für die ersten beiden Ereignisse erhalten wir:

$$\begin{aligned} E_1, E_2 : (ct'_1, x'_1) = (ct'_2, x'_2) &= \gamma(ct_2 - \beta \cdot x_2, x_2 - \beta \cdot ct_2) \text{ mit } \gamma = \frac{1}{\sqrt{1-\beta^2}} \\ &= \frac{1}{\sqrt{1-(\frac{3}{5})^2}}(0 - \tfrac{3}{5} \cdot 0, 0 - \tfrac{3}{5} \cdot 0) \end{aligned}$$

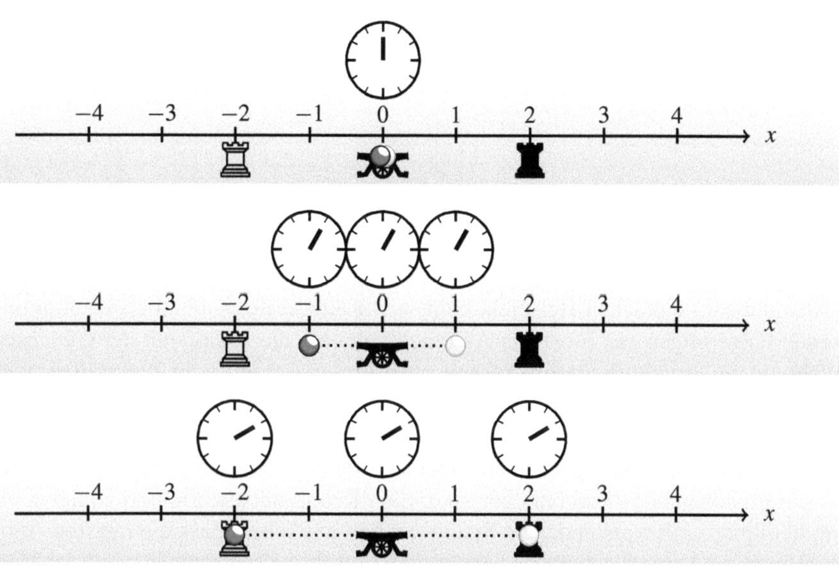

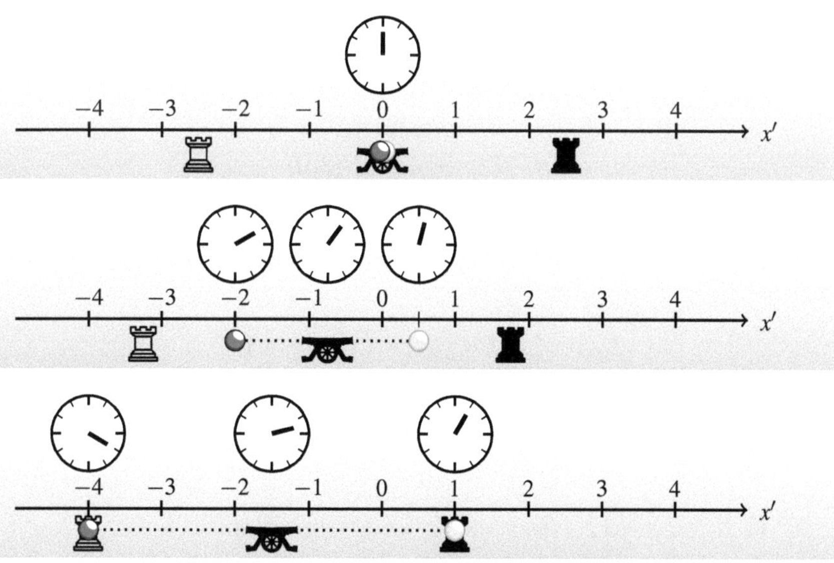

Abbildung 3.5: Beispielszenario 1 (relativistisch)

$$= \tfrac{5}{4}(0,0) = (0,0)$$

Eine analoge Rechnung ergibt:

$$\begin{aligned}
E_3: (ct_3', x_3') &= \tfrac{5}{4}(ct_3 - \tfrac{3}{5}x_3, x_3 - \tfrac{3}{5}t_3)\\
&= \tfrac{5}{4}(2 + \tfrac{3\cdot 2}{5}, -2 - \tfrac{3\cdot 2}{5}) = \tfrac{5}{4}(\tfrac{16}{5}, -\tfrac{16}{5}) = (4,-4)\\
E_4: (ct_4', x_4') &= \tfrac{5}{4}(ct_4 - \tfrac{3}{5}x_4, x_4 - \tfrac{3}{5}t_4)\\
&= \tfrac{5}{4}(2 - \tfrac{3\cdot 2}{5}, 2 - \tfrac{3\cdot 2}{5}) = \tfrac{5}{4}(\tfrac{4}{5}, \tfrac{4}{5}) = (1,1)
\end{aligned}$$

Anhand dieses einfachen Beispiels können wir eine erste, anfänglich kontraintuitiv wirkende Folgerungen aus Einsteins Axiomen ableiten: die *Relativität der Gleichzeitigkeit.* Während die Projektile für einen Beobachter in S gleichzeitig ihr Ziel treffen, konstatiert ein Beobachter in S′, dass das rechte Projektil früher eingeschlagen ist als das linke. Das bedeutet, dass Ereignisse, die sich für einen Beobachter zur gleichen Zeit ereignen, für einen anderen Beobachter hintereinander stattfinden. Die Relativität der Gleichzeitigkeit ist ein grundlegendes Ergebnis der speziellen Relativitätstheorie und zugleich eines der am häufigsten missverstandenen. Später werden wir sehen, dass die meisten Anomalien, die Einsteins Axiome scheinbar hervorrufen, nur deshalb entstehen, weil der Begriff der Gleichzeitigkeit, bewusst oder unbewusst, als eine absolute Größe interpretiert wird.

Das zweite Beispielszenario ist in Abbildung 3.6 zu sehen. Aus der Sicht von S werden die Ereignisse E_1 bis E_4, die wir genauso definieren wie im ersten Beispiel, mit den folgenden Koordinaten beschrieben:

$$\begin{aligned}
E_1: (ct_1, x_1) &= (0,2)\\
E_2: (ct_2, x_2) &= (0,-2)\\
E_3: (ct_3, x_3) &= (2,0)\\
E_4: (ct_4, x_4) &= (2,0)
\end{aligned}$$

Mithilfe der Lorentz-Transformation lassen sich die Koordinaten folgendermaßen umrechnen:

$$\begin{aligned}
E_1: (ct_1', x_1') &= \tfrac{5}{4}(ct_1 - \tfrac{3}{5}x_1, x_2 - \tfrac{3}{5}ct_1)\\
&= \tfrac{5}{4}(0 - \tfrac{3\cdot 2}{5}, 2 - \tfrac{3\cdot 0}{5}) = \tfrac{5}{4}(-\tfrac{6}{5}, 2) = (-\tfrac{3}{2}, \tfrac{5}{2})\\
E_2: (ct_2', x_2') &= \tfrac{5}{4}(ct_2 - \tfrac{3}{5}x_2, x_2 - \tfrac{3}{5}ct_2)\\
&= \tfrac{5}{4}(0 - \tfrac{3\cdot 2}{5}, -2 - \tfrac{3\cdot 0}{5}) = \tfrac{5}{4}(\tfrac{6}{5}, -2) = (\tfrac{3}{2}, -\tfrac{5}{2})\\
E_3, E_4: (ct_3', x_3') = (ct_4', x_4') &= \tfrac{5}{4}(ct_4 - \tfrac{3}{5}x_4, x_4 - \tfrac{3}{5}ct_4)\\
&= \tfrac{5}{4}(2 - \tfrac{3\cdot 0}{5}, 0 - \tfrac{3\cdot 2}{5}) = \tfrac{5}{4}(2, -\tfrac{6}{5}) = (\tfrac{5}{2}, -\tfrac{3}{2})
\end{aligned}$$

Aus der Sicht von S feuern beide Kanonen ihre Projektile gleichzeitig ab. Da sie, im Gegensatz zu unserem ersten Beispiel, aber an verschiedenen Orten installiert sind, geht diese Eigenschaft für einen Beobachter in S′ verloren. Aus der Sicht von S′ feuert zunächst

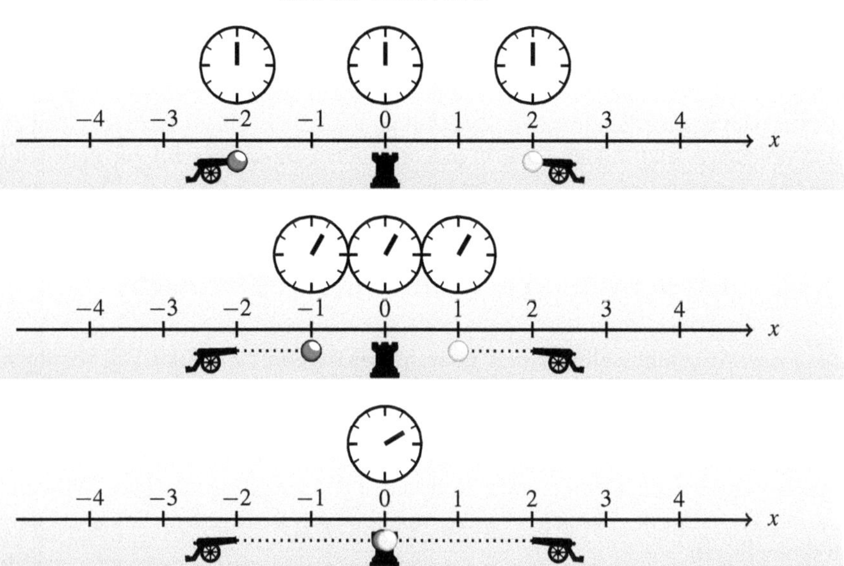

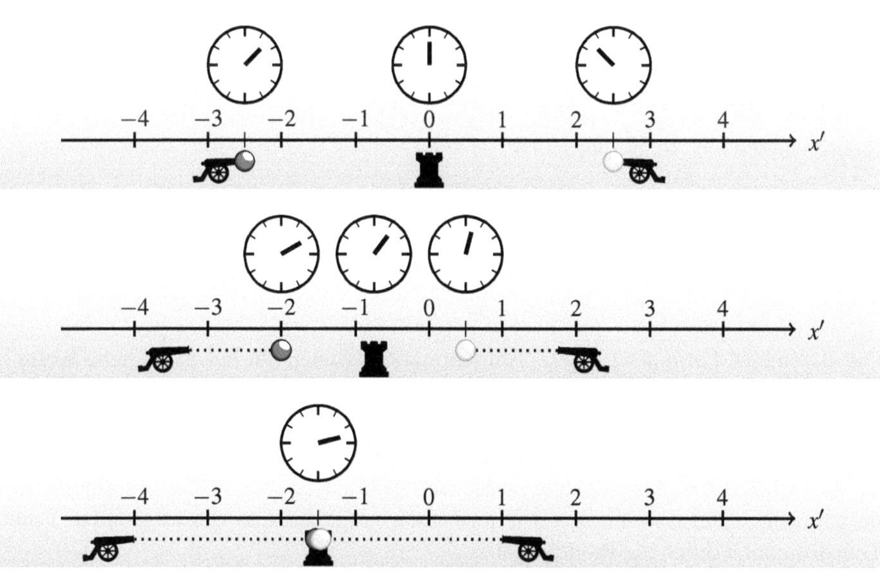

Abbildung 3.6: Beispielszenario 2 (relativistisch)

die rechte Kanone und erst später die linke. Dennoch treffen die Projektile gleichzeitig ihr Ziel, egal, ob wir die Situation in S oder in S′ betrachten. Dass die Gleichzeitigkeit in beiden Systemen festgestellt wird, geht auf die Gleichheit der Ortskoordinaten zurück. Die Ereignisse E_3 und E_4 bilden eine Raum-Zeit-Koinzidenz, die wir weiter oben als beobachtungsinvariant erkannt haben: Zwei Ereignisse, die in einem Bezugssystem zeitgleich und ortsgleich sind, finden auch in jedem anderen Bezugssystem zur gleichen Zeit am gleichen Ort statt.

3.3.2 Transformation in mehreren Dimensionen

In diesem Abschnitt wollen wir die gewonnenen Ergebnisse auf den Fall verallgemeinern, dass sich S′ gegenüber S in eine beliebige Richtung bewegt. An die Stelle der skalaren Größe v, mit der wir bislang gerechnet haben, tritt jetzt ein Vektor $\boldsymbol{v}$ mit drei Geschwindigkeitskomponenten v_x, v_y und v_z. Um der vektoriellen Darstellung gerecht zu werden, müssen wir auch die Definition der Konstanten β geringfügig anpassen. Wir definieren β als das Verhältnis der Größen $|\boldsymbol{v}|$ und c, wobei $|\boldsymbol{v}|$ den Betrag, d. h. die Länge, des Vektors $\boldsymbol{v}$ symbolisiert:

$$\beta := \frac{|\boldsymbol{v}|}{c} = \frac{\sqrt{v_x^2 + v_y^2 + v_z^2}}{c}$$

Ferner schreiben wir β_x, β_y und β_z, um das Verhältnis der Einzelgrößen v_x, v_y und v_z zur Lichtgeschwindigkeit auszudrücken:

$$\beta_x := \frac{v_x}{c} \quad \beta_y := \frac{v_y}{c} \quad \beta_z := \frac{v_z}{c}$$

Die allgemeine Form der Lorentz-Transformation können wir auf die gleiche Weise herleiten wie die allgemeine Form der Galilei-Transformation. In Abschnitt 2.1.3 hatten wir das Koordinatensystem in einem ersten Schritt so gedreht, dass der Richtungsvektor $\boldsymbol{v}$ entlang der x-Achse zeigte. Danach hatten wir die eindimensionale Galilei-Transformation angewandt und das Koordinatensystem zum Schluss wieder in die ursprüngliche Lage gebracht. Genau so werden wir jetzt auch vorgehen und die allgemeine Lorentz-Transformation durch die Produktmatrix

$$R_y^{-1} \cdot R_z^{-1} \cdot \begin{pmatrix} \gamma & -\gamma\beta & 0 & 0 \\ -\gamma\beta & \gamma & 0 & 0 \\ 0 & 0 & 1 & 0 \\ 0 & 0 & 0 & 1 \end{pmatrix} \cdot R_z \cdot R_y$$

beschreiben. Die Matrizen R_y^{-1}, R_z^{-1}, R_z und R_y sind uns bereits bekannt. Es handelt sich dabei um die gleichen Matrizen, die wir auf Seite 27 für die formale Herleitung der allgemeinen Galilei-Transformation verwendet haben. Die Multiplikation ergibt:

$$\begin{pmatrix} \gamma & -\frac{\beta\gamma v_x}{\sqrt{v_x^2+v_y^2+v_z^2}} & -\frac{\beta\gamma v_y}{\sqrt{v_x^2+v_y^2+v_z^2}} & -\frac{\beta\gamma v_z}{\sqrt{v_x^2+v_y^2+v_z^2}} \\ -\frac{\beta\gamma v_x}{\sqrt{v_x^2+v_y^2+v_z^2}} & \frac{\gamma v_x^2+v_y^2+v_z^2}{v_x^2+v_y^2+v_z^2} & \frac{(\gamma-1)v_x v_y}{v_x^2+v_y^2+v_z^2} & \frac{(\gamma-1)v_x v_z}{v_x^2+v_y^2+v_z^2} \\ -\frac{\beta\gamma v_y}{\sqrt{v_x^2+v_y^2+v_z^2}} & \frac{(\gamma-1)v_x v_y}{v_x^2+v_y^2+v_z^2} & \frac{v_x^2+\gamma v_y^2+v_z^2}{v_x^2+v_y^2+v_z^2} & \frac{(\gamma-1)v_y v_z}{v_x^2+v_y^2+v_z^2} \\ -\frac{\beta\gamma v_z}{\sqrt{v_x^2+v_y^2+v_z^2}} & \frac{(\gamma-1)v_x v_z}{v_x^2+v_y^2+v_z^2} & \frac{(\gamma-1)v_y v_z}{v_x^2+v_y^2+v_z^2} & \frac{v_x^2+v_y^2+\gamma v_z^2}{v_x^2+v_y^2+v_z^2} \end{pmatrix}$$

Mithilfe der Beziehungen

$$\frac{v_x}{\sqrt{v_x^2+v_y^2+v_z^2}} = \frac{v_x}{c\beta} = \frac{\beta_x}{\beta}$$

$$\frac{v_y}{\sqrt{v_x^2+v_y^2+v_z^2}} = \frac{v_y}{c\beta} = \frac{\beta_y}{\beta}$$

$$\frac{v_z}{\sqrt{v_x^2+v_y^2+v_z^2}} = \frac{v_z}{c\beta} = \frac{\beta_z}{\beta}$$

können wir die Matrix in die gesuchte Form bringen:

Lorentz-Matrix (beliebige Bewegungsrichtung)

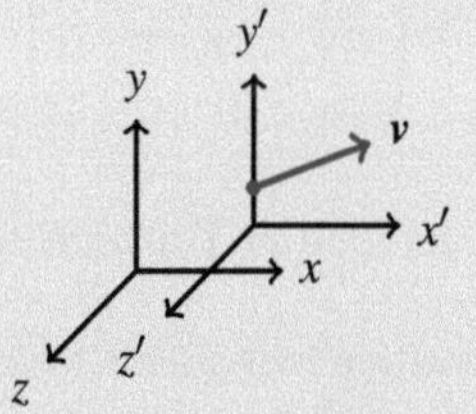

$$\begin{pmatrix} ct' \\ x' \\ y' \\ z' \end{pmatrix} = \begin{pmatrix} \gamma & -\gamma\beta_x & -\gamma\beta_y & -\gamma\beta_z \\ -\gamma\beta_x & 1+(\gamma-1)\frac{\beta_x^2}{\beta^2} & (\gamma-1)\frac{\beta_x\beta_y}{\beta^2} & (\gamma-1)\frac{\beta_x\beta_z}{\beta^2} \\ -\gamma\beta_y & (\gamma-1)\frac{\beta_x\beta_y}{\beta^2} & 1+(\gamma-1)\frac{\beta_y^2}{\beta^2} & (\gamma-1)\frac{\beta_y\beta_z}{\beta^2} \\ -\gamma\beta_z & (\gamma-1)\frac{\beta_x\beta_z}{\beta^2} & (\gamma-1)\frac{\beta_y\beta_z}{\beta^2} & 1+(\gamma-1)\frac{\beta_z^2}{\beta^2} \end{pmatrix} \cdot \begin{pmatrix} ct \\ x \\ y \\ z \end{pmatrix}$$

Durch die Formulierung der speziellen Relativitätstheorie hat die Newton'sche Physik ihre Berechtigung nicht verloren. Wir wissen, dass das klassische Formelgerüst die physikalischen Gegebenheiten für Geschwindigkeiten, die deutlich kleiner sind als die Lichtgeschwindigkeit, präzise vorhersagt und sich die Raum-Zeit-Koordinaten in diesen Fällen in einer sehr guten Näherung über die Galilei-Transformation umrechnen lassen.

Das bedeutet, dass die Lorentz-Transformation für solche Geschwindigkeiten die Galilei-Transformation approximieren muss.

Dass dies tatsächlich der Fall ist, wollen wir kurz nachrechnen. Ist die Geschwindigkeit, mit der sich S′ gegenüber S bewegt, gegenüber der Lichtgeschwindigkeit c sehr klein, so können wir alle Vorkommen des Lorentzfaktors γ durch 1 ersetzen und die Matrix der allgemeinen Lorentz-Transformation dann folgendermaßen notieren:

$$\begin{pmatrix} ct' \\ x' \\ y' \\ z' \end{pmatrix} = \begin{pmatrix} 1 & -\beta_x & -\beta_y & -\beta_z \\ -\beta_x & 1 & 0 & 0 \\ -\beta_y & 0 & 1 & 0 \\ -\beta_z & 0 & 0 & 1 \end{pmatrix} \cdot \begin{pmatrix} ct \\ x \\ y \\ z \end{pmatrix}$$

Machen wir jetzt noch die Skalierung der Zeitkoordinate rückgängig, so nimmt die Transformation die Form

$$\begin{pmatrix} t' \\ x' \\ y' \\ z' \end{pmatrix} = \begin{pmatrix} 1 & -\frac{v_x}{c^2} & -\frac{v_y}{c^2} & -\frac{v_z}{c^2} \\ -v_x & 1 & 0 & 0 \\ -v_y & 0 & 1 & 0 \\ -v_z & 0 & 0 & 1 \end{pmatrix} \cdot \begin{pmatrix} t \\ x \\ y \\ z \end{pmatrix}$$

an, die wir ihrerseits durch die folgende Näherung ersetzen können:

$$\begin{pmatrix} t' \\ x' \\ y' \\ z' \end{pmatrix} = \begin{pmatrix} 1 & 0 & 0 & 0 \\ -v_x & 1 & 0 & 0 \\ -v_y & 0 & 1 & 0 \\ -v_z & 0 & 0 & 1 \end{pmatrix} \cdot \begin{pmatrix} t \\ x \\ y \\ z \end{pmatrix}$$

Das Ergebnis ist die Matrix (2.6) der Galilei-Transformation von Seite 25.

Zum Schluss dieses Abschnitts wollen wir unser Formelrepertoire um die allgemeine Form der inversen Lorentz-Transformation ergänzen. Deren Niederschrift bereitet nach dem Gesagten keine Schwierigkeiten mehr, da wir auch hier lediglich die Vorzeichen der Geschwindigkeitskomponenten invertieren müssen:

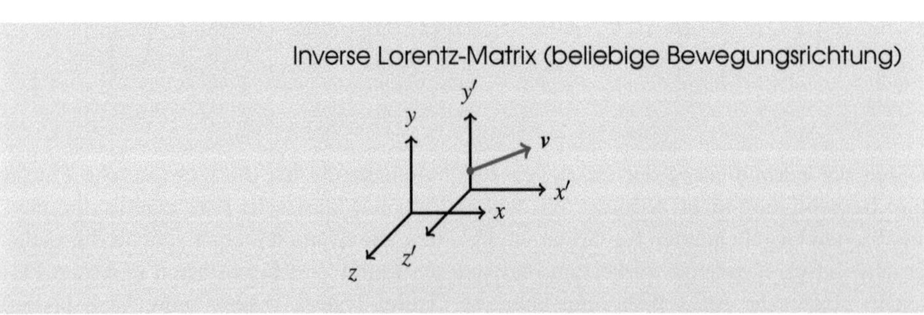

$$\begin{pmatrix} ct \\ x \\ y \\ z \end{pmatrix} = \begin{pmatrix} \gamma & \gamma\beta_x & \gamma\beta_y & \gamma\beta_z \\ \gamma\beta_x & 1+(\gamma-1)\frac{\beta_x^2}{\beta^2} & (\gamma-1)\frac{\beta_x\beta_y}{\beta^2} & (\gamma-1)\frac{\beta_x\beta_z}{\beta^2} \\ \gamma\beta_y & (\gamma-1)\frac{\beta_x\beta_y}{\beta^2} & 1+(\gamma-1)\frac{\beta_y^2}{\beta^2} & (\gamma-1)\frac{\beta_y\beta_z}{\beta^2} \\ \gamma\beta_z & (\gamma-1)\frac{\beta_x\beta_z}{\beta^2} & (\gamma-1)\frac{\beta_y\beta_z}{\beta^2} & 1+(\gamma-1)\frac{\beta_z^2}{\beta^2} \end{pmatrix} \cdot \begin{pmatrix} ct' \\ x' \\ y' \\ z' \end{pmatrix}$$

3.3.3 Lorentz-Invarianz der Wellengleichung

In diesem Abschnitt wollen wir eine Bringschuld einlösen, die in Kapitel 1 im Abschnitt über die Galilei-Varianz der Wellengleichung entstanden ist. Dort haben wir gezeigt, dass die Wellengleichung durch die Transformation in ein anderes Bezugssystem ihre Form verändert. Eine solche Transformationsvarianz steht in vollem Einklang mit der Äthertheorie, doch unser historischer Exkurs in Kapitel 2 hat gezeigt, dass wir uns von der Annahme lösen müssen, Lichtwellen bräuchten ein Medium, um sich auszubreiten. Eine vollständig freie Ausbreitung von Lichtwellen müsste, wenn wir das Relativitätsprinzip ernst nehmen, die Transformationsinvarianz der Wellengleichung zur Folge haben. Damit ist die Zeit gekommen, die Lorentz-Transformation einer wichtigen Feuerprobe zu unterziehen. Wir werden zeigen, dass die Wellengleichung bei einem Wechsel in ein anderes Bezugssystem tatsächlich ihre Form behält.

Ist S' ein Bezugssystem, das sich gegenüber S mit der Geschwindigkeit v entlang der positiven x-Achse bewegt, so berechnet sich der Übergang von S nach S' nach den Gleichungen der Lorentz-Transformation folgendermaßen:

$$\begin{aligned} t' &= \gamma\left(t - \tfrac{v}{c^2}x\right) \\ x' &= \gamma(x - vt) \\ y' &= y \\ z' &= z \end{aligned} \qquad \text{mit} \quad \gamma = \frac{1}{\sqrt{1-\frac{v^2}{c^2}}}$$

Analog zu unserem Vorgehen auf Seite 108 können wir durch die Anwendung der Kettenregel die partiellen Ableitungsoperatoren bestimmen. Wir erhalten:

$$\frac{\partial}{\partial x} = \frac{\partial}{\partial x'}\underbrace{\frac{\partial x'}{\partial x}}_{=\gamma} + \frac{\partial}{\partial y'}\underbrace{\frac{\partial y'}{\partial x}}_{=0} + \frac{\partial}{\partial z'}\underbrace{\frac{\partial z'}{\partial x}}_{=0} + \frac{\partial}{\partial t'}\underbrace{\frac{\partial t'}{\partial x}}_{=-\gamma\frac{v}{c^2}} = \gamma\frac{\partial}{\partial x'} - \gamma\frac{v}{c^2}\frac{\partial}{\partial t'}$$

$$\frac{\partial}{\partial y} = \frac{\partial}{\partial x'}\underbrace{\frac{\partial x'}{\partial y}}_{=0} + \frac{\partial}{\partial y'}\underbrace{\frac{\partial y'}{\partial y}}_{=1} + \frac{\partial}{\partial z'}\underbrace{\frac{\partial z'}{\partial y}}_{=0} + \frac{\partial}{\partial t'}\underbrace{\frac{\partial t'}{\partial y}}_{=0} = \frac{\partial}{\partial y'}$$

$$\frac{\partial}{\partial z} = \frac{\partial}{\partial x'}\underbrace{\frac{\partial x'}{\partial z}}_{=0} + \frac{\partial}{\partial y'}\underbrace{\frac{\partial y'}{\partial z}}_{=0} + \frac{\partial}{\partial z'}\underbrace{\frac{\partial z'}{\partial z}}_{=1} + \frac{\partial}{\partial t'}\underbrace{\frac{\partial t'}{\partial z}}_{=0} = \frac{\partial}{\partial z'}$$

$$\frac{\partial}{\partial t} = \frac{\partial}{\partial x'}\underbrace{\frac{\partial x'}{\partial t}}_{=-\gamma v} + \frac{\partial}{\partial y'}\underbrace{\frac{\partial y'}{\partial t}}_{=0} + \frac{\partial}{\partial z'}\underbrace{\frac{\partial z'}{\partial t}}_{=0} + \frac{\partial}{\partial t'}\underbrace{\frac{\partial t'}{\partial t}}_{=\gamma} = -\gamma v\frac{\partial}{\partial x'} + \gamma\frac{\partial}{\partial t'}$$

Daraus folgt für die zweiten Ableitungen:

$$\begin{aligned}
\frac{\partial^2}{\partial x^2} &= \gamma\frac{\partial\left(\gamma\frac{\partial}{\partial x'} - \gamma\frac{v}{c^2}\frac{\partial}{\partial t'}\right)}{\partial x'} - \gamma\frac{v}{c^2}\frac{\partial\left(\gamma\frac{\partial}{\partial x'} - \gamma\frac{v}{c^2}\frac{\partial}{\partial t'}\right)}{\partial t'} \\
&= \gamma^2\frac{\partial^2}{\partial x'^2} - \gamma^2\frac{v}{c^2}\frac{\partial^2}{\partial x'\partial t'} - \gamma^2\frac{v}{c^2}\frac{\partial^2}{\partial t'\partial x'} + \gamma^2\frac{v^2}{c^4}\frac{\partial^2}{\partial t'^2} \\
&= \gamma^2\frac{\partial^2}{\partial x'^2} - 2\gamma^2\frac{v}{c^2}\frac{\partial^2}{\partial t'\partial x'} + \gamma^2\frac{v^2}{c^4}\frac{\partial^2}{\partial t'^2} \\
\frac{\partial^2}{\partial y^2} &= \frac{\partial^2}{\partial y'^2} \\
\frac{\partial^2}{\partial z^2} &= \frac{\partial^2}{\partial z'^2} \\
\frac{\partial^2}{\partial t^2} &= -\gamma v\frac{\partial\left(-\gamma v\frac{\partial}{\partial x'} + \gamma\frac{\partial}{\partial t'}\right)}{\partial x'} + \gamma\frac{\partial\left(-\gamma v\frac{\partial}{\partial x'} + \gamma\frac{\partial}{\partial t'}\right)}{\partial t'} \\
&= \gamma^2 v^2\frac{\partial^2}{\partial x'^2} - \gamma^2 v\frac{\partial^2}{\partial x'\partial t'} - \gamma^2 v\frac{\partial^2}{\partial t'\partial x'} + \gamma^2\frac{\partial^2}{\partial t'^2} \\
&= \gamma^2 v^2\frac{\partial^2}{\partial x'^2} - 2\gamma^2 v\frac{\partial^2}{\partial t'\partial x'} + \gamma^2\frac{\partial^2}{\partial t'^2}
\end{aligned}$$

Setzen wir die gefundenen Ergebnisse in die Wellengleichung (2.85) ein, so erhalten wir

$$\gamma^2\frac{\partial^2}{\partial x'^2} - 2\gamma^2\frac{v}{c^2}\frac{\partial^2}{\partial t'\partial x'} + \gamma^2\frac{v^2}{c^4}\frac{\partial^2}{\partial t'^2} + \frac{\partial^2}{\partial y'^2} + \frac{\partial^2}{\partial z'^2} - \mu_0\varepsilon_0\left(\gamma^2 v^2\frac{\partial^2}{\partial x'^2} - 2\gamma^2 v\frac{\partial^2}{\partial t'\partial x'} + \gamma^2\frac{\partial^2}{\partial t'^2}\right) = 0,$$

was sich mithilfe von

$$\mu_0\varepsilon_0 = \frac{1}{c^2}$$

folgendermaßen vereinfachen lässt:

$$\gamma^2\left(1 - \frac{v^2}{c^2}\right)\frac{\partial^2}{\partial x'^2} + \frac{\partial^2}{\partial y'^2} + \frac{\partial^2}{\partial z'^2} - \mu_0\varepsilon_0\gamma^2\left(1 - \frac{v^2}{c^2}\right)\frac{\partial^2}{\partial t'^2} = 0$$

Diese Gleichung lässt sich über die Beziehung

$$\gamma^2\left(1-\frac{v^2}{c^2}\right)=\frac{1-\frac{v^2}{c^2}}{1-\frac{v^2}{c^2}}=1$$

weiter reduzieren zu:

$$\frac{\partial^2}{\partial x'^2}+\frac{\partial^2}{\partial y'^2}+\frac{\partial^2}{\partial z'^2}-\mu_0\varepsilon_0\frac{\partial^2}{\partial t'^2}=0$$

Mithilfe des Laplace-Operators entsteht daraus die Wellengleichung aus der Sicht von S′:

Homogene Wellengleichung (Lorentz-transformiert)

$$\Delta'-\mu_0\varepsilon_0\frac{\partial^2}{\partial t'^2}=0$$

Damit sind wir am Ziel. Die Wellengleichung hat sich bezüglich der Lorentz-Transformation als invariant erwiesen.

3.4 Minkowski-Diagramme

In Abschnitt 2.1.3 haben wir gezeigt, wie sich die Galilei-Transformation grafisch durchführen lässt. Die geometrische Konstruktion basierte auf der Idee, das Koordinatensystem von S′ mit einer gedrehten und gedehnten Zeitachse so über das Koordinatensystem von S zu legen, dass beide Ursprünge zusammenfallen. An den überlagerten Achsen ließen sich dann mit wenig Mühe die Koordinaten ablesen, die ein Beobachter in S oder S′ einem bestimmten Ereignis zuordnet.

3.4.1 Asymmetrische Minkowski-Diagramme

In diesem Abschnitt werden wir zeigen, dass die Lorentz-Transformation auf eine ganz ähnliche Weise konstruiert werden kann. Dabei beschränken wir uns erneut auf den Fall, dass sich S′ gegenüber S mit der Geschwindigkeit v entlang der positiven x-Achse bewegt. Ferner bleiben wir der Konvention treu, die Zeitachse von S vertikal und die Raumachse von S horizontal zu zeichnen.

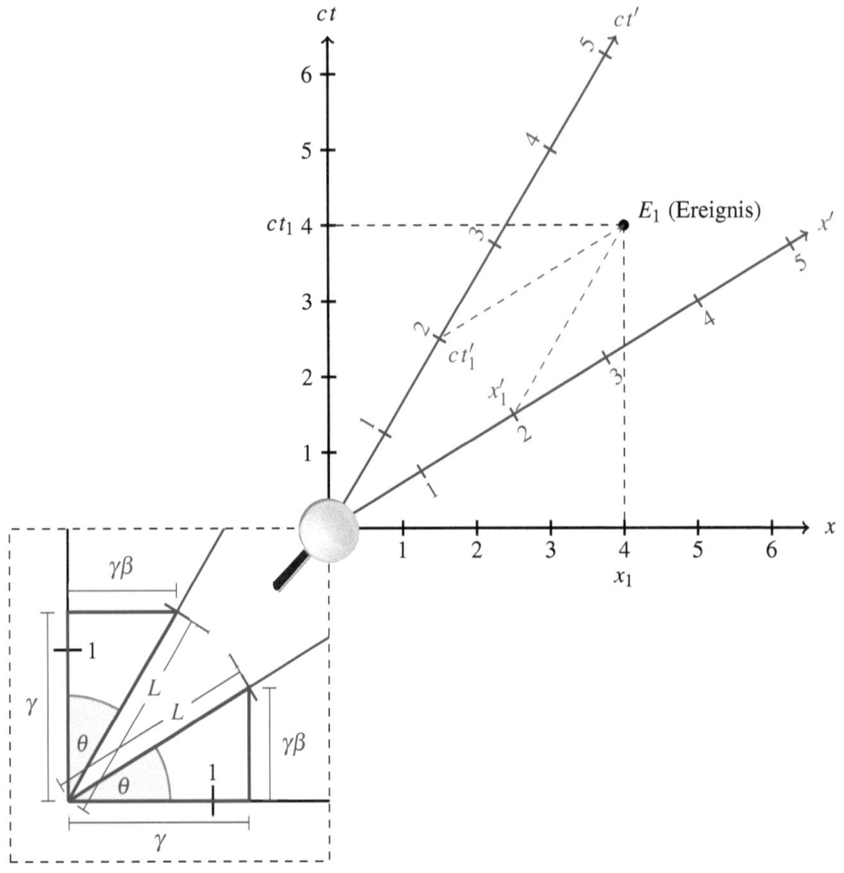

Abbildung 3.7: Geometrische Durchführung der Lorentz-Transformation

Um zu verstehen, wie die Achsen von S mit den Achsen von S′ zu überlagern sind, werfen wir nochmals einen Blick auf die Transformationsmatrix (3.15). Wir sehen dort, dass sich die Raum- und die Zeitkoordinate, anders als es bei der Galilei-Transformation der Fall ist, völlig symmetrisch zueinander verhalten, und das bedeutet, dass wir neben der Zeitachse von S′ auch die Ortsachse eindrehen müssen. Als Ergebnis entsteht ein Diagramm, wie es in Abbildung 3.7 zu sehen ist. Das erste Mal wurde eine grafische Darstellung dieser Art im Jahr 1908 verwendet, in der vielbeachteten Arbeit *Raum und Zeit* des deutschen Mathematikers Hermann Minkowski [41]. Heute werden diese Diagramme, ihrem Erfinder zu Ehren, als *Minkowski-Diagramme* bezeichnet.

Die Winkel und die Längeneinheiten der eingedrehten Achsen können wir mithilfe der gleichen trigonometrischen Formeln berechnen, die wir für die Analyse der Galilei-Transformation verwendet haben. Der in Abbildung 3.7 vergrößert gezeichnete Bereich zeigt, dass die Koordinatenachsen zwei rechtwinklige Dreiecke mit den Kathetenlängen γ und $\beta\gamma$ einschließen. Dass die Katheten tatsächlich diese Längen aufweisen, folgt unmittelbar aus den Formeln der inversen Lorentz-Transformation, die die Ereignisse

$$(t'_1, x'_1) = (1, 0)$$
$$(t'_2, x'_2) = (0, 1)$$

auf die Ereignisse

$$(t_1, x_1) = (\gamma, \gamma\beta)$$
$$(t_2, x_2) = (\gamma\beta, \gamma)$$

abbilden.

Für den Winkel θ folgt aus diesen Werten:

Drehwinkel der Raum- und der Zeitachse (Minkowski-Diagramm)

$$\theta = \arctan\beta = \arctan\frac{v}{c}$$

Den gleichen Winkel hatten wir für die Zeitachse eines Galilei-Diagramms berechnet. In Bezug auf die Achsenlage unterscheiden sich die beiden Diagrammarten also nur dadurch, dass im Falle der Lorentz-Transformation auch die Raumachse von S′ eingedreht ist, um den gleichen Winkel wie die Zeitachse.

Für die Längeneinheit L erhalten wir aufgrund des zusätzlich einzubeziehenden Lorentzfaktors γ ein anderes Ergebnis. Der pythagoreische Lehrsatz garantiert uns die Beziehung

$$L^2 = \gamma^2 + \gamma^2\beta^2 = \gamma^2\left(1+\beta^2\right) = \frac{1+\beta^2}{1-\beta^2},$$

die wir folgendermaßen nach L auflösen können:

Längeneinheit der Raum- und der Zeitachse (Minkowski-Diagramm)

$$L = \sqrt{\frac{1+\beta^2}{1-\beta^2}} = \sqrt{\frac{1+\frac{v^2}{c^2}}{1-\frac{v^2}{c^2}}}$$

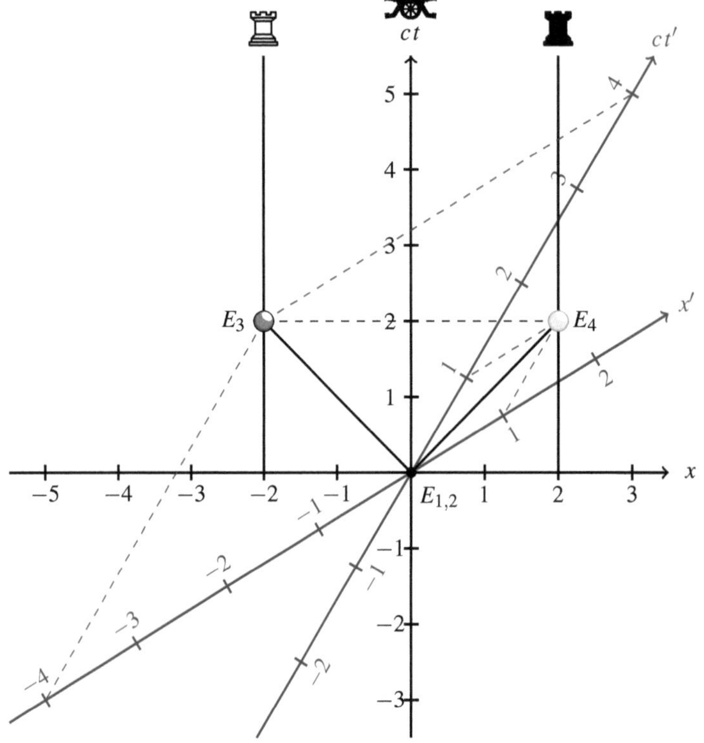

Abbildung 3.8: Beispielszenario 1 aus der Sicht von S (Minkowski-Diagramm)

Beispiele

Als Nächstes wollen wir untersuchen, wie sich die weiter oben besprochenen Beispielszenarien in Form von Minkowski-Diagrammen darstellen lassen. Als Erstes betrachten wir das Szenario in Abbildung 3.5, das sich aus der Sicht von S folgendermaßen abspielt: Zum Zeitpunkt $t = 0$ feuern im Ursprung fest verankerte Kanonen zwei Projektile ab, die sich mit Lichtgeschwindigkeit in entgegengesetzte Richtungen fortbewegen. Zum Zeitpunkt $t = 2$ treffen die Projektile gleichzeitig ihr Ziel. Die Abschüsse werden durch die Ereignisse E_1 und E_2 beschrieben und die Einschläge durch die Ereignisse E_3 und E_4. Aus dem Minkowski-Diagramm in Abbildung 3.8 können wir mühelos ablesen, welche Raum-Zeit-Koordinaten den Ereignissen E_1 bis E_4 in S und S′ zugeordnet werden:

$$
\begin{aligned}
E_1 &: (ct_1, x_1) = (0,0), & (ct'_1, x'_1) &= (0,0) \\
E_2 &: (ct_2, x_2) = (0,0), & (ct'_2, x'_2) &= (0,0) \\
E_3 &: (ct_3, x_3) = (2,-2), & (ct'_3, x'_3) &= (4,-4) \\
E_4 &: (ct_4, x_4) = (2,2), & (ct'_4, x'_4) &= (1,1)
\end{aligned}
$$

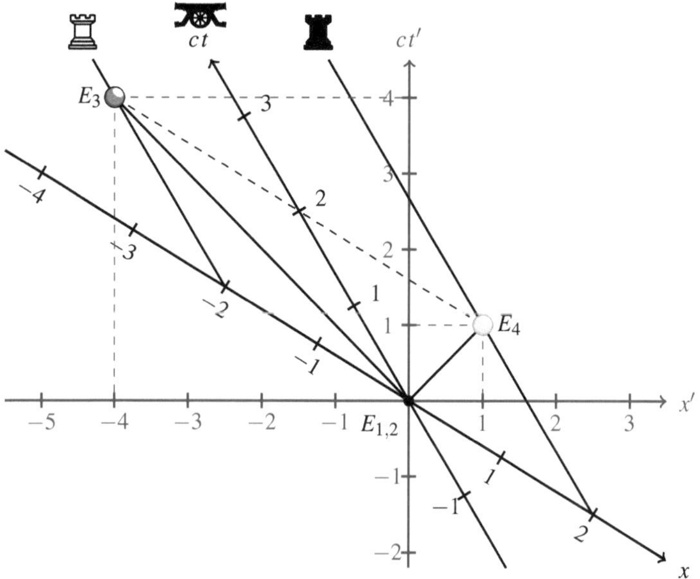

Abbildung 3.9: Beispielszenario 1 aus der Sicht von S′ (Minkwoski-Diagramm)

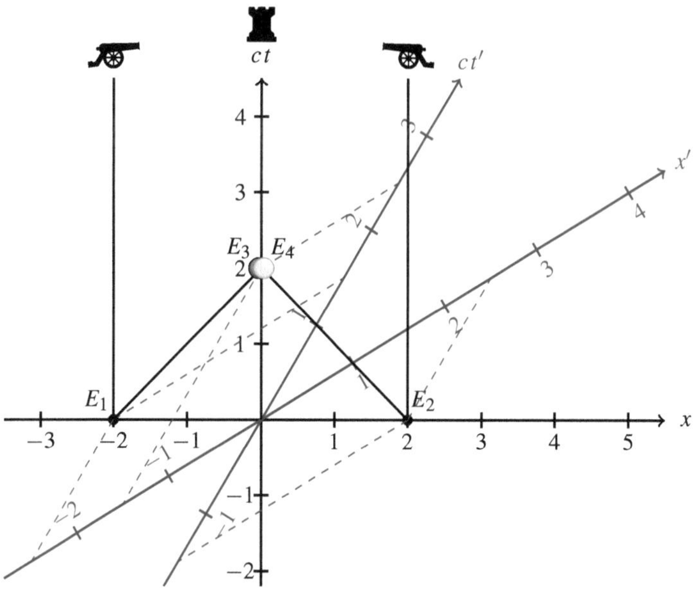

Abbildung 3.10: Beispielszenario 2 aus der Sicht von S (Minkwoski-Diagramm)

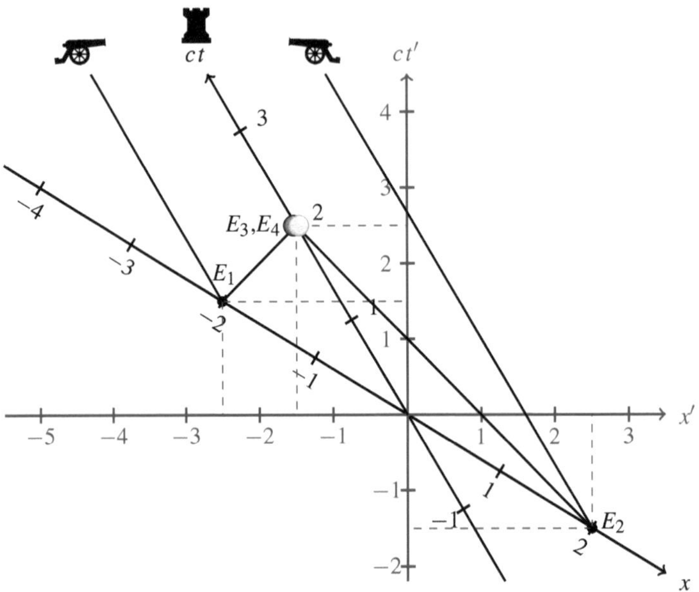

Abbildung 3.11: Beispielszenario 2 aus der Sicht von S′ (Minkwoski-Diagramm)

Dies sind die gleichen Werte, die wir auf Seite 154 rechnerisch ermittelt haben.

Die gleichen Raum-Zeit-Koordinaten hätten wir mithilfe des Minkowski-Diagramms in Abbildung 3.9 ermitteln können, das die Situation aus der Sicht von S′ darstellt. Dort können wir an den rechtwinkligen Achsen die Koordinaten von S′ ablesen und an den eingedrehten Achsen die Koordinaten von S. Im Vergleich mit unserem ersten Diagramm sind die schief eingezeichneten Achsen nun in die andere Richtung eingedreht, da sich S aus der Sicht von S′ mit der Geschwindigkeit v in die entgegengesetzte Richtung bewegt und die Konstante β daher negativ wird.

Die Minkowski-Diagramme in den Abbildungen 3.10 und 3.11 zeigen, wie sich das zweite der oben diskutierten Szenarien visualisieren lässt. In diesem Beispiel feuern die beiden Kanonen aus unterschiedlichen Positionen auf ein gemeinsames Ziel in der Mitte. Aus beiden Diagrammen ergeben sich die folgenden Raum-Zeit-Koordinaten:

$$
\begin{aligned}
E_1 &: (ct_1, x_1) = (0, -2), & (ct_1', x_1') &= (\tfrac{3}{2}, -\tfrac{5}{2}) \\
E_2 &: (ct_2, x_2) = (0, 2), & (ct_2', x_2') &= (-\tfrac{3}{2}, \tfrac{5}{2}) \\
E_3 &: (ct_3, x_3) = (2, 0), & (ct_3', x_3') &= (\tfrac{5}{2}, -\tfrac{3}{2}) \\
E_4 &: (ct_4, x_4) = (2, 0), & (ct_4', x_4') &= (\tfrac{5}{2}, -\tfrac{3}{2})
\end{aligned}
$$

Auch in diesem Beispiel sind die geometrisch ermittelten Werte mit den rechnerisch ermittelten identisch.

3.4.2 Symmetrische Minkowski-Diagramme

Alle bisher betrachteten Minkowski-Diagramme waren asymmetrisch konstruiert: Sie waren ausnahmslos so gezeichnet, dass die Achsen des einen Bezugssystems rechtwinklig aufeinander standen und die Achsen des anderen Bezugssystems in Richtung der Hauptdiagonalen eingedreht waren. Im Lichte des Relativitätsprinzips mag dies wie ein Makel erscheinen, da die rechtwinklige Anordnung der Achsen eines der beiden Bezugssysteme in einer besonderen Weise auszeichnet. In diesem Abschnitt werden wir zeigen, wie diese Asymmetrie beseitigt werden kann.

Im ersten Schritt erweitern wir das Minkowski-Diagramm, wie wir es bisher kennengelernt haben, um zwei zusätzliche Achsen. Das neue Achsenpaar soll das sogenannte *Mittelsystem* von S und S′ repräsentieren, das im Folgenden mit $\overline{\mathrm{S}}$ abgekürzt wird. Die Bedeutung von $\overline{\mathrm{S}}$ ist leicht zu verstehen: Das Mittelsystem ist jenes, in dem sich die Systeme S und S′ mit der gleichen Geschwindigkeit $\overline{v}$ von einem darin ruhenden Beobachter entfernen oder auf ihn zubewegen.

Um zu verstehen, wie die Achsen von $\overline{\mathrm{S}}$ geometrisch konstruiert werden können, erinnern wir uns daran, dass die Zeitachse von S der Weltlinie eines Objekts entspricht, das in S an der Ortskoordinate 0 ruht. In der gleichen Weise entspricht die Zeitachse von S′ der Weltlinie eines Objekts, das in S′ an der Ortskoordinate 0 ruht. Ein Beobachter in $\overline{\mathrm{S}}$ nimmt beide Objekte mit der gleichen Relativgeschwindigkeit wahr, so dass die Objekte für ihn zur gleichen Zeit an der Ortskoordinate -1 bzw. 1 auftauchen. Dies eröffnet uns eine einfache Möglichkeit, eine *Gleichzeitigkeitslinie* von $\overline{\mathrm{S}}$ zu zeichnen, also eine Linie, auf der alle Ereignisse für einen in $\overline{\mathrm{S}}$ ruhenden Beobachter zur gleichen Zeit stattfinden. Abbildung 3.12 zeigt, dass wir hierfür lediglich eine Gerade in das Minkowski-Diagramm einzeichnen müssen, die den Punkt -1 auf der x-Achse und den Punkt 1 auf der x'-Achse schneidet. Alle Geraden, die parallel zu der eben konstruierten verlaufen, sind dann ebenfalls Gleichzeitigkeitslinien.

Damit sind wir so gut wie am Ziel. Da die Gleichzeitigkeitslinien eines Bezugssystems immer parallel zur Ortsachse verlaufen und den gleichen Winkel zur Hauptdiagonalen aufweisen wie die Zeitachse, können wir die Koordinatenachsen von $\overline{\mathrm{S}}$ direkt einzeichnen. Das Ergebnis ist in Abbildung 3.13 zu sehen.

Als Nächstes werden wir die Drehung der Koordinatenachsen von $\overline{\mathrm{S}}$ exakt berechnen. Aus dem vergrößerten Ausschnitt des Koordinatenursprungs in Abbildung 3.12 geht hervor, wie die Parameter der Bezugssysteme S und S′ mit dem Drehwinkel $\overline{\theta}$ zusammenhängen. Dieser Winkel drückt aus, wie stark die Orts- und die Zeitachse von $\overline{\mathrm{S}}$ gegenüber der Orts- und der Zeitachse von S eingedreht ist, und lässt sich mit der folgenden Formel berechnen:

$$\tan\overline{\theta} = \frac{\gamma\beta}{1+\gamma} \tag{3.16}$$

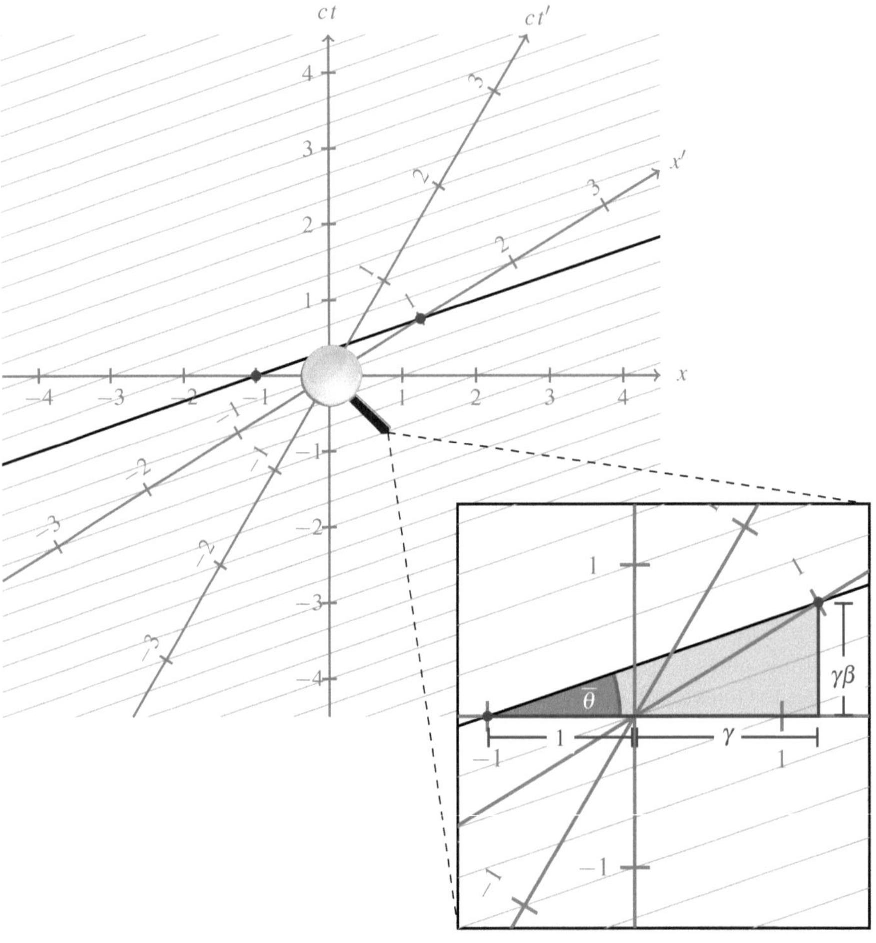

Abbildung 3.12: Gleichzeitigkeitslinien des Mittelsystems

Bevor wir diesen Ausdruck in seine endgültige Form bringen, schieben wir eine kurze Nebenrechnung ein. Aus

$$\gamma^2\beta^2 - \gamma^2 = \frac{\beta^2}{1-\beta^2} - \frac{1}{1-\beta^2} = -\frac{1-\beta^2}{1-\beta^2} = -1$$

folgt die Beziehung

$$\gamma^2\beta^2 = \gamma^2 - 1, \tag{3.17}$$

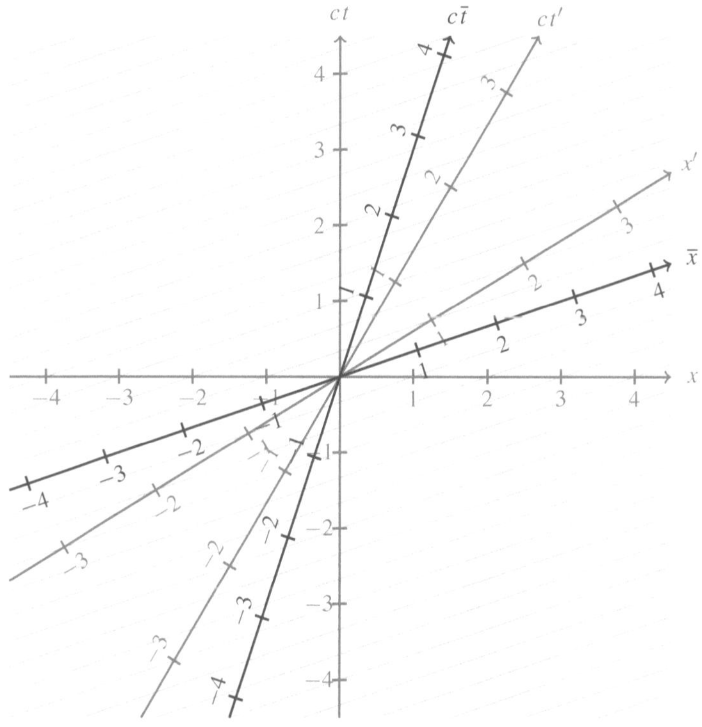

Abbildung 3.13: Achsen des Mittelsystems

mit deren Hilfe wir (3.16) folgendermaßen umformen können:

$$\tan\overline{\theta} = \frac{\gamma\beta}{1+\gamma} = \frac{\gamma^2\beta^2}{(1+\gamma)\gamma\beta} \overset{(3.17)}{=} \frac{\gamma^2-1}{(1+\gamma)\gamma\beta}$$
$$= \frac{(\gamma-1)(\gamma+1)}{(1+\gamma)\gamma\beta} = \frac{\gamma-1}{\gamma\beta} = \frac{1-\sqrt{1-\beta^2}}{\beta}$$

Definieren wir die Konstante $\overline{\beta}$ in der gewohnten Weise als das Verhältnis der Geschwindigkeit $\overline{v}$ zur Lichtgeschwindigkeit c, so hängen der Drehwinkel $\overline{\theta}$ und die Konstante $\overline{\beta}$, wie in jedem Minkowski-Diagramm, über die Beziehung

$$\overline{\beta} = \tan\overline{\theta} \tag{3.18}$$

zusammen. Damit haben wir ein wichtiges Zwischenziel erreicht: Wir wissen nun, wie aus der Konstanten β, die angibt, wie schnell sich S und S' aufeinander zubewegen oder voneinander entfernen, die Konstante $\overline{\beta}$ des Mittelsystems berechnet werden kann:

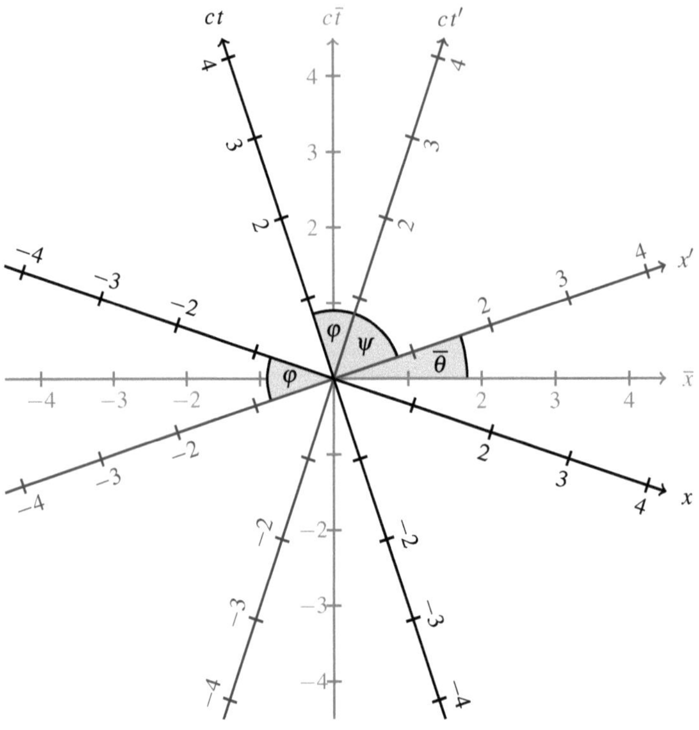

Abbildung 3.14: Das Mittelsystem als senkrechtes Koordinatensystem

Geschwindigkeit des Mittelsystems (geometrisch ermittelt)

$$\left.\begin{array}{l} \mathrm{S} \xmapsto{\ \beta\ } \mathrm{S}' \\ \mathrm{S} \xmapsto{\ \overline{\beta}\ } \overline{\mathrm{S}} \xmapsto{\ \overline{\beta}\ } \mathrm{S}' \end{array}\right\} \quad \overline{\beta} = \frac{\gamma\beta}{\gamma+1} = \frac{\gamma-1}{\gamma\beta} = \frac{1-\sqrt{1-\beta^2}}{\beta} \tag{3.19}$$

Mit der Größe $\overline{\beta}$ in Händen können wir das Minkowski-Diagramm in Abbildung 3.13 in eine Form bringen, in der nicht die Achsen von S, sondern die Achsen von $\overline{\mathrm{S}}$ einen rechten Winkel bilden. Gegenüber den Achsen von $\overline{\mathrm{S}}$ sind die Achsen von S und S′ dann jeweils um den Winkel $\overline{\theta}$ eingedreht. Das Ergebnis ist in Abbildung 3.14 zu sehen. Entfernen wir in dem neu konstruierten Diagramm die Achsen von $\overline{\mathrm{S}}$, dann haben wir das gewünschte Ergebnis direkt vor uns: ein Minkowski-Diagramm für die beiden Systeme S und S′ mit einer symmetrischen Anordnung der Koordinatenachsen.

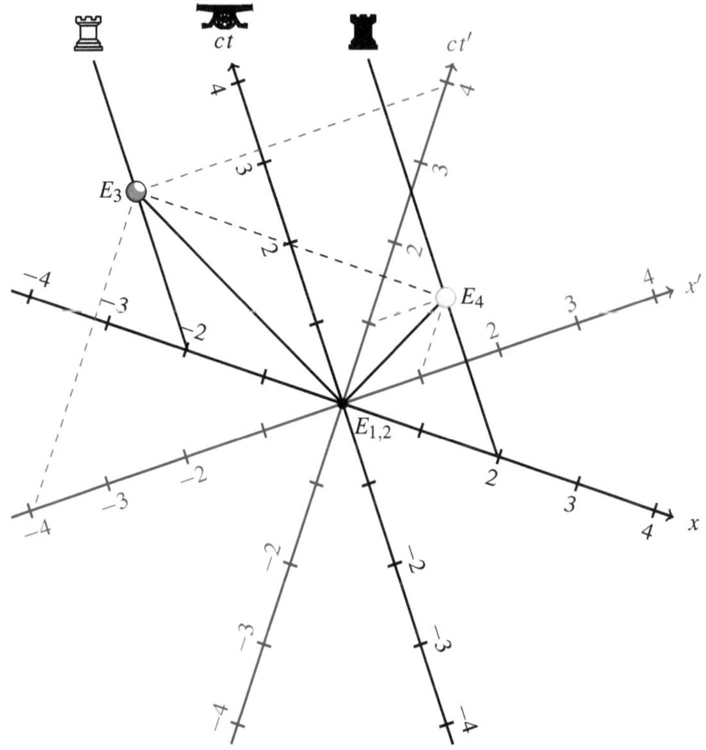

Abbildung 3.15: Beispielszenario 1 (symmetrische Diagrammform)

Dass die symmetrischen Diagramme in der gleichen Weise genutzt werden können wie ihre asymmetrischen Vorgänger, wird in den Abbildungen 3.15 und 3.16 am Beispiel der Szenarien demonstriert, die wir bereits weiter oben für die Erklärung der geometrischen Koordinatentransformation herangezogen haben. Aufgrund der symmetrischen Gestalt der neuen Diagramme müssen wir uns jetzt keine Gedanken mehr darüber machen, ob die Situation aus der Sicht von S oder aus der Sicht von S′ dargestellt ist. Beide Sichtweisen verschmelzen zu einem einzigen Diagramm.

Als Nächstes wollen wir zeigen, dass die symmetrische Anordnung der Koordinatenachsen nicht nur in optischer, sondern auch in mathematischer Hinsicht eine besondere Harmonie aufweist. Für diesen Zweck werfen wir einen Blick auf die in Abbildung 3.14 eingezeichneten Winkel φ und ψ. φ ist der Winkel zwischen den beiden Zeitachsen sowie der Winkel zwischen den beiden Ortsachsen, und ψ ist der Öffnungswinkel zwischen der Zeit- und der Ortsachse von S′.

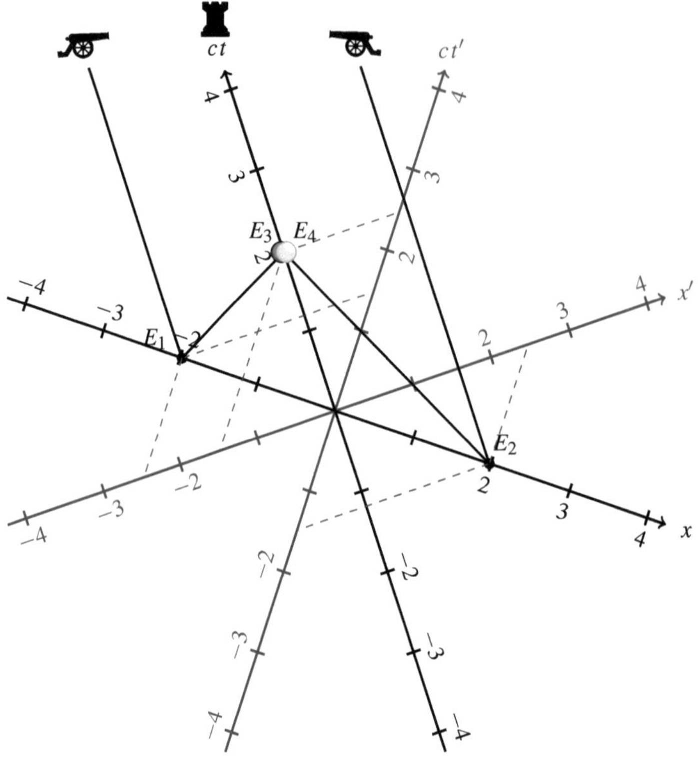

Abbildung 3.16: Beispielszenario 2 (symmetrische Diagrammform)

Wir beginnen mit einer Nebenrechnung, die uns zwei erhellende Erkenntnisse über die Konstante $\overline{\beta}$ liefert. Es ist:

$$\overline{\beta} + \frac{1}{\overline{\beta}} \overset{(3.19)}{=} \frac{\gamma - 1}{\gamma\beta} + \frac{\gamma + 1}{\gamma\beta} = \frac{2\gamma}{\gamma\beta} = \frac{2}{\beta} \tag{3.20}$$

$$\overline{\beta} - \frac{1}{\overline{\beta}} \overset{(3.19)}{=} \frac{\gamma - 1}{\gamma\beta} - \frac{\gamma + 1}{\gamma\beta} = -\frac{2}{\gamma\beta} \tag{3.21}$$

Mithilfe dieser beiden Gleichungen können wir eine interessante Aussage über den Sinus von φ treffen. Da φ doppelt so groß ist wie $\overline{\theta}$, können wir mit der bekannten trigonometrischen Beziehung

$$\sin 2\alpha = \frac{2\tan\alpha}{1 + \tan^2\alpha} \tag{3.22}$$

die folgende Umformung vornehmen:

$$\sin\varphi = \sin 2\overline{\theta} \overset{(3.22)}{=} \frac{2\tan\overline{\theta}}{1+\tan^2\overline{\theta}} \overset{(3.18)}{=} \frac{2\overline{\beta}}{1+\overline{\beta}^2} = \frac{2}{\frac{1}{\overline{\beta}}+\overline{\beta}} \overset{(3.20)}{=} \frac{2}{\frac{2}{\beta}} = \beta \tag{3.23}$$

Für den Kosinus von φ erhalten wir ebenfalls ein elegantes Ergebnis. Mithilfe der trigonometrischen Beziehung

$$\cos 2\alpha = \frac{1-\tan^2\alpha}{1+\tan^2\alpha} \tag{3.24}$$

können wir die folgende Rechnung durchführen:

$$\cos\varphi = \cos 2\overline{\theta} \overset{(3.24)}{=} \frac{1-\tan^2\overline{\theta}}{1+\tan^2\overline{\theta}} \overset{(3.18)}{=} \frac{1-\overline{\beta}^2}{1+\overline{\beta}^2} = \frac{\frac{1}{\overline{\beta}}-\overline{\beta}}{\frac{1}{\overline{\beta}}+\overline{\beta}} \overset{(3.21)\,(3.20)}{=} \frac{\frac{2}{\gamma\beta}}{\frac{2}{\beta}} = \frac{1}{\gamma} \tag{3.25}$$

Kombinieren wir (3.23) mit (3.25), so erhalten wir als dritte Beziehung:

$$\tan\varphi = \frac{\sin\varphi}{\cos\varphi} = \frac{\beta}{\frac{1}{\gamma}} = \beta\gamma \tag{3.26}$$

Die folgende Rechnung zeigt, dass die Größen (3.23), (3.25) und (3.26) auch über den Winkel ψ ausgedrückt werden können. In der genannten Reihenfolge sind sie der Kosinus, der Sinus und der Kotangens von ψ:

$$\cos\psi = \cos(90^\circ - 2\overline{\theta}) = \cos(90^\circ - \varphi) = \sin\varphi = \beta$$

$$\sin\psi = \sin(90^\circ - 2\overline{\theta}) = \sin(90^\circ - \varphi) = \cos\varphi = \frac{1}{\gamma}$$

$$\cot\psi = \frac{\cos\psi}{\sin\psi} = \tan\phi = \beta\gamma$$

Nachfolgend sind die hergeleiteten Winkelbeziehungen zusammengefasst, links für das asymmetrische Minkowski-Diagramm und rechts für die neue symmetrische Variante:

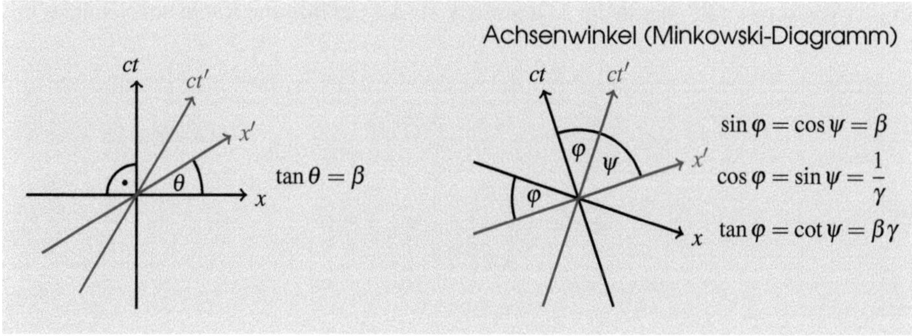

3.5 Raumzeit-Geometrie

Wir haben inzwischen eine gereifte Vorstellung davon, welche Raum- und Zeitkoordinaten zwei gegeneinander bewegte Beobachter einem Ereignis zuordnen. Wir wissen, dass die Koordinatenumrechnung, die in der klassischen Physik mithilfe der Galilei-Transformation geschieht, in der relativistischen Physik so erfolgen muss, dass die Lichtgeschwindigkeit in allen Inertialsystemen dieselbe ist. Die Koordinatentransformation, die dies leistet, ist die Lorentz-Transformation, mit der wir uns zu Beginn dieses Kapitels intensiv auseinandergesetzt haben.

In diesem Abschnitt wollen wir den Zusammenhang zwischen den angesprochenen Transformationen weiter vertiefen. Die angestellten Überlegungen werden uns zu einer Neubewertung von temporalen Begriffen zwingen, die in der klassischen Physik eine aus der Intuition gewonnene, klar umrissene Bedeutung haben. Die Rede ist von der *Vergangenheit*, der *Gegenwart* und der *Zukunft*. Eines ist dabei jetzt schon klar: Da die Gleichzeitigkeit in der Relativitätstheorie ihre absolute Bedeutung verliert, dürfen wir die genannten Begriffe nicht mehr per se in einem absoluten Sinne interpretieren. Nichtsdestotrotz werden wir am Ende des Kapitels zu der erstaunlichen Erkenntnis gelangen, dass diese Begriffe einen Teil ihrer absoluten Bedeutung in die Relativitätstheorie hinüberretten können und die vermeintlich gehegte Angst, die Vergangenheit, die Gegenwart und die Zukunft könnten in Einsteins Welt zu bedeutungslosen Worthülsen degradieren, völlig unbegründet ist.

3.5.1 Der euklidische Raum

Die Galilei-Transformation wird durch die Vorstellung legitimiert, dass jedem Ereignis eine Zeitkoordinate t und eine Ortskoordinate (x,y,z) zugewiesen werden kann und dabei lediglich die Ortskoordinate von gegeneinander bewegten Beobachtern unterschiedlich beurteilt wird. Fassen wir die möglichen Ortskoordinaten als eine Menge auf, so erhalten wir den Vektorraum $\mathbb{R}^3$, der in der Mathematik als der *euklidische Raum* bezeichnet wird:

Euklidischer Raum

$$\mathbb{R}^3 := \left\{ \begin{pmatrix} x \\ y \\ z \end{pmatrix} \;\middle|\; x,y,z \in \mathbb{R} \right\}$$

Für die Überlegungen, die wir in diesem Kapitel anstellen, spielt es eine untergeordnete Rolle, ob wir die Elemente eines Vektorraums als Spaltenvektoren

$$\boldsymbol{u}_1 = \begin{pmatrix} x_1 \\ y_1 \\ z_1 \end{pmatrix}, \boldsymbol{u}_2 = \begin{pmatrix} x_2 \\ y_2 \\ z_2 \end{pmatrix}, \ldots$$

oder als Zeilenvektoren

$$\boldsymbol{u}_1 = (x_1, y_1, z_1),$$
$$\boldsymbol{u}_2 = (x_2, y_2, z_2), \ldots$$

notieren. Im Folgenden werden wir, je nach Bedarf, auf beide Schreibweisen zurückgreifen.

Auf den Vektoren des euklidischen Raums ist über die folgende Berechnungsvorschrift ein *Skalarprodukt* $(\cdot)$ definiert:

Euklidisches Skalarprodukt

$$\boldsymbol{u}_1 \cdot \boldsymbol{u}_2 := x_1 x_2 + y_1 y_2 + z_1 z_2$$

Die Multiplikation eines Vektors mit sich selbst ergibt dann die folgende Größe:

$$\boldsymbol{u} \cdot \boldsymbol{u} = x^2 + y^2 + z^2$$

Über die Vereinbarung

$$\|\boldsymbol{u}\| := \sqrt{\boldsymbol{u} \cdot \boldsymbol{u}} \qquad (3.27)$$

induziert jedes Skalarprodukt eine Abbildung, die in der Mathematik als *Norm* bezeichnet wird. Allgemein wird dieser Begriff für eine Abbildung der Form

$$\|\cdot\| : V \to \mathbb{R}_0^+$$

verwendet, die jedem Element eines Vektorraums V, der über dem Körper der reellen oder der komplexen Zahlen definiert ist, eine nichtnegative reelle Zahl aus der Menge $\mathbb{R}_0^+$ zuordnet und dabei die folgenden drei *Normaxiome* erfüllt:

1. Definitheit ☞ $\|\boldsymbol{u}\| = 0 \Leftrightarrow \boldsymbol{u} = 0$ für alle $\boldsymbol{u} \in V$
2. Absolute Homogenität ☞ $\|a \cdot \boldsymbol{u}\| = |a| \cdot \|\boldsymbol{u}\|$ für alle $\boldsymbol{u} \in V$
3. Subadditivität ☞ $\|\boldsymbol{u}_1 + \boldsymbol{u}_2\| \leq \|\boldsymbol{u}_1\| + \|\boldsymbol{u}_2\|$ für alle $\boldsymbol{u} \in V$

In der Literatur wird die Definitheit einer Norm oftmals in der abgeschwächten Form

$$\|\boldsymbol{u}\| = 0 \Rightarrow \boldsymbol{u} = 0$$

angegeben. Beide Formulierungen sind äquivalent, da sich die Richtung von rechts nach links sofort aus der Forderung der Homogenität ergibt.

Setzen wir in (3.27) das euklidische Skalarprodukt ein, so erhalten wir die *euklidische Norm*, die gewöhnlich mit dem Symbol $|\cdot|$ abgekürzt wird:

Euklidische Norm

$$|\boldsymbol{u}| := \sqrt{x^2 + y^2 + z^2}$$

Im euklidischen Raum hat diese über das Skalarprodukt induzierte Norm eine klare geometrische Bedeutung: $|\boldsymbol{u}|$ ist die Länge des Vektors $\boldsymbol{u}$.

Vom Begriff der Norm ist es nur ein kleiner Schritt zum Begriff der *Metrik*, der in der Mathematik eine Abbildung der Form

$$d(\boldsymbol{u}_1, \boldsymbol{u}_2) : V \times V \to \mathbb{R}_0^+ \tag{3.28}$$

beschreibt, die den folgenden drei *Metrikaxiomen* genügt:

1. Definitheit ☞ $d(\boldsymbol{u}_1, \boldsymbol{u}_2) = 0 \Leftrightarrow \boldsymbol{u}_1 = \boldsymbol{u}_2$ für alle $\boldsymbol{u}_1, \boldsymbol{u}_2 \in V$
2. Symmetrie ☞ $d(\boldsymbol{u}_1, \boldsymbol{u}_2) = d(\boldsymbol{u}_2, \boldsymbol{u}_1)$ für alle $\boldsymbol{u}_1, \boldsymbol{u}_2 \in V$
3. Dreiecksungleichung ☞ $d(\boldsymbol{u}_1, \boldsymbol{u}_2) \leq d(\boldsymbol{u}_1, \boldsymbol{u}_3) + d(\boldsymbol{u}_3, \boldsymbol{u}_2)$ für alle $\boldsymbol{u}_1, \boldsymbol{u}_2, \boldsymbol{u}_3 \in V$

Mit jeder Norm ist immer auch eine Metrik gegeben. Sie entsteht, indem zwei Vektoren $\boldsymbol{u}_1$ und $\boldsymbol{u}_2$ auf die Norm des Differenzvektors $\boldsymbol{u}_1 - \boldsymbol{u}_2$ abgebildet werden:

$$d(\boldsymbol{u}_1, \boldsymbol{u}_2) := \|\boldsymbol{u}_1 - \boldsymbol{u}_2\| \tag{3.29}$$

Ersetzen wir $\|\cdot\|$ in (3.29) durch die euklidische Norm $|\cdot|$, so entsteht die bekannte *euklidische Metrik*:

Euklidische Metrik

$$d(\boldsymbol{u}_1, \boldsymbol{u}_2) := \sqrt{(x_2 - x_1)^2 + (y_2 - y_1)^2 + (z_2 - z_1)^2}$$

Genau wie die euklidische Norm lässt sich auch die euklidische Metrik geometrisch deuten: $d(\boldsymbol{u}_1, \boldsymbol{u}_2)$ ist die Länge des Verbindungsvektors zwischen $\boldsymbol{u}_1$ und $\boldsymbol{u}_2$, oder, was dasselbe ist: der räumliche Abstand zwischen den durch $\boldsymbol{u}_1$ und $\boldsymbol{u}_2$ beschriebenen Raumpunkten.

Die euklidische Metrik besitzt die Eigenschaft, Galilei-invariant zu sein. Das bedeutet, dass zwei Beobachter, die sich mit der Geschwindigkeit $\boldsymbol{v} = (v_x, v_y, v_z)$ relativ zueinander bewegen, zu jedem Zeitpunkt t den gleichen räumlichen Abstand zwischen den Ortspunkten $\boldsymbol{u}_1 = (x_1, y_1, z_1)$ und $\boldsymbol{u}_2 = (x_2, y_2, z_2)$ messen. Dass dies tatsächlich der Fall ist, können wir über die Transformationsgleichungen (2.3) bis (2.5) von Seite 25 in wenigen Zeilen nachrechnen:

$$\begin{aligned} d(\boldsymbol{u}'_1, \boldsymbol{u}'_2) &= \sqrt{(x'_2 - x'_1)^2 + (y'_2 - y'_1)^2 + (z'_2 - z'_1)^2} \\ &= \sqrt{(x_2 - v_x t - x_1 + v_x t)^2 + (y'_2 - y'_1)^2 + (z'_2 - z'_1)^2} \\ &= \sqrt{(x_2 - x_1)^2 + (y_2 - v_y t - y_1 + v_y t)^2 + (z'_2 - z'_1)^2} \\ &= \sqrt{(x_2 - x_1)^2 + (y_2 - y_1)^2 + (z_2 - v_z t - z_1 + v_z t)^2} \\ &= \sqrt{(x_2 - x_1)^2 + (y_2 - y_1)^2 + (z_2 - z_1)^2} \\ &= d(\boldsymbol{u}_1, \boldsymbol{u}_2) \end{aligned}$$

Hieraus folgt sofort, dass auch die Größe

Quadrierte euklidische Metrik

$$d^2(\boldsymbol{u}_1, \boldsymbol{u}_2) := (x_2 - x_1)^2 + (y_2 - y_1)^2 + (z_2 - z_1)^2 \tag{3.30}$$

Galilei-invariant ist. Sie ist das Quadrat des euklidischen Abstands zwischen den Vektoren $\boldsymbol{u}_1$ und $\boldsymbol{u}_2$.

3.5.2 Der Minkowski-Raum

Ersetzen wir die Galilei-Transformation durch die Lorentz-Transformation, so geht die eben festgestellte Invarianz verloren. Die Ortskoordinaten sind über die Lorentz-Transformation so eng mit den Zeitkoordinaten verwoben, dass wir nicht darauf hoffen können, innerhalb des euklidischen Raums, der ausschließlich die Ortskoordinaten umfasst, eine Lorentz-invariante Eigenschaft zu finden.

Zu den Ersten, die die Einheit von Raum und Zeit in all ihrer Tiefe durchblickten, gehörte Hermann Minkowski, dessen Name schon weiter oben, auf Seite 164, gefallen war. In einem historisch bedeutenden Vortrag, den er im September 1908 auf der 80. Versammlung der Deutschen Naturforscher und Ärzte in Köln hielt, legte er überzeugend dar, dass die einst von Henri Poincaré geäußerte Idee, die drei Ortskoordinaten mit der Zeitkoordinate zu einem Vektor mit vier Komponenten zu verschmelzen, die richtige war. In der speziellen Relativitätstheorie haben wir es also nicht mehr länger mit einer dreidimensionalen euklidischen Welt zu tun, in der die Zeitkoordinate im Sinne einer absoluten Größe separat existiert, sondern mit einer vierdimensionalen Welt, in der die Zeitkoordinate und die drei Raumkoordinaten eine untrennbare Einheit bilden. Diese vierdimensionale Welt ist der *Minkowski-Raum* $\mathbb{M}^4$, den wir an dieser Stelle formal einführen wollen:

Minkowski-Raum

$$\mathbb{M}^4 := \left\{ \begin{pmatrix} ct \\ x \\ y \\ z \end{pmatrix} \middle| \; t,x,y,z \in \mathbb{R} \right\}$$

Ebenfalls von Poincaré übernahm Minkowski die Idee, die Zeitkoordinate in der Form ct darzustellen, d. h., die Zeit in einer Längeneinheit zu messen. Durch die Multiplikation mit der Lichtgeschwindigkeit stellte Poincaré die Zeitspanne von einer Sekunde als die Strecke dar, die das Licht in einer Sekunde zurücklegt. Wir wissen bereits, dass die Formeln der Lorentz-Transformation durch den Einheitenwechsel erheblich an Strahlkraft gewinnen. Da jetzt alle Komponenten des Vierervektors Längen sind, gehen die Transformationsgleichungen in ihre aparte symmetrische Form über, die wir auf Seite 151 hergeleitet haben.

Ab jetzt bezeichnen wir einen Vierervektor der eben besprochenen Form als ein Element der *Raumzeit.* Die Elemente der Raumzeit hängen über die Lorentz-Transformation zusammen, und nach all dem, was wir weiter oben über den euklidischen Raum herausgearbeitet haben, drängt sich an dieser Stelle eine natürliche Frage auf: Können wir eine geometrische Größe innerhalb der Raumzeit finden, die sich als Lorentz-invariant erweist, genau so wie sich die Größe (3.30) im euklidischen Raum als Galilei-invariant erwiesen hat?

Die Antwort lautet Ja, und damit ist die Zeit gekommen, eine für die spezielle Relativitätstheorie besonders wichtige Größe einzuführen:

Quadrierte Minkowski-Metrik

$$s^2(\boldsymbol{u}_1,\boldsymbol{u}_2) := (ct_2 - ct_1)^2 - (x_2 - x_1)^2 - (y_2 - y_1)^2 - (z_2 - z_1)^2 \qquad (3.31)$$

Bevor wir die tiefere Bedeutung der quadrierten Minkowski-Metrik offenlegen, wollen wir uns durch Nachrechnen von deren Invarianz überzeugen. Um die Rechnung einfach zu halten, beschränken wir uns erneut auf den Fall, dass sich die Bezugssysteme S′ und S nur entlang der x-Achse gegeneinander bewegen und die restlichen Raumkoordinaten y_1, y_2, z_1, z_2 gleich 0 sind. In diesem Fall nimmt (3.31) die folgende einfachere Form an:

$$s^2(\boldsymbol{u}_1, \boldsymbol{u}_2) = (ct_2 - ct_1)^2 - (x_2 - x_1)^2$$

Die Anwendung der Lorentz-Transformation führt zu dem folgenden Ergebnis:

$$\begin{aligned}
s^2(\boldsymbol{u}'_1, \boldsymbol{u}'_2) =& (ct'_2 - ct'_1)^2 - (x'_2 - x'_1)^2 \\
=& (\gamma(ct_2 - \beta x_2) - \gamma(ct_1 - \beta x_1))^2 - (\gamma(x_2 - \beta ct_2) - \gamma(x_1 - \beta ct_1))^2 \\
=& \gamma^2 \left[((ct_2 - ct_1) - \beta(x_2 - x_1))^2 - ((x_2 - x_1) - \beta(ct_2 - ct_1))^2\right] \\
=& \gamma^2 \left[(ct_2 - ct_1)^2 - 2\beta(ct_2 - ct_1)(x_2 - x_1) + \beta^2(x_2 - x_1)^2\right. \\
& \left. - (x_2 - x_1)^2 + 2\beta(x_2 - x_1)(ct_2 - ct_1) - \beta^2(ct_2 - ct_1)^2\right] \\
=& \gamma^2 \left[(ct_2 - ct_1)^2 + \beta^2(x_2 - x_1)^2 - (x_2 - x_1)^2 - \beta^2(ct_2 - ct_1)^2\right] \\
=& \gamma^2(1 - \beta^2) \left[(ct_2 - ct_1)^2 - (x_2 - x_1)^2\right] \\
=& (ct_2 - ct_1)^2 - (x_2 - x_1)^2 \\
=& s^2(\boldsymbol{u}_1, \boldsymbol{u}_2)
\end{aligned}$$

Vielleicht haben Sie sich gefragt, warum wir die Minkowski-Metrik bisher ausschließlich in ihrer quadrierten Form betrachtet haben. Der Grund ist leicht einzusehen. Anders als die euklidische Metrik kann die Größe (3.31) negativ werden, und in diesem Fall wäre der Ausdruck

$$s(\boldsymbol{u}_1, \boldsymbol{u}_2) := \sqrt{s^2(\boldsymbol{u}_1, \boldsymbol{u}_2)}$$

undefiniert, zumindest dann, wenn wir die komplexen Zahlen aus unserer Überlegung heraushalten wollen. Damit ist klar, dass die Minkowski-Metrik keine Metrik im mathematisch präzisen Sinne ist: Sie ist weder eine Abbildung mit der Signatur (3.28), noch ist sie definit. Um auf diesen Umstand explizit hinzuweisen, wird die Minkowski-Metrik in der Literatur manchmal als eine *uneigentliche Metrik* bezeichnet.

Dass die Größe (3.31) überhaupt als Metrik bezeichnet wird, geht auf ihre Eigenschaft zurück, wie die euklidische Metrik eine Abstandsfunktion zu repräsentieren. Während die euklidische Metrik die räumliche Distanz zwischen zwei Ortskoordinaten beschreibt, weist die Minkowski-Metrik zwei Ereignissen des Minkowski-Raums einen Wert zu, den wir als eine Lorentz-invariante Distanz in der Raumzeit interpretieren können.

Ganz ähnlich verhält es sich mit der sogenannten *Minkowski-Norm*, die in ihrer quadrierten Form folgendermaßen lautet:

Quadrierte Minkowski-Norm

$$\|\boldsymbol{u}\|_M^2 := c^2t^2 - x^2 - y^2 - z^2 \tag{3.32}$$

Auch hier müssen wir formal von einer *uneigentlichen Norm* sprechen, da die Normaxiome, die wir auf Seite 177 formuliert haben, nicht erfüllt sind. Genau wie die quadrierte Minkowski-Metrik bildet auch die quadrierte Minkowski-Norm bestimmte Vektoren in den negativen Zahlenbereich ab und ist nicht definit.

Mit ihren euklidischen Pendants teilen die Minkowski-Norm und die Minkowsi-Metrik dennoch eine wichtige Eigenschaft. Sie hängen über die Beziehung

$$d_M(\boldsymbol{u}_1, \boldsymbol{u}_2)^2 = \|\boldsymbol{u}_1 - \boldsymbol{u}_2\|_M^2$$

zusammen, die wir in Worten so ausdrücken können: Der Raumzeit-Abstand zwischen zwei Vektoren $\boldsymbol{u}_1$ und $\boldsymbol{u}_2$ ist die Raumzeit-Länge des Differenzvektors $\boldsymbol{u}_1 - \boldsymbol{u}_2$.

Mathematisch erweist sich die Minkowski-Norm als ein genauso interessantes Konstrukt wie die Minkowski-Metrik. Sie ist nämlich ebenfalls Lorentz-invariant, wie die folgende Rechnung für den vereinfachten Fall belegt, dass die Raumkoordinaten y und z beide gleich 0 sind:

$$\begin{aligned}
\|\boldsymbol{u}'\|_M^2 &= (ct')^2 - (x')^2 \\
&= (\gamma ct - \gamma\beta x)^2 - (\gamma x - \gamma\beta ct)^2 \\
&= \gamma^2 \left[c^2t^2 - 2ct\beta x + \beta^2x^2 - x^2 + 2x\beta ct - \beta^2c^2t^2\right] \\
&= \gamma^2 \left[c^2t^2(1-\beta^2) - x^2(1-\beta^2)\right] \\
&= \gamma^2(1-\beta^2)\left[c^2t^2 - x^2\right] \\
&= c^2t^2 - x^2 \\
&= \|\boldsymbol{u}\|_M^2
\end{aligned}$$

Im euklidischen Raum gilt eine entsprechende Beziehung nicht. Dort ist lediglich die euklidische Metrik Galilei-invariant, aber nicht die euklidische Norm. Transformieren wir eine Ortskoordinate mithilfe der galileischen Gleichungen, so erhalten wir einen Ausdruck, in dem die Variable v vorkommt, und das bedeutet, dass das Ergebnis mit der Geschwindigkeit variiert, mit der sich die betrachteten Bezugssysteme S und S′ gegeneinander bewegen. Im Minkowski-Raum ist die Situation eine andere. Dort sind die drei Raumkoordinaten so eng mit der Zeitkoordinate verwoben, dass die Größe (3.32) immer den gleichen Wert annimmt, unabhängig von der Geschwindigkeit v.

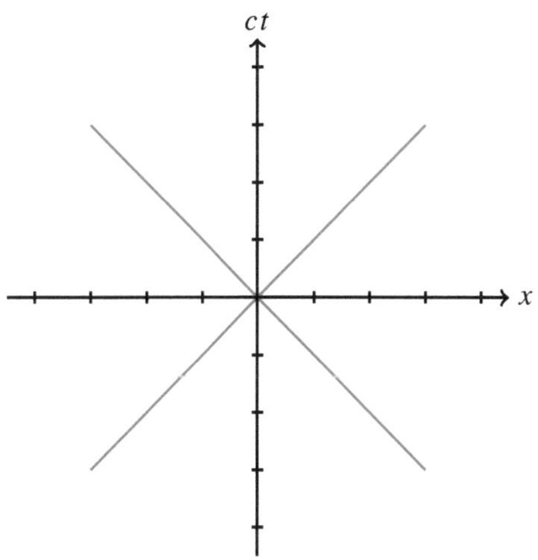

Abbildung 3.17

Lösungen der Gleichung $c^2t^2 - x^2 = 0$

Damit haben wir ein erstaunliches Ergebnis erzielt. Sah es zu Beginn so aus, als zwinge uns das Relativitätsprinzip zu einer Abkehr von allem Absoluten, so hat uns die Lorentz-Transformation gleich mehrere absolute Größen in die Hände gespielt. Während im euklidischen Raum nur die Metrik transformationsinvariant ist, sind es im Minkowski-Raum sowohl die Metrik als auch die Norm.

3.5.3 Die relativistische Kausalstruktur

In diesem Abschnitt wollen wir uns genauer mit den Lösungen der Gleichung

$$s^2 = c^2t^2 - x^2$$

befassen und zu diesem Zweck mehrere Werte für s^2 fest vorgeben. Ist $s^2 = 0$, so können wir die Gleichung auf die Form

$$x^2 = c^2t^2$$

reduzieren und folgendermaßen lösen:

$$x = \pm ct$$

In diesem Fall beschreibt die Gleichung die Weltlinien zweier Lichtstrahlen, die sich entlang der x-Achse in beide Richtungen ausbreiten (Abbildung 3.17).

In Abbildung 3.18 sind die Lösungen für die Fälle $s^2 = \pm 1$, $s^2 = \pm 2$ und $s^2 = \pm 3$ grafisch dargestellt. Für jeden dieser Werte erhalten wir zwei gleichseitige Hyperbeläste mit den beiden Hauptdiagonalen als Asymptoten.

In [5] werden die Hyperbeln als *Eichkurven* bezeichnet und Abbildung 3.19 zeigt, warum. Aufgrund der Lorentz-Invarianz muss der Hyperbelast, der die x-Achse oder die ct-Achse

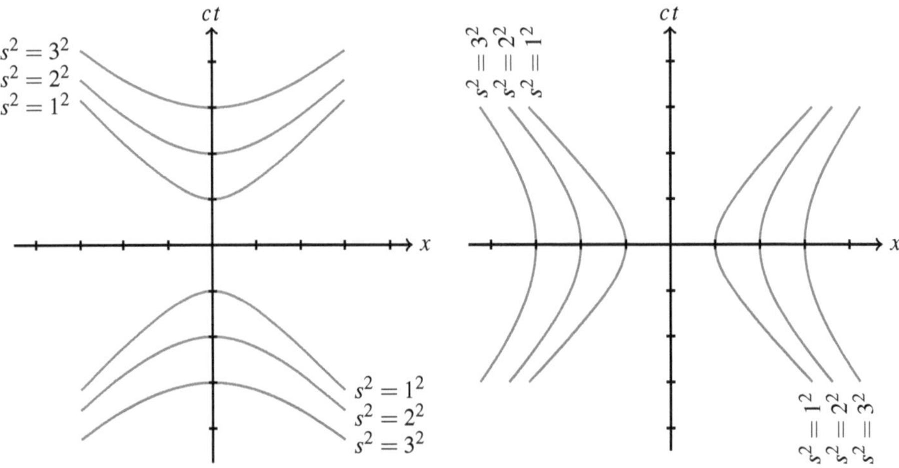

Abbildung 3.18: Lösungen der Gleichungen $c^2t^2 - x^2 = s^2$ (links) und $c^2t^2 - x^2 = -s^2$ (rechts)

von S beispielsweise im Punkt 1 schneidet, auch die x'-Achse bzw. die ct'-Achse eines Systems S′ im Punkt 1 schneiden, und zwar unabhängig davon, wie schnell sich S′ und S relativ zueinander bewegen. Das Gleiche gilt für die Äste, die die x-Achse oder die ct-Achse von S an der Stelle 2, 3 usw. schneiden, so dass wir die Hyperbeln dazu verwenden können, die Einheitslänge der eingedrehten Koordinatenachsen zu bestimmen. Mit anderen Worten: Sie eignen sich dazu, die Koordinatenachsen zu *eichen*.

Im Folgenden werden wir von konkreten Werten abstrahieren und nur noch das Vorzeichen von s^2 beachten. Ein zweiter Blick auf Abbildung 3.18 zeigt dann das Folgende: Ist s^2 positiv, so erhalten wir zwei Hyperbeläste, von denen sich einer nach oben und der andere nach unten erstreckt. Ist das Vorzeichen negativ, so öffnen sich die Hyperbeläste nach links bzw. rechts. Insgesamt führt dies zu einer Aufteilung der zweidimensionalen Raumzeit-Ebene, wie sie in Abbildung 3.20 skizziert ist.

Innerhalb dieser Raumzeit-Ebene betrachten wir jetzt zwei Ereignisse E_1 und E_2, von denen das erste im Ursprung und das zweite an einer beliebigen anderen Stelle stattfindet. Es gelte also:

$$E_1 = (0,0)$$
$$E_2 = (t,x)$$

Nach dem bisher Gesagten können wir für den Raumzeit-Abstand zwischen E_1 und E_2 die folgenden drei Fälle unterscheiden:

- $s^2 = 0$

  Der Raumzeit-Abstand zwischen E_1 und E_2 verschwindet genau dann, wenn sich das Ereignis E_2 auf einer der beiden Hauptdiagonalen ereignet. Da die Hauptdiagonalen

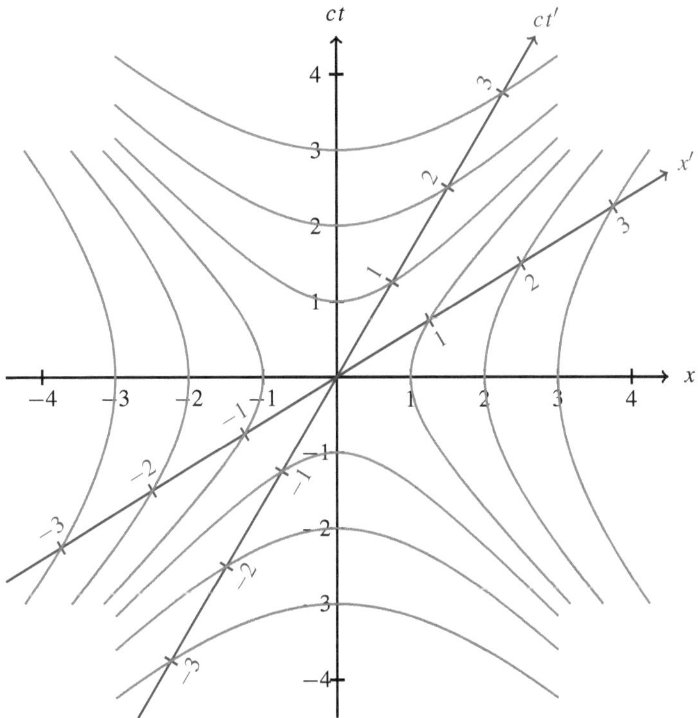

Abbildung 3.19: Invarianzlinien als Eichkurven

die Weltlinien von im Ursprung ausgesandten Lichtstrahlen sind, werden E_1 und E_2 als ein *lichtartiges Ereignispaar* und der Raum-Zeit-Vektor, der E_1 und E_2 verbindet, als ein *lichtartiger Vektor* bezeichnet.

- $s^2 > 0$

  In diesem Fall befindet sich das Ereignis E_2 in einem der keilförmigen Bereiche, die sich in Abbildung 3.20 nach oben bzw. nach unten erstrecken. Der obere Bereich wird als *Vorkegel* bezeichnet und der untere Bereich als *Nachkegel*. Aus einem Grund, der weiter unten ersichtlich wird, werden E_1 und E_2 ein *zeitartiges Ereignispaar* genannt und der Raum-Zeit-Vektor, der E_1 und E_2 verbindet, ein *zeitartiger Vektor*.

- $s^2 < 0$

  In diesem Fall befindet sich das Ereignis E_2 in einem der keilförmigen Bereiche, die sich in Abbildung 3.20 nach links bzw. nach rechts erstrecken. Analog zu dem gerade besprochenen Fall werden E_1 und E_2 als ein *raumartiges Ereignispaar* und der Raum-Zeit-Vektor, der E_1 und E_2 verbindet, als ein *raumartiger Vektor* bezeichnet.

Abbildung 3.21 fasst die drei geschilderten Fälle grafisch zusammen.

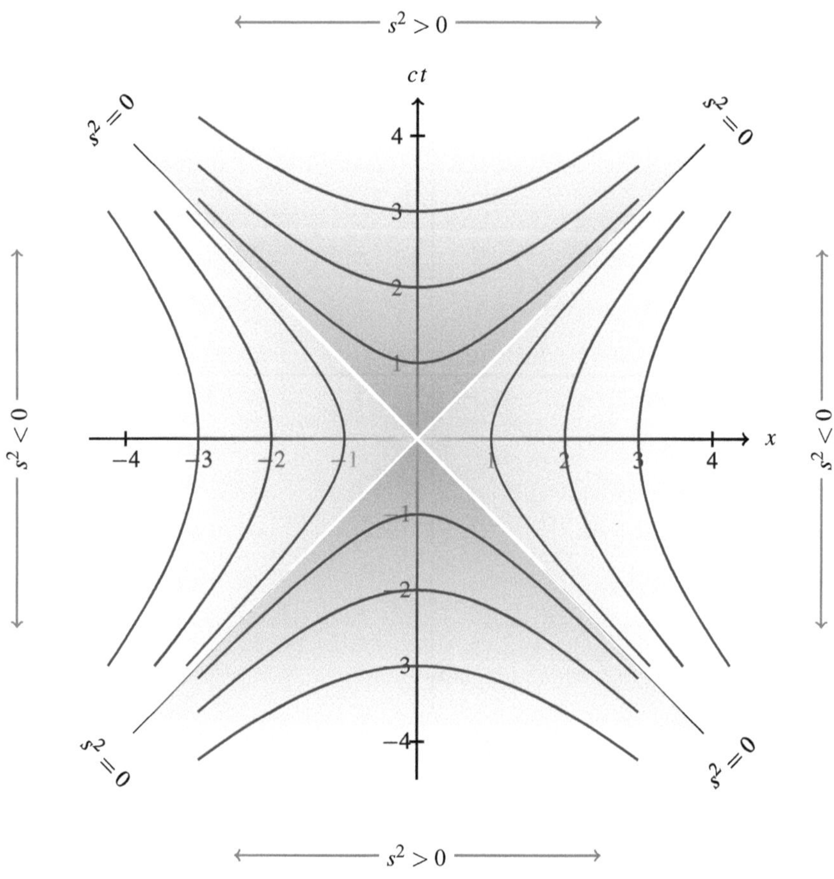

Abbildung 3.20: Separation der Raumzeit-Ebene mithilfe der Minkowski-Metrik

Zwischen zeitartigen und raumartigen Ereignispaaren bestehen fundamentale Unterschiede, die wir uns an dieser Stelle genauer ansehen wollen. Wir beginnen mit der Betrachtung eines zeitartigen Ereignispaares, also dem Fall, dass sich ein Ereignis E_2 im Vorkegel oder im Nachkegel eines anderen Ereignisses E_1 ereignet. Um die Überlegung einfach zu halten, gehen wir weiterhin davon aus, dass E_1 im Ursprung stattfindet. Beide Ereignisse sind in der Raumzeit-Ebene dann so angeordnet, dass ein Bezugssystem S′ existiert, in dem sich E_1 und E_2 am gleichen Ort ereignen. Um dieses Bezugssystem zu finden, müssen wir lediglich die Zeitachse von S′ so eindrehen, dass sie durch E_2 verläuft. Da E_1 im Ursprung lokalisiert ist, ereignen sich dann beide Ereignisse auf der Zeitachse und finden daher ortsgleich statt. Ein Bezugssystem zu finden, in dem sich E_1 und E_2 zeitgleich ereignen, ist dagegen unmöglich. Hierfür müssten wir die Ortsachse von S′ so neigen, dass sie E_2 schneidet. Aber genau dies kann nicht gelingen, da die Ortsachse von S′ in

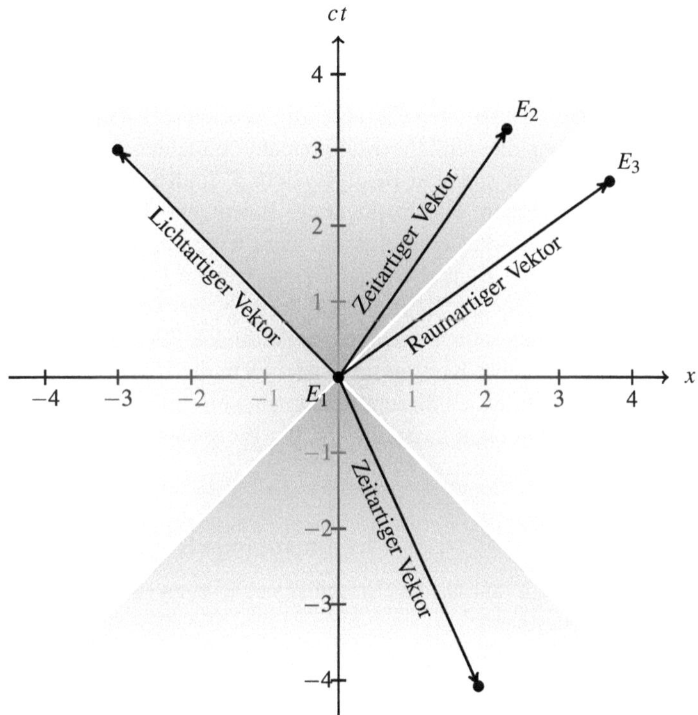

Abbildung 3.21: Zeitartige und raumartige Vektoren

einem Minkowski-Diagramm immer unterhalb der Hauptdiagonalen verläuft. Von den Ereignissen E_1 und E_2 findet also stets eines der beiden früher und das andere später statt, und zwar unabhängig davon, in welchem Bezugssystem wir sie betrachten. Dies ist der Grund, warum wir diese Ereignisse als zeitartige Ereignispaare bezeichnet haben.

Zeitartige Ereignispaare können in einer kausalen Beziehung zueinander stehen. Um dies einzusehen, nehmen wir an, E_1 repräsentiere das Aussenden eines Lichtsignals. Befindet sich das Ereignis E_2, das zum Zeitpunkt t_2 am Ort x_2 stattfindet, im Nachkegel von E_1, so ist der Lichtstrahl schnell genug, um vor dem Eintritt von E_2 den Ort x_2 zu erreichen. Das Eintreffen des Lichtstrahls hätte E_2 auslösen und auf diese Weise einen kausalen Zusammenhang zwischen den Ereignissen herstellen können. Es ist daher gerechtfertigt, das Ereignis E_2 zur *Zukunft* von E_1 zu zählen. Befindet sich E_2 im Vorkegel von E_1, so sind die Rollen vertauscht. In diesem Fall könnte E_2 ursächlich für das Eintreten von E_1 verantwortlich sein, und es ist legitim, das Ereignis E_2 in diesem Fall zur *Vergangenheit* von E_1 zu zählen.

Wir wollen nun eine ähnliche Überlegung für zwei Ereignisse anstellen, die ein raumartiges Ereignispaar bilden. In Abbildung 3.21 sind E_1 und E_3 ein solches Paar. Zunächst halten wir fest, dass es für diese Ereignisse kein Bezugssystem S′ geben kann, in dem E_1 und E_3 am gleichen Ort stattfinden. Mit anderen Worten: Die Ereignisse sind in jedem Bezugssystem räumlich voneinander getrennt, und genau dies ist der Grund, warum wir ein derartiges Ereignispaar weiter oben als raumartig bezeichnet haben. Anders stellt sich die Situation dar, wenn wir die zeitliche Komponente betrachten, denn für ein raumartiges Ereignispaar können wir stets ein Bezugssystem S′ finden, in dem sich die beiden Ereignisse gleichzeitig ereignen. Und mehr noch: Indem wir die Ortsachse ein wenig schwächer oder ein wenig stärker eindrehen, können wir zwei weitere Bezugssysteme konstruieren, in denen einmal E_1 und einmal E_3 das frühere Ereignis ist. Dies hat einschneidende Konsequenzen für die Kausalität. Wäre beispielsweise E_1 die Ursache von E_3, so gäbe es einen Beobachter, für den E_3 vor E_1 stattfindet. Für einen solchen Beobachter wäre das *Kausalprinzip* außer Kraft gesetzt, nach dem die Ursache der Wirkung stets vorausgeht. Wir sind gut beraten, an diesem fundamentalen Logikgrundsatz festzuhalten, und müssen daher die Möglichkeit ausschließen, die Ereignisse E_1 und E_3 könnten sich gegenseitig beeinflussen. Mit anderen Worten:

Raumartige Ereignisse und Kausalität

Bilden zwei Ereignisse ein raumartiges Ereignispaar, so kann keine kausale Beziehung zwischen ihnen bestehen.

Damit haben wir ein wichtiges Ergebnis erreicht. Die in Abbildung 3.21 eingezeichneten Lichtkegel entpuppen sich als die scharfen Grenzen der Kausalität. Begeben wir uns gedanklich in den Ursprung der Raumzeit-Ebene, so sind alle Ereignisse, die außerhalb dieser Kegel stattfinden, kausal von uns entkoppelt; in der vierdimensionalen Raumzeit finden sie in einer Region statt, die weder zu unserer Vergangenheit noch zu unserer Zukunft gehört. Anders als in der klassischen Anschauung von Raum und Zeit, in der alle Ereignisse in vergangene und zukünftige aufgeteilt werden können, haben wir es in der relativistischen Raumzeit offenbar mit einer dritten Region zu tun, die sich einer solchen Kategorisierung entzieht. Im Folgenden wird diese Region von uns mit einem Begriff belegt, der auch in anderen Büchern gerne verwendet wird. Wir nennen sie das *Anderswo* (Abbildung 3.22).

Aus dem Gesagten folgt gleichermaßen, dass sich kein mit der gewöhnlichen Materie interagierendes Objekt schneller als das Licht bewegen kann. Gäbe es ein solches Objekt, so könnten wir zwischen zwei raumartigen Ereignissen auf einfache Weise einen kausalen Zusammenhang herstellen. Sind die Ereignisse E_1 und E_3 beispielsweise so angeordnet, wie sie in Abbildung 3.21 eingezeichnet sind, so könnten E_1 und E_3 für die Emission bzw. den Empfang eines Teilchens stehen, das sich mit Überlichtgeschwindigkeit bewegt. Wäre ein solches Teilchen, ein sogenanntes *Tachyon*, in der Lage, mit der gewöhnlichen Materie zu interagieren, so könnten wir als Folge des Empfangs beispielsweise eine Explosion herbeiführen. Auf diese Weise entstünde ein kausaler Zusammenhang zwischen zwei raumartigen Ereignissen, den es nach dem oben Gesagten nicht geben kann. Damit

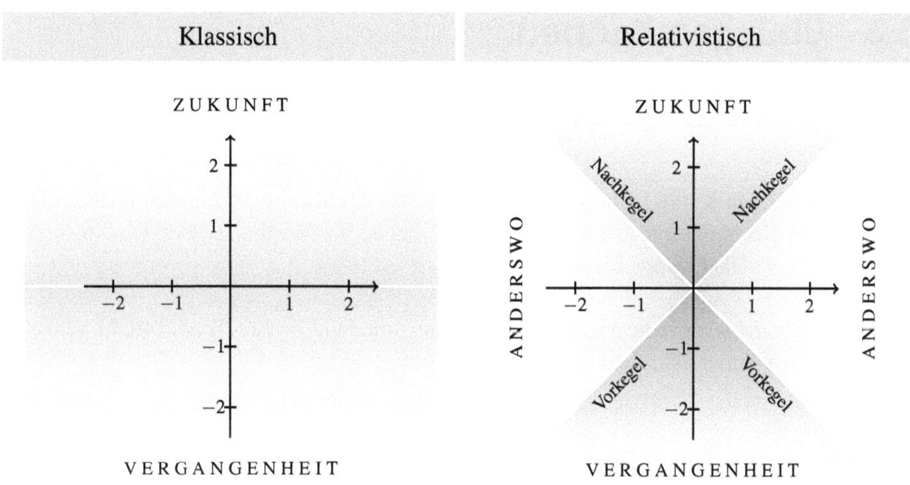

Abbildung 3.22: Klassische und relativistische Kausalstruktur

haben wir ein erstes handfestes Indiz dafür erarbeitet, dass die Lichtgeschwindigkeit weit mehr ist als die Ausbreitungsgeschwindigkeit elektromagnetischer Wellen. Sie verkörpert eine Grenzgeschwindigkeit der Natur, die nicht überschritten werden kann:

Lichtgeschwindigkeit als obere Grenze

Unter der Einhaltung des Kausalprinzips kann die Lichtgeschwindigkeit nicht überschritten werden.

3.6 Übungsaufgaben

Aufgabe 3.1

Im Übungsteil von Kapitel 2 haben Sie gezeigt, dass die Menge der Galilei-Transformationen mit der Komposition ‚$\circ$', d. h. der Hintereinanderausführung zweier Transformationen, eine Abel'sche Gruppe bildet.

a) Zeigen Sie, dass auch die Menge der eindimensionalen Lorentz-Transformationen eine Abel'sche Gruppe ist.

   Lösungshinweis: Verifizieren Sie in einer Nebenrechnung zunächst die folgende Beziehung:

$$\sqrt{1-\beta^2}\sqrt{1-\beta'^2} = (1+\beta\beta')\sqrt{1-\beta_u^2} \quad \text{mit} \quad \beta_u = \frac{\beta+\beta'}{1+\beta\beta'}$$

b) Bildet die Menge der mehrdimensionalen Lorentz-Transformationen ebenfalls eine Gruppe?

c) Ist Ihnen aufgefallen, dass Sie als Nebenprodukt Ihrer Lösung eine Formel bewiesen haben, mit der sich zwei relativistische Geschwindigkeiten addieren lassen? Worin unterscheidet sich dieses *relativistische Additionstheorem* von seiner klassischen Variante auf Seite 18?

Aufgabe 3.2

Auf Seite 145 haben wir in Abbildung 3.4 demonstriert, wie sich die Uhren eines Bezugskörpers S mithilfe einer sich kugelförmig ausbreitenden Lichtwelle synchronisieren lassen. Da sich eine solche Kugelwelle in jedem Inertialsystem in alle Richtungen mit der gleichen Geschwindigkeit ausbreitet, kann ein Beobachter in S′, der sich relativ zu S in einer gleichförmigen Translationsbewegung befindet, die Uhren seines Bezugskörpers mit der gleichen Welle synchronisieren. Wir wollen untersuchen, wie sich eine solche Synchronisation aus der Sicht von S darstellt:

a) Anders als die Uhren von S, scheinen die Uhren von S′ nicht synchron zu laufen. Erklären Sie, warum dies zu erwarten war.

b) Wir greifen exemplarisch zwei Uhren aus der letzten Momentaufnahme heraus und untersuchen deren Raum-Zeit-Koordinaten:

$ct' = 2$
$x' = 2$

$ct = 4$
$x = 4$

Zeigen Sie, dass die Lorentz-Transformation die Raum-Zeit-Koordinate (ct, x) auf die Raum-Zeit-Koordinate (ct', x') abbildet.

c) Gerade haben Sie bewiesen, dass die Lorentz-Transformation die Raum-Zeit-Koordinaten aufeinander abbildet, und dennoch befinden sich die Uhren in unserer Grafik versetzt nebeneinander. Was könnte die Ursache für diese Unstimmigkeit sein?

Aufgabe 3.3

Die folgenden beiden Momentaufnahmen sind Abbildung 1.3 entnommen:

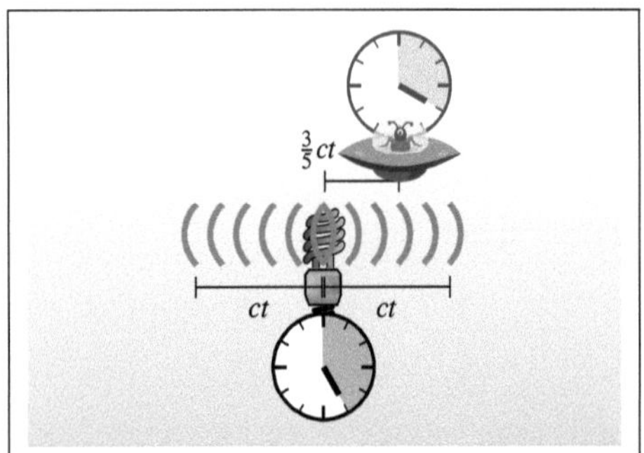

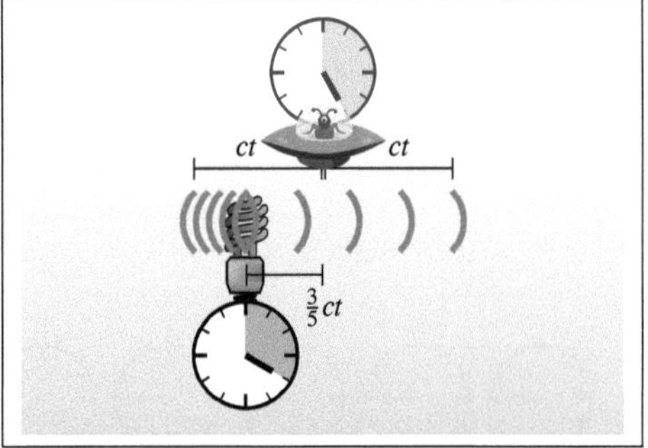

In Kapitel 1 haben wir dieses Beispielszenario verwendet, um die Auswirkungen des zweiten Einstein'schen Axioms, die Konstanz der Lichtgeschwindigkeit, zu demonstrieren. In dieser Aufgabe gehen wir der Frage nach, ob das rechte Bild korrekt gezeichnet ist. Hierfür werfen wir einen Blick auf das Minkowski-Diagramm in Abbildung 3.23, das die gleichen Wellenberge zeigt, die weiter oben, im linken Bild, zu sehen sind. Da der Zeiger der ruhenden Uhr in der Grafik auf 5 Uhr steht, befinden sich die Wellenberge allesamt auf der Gleichzeitigkeitslinie $t = 5$.

a) Wir betrachten jetzt die rechte Momentaufnahme, die das Szenario aus der Sicht des bewegten Beobachters schildert. In der untenstehenden Grafik sehen Sie, dass der UFO-Pilot damit begonnen hat, jeder Lichtwelle eine Raum-Zeit-Koordinate zuzuordnen. Führen Sie seine Arbeit durch das Ausmessen mit einem Lineal zu Ende.

$(t'_0, x'_0) = (5, -5)$
$(t'_1, x'_1) = (\quad, \quad)$
$(t'_2, x'_2) = (\quad, \quad)$
$(t'_3, x'_3) = (\quad, \quad)$
$(t'_4, x'_4) = (t'_5, x_5) = (\quad, \quad)$
$(t'_6, x'_6) = (\quad, \quad)$
$(t'_7, x'_7) = (\quad, \quad)$
$(t'_8, x'_8) = (\quad, \quad)$
$(t'_9, x'_9) = (5, 5)$

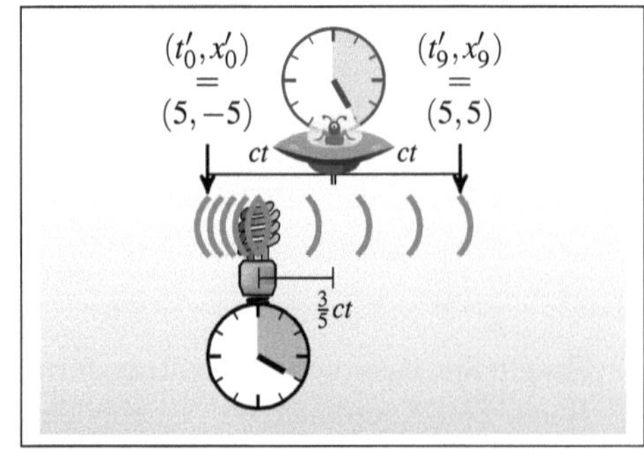

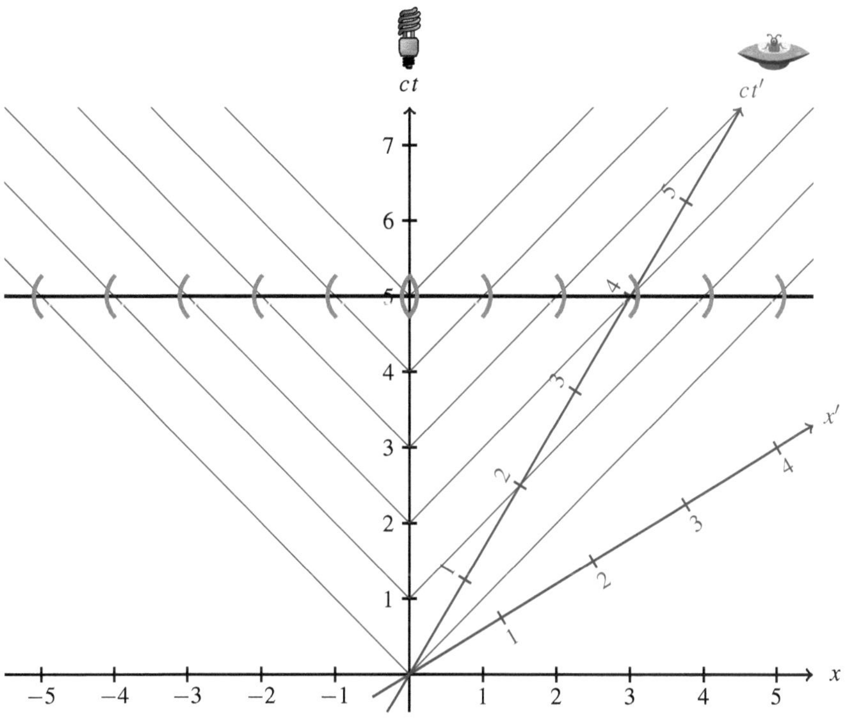

Abbildung 3.23: Minkowski-Diagramm

b) Übersetzen Sie die Raum-Zeit-Koordinaten mithilfe der Lorentz-Transformation in das System S, das Bezugssystem des Senders:

$$(t_0, x_0) = (\tfrac{5}{2}, -\tfrac{5}{2})$$
$$(t_1, x_1) = (\quad, \quad)$$
$$(t_2, x_2) = (\quad, \quad)$$
$$(t_3, x_3) = (\quad, \quad)$$
$$(t_4, x_4) = (t'_5, x_5) = (\quad, \quad)$$
$$(t_6, x_6) = (\quad, \quad)$$
$$(t_7, x_7) = (\quad, \quad)$$
$$(t_8, x_8) = (\quad, \quad)$$
$$(t_9, x_9) = (5, 5)$$

c) Zeichnen Sie die Raum-Zeit-Koordinaten in das Minkowski-Diagramm in Abbildung 3.23 ein.

d) Falls Sie richtig gerechnet haben, befinden sich die ermittelten Koordinaten auf einer Linie. Um welche Linie handelt es sich dabei?

Aufgabe 3.4

In Abschnitt 3.5.3 haben Sie die hyperbelförmigen Invarianzlinien des Minkowski-Diagramms kennengelernt. Wir hatten diese Linien auch als Eichkurven bezeichnet, da sich mit ihnen die eingedrehten Achsen korrekt skalieren lassen.

a) Gibt es solche Eichkurven auch in Galilei-Diagrammen?

b) Falls ja, wie sehen diese Linien aus?

4 Relativistische Kinematik

„Das Wesen der neuen Kinematik besteht in der Untrennbarkeit von Raum und Zeit.“

Max Born [5]

„Mit der [...] im Bereiche der physikalischen Weltanschauung hervorgerufenen Umwälzung ist an Ausdehnung und Tiefe wohl nur noch die durch Einführung des Copernikanischen Weltsystems bedingte zu vergleichen.“

Max Planck [44]

4.1 Die Einheit von Raum und Zeit

Die bisher besprochenen Beispiele haben aufgezeigt, dass sich Raum und Zeit in einer zutiefst ungewohnten Weise verhalten, wenn wir räumlich und zeitlich getrennte Ereignisse aus einem anderen Inertialsystem heraus betrachten. Wie sich der Wechsel des Bezugssystems im Detail auswirkt, wollen wir jetzt schrittweise aufarbeiten. In Abschnitt 4.1.1 betrachten wir zunächst den Einfluss auf die Zeit und im Anschluss daran, in Abschnitt 4.1.2, den Einfluss auf den Raum.

4.1.1 Zeitdilatation

In diesem Abschnitt gehen wir von zwei Ereignissen

$$E_1 = (t_1, x)$$
$$E_2 = (t_2, x)$$

aus, die für einen Beobachter in S am gleichen Ort x, aber zu unterschiedlichen Zeitpunkten t_1 und t_2 stattfinden. Uns interessiert die Frage, wie die Zeitspanne

$$\Delta t = t_2 - t_1$$

von einem Beobachter in S′ beurteilt wird. Die Gleichungen der Lorentz-Transformation liefern uns die Antwort:

$$\begin{aligned}\Delta t' &= t'_2 - t'_1 \\ &= \gamma\left(t_2 - \frac{v}{c^2}x\right) - \gamma\left(t_1 - \frac{v}{c^2}x\right) \\ &= \gamma\left(t_2 - t_1 - \frac{v}{c^2}x + \frac{v}{c^2}x\right) \\ &= \gamma(t_2 - t_1) \\ &= \gamma\Delta t\end{aligned}$$

Tatsächlich verbirgt sich hinter dieser einfachen Rechnung ein Frontalangriff auf eine unserer innigsten Erfahrungstatsachen: den Verlauf der Zeit. Die eben hergeleitete Formel besagt schwarz auf weiß, dass die Zeit, die zwischen zwei Ereignissen verstreicht, von relativ zueinander bewegten Beobachtern unterschiedlich beurteilt wird.

Unsere Berechnung macht aber nicht nur eine qualitative Aussage über diesen Effekt, sondern auch eine quantitative. Sie macht deutlich, dass der beschriebene Effekt über den Lorentzfaktor

$$\gamma = \frac{1}{\sqrt{1-\beta^2}} = \frac{1}{\sqrt{1-\frac{v^2}{c^2}}}$$

zusammenhängt. Sind S′ und S gegeneinander bewegt, gilt also $v > 0$, so ist γ größer als 1 und $\Delta t'$ somit größer als Δt. Ein Beobachter in S′ wird demnach konstatieren, dass die Zeitspanne, d. h. der zeitliche Abstand zwischen den Ereignissen E_1 und E_2, größer ist als die Zeitspanne, die ein Beobachter in S ermittelt. Dieses Phänomen ist die *Zeitdilatation*, die zweifelsfrei zu den aufregendsten Konsequenzen der speziellen Relativitätstheorie gehört:

Zeitdilatation

Finden zwei Ereignisse E_1 und E_2 in einem Inertialsystem S am selben Ort statt, dann verlängert sich die Zeit zwischen E_1 und E_2 in jedem relativ zu S bewegten Inertialsystem S′ um den Lorentzfaktor γ:

$$(t'_2 - t'_1) = \gamma(t_2 - t_1) = \frac{1}{\sqrt{1-\frac{v^2}{c^2}}}(t_2 - t_1)$$

Um der Zeitdilatation ein konturenreicheres Gesicht zu verleihen, richten wir unseren Blick auf das Minkowski-Diagramm in Abbildung 4.1. Dort ist die Weltlinie eines in S ruhenden atomaren Teilchens eingezeichnet, das zum Zeitpunkt $t_1 = 0$ entsteht (Ereignis E_1) und zum Zeitpunkt $t_2 = 4$ zerfällt (Ereignis E_2).

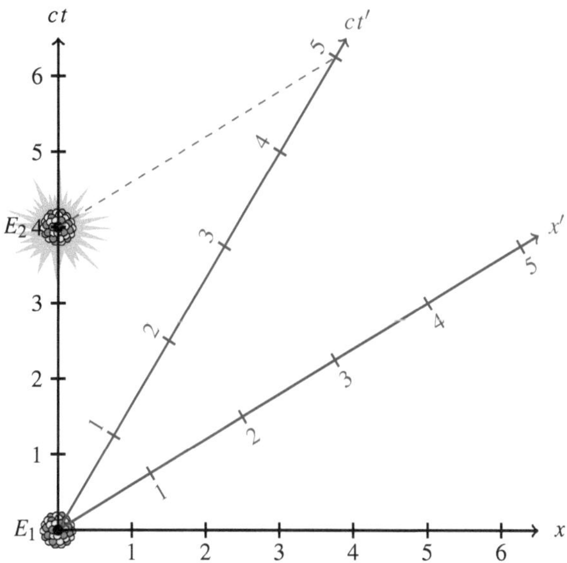

Abbildung 4.1: Minkowski-Diagramm zur Demonstration der Zeitdilatation

Die Zeitdilatation besagt, dass ein bewegter Beobachter einen anderen zeitlichen Abstand zwischen den Ereignissen E_1 und E_2 feststellt. An den eingedrehten Koordinatenachsen des Minkowski-Diagramms können wir dies sofort ablesen. Wir sehen dort, dass für einen Beobachter, der sich gegenüber S mit der Geschwindigkeit $v = \frac{3}{5}c$ entlang der positiven x-Achse bewegt, eine um den Lorentzfaktor $\gamma = \frac{5}{4}$ vergrößerte Zeitspanne zwischen den Ereignissen verstreicht.

Symmetrie der Zeitdilatation

Wir wollen an dieser Stelle die Rollen tauschen und die Situation aus der Sicht von S′ betrachten. Für einen in S′ ruhenden Beobachter muss das Gesagte in der gleichen Weise gelten, und das bedeutet das Folgende: Finden die Ereignisse E_1 und E_2 nicht in S, sondern in S′ am selben Ort statt, gilt also

$$E_1 = (t'_1, x'),$$
$$E_2 = (t'_2, x'),$$

dann muss die Zeit, die zwischen beiden Ereignissen verstreicht, von einem Beobachter in S größer beurteilt werden. Die folgende Rechnung zeigt, dass dies tatsächlich der Fall ist:

$$\Delta t = t_2 - t_1$$

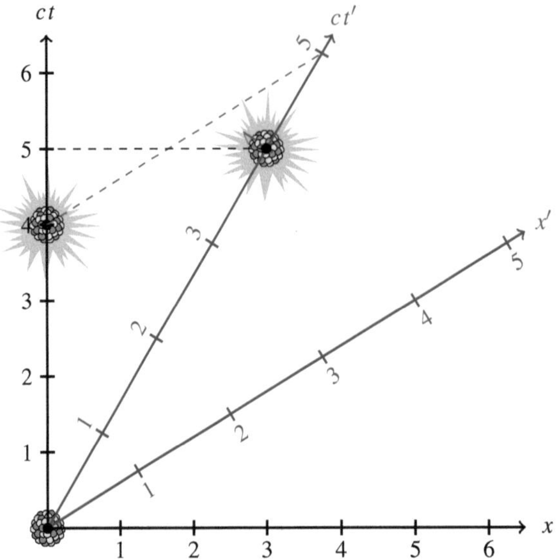

Abbildung 4.2: Zur Symmetrie der Zeitdilatation

$$
\begin{aligned}
&= \gamma\left(t_2' + \frac{v}{c^2}x'\right) - \gamma\left(t_1' + \frac{v}{c^2}x'\right) \\
&= \gamma\left(t_2' - t_1' + \frac{v}{c^2}x' - \frac{v}{c^2}x'\right) \\
&= \gamma\left(t_2' - t_1'\right) \\
&= \gamma \Delta t'
\end{aligned}
$$

Anhand des Minkowski-Diagramms in Abbildung 4.2 lässt sich die Symmetrie der Zeitdilatation sofort überprüfen. Neben dem in S ruhenden Teilchen, das bereits in Abbildung 4.1 eingezeichnet war, existiert nun ein zweites, in S′ ruhendes Teilchen. Beide Teilchen zerfallen in ihrem Ruhesystem zum Zeitpunkt 4, und der jeweils andere Beobachter stellt fest, dass das relativ zu ihm bewegte Teilchen zum Zeitpunkt 5 zerfällt. Auch im Minkowski-Diagramm stellt sich die Zeitdilatation damit als ein vollständig symmetrischer Effekt dar.

Bisher haben unsere Überlegungen zweierlei gezeigt. Die Zeit, die zwischen zwei Ereignissen E_1 und E_2 verstreicht, ist relativ; zueinander bewegte Beobachter konstatieren unterschiedliche zeitliche Differenzen. Ferner ging aus den angestellten Rechnungen hervor, dass ein Beobachter, für den zwei Ereignisse eine Raumkoinzidenz bilden, die Ereignisse also am selben Ort stattfinden, die kleinste Zeitdifferenz konstatiert. Dies führt uns unmittelbar zum Begriff der *Eigenzeit*, den wir an dieser Stelle formal einführen wollen:

Eigenzeit

Finden zwei Ereignisse $E_1 = (t_1, x_1)$ und $E_2 = (t_2, x_2)$ am gleichen Ort statt, gilt also $x_1 = x_2$, dann heißt die Differenz

$$\tau := t_2 - t_1$$

die *Eigenzeit* des Ereignispaares (E_1, E_2).

Bewegte Uhren verlangsamen

Auf den ersten Blick scheint uns die Symmetrie der Zeitdilatation ein logisches Paradoxon zu bescheren. Wenn wir sagen, die Zeit in S′ verstreiche langsamer als in S und im gleichen Atemzug behaupten, die Zeit in S verstreiche langsamer als in S′, so klingt dies nach einem herben Widerspruch. Deshalb werden wir jetzt nochmals im Detail betrachten, wie die Dinge hier zusammenhängen. Dabei werden wir bemerken, dass die Zeitdilatation auf das engste mit einem Kernphänomen der speziellen Relativitätstheorie verwoben ist, das wir bereits kennen: mit der Relativität der Gleichzeitigkeit. Sie sorgt dafür, dass beide Beobachter widerspruchsfrei konstatieren können, die Uhren des anderen würden langsamer laufen als die eigenen.

Als Erstes erinnern wir uns an die Art und Weise, wie in Abschnitt 3.1 die Messung von Raum- und Zeitkoordinaten festgelegt wurde. Dort haben wir vereinbart, dass die Bestimmung der Raum- und Zeitkoordinaten mithilfe eines gedachten Bezugskörpers durchgeführt wird. In der Form eines dreidimensionalen Gitters durchdringt ein solcher Körper den Raum, und jeder Gitterpunkt ist der physikalische Repräsentant einer dreidimensionalen Koordinate. Per Definition hatten wir die Raumkoordinate eines Ereignisses als die Koordinate des räumlich nächstgelegenen Gitterpunkts festgelegt. Für die Zeitmessung gingen wir davon aus, dass an den Gitterpunkten Uhren angebracht sind, die mit einer im Ursprung gezündeten Kugelwelle synchronisiert wurden. Damit waren wir in der Lage, die Zeitkoordinate eines Ereignisses als die Zeigerstellung jener Uhr zu definieren, die sich an der Ortskoordinate des Ereignisses befindet.

Aus dem Gesagten folgt Entscheidendes: Betrachten wir einen Vorgang, der für einen Beobachter ortsfest stattfindet, so werden der Startzeitpunkt und der Endzeitpunkt von der gleichen Uhr abgelesen, und zwar von derjenigen Uhr, die dem Ort des Geschehens am nächsten ist. Finden zwei Ereignisse für einen Beobachter dagegen an verschiedenen Orten statt, so werden die Zeitkoordinaten von einer jeweils anderen Uhr abgelesen. In Abbildung 4.3 können wir erkennen, um welche Uhren es sich in unserem Beispielszenario handelt:

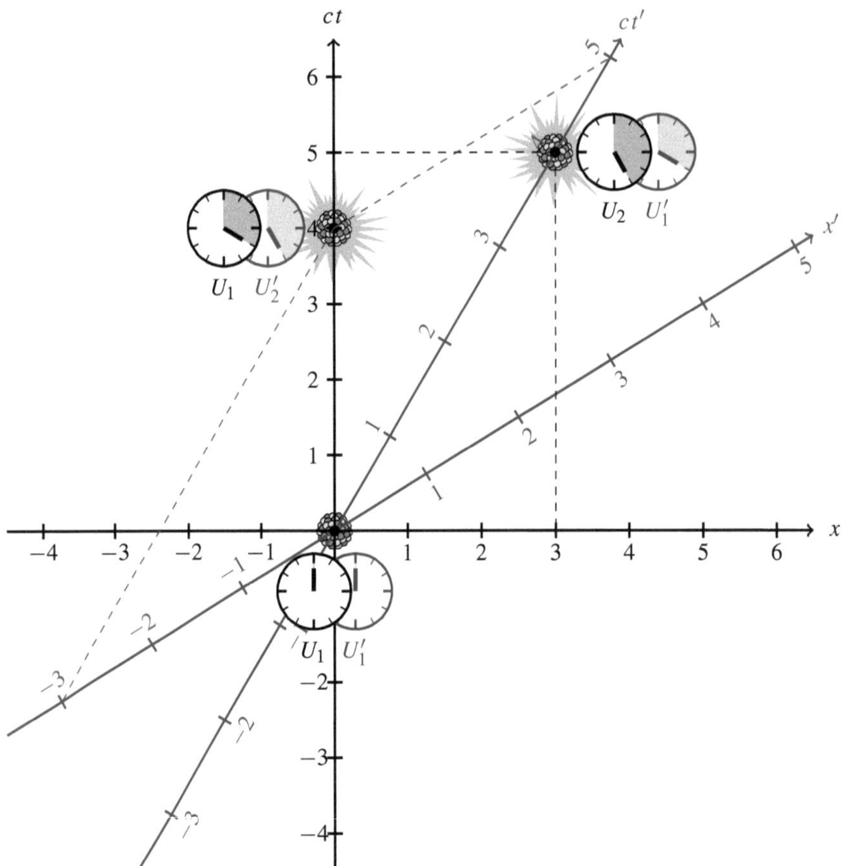

Abbildung 4.3: Außerhalb des Ruhesystems eines Vorgangs wird der Start- und der Endzeitpunkt von verschiedenen Uhren abgelesen.

- Der Zeitpunkt der Entstehung und der Zeitpunkt des Zerfalls des in S ruhenden Teilchens wird von einem Beobachter in S von der gleichen Uhr U_1 abgelesen. Bei der Entstehung des Teilchens zeigt diese Uhr die Zeit $t_1 = 0$ an und bei dessen Zerfall die Zeit $t_2 = 4$. Für den Beobachter in S′ stellt sich die Situation anders dar. Er liest den Zeitpunkt der Entstehung von einer Uhr U_1' ab und den Zeitpunkt des Zerfalls von einer anderen Uhr U_2'. Für den Zeitpunkt der Entstehung ermittelt er die Koordinate $t_1' = 0$ und für den Zeitpunkt des Zerfalls die Koordinate $t_2' = 5$.

- Der Zeitpunkt der Entstehung und der Zeitpunkt des Zerfalls des in S′ ruhenden Teilchens wird von einem Beobachter in S′ von der gleichen Uhr U_1' abgelesen. Bei der Entstehung des Teilchens zeigt diese Uhr die Zeit $t_1' = 0$ an und bei dessen Zerfall die Zeit $t_2' = 4$. Für den Beobachter in S stellt sich die Situation anders dar. Er liest den

Zeitpunkt der Entstehung von der Uhr U_1 ab und den Zeitpunkt des Zerfalls von einer anderen Uhr U_2. Für den Zeitpunkt der Entstehung ermittelt er die Koordinate $t_1 = 0$ und für den Zeitpunkt des Zerfalls die Koordinate $t_2 = 5$.

Damit ist klar, dass wir die Zeitspanne, die für einen Beobachter in S′ die Ereignisse E_1 und E_2 trennt, nicht als eine Zeitspanne interpretieren dürfen, die auf einer ganz bestimmten Uhr verstrichen ist. Dies ist nur dann erlaubt, wenn die Ereignisse am selben Ort stattfinden, was aber nur für den Beobachter in S der Fall ist.

Daraus dürfen wir aber keineswegs schließen, dass die Zeit auf allen Uhren gleich schnell verstreicht. Tatsächlich wird ein Beobachter konstatieren, dass die Bewegung einer Uhr den Zeitfluss verlangsamt. Um zu verstehen, was dies genau bedeutet, werfen wir einen Blick auf Abbildung 4.4, in der die Weltlinien der in S bzw. S′ ruhenden Uhren U_2 und U_1' eingezeichnet sind. Wir können dort Folgendes erkennen:

- Die Uhr U_2 ruht in S, so dass ihre Weltlinie parallel zur Zeitachse von S, in unserem Diagramm also vertikal nach oben, verläuft. Die Weltlinie schneidet die Ortsachse von S im Punkt $x = 3$ und die Ortsachse von S′ im Punkt $x' = \frac{12}{5}$.
- Die Uhr U_2' ruht in S′, so dass ihre Weltlinie parallel zur Zeitachse von S′, in unserem Diagramm also von links unten nach rechts oben, verläuft. Die Weltlinie schneidet die Ortsachse von S′ im Punkt $x' = -3$ und die Ortsachse von S im Punkt $x = -\frac{12}{5}$.

Wir wollen uns nun nacheinander überlegen, wie die Beobachter in S und S′ die aus ihrer Sicht bewegte Uhr wahrnehmen:

- Von der in S′ ruhenden Uhr U_2' liest der Beobachter in S zum Zeitpunkt $t = 0$ den Zeigerstand $\frac{9}{5}$ ab. Das bedeutet, dass auf der Uhr U_2' zwischen der Entstehung und dem Zerfall des in S ruhenden Teilchens aus der Sicht von S die Zeitspanne

  $$5 - \frac{9}{5} = \frac{16}{5}$$

  vergangen ist. Mit den 4 Zeiteinheiten, die in S zwischen der Entstehung und dem Zerfall des Teilchens vergangen sind, können wir dies folgendermaßen in Beziehung setzen:

  $$4 = \frac{5}{4} \cdot \frac{16}{5} = \gamma \frac{16}{5}$$

  Das bedeutet: Für den Beobachter in S verstreicht die Zeit auf der relativ zu ihm bewegten Uhr um den Lorentzfaktor γ langsamer.

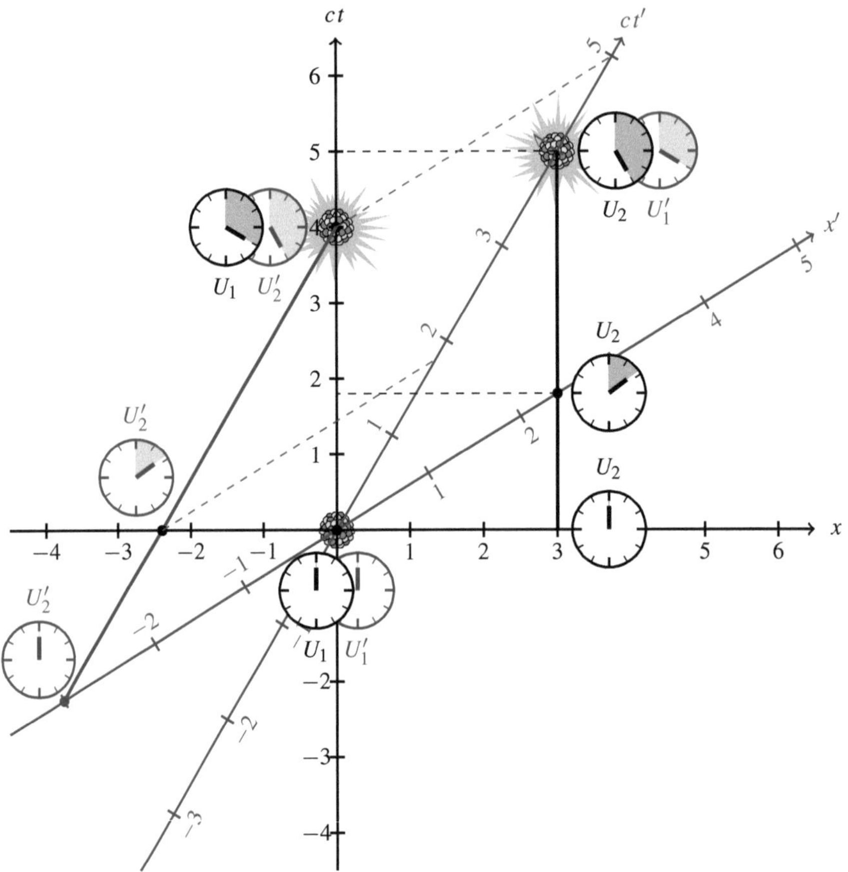

Abbildung 4.4: Bewegte Uhren gehen langsamer.

- Von der in S ruhenden Uhr U_2 liest der Beobachter in S′ zum Zeitpunkt $t' = 0$ den Zeigerstand $\frac{9}{5}$ ab. Das bedeutet, dass auf der Uhr U_2 zwischen der Entstehung und dem Zerfall des in S′ ruhenden Teilchens aus der Sicht von S′ die Zeitspanne

$$5 - \frac{9}{5} = \frac{16}{5}$$

vergangen ist. Mit den 4 Zeiteinheiten, die in S′ zwischen der Entstehung und dem Zerfall des Teilchens vergangen sind, können wir dies folgendermaßen in Beziehung setzen:

$$4 = \frac{5}{4} \cdot \frac{16}{5} = \gamma \frac{16}{5}$$

Wieder zeigt die Zeitdilatation ihr symmetrisches Gesicht: Auch für den Beobachter in S′ verstreicht die Zeit auf der relativ zu ihm bewegten Uhr um den Lorentzfaktor γ langsamer.

Die eben angestellten Überlegungen machen klar, dass die Symmetrie der Zeitdilatation ganz wesentlich mit der Relativität der Gleichzeitigkeit verknüpft ist. Wäre die Gleichzeitigkeit eine absolute Größe, so würde Einsteins Theorie tatsächlich in hoffnungslose Widersprüche versinken.

Die beiden Axiome der Relativitätstheorie führen zu einer Neuordnung des Zeitbegriffs, die auf den ersten Blicken verwirrend wirkt. Die Schwierigkeit, sie zu verinnerlichen, hat dabei weniger mit ihrer mathematischen Komplexität zu tun, sondern vielmehr mit der Tatsache, dass sie die Art und Weise, wie wir die Zeit täglich wahrnehmen, zu konterkarieren scheint. Wir schließen diesen Abschnitt mit einem Zitat von Max Planck, der für diesen Aspekt der speziellen Relativitätstheorie passende Worte fand:

> *„Es braucht kaum hervorgehoben zu werden, daß diese neue Auffassung des Zeitbegriffs an die Abstraktionsfähigkeit und an die Einbildungskraft des Physikers die allerhöchsten Anforderungen stellt. Sie übertrifft an Kühnheit wohl alles, was bisher in der spekulativen Naturforschung, ja in der philosophischen Erkenntnistheorie geleistet wurde.“*
>
> Max Planck [44]

Weltlinien und Eigenzeit

In diesem Abschnitt wollen wir unser Augenmerk auf einen Begriff richten, den wir weiter oben, quasi im Vorbeigehen, eingeführt haben: die Eigenzeit. Um uns mit den Details dieses wichtigen Begriffs vertraut zu machen, nehmen wir an,

$$E_1 = (t_1, x_1, y_1, z_1),$$
$$E_2 = (t_2, x_2, y_2, z_2)$$

seien zwei Ereignisse, die auf der Weltlinie eines bewegten Objekts stattfinden. Für einen Beobachter in S soll sich dieses Objekt gleichförmig durch den Raum bewegen, mit einer Geschwindigkeit, die durch den Vektor $\boldsymbol{v}$ beschrieben wird.

Aus Abschnitt 3.5.2 wissen wir, dass die quadrierte Minkowski-Metrik

$$s^2 = (ct_2 - ct_1)^2 - (x_2 - x_1)^2 - (y_2 - y_1)^2 - (z_2 - z_1)^2$$

Lorentz-invariant ist. Ist $|\boldsymbol{v}| < c$, und davon gehen wir im Folgenden immer aus, dann ist s^2 eine positive Zahl, und wir dürfen die Gleichung bedenkenlos nach s auflösen:

$$s = \sqrt{(ct_2 - ct_1)^2 - (x_2 - x_1)^2 - (y_2 - y_1)^2 - (z_2 - z_1)^2} \qquad (4.1)$$

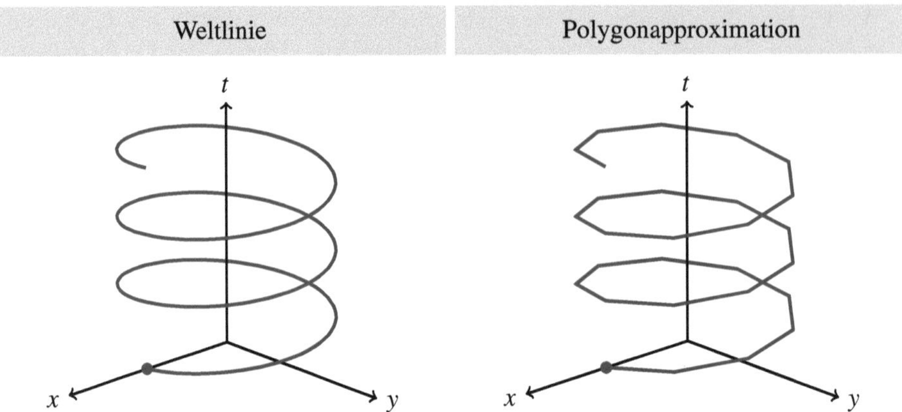

Abbildung 4.5: Weg-Zeit-Diagramm eines sich drehenden Objekts

Aus der Invarianz dieser Größe folgt, dass s immer den gleichen Wert annimmt, egal, in welches Bezugssystem wir uns begeben. Nichts hindert uns daran, s im Ruhesystem des Objekts zu berechnen, wo die Ereignisse E_1 und E_2 ortsgleich sind. In diesem Fall ist die Zeitspanne $t_2 - t_1$ die verstrichene Eigenzeit $\Delta\tau$, die nach (4.1) dann folgendermaßen mit s zusammenhängt:

$$c\tau = ct_2 - ct_1 = s$$

Dieser Zusammenhang ist nicht nur von theoretischem Interesse. Er hat auch einen ganz praktischen Nutzen, denn wir können mit ihm ausrechnen, wie viel Zeit auf der Uhr eines Beobachters verstreicht, der sich auf einer komplexen Weltlinie durch die Raumzeit bewegt. Um dies einzusehen, werfen wir einen Blick auf das Beispiel in Abbildung 4.5. Auf der linken Seite ist die Weltlinie eines Objekts zu sehen, das sich auf der x-y-Ebene mit der konstanten Geschwindigkeit v im Kreis dreht. Um die Eigenzeit zu berechnen, also die Zeit, die auf einer mitbewegten Uhr verstreicht, denken wir uns die Weltlinie des Objekts in kleine Liniensegmente zerlegt, wie es in Abbildung 4.5 (rechts) angedeutet ist. Berechnen wir für jedes dieser Segmente die Minkowski-Metrik (4.1), dividieren durch die Lichtgeschwindigkeit und summieren die Teilergebnisse anschließend auf, so können wir damit die verstrichene Eigenzeit approximieren. Die Genauigkeit steigt, wenn wir die Liniensegmente verkleinern, und wir erhalten das exakte Ergebnis, wenn wir zu infinitesimalen Liniensegmenten übergehen. Das bedeutet, dass die Eigenzeit für beliebige Weltlinien durch das Lösen der folgenden Integralgleichung berechnet werden kann:

Eigenzeitgesetz (allgemeine Form)

$$\Delta\tau = \frac{1}{c}\int_{E_1}^{E_2} \mathrm{d}s \tag{4.2}$$

Diese Formel besagt das Folgende: Betrachtet ein Beobachter ein bewegtes Objekt entlang einer Weltlinie, die E_1 mit E_2 verbindet, so wird er feststellen, dass die Eigenzeit, d. h. die Zeit, die auf einer mitbewegten Uhr verstreicht, kürzer ist als die Zeit, die auf seiner eigenen, ruhenden Uhr vergeht. Mit anderen Worten: Die Bewegung dehnt die Zeit. Wie stark die Zeitdilatation ausfällt, kann er mit den eben hergeleiteten Formeln direkt bestimmen. Er erhält sie durch die Integration der Minkowski-Metrik über die Weltlinie, die das Ereignis E_1 mit dem Ereignis E_2 verbindet. Gleichsam stellt die Formel klar, dass die Zeitdilatation ein grundlegendes Phänomen ist, das alle Objekte gleichermaßen erfahren, unabhängig von der Form ihrer Bewegungslinie.

Wir wollen das Gesagte noch weiter präzisieren. Kennen wir die Geschwindigkeit $v(t)$, mit der sich das Objekt entlang seiner Weltlinie zum Zeitpunkt t bewegt, dann können wir die räumliche Differenz

$$\sqrt{(x_2-x_1)^2+(y_2-y_1)^2+(z_2-z_1)^2}$$

zweier auf der Weltlinie benachbarter Punkte durch den Ausdruck

$$v(t)\cdot \mathrm{d}t$$

approximieren und Gleichung (4.1) folgendermaßen damit umformen:

$$s=\sqrt{c^2\,\mathrm{d}t^2-v(t)^2\,\mathrm{d}t^2}=c\cdot\sqrt{1-\frac{v(t)^2}{c^2}}\,\mathrm{d}t$$

Das Eigenzeitgesetz (4.2) nimmt dann die folgende Form an:

Eigenzeitgesetz (spezielle Form)

$$\Delta\tau=\int_{t_1}^{t_2}\sqrt{1-\frac{v(t)^2}{c^2}}\,\mathrm{d}t=\int_{t_1}^{t_2}\frac{1}{\gamma(t)}\,\mathrm{d}t$$

Mit dieser Formel haben wir ein wichtiges Ergebnis erzielt. Sie macht deutlich, dass wir die Eigenzeit durch die Integration über den reziproken Lorentzfaktor berechnen können, wenn wir diesen als eine zeitabhängige Funktion $\gamma(t)$ auffassen.

Wir wollen die hergeleitete Variante des Eigenzeitgesetzes auf den Prüfstand stellen und mit ihm das Beispiel in Abbildung 4.5 analysieren. Das dort gezeigte Objekt bewegt sich mit einer konstanten Geschwindigkeit im Kreis, so dass sich die Formel nochmals erheblich vereinfacht in:

$$\Delta\tau=\int_{t_1}^{t_2}\frac{1}{\gamma}\,\mathrm{d}t=\frac{1}{\gamma}\int_{t_1}^{t_2}\mathrm{d}t=\frac{1}{\gamma}(t_2-t_1)$$

Bezeichnen wir die Zeitdifferenz $t_2 - t_1$ wie üblich mit Δt, so liest sich der ermittelte Zusammenhang folgendermaßen:

$$\Delta t = \gamma \cdot \Delta\tau$$

Das formal ermittelte Ergebnis erfüllt unsere Erwartung: Auf der bewegten Uhr vergeht die Zeit um den Lorentzfaktor γ langsamer.

4.1.2 Raumkontraktion

Blicken wir auf die Gleichungen der Lorentz-Transformation in der Form (3.12) auf Seite 151, so tritt eine perfekte Symmetrie zwischen der Raum- und der Zeitkoordinate zu Tage. Bedeutet diese Symmetrie, dass der Raum auf exakt die gleiche Weise seinen absoluten Charakter verliert, wie wir es gerade für die Zeit herausgearbeitet haben? Die Antwort lautet Ja und führt uns auf dem direkten Weg zur *Raumkontraktion*.

Um zu verstehen, was sich hinter diesem Phänomen konkret verbirgt, gehen wir von zwei Ereignissen

$$\begin{aligned} E_1 &= (t, x_1) \\ E_2 &= (t, x_2) \end{aligned}$$

aus, die für einen Beobachter in S zum gleichen Zeitpunkt t, aber an unterschiedlichen Orten x_1 und x_2 stattfinden. Uns interessiert die Frage, wie die räumliche Entfernung

$$\Delta x = x_2 - x_1$$

von einem Beobachter in S′ beurteilt wird. Wieder liefern uns die Gleichungen der Lorentz-Transformation die Antwort:

$$\begin{aligned} \Delta x' &= x_2' - x_1' \\ &= \gamma(x_2 - vt) - \gamma(x_1 - vt) \\ &= \gamma(x_2 - x_1 - vt + vt) \\ &= \gamma(x_2 - x_1) \\ &= \gamma \Delta x \end{aligned}$$

Die Rechnung macht deutlich, dass der Raum von einem analogen Effekt betroffen ist wie die Zeit. Sie zeigt, dass die räumliche Entfernung zwischen zwei Ereignissen von relativ zueinander bewegten Beobachtern unterschiedlich beurteilt wird.

Genau wie im Falle der Zeitdilatation ist dieser Effekt quantitativ an den Lorentzfaktor γ gebunden. Sind S′ und S gegeneinander bewegt, gilt also $v > 0$, so ist γ größer als 1 und $\Delta x'$ somit größer als Δx. Ein Beobachter in S′ wird demnach konstatieren, dass die Entfernung, d. h. der räumliche Abstand zwischen den Ereignissen E_1 und E_2, größer ist als die

Entfernung, die ein Beobachter in S ermittelt. Dieses Phänomen ist die *Raumkontraktion*, das räumliche Pendant zur Zeitdilatation:

Raum- oder Längenkontraktion

Finden zwei Ereignisse E_1 und E_2 in einem Inertialsystem S zur selben Zeit statt, dann vergrößert sich die Entfernung zwischen E_1 und E_2 in jedem relativ zu S bewegten Inertialsystem S′ um den Lorentzfaktor γ:

$$(x'_2 - x'_1) = \gamma(x_2 - x_1) = \frac{1}{\sqrt{1-\frac{v^2}{c^2}}}(x_2 - x_1)$$

Wir wollen uns das Phänomen der Raumkontraktion an einem konkreten Beispiel ansehen und werfen hierfür einen Blick auf das Minkowski-Diagramm in Abbildung 4.6. In diesem Diagramm ist eine in S ruhende Rakete eingezeichnet, die entlang der positiven x-Achse ausgerichtet ist.

In Abschnitt 3.1 hatten wir vereinbart, die Länge eines Objekts als das Ergebnis eines Messprozesses zu interpretieren. Bestimmen wir zu einem beliebigen Zeitpunkt t die Raumpositionen x_1 und x_2 der beiden Enden der Rakete, so ist die Differenz $x_2 - x_1$ per Definition deren Länge. Ein Beobachter, der zusammen mit der Rakete in S ruht, misst zu jedem Zeitpunkt die gleichen Koordinaten. Misst er beispielsweise zur Zeit $t = 0$ die Position des Hecks (Ereignis E_1), so erhält er die Ortskoordinate $x_1 = 0$. Misst er zur gleichen Zeit die Position der Spitze (Ereignis E_2), so erhält er die Ortskoordinate $x_2 = 4$. Die räumliche Distanz zwischen den Ereignissen E_1 und E_2 ist die Länge der Rakete, für die der Beobachter in S den Wert 4 errechnet.

Die Längenkontraktion besagt, dass ein bewegter Beobachter eine andere räumliche Distanz zwischen den Ereignissen E_1 und E_2 feststellt. An den eingedrehten Koordinatenachsen des Minkowski-Diagramms können wir dies sofort ablesen. Wir sehen dort, dass die Ereignisse für den bewegten Beobachter, der sich gegenüber S mit der Geschwindigkeit $v = \frac{3}{5}c$ entlang der positiven x-Achse bewegt, in einer um den Lorentzfaktor $\gamma = \frac{5}{4}$ vergrößerten Entfernung stattfinden.

Symmetrie der Raumkontraktion

Bevor wir den Sachverhalt im Detail analysieren, wollen wir auch hier die Rollen tauschen und die Situation aus der Sicht von S′ betrachten. Für einen Beobachter in S′ muss das Gesagte in der gleichen Weise gelten, und das bedeutet das Folgende: Finden die Ereignisse E_1 und E_2 nicht in S, sondern in S′ zur gleichen Zeit statt, gilt also

$$E_1 = (t', x'_1),$$

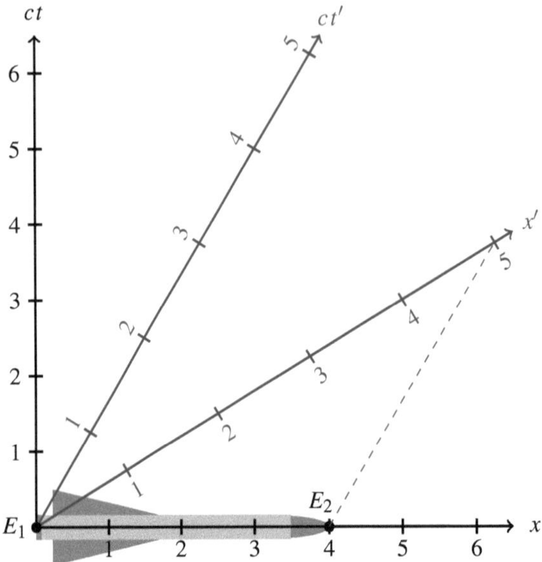

Abbildung 4.6: Minkowski-Diagramm zur Demonstration der Raumkontraktion

$$E_2 = (t', x_2'),$$

dann muss der räumliche Abstand zwischen den beiden Ereignissen von einem Beobachter in S größer beurteilt werden. Die folgende Rechnung zeigt, dass dies tatsächlich der Fall ist:

$$\begin{aligned}\Delta x &= x_2 - x_1 \\ &= \gamma\left(x_2' + vt'\right) - \gamma\left(x_1' + vt'\right) \\ &= \gamma\left(x_2' - x_1' + vt' - vt'\right) \\ &= \gamma(x_2' - x_1') \\ &= \gamma \cdot \Delta x'\end{aligned}$$

Anhand des Minkowski-Diagramms in Abbildung 4.7 lässt sich die Symmetrie der Raumkontraktion sofort überprüfen. Neben der in S ruhenden Rakete, die bereits in Abbildung 4.6 eingezeichnet war, existiert nun eine zweite, in S′ ruhende Rakete. Während beide Raketen in ihrem Ruhesystem die Länge 4 aufweisen, ermittelt der jeweils andere Beobachter für den räumlichen Abstand den Wert 5. Auch im Minkowski-Diagramm stellt sich die Raumkontraktion damit als ein vollständig symmetrischer Effekt dar.

Alles in allem haben unsere Überlegungen zweierlei gezeigt. Die räumliche Entfernung zwischen zwei Ereignissen E_1 und E_2 ist relativ; zueinander bewegte Beobachter konstatieren unterschiedliche Distanzen. Ferner ging aus den angestellten Rechnungen hervor,

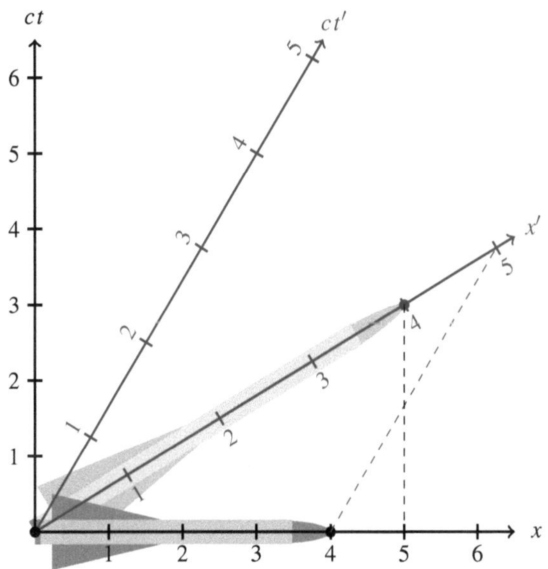

Abbildung 4.7: Zur Symmetrie der Raumkontraktion

dass ein Beobachter, für den zwei Ereignisse eine Zeitkoinzidenz bilden, die Ereignisse also zur selben Zeit stattfinden, die kleinste Entfernung konstatiert. Dies führt uns unmittelbar zum Begriff der *Eigenlänge*, den wir an dieser Stelle formal einführen wollen:

Eigenlänge

Finden zwei Ereignisse $E_1 = (t_1, x_1)$ und $E_2 = (t_2, x_2)$ zur gleichen Zeit statt, gilt also $t_1 = t_2$, dann heißt die Differenz

$$l_0 := x_2 - x_1$$

die *Eigenlänge* des Ereignispaares (E_1, E_2).

Bewegte Objekte schrumpfen

Wie schon im Fall der Zeitdilatation scheint uns auch die Symmetrie der Längenkontraktion ein logisches Paradoxon zu bescheren, zumindest auf den ersten Blick. Wenn wir sagen, ein Objekt sei in S′ kürzer als in S und im gleichen Atemzug behaupten, es sei in S kürzer als in S′, so klingt dies nach einem herben Widerspruch. Deshalb wollen wir auch hier im Detail betrachten, wie die Dinge wirklich zusammenhängen. Soviel sei vorweg verraten: Es ist erneut die Relativität der Gleichzeitigkeit, die den scheinbaren Widerspruch verschwinden lässt.

Wir wollen uns ein weiteres Mal daran erinnern, dass eine Länge das Ergebnis eines Messprozesses ist. Messen wir zu einem beliebigen Zeitpunkt t die Raumpositionen x_1 und x_2 der beiden Enden eines Objekts, so ist die Differenz $x_2 - x_1$ per Definition dessen Länge. Bei einer Längenmessung sind also stets zwei Ereignisse $E_1 = (t, x_1)$ und $E_2 = (t, x_2)$ beteiligt, die zur gleichen Zeit stattfinden.

Daraus folgt Entscheidendes: Transformieren wir die Ereignisse E_1 und E_2 in das Bezugssystem S′ eines bewegten Beobachters, so finden diese nicht mehr gleichzeitig statt. Ein Beobachter in S′ wird also konstatieren, dass der Beobachter in S die Raumkoordinate des Raketenhecks zu einer anderen Zeit bestimmt als die Raumkoordinate der Raketenspitze. In Abbildung 4.8 ist zu sehen, um welche Zeitpunkte es sich in unserem Beispielszenario handelt.

- Der Beobachter in S notiert die Position des Hecks und die Position der Spitze der in S ruhenden Rakete zum gleichen Zeitpunkt $t = 0$. Für die Position des Hecks ermittelt er die Ortskoordinate $x_1 = 0$ und für die Position der Raketenspitze die Ortskoordinate $x_2 = 4$. Für den Beobachter in S′ stellt sich die Situation anders dar. Aus seiner Sicht notiert der Beobachter in S die Position des Hecks zum Zeitpunkt $t'_1 = 0$ und die Position der Spitze zum Zeitpunkt $t'_2 = -3$. Zu diesen Zeitpunkten befindet sich das Heck an der Ortskoordinate $x'_1 = 0$ und die Spitze an der Ortskoordinate $x'_2 = 5$.
- Der Beobachter in S′ notiert die Position des Hecks und die Position der Spitze der in S′ ruhenden Rakete zum gleichen Zeitpunkt $t' = 0$. Für die Position des Hecks ermittelt er die Ortskoordinate $x'_1 = 0$ und für die Position der Raketenspitze die Ortskoordinate $x'_2 = 4$. Für den Beobachter in S stellt sich die Situation anders dar. Aus seiner Sicht notiert der Beobachter in S′ die Position des Hecks zum Zeitpunkt $t_1 = 0$ und die Position der Spitze zum Zeitpunkt $t_2 = 3$. Zu diesen Zeitpunkten befindet sich das Heck an der Ortskoordinate $x_1 = 0$ und die Spitze an der Ortskoordinate $x_2 = 5$.

Damit ist klar, dass wir die räumliche Entfernung, die für einen Beobachter in S′ die Ereignisse E_1 und E_2 trennt, nicht als die Länge eines Objekts interpretieren dürfen. Dies ist nur dann erlaubt, wenn die Ereignisse zur selben Zeit stattfinden, was aber nur für den Beobachter in S der Fall ist.

Wir wollen uns daher genauer überlegen, wie sich für einen Beobachter die Länge eines relativ zu ihm bewegten Objekts verändert. Hierfür blicken wir auf das Minkowski-Diagramm in Abbildung 4.9, in dem für beide Raketen die Weltlinien ihrer Spitzen eingezeichnet sind. Wir können dort Folgendes erkennen:

- Die Spitze der in S ruhenden Rakete beschreibt eine Weltlinie, die parallel zur Zeitachse von S, in unserem Diagramm also vertikal nach oben, verläuft. Die Weltlinie schneidet die Ortsachse von S im Punkt $x = 4$ und die Ortsachse von S′ im Punkt $x = \frac{16}{5}$.

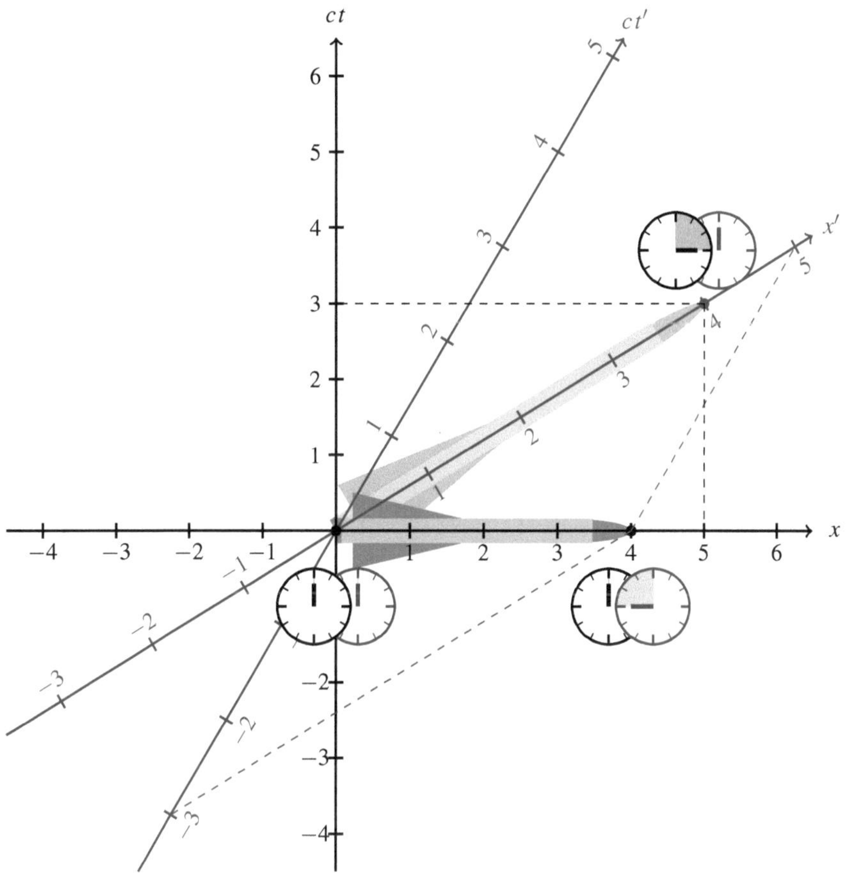

Abbildung 4.8: Außerhalb des Ruhesystems eines Objekts wird die Anfangs- und die Endposition zu verschiedenen Zeitpunkten notiert.

- Die Spitze der in S′ ruhenden Rakete beschreibt eine Weltlinie, die parallel zur Zeitachse von S′, in unserem Diagramm also von links unten nach rechts oben, verläuft. Die Weltlinie schneidet die Ortsachse von S′ im Punkt $x' = 4$ und die Ortsachse von S im Punkt $x = \frac{16}{5}$.

Wir wollen uns nun nacheinander überlegen, wie die Beobachter in S und S′ die aus ihrer Sicht bewegte Rakete wahrnehmen.

- Das Heck der in S′ ruhenden Rakete befindet sich aus der Sicht von S zum Zeitpunkt $t = 0$ an der Ortskoordinate 0 und die Spitze an der Ortskoordinate $\frac{16}{5}$. Das bedeutet, dass die Länge der Rakete aus der Sicht von S

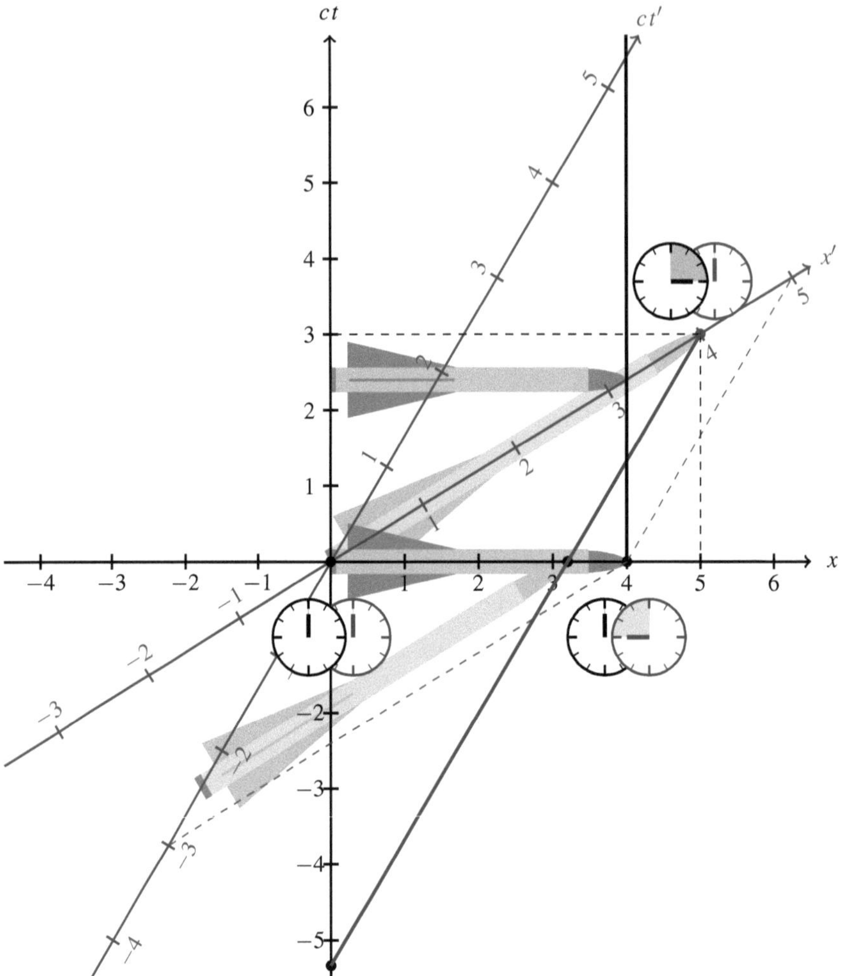

Abbildung 4.9: Bewegte Objekte werden kürzer.

$$\frac{16}{5}$$

beträgt. Mit der Länge 4, die der Beobachter im System S′, dem Ruhesystem der Rakete, gemessen hat, können wir dies folgendermaßen in Beziehung setzen:

$$4 = \frac{5}{4} \cdot \frac{16}{5} = \gamma \frac{16}{5}$$

Das bedeutet: Für den Beobachter in S ist die relativ zu ihm bewegte Rakete um den Lorentzfaktor γ verkürzt.

- Das Heck der in S ruhenden Rakete befindet sich aus der Sicht von S′ zum Zeitpunkt $t' = 0$ an der Ortskoordinate 0 und die Spitze an der Ortskoordinate $\frac{16}{5}$. Das bedeutet, dass die Länge der Rakete aus der Sicht von S′

$$\frac{16}{5}$$

beträgt. Mit der Länge 4, die der Beobachter im System S, dem Ruhesystem der Rakete, gemessen hat, können wir dies folgendermaßen in Beziehung setzen:

$$4 = \frac{5}{4} \cdot \frac{16}{5} = \gamma \frac{16}{5}$$

Erneut zeigt die Raumkontraktion ihr symmetrisches Gesicht: Auch für den Beobachter in S′ ist die relativ zu ihm bewegte Rakete um den Lorentzfaktor γ verkürzt.

Wieder ist es die Relativität der Gleichzeitigkeit, die alle Teile zu einem konsistenten Gesamtbild zusammenfügt. Sie macht es möglich, dass zwei Beobachter in S und S′ beide widerspruchsfrei konstatieren können, dass sich bewegt wahrgenommene Objekte in ihrer Bewegungsrichtung verkürzen.

4.1.3 Das Myonenexperiment

Das Beispiel eines instabilen Atomkerns, mit dem wir in Abschnitt 4.1.1 die Zeitdilatation motiviert haben, war nicht zufällig gewählt. Die kurzen Lebensspannen radioaktiver Teilchen sowie die hohen Geschwindigkeiten, mit denen sich manche von ihnen in der Natur bewegen, machen es möglich, die Zeitdilatation experimentell zu überprüfen. Ein erster Nachweis dieser Art ist mithilfe von *Myonen* gelungen. Hierbei handelt es sich um spezielle Elementarteilchen, die durch die kosmische Strahlung in der Atmosphäre gebildet werden und sich der Erde fast so schnell nähern wie das Licht. Myonen sind hochgradig instabil und zerfallen mit einer Halbwertszeit von

$$T \approx 1{,}52\,\mu\text{s}.$$

Gehen wir zum Zeitpunkt 0 von einer bestimmten Anzahl von Myonen aus, so sind nach $1{,}52\,\mu$s also nur noch die Hälfte übrig, nach weiteren $1{,}52\,\mu$s nur noch ein Viertel und so fort. Zeichnen wir die Anzahl der verbleibenden Teilchen grafisch auf, so entsteht die Zerfallskurve, die in Abbildung 4.10 zu sehen ist.

Ein Myon, das sich mit der Geschwindigkeit

$$v = 0{,}9994\,c$$

auf die Erde zubewegt, bewältigt die ca. 15 km lange Strecke in

$$t = \frac{15\text{ km}}{0{,}9994\,c} \approx \frac{0{,}00005}{0{,}9994}\text{ s} \approx 50 \cdot 10^{-6}\text{ s} = 50\,\mu\text{s}.$$

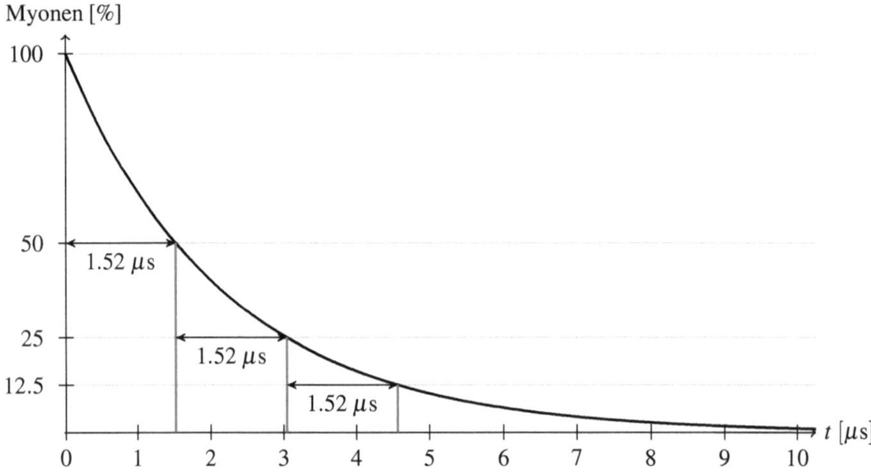

Abbildung 4.10: Zerfallskurve ruhender Myonen

Innerhalb von 50 μs müsste sich die Anzahl der Myonen ca. 33 Mal halbieren, so dass von jeweils 10 Milliarden Myonen, die in der Atmosphäre entstehen, im Durchschnitt nur noch eines die Erde erreichen dürfte. In Wirklichkeit lässt sich auf der Erdoberfläche aber eine viel höhere Teilchenkonzentration registrieren, und die spezielle Relativitätstheorie erklärt, warum. Für einen Beobachter auf der Erde bewegen sich die Myonen mit einer so hohen Geschwindigkeit, dass die Zeitdilatation zu einer erheblichen Verlängerung der Halbwertszeit führt. Folgerichtig zerfallen die bewegten Myonen sehr viel langsamer, als es die klassische Physik vorhersagt, und können die Erdoberfläche in großer Zahl erreichen.

Mit den oben aufgestellten Formeln haben wir keine Probleme, den Zusammenhang auch quantitativ zu erfassen. Aus der Sicht eines Erdbeobachters berechnet sich die relativistische Halbwertszeit T_{rel} eines bewegten Myons wie folgt:

$$T_{\text{rel}} = \gamma T = \frac{1}{\sqrt{1-\frac{v^2}{c^2}}} \cdot T = \frac{1}{\sqrt{1-0{,}9994^2}} \cdot 1{,}52\ \mu\text{s} \approx 29 \cdot 1{,}52\ \mu\text{s} \approx 44\ \mu\text{s}$$

Abbildung 4.11 zeigt auf grafische Weise, wie sich die Zeitdilatation auf den Myonenzerfall auswirkt. Nach dem Formelwerk der speziellen Relativitätstheorie gehen nur etwas mehr als 50 % der Myonen auf ihrem Weg zur Erde verloren, und diese theoretische Vorhersage wurde in der Vergangenheit mehrfach experimentell bestätigt [48, 27].

Wir wollen ein wenig Sand in das Getriebe streuen und die Situation aus der Sicht der Myonen beurteilen. Ein mit den Elementarteilchen mitbewegter Beobachter würde die Zeitdilatation in keiner Weise spüren; insbesondere würde er die Abläufe nicht in Zeitlupe erleben. Könnte er eine eigene Zeitmessung vornehmen, so würde er eine Zerfallszeit

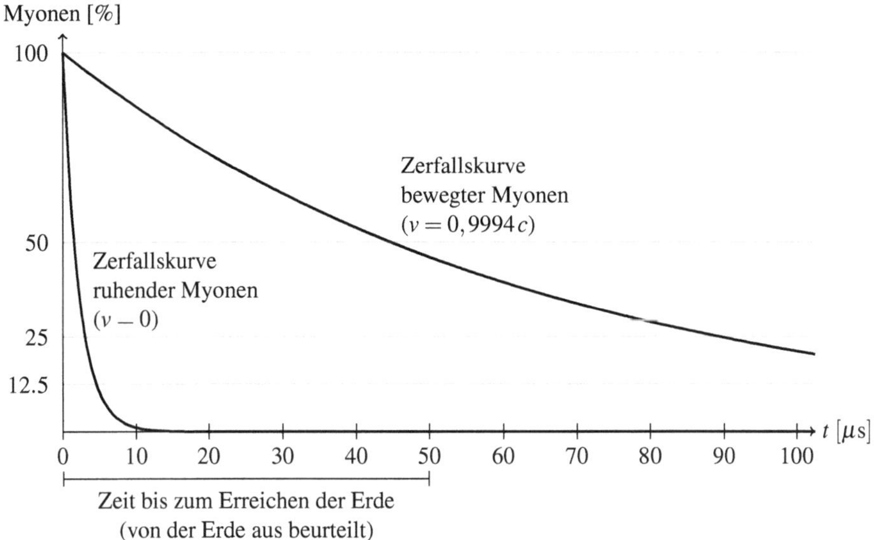

Abbildung 4.11: Auswirkung der Zeitdilatation auf den Myonenzerfall

von $1,52\,\mu$s ermitteln und dennoch feststellen, dass die Myonen in großer Zahl die Erde erreichen. Aus der Sicht des mitbewegten Beobachters sind die Geschehnisse nicht durch die Zeitdilatation zu erklären, sondern durch die Raumkontraktion. Im Ruhesystem der Myonen kommt die Erde mit einer so hohen Geschwindigkeit näher, dass sich die Distanz erheblich verkürzt. Wie stark dieser Effekt ausfällt, können wir mit den hergeleiteten Formeln präzise beziffern. Während das Myon für einen Beobachter auf der Erde 15 km zurücklegt, ist die Strecke im Ruhesystem des Myons um den Lorentzfaktor kürzer. Sie beträgt dann nur noch

$$\frac{1}{\gamma} \cdot 15\text{ km} = \sqrt{1 - 0,9994^2} \cdot 15\text{ km} \approx 0,035 \cdot 15\text{ km} \approx 0,5\text{ km}.$$

Die Rechnung zeigt, wie massiv sich die hohe Geschwindigkeit auf die Distanz auswirkt. Aus der Sicht des Myons ist die Erde nicht 15 km, sondern nur etwas mehr als 500 m entfernt. Wir halten fest:

Relativistische Erklärung des Myonenexperiments

- Aus der Sicht eines Erdbeobachters erreichen die Myonen in großer Anzahl die Erdoberfläche, weil ihre Halbwertszeit durch die Zeitdilatation um den Lorentzfaktor γ vergrößert ist.
- Aus der Sicht der Myonen erreichen die Teilchen in großer Anzahl die Erdober-

fläche, weil die Entfernung zur Erde durch die Raumkontraktion um den Lorentzfaktor γ verkürzt ist.

Das Beispiel der Myonen offenbart, dass die Zeitdilatation und die Raumkontraktion in einer symbiotischen Beziehung zueinander stehen. Ihr Zusammenspiel führt zu einer faszinierenden Neuordnung von Zeit und Raum, die bei näherer Betrachtung ein widerspruchsfreies Gesamtbild ergibt. Alleine könnte keines der genannten Phänomene existieren. Die Dehnung der Zeit wäre ohne die Kontraktion des Raums genauso wenig möglich wie die Kontraktion des Raums ohne die Dehnung der Zeit.

In philosophischer Hinsicht können wir den Gedankengang noch weiterführen. Wir haben gesehen, dass es die Relativität der Gleichzeitigkeit ist, die für beide Effekte maßgeblich verantwortlich ist. In diesem Sinne sind die Zeitdilatation und die Raumkontraktion mehr als ein symbolisches Zwillingspaar. Sie sind die zwei Gesichter eines tieferliegenden Naturphänomens, das bildlich gesprochen einen zweifachen Schatten wirft. Einer dieser Schatten ist die zeitliche Ausprägung, die sich in einer Dehnung der Zeit manifestiert. Der andere ist die räumliche Ausprägung, die sich als eine Kontraktion des Raums bemerkbar macht.

4.2 Additionstheoreme

In den nächsten beiden Abschnitten werden wir herausarbeiten, wie die klassischen Additionstheoreme der Kinematik relativistisch korrigiert werden müssen. Wir beginnen in Abschnitt 4.2.1 mit der Addition von Geschwindigkeiten und fahren in Abschnitt 4.2.2 mit der Addition von Beschleunigungen fort.

4.2.1 Addition von Geschwindigkeiten

Das klassische Additionstheorem für Geschwindigkeiten ist uns bereits auf Seite 18 begegnet. Auf formalem Weg können wir es durch die Verkettung, d. h. die Hintereinanderausführung, zweier Galilei-Transformationen herleiten. Benutzen wir die gleichen Symbole wie auf Seite 18, d. h. v für die Geschwindigkeit, mit der sich ein Inertialsystem S′ gegenüber S bewegt, und u' für die Geschwindigkeit, mit der sich ein drittes System S″ gegenüber S′ bewegt, so liefert die zweimalige Transformation das folgende Ergebnis:

$$x'' = x' - u't' = (x - vt) - u't = x - \underbrace{(v + u')}_{u}t$$

Genauso einfach gelingt die Herleitung mit den Mitteln der Differentialrechnung. Ist $x(t)$ die Position des Koordinatenursprungs von S″ aus der Sicht von S, so gilt die Beziehung:

$$u = \frac{\mathrm{d}x}{\mathrm{d}t} = \frac{\frac{\mathrm{d}x}{\mathrm{d}t'}}{\frac{\mathrm{d}t}{\mathrm{d}t'}} = \frac{\frac{\mathrm{d}}{\mathrm{d}t'}(x' + vt')}{\frac{\mathrm{d}t'}{\mathrm{d}t'}} = \frac{\mathrm{d}x'}{\mathrm{d}t'} + v\frac{\mathrm{d}t'}{\mathrm{d}t'} = u' + v$$

Das klassische Additionstheorem wird durch unsere Sinneswahrnehmung so überzeugend bestätigt, dass es einer gehörigen Portion Selbstüberwindung bedarf, um es in Frage zu stellen. Da es in seinem Kern auf der Galilei-Transformation beruht, ist aber schon jetzt klar, dass es in der gewohnten Form nicht aufrechterhalten werden kann.

Wie sich die Addition von Geschwindigkeiten in der relativistischen Physik auswirkt, wird deutlich, wenn wir die obige Rechnung wiederholen und dabei die Galilei-Transformation durch die Lorentz-Transformation ersetzen. Wir erhalten dann das folgende Ergebnis:

$$u = \frac{\mathrm{d}x}{\mathrm{d}t} = \frac{\frac{\mathrm{d}x}{\mathrm{d}t'}}{\frac{\mathrm{d}t}{\mathrm{d}t'}} = \frac{\frac{\mathrm{d}}{\mathrm{d}t'}\left(\frac{x'+vt'}{\sqrt{1-\frac{v^2}{c^2}}}\right)}{\frac{\mathrm{d}}{\mathrm{d}t'}\left(\frac{t'+\frac{v}{c^2}x'}{\sqrt{1-\frac{v^2}{c^2}}}\right)} = \frac{\frac{\mathrm{d}x'}{\mathrm{d}t'} + v\frac{\mathrm{d}t'}{\mathrm{d}t'}}{\frac{\mathrm{d}t'}{\mathrm{d}t'} + \frac{v}{c^2}\frac{\mathrm{d}x'}{\mathrm{d}t'}} = \frac{u'+v}{1+\frac{vu'}{c^2}} \qquad (4.3)$$

Wir halten fest:

Relativistisches Additionstheorem für Geschwindigkeiten (eindimensional)

$$\left.\begin{array}{l} \mathrm{S} \overset{v}{\longmapsto} \mathrm{S}' \overset{u'}{\longmapsto} \mathrm{S}'' \\ \mathrm{S} \overset{u}{\longmapsto\!\!\longrightarrow} \mathrm{S}'' \end{array}\right\} \quad u = \frac{v+u'}{1+\frac{vu'}{c^2}}$$

Es lohnt sich, dieses Ergebnis ein wenig genauer anzusehen. Als Erstes wollen wir überprüfen, wie sich die Formel für Geschwindigkeiten v und u' verhält, die im Vergleich zur Lichtgeschwindigkeit sehr klein sind. In diesem Fall müsste sie das klassische Additionstheorem für Geschwindigkeiten approximieren, und die folgende Rechnung zeigt, dass dies tatsächlich der Fall ist:

$$u = \frac{v+u'}{1+\frac{vu'}{c^2}} \approx \frac{v+u'}{1+0} = v+u'$$

In der Nähe der Lichtgeschwindigkeit ist die Situation eine andere. Setzen wir für eine der beiden Geschwindigkeiten, z. B. für u', die Lichtgeschwindigkeit ein, dann erhalten wir ein im Sinne der klassischen Physik unmögliches Ergebnis. Die Geschwindigkeit erfährt dann keinen Zuwachs mehr:

$$u = \frac{v+u'}{1+\frac{vu'}{c^2}} = \frac{v+c}{1+\frac{v}{c}} = \frac{v+c}{\frac{c+v}{c}} = c \tag{4.4}$$

In der relativistischen Physik ist dieses Ergebnis zwingend. Ist v die Geschwindigkeit, mit der sich zwei Inertialsysteme S und S$'$ gegeneinander bewegen, so besagt Formel (4.4), dass die Lichtgeschwindigkeit beim Übergang von einem Inertialsystem in ein anderes dieselbe bleibt. Genau dies ist die Aussage des zweiten Einstein'schen Axioms.

Die vorgenommenen Rechnungen drängen uns eine zentrale Frage auf. Ist es möglich, die Lichtgeschwindigkeit durch die Addition von Geschwindigkeiten nach oben zu durchbrechen? Die Antwort ist negativ, und eine einfache Rechnung belegt, warum. Übersteigen weder v noch u' die Lichtgeschwindigkeit, gilt also $v \leq c$ und $u' \leq c$, so gilt dies auch für deren Summe. Es ist

$$c - \frac{v+u'}{1+\frac{vu'}{c^2}} = \frac{c+\frac{vu'}{c}-v-u'}{1+\frac{vu'}{c^2}} = \frac{c^2-cv-cu'+vu'}{c+\frac{vu'}{c}} = \frac{\overbrace{(c-v)}^{\geq 0}\overbrace{(c-u')}^{\geq 0}}{\underbrace{c+\frac{vu'}{c}}_{>0}} \geq 0,$$

woraus sofort das gesuchte Ergebnis folgt:

$$\frac{v+u'}{1+\frac{vu'}{c^2}} \leq c$$

Damit entpuppt sich das Additionstheorem für Geschwindigkeiten als ein weiteres Indiz dafür, dass die Lichtgeschwindigkeit nicht nach oben durchbrochen werden kann:

Lichtgeschwindigkeit als obere Grenze

Durch die Addition von Geschwindigkeiten lässt sich die Lichtgeschwindigkeit nicht überschreiten.

In Abbildung 4.12 lässt sich das herausgearbeitete Phänomen mit dem bloßen Auge erkennen. Wird die Geschwindigkeit v beliebig, aber fest gewählt, dann beschreibt die Funktion $u(u')$ im relativistischen Fall eine Kurve, die für $u' = 0$ bei v beginnt, danach immer flacher wird und für $u' \to c$ gegen die Lichtgeschwindigkeit konvergiert. In der klassischen Physik gibt es eine solche Abflachung nicht. Dort addieren sich Geschwindigkeiten stets linear.

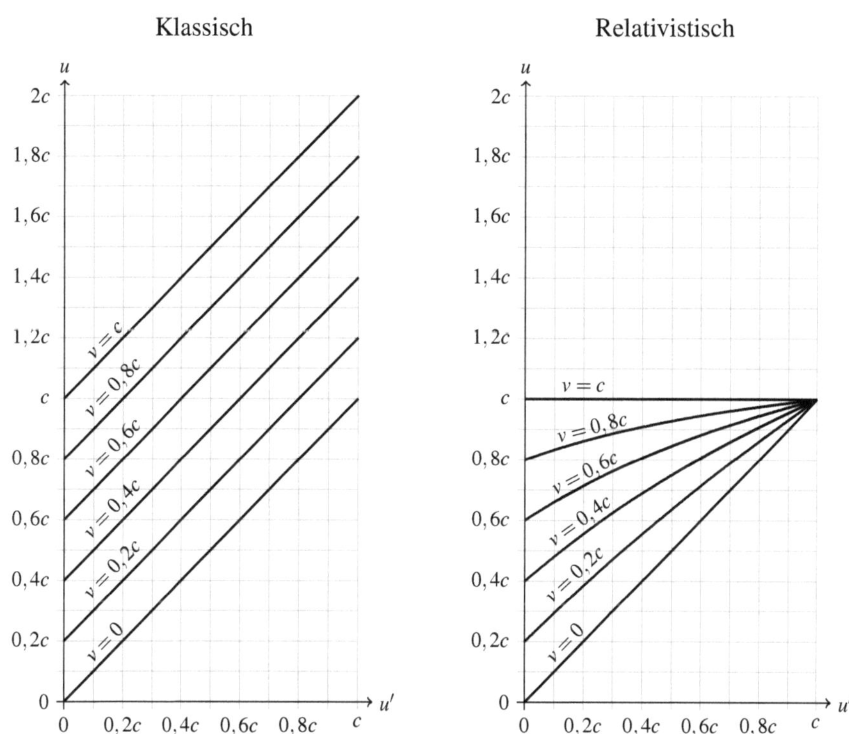

Abbildung 4.12: Zur Addition von Geschwindigkeiten

Zur Geschwindigkeit des Mittelsystems

In diesem Abschnitt wollen wir das Additionstheorem auf die Probe stellen und damit ein Ergebnis herleiten, das uns in Abschnitt 3.4.2 durch ein geometrisches Argument in die Hände fiel. Wir haben dort gezeigt, wie sich aus der Konstanten β, die die relative Bewegung zweier Inertialsysteme S und S$'$ beschreibt, die Konstante $\overline{\beta}$ des Mittelsystems ableiten lässt. Wir erinnern uns: Das Mittelsystem $\overline{\mathrm{S}}$ ist jenes Bezugssystem, aus dessen Sicht sich S und S$'$ mit der gleichen Geschwindigkeit $\overline{v}$ auf einen darin ruhenden Beobachter zu- oder wegbewegen.

In aller Klarheit hat uns das Additionstheorem vor Augen geführt, dass wir Geschwindigkeiten nicht einfach addieren oder subtrahieren dürfen. Das bedeutet, dass die intuitiv plausibel erscheinende Annahme, $\overline{\beta}$ sei halb so groß wie β, nur in der klassischen Physik richtig sein kann, in der relativistischen Physik aber grundlegend falsch sein muss.

Beginnen wir also von vorne. Wir wissen, dass sich S mit der Geschwindigkeit $\overline{v}$ relativ zu $\overline{\mathrm{S}}$ bewegt, genauso wie das System S$'$. Das bedeutet, dass die relativistische Addition von $\overline{v}$ mit sich selbst die Geschwindigkeit v ergeben muss. In Zeichen:

$$v = \frac{\overline{v} + \overline{v}}{1 + \frac{\overline{v}\,\overline{v}}{c^2}}$$

Dies können wir in

$$v\left(1 + \frac{\overline{v}^2}{c^2}\right) = 2\overline{v}$$

umformen, was wiederum das Gleiche ist wie:

$$\frac{v}{c^2}\overline{v}^2 - 2\overline{v} + v = 0$$

Noch übersichtlicher wird diese Gleichung, wenn wir anstelle von v und $\overline{v}$ die Größen β und $\overline{\beta}$ verwenden. Sie geht dann in die Form

$$c\beta\overline{\beta}^2 - 2c\overline{\beta} + c\beta = 0$$

über, die sich weiter vereinfachen lässt in:

$$\beta\overline{\beta}^2 - 2\overline{\beta} + \beta = 0$$

Das Ergebnis ist eine quadratische Gleichung mit der Unbekannten $\overline{\beta}$ und den folgenden beiden Lösungen:

$$\overline{\beta} = \frac{2 \pm \sqrt{4 - 4\beta^2}}{2\beta} = \begin{cases} \frac{1+\sqrt{1-\beta^2}}{\beta} \\ \frac{1-\sqrt{1-\beta^2}}{\beta} \end{cases}$$

Da die erste Lösung größer als 1 ist und $\overline{v}$ damit größer als c wäre, dürfen wir sie gefahrlos verwerfen. Die zweite ist jene, die wir suchen:

Geschwindigkeit des Mittelsystems (rechnerisch ermittelt)

$$\left.\begin{array}{l} \mathrm{S} \overset{\beta}{\longmapsto} \mathrm{S}' \\ \mathrm{S} \overset{\overline{\beta}}{\longmapsto} \overline{\mathrm{S}} \overset{\overline{\beta}}{\longmapsto} \mathrm{S}' \end{array}\right\} \quad \overline{\beta} = \frac{1 - \sqrt{1-\beta^2}}{\beta} \tag{4.5}$$

Ein Blick auf Seite 172 beweist unseren Erfolg. Die Formel, die wir mithilfe des Additionstheorems rechnerisch ermittelt haben, ist mit der geometrisch gewonnenen Formel (3.19) identisch. Damit hat das Additionstheorem seine erste wichtige Feuerprobe bestanden.

Verallgemeinerung auf beliebige Bewegungsrichtungen

Die bisher angestellten Überlegungen waren allesamt auf eine einzige Raumdimension beschränkt, da sich die betrachteten Bezugssysteme stets in die gleiche Richtung bewegten. Wir wollen uns von dieser Beschränkung lösen und zulassen, dass S″ gegenüber S′ in allen drei Raumdimensionen seine Lage ändern kann. An die Stelle der skalaren Geschwindigkeit u' tritt dann ein Geschwindigkeitsvektor $\boldsymbol{u}'$, der sich aus den drei Einzelkomponenten u'_x, u'_y und u'_z zusammensetzt. Um die Betrachtung einfach zu halten, nehmen wir an, dass sich S′ gegenüber S weiterhin mit der Geschwindigkeit v entlang der x-Achse bewegt. Demnach stellt sich unsere Ausgangslage folgendermaßen dar:

$$\mathrm{S} \xmapsto{v} \mathrm{S}' \xmapsto{\boldsymbol{u}'} \mathrm{S}''$$

$$\mathrm{S} \xmapsto{\quad\quad\boldsymbol{u}\quad\quad} \mathrm{S}''$$

Wir wollen der Frage nachgehen, wie ein Beobachter in S die Geschwindigkeit von S″ beurteilt. Diese Geschwindigkeit wird durch den Vektor $\boldsymbol{u}$ beschrieben, der aus den drei Einzelkomponenten u_x, u_y und u_z besteht.

Mit den Mitteln der Differentialrechnung lässt sich die Frage mit wenig Mühe beantworten, mit einer Rechnung, die jener auf Seite 217 ähnelt:

$$u_x = \frac{\mathrm{d}x}{\mathrm{d}t} = \frac{\frac{\mathrm{d}x}{\mathrm{d}t'}}{\frac{\mathrm{d}t}{\mathrm{d}t'}} = \frac{\frac{\mathrm{d}}{\mathrm{d}t'}\left(\frac{x'+vt'}{\sqrt{1-\frac{v^2}{c^2}}}\right)}{\frac{\mathrm{d}}{\mathrm{d}t'}\left(\frac{t'+\frac{v}{c^2}x'}{\sqrt{1-\frac{v^2}{c^2}}}\right)} = \frac{\frac{\mathrm{d}}{\mathrm{d}t'}(x'+vt')}{\frac{\mathrm{d}}{\mathrm{d}t'}\left(t'+\frac{v}{c^2}x'\right)} = \frac{\frac{\mathrm{d}x'}{\mathrm{d}t'}+v\frac{\mathrm{d}t'}{\mathrm{d}t'}}{\frac{\mathrm{d}t'}{\mathrm{d}t'}+\frac{v}{c^2}\frac{\mathrm{d}x'}{\mathrm{d}t'}} = \frac{u'_x+v}{1+\frac{vu'_x}{c^2}}$$

$$u_y = \frac{\mathrm{d}y}{\mathrm{d}t} = \frac{\frac{\mathrm{d}y}{\mathrm{d}t'}}{\frac{\mathrm{d}t}{\mathrm{d}t'}} = \frac{\frac{\mathrm{d}y'}{\mathrm{d}t'}}{\frac{\mathrm{d}}{\mathrm{d}t'}\left(\frac{t'+\frac{v}{c^2}x'}{\sqrt{1-\frac{v^2}{c^2}}}\right)} = \frac{\sqrt{1-\frac{v^2}{c^2}}u'_y}{\frac{\mathrm{d}}{\mathrm{d}t'}\left(t'+\frac{v}{c^2}x'\right)} = \frac{\sqrt{1-\frac{v^2}{c^2}}u'_y}{\frac{\mathrm{d}t'}{\mathrm{d}t'}+\frac{v}{c^2}\frac{\mathrm{d}x'}{\mathrm{d}t'}} = \frac{\sqrt{1-\frac{v^2}{c^2}}u'_y}{1+\frac{vu'_x}{c^2}}$$

$$u_z = \frac{\mathrm{d}z}{\mathrm{d}t} = \frac{\frac{\mathrm{d}z}{\mathrm{d}t'}}{\frac{\mathrm{d}t}{\mathrm{d}t'}} = \frac{\frac{\mathrm{d}z'}{\mathrm{d}t'}}{\frac{\mathrm{d}}{\mathrm{d}t'}\left(\frac{t'+\frac{v}{c^2}x'}{\sqrt{1-\frac{v^2}{c^2}}}\right)} = \frac{\sqrt{1-\frac{v^2}{c^2}}u'_z}{\frac{\mathrm{d}}{\mathrm{d}t'}\left(t'+\frac{v}{c^2}x'\right)} = \frac{\sqrt{1-\frac{v^2}{c^2}}u'_z}{\frac{\mathrm{d}t'}{\mathrm{d}t'}+\frac{v}{c^2}\frac{\mathrm{d}x'}{\mathrm{d}t'}} = \frac{\sqrt{1-\frac{v^2}{c^2}}u'_z}{1+\frac{vu'_x}{c^2}}$$

Wir fassen zusammen:

Relativistisches Additionstheorem für Geschwindigkeiten (mehrdimensional)

$$\left.\begin{array}{l} \mathrm{S} \overset{v}{\longmapsto} \mathrm{S}' \overset{u'}{\longmapsto} \mathrm{S}'' \\ \mathrm{S} \xmapsto{\quad \boldsymbol{u} \quad} \mathrm{S}'' \end{array}\right\} \quad \begin{aligned} u_x &= \frac{u'_x + v}{1 + \frac{u'_x v}{c^2}} \\ u_y &= \frac{u'_y}{\gamma\left(1 + \frac{u'_x v}{c^2}\right)} \\ u_z &= \frac{u'_z}{\gamma\left(1 + \frac{u'_x v}{c^2}\right)} \end{aligned} \tag{4.6}$$

Sind anstelle der Größen v und $\boldsymbol{u}'$ die Größen v und $\boldsymbol{u}$ bekannt, dann können wir den Geschwindigkeitsvektor $\boldsymbol{u}'$ auf ähnliche Weise berechnen. Wir müssen in den hergeleiteten Gleichungen lediglich $\boldsymbol{u}'$ und $\boldsymbol{u}$ vertauschen und das Vorzeichen von v negieren:

Relativistisches Additionstheorem für Geschwindigkeiten (Fortsetzung)

$$\left.\begin{array}{l} \mathrm{S} \overset{-v}{\longleftarrow} \mathrm{S}' \\ \mathrm{S} \xmapsto{\quad \boldsymbol{u} \quad} \mathrm{S}'' \\ \qquad \mathrm{S}' \overset{u'}{\longmapsto} \mathrm{S}'' \end{array}\right\}$$

$$u'_x = \frac{u_x - v}{1 - \frac{u_x v}{c^2}} \tag{4.7}$$

$$u'_y = \frac{u_y}{\gamma\left(1 - \frac{u_x v}{c^2}\right)} \tag{4.8}$$

$$u'_z = \frac{u_z}{\gamma\left(1 - \frac{u_x v}{c^2}\right)} \tag{4.9}$$

Wie sich das relativistische Additionstheorem in seiner verallgemeinerten Form auswirkt, wollen wir am Beispiel zweier diagonal bewegter Kugeln herausarbeiten. In Abbildung 4.13 ist das Szenario aus der Sicht eines Beobachters dargestellt, der im Mittelsystem $\overline{\mathrm{S}}$ ruht und eine Kugel von links oben und die andere von rechts unten auf sich zukommen sieht. Wir wollen annehmen, dass sich die Kugeln gleich schnell auf den Beobachter zubewegen, sich die horizontalen und die vertikalen Komponenten der Geschwindigkeitsvektoren also nur in ihrem Vorzeichen unterscheiden.

Als Nächstes wollen wir uns überlegen, wie ein Beobachter das geschilderte Szenario beurteilt, der sich horizontal mit der linken oder der rechten Kugel mitbewegt. Für einen solchen Beobachter würde sich eine Kugel diagonal und die andere vertikal bewegen. Wir konkretisieren die Betrachtung und bezeichnen das Bezugssystem, das sich horizontal mit der linken Kugel mitbewegt, mit S und das Bezugssystem, das sich horizontal mit der rechten Kugel mitbewegt, mit S′. Als Erstes wenden wir uns dem System S zu und blicken auf die linke Grafik in Abbildung 4.14. Die Frage, die wir aus der Sicht von S beantworten

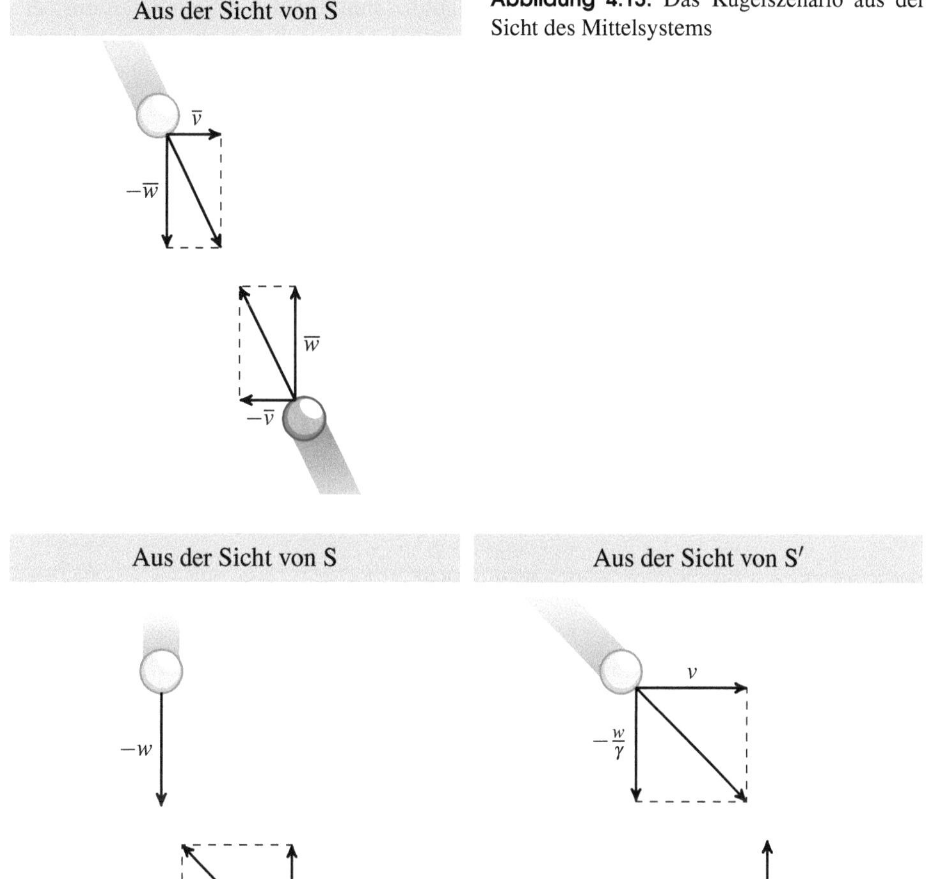

Abbildung 4.13: Das Kugelszenario aus der Sicht des Mittelsystems

Abbildung 4.14: Das Kugelszenario aus der Sicht eines Beobachters, der sich horizontal mit der linken bzw. der rechten Kugel mitbewegt.

wollen, lautet folgendermaßen: Wenn sich die linke Kugel mit der Geschwindigkeit w nach unten und die rechte Kugel mit der Geschwindigkeit v nach links bewegt, wie groß ist dann die Geschwindigkeit, mit der sich die rechte Kugel nach oben bewegt?

Die Antwort liefert uns das relativistische Additionstheorem. Wir können es direkt anwenden, wenn wir uns daran erinnern, dass sich die rechte Kugel aus der Sicht von S′ mit der Geschwindigkeit w nach oben bewegt. Identifizieren wir also das im Additionstheorem vorkommende System S″ mit dem Ruhesystem der Kugel, d. h. dem Bezugssystem, das sich gegenüber S′ mit den Geschwindigkeiten

$$u'_x = 0$$
$$u'_y = w$$
$$u'_z = 0$$

bewegt, so entspricht die von uns gesuchte Größe der Geschwindigkeitskomponenten u_y. Setzen wir die Werte in die Formel (4.6) ein, so erhalten wir das folgende Ergebnis:

$$u_y = \frac{u'_y}{\gamma\left(1 + \frac{vu'_x}{c^2}\right)} = \frac{w}{\gamma\left(1 + \frac{v \cdot 0}{c^2}\right)} = w\sqrt{1 - \frac{v^2}{c^2}}$$

In kompakter Schreibweise liest sich dieser Zusammenhang so:

$$u_y = w\sqrt{1 - \beta^2} = \frac{w}{\gamma}$$

Die Rechnung zeigt: Die Symmetrie zwischen den vertikalen Geschwindigkeitskomponenten geht verloren, wenn wir das Mittelsystem verlassen und das Szenario aus einem Bezugssystem heraus betrachten, das einer der beiden Kugeln horizontal folgt. Ein Beobachter, der sich mit der linken Kugel mitbewegt, nimmt die rechte Kugel vertikal verlangsamt wahr, und für einen Beobachter in S′, der sich mit der rechten Kugel mitbewegt, gilt genau das Gleiche. Für ihn scheint sich die linke Kugel mit einer verminderten Vertikalgeschwindigkeit zu bewegen. Wie sich diese reduzierte Geschwindigkeit berechnen lässt, haben wir gerade gezeigt. Wir müssen die vertikale Geschwindigkeit der jeweils ruhenden Kugel durch den Lorentzfaktor γ dividieren.

Auf die gleiche Weise können wir ermitteln, wie die Geschwindigkeiten $\overline{w}$ und $\overline{v}$ mit den Größen w und v zusammenhängen. Hierfür müssen wir die eben angestellte Überlegung lediglich ein zweites Mal durchführen und in Gedanken S durch $\overline{\text{S}}$ ersetzen. Dies liefert uns den folgenden Zusammenhang:

$$\overline{w} = \sqrt{1 - \overline{\beta}^2}\, w = \frac{w}{\overline{\gamma}}$$

Die Größe $\overline{\beta}$ kennen wir bereits aus Abschnitt 4.2.1. Sie beträgt nach (4.5):

$$\overline{\beta} = \frac{1 - \sqrt{1 - \beta^2}}{\beta}$$

Wir wollen diesen Abschnitt mit einer Nebenrechnung beenden, die uns einen interessanten Zusammenhang zwischen den Lorentzfaktoren γ, γ_u und $\gamma_{u'}$ in die Hände spielen wird. Der Bezeichner γ steht wie üblich für die Größe

$$\gamma = \frac{1}{\sqrt{1-\frac{v^2}{c^2}}}$$

und die Bezeichner γ_u und $\gamma_{u'}$ für die Größen:

$$\gamma_u = \frac{1}{\sqrt{1-\frac{|\boldsymbol{u}|^2}{c^2}}} = \frac{1}{\sqrt{1-\frac{\boldsymbol{u}\cdot\boldsymbol{u}}{c^2}}} = \frac{1}{\sqrt{1-\frac{u_x^2+u_y^2+u_z^2}{c^2}}}$$

$$\gamma_{u'} = \frac{1}{\sqrt{1-\frac{|\boldsymbol{u}'|^2}{c^2}}} = \frac{1}{\sqrt{1-\frac{\boldsymbol{u}'\cdot\boldsymbol{u}'}{c^2}}} = \frac{1}{\sqrt{1-\frac{u_x'^2+u_y'^2+u_z'^2}{c^2}}}$$

Die Umformung dieser Ausdrücke ergibt, unter Zuhilfenahme von (4.7) bis (4.9):

$$\begin{aligned}
\gamma_{u'} &= \frac{1}{\sqrt{1-\frac{\boldsymbol{u}'\cdot\boldsymbol{u}'}{c^2}}} \\
&= \frac{1}{\sqrt{1-\frac{u_x'^2+u_y'^2+u_z'^2}{c^2}}} \\
&= \frac{1}{\sqrt{1-\frac{1}{c^2}\frac{(u_x-v)^2}{\left(1-\frac{u_xv}{c^2}\right)^2}-\frac{1}{c^2}\frac{u_y^2}{\gamma^2\left(1-\frac{u_xv}{c^2}\right)^2}-\frac{1}{c^2}\frac{u_z^2}{\gamma^2\left(1-\frac{u_xv}{c^2}\right)^2}}} \\
&= \frac{1}{\sqrt{\frac{\gamma^2\left(1-\frac{u_xv}{c^2}\right)^2}{\gamma^2\left(1-\frac{u_xv}{c^2}\right)^2}-\frac{1}{c^2}\frac{\gamma^2(u_x-v)^2}{\gamma^2\left(1-\frac{u_xv}{c^2}\right)^2}-\frac{1}{c^2}\frac{u_y^2}{\gamma^2\left(1-\frac{u_xv}{c^2}\right)^2}-\frac{1}{c^2}\frac{u_z^2}{\gamma^2\left(1-\frac{u_xv}{c^2}\right)^2}}} \\
&= \frac{\gamma\left(1-\frac{u_xv}{c^2}\right)}{\sqrt{\gamma^2\left(1-\frac{u_xv}{c^2}\right)^2-\gamma^2\frac{(u_x-v)^2}{c^2}-\frac{u_y^2}{c^2}-\frac{u_z^2}{c^2}}} \\
&= \frac{\gamma\left(1-\frac{u_xv}{c^2}\right)}{\sqrt{\gamma^2\left(1-\frac{2u_xv}{c^2}+\frac{u_x^2v^2}{c^4}-\frac{u_x^2}{c^2}+\frac{2u_xv}{c^2}-\frac{v^2}{c^2}\right)-\frac{u_y^2}{c^2}-\frac{u_z^2}{c^2}}} \\
&= \frac{\gamma\left(1-\frac{u_xv}{c^2}\right)}{\sqrt{\gamma^2\left(1+\frac{u_x^2v^2}{c^4}-\frac{u_x^2}{c^2}-\frac{v^2}{c^2}\right)-\frac{u_y^2}{c^2}-\frac{u_z^2}{c^2}}}
\end{aligned}$$

$$= \frac{\gamma\left(1-\frac{u_x v}{c^2}\right)}{\sqrt{\gamma^2\left(1-\frac{u_x^2}{c^2}\right)\left(1-\frac{v^2}{c^2}\right)-\frac{u_y^2}{c^2}-\frac{u_z^2}{c^2}}}$$

$$= \frac{\gamma\left(1-\frac{u_x v}{c^2}\right)}{\sqrt{1-\frac{u_x^2}{c^2}-\frac{u_y^2}{c^2}-\frac{u_z^2}{c^2}}}$$

$$= \frac{\gamma\left(1-\frac{u_x v}{c^2}\right)}{\sqrt{1-\frac{\boldsymbol{u}\cdot\boldsymbol{u}}{c^2}}}$$

Ersetzen wir jetzt noch den Nenner durch den Kehrwert von γ_u, so erhalten wir das Ergebnis, das wir suchen:

$$\gamma_{u'} = \gamma\gamma_u\left(1-\frac{u_x v}{c^2}\right) \tag{4.10}$$

Aufgreifen werden wir diese Beziehung in Abschnitt 7.1.4, wo sie uns bei der Herleitung der Transformationsgleichungen für die relativistische Energie und den relativistischen Impuls viel Rechenaufwand abnehmen wird.

4.2.2 Addition von Beschleunigungen

Die hergeleiteten Additionstheoreme haben aufgezeigt, wie ein Objekt, das sich mit einer konstanten Geschwindigkeit in einem Bezugssystem S′ in eine beliebige Richtung bewegt, in einem Bezugssystem S wahrgenommen wird, das relativ zu S′ eine Translationsbewegung entlang der x-Achse ausführt. Für die Herleitung dieser Theoreme hatten wir das im Additionstheorem vorkommende System S″ mit dem Ruhesystem des bewegten Objekts identifiziert, das sich gegenüber S′ in eine beliebige Richtung bewegt. Genauso gut können wir ein Objekt untersuchen, dessen Geschwindigkeit sich mit der Zeit ändert. In diesem Abschnitt interessieren wir uns für die Frage, wie diese Beschleunigung von einem Beobachter in S beurteilt wird.

Die Additionstheoreme für Beschleunigungen lassen sich auf die gleiche Weise herleiten wie die Additionstheoreme für Geschwindigkeiten. Wir erhalten sie, indem wir anstelle der Ortsfunktionen $x(t)$, $y(t)$ und $z(t)$ die Geschwindigkeitsfunktionen $u_x(t)$, $u_y(t)$ und $u_z(t)$ nach der Zeit ableiten. Dies ergibt:

$$a_x = \frac{\mathrm{d}u_x}{\mathrm{d}t} = \frac{\frac{\mathrm{d}u_x}{\mathrm{d}t'}}{\frac{\mathrm{d}t}{\mathrm{d}t'}} = \frac{\frac{\mathrm{d}}{\mathrm{d}t'}\frac{u'_x+v}{1+\frac{u'_x v}{c^2}}}{\frac{\mathrm{d}}{\mathrm{d}t'}\gamma\left(t'+\frac{v}{c^2}x'\right)} = \frac{\frac{\left(1+\frac{u'_x v}{c^2}\right)\frac{\mathrm{d}}{\mathrm{d}t'}(u'_x+v)-(u'_x+v)\frac{\mathrm{d}}{\mathrm{d}t'}\left(1+\frac{u'_x v}{c^2}\right)}{\left(1+\frac{u'_x v}{c^2}\right)^2}}{\gamma\left(\frac{\mathrm{d}t'}{\mathrm{d}t'}+\frac{v}{c^2}\frac{\mathrm{d}x'}{\mathrm{d}t'}\right)}$$

$$= \frac{\left(1+\frac{u_x' v}{c^2}\right)\frac{\mathrm{d}u_x'}{\mathrm{d}t'} - (u_x'+v)\frac{v}{c^2}\frac{\mathrm{d}u_x'}{\mathrm{d}t'}}{\gamma\left(1+\frac{u_x' v}{c^2}\right)^3} = \frac{\left(1+\frac{u_x' v}{c^2}-\frac{u_x' v}{c^2}-\frac{v^2}{c^2}\right)a_x'}{\gamma\left(1+\frac{u_x' v}{c^2}\right)^3}$$

$$= \frac{\left(1-\frac{v^2}{c^2}\right)}{\gamma\left(1+\frac{u_x' v}{c^2}\right)^3}a_x' = \frac{1}{\gamma^3\left(1+\frac{u_x' v}{c^2}\right)^3}a_x'$$

$$a_y = \frac{\mathrm{d}u_y}{\mathrm{d}t} = \frac{\frac{\mathrm{d}u_y}{\mathrm{d}t'}}{\frac{\mathrm{d}t}{\mathrm{d}t'}} = \frac{\frac{\mathrm{d}}{\mathrm{d}t'}\frac{u_y'}{\gamma\left(1+\frac{u_x' v}{c^2}\right)}}{\frac{\mathrm{d}}{\mathrm{d}t'}\gamma\left(t'+\frac{v}{c^2}x'\right)} = \frac{\frac{\gamma\left(1+\frac{u_x' v}{c^2}\right)\frac{\mathrm{d}u_y'}{\mathrm{d}t'} - u_y'\gamma\frac{\mathrm{d}}{\mathrm{d}t'}\left(1+\frac{u_x' v}{c^2}\right)}{\gamma^2\left(1+\frac{u_x' v}{c^2}\right)^2}}{\gamma\left(\frac{\mathrm{d}t'}{\mathrm{d}t'}+\frac{v}{c^2}\frac{\mathrm{d}x'}{\mathrm{d}t'}\right)}$$

$$= \frac{\left(1+\frac{u_x' v}{c^2}\right)\frac{\mathrm{d}u_y'}{\mathrm{d}t'} - \frac{u_y' v}{c^2}\frac{\mathrm{d}u_x'}{\mathrm{d}t'}}{\gamma^2\left(1+\frac{u_x' v}{c^2}\right)^3} = \frac{1}{\gamma^2\left(1+\frac{u_x' v}{c^2}\right)^2}a_y' - \frac{\frac{u_y' v}{c^2}}{\gamma^2\left(1+\frac{u_x' v}{c^2}\right)^3}a_x'$$

Die Berechnung von a_z verläuft genauso wie die Berechnung von a_y, so dass wir am Ende zu dem folgenden Gesamtergebnis gelangen:

Relativistische Additionstheoreme für Beschleunigungen

$$a_x = \frac{1}{\gamma^3\left(1+\frac{u_x' v}{c^2}\right)^3}a_x' \tag{4.11}$$

$$a_y = \frac{1}{\gamma^2\left(1+\frac{u_x' v}{c^2}\right)^2}a_y' - \frac{\frac{u_y' v}{c^2}}{\gamma^2\left(1+\frac{u_x' v}{c^2}\right)^3}a_x'$$

$$a_z = \frac{1}{\gamma^2\left(1+\frac{u_x' v}{c^2}\right)^2}a_z' - \frac{\frac{u_z' v}{c^2}}{\gamma^2\left(1+\frac{u_x' v}{c^2}\right)^3}a_x' \tag{4.12}$$

Vielleicht haben Sie bei der Berechnung der Beschleunigungen ein gewisses Unbehagen gespürt, da wir in den vorherigen Abschnitten stets erklärt haben, die spezielle Relativitätstheorie beschäftige sich nur mit unbeschleunigten Bezugssystemen. Dieser Einwand ist richtig, er schließt aber nicht aus, dass sich die Geschwindigkeit eines untersuchten Objekts ändern kann. Wir weilen auf sicherem Boden, solange wir das beschleunigte Objekt innerhalb eines Inertialsystems analysieren, und genau dies haben wir in diesem Abschnitt getan. Das System S′, in dem wir das beschleunigte Objekt untersucht haben, ist genauso ein Inertialsystem wie das System S, in das wir die Beschleunigungen transformiert haben. Einzig das System, das wir weiter oben als S″ bezeichnet haben, verlor die Eigenschaft, ein Inertialsystem zu sein. Es ist das Ruhesystem des untersuchten Objekts und damit ebenfalls beschleunigt. Für die Berechnungen, die wir in diesem Abschnitt durchgeführt haben, war aber ausschließlich von Bedeutung, dass S und S′ Inertialsysteme sind, denn nur zwischen diesen Systemen haben wir transformiert.

4.2.3 Eine Reise zu fernen Sternen

An dieser Stelle wollen wir das erworbene Wissen auf zwei Fragen anwenden, die von Romanautoren gerne gestellt werden: Kann es innerhalb eines Menschenlebens gelingen, mit einem Raumschiff an entfernte Orte unseres Universums zu gelangen? Und falls dies tatsächlich möglich wäre, wie viele Jahre unseres Lebens müssten wir für eine solche Reise aufwenden? Gleich werden wir sehen, dass sich die Antworten erheblich unterscheiden, je nachdem, ob wir die Reise aus dem Blickwinkel der klassischen Physik oder dem Blickwinkel der relativistischen Physik beurteilen.

Unsere imaginäre Reise werden wir in einem Raumschiff unternehmen, das nach seinem Start kontinuierlich mit

$$a_0 = 9{,}51\ \frac{\mathrm{m}}{\mathrm{s}^2} \tag{4.13}$$

beschleunigt wird. Der gewählte Wert entspricht in guter Näherung der Erdbeschleunigung, so dass wir uns an Bord des Raumschiffs komfortabel bewegen können.

In den folgenden Betrachtungen gehen wir davon aus, dass S das Bezugssystem eines externen Beobachters ist, der auf der Erde verweilt, und S′ das Ruhesystem unseres Raumschiffs bezeichnet. Ferner sei v die Geschwindigkeit, mit der sich S′ gegenüber S bewegt. Da S′ eine beschleunigte Bewegung ausführt, müssen wir darauf achten, v nicht als eine Konstante, sondern als eine zeitlich veränderliche Funktion $v(t)$ aufzufassen. Trotzdem machen wir nur einen kleinen Fehler, wenn wir $v(t)$ in kurzen Zeitintervallen als konstant und die beiden Bezugssysteme S und S′ innerhalb eines solchen Zeitintervalls als gleichförmig gegeneinander bewegt ansehen.

In seinem Ruhesystem S′ bewegt sich unser Raumschiff mit der Geschwindigkeit

$$\boldsymbol{u}' = (u'_x, u'_y, u'_z) = (0, 0, 0)$$

und erfährt die Beschleunigung

$$\boldsymbol{a}' = (a'_x, a'_y, a'_z) = (a_0, 0, 0).$$

Setzen wir diese Werte in die Gleichungen (4.11) bis (4.12) ein, so können wir ausrechnen, wie die Beschleunigung zu einem gewissen Zeitpunkt t von einem externen Beobachter auf der Erde beurteilt wird. Für die drei Beschleunigungskomponenten gilt:

$$a_x = \frac{1}{\gamma^3} a_0 = \left(1 - \frac{v^2}{c^2}\right)^{\frac{3}{2}} a_0 \tag{4.14}$$

$$a_y = 0$$
$$a_z = 0$$

Da die Geschwindigkeits- und die Beschleunigungskomponenten entlang der y- und der z-Achse in unserer Überlegung offenbar keine Rolle spielen, verwenden wir für die einzigen relevanten Größen u_x und a_x ab jetzt die einfacheren Symbole u und a.

Damit können wir (4.14), etwas übersichtlicher, in der Form

$$a = \frac{1}{\gamma^3} a_0$$

aufschreiben, was wiederum dasselbe ist wie

$$\gamma^3 a = a_0. \tag{4.15}$$

Drücken wir die Beschleunigung als die zeitliche Veränderung der Geschwindigkeit aus, so wird deutlich, dass sich hinter diesem harmlos anmutenden Ausdruck eine Differentialgleichung verbirgt:

$$\left(1 - \frac{v^2}{c^2}\right)^{-\frac{3}{2}} \frac{\mathrm{d}v}{\mathrm{d}t} = a_0 \tag{4.16}$$

Relativistisches Geschwindigkeits-Zeit-Gesetz

Die Auflösung dieser Differentialgleichung nach $v(t)$ wird uns zum Geschwindigkeits-Zeit-Gesetz führen, dem relativistischen Pendant des aus der Schulphysik bekannten Zusammenhangs

$$v(t) = a_0 t.$$

Um die korrekte Formel für $v(t)$ zu finden, beginnen wir mit einer Nebenrechnung. Sie wird uns den entscheidenden Hinweis darauf geben, wie die Differentialgleichung (4.16) gelöst werden kann. Es ist:

$$\begin{aligned}
\frac{\mathrm{d}(\gamma v)}{\mathrm{d}t} &= v\frac{\mathrm{d}\gamma}{\mathrm{d}t} + \gamma\frac{\mathrm{d}v}{\mathrm{d}t} = v\frac{\mathrm{d}}{\mathrm{d}t}\left(1 - \frac{v^2}{c^2}\right)^{-\frac{1}{2}} + \gamma\frac{\mathrm{d}v}{\mathrm{d}t} \\
&= -\frac{v}{2}\left(1 - \frac{v^2}{c^2}\right)^{-\frac{3}{2}} \frac{\mathrm{d}}{\mathrm{d}t}\left(1 - \frac{v^2}{c^2}\right) + \gamma\frac{\mathrm{d}v}{\mathrm{d}t} \\
&= \frac{v^2}{c^2}\left(1 - \frac{v^2}{c^2}\right)^{-\frac{3}{2}} \frac{\mathrm{d}v}{\mathrm{d}t} + \gamma\frac{\mathrm{d}v}{\mathrm{d}t} \\
&= \frac{v^2}{c^2}\frac{1}{\left(1 - \frac{v^2}{c^2}\right)}\gamma\frac{\mathrm{d}v}{\mathrm{d}t} + \gamma\frac{\mathrm{d}v}{\mathrm{d}t}
\end{aligned}$$

$$= \left(\frac{v^2}{c^2 - v^2} + 1 \right) \gamma \frac{\mathrm{d}v}{\mathrm{d}t}$$

$$= \frac{c^2}{c^2 - v^2} \gamma \frac{\mathrm{d}v}{\mathrm{d}t} = \left(\frac{1}{1 - \frac{v^2}{c^2}} \right) \gamma \frac{\mathrm{d}v}{\mathrm{d}t}$$

$$= \gamma^3 \frac{\mathrm{d}v}{\mathrm{d}t} = \gamma^3 a \tag{4.17}$$

Jetzt kommt die Differentialgleichung (4.15) ins Spiel. Zusammen mit (4.17) liefert sie uns den Zusammenhang

$$\frac{\mathrm{d}(\gamma v)}{\mathrm{d}t} = a_0.$$

Zum Startzeitpunkt 0 beträgt die Geschwindigkeit 0 $\frac{\mathrm{m}}{\mathrm{s}}$, so dass wir die Größe γv folgendermaßen ermitteln können:

$$\gamma v = \int_0^t \frac{\mathrm{d}(\gamma v)}{\mathrm{d}t} \, \mathrm{d}t = \int_0^t a_0 \, \mathrm{d}t = a_0 t$$

Hieraus folgt

$$v^2 = \frac{a_0^2 t^2}{\gamma^2} = a_0^2 t^2 \left(1 - \frac{v^2}{c^2} \right) = a_0^2 t^2 - v^2 \frac{a_0^2 t^2}{c^2},$$

was wiederum dasselbe ist wie

$$v^2 \left(1 + \frac{a_0^2 t^2}{c^2} \right) = a_0^2 t^2.$$

Von den beiden Lösungen

$$v = \pm \frac{a_0 t}{\sqrt{1 + \left(\frac{a_0 t}{c}\right)^2}}$$

beschreibt diejenige mit positivem Vorzeichen unseren physikalischen Sachverhalt.

Damit haben wir unser erstes Zwischenziel erreicht. Wir wissen nun, wie das Geschwindigkeits-Zeit-Gesetz der klassischen Physik relativistisch zu korrigieren ist:

Geschwindigkeits-Zeit-Gesetz

Klassisch: $v(t) = a_0 t$

Relativistisch: $v(t) = \frac{a_0 t}{\sqrt{1 + \left(\frac{a_0 t}{c}\right)^2}}$ (4.18)

Wir wollen dieser Formel eine konkrete Bedeutung verleihen und sie im Sinne unserer fiktiven Reise zu fremden Sternen interpretieren. Weiter oben haben wir erwähnt, dass unser Rauschiff gleichförmig beschleunigt wird. Warum wir mit

$$a_0 = 9,51\ \frac{\mathrm{m}}{\mathrm{s}^2}$$

einen Wert gewählt haben, der von der Erdbeschleunigung

$$g \approx 9,81\ \frac{\mathrm{m}}{\mathrm{s}^2}$$

geringfügig nach unten abweicht, wird ersichtlich, wenn wir in eine Einheit übergehen, die für die Betrachtung riesiger Entfernungen günstiger ist. Der von uns gewählte Wert entspricht

$$a_0 \approx 300000\ \frac{\mathrm{km}}{\mathrm{a}\cdot\mathrm{s}},$$

was zu einer deutlichen Vereinfachung der hergeleiteten Formeln führt. Wegen

$$\frac{c}{a_0} \approx 1\ \mathrm{a}$$

ist

$$\frac{a_0}{c} \approx 1\ \frac{1}{\mathrm{a}},$$

so dass wir Formel (4.18) folgendermaßen vereinfachen können:

$$v(t\ [\mathrm{a}]) \approx \frac{300000}{\sqrt{1+t^2}}t\ \left[\frac{\mathrm{km}}{\mathrm{s}}\right] \approx \frac{ct}{\sqrt{1+t^2}}\ \left[\frac{\mathrm{km}}{\mathrm{s}}\right]$$

In Worten ausgedrückt, leisten die gewählten Einheiten das Folgende: Messen wir t in Jahren (a), dann berechnet die Funktion $v(t)$ die Geschwindigkeit in Kilometern pro Sekunde, mit der sich unser Raumschiff für einen Beobachter auf der Erde t Jahre nach dem Start durch das All bewegt.

Abbildung 4.15 zeigt, wie sich die klassische und die relativistische Vorhersage unterscheiden. Die Formel der klassischen Physik sagt voraus, dass die gleichförmige Beschleunigung zu einem linearen Anstieg der Geschwindigkeit führt. Mit der gewählten Beschleunigung sollte sich unser Raumschiff nach einem Jahr mit Lichtgeschwindigkeit bewegen, nach zwei Jahren mit der doppelten Lichtgeschwindigkeit und so fort. Die relativistische Formel belehrt uns eines Besseren. Sie macht deutlich, dass unser Raumschiff durch die Beschleunigung kontinuierlich schneller wird, die Zuwächse aber sukzessive kleiner werden. Dies hat zur Folge, dass sich die Geschwindigkeit zwar immer weiter der Lichtgeschwindigkeit nähert, diese aber niemals erreicht. Damit ist klar: So sehr wir unser Raumschiff auch beschleunigen, wir werden auf unserer Reise durch das Universum immer langsamer sein als das Licht.

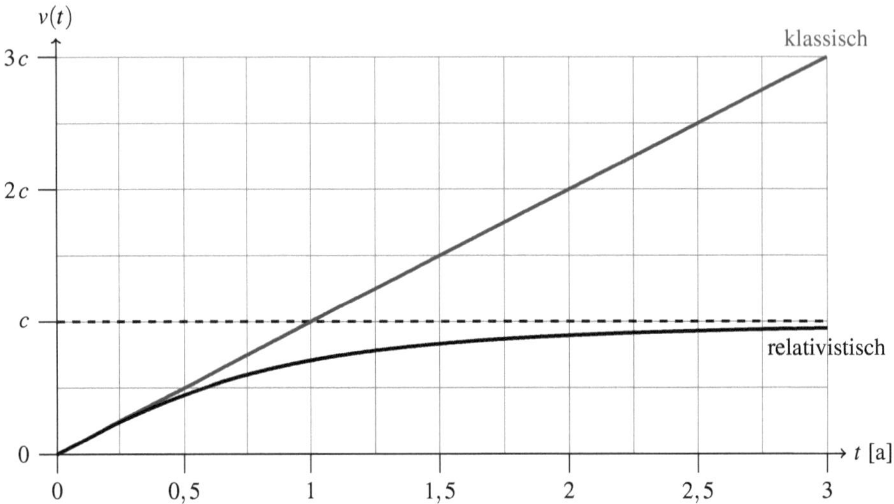

Abbildung 4.15: Zum relativistischen Geschwindigkeits-Zeit-Gesetz

Darüber hinaus macht die Grafik in Abbildung 4.15 deutlich, dass die klassische und die relativistische Formel für die ersten Monate einen nahezu gleichen Reiseverlauf voraussagen und wir erst ab einem halben Jahr signifikante Unterschiede bemerken können. Nach 3 Jahren sind die Unterschiede aber bereits massiv. Während wir nach Newtons Theorie dann mit der dreifachen Lichtgeschwindigkeit durch das All reisen, sind wir nach Einsteins Theorie „erst" mit ca. 95 % der Lichtgeschwindigkeit unterwegs.

Relativistisches Weg-Zeit-Gesetz

Aus dem Geschwindigkeits-Zeit-Gesetz können wir mit wenig Mühe die Distanz berechnen, die unser Raumschiff für einen Beobachter auf der Erde t Jahre nach dem Start zurückgelegt hat. Wir müssen lediglich ein weiteres Mal integrieren:

$$x(t) = \int_0^t v(t)\,\mathrm{d}t \overset{(4.18)}{=} \int_0^t \frac{a_0 t}{\sqrt{1+\left(\frac{a_0 t}{c}\right)^2}}\,\mathrm{d}t$$

$$= \int_0^t \frac{a_0 t}{\sqrt{\frac{a_0^2}{c^2}\left(\frac{c^2}{a_0^2}+t^2\right)}}\,\mathrm{d}t = \int_0^t \frac{ct}{\sqrt{\frac{c^2}{a_0^2}+t^2}}\,\mathrm{d}t = \int_0^t ct\left(\frac{c^2}{a_0^2}+t^2\right)^{-\frac{1}{2}}\,\mathrm{d}t$$

$$= \frac{c}{2}\int_0^t f(g(t))\cdot g'(t)\,\mathrm{d}t \text{ mit } g(t)=t^2 \text{ und } f(x) = \left(\frac{c^2}{a_0^2}+x\right)^{-\frac{1}{2}}$$

Weiter bringt uns an dieser Stelle die Substitutionsregel der Integralrechnung, die in ihrer allgemeinen Form folgendermaßen lautet:

Substitutionsregel der Integralrechnung

$$\int_a^b f(g(t)) \cdot g'(t)\,\mathrm{d}t = \int_{g(a)}^{g(b)} f(x)\,\mathrm{d}x \tag{4.19}$$

Damit können wir das eben hergeleitete Integral weiter umformen:

$$\begin{aligned}
\frac{c}{2}\int_0^t f(g(t))g'(t)\,\mathrm{d}t &= \frac{c}{2}\int_{g(0)}^{g(t)} f(x)\,\mathrm{d}x \\
&= \frac{c}{2}\int_0^{t^2} \left(\frac{c^2}{a_0^2}+x\right)^{-\frac{1}{2}} \mathrm{d}x \\
&= c\left(\frac{c^2}{a_0^2}+x\right)^{\frac{1}{2}}\Bigg|_0^{t^2} \\
&= c\left(\sqrt{\frac{c^2}{a_0^2}+t^2}-\sqrt{\frac{c^2}{a_0^2}}\right) \\
&= \frac{c^2}{a_0}\left(\sqrt{1+\left(\frac{a_0 t}{c}\right)^2}-1\right)
\end{aligned}$$

Das Ergebnis ist das relativistische *Weg-Zeit-Gesetz*. Genau wie oben, fassen wir es mit seinem klassischen Pendant in einer Übersicht zusammen:

Weg-Zeit-Gesetz

$$\text{Klassisch:} \quad x(t) = \frac{1}{2}a_0 t^2$$

$$\text{Relativistisch:} \quad x(t) = \frac{c^2}{a_0}\left(\sqrt{1+\left(\frac{a_0 t}{c}\right)^2}-1\right) \tag{4.20}$$

Ist t sehr klein, so können wir die relativistische Formel mithilfe der auf Seite 38 hergeleiteten Abschätzungsformeln auf die Newton'sche Formel reduzieren:

$$x(t) = \frac{c^2}{a_0}\left(\sqrt{1+\left(\frac{a_0 t}{c}\right)^2}-1\right) \overset{(2.11)}{\approx} \frac{c^2}{a_0}\left(1+\frac{1}{2}\left(\frac{a_0 t}{c}\right)^2-1\right) = \frac{1}{2}\frac{c^2}{a_0}\frac{a_0^2 t^2}{c^2} = \frac{1}{2}a_0 t^2$$

Wir wollen ausloten, welche Schlüsse sich aus dem relativistischen Weg-Zeit-Gesetz für unsere fiktive Reise ergeben. Zunächst nutzen wir aus, dass Formel (4.20) mit der von uns gewählten Beschleunigung in eine deutlich einfachere Form übergeht:

$$x(t\ [\mathrm{a}]) = c\left[\frac{\mathrm{m}}{\mathrm{s}}\right]\left(\sqrt{1+t^2}-1\right)\ [\mathrm{a}]$$

Messen wir die zurückgelegte Strecke in Lichtjahren (ly), so wird diese Formel nochmals einfacher:

$$x(t\ [\mathrm{a}]) = \sqrt{1+t^2}-1\ [\mathrm{ly}]$$

Die gewählten Einheiten gewährleisten das Folgende: Setzen wir in die Formel einen Wert t, gemessen in Jahren, ein, dann ist $x(t)$ die Distanz, gemessen ich Lichtjahren, die unser Raumschiff für einen Beobachter auf der Erde t Jahre nach dem Start durch das All zurückgelegt hat.

Abbildung 4.16 zeigt auf grafische Weise, wie sich die klassische Vorhersage von der relativistischen Vorhersage unterscheidet. Nach den Formeln der Newton'schen Physik müsste unser Raumschiff nach 5 Jahren eine Strecke von mehr als 12 Lichtjahren zurückgelegt haben, was in etwa der dreifachen Entfernung zwischen der Erde und *Proxima Centauri*, unserem nächstgelegenen Nachbarstern, entspricht. Nach den Formeln der Relativitätstheorie benötigen wir für diese Reise aber deutlicher länger. Sind für einen Beobachter auf der Erde 5 Jahre vergangen, so haben wir Proxima Centauri gerade erreicht. Dabei dürfen wir nicht vergessen, dass diese Zeitspanne für einen Beobachter auf der Erde vergangen ist. Als fiktive Astronauten in unserem Raumschiff werden wir, nachdem 5 Jahre auf unserer Borduhr verstrichen sind, Proxima Centauri längst hinter uns gelassen haben. Wir haben dann schon mehr als die sechsfache Wegstrecke zurückgelegt und *Wega* erreicht, den hellen Hauptstern des Sternbildes *Leier*. Der Grund hierfür ist die Zeitdilatation, die im weiteren Verlauf unserer Reise eine immer größere Rolle spielen wird.

Relativistisches Beschleinigungs-Zeit-Gesetz

Auf die gleiche Weise, wie wir durch die Integration der Gleichung (4.18) das relativistische Weg-Zeit-Gesetz hergeleitet haben, können wir durch die Differentiation derselben das relativistische Beschleunigungs-Zeit-Gesetz finden. Eine einfache Rechnung ergibt:

$$a(t) = \frac{\mathrm{d}v}{\mathrm{d}t} = \frac{\mathrm{d}}{\mathrm{d}t}\frac{a_0 t}{\sqrt{1+\left(\frac{a_0 t}{c}\right)^2}}$$

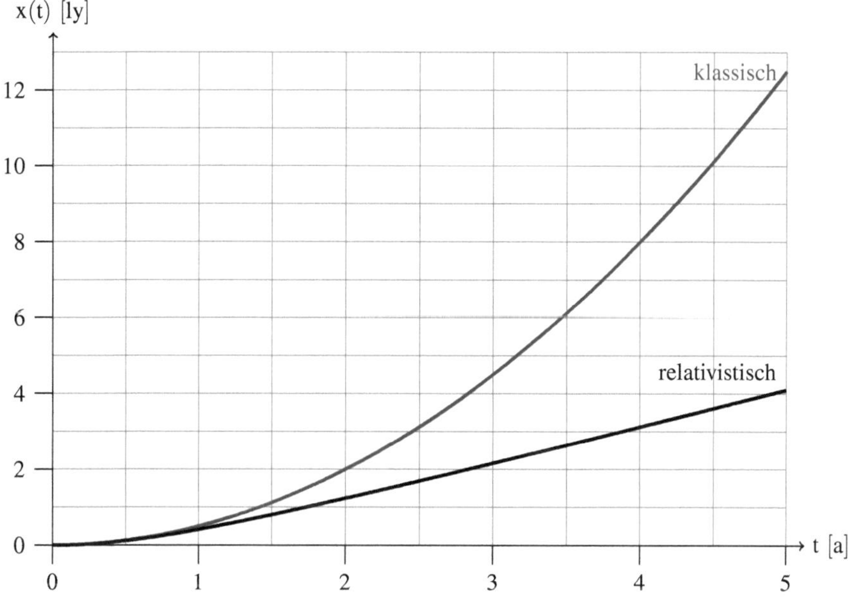

Abbildung 4.16: Zum relativistischen Weg-Zeit-Gesetz

$$= a_0 \frac{\frac{dt}{dt}\sqrt{1+\left(\frac{a_0 t}{c}\right)^2} - t\frac{d}{dt}\sqrt{1+\left(\frac{a_0 t}{c}\right)^2}}{1+\left(\frac{a_0 t}{c}\right)^2}$$

$$= a_0 \frac{\sqrt{1+\left(\frac{a_0 t}{c}\right)^2} - \frac{1}{2}t\left(1+\left(\frac{a_0 t}{c}\right)^2\right)^{-\frac{1}{2}} \frac{d}{dt}\left(\frac{a_0 t}{c}\right)^2}{1+\left(\frac{a_0 t}{c}\right)^2}$$

$$= a_0 \frac{\sqrt{1+\left(\frac{a_0 t}{c}\right)^2}}{1+\left(\frac{a_0 t}{c}\right)^2} - \frac{\frac{1}{2}t\left(2\frac{a_0^2}{c^2}t\right)}{\left(1+\left(\frac{a_0 t}{c}\right)^2\right)\sqrt{1+\left(\frac{a_0 t}{c}\right)^2}}$$

$$= a_0 \frac{\sqrt{1+\left(\frac{a_0 t}{c}\right)^2}\sqrt{1+\left(\frac{a_0 t}{c}\right)^2} - \left(\frac{a_0 t}{c}\right)^2}{\left(1+\left(\frac{a_0 t}{c}\right)^2\right)\sqrt{1+\left(\frac{a_0 t}{c}\right)^2}}$$

$$= a_0 \frac{1+\left(\frac{a_0 t}{c}\right)^2 - \left(\frac{a_0 t}{c}\right)^2}{\left(1+\left(\frac{a_0 t}{c}\right)^2\right)^{\frac{3}{2}}} = \frac{a_0}{\left(1+\left(\frac{a_0 t}{c}\right)^2\right)^{\frac{3}{2}}}$$

Auch hier wollen wir das relativistische Gesetz seiner klassischen Variante gegenüberstellen:

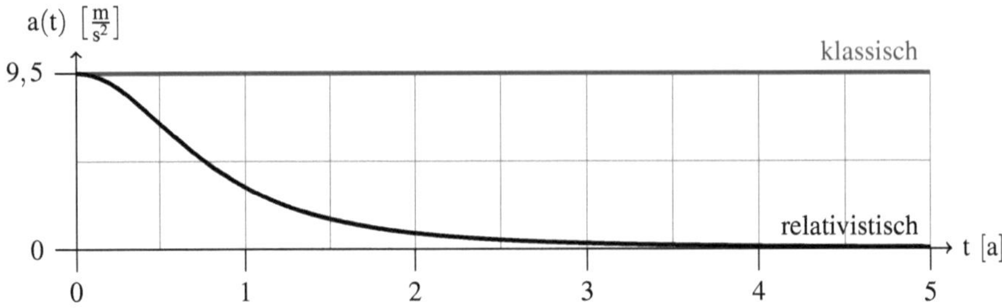

Abbildung 4.17: Zum relativistischen Beschleunigungs-Zeit-Gesetz

Beschleunigungs-Zeit-Gesetz

$$\text{Klassisch:} \quad a(t) = a_0$$

$$\text{Relativistisch:} \quad a(t) = \frac{a_0}{\left(1+\left(\frac{a_0 t}{c}\right)^2\right)^{\frac{3}{2}}} \tag{4.21}$$

Das klassische Beschleunigungs-Zeit-Gesetz drückt eine Invarianz aus, die für lange Zeit als selbstverständlich erachtet wurde. Es besagt, dass die Beschleunigung eines Körpers, d. h. die Änderung seiner Geschwindigkeit, in jedem Inertialsystem gleich ist. In der relativistischen Physik geht diese Beobachtungsinvarianz verloren. Dort wird die Beschleunigung eines Körpers von gegeneinander bewegten Beobachtern unterschiedlich beurteilt.

Abbildung 4.17 zeigt, wie sich das hergeleitete Gesetz auf unsere fiktive Reise auswirkt. Während die Beschleunigung unseres Raumschiffs nach den Formeln der klassischen Physik nicht nur für die Besatzung an Bord, sondern auch für einen Beobachter auf der Erde eine unveränderliche Größe ist, nimmt sie nach den relativistischen Formeln für den Erdbeobachter kontinuierlich ab. Dass die Beschleunigung, die wir an Bord des Raumschiffs als gleichbleibend empfinden, für den Erdbeobachter gegen 0 konvergieren muss, hätten wir allerdings auch ohne das komplizierte Formelwerk vorhersagen können. Dieses Ergebnis folgt sofort aus Tatsache, dass die Geschwindigkeit des Raumschiffs gegen die Lichtgeschwindigkeit konvergiert, die Geschwindigkeitszuwächse mit zunehmender Zeitdauer also immer geringer werden.

Zeittransformation

Wir kommen an dieser Stelle auf einen Punkt zurück, den wir am Ende der Herleitung des relativistischen Weg-Zeit-Gesetzes angesprochen haben. Dort haben wir ausgerechnet, dass für einen Beobachter auf der Erde rund fünf Jahre vergehen, bis unser Raumschiff Proxima Centauri erreicht. Dies ist für sich gesehen ein interessantes Ergebnis, aber nicht jenes, nachdem wir suchen. Vielmehr sind wir an der Zeit interessiert, die an Bord unseres Raumschiffs vergeht, d. h., wir wollen wissen, wie lange wir selbst die Reise empfinden, und nicht, wie lange sie für einen Erdbeobachter dauert. Um dieses Ziel zu erreichen, müssen wir in der Weg-Zeit-Formel (4.20) eine Zeittransformation vornehmen und den Parameter t durch τ, die Eigenzeit des Raumschiffs, ersetzen.

Um die Transformation zu berechnen, erinnern wir uns daran, dass zwischen einem infinitesimalen Zeitintervall $\mathrm{d}\tau$, das an Bord des Raumschiffs vergeht, und dem entsprechenden Zeitintervall $\mathrm{d}t$, das ein Erdbeobachter misst, der folgende Zusammenhang besteht:

$$\mathrm{d}\tau = \mathrm{d}t\sqrt{1-\frac{v(t)^2}{c^2}} \tag{4.22}$$

Durch die Integration der rechten Seite können wir bestimmen, wie sich die Eigenzeit in Abhängigkeit des Zeitparameters t entwickelt. Es ist:

$$\begin{aligned}\tau(t) &= \int_0^t \frac{\mathrm{d}\tau}{\mathrm{d}t}\,\mathrm{d}t \overset{(4.22)}{=} \int_0^t \sqrt{1-\frac{v(t)^2}{c^2}}\,\mathrm{d}t \overset{(4.18)}{=} \int_0^t \sqrt{1-\frac{\left(\frac{a_0t}{c}\right)^2}{1+\left(\frac{a_0t}{c}\right)^2}}\,\mathrm{d}t\\ &= \int_0^t \sqrt{\frac{1}{1+\left(\frac{a_0t}{c}\right)^2}}\,\mathrm{d}t = \frac{c}{a_0}\ln\left(\frac{a_0t}{c}+\sqrt{1+\left(\frac{a_0t}{c}\right)^2}\right)\Bigg|_0^t\end{aligned}$$

Der Übergang zur Stammfunktion ist nicht direkt ersichtlich. Wir wollen ihn durch eine eingeschobene Differentiation legitimieren, auch wenn die Rechnung einen nicht unerheblichen Umformungsaufwand erfordert:

$$\begin{aligned}\frac{\mathrm{d}}{\mathrm{d}t}\frac{c}{a_0}\ln\left(\frac{a_0t}{c}+\sqrt{1+\left(\frac{a_0t}{c}\right)^2}\right) &= \frac{c\left(\frac{a_0}{c}+\frac{a_0^2t}{c^2\sqrt{1+\left(\frac{a_0t}{c}\right)^2}}\right)}{a_0\left(\frac{a_0t}{c}+\sqrt{1+\left(\frac{a_0t}{c}\right)^2}\right)}\\ &= \frac{\left(a_0+\frac{a_0^2t}{c\sqrt{1+\left(\frac{a_0t}{c}\right)^2}}\right)}{a_0\left(\frac{a_0t}{c}+\sqrt{1+\left(\frac{a_0t}{c}\right)^2}\right)}\frac{\left(\frac{a_0t}{c}-\sqrt{1+\left(\frac{a_0t}{c}\right)^2}\right)}{\left(\frac{a_0t}{c}-\sqrt{1+\left(\frac{a_0t}{c}\right)^2}\right)}\end{aligned}$$

$$= \frac{\frac{a_0^2 t}{c} + \frac{a_0^3 t^2}{c^2\sqrt{1+\left(\frac{a_0 t}{c}\right)^2}} - a_0\sqrt{1+\left(\frac{a_0 t}{c}\right)^2} - \frac{a_0^2 t}{c}}{a_0\left(\left(\frac{a_0 t}{c}\right)^2 - \left(1+\left(\frac{a_0 t}{c}\right)^2\right)\right)}$$

$$= \frac{\frac{a_0^2 t^2}{c^2\sqrt{1+\left(\frac{a_0 t}{c}\right)^2}} - \frac{c^2\left(1+\left(\frac{a_0 t}{c}\right)^2\right)}{c^2\sqrt{1+\left(\frac{a_0 t}{c}\right)^2}}}{-1}$$

$$= -\frac{a_0^2 t^2 - c^2 - a_0^2 t^2}{c^2\sqrt{1+\left(\frac{a_0 t}{c}\right)^2}} = \frac{1}{\sqrt{1+\left(\frac{a_0 t}{c}\right)^2}}$$

Die Rechnung war erfolgreich, so dass wir unser Ergebnis nun ruhigen Gewissens formulieren können:

Eigenzeit-Zeit-Gesetz

$$\tau(t) = \frac{c}{a_0}\ln\left(\frac{a_0 t}{c} + \sqrt{1+\left(\frac{a_0 t}{c}\right)^2}\right) \tag{4.23}$$

Noch kürzer können wir diesen Ausdruck aufschreiben, wenn wir die Umkehrfunktion des *Sinus Hyperbolicus* verwenden: die *Areafunktion* arcsinh (*Areasinus Hyperbolicus*). Für diese Funktion gilt:

$$\operatorname{arcsinh} x = \ln\left(x + \sqrt{1+x^2}\right)$$

Damit können wir (4.23) zunächst in

$$\tau(t) = \frac{c}{a_0}\operatorname{arcsinh}\left(\frac{a_0 t}{c}\right)$$

umschreiben und danach weiter umformen in:

$$\sinh\left(\frac{a_0}{c}\tau(t)\right) = \frac{a_0 t}{c}$$

Lösen wir diese Gleichung nach t auf, so erhalten wir das *Zeit-Eigenzeit-Gesetz*. Es gestattet uns, die Eigenzeit τ in die Zeit des Erdsystems umzurechnen:

Zeit-Eigenzeit-Gesetz

$$t(\tau) = \frac{c}{a_0} \sinh\left(\frac{a_0}{c}\tau\right) \tag{4.24}$$

Setzen wir dieses Ergebnis in (4.18) ein, so erhalten wir:

$$\begin{aligned} v(\tau) &= \frac{a_0 \tau}{\sqrt{1 + \left(\frac{a_0 \tau}{c}\right)^2}} \overset{(4.24)}{=} \frac{a_0 \frac{c}{a_0} \sinh\left(\frac{a_0}{c}\tau\right)}{\sqrt{1 + \left(\frac{a_0}{c}\frac{c}{a_0} \sinh\left(\frac{a_0}{c}\tau\right)\right)^2}} \\ &= \frac{c \sinh\left(\frac{a_0}{c}\tau\right)}{\sqrt{1 + \sinh^2\left(\frac{a_0}{c}\tau\right)}} = c\frac{\sinh\left(\frac{a_0}{c}\tau\right)}{\cosh\left(\frac{a_0}{c}\tau\right)} = c \tanh\left(\frac{a_0}{c}\tau\right) \end{aligned}$$

In Anlehnung an die bisher verwendete Nomenklatur bezeichnen wir dieses Gesetz als das relativistische *Geschwindigkeits-Eigenzeit-Gesetz*:

Geschwindigkeits-Eigenzeit-Gesetz

$$v(\tau) = c \tanh\left(\frac{a_0}{c}\tau\right) \tag{4.25}$$

Auf die gleiche Weise können wir das relativistische Weg-Eigenzeit-Gesetz herleiten. Es fällt uns in die Hände, wenn wir (4.24) in (4.20) einsetzen:

$$\begin{aligned} x(\tau) &= \frac{c^2}{a_0}\left(\sqrt{1 + \sinh^2\left(\frac{a_0}{c}\tau\right)} - 1\right) \\ &= \frac{c^2}{a_0}\left(\sqrt{\cosh^2\left(\frac{a_0}{c}\tau\right)} - 1\right) \\ &= \frac{c^2}{a_0}\left(\cosh\left(\frac{a_0}{c}\tau\right) - 1\right) \end{aligned}$$

Wir halten fest:

Weg-Eigenzeit-Gesetz

$$x(\tau) = \frac{c^2}{a_0}\left(\cosh\left(\frac{a_0}{c}\tau\right) - 1\right)$$

Komplettiert werden die beiden Eigenzeit-Gesetze durch das relativistische Beschleunigungs-Eigenzeit-Gesetz. Um es zu erhalten, müssen wir lediglich die Formeln (4.24) und (4.21) miteinander kombinieren:

Beschleunigungs-Eigenzeit-Gesetz

$$a(\tau) = \frac{a_0}{\cosh^3\left(\frac{a_0}{c}\tau\right)}$$

Für die Analyse unserer fiktiven Reise ist das Weg-Eigenzeit-Gesetz besonders wichtig. Es gestattet uns, aus einer Zeitspanne τ, die an Bord des Raumschiffs vergeht, die Wegstrecke zu berechnen, die währenddessen aus der Sicht eines Erdbeobachters zurückgelegt wurde.

Ersetzen wir in diesem Gesetz a_0 durch die in (4.13) auf Seite 228 angegebene Beschleunigung, so lässt sich diese Formel noch weiter vereinfachen. Sie lautet dann schlicht:

$$x(\tau) = (\cosh\tau - 1)$$

Die aufwendige Rechnung hat sich ausgezahlt und uns am Ende eine reichlich puristische Formel in die Hände gespielt. Wir wissen nun: Während an Bord die Zeit τ verstreicht, legt das Raumschiff aus der Sicht eines Erdbeobachters eine Strecke zurück, die durch die Kosinus-Hyperbolicus-Funktion beschrieben wird.

Abbildung 4.18 offenbart, wie die Reise unter Berücksichtigung dieser Formel weitergeht. Könnten wir tatsächlich ein Raumschiff konstruieren, das die geforderte Beschleunigung aufrechterhält, so würden wir bereits nach etwas mehr als 2 Jahren *Proxima Centauri* passieren. Ein Blick auf die dritte Spalte der abgebildeten Tabelle gibt Auskunft darüber, wie stark die Zeitdilatation dabei zu Buche schlägt. In den etwas mehr als zwei Jahren, die wir zu Proxima Centauri unterwegs waren, sind auf der Erde bereits mehr als 5 Jahre vergangen.

Wenn auf der Borduhr des Raumschiffs 4 Jahre verstrichen sind, haben wir Wega passiert und nach rund weiteren 6 Jahren das Zentrum unserer Heimatgalaxie erreicht. Nach rund 13 Jahren passieren wir die kleinere der beiden Magellanschen Wolken, die unsere Milchstraße als Zwerggalaxien auf der Reise durch das All begleiten.

Die Galaxien sind im Universum nicht gleichmäßig verteilt. Sie bilden sogenannte *Gruppen* oder *Haufen* und diese wiederum die sogenannten *Superhaufen*. Der Galaxienhaufen, dem die Milchstraße angehört, ist die *Lokale Gruppe*. Die größte darin befindliche Galaxie ist die *Andromedagalaxie*, die wir mit unserem Raumschiff nach 15 Jahren erreichen.

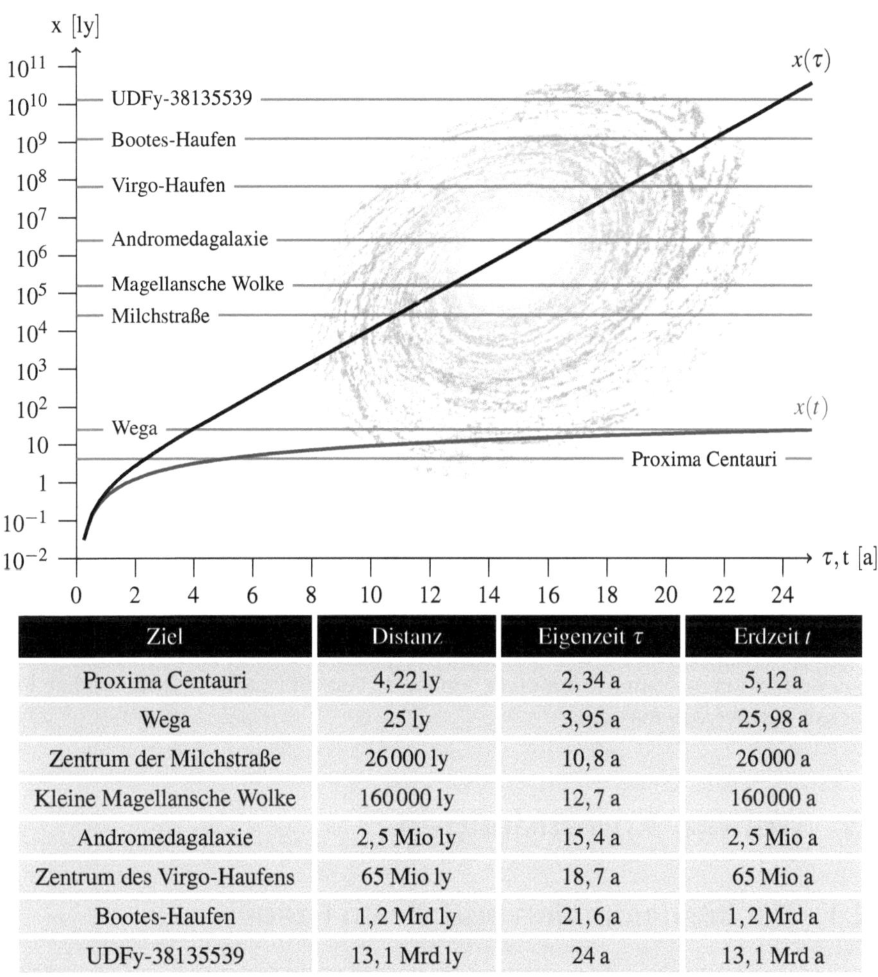

Ziel	Distanz	Eigenzeit τ	Erdzeit t
Proxima Centauri	4,22 ly	2,34 a	5,12 a
Wega	25 ly	3,95 a	25,98 a
Zentrum der Milchstraße	26000 ly	10,8 a	26000 a
Kleine Magellansche Wolke	160000 ly	12,7 a	160000 a
Andromedagalaxie	2,5 Mio ly	15,4 a	2,5 Mio a
Zentrum des Virgo-Haufens	65 Mio ly	18,7 a	65 Mio a
Bootes-Haufen	1,2 Mrd ly	21,6 a	1,2 Mrd a
UDFy-38135539	13,1 Mrd ly	24 a	13,1 Mrd a

Abbildung 4.18: Ferne Sterne, zum Greifen nah?

Im Jahr 2014 wurde die Lokale Gruppe dem *Laniakea-Superhaufen* zugeordnet, der sich über eine Distanz von ca. 520 Millionen Lichtjahren erstreckt. Zu Laniakea gehört auch der *Virgo-Superhaufen*, dessen Zentrum wir in etwas weniger als 19 Jahren erreichen. Seit dem Start unseres Raumschiffs werden auf der Erde dann bereits 65 Millionen Jahre vergangen sein.

In den nächsten 6 Jahren passieren wir unzählige weitere Superhaufen, bis unsere Reise, nach ca. 24 Jahren, ein vorläufiges Ende nimmt. Wir haben dann die Galaxie UDFy-38135539 erreicht, die mit einer Entfernung von ca. 13 Milliarden Lichtjahren die entfernteste Galaxie ist, die zur Drucklegung dieses Buchs bekannt war. Auf der Erde wird das Ende unserer Reise niemand mehr erleben. Von heute gerechnet, wird die Sonne in etwa 7 Milliarden Jahren ihre Wasserstoffvorräte aufgebraucht haben und als dunkle Sternenleiche durch das All triften.

Wir rekapitulieren: Die angestellten Berechnungen haben gezeigt, dass es aufgrund der Zeitdilatation tatsächlich möglich wäre, innerhalb eines Menschenlebens weit entfernte Galaxien zu erreichen. Nichtsdestotrotz gibt es triftige Gründe, warum eine solche Reise wohl niemals stattfinden wird. Einer davon ist die relativistische Massenzunahme, die wir in Abschnitt 7.1.1 besprechen. Dort werden wir zu der Erkenntnis gelangen, dass die Masse eines Körpers nicht, wie es lange Zeit als selbstverständlich erachtet wurde, unveränderlich ist, sondern mit seiner Geschwindigkeit variiert. Für unsere Reise hat dies entscheidende Konsequenzen: Um die gleichförmige Beschleunigung des Raumschiffs aufrechtzuerhalten, müssten wir immer größere Kräfte erzeugen, und einen Antrieb, der diesen Anforderungen gewachsen ist, wird es in absehbarer Zeit nicht geben.

Ein weiteres Problem geht mit den hohen Geschwindigkeiten einher, mit der sich im Weltraum befindliche Partikel umherbewegen. Würde unser Raumschiff beispielsweise mit einem winzigen Meteoritensplitter kollidieren, so hinterließe dies bei einer geringen Geschwindigkeit keinen nennenswerten Schaden. In der Nähe der Lichtgeschwindigkeit ist dies anders. Selbst ein Bruchstück in der Größe eines Staubkorns hätte dann eine so hohe kinetische Energie, dass es die Hülle unseres Raumschiffs mühelos zerschlagen würde. Die Zeitdilatation ist demnach nur einer von vielen Aspekten, die bei einer solchen Reise berücksichtigt werden müssen.

4.3 Weitere Anwendungen

4.3.1 Der Interferometerversuch von Fizeau

In diesem Abschnitt wollen wir zu Fizeaus Interferometerversuch zurückkehren, den wir ausführlich in Abschnitt 2.3.4 diskutiert haben. Von der dort durchgeführten Rechnung bleibt richtig, dass sich Licht in einem Medium mit dem Brechungsindex n mit der Geschwindigkeit

$$c_{\text{Medium}} = \frac{c}{n}$$

ausbreitet. Abstand nehmen müssen wir von der Gültigkeit des klassischen Additionstheorems, mit dem wir auf Seite 73 die Formeln (2.63) und (2.64) hergeleitet haben. Vertrauen wir dem relativistischen Additionstheorem, dann durchqueren die beiden Lichtstrahlen die wassergefüllten Röhren mit den folgenden Geschwindigkeiten:

$$v_1 = \frac{\frac{c}{n} + v}{1 + \frac{\frac{c}{n}v}{c^2}} = \frac{\frac{c}{n} + v}{1 + \frac{v}{nc}}$$

$$v_2 = \frac{\frac{c}{n} - v}{1 - \frac{\frac{c}{n}v}{c^2}} = \frac{\frac{c}{n} - v}{1 - \frac{v}{nc}}$$

Der Quotient $\frac{v}{nc}$ ist so klein, dass wir die Formeln mithilfe der Abschätzungen (2.13) und (2.14) auf Seite 38 folgendermaßen vereinfachen können:

$$v_1 \overset{(2.13)}{\approx} \left(\frac{c}{n} + v\right)\left(1 - \frac{v}{nc}\right) = \frac{c}{n} + v - \frac{v}{n^2} - \frac{v^2}{nc}$$
$$v_2 \overset{(2.14)}{\approx} \left(\frac{c}{n} - v\right)\left(1 + \frac{v}{nc}\right) = \frac{c}{n} - v + \frac{v}{n^2} - \frac{v^2}{nc}$$

Von den jeweils vier Summanden liefern nur die ersten drei einen signifikanten Beitrag zur Gesamtsumme, so dass wir die Ausdrücke noch weiter reduzieren können:

$$v_1 \approx \frac{c}{n} + v - \frac{v}{n^2} = \frac{c}{n} + v\left(1 - \frac{1}{n^2}\right)$$
$$v_2 \approx \frac{c}{n} - v + \frac{v}{n^2} = \frac{c}{n} - v\left(1 - \frac{1}{n^2}\right)$$

Ist l die Länge der Röhre, die jeder Lichtstrahl zweimal durchläuft, dann legen die beiden Teilstrahlen die Gesamtlänge $2l$ in der folgenden Zeit zurück:

$$t_1 = \frac{2l}{v_1} = \frac{2l}{\frac{c}{n} + v\left(1 - \frac{1}{n^2}\right)}$$
$$t_2 = \frac{2l}{v_2} = \frac{2l}{\frac{c}{n} - v\left(1 - \frac{1}{n^2}\right)}$$

Die Differenz der beiden Werte gibt an, wie viel später der langsamere Lichtstrahl das Auge des Betrachters erreicht:

$$t_2 - t_1 = \frac{2l}{\frac{c}{n} - v\left(1 - \frac{1}{n^2}\right)} - \frac{2l}{\frac{c}{n} + v\left(1 - \frac{1}{n^2}\right)}$$
$$= 2l \frac{\frac{c}{n} + v\left(1 - \frac{1}{n^2}\right) - \frac{c}{n} + v\left(1 - \frac{1}{n^2}\right)}{\left(\frac{c}{n} - v\left(1 - \frac{1}{n^2}\right)\right)\left(\frac{c}{n} + v\left(1 - \frac{1}{n^2}\right)\right)} = \frac{4lv\left(1 - \frac{1}{n^2}\right)}{\left(\frac{c}{n}\right)^2 - v^2\left(1 - \frac{1}{n^2}\right)^2}$$

Setzen wir Fizeaus historische Parameter (2.66) bis (2.67) von Seite 74 in diese Formel ein, so erhalten wir:

$$\Delta t = t_2 - t_1 \approx 3,59 \cdot 10^{-16}\ \mathrm{s}$$

Legen wir die in (2.68) angegebene Periodendauer des sichtbaren Sonnenlichts zugrunde, so führen die unterschiedlichen Laufzeiten dazu, dass sich die Interferenzstreifen in der Messvorrichtung des Beobachters um

$$\frac{t_2 - t_1}{T} \approx \frac{3,59 \cdot 10^{-16}\,\mathrm{s}}{1,75 \cdot 10^{-15}\,\mathrm{s}} \approx 0,21$$

Interferenzstreifen verschieben, wenn das Wasser vorher in Ruhe war. Spätestens auf den zweiten Blick wird klar, dass sich hinter dem ermittelten Wert ein Triumph der speziellen Relativitätstheorie verbirgt, denn er stimmt fast exakt mit dem historisch gemessenen Wert überein. Wir erinnern uns: Fizeau berichtete zu einer Zeit, in der Einsteins Theorie noch lange nicht ersonnen war, von einer Verschiebung von *„0,23 der Breite einer Franse“*. Damit entpuppt sich der Interferometerversuch von Fizeau nachträglich als einer der historisch ältesten Bestätigungen der speziellen Relativitätstheorie.

4.3.2 Die relativistische Aberration

In diesem Abschnitt werden wir die Aberration im Sinne der relativistischen Physik untersuchen und dabei genauso vorgehen wie in Abschnitt 2.3.3. Dort hatten wir für die Herleitung der klassischen Aberrationsformel einen formalen Ansatz gewählt, der im Kern auf der Anwendung der Galilei-Transformation beruhte. Jetzt zahlt sich die aufwendige Vorarbeit aus. Indem wir in der Herleitung die Galilei-Transformation durch die Lorentz-Transformation ersetzen, erhalten wir die Aberrationsformel in relativistisch korrigierter Form. Wie die Rechnung im Detail aussieht, werden wir jetzt Schritt für Schritt herleiten.

Der Ausgangspunkt unserer Betrachtung ist das in Abbildung 4.19 gezeigte Szenario, das wir in Abschnitt 2.3.3 in einer ganz ähnlichen Form verwendet haben. Im Gegensatz zum nichtrelativistischen Fall, den wir am Beispiel von fallenden Regentropfen motiviert haben, betrachten wir jetzt den Einfall von Lichtstrahlen. Die untersuchten Partikel sind dann Photonen, die sich mit Lichtgeschwindigkeit fortbewegen. Da die Lichtgeschwindigkeit in allen Inertialsystemen den gleichen Wert annimmt, taucht in Abbildung 4.19 jetzt auf beiden Seiten der Bezeichner c auf, während in Abbildung 2.18 auf der rechten Seite der Bezeichner c' zu sehen war.

Erneut gehen wir davon aus, dass die Koordinatensysteme von S und S$'$ so gewählt sind, dass zum Zeitpunkt $t_0 = 0$ ein Partikel emittiert wird und sich die Ursprünge der beiden Koordinatensysteme zu diesem Zeitpunkt am Ort der Emission befinden. Es sei also

$$x_0 = y_0 = t_0 = x_0' = y_0' = t_0' = 0.$$

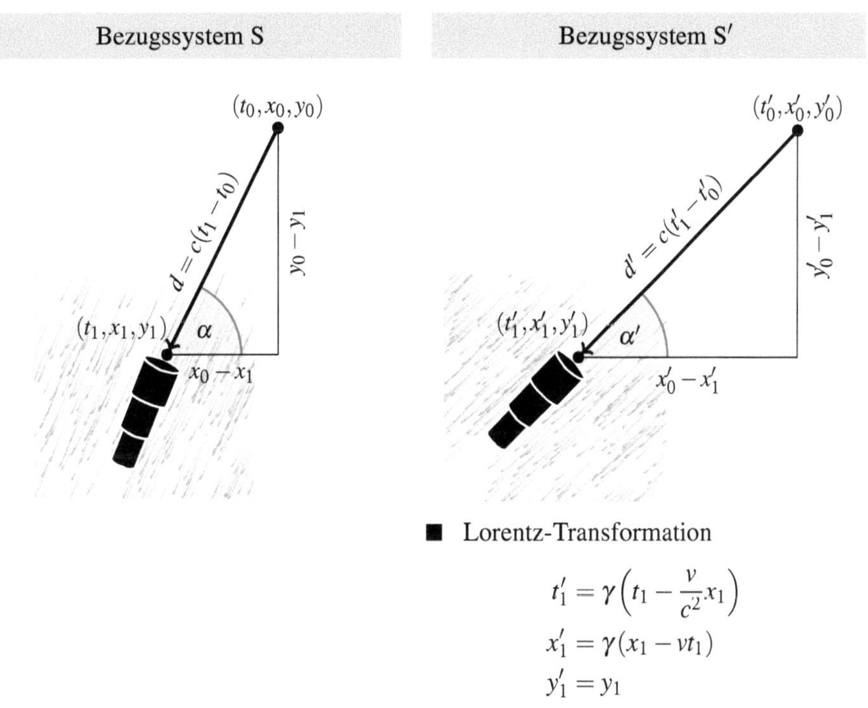

Abbildung 4.19: Die relativistische Aberration, rechnerisch betrachtet

Damit können wir die relativistischen Pendants der Formeln (2.48) bis (2.50) auf Seite 62 folgendermaßen formulieren:

$$\sin\alpha = -\frac{y_1}{ct_1} \tag{4.26}$$

$$\cos\alpha = -\frac{x_1}{ct_1} \tag{4.27}$$

$$\sin\alpha' = -\frac{y'_1}{ct'_1} \tag{4.28}$$

$$\cos\alpha' = -\frac{x'_1}{ct'_1} \tag{4.29}$$

Betrachten wir die Aberration im Sinne der relativistischen Physik, so hängen die Koordinaten von S und S' über die Lorentz-Transformation zusammen. Es gilt also:

$$x'_1 = \gamma(x_1 - vt_1)$$
$$y'_1 = y_1$$
$$t'_1 = \gamma\left(t_1 - \frac{v}{c^2}x_1\right)$$

Damit können wir (4.28) und (4.29) folgendermaßen umformen:

$$\begin{aligned}
\sin\alpha' &= \frac{-y_1}{ct_1'} = -\frac{y_1}{c\gamma\left(t_1 - \frac{v}{c^2}x_1\right)} \overset{(4.26)}{=} \frac{ct_1 \sin\alpha}{c\gamma\left(t_1 - \frac{v}{c^2}x_1\right)} \\
&= \frac{t_1 \sin\alpha}{\gamma t_1 \left(1 - \frac{v}{c}\frac{x_1}{ct_1}\right)} \overset{(4.27)}{=} \frac{\sin\alpha}{\gamma(1 + \frac{v}{c}\cos\alpha)} = \frac{\sin\alpha}{\gamma(1+\beta\cos\alpha)} \\
\cos\alpha' &= \frac{-x_1}{ct_1'} = -\frac{\gamma(x_1 - vt_1)}{c\gamma\left(t_1 - \frac{v}{c^2}x_1\right)} \overset{(4.27)}{=} \frac{(ct_1\cos\alpha + vt_1)}{c\left(t_1 - \frac{v}{c^2}x_1\right)} \\
&= \frac{t_1\cos\alpha + \frac{v}{c}t_1}{t_1\left(1 - \frac{v}{c}\frac{x_1}{ct_1}\right)} \overset{(4.27)}{=} \frac{\cos\alpha + \frac{v}{c}}{1 + \frac{v}{c}\cos\alpha} = \frac{\cos\alpha + \beta}{1 + \beta\cos\alpha}
\end{aligned}$$

Für den Tangens von α' erhalten wir:

$$\tan\alpha' = \frac{\sin\alpha}{\gamma(\cos\alpha + \beta)}$$

Diese Formel lässt sich in eine besonders elegante Form bringen, wenn wir sie über die Winkelhalbierende ausdrücken. Mithilfe der trigonometrischen Beziehung

$$\tan\frac{\alpha}{2} = \frac{\sin\alpha}{1 + \cos\alpha} \tag{4.30}$$

können wir sie folgendermaßen umschreiben:

$$\begin{aligned}
\tan\frac{\alpha'}{2} &\overset{(4.30)}{=} \frac{\sin\alpha'}{1 + \cos\alpha'} = \frac{\frac{\sin\alpha}{\gamma(1+\beta\cos\alpha)}}{1 + \frac{\cos\alpha+\beta}{1+\beta\cos\alpha}} \\
&= \frac{\sin\alpha}{\gamma(1 + \beta\cos\alpha + \cos\alpha + \beta)} = \frac{\sin\alpha}{\gamma(1+\beta)(1+\cos\alpha)} \\
&= \frac{\sqrt{1-\beta^2}\sin\alpha}{(1+\beta)(1+\cos\alpha)} = \frac{\sqrt{1-\beta}\sqrt{1+\beta}\sin\alpha}{(1+\beta)(1+\cos\alpha)} \\
&= \sqrt{\frac{1-\beta}{1+\beta}}\frac{\sin\alpha}{1+\cos\alpha} \overset{(4.30)}{=} \sqrt{\frac{1-\beta}{1+\beta}}\tan\frac{\alpha}{2}
\end{aligned}$$

Wir fassen zusammen:

Relativistische Aberrationsformeln

Für einen Beobachter und eine Lichtquelle, die sich mit der Geschwindigkeit v aufeinander zubewegen, gilt:

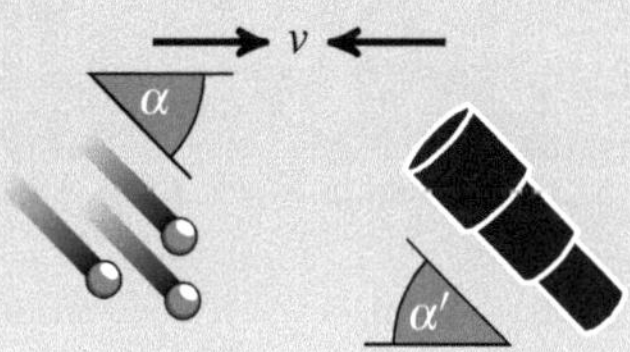

$$\begin{aligned} \sin\alpha' &= \frac{\sin\alpha}{\gamma(1+\beta\cos\alpha)} \\ \cos\alpha' &= \frac{\cos\alpha+\beta}{1+\beta\cos\alpha} \\ \tan\alpha' &= \frac{\sin\alpha}{\gamma(\cos\alpha+\beta)} \\ \tan\frac{\alpha'}{2} &= \sqrt{\frac{1-\beta}{1+\beta}}\tan\frac{\alpha}{2} \end{aligned} \tag{4.31}$$

Negieren wir das Vorzeichen von β, so erhalten wir die Gleichungen für den Fall, dass sich die Quelle und der Beobachter voneinander entfernen:

Relativistische Aberrationsformeln (Fortsetzung)

Für einen Beobachter und eine Lichtquelle, die sich mit der Geschwindigkeit v voneinander entfernen, gilt:

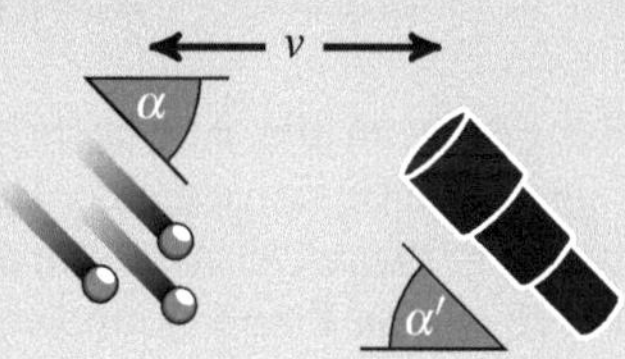

$$\begin{aligned} \sin\alpha' &= \frac{\sin\alpha}{\gamma(1-\beta\cos\alpha)} \\ \cos\alpha' &= \frac{\cos\alpha-\beta}{1-\beta\cos\alpha} \\ \tan\alpha' &= \frac{\sin\alpha}{\gamma(\cos\alpha-\beta)} \\ \tan\frac{\alpha'}{2} &= \sqrt{\frac{1+\beta}{1-\beta}}\tan\frac{\alpha}{2} \end{aligned} \tag{4.32}$$

4.4 Übungsaufgaben

Aufgabe 4.1

Während des 24-Stunden-Rennens von Le Mans rasen die Fahrzeuge mit einer Geschwindigkeit von rund 250 km/h über den Asphalt. Wir wollen das Rennen im Lichte der relativistischen Physik betrachten und von dem vereinfachten Fall ausgehen, dass ein einzelner Fahrer das komplette Rennen bestreitet.

a) Aufgrund der hohen Geschwindigkeit altert der Fahrer während des Rennens langsamer als die Zuschauer. Wie groß ist dieser Effekt?

   Nehmen Sie zur Vereinfachung der Rechnung an, dass der Fahrer permanent mit der oben angegebenen Geschwindigkeit unterwegs ist.

b) Wie lange müsste das Rennen dauern, damit der Fahren um 1 h weniger altert als die Zuschauer auf den Rängen?

Aufgabe 4.2

Vielleicht erinnern auch Sie sich an die Abenteuer, die der Astronaut George Taylor und seine Crew nach einer Bruchlandung ihres Raumgleiters auf dem *Planet der Affen* durchlebten. Anders als in der Romanvorlage von Pierre Boulle waren die Protagonisten in der Verfilmung aus dem Jahr 1968 auf die Erde zurückgekehrt. Dort schrieb man bereits das Jahr 3978 und nichts war mehr so wie im Jahr 1972, als die Weltraumreise begann. In der Zwischenzeit hatten die Menschen ihre Zivilisation in einem globalen Atomkrieg vernichtet und wurden seitdem von Horden intelligenter Affen beherrscht.

Wir wollen in dieser Aufgabe rechnerisch überprüfen, wie realistisch das Phänomen der Zeitdilatation in der Hollywood-Inszenierung nachgezeichnet wurde.

a) Bis zu seiner Bruchlandung auf der Erde war der Raumgleiter im Film 18 Monate unterwegs. Nehmen Sie an, dass er sich die ganze Zeit mit einer konstanten Geschwindigkeit durch den Raum bewegte. Wie groß muss die Geschwindigkeit gewesen sein, damit der Dilatationseffekt in der beschriebenen Größenordnung zustande kommen konnte?

b) Die Rechnung in Teil a) war unrealistisch, da der Raumgleiter nicht direkt nach dem Start mit seiner Endgeschwindigkeit fliegen kann. Nehmen Sie an, Taylors Raumgleiter hätte auf der gesamten Reise eine gleichmäßige Beschleunigung erfahren, genau so wie unser fiktives Raumschiff in Abschnitt 4.2.3. Wie groß muss die Beschleunigung gewählt werden, damit der beschriebene Dilatationseffekt zustande kommt?

c) Auch die Rechnung in Teil b) war nicht realistisch, da das Raumschiff vor der Rückkehr zur Erde abgebremst werden muss. Wie groß muss die Beschleunigung gewählt werden, wenn die Hin- und die Rückreise jeweils in eine Beschleunigungsphase und eine simultan verlaufende Verzögerungsphase aufgeteilt wird?

Aufgabe 4.3

Eine in Internet-Foren gerne geführte Diskussion beschäftigt sich mit der Frage, ob das Phänomen der Raumkontraktion ein realer oder lediglich ein scheinbarer Effekt ist. Letzteres bedeutet, dass es für einen Beobachter nur so aussähe, als würde ein Objekt in seiner Bewegungsrichtung kürzer werden, diese Kontraktion in Wirklichkeit aber gar nicht stattfindet. Warum ist die Frage aus wissenschaftsmethodischer Sicht nicht richtig gestellt?

Aufgabe 4.4

Im Übungsteil zu Kapitel 2 haben Sie das Funktionsprinzip der Lichtuhr kennengelernt. An einem konkreten Beispiel hatten wir dort gezeigt, wie sich Einsteins zweites Axiom, die Konstanz der Lichtgeschwindigkeit, auf den Gang einer solchen Uhr auswirkt: Während wir auf den beiden ruhenden Uhren fünf verstrichene Zeiteinheiten ablesen konnten, waren es auf der bewegten Uhr nur vier. Wir wissen mittlerweile, dass jede Bewegung durch den Raum zu einer Dehnung der Zeit führt, und dies bedeutet, dass der geschilderte Effekt auch dann eintreten muss, wenn die Lichtuhren um 90° gedreht werden. Konkret sieht unser Beispielszenario dann folgendermaßen aus:

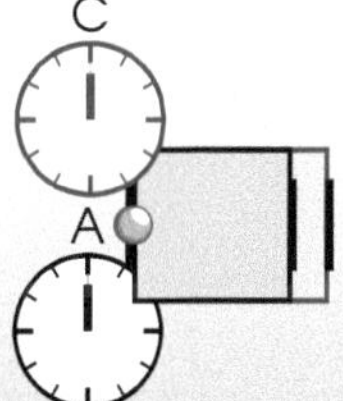

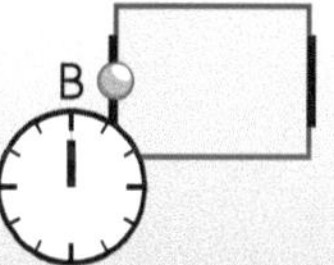

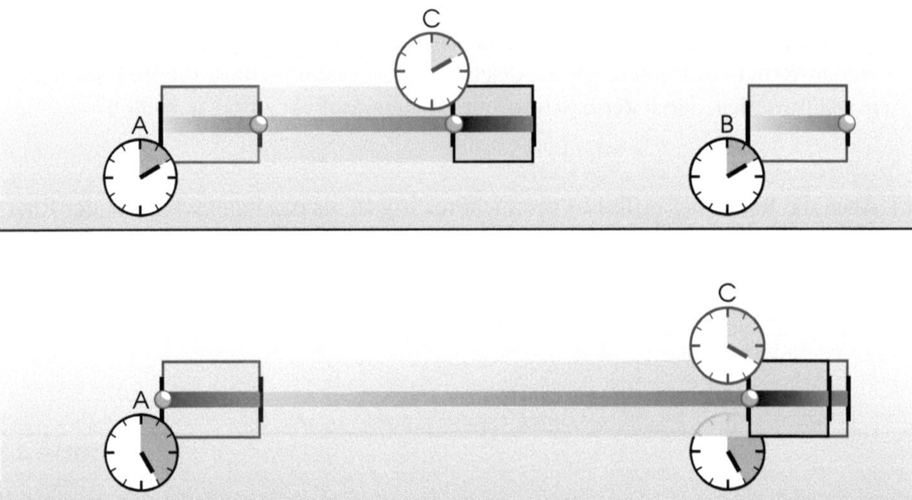

Beachten Sie, dass die Uhr C durch die Längenkontraktion in der Bewegungsrichtung kürzer geworden ist.

a) Bestimmen Sie mit einem Lineal, wie stark die Längenkontraktion in diesem Beispiel ausfällt. Berechnen Sie aus diesem Wert die Geschwindigkeit, mit der sich die Uhr C von A nach B bewegt.

b) Wir betrachten das Szenario jetzt aus der Sicht von S′. In den folgenden Grafiken sehen Sie, wie sich das Photon insgesamt viermal hin- und herbewegt. Für jedes abgebildete Ereignis ist zusätzlich die Raum-Zeit-Koordinate angegeben, die ein Beobachter in S′ diesem Ereignis zuordnet. Übersetzen Sie die Koordinaten mithilfe der Lorentz-Transformation in das System S, das Ruhesystem der Uhren A und B.

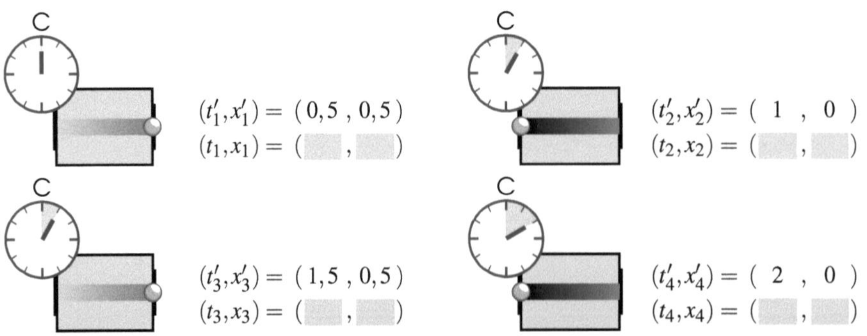

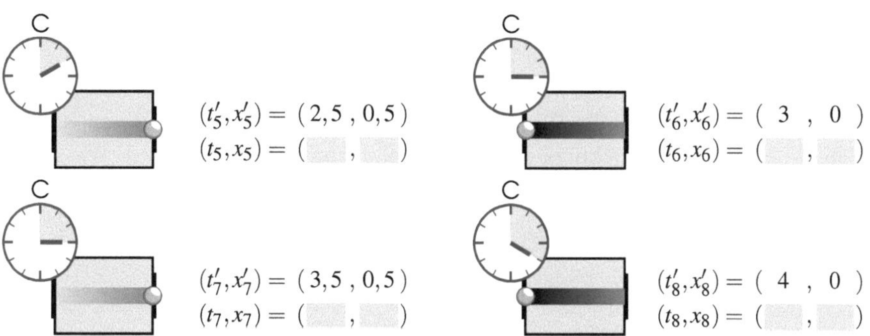

c) Verifizieren Sie Ihre Berechnungen grafisch, indem Sie die Ereignisse in das nachstehende Minkowski-Diagramm eintragen und daraus die Weltlinie des Photons rekonstruieren.

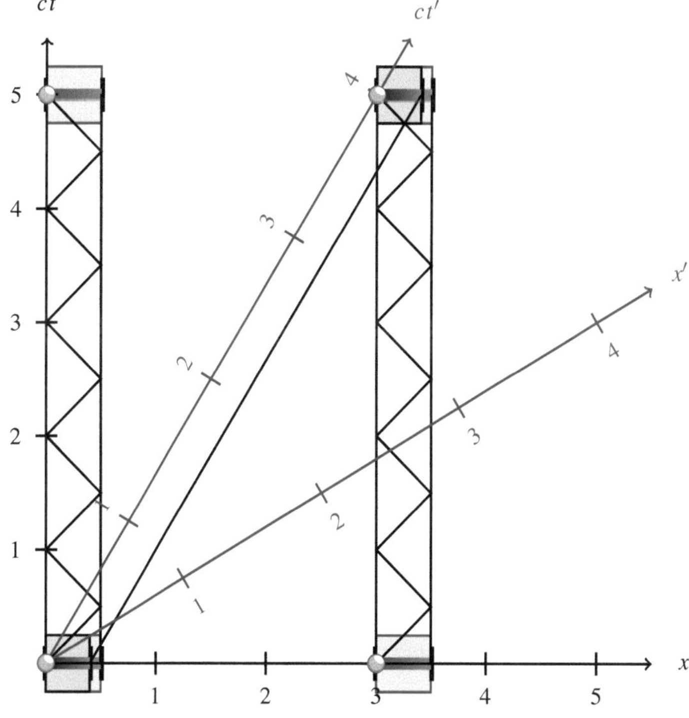

Aufgabe 4.5

Im Übungsteil zu Kapitel 3 haben wir untersucht, wie sich die Uhren zweier relativ zueinander bewegter Bezugskörper verhalten, wenn diese mit der gleichen Kugelwelle synchronisiert werden. Wir haben dort festgestellt, dass zwei Uhren, die sich nach den Formeln der Lorentz-Transformation am gleichen Ort befinden, in der Grafik versetzt eingezeichnet sind. Mit dem mittlerweile erworbenen Wissen können wir die Fehlerstelle leicht ausmachen. Wir hatten die Raumkontraktion ignoriert, die den bewegten Bezugskörper in seiner Bewegungsrichtung um den Lorentzfaktor schrumpfen lässt. Wir wollen das Szenario deshalb erneut betrachten, unter Beachtung der Kontraktion:

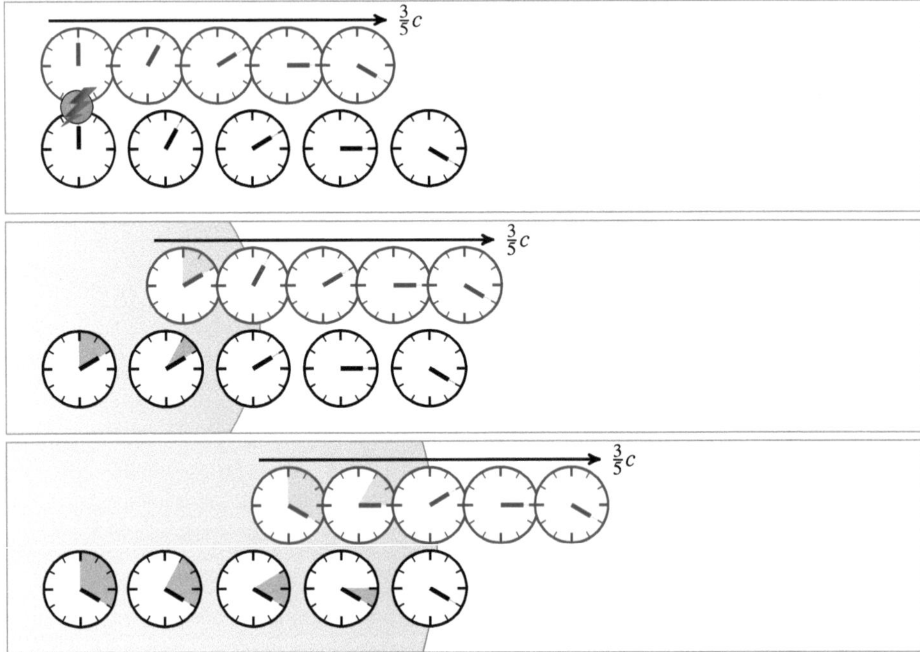

a) Messen Sie mit einem Lineal aus, um welchen Faktor die Uhren des bewegten Bezugskörpers kontrahiert sind. Gleichen Sie das Ergebnis mit dem rechnerisch ermittelten Lorentzfaktor ab.

Wir lassen die Kugelwelle noch ein wenig länger laufen:

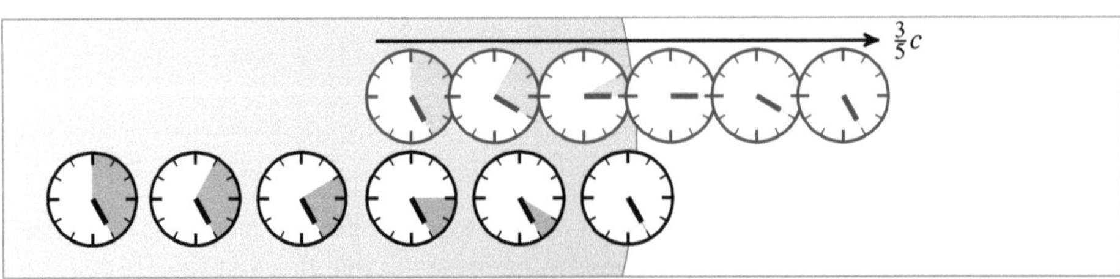

b) Aus dieser Momentaufnahme greifen wir die folgenden beiden Uhren heraus:

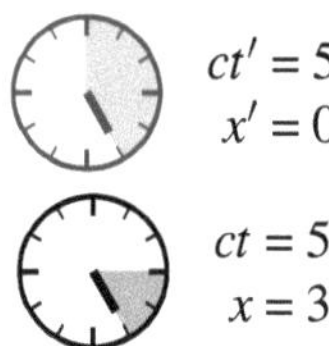

Welche Zeit müsste die Uhr des bewegten Bezugskörpers nach den Formeln der Lorentz-Transformation anzeigen?

c) Offenbar ist in der grafischen Darstellung immer noch etwas falsch. Was haben wir beim Zeichnen der Uhren nicht bedacht?

d) Welche Uhren müssen in der zuletzt gezeigten Momentaufnahme ebenfalls korrigiert werden? Berechnen Sie die wahren Zeigerstellungen und zeichnen Sie die letzte Momentaufnahme erneut.

Aufgabe 4.6

Eine Raumschiff entfernt sich mit der Geschwindigkeit $\frac{3}{5}c$ von der Erde. Der Kapitän des Schiffs berichtet über seine Reise in einer Fernsehübertragung, die auf seiner Borduhr zum Zeitpunkt $t'_0 = 1$ beginnt und eine Stunde dauert.

a) Tragen Sie das geschilderte Szenario in das folgende Minkowski-Diagramm ein:

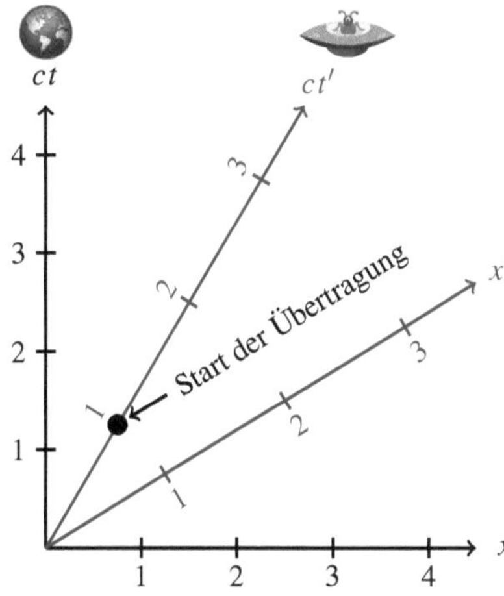

b) Entnehmen Sie dem Diagramm, wie viel Zeit der Fernsehsender einplanen muss, damit die Sendung komplett übertragen werden kann.

Aufgabe 4.7

In diesem Kapitel haben wir gezeigt, dass die Längenkontraktion einen Körper in dessen Bewegungsrichtung verkürzt. Wir wollen uns in dieser Aufgabe mit den Konsequenzen beschäftigen, die eine Maßstabsveränderung zur Folge hätte, die in alle Richtungen wirkt. Das folgende Szenario zeigt, was in diesem Fall mit zwei gleich gebauten Hohlzylindern passieren würde, von denen einer in unserem eigenen Bezugssystem ruht und sich der andere mit der Geschwindigkeit v auf uns zubewegt:

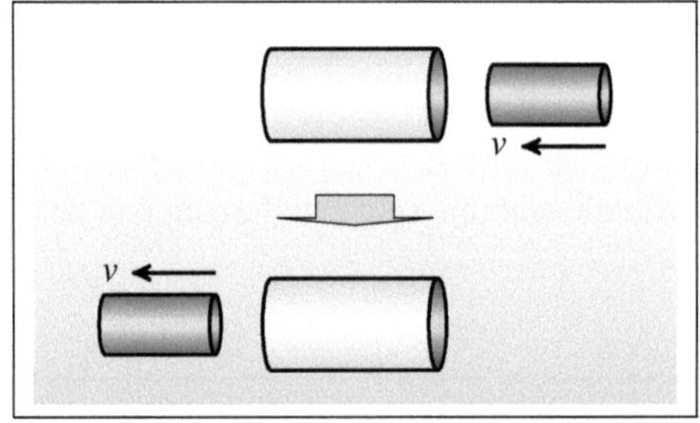

Stellen Sie sich die Situation nun aus der Sicht der bewegten Hohlröhre vor. Welches der folgenden beiden Szenarien würde dann eintreten?

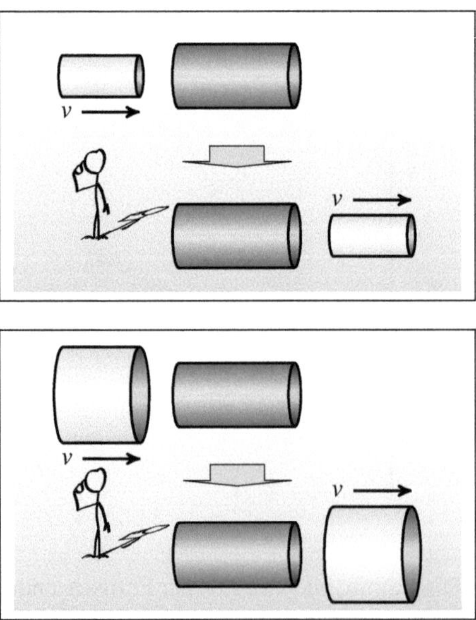

Aufgabe 4.8

In dieser Aufgabe betrachten wir eine Lichtuhr, die ein alternatives Funktionsprinzip verfolgt. Diese Uhr ist so konzipiert, dass sie jedes Mal, wenn das Photon an einem der beiden Spiegel reflektiert wird, den Zeiger auf dem Zifferblatt einen Schritt weiterbewegt:

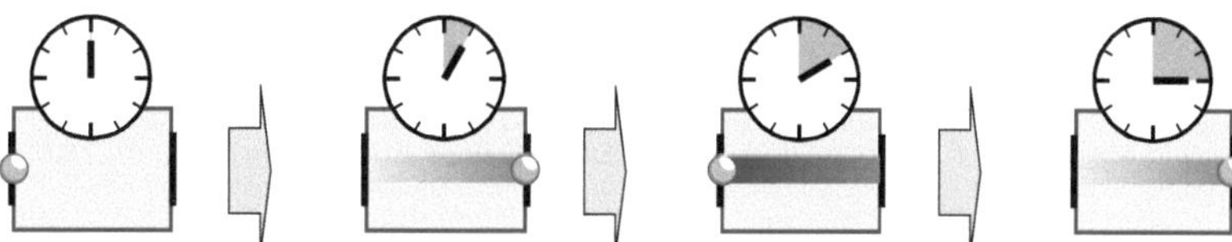

In dem folgenden Minkowski-Diagramm sind die ersten beiden Schläge einer solchen Uhr grafisch dargestellt. Die eingezeichneten Ereignisse T_1 und T_2 geben an, wann der Zeiger auf die nächste Ziffer springt:

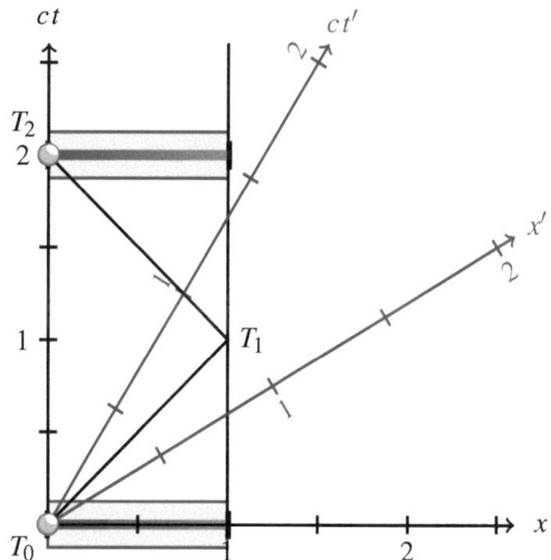

a) Übersetzen Sie die Ereignisse T_0, T_1 und T_2 in das System S′, das sich mit der Geschwindigkeit $v = \frac{3}{5}c$ in Richtung der positiven x-Achse bewegt.

b) Wie groß sind die Zeitintervalle zwischen den Uhrzeigersprüngen aus der Sicht von S′?

c) Offenbar scheint das alternative Funktionskonzept für einen Beobachter in S′ zu versagen. Warum handelt es sich hier um keine richtige Uhr?

d) Im Gegensatz zu den Lichtuhren, die wir bisher betrachtet haben, ließe sich eine Uhr, wie wir sie gerade beschrieben haben, niemals bauen. Erklären Sie, warum.

Aufgabe 4.9

In dieser Aufgabe betrachten wir ein Photon, das in einem Eisenbahnwagon mit einer Kanonenkugel um die Wette läuft. Beide Objekte werden von der linken Wagonwand abgeschossen. Wie die folgende Grafik zeigt, erreicht das Photon das rechte Wagonende zuerst, ändert dort seine Richtung und kollidiert anschließend mit der heranrasenden Kugel:

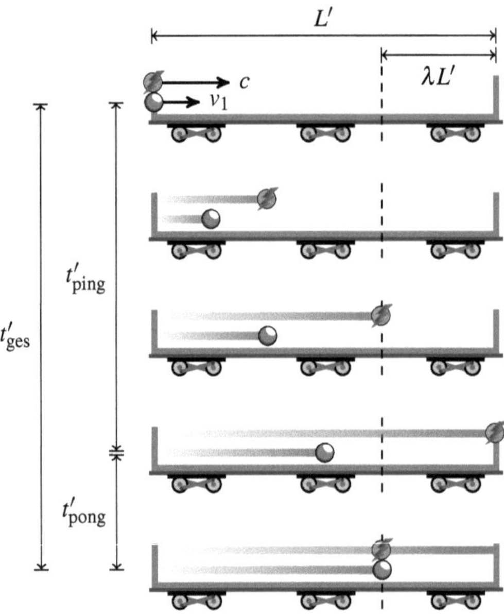

L' sei die Länge des Wagons und v_1 die Geschwindigkeit der Kugel. Uns interessiert der Ort, an dem das Photon mit der Kugel kollidiert.

a) Zeigen Sie, dass das Teilungsverhältnis λ die folgende Beziehung erfüllt:

$$\lambda = \frac{1-\beta_1}{1+\beta_1} \quad \text{mit} \quad \beta_1 = \frac{v_1}{c}$$

b) Bestimmen Sie die Zeiten t'_{ping}, t'_{pong} und t'_{ges}.

c) Ändert sich das Teilungsverhältnis für einen Beobachter, der das Szenario vom Bahnsteig aus betrachtet und den Zug dort gleichförmig an sich vorbeifahren sieht?

Aufgabe 4.10

Wir betrachten das Szenario der vorherigen Aufgabe ein zweites Mal, aus der Sicht des Bahnsteigbeobachters. Das Ruhesystem des Bahnsteigs sei S und v_0 die Geschwindigkeit, mit der sich der Zug gleichförmig bewegt. Unser Beispielszenario sieht dann folgendermaßen aus:

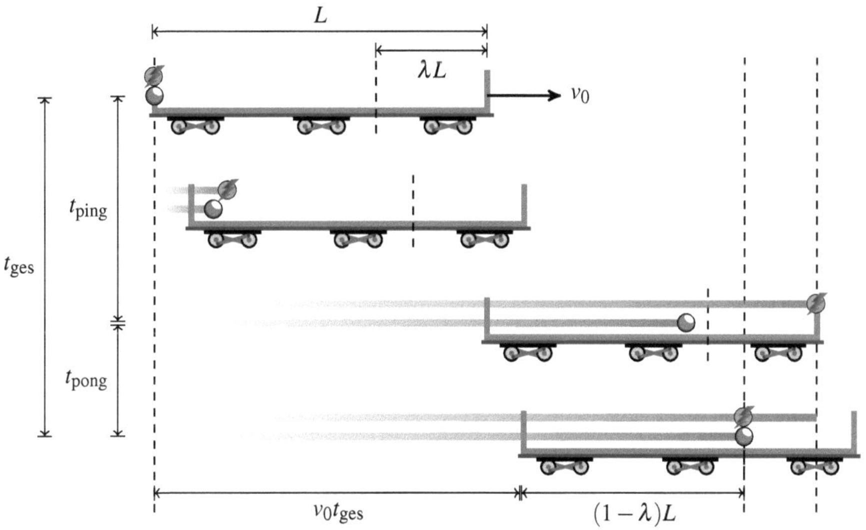

Das Photon legt einen längeren Hinweg und einen kürzeren Rückweg zurück. Die Zeiten, die es hierfür benötigt, sind t_{ping} und t_{pong}.

a) Zeigen Sie die folgenden Zusammenhänge:

$$ct_{\text{ping}} = \frac{L}{1-\beta_0} \quad \text{und} \quad ct_{\text{pong}} = \frac{\lambda L}{1+\beta_0} \quad \text{mit} \quad \beta_0 = \frac{v_0}{c}$$

b) Zeigen Sie, dass für die Gesamtzeit $t_{\text{ges}} = t_{\text{ping}} + t_{\text{pong}}$ Folgendes gilt:

$$ct_{\text{ges}} = 2\gamma^2 L \frac{1+\beta_1\beta_0}{1+\beta_1} \quad \text{mit} \quad \gamma = \frac{1}{\sqrt{1-\beta_0^2}}$$

c) Zeigen Sie die Beziehung:

$$\beta_0 c t_{\text{ges}} + (1-\lambda)L = 2\gamma^2 L \frac{\beta_1 + \beta_0}{1+\beta_1} \quad \text{mit} \quad \gamma = \frac{1}{\sqrt{1-\beta_0^2}}$$

d) Leiten Sie aus den erzielten Zwischenergebnissen das relativistische Additionstheorem für Geschwindigkeiten ab. Überlegen Sie sich hierfür, wie schnell sich die Kugel aus der Sicht von S bewegt.

e) Hätten wir t_{ges} nicht einfach durch die Multiplikation von t'_{ges} mit dem Zeitdilatationsfaktor γ ausrechnen können? Die Größe t'_{ges} haben wir in der vorherigen Aufgabe mit wenig Aufwand ermittelt.

5 Der Doppler-Effekt

„Man fühlt sich daher sehr zu der Meinung hingezogen, dass sämmtliche Gestirne des Himmels an und für sich im weissen oder schwach gelblichen Lichte schimmern, und dass, wenn dieses bei einzelnen anders gefunden wird, ein Grund dafür bestehen müsse, welcher mit der grossen Geschwindigkeit ihrer Bewegung höchst wahrscheinlich in einem nicht bloss zufälligen, sondern nothwendigen Zusammenhange steht.“

Christian Doppler [12]

Bewegt sich ein Beobachter relativ zu einer Quelle, die eine Welle mit der Frequenz f_Q emittiert, so nimmt er die Welle mit einer anderen Frequenz wahr. Diese Frequenzverschiebung ist der *Doppler-Effekt*, den wir in den folgenden Abschnitten quantitativ untersuchen werden. Wir beginnen in Abschnitt 5.1 mit der Herleitung des *longitudinalen Doppler-Effekts*, der immer dann entsteht, wenn sich die Quelle und der Beobachter direkt aufeinander zu- oder voneinander wegbewegen. In Abschnitt 5.1.1 werden wir diesen Effekt im Sinne der klassischen Physik analysieren und die Ergebnisse in Abschnitt 5.1.2 anschließend auf den relativistischen Fall übertragen. In Abschnitt 5.2 werden wir die Betrachtung auf schräg einfallende Wellen ausweiten. Dies wird uns die Formeln des *transversalen Doppler-Effekts* in die Hände spielen, die wir in Abschnitt 5.2.1 zunächst wieder mit den Mitteln der klassischen Physik und in Abschnitt 5.2.2 anschließend mit den Mitteln der relativistischen Physik herleiten werden.

Für die quantitative Analyse des Doppler-Effekts folgen wir dem in [5] eingeschlagenen Weg. Verglichen mit anderen Lehrbüchern mag die Darstellung auf den ersten Blick ein wenig umständlich wirken, doch bereits am Ende von Abschnitt 5.1 wird klar werden, dass ihr ein besonderer Charme innewohnt. Die gewählte Herleitung beruht im Kern auf einer elementaren Koordinatentransformation, und je nachdem, ob wir hierfür die klassische Galilei-Transformation oder die relativistische Lorentz-Transformation verwenden, erhalten wir einmal die Formeln des klassischen Doppler-Effekts und das andere Mal ihre modernen, relativistischen Pendants.

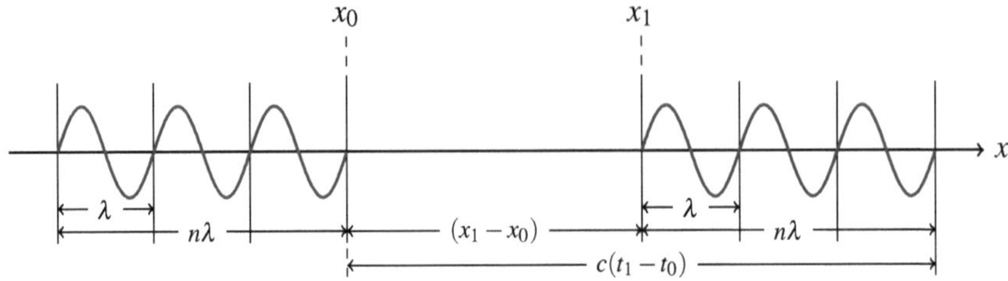

Abbildung 5.1: Zur Herleitung des logitudinalen Doppler-Effekts

5.1 Longitudinaler Doppler-Effekt

Das Ausgangsszenario unserer Überlegung ist in Abbildung 5.1 zu sehen. Dargestellt ist ein Wellenzug, der aus n Wellen besteht und sich mit der Geschwindigkeit c entlang der positiven x-Achse ausbreitet. Für die eingezeichnete Beispielwelle gilt $n = 3$. In unserer Betrachtung spielen die Ortspunkte x_0, x_1 und die Zeitpunkte t_0, t_1 eine wichtige Rolle. Per Definition sei t_0 der Zeitpunkt, an dem der Wellenzug den Ort x_0 erreicht, und t_1 der Zeitpunkt, an dem er den Ort x_1 verlässt.

Wenige Blicke auf die Abbildung reichen aus, um zwischen den eingeführten Größen den Zusammenhang

$$c(t_1 - t_0) = (x_1 - x_0) + n\lambda$$

zu erkennen. Lösen wir diese Gleichung nach n auf, so erhalten wir die folgende Beziehung:

$$n = \frac{c}{\lambda}\left(t_1 - t_0 - \frac{x_1 - x_0}{c}\right) \tag{5.1}$$

Diese Formel eröffnet uns zwei einfache Möglichkeiten, um die Anzahl der Wellen zu bestimmen, aus denen der Wellenzug besteht:

- Messung an einem festen Ortspunkt ($x_0 = x_1$)

  Verwenden wir für x_0 und x_1 den gleichen Ortspunkt, so vereinfacht sich Gleichung (5.1) wie folgt:

  $$n = \frac{c}{\lambda}(t_1 - t_0)$$

Diese Formel ist unmittelbar einleuchtend. Sind die Ortskoordinaten x_0 und x_1 gleich, so ist $t_1 - t_0$ die Zeit, die der Wellenzug benötigt, um seine eigene Länge zurückzulegen. Dann ist $c(t_1 - t_0)$ die Länge des Wellenzugs, und die Division durch die Wellenlänge λ liefert den gesuchten Parameter n: die Anzahl der Wellen.

- Messung zu einem festen Zeitpunkt ($t_0 = t_1$)

  Verwenden wir für t_0 und t_1 den gleichen Zeitpunkt, so vereinfacht sich Gleichung (5.1) zu:

$$n = \frac{1}{\lambda}(x_0 - x_1)$$

  Auch diese Formel ist schnell zu verstehen. Beschreiben t_0 und t_1 den gleichen Zeitpunkt, dann ist x_0 der Endpunkt und x_1 der Anfangspunkt der Welle. Folgerichtig ist $x_0 - x_1$ die Länge des gesamten Wellenzugs, und die Division durch λ ergibt die Anzahl der Wellen.

Als Nächstes wollen wir die Formel ein wenig umschreiben und die Frequenz f der Welle ins Spiel bringen. Mithilfe der Beziehung

$$f = \frac{c}{\lambda}$$

können wir Formel (5.1) ein wenig kürzer aufschreiben, in der folgenden Form:

$$n = f\left(t_1 - t_0 - \frac{x_1 - x_0}{c}\right) \tag{5.2}$$

Wir nehmen an, dass unsere bisherigen Überlegungen innerhalb eines Bezugssystems S stattgefunden haben. Als Nächstes wollen wir herausarbeiten, wie die Welle in einem Bezugssystem S′ wahrgenommen wird, das sich gegenüber S mit der Geschwindigkeit v entlang der positiven x-Achse bewegt. Für einen Beobachter in S′ erreicht der Wellenzug zum Zeitpunkt t'_0 den Ort x'_0 und verlässt zum Zeitpunkt t'_1 den Ort x'_1. Aufgrund seiner Bewegung wird der Beobachter die Welle mit einer Frequenz f' wahrnehmen, die sich von f unterscheidet. Eine bestimmte Tatsache wird sich dabei aber nicht ändern: Ein bewegter Beobachter in S′ wird genauso viele Wellen zählen wie ein ruhender Beobachter in S, der neben der Quelle verweilt. Zusammen mit (5.2) können wir aus der eben festgestellten Beobachtungsinvarianz von n den folgenden Schluss ziehen:

$$f\left(t_1 - t_0 - \frac{x_1 - x_0}{c}\right) = f'\left(t'_1 - t'_0 - \frac{x'_1 - x'_0}{c'}\right) \tag{5.3}$$

Ohne Beschränkung der Allgemeinheit dürfen wir annehmen, dass die Ortskoordinaten x_0 und x_1 so gewählt sind, dass sie in S den gleichen Wert annehmen. Mit anderen Worten: Wir gehen davon aus, dass die Messung für einen Beobachter in S an einem festen Punkt erfolgt:

$$x_0 = x_1$$

Dann vereinfacht sich (5.3) folgendermaßen:

$$f(t_1 - t_0) = f'\left(t'_1 - t'_0 - \frac{x'_1 - x'_0}{c'}\right)$$

Genauso gut können wir annehmen, dass die Ortskoordinaten x_0 und x_1 so gewählt sind, dass sie in S′ den gleichen Wert annehmen:

$$x'_0 = x'_1 \tag{5.4}$$

In diesem Fall wird aus (5.3) die Formel:

$$f\left(t_1 - t_0 - \frac{x_1 - x_0}{c}\right) = f'\left(t'_1 - t'_0\right) \tag{5.5}$$

5.1.1 Klassische Herleitung

Die Formeln, die wir in diesem Abschnitt herleiten, sind immer dann gültig, wenn sich die betrachtete Welle in einem Medium ausbreitet und ihre Geschwindigkeit im Vergleich zur Lichtgeschwindigkeit so gering ist, dass wir die Bezugssysteme der Quelle und des Senders über die Galilei-Transformation umrechnen dürfen. Für die Herleitung der Formeln unterscheiden wir zwei Fälle, in denen S beide Male das Ruhesystem des Mediums ist und die Bezeichner f_Q, f_B und c mit der folgenden Bedeutung belegt sind:

f_Q : Frequenz, mit der die Quelle den Wellenzug emittiert

f_B : Frequenz, mit der ein Beobachter die Welle wahrnimmt

c : Geschwindigkeit der Welle relativ zu ihrem Ausbreitungsmedium

■ Die Quelle ruht, der Beobachter ist bewegt

In diesem Fall ist S das Bezugssystem der Quelle und S′ das Bezugssystem des Beobachters. Folgerichtig ist $f = f_Q$ und $f' = f_B$. Führen wir die Messung an zwei Ortspunkten x_0 und x_1 durch, die im System S′ zusammenfallen, so können wir auf die oben hergeleitete Formel (5.5) zurückgreifen. Sie liest sich dann folgendermaßen:

$$f_Q\left(t_1 - t_0 - \frac{x_1 - x_0}{c}\right) = f_B\left(t_1' - t_0'\right) \tag{5.6}$$

Als Nächstes erinnern wir uns an die Formeln der Galilei-Transformation. Diese beschreiben, wie die ungestrichenen Größen x_0, x_1, t_0, t_1 mit ihren gestrichenen Pendants x_0', x_1', t_0', t_1' im Sinne der klassischen Physik zusammenhängen:

$$t_0 = t_0', \;\; t_1 = t_1', \;\; x_0 = x_0' + vt_0', \;\; x_1 = x_1' + vt_1'$$

Hieraus folgt

$$\begin{aligned} x_1 - x_0 &= x_1' + vt_1' - x_0' - vt_0' \\ &= (x_1' - x_0') + v(t_1 - t_0) \overset{(5.4)}{=} v(t_1 - t_0), \end{aligned}$$

womit wir (5.6) folgendermaßen umformen können:

$$f_Q\left(t_1 - t_0 - \frac{v(t_1 - t_0)}{c}\right) = f_B\left(t_1 - t_0\right)$$

Dividieren wir beide Seiten durch $t_1 - t_0$, so sind wir am Ziel. Wir wissen dann, mit welcher Frequenz f_B der bewegte Beobachter die Welle wahrnimmt:

$$f_B = f_Q\left(1 - \frac{v}{c}\right)$$

■ Die Quelle ist bewegt, der Beobachter ruht

Diesen Fall können wir ganz ähnlich behandeln. Wir stellen uns vor, der Wellenzug in Abbildung 5.1 wurde von einer Quelle emittiert, die sich mit der konstanten Geschwindigkeit v auf der x-Achse nach links bewegt, und der Beobachter in Ruhe ist. Jetzt ist S das Bezugssystem des Beobachters und S′ das Bezugssystem der Quelle, d. h., es ist $f = f_B$ und $f' = f_Q$. Damit erhalten wir aus (5.5) die Beziehung:

$$f_B\left(t_1 - t_0 - \frac{x_1 - x_0}{c}\right) = f_Q\left(t_1' - t_0'\right) \tag{5.7}$$

Wie im ersten Fall hängen die ungestrichenen Größen x_0, x_1, t_0, t_1 mit ihren gestrichenen Pendants x_0', x_1', t_0', t_1' über die Galilei-Transformation zusammen. Da die Bewegung des Bezugssystems S′ jetzt aber nach links erfolgt, und nicht wie im ersten

Fall nach rechts, müssen wir das Vorzeichen von v in den Transformationsgleichungen negieren:

$$t_0 = t_0',\ \ t_1 = t_1',\ \ x_0 = x_0' - vt_0',\ \ x_1 = x_1' - vt_1'$$

Hieraus folgt

$$\begin{aligned} x_1 - x_0 &= x_1' - vt_1' - x_0' + vt_0' \\ &= (x_1' - x_0') - v(t_1 - t_0) \overset{(5.4)}{=} -v(t_1 - t_0), \end{aligned}$$

womit wir (5.7) folgendermaßen umformen können:

$$f_B\left(t_1 - t_0 + \frac{v(t_1 - t_0)}{c}\right) = f_Q\,(t_1 - t_0)$$

Wiederum brauchen wir beide Seiten nur noch durch $t_1 - t_0$ zu dividieren und die Gleichung anschließend nach f_B aufzulösen. Wir wissen dann, mit welcher Frequenz ein ruhender Beobachter die Welle wahrnimmt, wenn sich die Quelle mit der Geschwindigkeit v von ihm entfernt:

$$f_B = \frac{f_Q}{(1 + \frac{v}{c})}$$

Beide Fälle zusammen liefern uns das folgende Ergebnis:

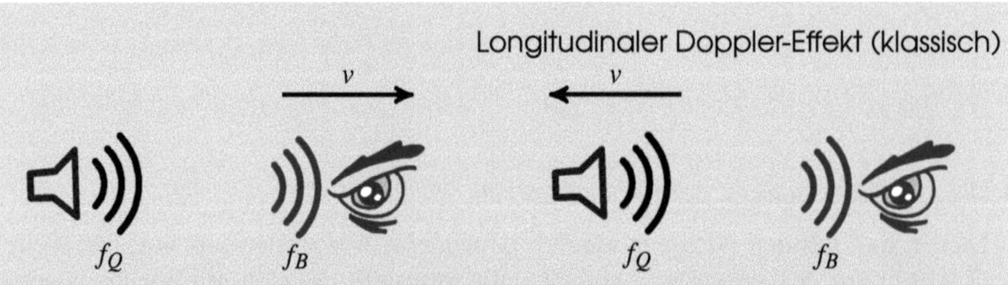

Für einen bewegten Beobachter, der sich mit der Geschwindigkeit v von einer ruhenden Quelle entfernt, gilt:

$$f_B = f_Q\left(1 - \frac{v}{c}\right)$$

Für einen ruhenden Beobachter, von dem sich eine Quelle mit der Geschwindigkeit v entfernt, gilt:

$$f_B = f_Q\left(\frac{1}{1 + \frac{v}{c}}\right)$$

Indem wir das Vorzeichen von v negieren, erhalten wir zwei Gleichungen für den Fall, dass sich die Quelle und der Beobachter aufeinander zubewegen:

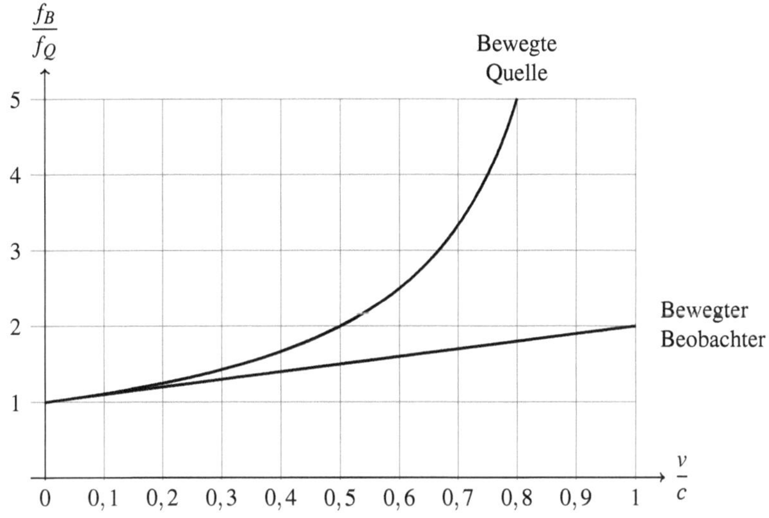

Abbildung 5.2: Klassischer Doppler-Effekt

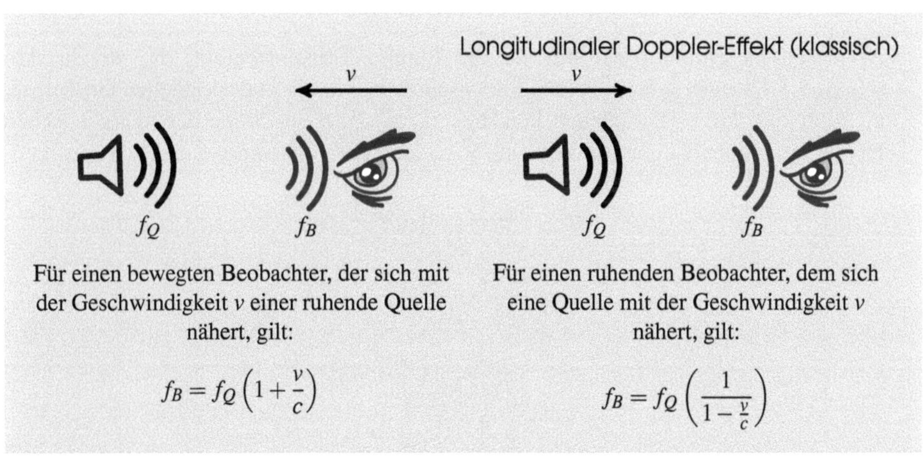

Abbildung 5.2 zeigt, wie unterschiedlich sich der klassische Doppler-Effekt auswirkt, wenn wir einmal den Beobachter und ein anderes Mal die Quelle als bewegt ansehen. Besonders ausgeprägt ist die Asymmetrie dann, wenn v nahe an die Geschwindigkeit c, die Ausbreitungsgeschwindigkeit der Welle, heranrückt. Ist v im Vergleich zu c hingegen sehr klein, so spielt es nur eine untergeordnete Rolle, ob sich der Beobachter oder die Quelle bewegt.

5.1.2 Relativistische Herleitung

Um die Formeln des relativistischen Doppler-Effekts herzuleiten, gehen wir genauso vor wie in Abschnitt 5.1.1. Wir betrachten erneut die Welle in Abbildung 5.1, gehen dieses Mal aber davon aus, dass es sich um eine Lichtwelle handelt. Das bedeutet, dass die oben benutzten Bezeichner jetzt die folgende Bedeutung annehmen:

$$\begin{aligned} f_Q &: \text{Frequenz, mit der die Quelle den Wellenzug emittiert} \\ f_B &: \text{Frequenz, mit der ein Beobachter die Welle wahrnimmt} \\ c &: \text{Lichtgeschwindigkeit} \end{aligned}$$

Für die Herleitung der Formeln unterscheiden wir erneut zwei Fälle:

- Die Quelle befindet sich in S und der Beobachter in S′

  In diesem Fall ist $f = f_Q$ und $f' = f_B$. Führen wir die Messung an zwei Ortspunkten x_0 und x_1 durch, die im System S′ zusammenfallen, so können wir Formel (5.5) folgendermaßen umschreiben:

$$f_Q\left(t_1 - t_0 - \frac{x_1 - x_0}{c}\right) = f_B\,(t'_1 - t'_0) \tag{5.8}$$

  Als Nächstes erinnern wir uns an die Lorentz-Transformation, die wir in Abschnitt 3.3.1 kennengelernt haben. Sie beschreibt, wie die ungestrichenen Größen x_0, x_1, t_0, t_1 mit ihren gestrichenen Pendants x'_0, x'_1, t'_0, t'_1 im Sinne der relativistischen Physik zusammenhängen. Bewegt sich S′ entlang der positiven x-Achse, dann gilt:

$$\begin{aligned} t_0 &= \frac{1}{\sqrt{1-\beta^2}}\left(t'_0 + \frac{v}{c^2}x'_0\right) \\ t_1 &= \frac{1}{\sqrt{1-\beta^2}}\left(t'_1 + \frac{v}{c^2}x'_1\right) \\ x_0 &= \frac{1}{\sqrt{1-\beta^2}}\left(x'_0 + vt'_0\right) \\ x_1 &= \frac{1}{\sqrt{1-\beta^2}}\left(x'_1 + vt'_1\right) \end{aligned}$$

  Hieraus folgt:

$$\begin{aligned} t_1 - t_0 &= \frac{1}{\sqrt{1-\beta^2}}\left(t'_1 + \frac{v}{c^2}x'_1\right) - \frac{1}{\sqrt{1-\beta^2}}\left(t'_0 + \frac{v}{c^2}x'_0\right) \\ &= \frac{1}{\sqrt{1-\beta^2}}\left(t'_1 - t'_0 + \frac{v}{c^2}(x'_1 - x'_0)\right) \overset{(5.4)}{=} \frac{t'_1 - t'_0}{\sqrt{1-\beta^2}} \\ x_1 - x_0 &= \frac{1}{\sqrt{1-\beta^2}}\left(x'_1 + vt'_1\right) - \frac{1}{\sqrt{1-\beta^2}}\left(x'_0 + vt'_0\right) \end{aligned}$$

$$= \frac{1}{\sqrt{1-\beta^2}}\left(x_1' - x_0' + v(t_1' - t_0')\right) \overset{(5.4)}{=} \frac{v(t_1' - t_0')}{\sqrt{1-\beta^2}}$$

Damit können wir (5.8) folgendermaßen umformen:

$$f_Q\left(\frac{t_1' - t_0'}{\sqrt{1-\beta^2}} - \frac{\frac{v}{c}(t_1' - t_0')}{\sqrt{1-\beta^2}}\right) = f_B\left(t_1' - t_0'\right)$$

Die Division durch $t_1' - t_0'$ liefert:

$$\begin{aligned} f_B &= f_Q\left(\frac{1}{\sqrt{1-\beta^2}} - \frac{\frac{v}{c}}{\sqrt{1-\beta^2}}\right) \\ &= f_Q\frac{1-\beta}{\sqrt{1-\beta^2}} \\ &= f_Q\frac{1-\beta}{\sqrt{(1-\beta)(1+\beta)}} \end{aligned}$$

Dies ist dasselbe wie:

$$f_B = f_Q\sqrt{\frac{1-\beta}{1+\beta}}$$

- Die Quelle befindet sich in S′ und der Beobachter in S

  In diesem Fall ist $f = f_B$ und $f' = f_Q$. Setzen wir diese Bezeichner in die Formel (5.5) ein, so erhalten wir die Beziehung:

$$f_B\left(t_1 - t_0 - \frac{x_1 - x_0}{c}\right) = f_Q\left(t_1' - t_0'\right) \tag{5.9}$$

Wie im ersten Fall hängen die ungestrichenen Größen x_0, x_1, t_0, t_1 mit ihren gestrichenen Pendants x_0', x_1', t_0', t_1' über die Lorentz-Transformation zusammen. Da sich das Bezugssystems S′ jetzt aber nach links bewegt und nicht, wie im ersten Fall, nach rechts, müssen wir das Vorzeichen von v in den Transformationsgleichungen negieren:

$$\begin{aligned} t_0 &= \frac{1}{\sqrt{1-\beta^2}}\left(t_0' - \frac{v}{c^2}x_0'\right) \\ t_1 &= \frac{1}{\sqrt{1-\beta^2}}\left(t_1' - \frac{v}{c^2}x_1'\right) \\ x_0 &= \frac{1}{\sqrt{1-\beta^2}}\left(x_0' - vt_0'\right) \end{aligned}$$

$$x_1 = \frac{1}{\sqrt{1-\beta^2}}\left(x_1' - vt_1'\right)$$

Hieraus folgt, analog zum ersten Fall:

$$\begin{aligned}
t_1 - t_0 &= \frac{1}{\sqrt{1-\beta^2}}\left(t_1' - \frac{v}{c^2}x_1'\right) - \frac{1}{\sqrt{1-\beta^2}}\left(t_0' - \frac{v}{c^2}x_0'\right) \\
&= \frac{1}{\sqrt{1-\beta^2}}\left(t_1' - t_0' - \frac{v}{c^2}(x_1' - x_0')\right) \overset{(5.4)}{=} \frac{t_1' - t_0'}{\sqrt{1-\beta^2}} \\
x_1 - x_0 &= \frac{1}{\sqrt{1-\beta^2}}\left(x_1' - vt_1'\right) - \frac{1}{\sqrt{1-\beta^2}}\left(x_0' - vt_0'\right) \\
&= \frac{1}{\sqrt{1-\beta^2}}\left(x_1' - x_0' - v(t_1' - t_0')\right) \overset{(5.4)}{=} -\frac{v(t_1' - t_0')}{\sqrt{1-\beta^2}}
\end{aligned}$$

Damit können wir (5.9) folgendermaßen umformen:

$$f_B\left(\frac{t_1' - t_0'}{\sqrt{1-\beta^2}} + \frac{\frac{v}{c}(t_1' - t_0')}{\sqrt{1-\beta^2}}\right) = f_Q\left(t_1' - t_0'\right)$$

Die Division durch $t_1' - t_0'$ liefert:

$$\begin{aligned}
f_Q &= f_B\left(\frac{1}{\sqrt{1-\beta^2}} + \frac{\frac{v}{c}}{\sqrt{1-\beta^2}}\right) \\
&= f_B\frac{1+\beta}{\sqrt{1-\beta^2}} \\
&= f_B\frac{1+\beta}{\sqrt{(1-\beta)(1+\beta)}}
\end{aligned}$$

Lösen wir diese Gleichung nach f_B auf, so erhalten wir das gesuchte Ergebnis:

$$f_B = f_Q\sqrt{\frac{1-\beta}{1+\beta}}$$

Die Rechnung zeigt, dass wir in beiden Fällen die gleiche Formel erhalten. Überraschend ist die Symmetrie des relativistischen Doppler-Effekts nicht, ganz im Gegenteil: Das Relativitätsprinzip fordert sie sogar zwingend ein, da der Begriff einer absoluten Bewegung nach Einsteins Postulaten keiner physikalischen Realität entspricht und damit nur noch die relative Bewegung zwischen zwei Inertialsystemen S und S′ eine Rolle spielen kann.

Abbildung 5.3 zeigt im Detail, wie sich der relativistische Doppler-Effekt auswirkt. Während wir im klassischen Fall unterscheiden müssen, ob sich die Quelle oder der Beobachter bewegt, wird der relativistische Doppler-Effekt durch einen einzigen Graphen beschrieben, der vollständig durch die Relativgeschwindigkeit zwischen der Quelle und dem Beobachter bestimmt ist.

Wir fassen zusammen:

Longitudinaler Doppler-Effekt (relativistisch)

Für einen Beobachter und eine Lichtquelle, die sich mit der Geschwindigkeit v voneinander entfernen, gilt:

$$f_B = f_Q\sqrt{\frac{1-\beta}{1+\beta}}$$

Indem wir das Vorzeichen von v negieren, erhalten wir eine zweite Gleichung für den Fall, dass sich die Quelle und der Beobachter aufeinander zubewegen:

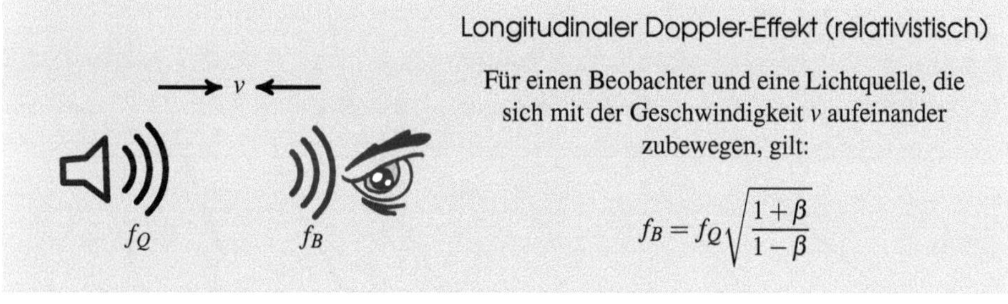

Longitudinaler Doppler-Effekt (relativistisch)

Für einen Beobachter und eine Lichtquelle, die sich mit der Geschwindigkeit v aufeinander zubewegen, gilt:

$$f_B = f_Q\sqrt{\frac{1+\beta}{1-\beta}}$$

5.2 Transversaler Doppler-Effekt

In diesem Abschnitt werden wir unsere Betrachtung verallgemeinern und annehmen, dass die Wellenfront schräg auf den Beobachter trifft. Um diesen Fall adäquat zu analysieren, müssen wir das in Abbildung 5.1 gezeigte Szenario um einen Einfallswinkel α ergänzen, wie er in Abbildung 5.4 eingezeichnet ist. Die Ortspunkte x_0, x_1 und die Zeitpunkte t_0, t_1 spielen die gleiche Rolle wie zuvor. Per Definition sei t_0 der Zeitpunkt, an dem der Wellenzug den Ort x_0 erreicht, und t_1 der Zeitpunkt, an dem er den Ort x_1 verlässt.

Sind x_0 und x_1 so gewählt, dass der Radius der Wellenfront an diesen Orten deutlich größer ist als die Differenz $x_1 - x_0$, dann können wir die Hypothenuse des in Abbildung 5.4

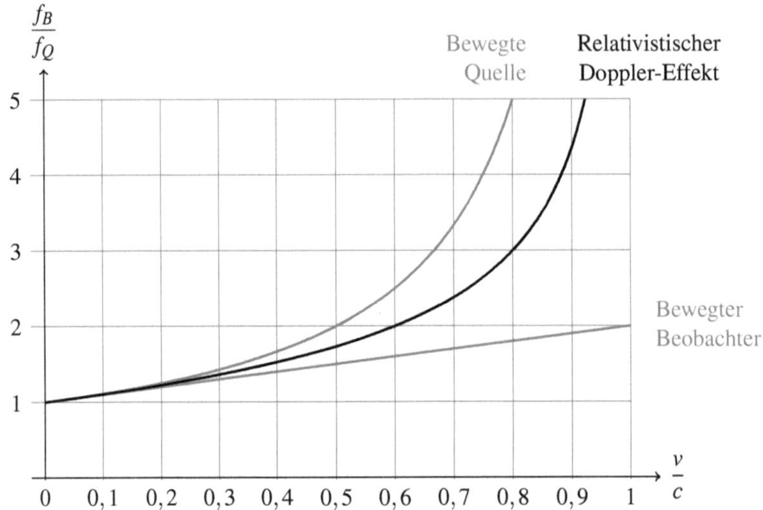

Abbildung 5.3: Relativistischer Doppler-Effekt

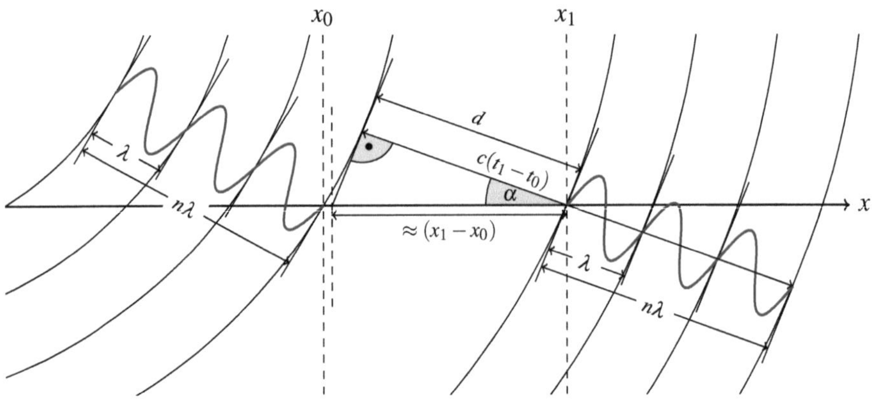

Abbildung 5.4: Zur Herleitung des transversalen Doppler-Effekts

eingezeichneten Dreiecks mit der Differenz $x_1 - x_0$ abschätzen. Das bedeutet, dass wir einen vernachlässigbaren kleinen Fehler machen, wenn wir in der Herleitung der Doppler-Formeln die Beziehung

$$\cos\alpha = \frac{d}{x_1 - x_0} \tag{5.10}$$

verwenden. Jetzt reichen wenige Blicke aus, um in der Abbildung den folgenden Zusammenhang zu erkennen:

$$c(t_1 - t_0) = d + n\lambda \overset{(5.10)}{=} (x_1 - x_0)\cos\alpha + n\lambda$$

Lösen wir diese Gleichung nach n auf, so erhalten wir die Beziehung

$$n = \frac{c}{\lambda}\left(t_1 - t_0 - \frac{x_1 - x_0}{c}\cos\alpha\right),$$

die dasselbe ist wie:

$$n = f\left(t_1 - t_0 - \frac{x_1 - x_0}{c}\cos\alpha\right) \tag{5.11}$$

Wir nehmen an, dass die bisherigen Überlegungen innerhalb eines Bezugssystems S angestellt wurden, und wenden uns nun der Frage zu, wie die Welle in einem System S′ wahrgenommen wird, das sich gegenüber S mit der Geschwindigkeit v entlang der positiven x-Achse bewegt. Für einen dort ruhenden Beobachter erreicht der Wellenzug zum Zeitpunkt t'_0 den Ort x'_0 und verlässt zum Zeitpunkt t'_1 den Ort x'_1. Aufgrund der Bewegung wird sich für den Beobachter in S′ sowohl der Einfallswinkel α als auch die Frequenz f ändern. Eine Beobachtungstatsache bleibt dagegen invariant: Der Beobachter in S′ wird genauso viele Wellen zählen wie ein Beobachter in S, der neben der Quelle verweilt. Damit können wir aus (5.11) den folgenden Zusammenhang ableiten:

$$f\left(t_1 - t_0 - \frac{x_1 - x_0}{c}\cos\alpha\right) = f'\left(t'_1 - t'_0 - \frac{x'_1 - x'_0}{c'}\cos\alpha'\right) \tag{5.12}$$

Ohne Beschränkung der Allgemeinheit dürfen wir annehmen, dass die Ortskoordinaten x_0 und x_1 so gewählt sind, dass sie in S den gleichen Wert annehmen. Mit anderen Worten: Wir gehen davon aus, dass die Messung für einen Beobachter in S an einem festen Punkt erfolgt und daher die Beziehung

$$x_0 = x_1 \tag{5.13}$$

erfüllt. Dann vereinfacht sich (5.12) folgendermaßen:

$$f(t_1 - t_0) = f'\left(t'_1 - t'_0 - \frac{x'_1 - x'_0}{c'}\cos\alpha'\right) \tag{5.14}$$

Genauso gut können wir annehmen, dass die Ortskoordinaten x_0 und x_1 so gewählt sind, dass sie in S′ den gleichen Wert annehmen:

$$x'_0 = x'_1 \tag{5.15}$$

In diesem Fall wird aus (5.12) die Formel:

$$f\left(t_1 - t_0 - \frac{x_1 - x_0}{c}\cos\alpha\right) = f'\left(t'_1 - t'_0\right) \tag{5.16}$$

Beide Varianten werden wir im Folgenden für die Herleitung der verallgemeinerten Doppler-Formeln verwenden.

5.2.1 Klassische Herleitung

Genau wie oben untersuchen wir zunächst den Fall, dass sich die betrachtete Welle in einem Medium ausbreitet und die Ausbreitungsgeschwindigkeit im Vergleich zur Lichtgeschwindigkeit so gering ist, dass wir die Bezugssysteme der Quelle und des Senders über die Galilei-Transformation umrechnen dürfen. Es gilt dann:

f_Q : Frequenz, mit der die Quelle den Wellenzug emittiert
f_B : Frequenz, mit der ein Beobachter die Welle wahrnimmt
α_Q : Einfallswinkel der Welle im Bezugssystem der Quelle
α_B : Einfallswinkel der Welle im Bezugssystem des Beobachters
c : Geschwindigkeit der Welle relativ zu ihrem Ausbreitungsmedium

Für die Herleitung der Formeln unterscheiden wir zwei Fälle. Beide Male sei S das Ruhesystem des Ausbreitungsmediums.

- Die Quelle ruht, der Beobachter ist bewegt

  In diesem Fall ist S das Bezugssystem der Quelle und S′ das Bezugssystem des Beobachters. Folgerichtig ist $f = f_Q$ und $f' = f_B$. Ferner ist $\alpha = \alpha_Q$ und $\alpha' = \alpha_B$. Führen wir die Messung an zwei Ortspunkten x_0 und x_1 durch, die im System S zusammenfallen, so können wir auf die oben hergeleitete Formel (5.14) zurückgreifen. Sie liest sich dann folgendermaßen:

$$f_Q\left(t_1 - t_0\right) = f_B\left(t'_1 - t'_0 - \frac{x'_1 - x'_0}{c'}\cos\alpha_B\right) \tag{5.17}$$

  Die Formeln der Galilei-Transformation ergeben

$$\begin{aligned} x'_1 - x'_0 &= x_1 - vt_1 - x_0 + vt_0 \\ &= (x_1 - x_0) - v(t_1 - t_0) \overset{(5.13)}{=} -v(t_1 - t_0), \end{aligned}$$

  womit wir (5.17) folgendermaßen umformen können:

$$f_Q\left(t_1 - t_0\right) = f_B\left(t_1 - t_0 + \frac{v(t_1 - t_0)}{c'}\cos\alpha_B\right)$$

Dividieren wir beide Seiten durch $t_1 - t_0$, so erhalten wir

$$f_Q = f_B\left(1 + \frac{v}{c'}\cos\alpha_B\right),$$

was das Gleiche ist wie:

$$f_B = f_Q\left(\frac{1}{1 + \frac{v}{c'}\cos\alpha_B}\right) \tag{5.18}$$

Beachten Sie, dass in dieser Formel die Geschwindigkeit c' vorkommt, also die Geschwindigkeit, mit der sich die Welle aus der Sicht des bewegten Beobachters ausbreitet. Sie hat einen anderen Wert als die Geschwindigkeit c, mit der sich die Welle in ihrem Medium fortbewegt.

- Die Quelle ist bewegt, der Beobachter ruht

Um diesen Fall zu behandeln, stellen wir uns vor, der Wellenzug in Abbildung 5.4 wurde von einer Quelle emittiert, die sich mit der konstanten Geschwindigkeit v auf der x-Achse nach links bewegt. Jetzt ist S das Bezugssystem des Beobachters und S′ das Bezugssystem der Quelle. Es gilt also $f = f_B$ und $f' = f_Q$. Ferner ist $\alpha = \alpha_B$ und $\alpha' = \alpha_Q$. Führen wir die Messung an zwei Ortspunkten x_0 und x_1 durch, die im System S′ zusammenfallen, gilt also

$$x'_0 = x'_1, \tag{5.19}$$

so können wir auf die oben hergeleitete Formel (5.16) zurückgreifen. Sie liest sich dann folgendermaßen:

$$f_B\left(t_1 - t_0 - \frac{x_1 - x_0}{c}\cos\alpha_B\right) = f_Q\left(t'_1 - t'_0\right) \tag{5.20}$$

Aus den Formeln der Galilei-Transformation folgt

$$\begin{aligned} x_1 - x_0 &= x'_1 - vt'_1 - x'_0 - vt'_0 \\ &= (x'_1 - x'_0) - v(t'_1 - t'_0) \overset{(5.19)}{=} -v(t_1 - t_0), \end{aligned}$$

womit wir (5.20) folgendermaßen umformen können:

$$f_B\left(t_1 - t_0 + \frac{v(t_1 - t_0)}{c}\cos\alpha_B\right) = f_Q\left(t_1 - t_0\right)$$

Dividieren wir beide Seiten durch $t_1 - t_0$, so erhalten wir

$$f_B\left(1 + \frac{v}{c}\cos\alpha_B\right) = f_Q,$$

was das Gleiche ist wie:

$$f_B = f_Q\left(\frac{1}{1+\frac{v}{c}\cos\alpha_B}\right) \tag{5.21}$$

Von besonderem Interesse sind für uns die Fälle $\alpha_B = 0°$ und $\alpha_B = 90°$. Im ersten Fall bewegt sich die Welle entlang der x-Achse und wird von einem Beobachter, der sich in S′ befindet, mit der Geschwindigkeit

$$c' = c - v$$

wahrgenommen. Die Formeln (5.18) und (5.21) vereinfachen sich dann folgendermaßen:

- Die Quelle ruht, der Beobachter ist bewegt:

$$f_B = f_Q\left(\frac{1}{1+\frac{v}{c-v}\cos 0°}\right) = f_Q\left(\frac{1}{1+\frac{v}{c-v}}\right) = f_Q\left(\frac{1}{\frac{c}{c-v}}\right) = f_Q\left(1-\frac{v}{c}\right)$$

- Die Quelle ist bewegt, der Beobachter ruht:

$$f_B = f_Q\left(\frac{1}{1+\frac{v}{c}\cos 0°}\right) = f_Q\left(\frac{1}{1+\frac{v}{c}}\right)$$

In beiden Fällen entspricht das Ergebnis unserer Erwartung. Wir haben die Formeln des longitudinalen Doppler-Effekts erhalten, die wir aus Abschnitt 5.1.1 kennen.

Der Fall $\alpha_B = 90°$ bedeutet, dass die Welle senkrecht zur Bewegungsrichtung des Beobachters eintrifft. Setzen wir diesen Winkel in (5.18) und (5.21) ein, so erhalten wir die Formeln des *transversalen Doppler-Effekts*:

- Die Quelle ruht, der Beobachter ist bewegt:

$$f_B = f_Q\left(\frac{1}{1+\frac{v}{c'}\cos 90°}\right) = f_Q$$

- Die Quelle ist bewegt, der Beobachter ruht:

$$f_Q = f_B\left(\frac{1}{1+\frac{v}{c}\cos 90°}\right) = f_B$$

Damit haben wir ein wichtiges Ergebnis erzielt. Nach den Formeln der klassischen Physik ist der transversale Doppler-Effekt gleich 0 und somit keine Frequenzverschiebung senkrecht zur Bewegungsrichtung messbar:

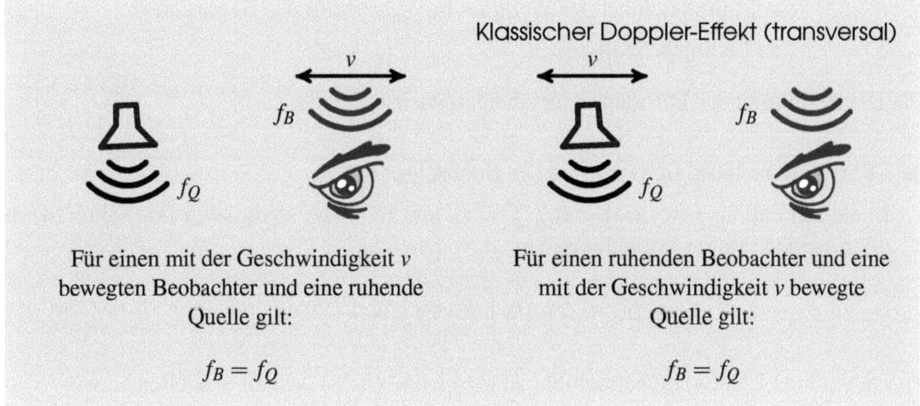

5.2.2 Relativistische Herleitung

Bevor wir die Rechnung für den relativistischen Fall wiederholen, wollen wir uns vorab über das zu erwartende Ergebnis Gedanken machen. Wir beginnen mit einer Begründung, warum die Abwesenheit eines transversalen Doppler-Effekts aus der Sicht der klassischen Physik keine Überraschung ist. Treffen die Wellen senkrecht von oben ein, so führt die Bewegung der Quelle, die parallel zur x-Achse verläuft, zu keiner Stauchung oder Dehnung der Wellenlänge in Richtung der y-Achse, und genau dies ist der Grund, weshalb sich die Frequenz nicht ändert. Im relativistischen Fall ist eine direkte Stauchung oder Dehnung genauso wenig zu erwarten, da sich die zusätzlich zu berücksichtigende Längenkontraktion nur in der Bewegungsrichtung auswirkt. Anders ist dies bei der Zeitdilatation, die als richtungsunabhängiger Effekt auch im Fall des transversalen Doppler-Effekts eine Rolle spielen muss. Wenn sich die Quelle sehr schnell bewegt, dann werden alle mit ihr mitbewegten Uhren aus der Sicht des Beobachters langsamer laufen, was sich in direkter Weise auf die Frequenz auswirkt, mit der die Wellen emittiert werden. Sollte alles mit rechten Dingen zugehen, wird die Zeitdilatation dafür sorgen, dass der Beobachter eine um den Lorentzfaktor verringerte Frequenz wahrnimmt und damit tatsächlich ein transversaler Doppler-Effekt existiert. Dass unsere informell abgeleitete Vorhersage richtig ist, werden wir jetzt mathematisch präzise verifizieren.

Für die Ableitung der relativistischen Doppler-Formeln gehen wir auf die gleiche Weise vor wie in Abschnitt 5.2.1. Wir betrachten die Welle in Abbildung 5.4, gehen dieses Mal aber davon aus, dass es sich um eine Lichtwelle handelt. Das bedeutet, dass die oben benutzten Bezeichner ab jetzt die folgende Bedeutung tragen:

f_Q : Frequenz, mit der die Quelle den Wellenzug emittiert

f_B : Frequenz, mit der ein Beobachter die Welle wahrnimmt

α_Q : Einfallswinkel der Welle im Bezugssystem der Quelle

α_B : Einfallswinkel der Welle im Bezugssystem des Beobachters

c : Lichtgeschwindigkeit

Für die Herleitung der Formeln unterscheiden wir zwei Fälle:

- Die Quelle befindet sich in S und der Beobachter in S′

In diesem Fall ist $f = f_Q$, $\alpha = \alpha_Q$, $f' = f_B$ und $\alpha' = \alpha_B$, so dass wir Formel (5.14) in die folgende Gestalt bringen können:

$$f_Q(t_1 - t_0) = f_B\left(t_1' - t_0' - \frac{x_1' - x_0'}{c'}\cos\alpha_B\right) \tag{5.22}$$

Da wir eine Lichtwelle betrachten, ist $c' = c$ und (5.22) deshalb das Gleiche wie:

$$f_Q(t_1 - t_0) = f_B\left(t_1' - t_0' - \frac{x_1' - x_0'}{c}\cos\alpha_B\right) \tag{5.23}$$

Die ungestrichenen Größen x_0, x_1, t_0, t_1 hängen mit ihren gestrichenen Pendants x_0', x_1', t_0', t_1' über die Lorentz-Transformation zusammen:

$$t_0' = \frac{1}{\sqrt{1-\beta^2}}\left(t_0 - \frac{v}{c^2}x_0\right)$$

$$t_1' = \frac{1}{\sqrt{1-\beta^2}}\left(t_1 - \frac{v}{c^2}x_1\right)$$

$$x_0' = \frac{1}{\sqrt{1-\beta^2}}(x_0 - vt_0)$$

$$x_1' = \frac{1}{\sqrt{1-\beta^2}}(x_1 - vt_1)$$

Hieraus folgt:

$$\begin{aligned} t_1' - t_0' &= \frac{1}{\sqrt{1-\beta^2}}\left(t_1 - \frac{v}{c^2}x_1\right) - \frac{1}{\sqrt{1-\beta^2}}\left(t_0 - \frac{v}{c^2}x_0\right) \\ &= \frac{1}{\sqrt{1-\beta^2}}\left(t_1 - t_0 - \frac{v}{c^2}(x_1 - x_0)\right) \overset{(5.13)}{=} \frac{t_1 - t_0}{\sqrt{1-\beta^2}} \\ x_1' - x_0' &= \frac{1}{\sqrt{1-\beta^2}}(x_1 - vt_1) - \frac{1}{\sqrt{1-\beta^2}}(x_0 - vt_0) \\ &= \frac{1}{\sqrt{1-\beta^2}}(x_1 - x_0 - v(t_1 - t_0)) \overset{(5.13)}{=} -\frac{v(t_1 - t_0)}{\sqrt{1-\beta^2}} \end{aligned}$$

Damit können wir (5.23) folgendermaßen umformen:

$$f_Q(t_1 - t_0) = f_B\left(\frac{t_1 - t_0}{\sqrt{1-\beta^2}} + \frac{\frac{v}{c}(t_1 - t_0)}{\sqrt{1-\beta^2}}\cos\alpha_B\right)$$

Die Division durch $t_1 - t_0$ liefert:

$$\begin{aligned} f_Q &= f_B \left(\frac{1}{\sqrt{1-\beta^2}} + \frac{\frac{v}{c}}{\sqrt{1-\beta^2}} \cos \alpha_B \right) \\ &= f_B \frac{1}{\sqrt{1-\beta^2}} (1 + \beta \cos \alpha_B) \end{aligned}$$

Lösen wir diese Gleichung nach f_B auf, so erhalten wir das gesuchte Ergebnis:

$$f_B = f_Q \frac{\sqrt{1-\beta^2}}{1 + \beta \cos \alpha_B}$$

■ Die Quelle befindet sich in S′ und der Beobachter in S

In diesem Fall ist $f = f_B$, $\alpha = \alpha_B$, $f' = f_Q$ und $\alpha' = \alpha_Q$. Damit können wir Formel (5.16) folgendermaßen umschreiben:

$$f_B \left(t_1 - t_0 - \frac{x_1 - x_0}{c} \cos \alpha_B \right) = f_Q \left(t_1' - t_0' \right) \tag{5.24}$$

Wie im ersten Fall hängen die ungestrichenen Größen x_0, x_1, t_0, t_1 mit ihren gestrichenen Pendants x_0', x_1', t_0', t_1' über die Lorentz-Transformation zusammen. Da die Bewegung des Bezugssystems S′ jetzt aber nach links erfolgt und nicht, wie im ersten Fall, nach rechts, müssen wir das Vorzeichen von v in den Transformationsgleichungen negieren:

$$\begin{aligned} t_0 &= \frac{1}{\sqrt{1-\beta^2}} \left(t_0' - \frac{v}{c^2} x_0' \right) \\ t_1 &= \frac{1}{\sqrt{1-\beta^2}} \left(t_1' - \frac{v}{c^2} x_1' \right) \\ x_0 &= \frac{1}{\sqrt{1-\beta^2}} \left(x_0' - v t_0' \right) \\ x_1 &= \frac{1}{\sqrt{1-\beta^2}} \left(x_1' - v t_1' \right) \end{aligned}$$

Hieraus folgt, analog zum ersten Fall:

$$\begin{aligned} t_1 - t_0 &= \frac{1}{\sqrt{1-\beta^2}} \left(t_1' - \frac{v}{c^2} x_1' \right) - \frac{1}{\sqrt{1-\beta^2}} \left(t_0' - \frac{v}{c^2} x_0' \right) \\ &= \frac{1}{\sqrt{1-\beta^2}} \left(t_1' - t_0' - \frac{v}{c^2} (x_1' - x_0') \right) \overset{(5.15)}{=} \frac{t_1' - t_0'}{\sqrt{1-\beta^2}} \end{aligned}$$

$$\begin{aligned} x_1 - x_0 &= \frac{1}{\sqrt{1-\beta^2}}\left(x_1' - vt_1'\right) - \frac{1}{\sqrt{1-\beta^2}}\left(x_0' - vt_0'\right) \\ &= \frac{1}{\sqrt{1-\beta^2}}\left(x_1' - x_0' - v(t_1' - t_0')\right) \overset{(5.15)}{=} -\frac{v(t_1' - t_0')}{\sqrt{1-\beta^2}} \end{aligned}$$

Damit können wir die Formel (5.24) folgendermaßen umformen:

$$f_B\left(\frac{t_1' - t_0'}{\sqrt{1-\beta^2}} + \frac{\frac{v}{c}(t_1' - t_0')}{\sqrt{1-\beta^2}}\cos\alpha_B\right) = f_Q\left(t_1' - t_0'\right)$$

Die Division durch $t_1' - t_0'$ liefert:

$$\begin{aligned} f_Q &= f_B\left(\frac{1}{\sqrt{1-\beta^2}} + \frac{\frac{v}{c}}{\sqrt{1-\beta^2}}\cos\alpha_B\right) \\ &= f_B\frac{1}{\sqrt{1-\beta^2}}\left(1 + \beta\cos\alpha_B\right) \end{aligned}$$

Lösen wir diese Gleichung nach f_B auf, so erhalten wir das gesuchte Ergebnis:

$$f_B = f_Q\frac{\sqrt{1-\beta^2}}{1+\beta\cos\alpha_B}$$

In Übereinstimmung mit dem Relativitätsprinzip erhalten wir das gleiche Ergebnis wie im ersten Fall. Es spielt daher keine Rolle mehr, ob wir die Quelle oder den Beobachter als bewegt ansehen.

Wir fassen zusammen:

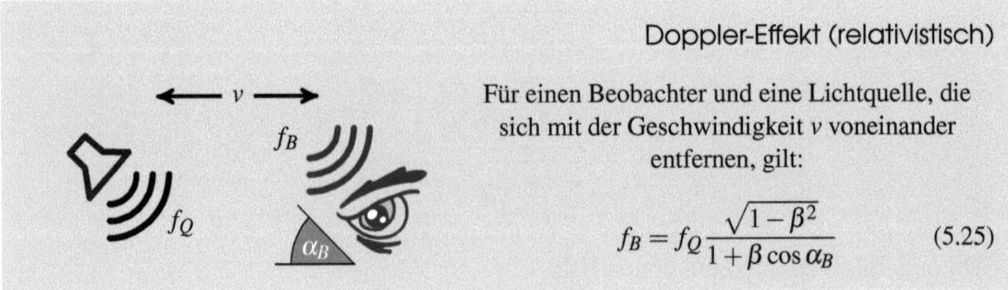

Doppler-Effekt (relativistisch)

Für einen Beobachter und eine Lichtquelle, die sich mit der Geschwindigkeit v voneinander entfernen, gilt:

$$f_B = f_Q\frac{\sqrt{1-\beta^2}}{1+\beta\cos\alpha_B} \tag{5.25}$$

Indem wir das Vorzeichen von v negieren, erhalten wir eine zweite Gleichung für den Fall, dass sich die Quelle und der Beobachter aufeinander zubewegen:

Doppler-Effekt (relativistisch)

Für einen Beobachter und eine Lichtquelle, die sich mit der Geschwindigkeit v aufeinander zubewegen, gilt:

$$f_B = f_Q \frac{\sqrt{1-\beta^2}}{1-\beta\cos\alpha_B} \tag{5.26}$$

Wieder wollen wir einen Blick auf die Grenzfälle $\alpha_B = 0^\circ$ und $\alpha_B = 90^\circ$ werfen. Setzen wir den Winkel $\alpha_B = 0^\circ$ in Formel (5.25) ein, so erhalten wir:

$$f_B = f_Q \frac{\sqrt{1-\beta^2}}{1+\beta\cos 0^\circ} = f_Q \frac{\sqrt{(1-\beta)(1+\beta)}}{1+\beta} = f_Q \sqrt{\frac{1-\beta}{1+\beta}}$$

Das Ergebnis ist die Formel des longitudinalen Doppler-Effekts, die wir bereits kennen.

Der Fall $\alpha_B = 90^\circ$ bedeutet, dass die Welle für den Beobachter senkrecht zu seiner Bewegungsrichtung eintrifft. Setzen wir diesen Winkel in (5.25) ein, so erhalten wir die Formel des relativistischen transversalen Doppler-Effekts:

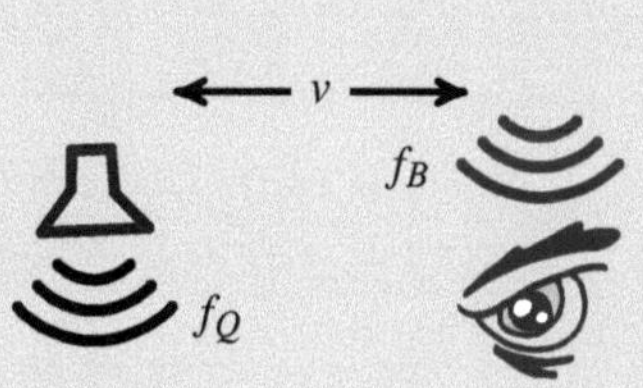

Transversaler Doppler-Effekt (relativistisch)

Für einen Beobachter und eine Lichtquelle, die sich mit der Geschwindigkeit v voneinander entfernen, gilt:

$$f_B = f_Q \sqrt{1-\beta^2} = \frac{f_Q}{\gamma} \tag{5.27}$$

In analoger Weise folgt aus (5.26):

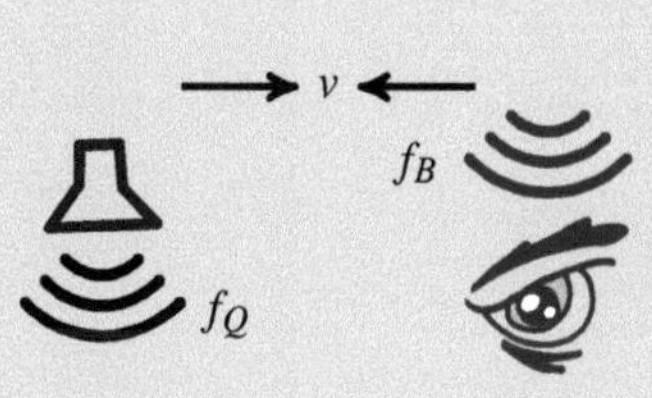

Transversaler Doppler-Effekt (relativistisch)

Für einen Beobachter und eine Lichtquelle, die sich mit der Geschwindigkeit v aufeinander zubewegen, gilt:

$$f_B = f_Q \sqrt{1-\beta^2} = \frac{f_Q}{\gamma} \tag{5.28}$$

Die formale Herleitung hat unsere oben geäußerte Vermutung bestätigt. Der transversale Doppler-Effekt führt dazu, dass ein bewegter Beobachter die Frequenz um den Lorentzfaktor γ verändert wahrnimmt, genauso wie es die Zeitdilatation vorhersagt. Zudem zeigt ein vergleichender Blick auf die Formeln (5.27) und (5.28), dass der transversale Doppler-Effekt unabhängig davon ist, ob sich die Quelle auf den Beobachter zubewegt oder von diesem entfernt. Auch dies steht in perfektem Einklang mit der Tatsache, dass die Zeitdilatation nur von der Geschwindigkeit und nicht von der Bewegungsrichtung eines Objekts abhängt.

5.3 Übungsaufgaben

Aufgabe 5.1

Am 3. Juni 1845 geschah auf der Bahntrasse zwischen Utrecht und Maarssen Eigentümliches. Wieder und wieder pendelte auf einem kurzen Streckenabschnitt ein offener Bahnwagon hin und her, auf dem mehrere Trompeter an einer bestimmten Streckenmarkierung ein G anstimmten.

Die kuriose Szenerie ist Teil eines Experiments, mit dem der niederländische Naturforscher Christoph Buys Ballot die Frequenzverschiebung des Schalls nachweisen wollte, die Christian Doppler rund drei Jahre zuvor aus theoretischen Überlegungen heraus vorhergesagt hatte. Ballot wusste: Wenn es den Doppler-Effekt wirklich gab, so musste ein am Bahnsteig postierter Beobachter einen höheren Ton wahrnehmen, solange sich der Zug auf ihn zubewegt.

a) Ein G hat die Frequenz 392 Hz. Recherchieren Sie die Frequenz des Gis, das einen Halbton höher liegt.

b) Wie schnell musste der Zug fahren, damit am Bahnsteig ein Gis zu hören war?

Aufgabe 5.2

Die folgenden zwei Grafiken sind Momentaufnahmen, die den Abbildungen 1.2 und 1.3 entnommen wurden:

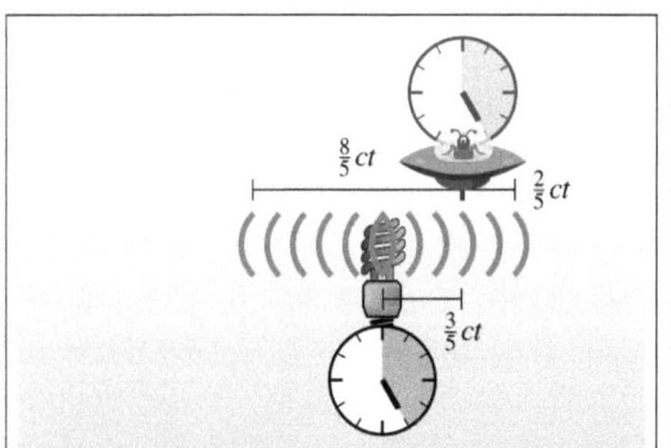

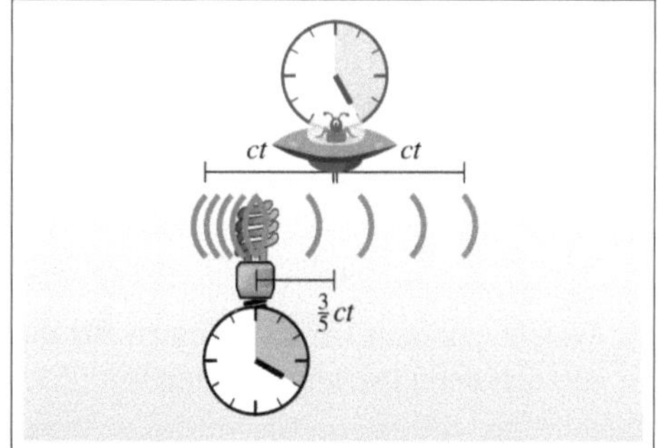

Es handelt sich hier um das Beispielszenario, mit dem wir in Kapitel 1 den Unterschied zwischen der klassischen Physik und der relativistischen Physik dargelegt haben.

a) Leiten Sie aus den Grafiken ab, mit welcher Frequenz der Sender die Lichtwelle emittiert.

b) Leiten Sie aus den Grafiken ab, mit welcher Frequenz der Beobachter die ausgesendete Lichtwelle wahrnimmt, einmal nach der Vorhersage der klassischen Physik und ein anderes Mal nach der Vorhersage der relativistischen Physik.

c) Verifizieren Sie das Ergebnis rechnerisch.

Aufgabe 5.3

Im Übungsteil zu Kapitel 4 hatten wir ein Raumschiff betrachtet, das sich mit der Geschwindigkeit $\frac{3}{5}c$ von der Erde entfernte und zum Zeitpunkt $t_0' = 1$ mit der Übertragung eines Fernsehprogramms begann. Zum Zeitpunkt $t_1' = 2$ wurde die Sendung gestoppt. Anhand eines Minkowski-Diagramms sollten Sie ermitteln, wie lange die einstündige Sendung auf der Erde dauerte.

Zeigen Sie, dass sich das erzielte Ergebnis mithilfe der Doppler-Formel viel einfacher finden lässt.

Aufgabe 5.4

Ein GPS-Satellit sendet auf der Frequenz 1575,42 MHz. Da sich der Empfänger und der Satellit relativ zueinander bewegen, führt der Doppler-Effekt zu einer Veränderung der Signalfrequenz. In dieser Aufgabe wollen wir abschätzen, wie groß der Einfluss der Erdrotation auf diesen Effekt ist.

a) Wie hoch ist die Bahngeschwindigkeit eines Beobachters, der sich auf der Höhe des Äquators befindet?

b) Berechnen Sie die Frequenzverzögerung, die durch diese Geschwindigkeit verursacht wird.

c) Mussten Sie zur Beantwortung der vorherigen Teilaufgabe auf die klassische oder die relativistische Doppler-Formel zurückgreifen? Begründen Sie Ihre Antwort.

d) Welche anderen Effekte müssen für die exakte Berechnung des Doppler-Effekts zusätzlich berücksichtigt werden?

Aufgabe 5.5

Als der US-amerikanische Astronom Vesto Slipher das Teleskop des Lowell-Observatoriums im Jahr 1912 auf die damals bekannten Spiralnebel richtete, machte er eine erstaunliche Entdeckung. Das Spektrum des Andromedanebels war deutlich nach Violett gerückt und nicht, wie die anderen Spektren, nach Rot. Dies konnte nur eines bedeuten: Im Gegensatz zu den anderen Galaxien, die sich allesamt von uns entfernen, bewegt sich die Andromedagalaxie auf uns zu.

Slipher hat die Verschiebung anhand der *Fraunhofer'schen Linien* ausgemessen. Hierbei handelt es sich um charakteristische Auslassungen im Farbenband, die Anfang des 19. Jahrhunderts von William Hyde Wollaston und Joseph von Fraunhofer entdeckt wurden. Von den über 500 Linien, die Fraunhofer identifizierte, sind die folgenden, mit Großbuchstaben markierten, besonders markant:

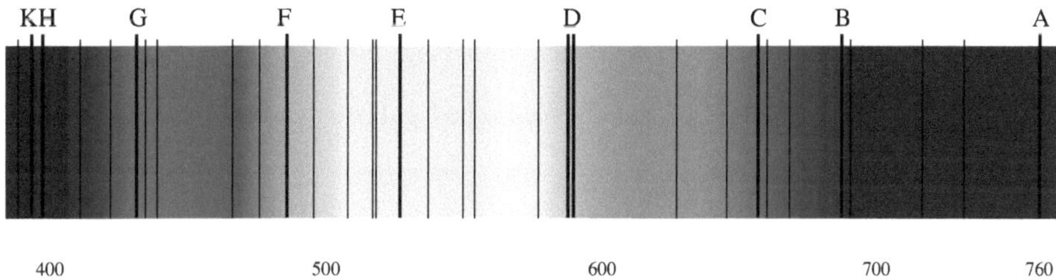

Um die Geschwindigkeit herauszufinden, mit der sich die Andromedagalaxie auf uns zubewegt, vermaß Slipher in mehreren Spektralaufnahmen die Verschiebung der Fraunhofer'schen Linien und setzte die Werte anschließend in die uns bekannte Doppler-Formel ein. In [50] finden wir die folgende Tabelle, in der Slipher sein Ergebnis festhielt:

1912,	September	17,	Velocity,	−284 km
	November	15 – 16,	"	−296 km
	December	3 – 4,	"	−308 km
	December	29 – 30 – 31,	"	−301 km
			Mean velocity,	−300 km

Für Slipher war dies ein Ergebnis, dem er zunächst selbst misstraute. Er hatte entdeckt, dass die Andromedagalaxie regelrecht auf uns zurast, mit einer aberwitzigen Geschwindigkeit von 300 km pro Sekunde.

Auf Kollisionskurs mit der Milchstraße: die Andromedagalaxie

a) Rechnen Sie für die vier angegebenen Geschwindigkeiten aus, welchen Wellenlängenversatz Slipher für die Fraunhofer'sche K-Linie gemessen haben muss, die sich am blauen Rand des Spektrums, bei 393,368 nm, befindet. Wiederholen Sie die Berechnung für die A-Linie am roten Rand des Spektrums, bei 759,370 nm.

b) Recherchieren Sie, wie weit die Andromedagalaxie von der Milchstraße entfernt ist, und schätzen Sie mit diesem Wert ab, wann es zur Kollision der beiden Galaxien kommen wird.

c) Heute wissen wir, dass die Geschwindigkeit von Slipher etwas zu hoch abgeschätzt wurde und ihr wahrer Wert ca. 266 $\frac{\text{km}}{\text{s}}$ beträgt. Um wie viele Jahre zögert dies die Kollision gegenüber der eben berechneten Vorhersage hinaus?

d) Bedeutet das Zusammentreffen mit der Andromedagalaxie das Ende unseres Sonnensystems?

Eine wichtige Notiz am Rande: Slipher erschien die ermittelte Geschwindigkeit so hoch zu sein, dass er am Ende seiner Veröffentlichung etwas ratlos konstatierte:

> *„The magnitude of this velocity, which is the greatest hitherto observed, raises the question whether the velocity-like displacement might not be due to some other cause, but I believe we have at present no other interpretation for it."*
>
> Vesto Slipher [50]

Wenige Jahre nach Sliphers Entdeckung hatte Einstein die allgemeine Relativitätstheorie formuliert und darin aufgezeigt, dass der Doppler-Effekt nur eine von mehreren Ursachen ist, die eine Verschiebung der Spektrallinien hervorruft. Ebenfalls zu berücksichtigen sind die gravitative Rotverschiebung, die wir in Abschnitt 8.1.2 besprechen werden, sowie die kosmische Rotverschiebung, auf die wir in diesem Buch nicht eingehen. Während der Doppler-Effekt im Falle der Andromedagalaxie tatsächlich der dominierende Faktor ist und Slipher deshalb zu dem richtigen Ergebnis kam, spielt er bei der Verschiebung der Lichtspektren weit entfernter Galaxien nur eine verschwindend geringe Rolle.

6 Relativistische Denkfallen

„Und er kommt zu dem Ergebnis:
Nur ein Traum war das Erlebnis.
Weil, so schließt er messerscharf,
nicht sein kann, was nicht sein darf.“

Christian Morgenstern [42]

In diesem Kapitel werden wir mehrere Folgerungen aus den Einstein'schen Axiomen ableiten, die auf den ersten Blick widersprüchlich wirken und in der Vergangenheit für kontroverse Diskussionen über die Korrektheit der speziellen Relativitätstheorie gesorgt haben. Wir werden den Inhalt der bekanntesten Paradoxien offenlegen und dabei zeigen, dass kein Grund zur Sorge besteht. Ein geschärfter zweiter Blick wird uns jedes Mal zu der Erkenntnis führen, dass die vermeintlichen Widersprüche gar nicht existieren und sich die gezogenen Schlussfolgerungen in Wirklichkeit zu einem konsistenten Gesamtbild zusammenfügen.

6.1 Uhrenparadoxon

In Abschnitt 4.1.1 haben wir uns ausführlich mit der Zeitdilatation beschäftigt und uns davon überzeugt, dass die Zeit auf einer bewegten Uhr langsamer verstreicht als auf einer Uhr, die im Bezugssystem des Beobachters ruht. In seiner historischen Arbeit aus dem Jahr 1905 äußert sich Einstein folgendermaßen über diesen Effekt:

> *„Hieraus ergibt sich folgende eigentümliche Konsequenz. Sind in den Punkten A und B von K ruhende, im ruhenden System betrachtet, synchron gehende Uhren vorhanden, und bewegt man die Uhr in A mit der Geschwindigkeit v auf der Verbindungslinie nach B, so gehen nach Ankunft dieser Uhr in B die beiden Uhren nicht mehr synchron, sondern die von A nach B bewegte Uhr geht gegenüber der von Anfang an in B befindlichen um $\frac{1}{2}tv^2/V^2$ Sek. (bis auf Größen vierter und höherer Ordnung) nach, wenn t die Zeit ist, welche die Uhr von A nach B braucht.“*
>
> Albert Einstein [15]

Einstein benutzt, wie es früher üblich war, das Symbol V für die Lichtgeschwindigkeit. Bezeichnen wir die zitierte Größe t, also die Zeitspanne, die die bewegte Uhr *„von A nach*

B braucht“, mit τ_A und die Zeit, die auf der in B ruhenden Uhr verstreicht, mit τ_B, so können wir Einsteins Worte in die folgende Formel übersetzen:

$$\tau_B - \tau_A = \frac{1}{2}\tau_A \frac{v^2}{c^2} \tag{6.1}$$

Dieser Zusammenhang ergibt sich unmittelbar aus der uns bekannten Formel für die Berechnung der Zeitdilatation, die folgendermaßen lautet:

$$\tau_B = \gamma\tau_A = \frac{1}{\sqrt{1-\frac{v^2}{c^2}}}\tau_A$$

Mit der Abschätzung (2.15) auf Seite 38 können wir dies in

$$\tau_B \approx \left(1 + \frac{1}{2}\frac{v^2}{c^2}\right)\tau_A$$

umschreiben, was genau das Gleiche ist wie Einsteins Formel (6.1).

Bis hierhin ist die Situation noch reichlich unspektakulär. Danach beginnt Einstein, das gewonnene Ergebnis auf eine interessante Weise zu verallgemeinern, indem er die gezogene Linie zwischen den Punkten A und B durch einen Polygonzug ersetzt, der auch geschlossen sein darf. Er schreibt:

> *„Man sieht sofort, daß dies Resultat auch dann noch gilt, wenn die Uhr in einer beliebigen polygonalen Linie sich von A nach B bewegt, und zwar auch dann, wenn die Punkte A und B zusammenfallen.“*
>
> Albert Einstein [15]

Durch das Einfügen immer neuer Segmente kann mit einem Polygonzug jede beliebige Bewegungskurve approximiert werden, so dass sich das gewonnene Ergebnis auf beliebige Bewegungskurven übertragen lassen müsste. Auch Einstein argumentiert auf diese Weise:

> *„Nimmt man an, daß das für eine polygonale Linie bewiesene Resultat auch für eine stetig gekrümmte Kurve gelte, so erhält man den Satz: Befinden sich in A zwei synchron gehende Uhren und bewegt man die eine derselben auf einer geschlossenen Kurve mit konstanter Geschwindigkeit, bis sie wieder nach A zurückkommt, was t Sek. dauern möge, so geht die letztere Uhr bei ihrer Ankunft in A gegenüber der unbewegt gebliebenen um $\frac{1}{2}t(v/V)^2$ Sek. nach.“*
>
> Albert Einstein [15]

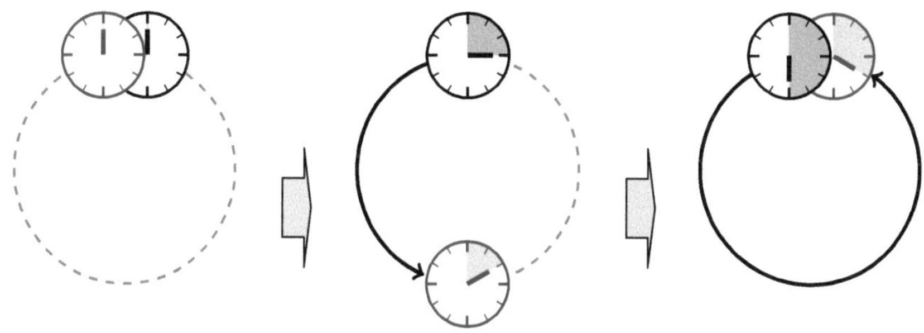

Abbildung 6.1: Zu Einsteins Uhrenbeispiel aus dem Jahr 1905

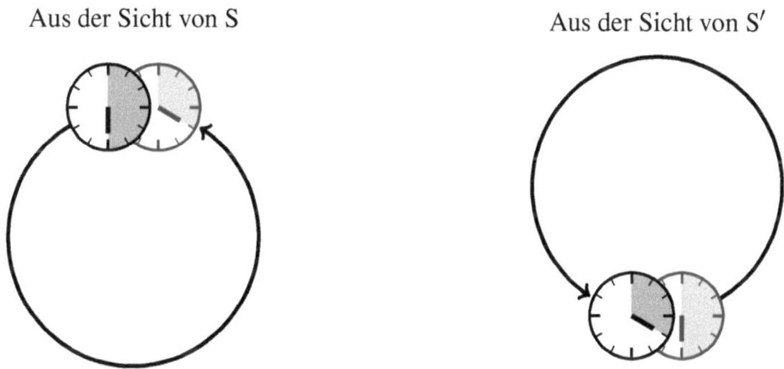

Abbildung 6.2: Ein Widerspruch zum Relativitätsprinzip?

Damit sagt die Zeitdilatation das in Abbildung 6.1 gezeigte Phänomen vorher: Befinden sich zwei synchron laufende Uhren zu Beginn am gleichen Ort und bewegt sich eine der beiden danach mit hoher Geschwindigkeit auf einer Kreisbahn, so muss die bewegte Uhr nach ihrer Rückkehr um den oben genannten Betrag nachgehen.

Aber halt! Widerspricht dieses Ergebnis nicht in eklatanter Weise dem Relativitätsprinzip? Ein Blick auf Abbildung 6.2 scheint dies zu bestätigen. Verlassen wir nämlich unser bisher eingenommenes Bezugssystem S und betrachten das Szenario im Ruhesystem der bewegten Uhr, dem System S′, so stellt sich die Situation genauso dar. Für einen Beobachter in S′ bewegt sich die andere Uhr auf einer Kreisbahn und müsste, nach dem oben Gesagten, um den entsprechenden Betrag nachgehen. In Kombination mit der Zeitdilatation erweckt das Relativitätsprinzip in der Tat den Eindruck, als beschwöre es eine paradoxe Situation herauf: Jede der beiden Uhren müsste eine frühere Zeit anzeigen als die andere, was nicht der Fall sein kann. Dies ist das *Einstein'sche Uhrenparadoxon* in seiner historischen Formulierung.

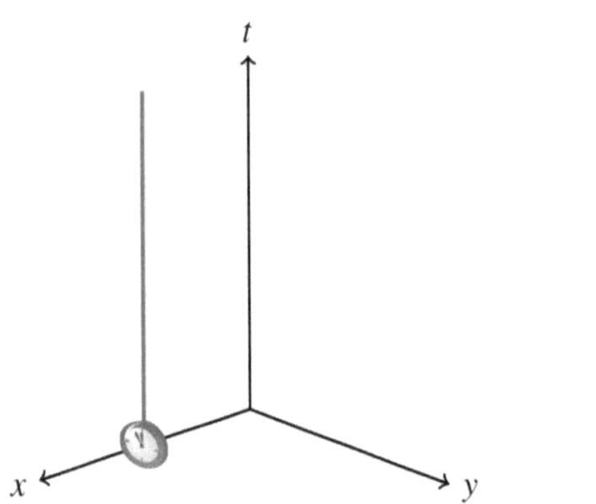

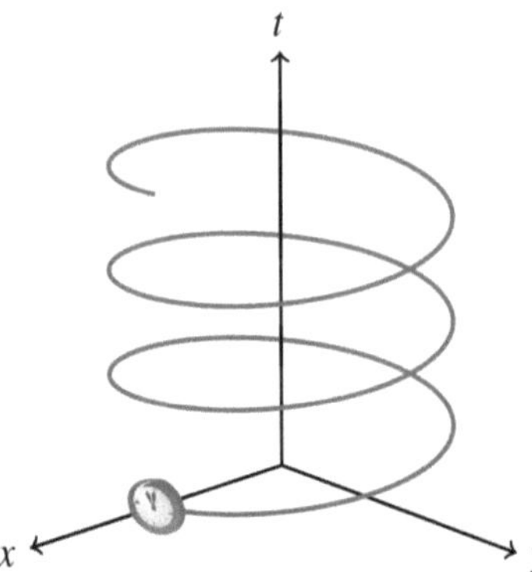

Abbildung 6.3: Weg-Zeit-Diagramme

In Wirklichkeit erscheint die Situation aber nur deshalb paradox, weil wir von der irrigen Annahme ausgegangen sind, dass zwischen den Bezugssystemen S und S′ kein Unterschied besteht. Ein zweiter Blick auf diese Systeme macht recht schnell klar, dass sich S′ in einem westlichen Punkt von S unterscheidet: Im Gegensatz zu S ist S′ kein Inertialsystem. Die Eigenschaft von S, ein Inertialsystem zu sein, ist für die Tragfähigkeit des vorgetragenen Arguments aber essentiell. Fehlt sie, so dürfen wir die Uhrenbewegung weder in einem Weg-Zeit-Diagramm analysieren noch mit dem mathematischen Apparat untersuchen, den wir in den vorangegangenen Kapiteln erarbeitet haben.

Nur in S ist eine solche Untersuchung erlaubt, und die dreidimensionalen Weg-Zeit-Diagramme in Abbildung 6.3 zeigen auf, wie sich die Weltlinien der beiden Uhren aus der Sicht dieses Bezugssystems darstellen. Während die in S ruhende Uhr durch eine nach oben gerichtete Gerade beschrieben wird, hat die Weltlinie der bewegten Uhr die Form einer Schraubenlinie, einer sogenannten Helix. Anhand der Weltlinien lässt sich für jede Uhr die Eigenzeit berechnen, d. h. die Zeitspanne, die der Zeiger auf dem jeweiligen Zifferblatt überstreicht. Der Schlüssel hierfür ist das Eigenzeitgesetz, das wir auf Seite 204 formuliert haben. Es besagt, dass die Zeit, die auf einer bewegten Uhr verstreicht, durch die Integration der Minkowski-Metrik berechnet werden kann. Diese ist entlang der Weltlinie der bewegten Uhr auszuführen, wobei es unerheblich ist, welches Inertialsystem für die Berechnung verwendet wird. Wie die Integration entlang der Helix in Abbildung 6.3 im Detail vonstattengeht, wissen wir aus Abschnitt 4.1.1. Dort hatten wir die Helix als Beispiel verwendet, um die Integrationsformel für die Berechnung der Eigenzeit zu erklären. Als Ergebnis unserer Untersuchung erhielten wir die Beziehung

$$t = \gamma\tau,$$

die sich bestens mit Einsteins eben zitierter Aussage deckt, die bewegte Uhr laufe um den Lorentzfaktor langsamer als die ruhende. Spätestens jetzt läuft auch das vermeintliche Symmetrieargument ins Leere, mit dem wir das Uhrenparadoxon motiviert haben. Zwar bewegt sich die in S ruhende Uhr aus der Sicht eines in S′ ruhenden Beobachters ebenfalls auf einer Schraubenlinie, allerdings können wir die Formel zur Berechnung der Eigenzeit dort nicht anwenden. Hierzu müsste S′ ein Inertialsystem sein, was es nicht ist. In Wirklichkeit ist die Beziehung zwischen den beiden betrachteten Uhren also gar nicht symmetrisch und das Paradoxon, das ohne das genannte Symmetrieargument gar nicht formuliert werden kann, gelöst.

In Einsteins Arbeit ist von einer Paradoxie übrigens gar keine Rede. Dort wird das Phänomen lediglich als eine *„eigentümliche Konsequenz"* bezeichnet, da es unserer Intuition zugegebenermaßen ein gehöriges Maß ab Abstraktionsvermögen abverlangt.

6.2 Zwillingsparadoxon

Es ist ein wesentliches Merkmal der Zeitdilatation, dass durch die Bewegung nicht etwa der Gang von Uhren in einem mechanischen Sinne verlangsamt wird, sondern die Zeit als solche. Das bedeutet, dass die Zeitdilatation alle physikalischen Vorgänge betrifft und damit insbesondere auch den Alterungsprozess eines lebenden Organismus. Hieraus ergeben sich irritierend wirkende Konsequenzen. Eine davon ist das *Zwillingsparadoxon*, das in der Vergangenheit in vielerlei Variationen formuliert und über viele Jahre hinweg kontrovers diskutiert wurde. Die älteste bekannte Quelle, die das Paradoxon in der heute gängigen Form, als die Reise eines Zwillingsbruders, beschreibt, ist das Lehrbuch *Space-Time-Matter* von Hermann Weyl. Wir lesen dort:

> *„Von zwei Zwillingsbrüdern, die sich in einem Weltpunkt A trennen, bleibe der eine in der Heimat (d. h. ruhe dauernd in einem tauglichen Bezugsraum), der andere aber unternehme Reisen, bei denen er Geschwindigkeiten (relativ zur »Heimat«) entwickelt, die der Lichtgeschwindigkeit nahekommen; dann wird sich der Reisende, wenn er dereinst in die Heimat zurückkehrt, als merklich jünger herausstellen denn der Sesshafte."*
>
> Hermann Weyl [56]

Im Kern besteht zwischen dem Zwillingsparadoxon und Einsteins Uhrenparadoxon, das wir in Abschnitt 6.1 besprochen haben, nur ein marginaler Unterschied. Verschieden sind lediglich die Weltlinien der beteiligten Objekte. Während sich Einsteins Uhr auf der x-y-Ebene mit konstanter Geschwindigkeit auf einer Kreisbahn bewegt, wird das Zwillingsparadoxon für gewöhnlich in einer Form angegeben, die die Reise des Zwillings in zwei Phasen gleichförmiger Bewegung aufteilt. In der ersten Phase entfernt sich der Zwilling mit der konstanten Geschwindigkeit v von seinem Bruder, dreht danach mehr oder weniger schlagartig um und kehrt in der zweiten Phase mit derselben Geschwindigkeit v

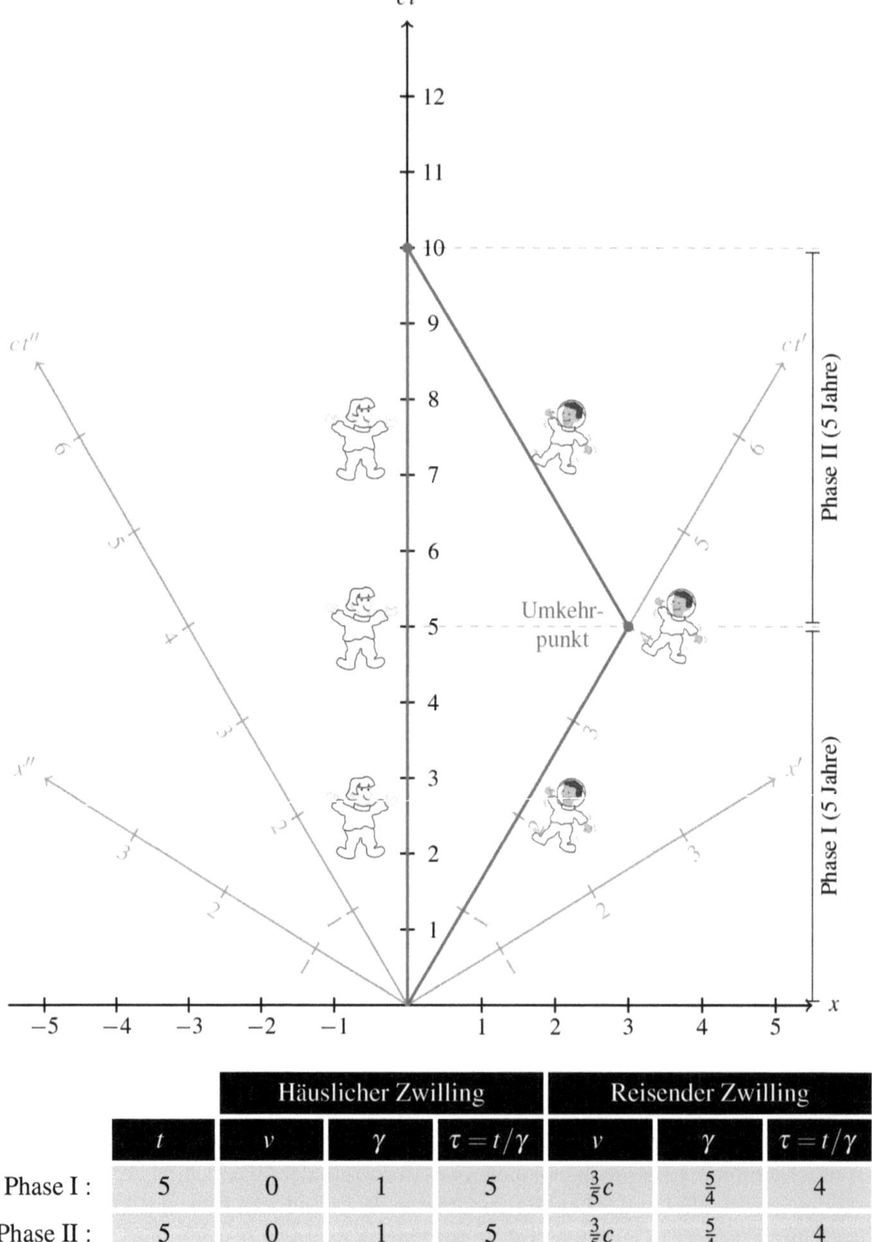

		Häuslicher Zwilling			Reisender Zwilling	
	t	v	γ	$\tau = t/\gamma$	v	γ	$\tau = t/\gamma$
Phase I :	5	0	1	5	$\frac{3}{5}c$	$\frac{5}{4}$	4
Phase II :	5	0	1	5	$\frac{3}{5}c$	$\frac{5}{4}$	4
			Σ:	10		Σ:	8

Abbildung 6.4: Weltlinien der Zwillinge, von der Erde aus betrachtet

zurück. In Abbildung 6.4 sehen Sie die Weltlinien der beiden Zwillinge, eingetragen in einem Minkowski-Diagramm.

Von der Erde aus betrachtet spielt sich die Reise folgendermaßen ab: Der reisende Zwilling verlässt den Planeten zum Zeitpunkt $t = 0$ und fliegt anschließend für 5 Jahre mit der Geschwindigkeit $v = \frac{3}{5}c$ gleichförmig durch das All. Danach führt er, in einer vernachlässigbar kurzen Zeit, ein Wendemanöver durch und bewegt sich anschließend mit der Geschwindigkeit $v = \frac{3}{5}c$ wieder auf die Erde zu. Während der gesamten Reise geht seine Borduhr um den Lorentzfaktor $\gamma = \frac{5}{4}$ langsamer als die Uhren auf der Erde, so dass er in den 10 Jahren, die sein zu Hause gebliebener Bruder bis zu seiner Rückkehr gewartet hat, nur 8 Jahre älter geworden ist.

Auf den ersten Blick scheint uns das Relativitätsprinzip zu gestatten, ein entsprechendes Minkowski-Diagramm aus der Sicht des bewegten Zwillings zu zeichnen. In diesem Diagramm würde sich der zu Hause gebliebene Zwilling bewegen und müsste nach der Rückkehr seines Bruders nicht 2 Jahre älter sein, sondern 2 Jahre jünger. Der Fehler in dieser Argumentationskette ist natürlich schnell gefunden: Minkowski-Diagramme bilden die Realität aus der Sicht eines Inertialsystems ab, und von den beiden Zwillingen befindet sich nur der zu Hause gebliebene in einem solchen System. Wir stehen also vor der gleichen Situation wie im Falle des Einstein'schen Uhrenparadoxons aus Abschnitt 6.1.

Nichtsdestotrotz besteht zwischen dem Zwillingsparadoxon und dem Uhrenparadoxon ein wichtiger Unterschied, der es uns erlaubt, die Situation noch ein wenig detaillierter zu analysieren. Während sich Einsteins Uhr im Kreis bewegt und deshalb zu keiner Zeit in einem Inertialsystem verweilt, befindet sich der bewegte Zwilling, von der Umkehrphase abgesehen, sehr wohl in solchen Systemen, und es ist interessant, die Reise aus deren Perspektive zu betrachten. Entscheidend ist an dieser Stelle, dass wir dann streng zwischen zwei Inertialsystemen S' und S'' unterscheiden müssen. Während sich der reisende Zwilling von der Erde entfernt, befindet er sich im System S', und während er zur Erde zurückkehrt, im System S''. Die Achsen dieser beiden Systeme sind in Abbildung 6.4 bereits eingezeichnet.

Damit ist klar, dass dem Umkehrpunkt eine bedeutende Rolle zukommt. Er ist jener Punkt, an dem der reisende Zwilling sein ursprüngliches Inertialsystem S' verlässt und in das neue Inertialsystem S'' übertritt. Dass einer der Zwillinge das Inertialsystem wechselt und der andere nicht, ist die entscheidende Asymmetrie, die das Zwillingsparadoxon am Ende alles andere als paradox erscheinen lässt.

Auch wenn jetzt schon klar ist, dass keinerlei Widersprüche zu befürchten sind, wollen wir uns genauer ansehen, wie die Reise der Zwillinge aus der Sicht von S' bzw. S'' verläuft. Abbildung 6.5 skizziert die Reise aus der Sicht von S'. Für einen darin ruhenden Beobachter entfernt sich die Erde in der ersten Phase zunächst für 4 Jahre mit der Geschwindigkeit $v = \frac{3}{5}c$ entlang der negativen x-Achse. Da der reisende Zwilling in dieser Phase in S' ruht, altert er ebenfalls 4 Jahre. Das Wendemanöver leitet die zweite Phase ein. In dieser bewegt sich der reisende Zwilling mit einer Geschwindigkeit entlang der ne-

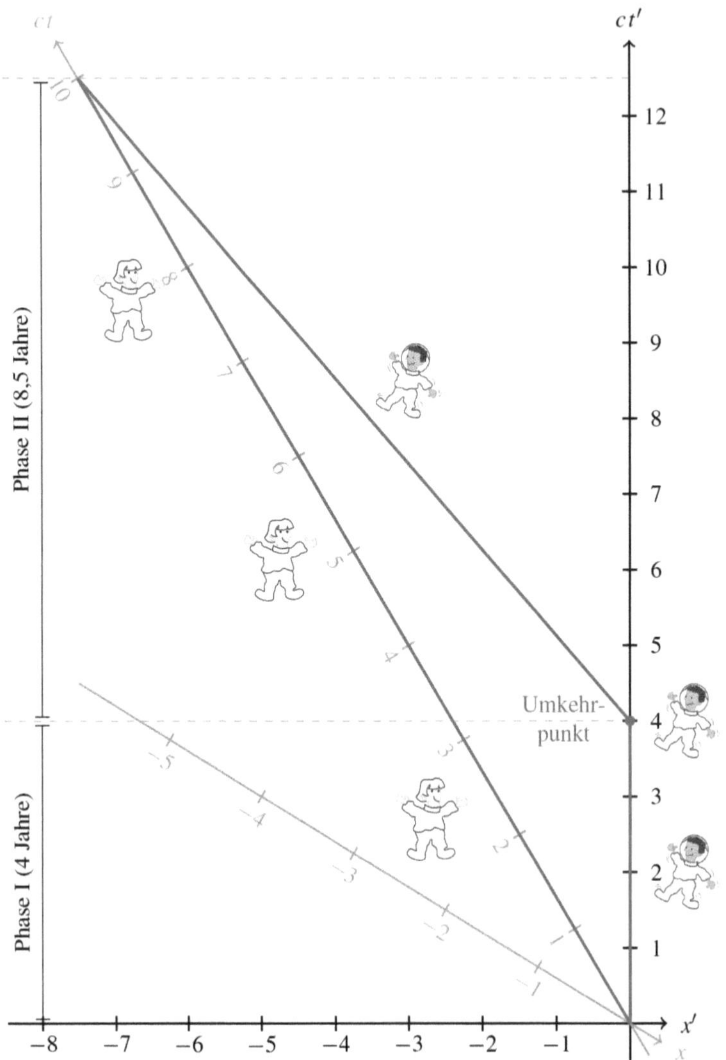

	t	Häuslicher Zwilling v	Häuslicher Zwilling γ	Häuslicher Zwilling $\tau = t/\gamma$	Reisender Zwilling v	Reisender Zwilling γ	Reisender Zwilling $\tau = t/\gamma$
Phase I :	4	$-\frac{3}{5}c$	$\frac{5}{4}$	$\frac{16}{5}$	0	1	4
Phase II :	8,5	$-\frac{3}{5}c$	$\frac{5}{4}$	$\frac{34}{5}$	$-\frac{15}{17}c$	$\frac{17}{8}$	4
			Σ :	10		Σ :	8

Abbildung 6.5: Weltlinien der Zwillinge aus der Sicht von S′

gativen x-Achse, die wir mithilfe des relativistischen Additionstheorems folgendermaßen beziffern können:

$$v_{\text{rück}} = \frac{\frac{3}{5}c + \frac{3}{5}c}{1 + \frac{3}{5} \cdot \frac{3}{5}} = \frac{\frac{6}{5}}{1 + \frac{9}{25}}c = \frac{15}{17}c$$

Die zweite Phase dauert für einen Beobachter in S′ 8,5 Jahre, in denen der reisende Zwilling aufgrund der Zeitdilatation um

$$\frac{t}{\gamma} = t\sqrt{1 - \frac{v^2}{c^2}} = 8{,}5\sqrt{1 - \frac{225}{289}} = \frac{17}{2}\sqrt{\frac{64}{289}} = \frac{17}{2}\frac{8}{17} = 4$$

Jahre älter wird. Damit kommen wir auch in S′ zu dem Schluss, dass der zu Hause gebliebene Zwilling am Ende 10 Jahre und sein reisender Bruder 8 Jahre gealtert ist.

Das Gleiche kommt heraus, wenn wir die Situation aus der Sicht des dritten Inertialsystems, dem System S″, analysieren. Wie aus dem Diagramm in Abbildung 6.6 hervorgeht, altert der reisende Zwilling auch aus der Sicht von S″ um 2 Jahre weniger als der zu Hause gebliebene Bruder. Alles passt perfekt zusammen!

Der wichtigste Teil unserer Reise ist folglich die Wendephase, die in den Minkowski-Diagrammen als ein singulärer Umkehrpunkt eingezeichnet ist. Besonders interessant ist hier die Frage, wie alt der daheimgebliebene Zwilling kurz vor und kurz nach der Richtungsumkehr ist. Solange sich der reisende Bruder in S′ befindet, wird er konstatieren, dass sein daheimgebliebener Zwilling langsamer altert als er selbst. Mit dem Minkowski-Diagramm in Abbildung 6.5 können wir diesen Effekt auch quantitativ analysieren. In den vier Jahren, die der reisende Zwilling in S′ verbringt, ist sein Bruder auf der Erde nur um etwas mehr als 3 Jahre älter geworden. Nach dem Wechsel beurteilt der reisende Zwilling die Situation aber in S″ und kommt dort zu einem ganz anderen Ergebnis. Wie das Minkowski-Diagramm in Abbildung 6.6 zeigt, ist der eben noch jünger gewesene Bruder plötzlich um mehr als zwei Jahre älter als er selbst. Der Grund hierfür ist schnell gefunden: Es ist die Relativität der Gleichzeitigkeit, die den reisenden Zwilling dazu veranlasst, in S″ ganz andere Ereignisse als gleichzeitig zu klassifizieren, als er es in S′ getan hat. Die schlagartige Alterung des zu Hause gebliebenen Bruders ist aber kein Grund, eine paradoxe Situation zu vermuten. Sie wird lediglich durch die Verschiebung der Gleichzeitigkeitslinien verursacht und fällt nur deswegen so groß aus, weil sich die beiden Brüder in riesigen Entfernungen zueinander befinden. Wir dürfen uns die schlagartige Alterung daher keinesfalls so vorstellen, als stünden zwei lebendige Organismen nebeneinander und die Richtungsumkehr des einen ließe den anderen urplötzlich um Jahre altern. Dies wäre in der Tat eine paradoxe Situation, die mit dem Zwillingsparadoxon aber nicht im Geringsten etwas zu tun hat.

Wie die Gleichzeitigkeitslinien der Bezugssysteme S′ und S″ verlaufen, ist in Abbildung 6.7 zu sehen. An den Grafiken lässt sich gut erkennen, dass die Gleichzeitigkeitslinie, die den Umkehrpunkt schneidet, während des Richtungswechsels ihre Orientierung ändert und dabei auf der Zeitachse des Erdzwillings die Zeitdifferenz Δt überstreicht.

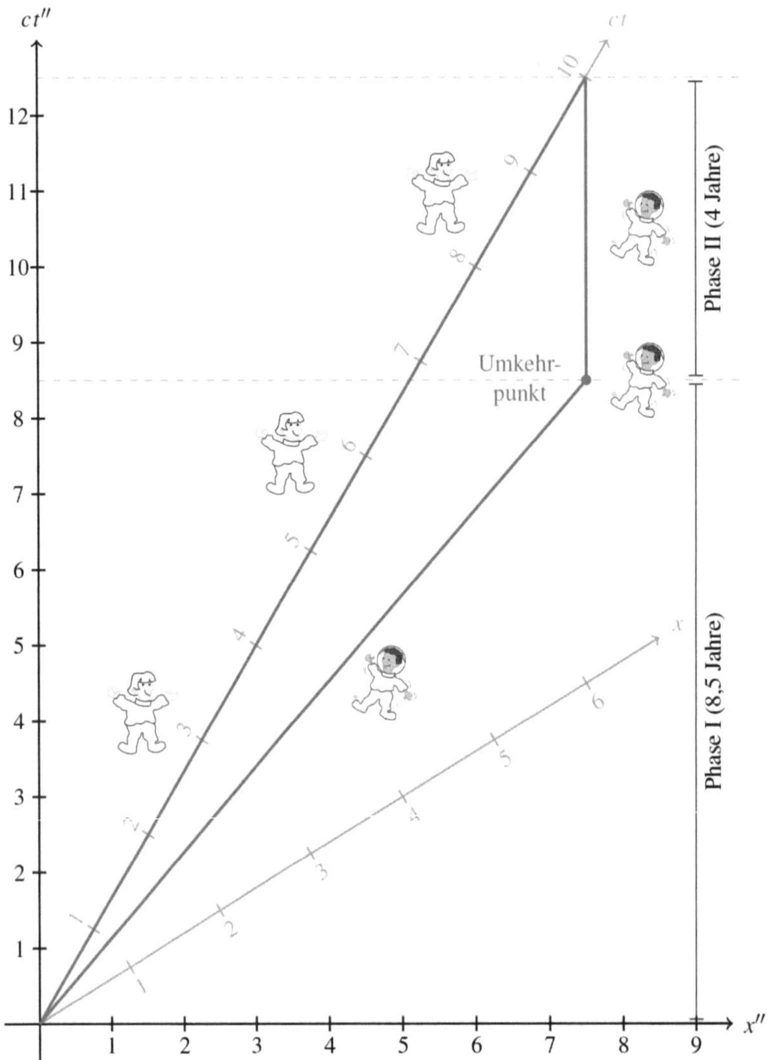

		Häuslicher Zwilling			Reisender Zwilling		
	t	v	γ	$\tau = t/\gamma$	v	γ	$\tau = t/\gamma$
Phase I :	8,5	$\frac{3}{5}c$	$\frac{5}{4}$	$\frac{34}{5}$	$\frac{15}{17}c$	$\frac{17}{8}$	4
Phase II :	4	$\frac{3}{5}c$	$\frac{5}{4}$	$\frac{16}{5}$	0	1	4
			Σ:	10		Σ:	8

Abbildung 6.6: Weltlinien der Zwillinge aus der Sicht von S''

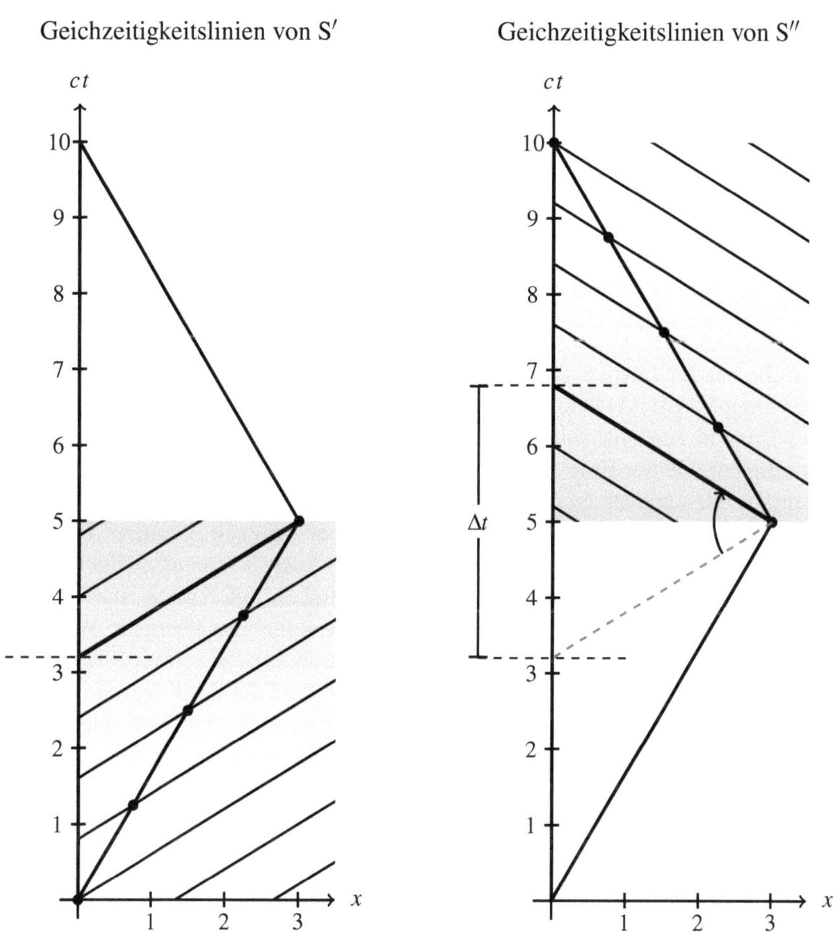

Abbildung 6.7: Gleichzeitigkeitslinien in den Bezugssystemen S′ und S″

Diese Differenz ist so groß, dass der Zeitdilatationseffekt, der die Uhren des zu Hause gebliebenen Zwillings aus der Sicht seines Bruders langsamer laufen lässt, nicht mehr aufgeholt werden kann. Insgesamt führt dies zu genau jenem Ergebnis, das wir schon kennen: Bei ihrem Wiedersehen stellen die Zwillinge fest, dass der reisende Zwilling 8 Jahre und der daheimgebliebene Bruder 10 Jahre älter geworden ist.

Das Zwillingsparadoxon und der Doppler-Effekt

Wir wollen die Situation noch von einer anderen Seite beleuchten und den beiden Zwillingen eine Möglichkeit an die Hand geben, sich über ihr jeweiliges Alter während der Reise zu informieren. Hierfür statten wir beide Zwillinge mit einer Lampe aus, die alle drei Monate einen Lichtblitz aussendet. Aufgrund der endlichen Lichtgeschwindigkeit wird der Blitz seinen Empfänger zwar zeitversetzt erreichen, die Anzahl der Lichtblitze wird jedoch unzweifelhaft Auskunft darüber geben, um wie viele Jahre die Zwillinge gealtert sind. Sollten unsere bisher angestellten Überlegungen korrekt sein, so muss der reisende Zwilling während der Reise 8 Lichtblitze mehr empfangen als der daheimgebliebene. Die beiden Minkowski-Diagramme in Abbildung 6.8 zeigen, dass dies tatsächlich der Fall ist. In das linke Diagramm sind die Lichtblitze des daheimgebliebenen Zwillings und in das rechte Diagramm die Lichtblitze des reisenden Zwillings eingezeichnet. Durch Nachzählen können wir uns davon überzeugen, dass der reisende Zwilling tatsächlich 8 Blitze weniger aussendet als der daheimgebliebene.

Beachten Sie bei der Interpretation der Lichtblitze, dass die Ankunftszeiten maßgeblich durch den Doppler-Effekt beeinflusst werden. Der reisende Zwilling nimmt die Lichtblitze seines Bruders zunächst mit einer reduzierten Frequenz wahr, da er sich mit hoher Geschwindigkeit von der Erde entfernt. Die Frequenz erfährt also eine Rotverschiebung. Nach dem Wendemanöver ist die Situation eine andere. Die Lichtblitze erreichen den reisenden Zwilling jetzt blauverschoben, d. h. mit einer erhöhten Frequenz. Der daheimgebliebene Zwilling stellt etwas ganz Ähnliches fest: Auch für ihn erscheinen die Lichtblitze zunächst rotverschoben und danach blauverschoben. Interessant ist vor allem der Zeitpunkt, an dem die Rotverschiebung in die Blauverschiebung übergeht. Während der Wechsel für den Zwilling im All in der Mitte der Reise stattfindet, setzt er für den daheimgebliebenen Bruder sehr viel später ein. Das bedeutet, dass der Zwilling auf der Erde für längere Zeit eine Rotverschiebung wahrnimmt als eine Blauverschiebung, und es ist diese Asymmetrie, die ihn insgesamt weniger Lichtblitze empfangen lässt als sein Bruder.

Alles in allem haben wir gezeigt, dass das Zwillingsparadoxon weit davon entfernt ist, einen logischen Widerspruch in der speziellen Relativitätstheorie aufzudecken. Dass es überhaupt als Paradoxon bezeichnet wird, hat lediglich mit seiner kontraintuitiv wirkenden Konsequenz zu tun, für die der deutscher Physiker Max von Laue zu Beginn des 20. Jahrhunderts die folgenden Worte fand:

> *„Unter all den paradox erscheinenden Folgerungen aus der Zeittransformation der Relativitätstheorie gibt es wohl keine, gegen welche sich der natürliche Menschenverstand bei jedem, der der Sache noch ungewohnt ist, so sehr sträubt, wie gegen die, dass die Zeitangabe einer Uhr von ihrem Bewegungszustand abhängen soll.“*
>
> Max von Laue [36]

Das Zitat stammt aus der Arbeit *Zwei Einwände gegen die Relativitätstheorie und ihre Widerlegung*, die Laue im Jahr 1912 in der *Physikalischen Zeitschrift* veröffentlicht hat. Laue war der Erste, der sich Minkowskis Formalismus einer vierdimensionalen Welt und des damit verbundenen Begriffs der Weltlinie bediente, um das Zwillingsparadoxon verständlich aufzuklären. Tatsächlich lässt sich das Paradoxon damit auf eine so einfache und übersichtliche Weise lösen, dass Minkowski-Diagramme heute zum Standardrepertoire fast aller Lehrbücher gehören. Wir schließen diesen Abschnitt mit einem Zitat von

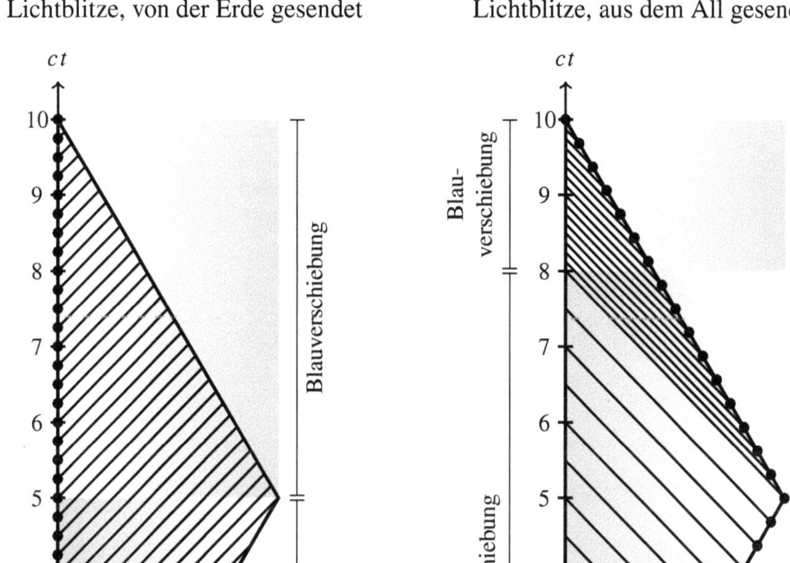

Abbildung 6.8: Das Zwillingsparadoxon, endgültig entzaubert

Wolfgang Rindler, der einen wesentlichen Aspekt des Zwillingsparadoxons mit wenigen Sätzen auf den Punkt bringt:

> *„No account of special relativity would be complete without at least a mention of the notorious clock or twin paradox dating back as far as 1911. Reams of literature were written on it unnecessarily for more than six decades. At its root apparently lay a deep psychological barrier to accepting time dilation as real. From a modern point of view it is difficult to understand the earlier fascination with this problem, or even to recognize it as a problem.“*
>
> Wolfgang Rindler [46]

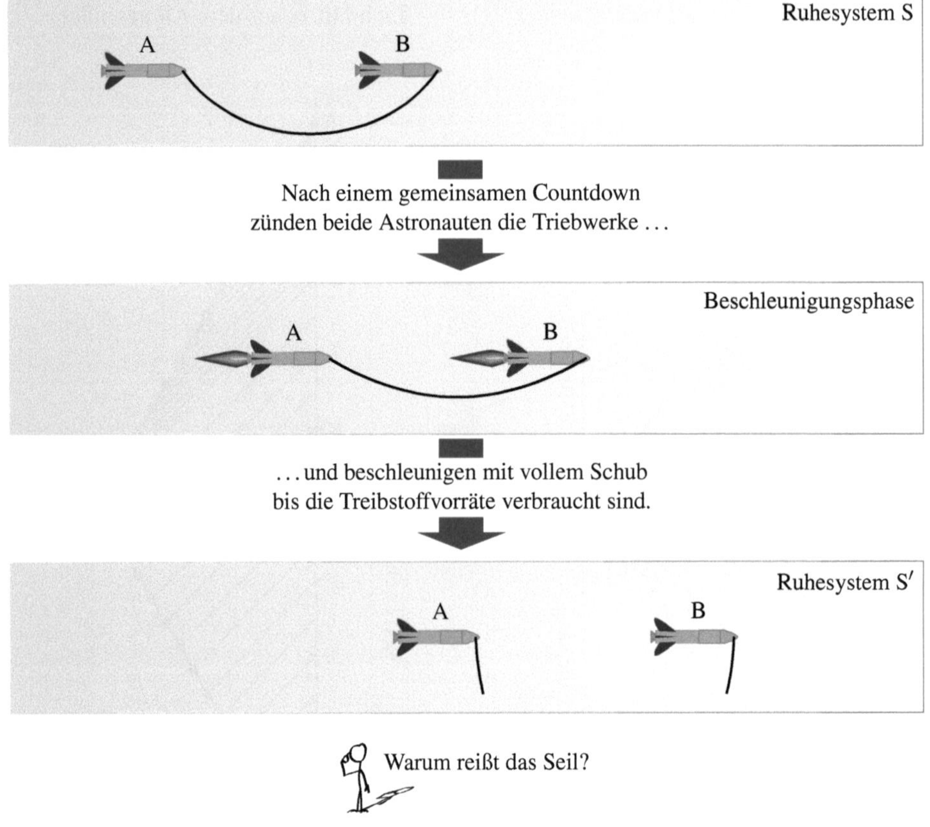

Abbildung 6.9: Dewan-Beran-Bell-Paradoxon (Bell'sches Raumschiffparadoxon)

6.3 Dewan-Beran-Bell-Paradoxon

In diesem Abschnitt werden wir Zeugen eines verblüffenden relativistischen Phänomens. Um ihm auf die Spur zu kommen, stellen wir uns in Gedanken zwei Zwillingsbrüder vor, die in zwei baugleichen Raketen A und B eine identische Reise unternehmen. Vor der Reise werden die Raketen zu zwei räumlich voneinander entfernten Startrampen gebracht und mit der gleichen Menge Treibstoff betankt. In unserer Rechnung werden wir annehmen, dass sich die Startrampe von A, aus der Sicht des Kontrollzentrums, an der Ortskoordinate 0 befindet und die Startrampe von B an der Ortskoordinate $\frac{2}{3}$. Beachten Sie, dass die Raketen, wie es in Abbildung 6.9 eingezeichnet ist, in einer Linie ausgerichtet sind, sich nach dem Start also nicht vertikal, sondern horizontal, entlang der positiven x-Achse, bewegen. Dementsprechend wird die Rakete A der Rakete B hinterher fliegen und Zwilling A das Fluggerät seines Bruders aus dem Cockpit heraus sehen können.

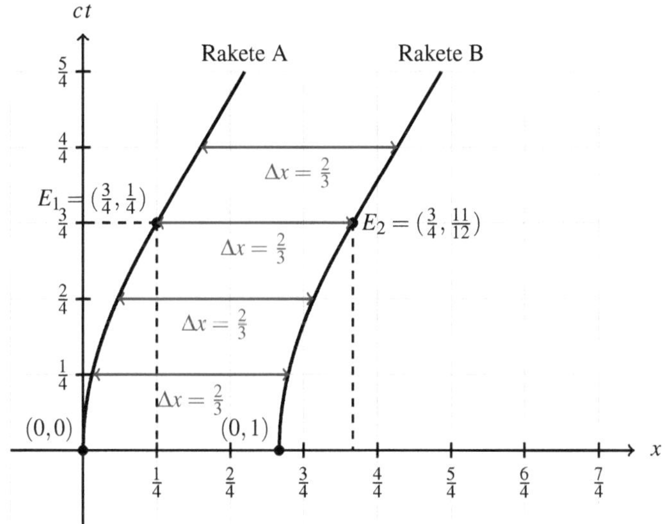

Abbildung 6.10: Die beschleunigten Raketen aus der Sicht von S

Als der Countdown beginnt, sitzen beide Zwillinge in ihrem Cockpit. Zum Zeitpunkt $t = 0$ zünden sie die Triebwerke und setzen ihre Raketen damit in Bewegung. Nach den Vorausberechnungen im Kontrollzentrum wird die Reise folgendermaßen verlaufen: Beide Raketen werden durch die Triebwerke gleichmäßig beschleunigt, bis nach einem dreiviertel Jahr die Treibstoffvorräte zur Neige gehen. Beim Abschalten der Triebwerke werden die Zwillinge eine Geschwindigkeit von $\frac{3}{5}c$ erreicht haben und sich mit dieser Geschwindigkeit gleichförmig weiterbewegen. Um die perfekte Baugleichheit der Raketen unter Beweis zu stellen, wurden deren Spitzen vor dem Start mit einem elastischen, leicht durchhängenden Seil verbunden. Die Mechaniker sind sich sicher: Werden sich die Raketen, wie geplant, exakt gleich verhalten, so wird das Seil während der ganzen Reise intakt bleiben.

Nach dem Start hält das Kontrollzentrum die Reise in einem Weg-Zeit-Diagramm fest, das in Abbildung 6.10 zu sehen ist. Auf den ersten Blick dokumentiert das Diagramm eine erfolgreiche Mission. Es zeigt, dass die Raketen gleichzeitig starten und eine identische Beschleunigungsphase durchlaufen. Die eingezeichneten Ereignisse E_1 und E_2 signalisieren das Ende dieser Phase und finden beide zum Zeitpunkt $t = \frac{3}{4}$ statt. Den Mechanikern war es also tatsächlich gelungen, die Raketen so zu konstruieren, dass die Treibstoffvorräte exakt zur gleichen Zeit aufgebraucht wurden. Danach bewegen sich die Zwillinge, wie geplant, mit der Geschwindigkeit $\frac{3}{5}c$ gleichförmig durch das All.

Die anfängliche Euphorie hält allerdings nicht lange an. Im Kontrollzentrum werden zwei Anomalien bemerkt, die sich zunächst niemand erklären kann:

- Anomalie 1

  Das Seil, das den identischen Bewegungsverlauf der beiden Raketen dokumentieren sollte, hängt am Ende der Reise zerrissen herunter. Schon kurz nach dem Start waren unerwartete Zugkräfte aufgetreten, die während der gesamten Beschleunigungsphase kontinuierlich stärker wurden. Wie konnte so etwas geschehen? Zeigt das im Kontrollzentrum angefertigte Weg-Zeit-Diagramm nicht einwandfrei, dass die Entfernung zwischen den Raketen stets gleich geblieben war?

- Anomalie 2

  Als die Beschleunigungsphase beendet ist, bemerken die Zwillinge, dass ihre Borduhren nicht mehr synchron laufen. Aus irgendeinem Grund ist der vorausfliegende Zwilling nach der Reise älter als sein Bruder. Aber wie ist dies möglich? Geht aus dem im Kontrollzentrum angefertigten Weg-Zeit-Diagramm nicht eindeutig hervor, dass die Weltlinien der beiden Raketen identisch sind?

Die Seilanomalie (Anomalie 1) ist das *Bell'sche Raumschiffparadoxon.* Sie wurde im Jahr 1959 von Edmond Dewan und Michael Beran in der Arbeit *Note on Stress Effects Due to Relativistic Contraction* ausführlich beschrieben und korrekt gelöst [11]. Einen hohen Bekanntheitsgrad hat das Paradoxon durch einen Artikel von John Bell aus dem Jahr 1976 erlangt, wo es in einer leicht abgewandelten Form erneut diskutiert wurde [1]. Die weite Verbreitung dieses Artikels ist der Grund, warum in der Literatur zumeist von der Bell'schen Raumschiffparadoxie die Rede ist. Wir wollen uns denjenigen Autoren anschließen, die das Paradoxon, seine historischen Wurzeln würdigend, als das Dewan-Beran-Bell-Paradoxon bezeichnen.

Die Uhrenanomalie (Anomalie 2) ist eine Erweiterung des Dewan-Beran-Bell-Paradoxons, die in verschiedenen Lehrbüchern wie z. B. [54] oder [26] beschrieben wird. Ihre kontraintuitive Aussage wirkt noch verstörender als das historische Original, zumindest auf den ersten Blick.

Glücklicherweise sind wir in beiden Fällen in der Lage, die geschilderten Anomalien mit einigen gezielten Überlegungen zu entlarven. Wir kommen ihrer Ursache auf die Spur, wenn wir die Situation nicht, wie in Abbildung 6.10, aus der Sicht von S, sondern aus der Sicht des später eingenommenen Ruhesystems S′ betrachten. Wie sich die Situation in diesem System darstellt, ist in Abbildung 6.11 zu sehen. Die eingezeichneten Weltlinien machen klar, dass wir zur Auflösung des Paradoxons erneut die Relativität der Gleichzeitigkeit in unsere Analyse einbeziehen müssen. In S′, wo die beiden Astronauten nach dem Abschalten ihrer Triebwerke zur Ruhe kommen, fanden die Raketenstarts nämlich nicht gleichzeitig statt. Ein dort ruhender Beobachter stellt fest, dass B die Startrampe früher verlassen hat als A. Wie groß der zeitliche Versatz ist, können wir sofort an der Achsenbeschriftung ablesen. Er beträgt:

$$\Delta t' = \tfrac{1}{2}$$

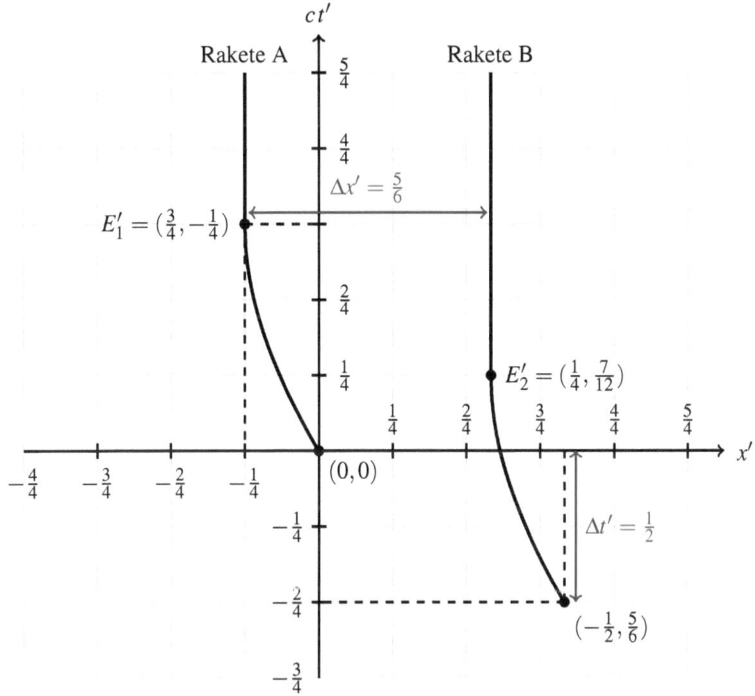

Abbildung 6.11: Die beschleunigten Raketen aus der Sicht von S'

Der frühere Start von B ist die Lösung der vermeintlich paradoxen Situation. Er ist dafür verantwortlich, dass der Abstand zwischen A und B während der Beschleunigungsphase aus der Sicht von S' permanent größer wird. In unserem Beispiel führt dies dazu, dass die beiden Raumschiffe in S' am Ende die Entfernung

$$\Delta x' = \frac{5}{6} \tag{6.2}$$

aufweisen. Damit ist klar, warum das Seil reißen muss: Es gerät während der Beschleunigungsphase immer weiter unter Spannung, bis es der Belastung schließlich nicht mehr standhalten kann. Zu klären bleibt, warum es im Kontrollzentrum keine Anzeichen dafür gab, dass sich der relative Abstand der Raketen vergrößert hat. Tatsächlich kennen wir die Antwort bereits aus Abschnitt 4.1.2, wo wir uns ausführlich mit der Längenkontraktion beschäftigt haben. Dieser relativistische Effekt sorgt dafür, dass der Abstand zwischen den Raumschiffen von einem Beobachter in S kürzer beurteilt wird als von einem Beobachter in S', und die Diskrepanz wird umso größer, je schneller sich S und S' relativ zueinander bewegen. Dies erklärt, warum im Kontrollzentrum immer der gleiche Abstand zwischen den Raumschiffen gemessen wird, obwohl er sich aus der Sicht von S' permanent vergrößert. Es ist die Raumkontraktion, die den Abstand für die Beobachter im Kontrollzentrum immer auf die exakt gleiche Länge reduziert. Auch das Seil ist für einen Beobachter in

S von der Längenkontraktion betroffen. Im Gegensatz zu den Raumschiffen, die aus der Sicht von S den gleichen Abstand wahren, schrumpft das Seil in seiner Bewegungsrichtung immer weiter zusammen und muss daher irgendwann reißen.

Wir wollen die Auflösung des Paradoxons, die hauptsächlich qualitativer Natur war, nun quantitativ bestätigen. Wenn tatsächlich die Längenkontraktion für das Reißen des Seils verantwortlich ist, dann muss die Größe Δx, die den Abstand der Raketen in S beschreibt, mit der Größe $\Delta x'$, die ein Beobachter in S′ misst, über den Lorentzfaktor γ zusammenhängen. Es muss also gelten:

$$\Delta x' = \gamma \Delta x \tag{6.3}$$

In unserem Beispiel ist $\Delta x = \frac{2}{3}$ und die relative Geschwindigkeit zwischen S und S′ beträgt $v = \frac{3}{5}c$. Folgerichtig ist

$$\gamma = \frac{1}{\sqrt{1-\frac{v^2}{c^2}}} = \frac{1}{\sqrt{1-\frac{9}{25}}} = \frac{5}{4}$$

und

$$\Delta x' = \frac{5}{4} \cdot \frac{2}{3} = \frac{5}{6}.$$

Ein Blick auf die Größe (6.2) macht deutlich, dass dies genau jener Wert ist, den wir weiter oben aus dem Diagramm abgelesen haben.

Als Nächstes wollen wir uns davon überzeugen, dass dieser Zusammenhang immer gilt, und nicht nur deshalb, weil wir zufällig passende Werte gewählt haben. Für die allgemeine Betrachtung benötigen wir eine Formel für die Berechnung von $\Delta x'$, und ein Blick auf das Weg-Zeit-Diagramm in Abbildung 6.12 zeigt, dass wir diese auf sehr einfache Weise erhalten können. Da die Weltlinien nur gegeneinander verschoben, aber ansonsten deckungsgleich sind, müssen wir lediglich die Raum-Zeit-Koordinate, die den Start der Rakete B aus der Sicht von S beschreibt, der Lorentz-Transformation unterziehen. Die transformierte x-Koordinate x' ist der von uns gesuchte Abstand $\Delta x'$.

Aus der Sicht von S findet der Start der Rakete B an der Raum-Zeit-Koordinate

$$(t,x) = (0,\Delta x)$$

statt. Wenden wir darauf die Transformationsgleichung (3.11) von Seite 150 an, so erhalten wir:

$$\Delta x' = \gamma(\Delta x - vt) = \gamma \Delta x$$

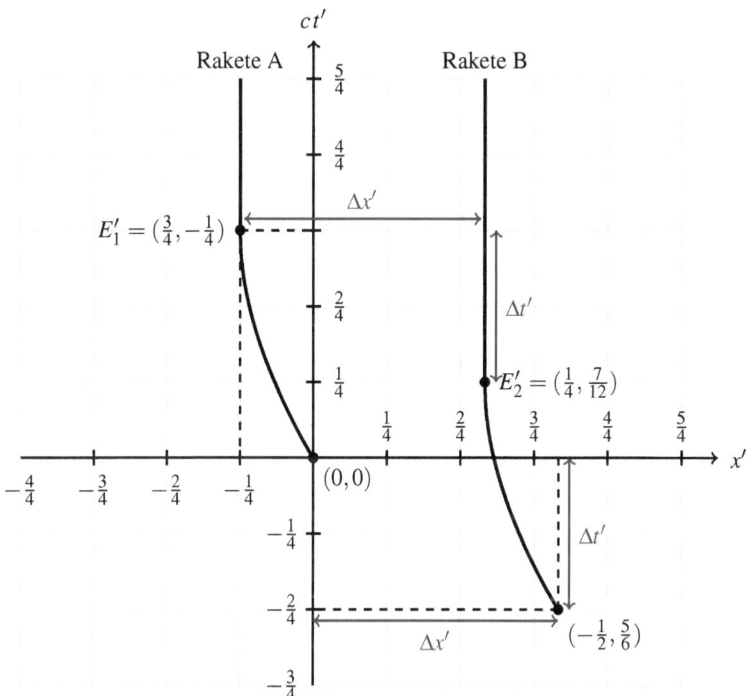

Abbildung 6.12: Zur Berechnung von Δx und Δt

Damit ist die Beziehung (6.3) stets erfüllt, unabhängig von der Entfernung der Startrampen und unabhängig davon, welche Beschleunigung die Raketen erfahren und mit welcher Menge Treibstoff ihre Tanks befüllt wurden.

Da die Größen Δx und $\Delta x'$ über den Lorentzfaktor γ zusammenhängen, wird der Abstand zwischen den Raketen in S$'$ mit zunehmender Geschwindigkeit immer größer. Für $v \to c$ strebt γ gegen unendlich und damit auch der Abstand zwischen den beiden Raketen. Damit ist klar, dass das Seil irgendwann reißen muss, egal wie locker es vor dem Start angebracht wurde.

Aus dem Weg-Zeit-Diagramm in Abbildung 6.12 geht gleichsam hervor, warum die beiden Astronauten unterschiedlich schnell altern, obwohl sie aus der Sicht des Kontrollzentrums eine völlig identische Reise unternehmen. Im finalen Ruhesystem S$'$, in dem die Zwillinge das Geschehene rekapitulieren, ist die Reise nämlich überhaupt nicht identisch verlaufen. Als sich die Triebwerke der Rakete A abschalten, befindet sich die Rakete B bereits für geraume Zeit in der Phase gleichförmiger Bewegung. Genau dies erklärt, warum die Borduhren, deren Zeiger beim Start der Raketen beide auf 0 standen, am Ende der Reise nicht mehr synchron laufen. Die Borduhr von B ist der Borduhr A um die Zeitspanne $\Delta t'$ voraus.

Das Diagramm in Abbildung 6.12 macht deutlich, dass wir $\Delta t'$ auf die gleiche Weise berechnen können wie die Größe $\Delta x'$. Wir müssen lediglich das Startereignis der Rakete B Lorentz-transformieren und die Zeitkoordinate t' notieren. Der Betrag dieser Koordinate entspricht der gesuchten Größe $\Delta t'$. Unter Verwendung der Transformationsgleichung (3.10) von Seite 150 ergibt dies die Formel:

$$\Delta t' = \gamma \frac{v}{c^2} \Delta x \tag{6.4}$$

Wenden wir diese Gleichung auf unser Beispielszenario an, so erhalten wir mit

$$c\,\Delta t' = \tfrac{5}{4}\left(\tfrac{3}{5} \cdot \tfrac{2}{3}\right) = \tfrac{1}{2}$$

genau jenen Wert, den wir in Abbildung 6.11 grafisch ermittelt haben.

Uhren in homogenen Gravitationsfeldern

In diesem Abschnitt werden wir die angestellten Überlegungen weiter vertiefen und dabei ein Ergebnis erzielen, das inhaltlich zur allgemeinen Relativitätstheorie gehört. Hierfür wollen wir das eben betrachtete Szenario geringfügig modifizieren und ab jetzt annehmen, dass beide Raketen über unendliche Treibstoffvorräte verfügen. Wir untersuchen jetzt also den Fall, dass beide Raketen ununterbrochen in ihrer Beschleunigungsphase verharren, egal zu welchem Zeitpunkt wir deren Flugbahn betrachten. Uns interessiert, wie sich die Beschleunigung, die beide Astronauten jetzt permanent spüren, auf den Gang ihrer Borduhren auswirkt. Mit anderen Worten: Wir möchten herausfinden, wie sich die Eigenzeit von B gegenüber der Eigenzeit von A verändert.

Für diesen Zweck nehmen wir an, dass der Zwilling A von seiner Uhr die Eigenzeit τ_A abliest und sein Bruder gleichzeitig auf seine eigene Borduhr schaut. „Gleichzeitig" bedeutet in diesem Zusammenhang, dass wir die Dinge im *momentanen Ruhesystem* von A betrachten, also in jenem Bezugssystem, das sich gleichförmig mit der Geschwindigkeit bewegt, die A zum Zeitpunkt des Uhrenablesens aufweist. Achten Sie darauf, das momentane Ruhesystem von A nicht mit dem Ruhesystem von A zu verwechseln. Während sich das erstgenannte gleichförmig bewegt und ein Inertialsystem ist, führt das letztgenannte eine permanente Beschleunigung aus.

Wir wissen aus Gleichung (6.4), dass die Borduhr B, aus S′ heraus betrachtet, um die Zeitspanne

$$\gamma \frac{v}{c^2} \Delta x$$

länger gelaufen ist, so dass wir den folgenden Zusammenhang aufstellen können:

$$\tau_B = \tau_A + \gamma \frac{v}{c^2} \Delta x \tag{6.5}$$

Die Geschwindigkeit v, mit der sich S′ gegenüber S bewegt, steht mit der Eigenzeit τ_A über das Geschwindigkeits-Eigenzeit-Gesetz in Beziehung, das auf Seite 239 formuliert wurde und uns den folgenden Zusammenhang garantiert:

$$v = c \tanh\left(\frac{a_0}{c}\tau_A\right)$$

Hieraus folgt für das Produkt γv:

$$\begin{aligned}
\gamma v &= \frac{v}{\sqrt{1-\frac{v^2}{c^2}}} \\
&= c\,\frac{\tanh\left(\frac{a_0}{c}\tau_A\right)}{\sqrt{1-\tanh^2\left(\frac{a_0}{c}\tau_A\right)}} \\
&= c\,\frac{\tanh\left(\frac{a_0}{c}\tau_A\right)}{\sqrt{1-\frac{\sinh^2\left(\frac{a_0}{c}\tau_A\right)}{\cosh^2\left(\frac{a_0}{c}\tau_A\right)}}} \\
&= c\,\frac{\cosh\left(\frac{a_0}{c}\tau_A\right)\tanh\left(\frac{a_0}{c}\tau_A\right)}{\sqrt{\cosh^2\left(\frac{a_0}{c}\tau_A\right)-\sinh^2\left(\frac{a_0}{c}\tau_A\right)}} \\
&= c \cosh\left(\frac{a_0}{c}\tau_A\right)\tanh\left(\frac{a_0}{c}\tau_A\right) \\
&= c \sinh\left(\frac{a_0}{c}\tau_A\right)
\end{aligned}$$

Betrachten wir τ_A über einen Zeitraum, der so kurz ist, dass das Argument der Sinus-Hyperbolicus-Funktion nur in erster oder zweiter Ordnung eine Rolle spielt, dann können wir die ermittelte Formel über die Abschätzung

$$\sinh x = x + \frac{x^3}{3!} + \frac{x^5}{5!} + \ldots \approx x$$

weiter vereinfachen zu:

$$\gamma v \approx a_0 \tau_A$$

Eingesetzt in (6.5) erhalten wir daraus die Beziehung:

$$\tau_B \approx \tau_A + \frac{a_0 \tau_A}{c^2}\Delta x$$

Um zu sehen, wie sich die Borduhren der beiden Astronauten zueinander verhalten, betrachten wir den Quotienten der Eigenzeiten. Für diesen gilt:

$$\frac{\tau_B}{\tau_A} \approx 1 + \frac{a_0}{c^2}\Delta x$$

Jetzt haben wir das gesuchte Ergebnis schwarz auf weiß vor Augen: Während die Zwillinge gleichmäßig beschleunigen, läuft die Borduhr der vorausfliegenden Rakete schneller, und zwar um einen Faktor, der zum einen von der Beschleunigung und zum anderen von der initial gewählten Entfernung der beiden Raumschiffe abhängt.

Das hergeleitete Ergebnis, so kontraintuitiv es auch wirken mag, hat eine direkt Entsprechung in der allgemeinen Relativitätstheorie. In Kapitel 8 werden wir herleiten, dass die Gravitation den Fluss der Zeit verlangsamt und dieser Effekt sowohl von der Stärke des Felds also auch von der Entfernung zum Gravitationszentrum abhängt. Konkret werden wir zeigen, dass von zwei Uhren, die in einem homogenen Gravitationsfeld übereinander angeordnet sind, die höhere um den Faktor

$$\frac{\tau_B}{\tau_A} \approx 1 + \frac{a}{c^2}h \tag{6.6}$$

schneller läuft als die untere. In dieser Formel ist a die Gravitationsbeschleunigung und h die Höhendifferenz zwischen den beiden Uhren. Ferner erhebt die allgemeine Relativitätstheorie zum Grundsatz, dass in einem Fall wie dem unseren kein Unterschied darin besteht, ob die Raketen gleichförmig durch ihre Triebwerke beschleunigt werden oder in einem homogenen Gravitationsfeld ruhen. Unter Berücksichtigung dieser Äquivalenz wird klar, dass Formel (6.6) genau jene ist, die uns die Diskussion des Dewan-Beran-Bell-Paradoxons in die Hände gespielt hat. Wir müssen die Höhe h lediglich in Gedanken durch den Abstand Δx ersetzen, den unsere fiktiven Raketen zueinander aufweisen.

Die bisher angestellten Überlegungen zeigen zweierlei. Zum einen stellen sie klar, dass weder die Zeitdilatation, wie im Fall des Zwillingsparadoxons, noch die Raumkontraktion, wie im Fall des Dewan-Beran-Bell-Paradoxons, einen logischen Widerspruch hervorrufen konnte, auch wenn die Art und Weise, wie die beiden Paradoxien formuliert wurden, dies suggeriert haben mag. Zum anderen haben wir gesehen, dass beide Paradoxien, so unterschiedlich sie auf den ersten Blick auch wirken, im Kern auf dem gleichen Missverständnis beruhen: dem Missverständnis, in der Gleichzeitigkeit eine absolute, d. h. beobachtungsunabhängige Größe zu sehen. Tatsächlich basieren die allermeisten Gedankenexperimente, die einen vermeintlich widersprüchlichen Ausgang haben, auf diesem Trick und lassen sich auch auf die gleiche Weise entlarven. Wie dies im Einzelnen gelingt, wollen wir in den Abschnitten 6.4 bis 6.6 an mehreren Paradoxien demonstrieren, die uns abermals einen Widerspruch in der Längenkontraktion glaubhaft machen wollen: dem *Garagenparadoxon*, dem *Krieg-der-Sterne-Paradoxon* und dem *Panzerparadoxon*.

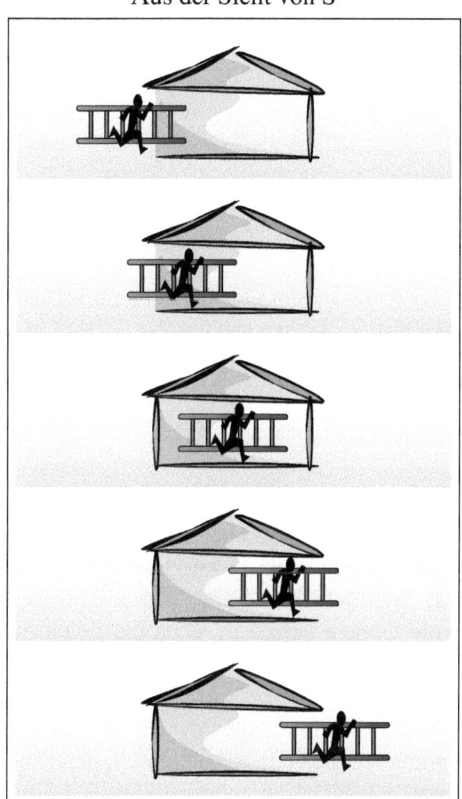

Abbildung 6.13: Das Garagenparadoxon

6.4 Garagenparadoxon

Das Garagenparadoxon hat viele Namen und wird in der Literatur gerne auch als *Stab-Haus-Paradoxon*, *Stab-Scheune-Paradoxon* oder *Leiterparadoxon* bezeichnet. Um es zu verstehen, stellen wir uns in Gedanken eine Garage mit der Eigenlänge l vor, die sowohl von vorne als auch von hinten durch ein Tor betreten oder verlassen werden kann. Die Garage sei mit einem Schließmechanismus versehen, der das Öffnen eines Tors nur dann zulässt, wenn das andere Tor geschlossen ist. Wir stellen uns jetzt vor, ein Mann laufe mit einer Leiter, die ebenfalls die Eigenlänge l aufweist, sehr schnell durch die Garage.

Ein Blick auf den zeitlichen Ablauf in Abbildung 6.13 (links) macht deutlich, dass dieses Vorhaben durchaus gelingen kann, zumindest dann, wenn wir es aus dem Ruhesystem der Garage heraus beurteilen. Um eine Kollision zu vermeiden, wird zunächst das vordere Tor

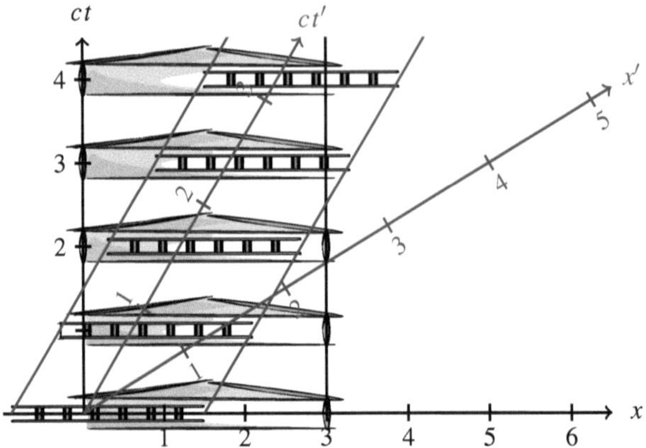

Abbildung 6.14: Das Garagenparadoxon aus der Sicht von S

geöffnet und so lange gewartet, bis der Läufer die Mitte der Garage erreicht. Aufgrund der Längenkontraktion ist seine Leiter in der Bewegungsrichtung verkürzt, so dass sie für kurze Zeit vollständig in die Garage hineinpasst. Wird jetzt die vordere Tür geschlossen und die hintere geöffnet, so kann der Läufer die Garage verlassen, ohne die Leiter zu beschädigen.

Aus der Sicht des laufenden Mannes stellt sich die Situation anders dar. Er konstatiert, dass die Leiter ihre Eigenlänge bewahrt und stattdessen die Garage kontrahiert, denn aus seiner Sicht ist es sie, die sich mit hoher Geschwindigkeit auf ihn zubewegt. Da die Leiter nun länger ist als die Garage, kann er nur dann eine Kollision vermeiden, wenn beide Tore geöffnet sind. Aber genau dies wird durch den Schließmechanismus verhindert, der immer mindestens ein Tor verriegelt. Aus der Sicht des Läufers ist das Vorhaben somit aussichtslos.

Auf den ersten Blick wirken beide Argumentationsketten gleichermaßen einleuchtend, so dass sich die Frage aufdrängt, was wirklich passiert. Wird es gelingen, die Leiter unbeschädigt durch die Garage zu tragen, oder ist es unvermeidbar, dass mindestens eines der beiden Tore mit der Leiter kollidiert?

Um der Antwort auf die Spur zu kommen, wollen wir das geschilderte Szenario anhand des Minkowski-Diagramms analysieren, das in Abbildung 6.14 zu sehen ist. Es beschreibt das Szenario im Ruhesystem der Garage, dem Bezugssystem S, und ist so gezeichnet, dass die Garage die Eigenlänge $l = 3$ aufweist und sich der Läufer mit der Geschwindigkeit $v = \frac{3}{5}c$ auf die Tore zubewegt. Von der szenischen Darstellung in Abbildung 6.13 unterscheidet sich das Diagramm zum einen in der Richtung der Zeitachse und zum anderen durch die zusätzlich eingezeichneten Achsen von S′, mit denen wir das Szenario in das Ruhesystem des Läufers transformieren können.

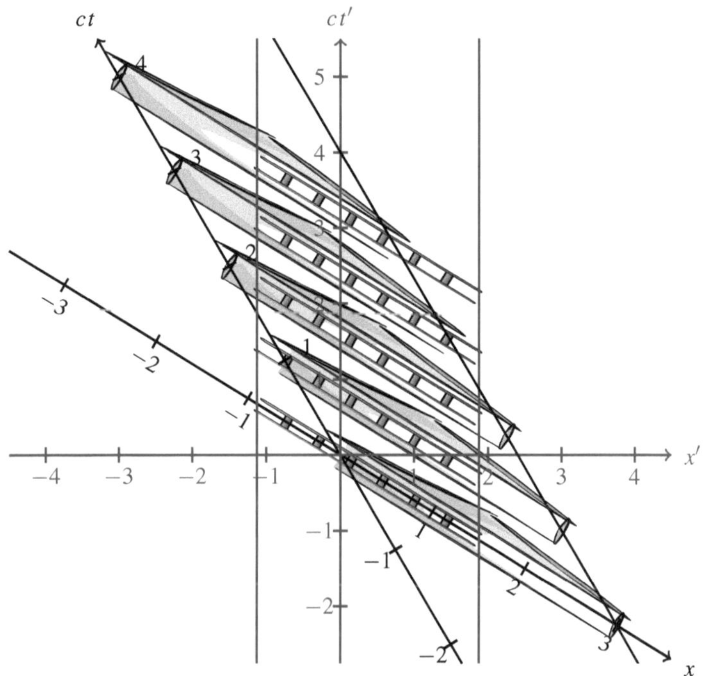

Abbildung 6.15: Koordinatentransformation in das Bezugssystem S′

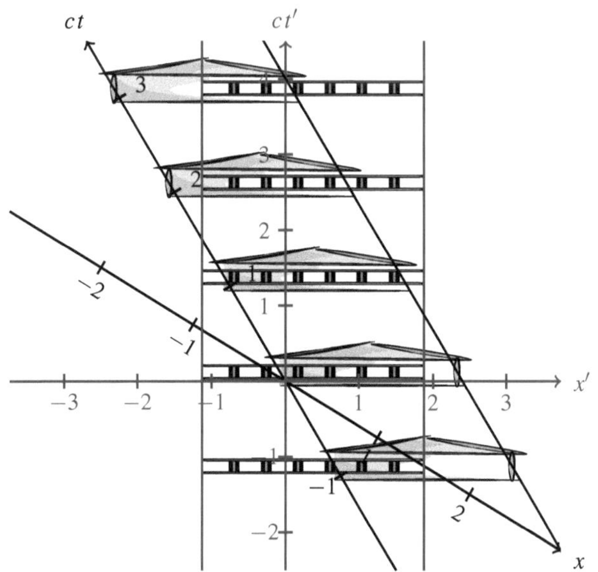

Abbildung 6.16: Das Garagenparadoxon aus der Sicht von S′

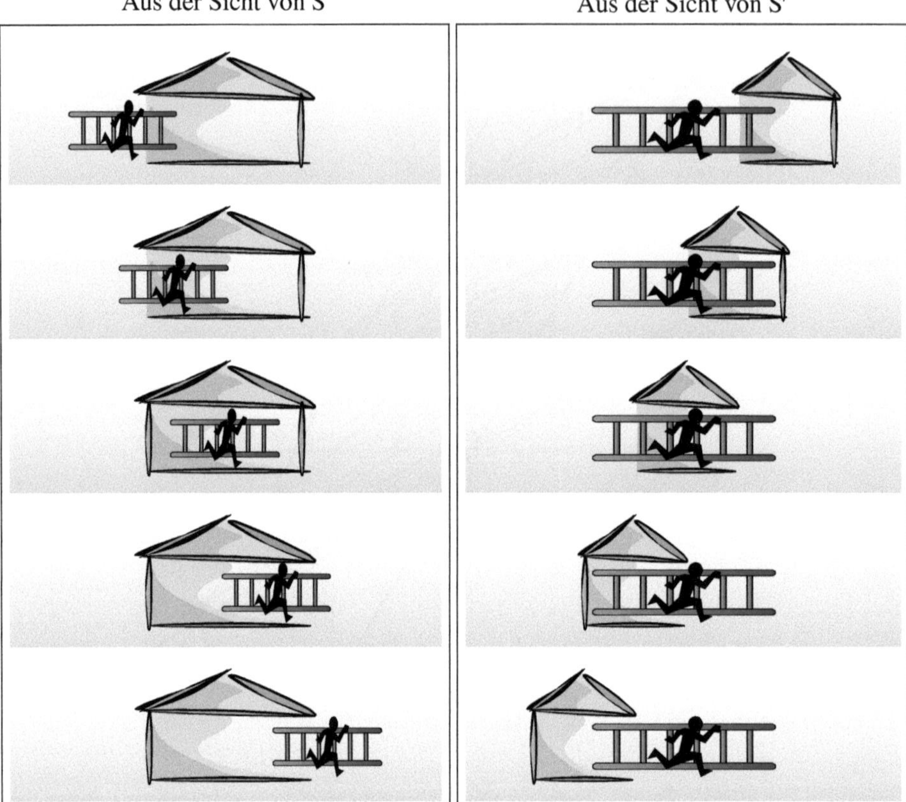

Abbildung 6.17: Das Garagenparadoxon (was wirklich geschieht)

Werden die Koordinaten an den eingedrehten Achsen abgelesen und in ein Koordinatensystem übertragen, in dem die Achsen von S′ rechtwinklig angeordnet sind, so entsteht das Minkowski-Diagramm in Abbildung 6.15. Dass die Garage und die Leiter dort diagonal erscheinen, liegt daran, dass sie entlang der Gleichzeitigkeitslinien von S ausgerichtet sind. Wir erinnern uns: Die Gleichzeitigkeitslinien von S verlaufen parallel zur Ortsachse von S, die in Abbildung 6.14 waagerecht verläuft und in Abbildung 6.15 eingedreht gezeichnet ist. An den physikalischen Geschehnissen hat die Koordinatentransformation natürlich nichts geändert. Auch in der neuen Darstellung passt die Leiter in die Garage.

Klären müssen wir an dieser Stelle, wie ein Beobachter in S′ die Garage und die Leiter zu einem beliebigen, aber fest gewählten Zeitpunkt t' wahrnehmen wird. Um diese Frage zu beantworten, müssen wir uns überlegen, wo sich das vordere und das hintere Ende der Garage sowie das vordere und das hintere Ende der Leiter zum Zeitpunkt t' befinden. Wichtig hierbei ist, dass wir die Weltpunkte der vorderen und der hinteren Enden jetzt entlang der Gleichzeitigkeitslinien von S′ beurteilen müssen und nicht mehr entlang der Gleichzeitigkeitslinien von S. Die Gleichzeitigkeitslinien von S' verlaufen in Abbildung 6.15 waagerecht, genauso wie die Gleichzeitigkeitslinien von S in Abbildung 6.14. Ordnen wir die Weltpunkte entlang der Gleichzeitigkeitslinien einander zu, so entsteht die Szenerie, die in Abbildung 6.16 zu sehen ist. Jetzt zeigt sich die Symmetrie der Raumkontraktion in ihrer vollen Blüte. Aus der Sicht von S' weist die Leiter die Eigenlänge $l = 3$ auf und die Garage ist entlang ihrer Bewegungsrichtung kontrahiert, ganz so, wie es die Symmetrie der Raumkontraktion vorhersagt.

Das Minkowski-Diagramm macht gleichsam deutlich, dass sich hinter dem Garagenparadoxon kein logischer Widerspruch verbirgt. Durch die Verschiebung der Gleichzeitigkeitslinien finden die Ereignisse, die das Öffnen des rechten Tors bzw. das Schließen des linken Tors beschreiben, nicht mehr gleichzeitig statt: Aus der Sicht von S' öffnet sich das rechte Tor, bevor das linke schließt. Für einen Beobachter in S' sind also tatsächlich beide Tore für eine gewisse Zeit geöffnet, und genau dies ist der Grund, warum die Leiter auch in S' nicht mit ihnen kollidiert. Die rechte Seite in Abbildung 6.13 ist damit so zu korrigieren, wie es in Abbildung 6.17 dargestellt ist. Das Paradoxon ist nun vollständig verschwunden.

Damit ist klar, dass die widersprüchliche Situation in Abbildung 6.13 nur deshalb entstanden ist, weil wir die in S zutreffende Annahme, das linke Tor schließe just in dem Moment, in dem das rechte Tor öffnet, auf das System S' übertragen haben. Genau dies ist aber nicht der Fall: Die Gleichzeitigkeit von räumlich getrennten Ereignissen ist relativ und wird von gegeneinander bewegten Beobachtern unterschiedlich beurteilt. Damit ist auch klar, dass die oben gewählte Formulierung, *„die Garage sei mit einem Schließmechanismus versehen, der das Öffnen eines Tors nur dann zulässt, wenn das andere Tor geschlossen ist"*, keine absolute Bedeutung haben kann.

6.5 Krieg-der-Sterne-Paradoxon

Das Krieg-der-Sterne-Paradoxon wird in den meisten Büchern mit zwei baugleichen Raketen motiviert, die sich mit hoher Geschwindigkeit frontal aufeinander zubewegen und in einem geringem Abstand passieren. Die Ruhesysteme der beiden Raketen seien S und S'. Abbildung 6.18 zeigt, dass der Pilot der in S ruhenden Rakete just in dem Moment aus dem Cockpit einen Schuss abfeuert, in dem das vordere Ende der feindlichen Rakete das hintere Ende seiner eigenen Rakete erreicht. Wir wollen der Frage nachgehen, ob dieser Schuss die feindliche Rakete treffen wird.

Für die korrekte Beantwortung dieser Frage müssen wir bedenken, dass die Längenkontraktion die bewegte Rakete in deren Bewegungsrichtung kontrahiert, und in Abbildung 6.18 ist zu sehen, dass dieses Phänomen zu vermeintlich widersprüchlichen Konsequenzen führt. Für den Piloten in S bedeutet die Längenkontraktion, dass die feindliche Rakete kürzer ist als die eigene, so dass ihr Heck schon längst das Cockpit passiert hat, als der Schuss fällt. Folgerichtig kann die feindliche Rakete unbeschadet entkommen.

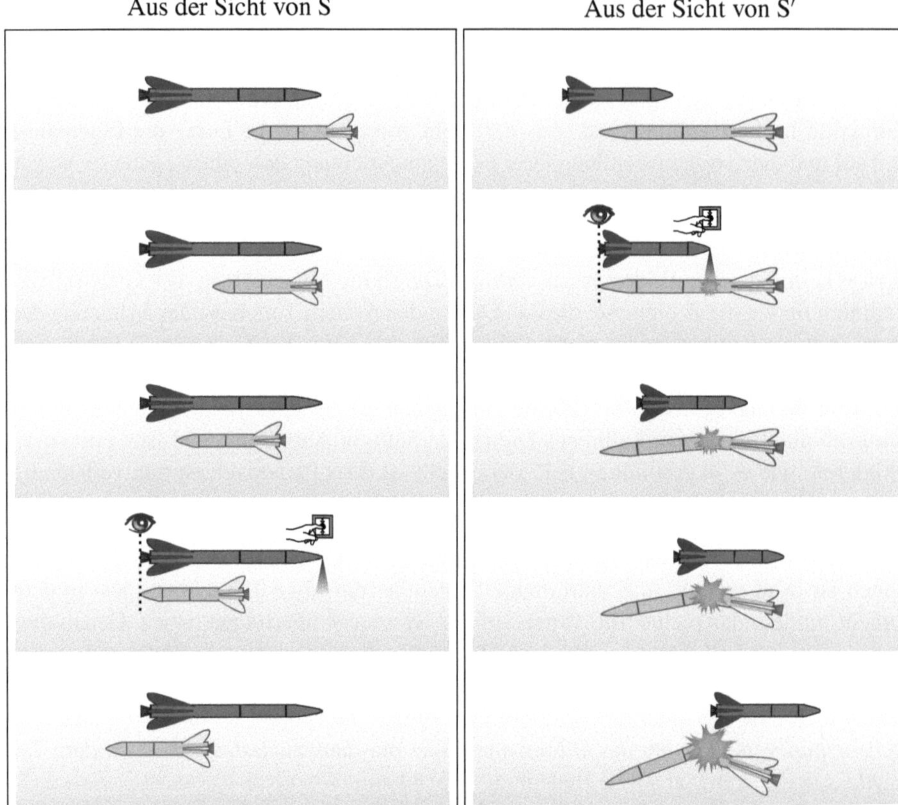

Abbildung 6.18: Krieg-der-Sterne-Paradoxon

Aus der Sicht der angegriffenen, in S′ ruhenden Rakete stellt sich die Situation aber ganz anders dar. Jetzt kommt die in S ruhende Rakete mit hoher Geschwindigkeit entgegen und ist daher in ihrer Bewegungsrichtung verkürzt. Wenn das hintere Ende der sich nähernden Rakete das vordere Ende der in S′ ruhenden Rakete erreicht hat, befindet sich das Cockpit des Piloten noch mitten über dem Zielobjekt. Der abgefeuerte Schuss wird sein Ziel daher unweigerlich treffen und die feindliche Rakete in einer riesigen Explosion vernichten. Oder etwa nicht?

Mithilfe eines Minkowski-Diagramms wollen wir klären, was wirklich geschieht. Als Erstes analysieren wir die Situation in Abbildung 6.19 aus der Sicht von S, dem Bezugssystem der angreifenden Rakete. Während sich die Weltlinien der angreifenden Rakete dort senkrecht nach oben erstrecken, verlaufen die Weltlinien der angegriffenen Rakete schräg von rechts unten nach links oben. Zum Zeitpunkt $t = 2$ hat der Bug der angreifenden Rakete das Heck der angegriffenen Rakete erreicht. Zur gleichen Zeit löst sich der Schuss, der die bewegte Rakete aufgrund ihrer kontrahierten Länge weit verfehlt.

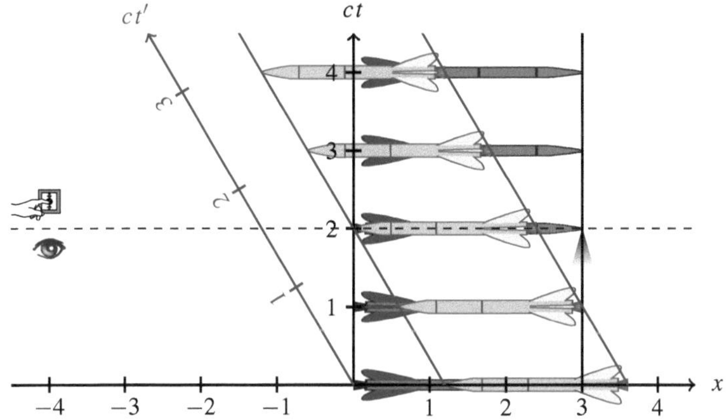

Abbildung 6.19: Das Krieg-der-Sterne-Paradoxon aus der Sicht von S

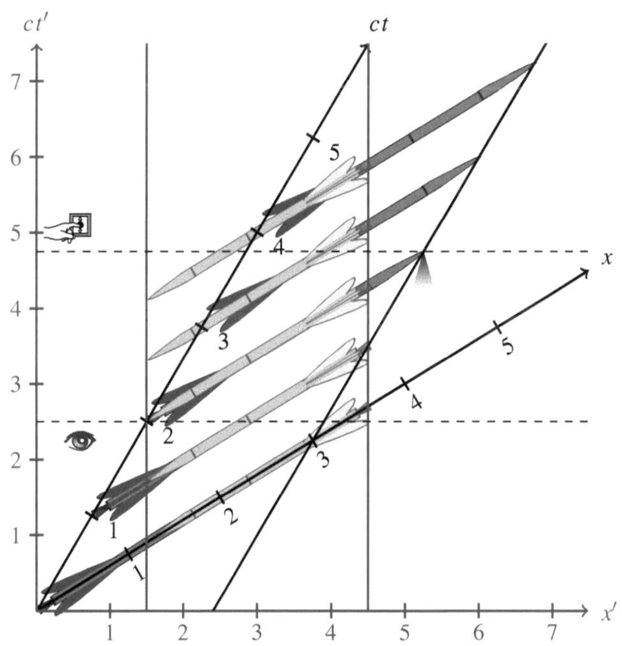

Abbildung 6.20: Koordinatentransformation in das System S′

In Abbildung 6.20 ist das Szenario in einem Minkowski-Diagramm dargestellt, in dem die Achsen von S′ rechtwinklig angeordnet sind. Da die Ortsachse von S jetzt eingedreht ist und die Gleichzeitigkeitslinien von S parallel dazu verlaufen, sind die Raketen in diesem Diagramm ebenfalls gedreht eingezeichnet. An den physikalischen Geschehnissen kann

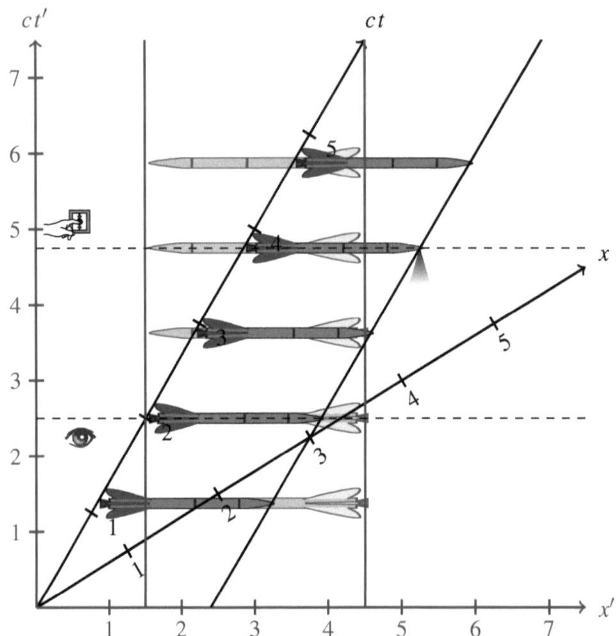

Abbildung 6.21: Das Krieg-der-Sterne-Paradoxon aus der Sicht von S′

die Koordinatentransformation natürlich auch hier nichts ändern: In der neuen Darstellung trifft der Schuss immer noch ins Leere.

Um zu erkennen, wie sich die Situation aus der Sicht von S′ zu einem beliebigen, aber fest gewählten Zeitpunkt darstellt, müssen wir die Weltpunkte der beiden Raketen anhand der Gleichzeitigkeitslinien von S′ miteinander in Beziehung setzen. Da die Achsen von S′ in Abbildung 6.20 rechtwinklig angeordnet sind, verlaufen die Gleichzeitigkeitslinien nun waagerecht, und wir erhalten als Ergebnis das in Abbildung 6.21 gezeigte Diagramm. Wieder zeigt die Raumkontraktion ihr symmetrisches Gesicht: Die angreifende Rakete ist im Ruhesystem der beschossenen Rakete in der Bewegungsrichtung verkürzt.

Zugleich klärt das neue Diagramm den logischen Widerspruch auf, den uns das Krieg-der-Sterne-Paradoxon augenscheinlich beschert. Genau wie im Falle des Garagenparadoxons entsteht der Widerspruch aufgrund der irrigen Annahme, dass zwei räumlich getrennte Ereignisse, die sich in einem gewissen Inertialsystem gleichzeitig ereignen, auch in einem relativ dazu bewegten Inertialsystem gleichzeitig stattfinden. Das Minkowski-Diagramm in Abbildung 6.21 zeigt aber, dass genau dies nicht der Fall ist. Wenn der Bug und das Heck der beiden Raketen am gleichen Ort sind, befindet sich das Cockpit der angreifenden Rakete aus der Sicht von S′ tatsächlich noch mitten über der beschossenen Rakete. Der Schuss erfolgt aus der Sicht von S′ aber nicht gleichzeitig mit diesem Ereignis, sondern zu einem späteren Zeitpunkt. Als der Schuss fällt, hat die angreifende Rakete die

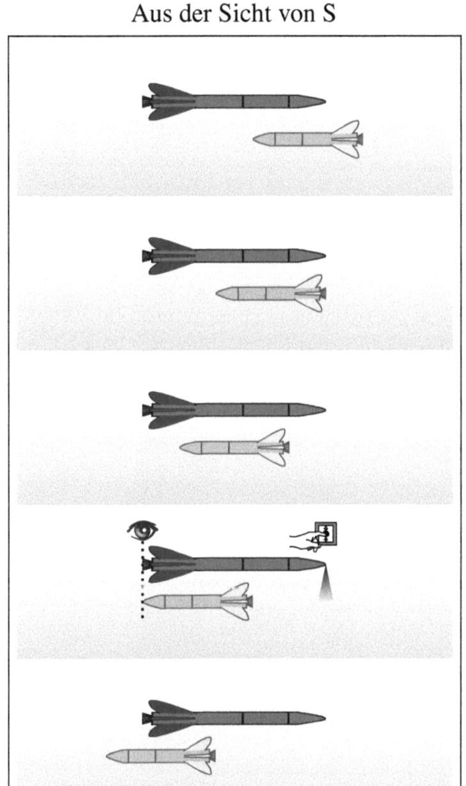

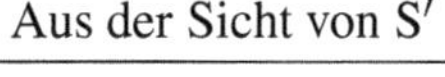

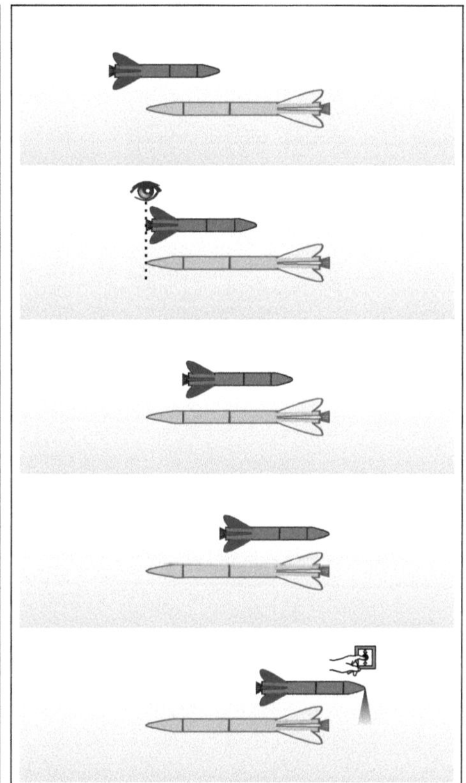

Abbildung 6.22: Das Krieg-der-Sterne-Paradoxon (was wirklich geschieht)

beschossene Rakete bereits vollständig passiert. Das Szenario, das weiter oben in Abbildung 6.18 (rechts) geschildert wurde, ist daher falsch und muss so korrigiert werden, wie es in Abbildung 6.22 gezeigt ist. In dieser korrigierten Darstellung ist das Krieg-der-Sterne-Paradoxon nicht mehr im Geringsten paradox.

6.6 Panzerparadoxon

Wenn Sie die Ausführungen über das Garagenparadoxon und das Krieg-der-Sterne-Paradoxon aufmerksam gelesen haben, dann ist auch die Szenerie, in der das Panzerparadoxon spielt, schnell verstanden. Im Mittelpunkt des vermeintlich widersprüchlichen Geschehens steht ein Panzer, der mit einer relativistisch relevanten Geschwindigkeit auf einen Schützengraben zurast. Wir nehmen an, dass die Eigenlängen des Panzers und des

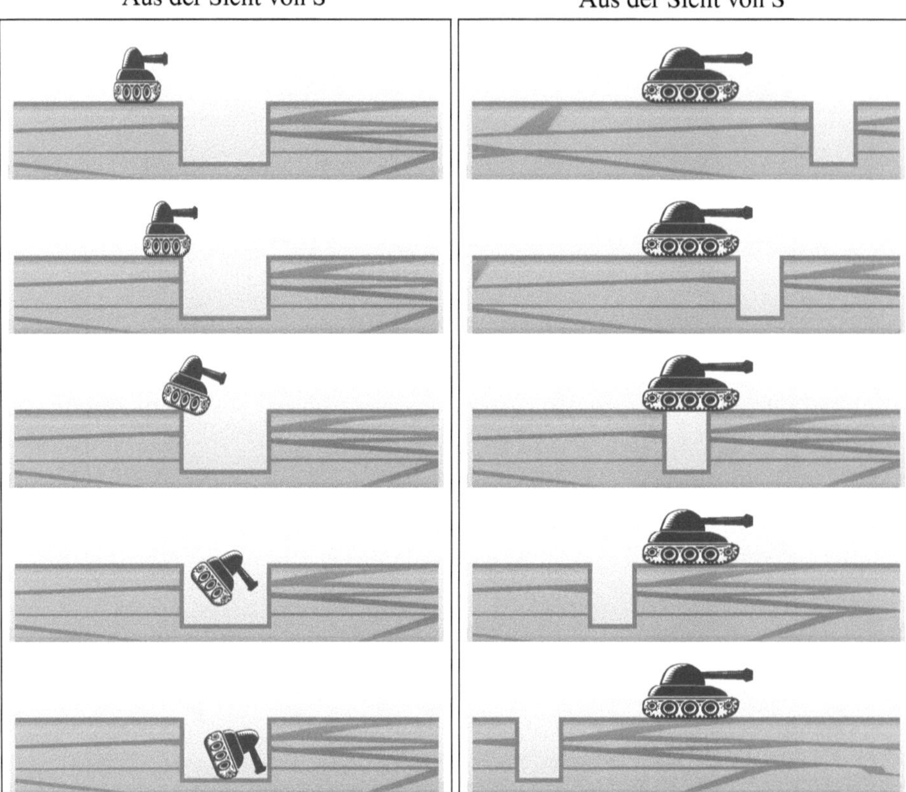

Abbildung 6.23: Das Panzerparadoxon

Schützengrabens gleich sind, und stellen uns die Frage, ob der Panzer in den Graben hineinfallen wird. Die beiden in Abbildung 6.23 gezeigten Szenarien geben eine unterschiedliche Antwort.

Auf den ersten Blick erscheinen die Szenarien gleichermaßen plausibel. Aus der Sicht von S, dem Ruhesystem des Schützengrabens, ist der Panzer bewegt und wird aufgrund der Längenkontraktion in seiner Bewegungsrichtung kürzer. Der Panzer ist damit viel schmaler als der Graben und fällt hinein. Für den Panzerfahrer stellt sich die Situation aber ganz anders dar, da sich der Schützengraben aus dessen Sicht mit einer hohen Geschwindigkeit auf ihn zubewegt und deshalb in seiner Bewegungsrichtung schrumpft. Aufgrund der Längenkontraktion wird der Graben so schmal, dass der Panzer problemlos darüber hinweg rollen kann. Auf den ersten Blick wirkt die Situation tatsächlich paradox, und zunächst steht nur eines fest: Von den beiden Sichtweisen können nicht beide richtig sein; entweder fällt der Panzer hinein oder er fällt nicht hinein. Aber welche der beiden Sichtweisen ist richtig? Oder bilden gar beide die physikalische Realität nur unvollständig ab?

In der Vergangenheit haben etliche Autoren über das Panzerparadoxon geschrieben und dabei vielfach den Namen und das Rahmenszenario geändert. Eine beliebte Abwandlung ist das *Skifahrerparadoxon.* In dieser Variante fährt ein Skifahrer mit hoher Geschwindigkeit über eine Gletscherspalte und es wird die Frage aufgeworfen, ob er in die Spalte hineinfällt oder sie unbeschadet passieren kann. Die historische Wurzel der Paradoxie ist die Arbeit *Length Contraction Paradox*, die Wolfgang Rindler im Jahr 1961 im *American Journal of Physics* publizierte. In dieser Arbeit ist weder von Panzern noch von Skifahrern die Rede. Rindler demonstriert den Sachverhalt dort zunächst mithilfe eines Fußgängers, der über ein Gitter läuft, und später mit einem Stab, der über ein Loch geschoben wird. Wir zitieren Rindlers einführende Worte:

> *„A certain man walks very fast – so fast that the relativistic length contraction makes him very thin. In the street he has to pass over a grid. A man standing at the grid fully expects the fast thin man to fall into the grid. Yet to the fast man the grid is much narrower even than to the stationary man, and he certainly does not expect to fall in. Which is correct?"*
>
> Wolfgang Rindler [46]

Tatsächlich ist das Paradoxon so trickreich formuliert, dass die Lösung selbst auf den zweiten Blick nicht offensichtlich ist. Wir kommen der Lösung durch die Beantwortung der folgenden Frage näher: Nach welchem Kriterium entscheiden wir, ob der Panzer in den Schützengraben hineinfällt oder unbeschadet darüber hinweg fährt? Eine typische Antwort lautet folgendermaßen: Aus der Erfahrung wissen wir, dass ein Körper in einen Graben fällt, wenn sich sowohl sein vorderes als auch sein hinteres Ende über dem Graben befindet. Wir wollen dies noch ein wenig expliziter formulieren, nämlich so: Der Panzer fällt hinein, wenn sich sein vorderes und sein hinteres Ende *gleichzeitig* über dem Graben befinden. Damit ist klar, dass unsere Entscheidung, ob der Panzer in den Schützengraben fällt, unterbewusst an den Begriff der Gleichzeitigkeit gekoppelt ist. Die Betrachtung der vorangegangenen Paradoxien haben jedoch klar aufgezeigt, dass es keine kausale Beziehung geben kann, die auf der Absolutheit der Gleichzeitigkeit beruht, auch wenn uns unsere Intuition eine solche beharrlich aufdrängen möchte. Damit ist klar, dass die Begründungen, mit denen wir die in Abbildung 6.23 dargestellten Szenarien gerechtfertigt haben, in der gegebenen Form nicht tragfähig sind.

Etwas anderes ist ebenfalls unstrittig: Der Panzer wird entweder hineinfallen oder er wird nicht hineinfallen, und für beide Beobachter in S und S$'$ muss das Gleiche geschehen. Was wirklich passiert, hängt von den tatsächlichen physikalischen Gegebenheiten ab. In einem Szenario, wie es oben geschildert wurde, wäre die Antwort sehr einfach. Die Erdbeschleunigung ist so gering, dass der Panzer den Graben längst passiert hätte, bevor er auch nur den Bruchteil einer messbaren Strecke nach unten gefallen wäre. Was aber würde in einem fiktiven Szenario passieren, in dem die Gravitation um ein Vielfaches höher ist? Um der Antwort auf die Spur zu kommen, zitieren wir jenen Satz aus Rindlers Arbeit, der sich an das obige Zitat anschließt. In ihm finden wir den entscheidenden Hinweis:

Abbildung 6.24: Das Panzerparadoxon (was wirklich geschieht)

„The answer hinges on the relativity of rigidity.“

Wolfgang Rindler [46]

Was hat die Lösung des Paradoxons mit der Starrheit (*rigidity*) eines Körpers zu tun? Sehr viel, denn es ist genau diese Materialeigenschaft, die beispielsweise einen realen Panzer in die Lage versetzt, schmale Gräben zu überqueren. Wir wollen uns deshalb die Frage stellen, wie sich ein starrer Körper verhält, wenn er an einem seiner beiden Enden beschleunigt wird. Zunächst ist klar, dass sich an dem beschleunigten Ende Spannungskräfte aufbauen, die sich zum anderen Ende des Körpers ausbreiten. Es ist leicht einzusehen, dass dies aber nur mit einer endlichen Geschwindigkeit geschehen kann. Wäre dies nicht der Fall, so würde die Beschleunigung, die ein Körper an einem Ende erfährt, die gleichzeitige Beschleunigung des anderen Endes auslösen, und dies ist aus zweierlei Gründen unmöglich. Zum einen sind Ereignisse, die in einem kausalen Zusammenhang stehen, zeitartiger Natur, d. h., sie können, sofern sie räumlich voneinander getrennt sind, nicht gleichzeitig eintreten. Zum anderen ist die Gleichzeitigkeit ein relativer Begriff. Das bedeutet, dass ein Körper, der sich für einen Beobachter starr verhält, dessen materielle Partikel also gleichzeitig die gleiche Beschleunigung erfahren, für einen relativ dazu bewegten Beobachter nicht mehr starr ist. Die materiellen Partikel würden zu unterschiedlichen Zeiten beschleunigen und der Körper daher in eine Art fließenden Zustand übergehen.

Damit ist das Stichwort gefallen. Würde sich der Panzer tatsächlich mit einer relativistisch relevanten Geschwindigkeit bewegen können, so würde er nicht mehr länger wie ein starrer Körper wirken. Seine eigene Geschwindigkeit wäre gegenüber der Geschwindigkeit, mit der sich die Spannungskräfte innerhalb des Materials ausbreiten, so hoch, dass er weder in den Graben hineinfiele, wie es die linke Seite in Abbildung 6.23 darstellt, noch über den Graben hinwegrollen würde, wie es die rechte Seite in Abbildung 6.23 suggeriert. Vielmehr würde der Panzer in den Schützengraben hineinfließen, wie es in Abbildung 6.24 angedeutet ist. Zu bildlich sollten wir uns den zerfließenden Panzer aber nicht vorstellen, da sich das geschilderte Szenario ohnehin fernab des physikalisch Möglichen befindet. Das Panzerparadoxon ist ein pures Gedankenexperiment, dessen Kernaussage viel abstrakter ist. Wir haben sie bereits oben im Text erwähnt und wollen sie zum Schluss dieses Abschnitts noch einmal wiederholen: Es kann keine kausale Beziehung geben, die auf der Absolutheit der Gleichzeitigkeit beruht.

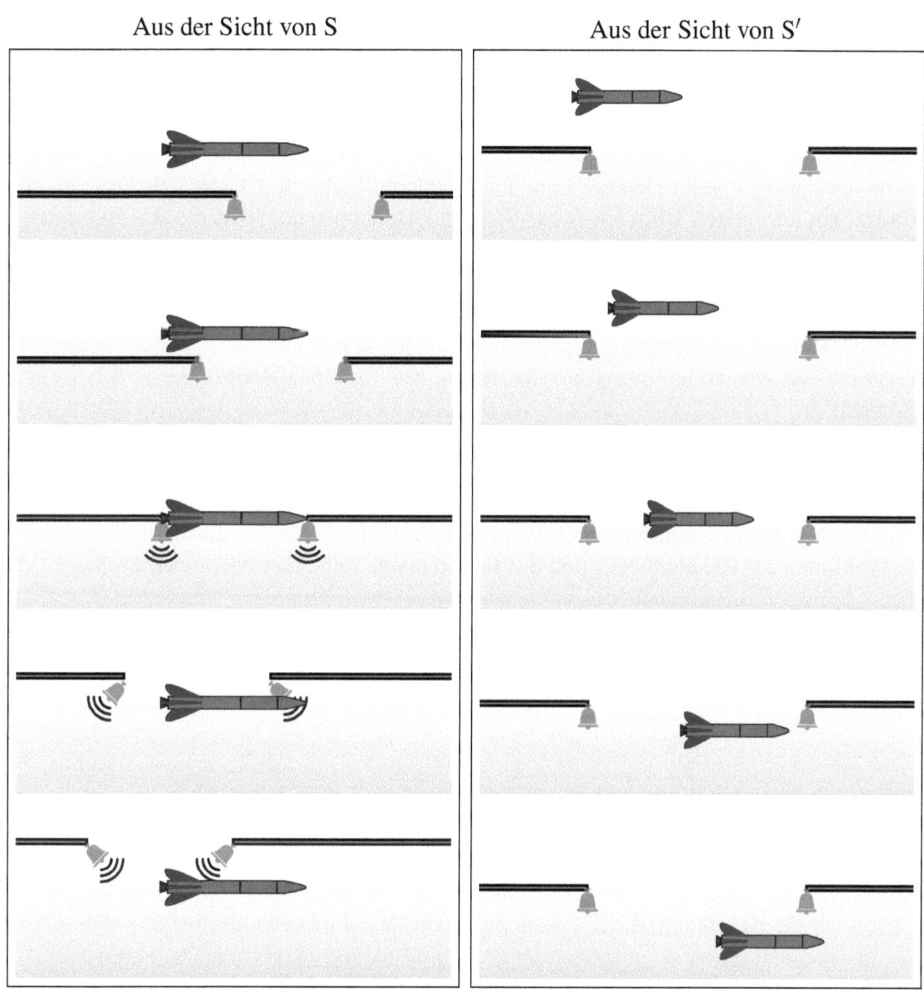

Abbildung 6.25: Das Maßstabsparadoxon

6.7 Maßstabsparadoxon

Als letzte vermeintliche Antinomie besprechen wir das *Maßstabsparadoxon*, dessen Name wir aus [30] übernehmen. Zur Illustration stellen wir uns in Gedanken eine Rakete vor, die sich in einem schrägen Landeanflug auf eine Bodenöffnung befindet. Wir nehmen an, dass der Anflug so verläuft, wie er auf der linken Seite von Abbildung 6.25 dargestellt ist. Dort ist zu sehen, dass die Landeöffnung aus der Sicht des Piloten exakt so weit kontrahiert, dass ihre Länge der Eigenlänge der Rakete entspricht. Während die Rakete durch das Loch triftet, streift sie mit ihrem Bug und ihrem Heck leicht die Wände und versetzt dabei zwei Glocken in Bewegung, die warnend den Kontakt signalisieren.

Wir wollen der Frage nachgehen, wie der Landeanflug aus der Sicht des Bodenpersonals wahrgenommen wird. Nach all dem, was wir bisher über die Raumkontraktion herausgearbeitet haben, scheint sich die Landung aus deren Sicht ganz anders zuzutragen, zumindest auf den ersten Blick. Aus der Sicht des Bodenpersonals ist die Rakete in ihrer Bewegungsrichtung kontrahiert und daher viel kürzer als die Öffnung im Boden. Die Rakete kann die Landeöffnung daher mühelos passieren, ohne dass sie dabei eine der beiden Glocken berührt. Aber wie ist es möglich, dass die Rakete aus der Sicht von S die Wände touchiert und aus der Sicht von S′ problemlos landen kann? Dies wäre in der Tat ein Widerspruch und wir wollen uns daher überlegen, was für einen Beobachter in S′ wirklich geschieht.

Wir beginnen damit, das Geschehen in S in eine mathematische Form zu bringen und die Position der Rakete formal zu erfassen (vgl. [26]). Unter der Annahme, dass sich das Heck der Rakete im Ursprung von S befindet und die Eigenlänge l aufweist, können wir die Weltlinien des Raketenhecks und des Raketenbugs folgendermaßen beschreiben:

$$\underbrace{\begin{pmatrix} ct_h \\ x_h \\ y_h \end{pmatrix}}_{\text{Heck}} = \begin{pmatrix} ct_h \\ 0 \\ 0 \end{pmatrix} \qquad \underbrace{\begin{pmatrix} ct_b \\ x_b \\ y_b \end{pmatrix}}_{\text{Bug}} = \begin{pmatrix} ct_b \\ l \\ 0 \end{pmatrix}$$

Da S das Ruhesystem der Rakete ist, sind die Ortskoordinaten zeitunabhängig. Um die Situation aus der Sicht von S′ zu analysieren, unterwerfen wir die Koordinaten der Lorentz-Transformation. Ist v_x die Geschwindigkeit, mit der sich die Rakete entlang der x-Achse bewegt, und v_y die Geschwindigkeit, mit der die Rakete entlang der y-Achse sinkt, so können wir die Bewegung, die S′ relativ zu S ausführt, über den Geschwindigkeitsvektor

$$\boldsymbol{v} = \begin{pmatrix} -v_x \\ v_y \\ 0 \end{pmatrix}$$

beschreiben. Verwenden wir die üblichen Abkürzungen

$$\beta_x = \frac{v_x}{c} \quad \text{und} \quad \beta_y = \frac{v_y}{c},$$

so lassen sich aus den Gleichungen der allgemeinen Lorentz-Transformation, die wir auf Seite 159 formal eingeführt haben, die folgenden Beziehungen ableiten:

$$\begin{pmatrix} ct'_h \\ x'_h \\ y'_h \end{pmatrix} = \begin{pmatrix} \gamma ct_h \\ \gamma\beta_x ct_h \\ -\gamma\beta_y ct_h \end{pmatrix} \tag{6.7}$$

$$\begin{pmatrix} ct'_b \\ x'_b \\ y'_b \end{pmatrix} = \begin{pmatrix} \gamma ct_b + \gamma\beta_x l \\ \gamma\beta_x ct_b + \left(1 + (\gamma - 1)\frac{\beta_x^2}{\beta^2}\right) l \\ -\gamma\beta_y ct_b - (\gamma - 1)\,\frac{\beta_x\beta_y}{\beta^2} l \end{pmatrix} \tag{6.8}$$

Beachten Sie, dass mehrere Teilterme mit einem anderen Vorzeichen auftauchen als auf Seite 159. Der Vorzeichenwechsel trägt der Tatsache Rechnung, dass sich das System S′ in unserem Szenario nach links bewegt und nicht, wie es bei der Herleitung der ursprünglichen Transformationsgleichungen der Fall war, nach rechts.

Im nächsten Schritt wollen wir die Parameter t_h und t_b, die sich auf Zeitpunkte in S beziehen, durch die transformierten Größen t'_h und t'_b ersetzen. Dies gelingt, indem wir die nachstehenden, aus (6.7) und (6.8) folgenden Zusammenhänge verwenden:

$$ct_h = \frac{ct'_h}{\gamma}$$

$$ct_b = \frac{ct'_b - \gamma\beta_x l}{\gamma}$$

Damit lassen sich die Weltlinien in S′ folgendermaßen beschreiben:

Weltlinien des Raketenhecks und des Raketenbugs aus der Sicht von S′

$$\begin{pmatrix} ct'_h \\ x'_h \\ y'_h \end{pmatrix} = \begin{pmatrix} ct'_h \\ \beta_x ct'_h \\ -\beta_y ct'_h \end{pmatrix} \tag{6.9}$$

$$\begin{pmatrix} ct'_b \\ x'_b \\ y'_b \end{pmatrix} = \begin{pmatrix} ct'_b \\ \beta_x ct'_b - \gamma\beta_x^2 l + \left(1 + (\gamma - 1)\frac{\beta_x^2}{\beta^2}\right) l \\ -\beta_y ct'_b + \gamma\beta_x\beta_y l - (\gamma - 1)\,\frac{\beta_x\beta_y}{\beta^2} l \end{pmatrix} \tag{6.10}$$

Um einen Überblick über die räumliche Gestalt zu erhalten, die ein Beobachter in S′ der Rakete zu einem beliebigen, aber fest gewählten Zeitpunkt beimisst, setzen wir

$$t'_h = t'_b$$

und betrachten die Differenzen $x'_b - x'_h$ und $y'_b - y'_h$:

$$x'_b - x'_h = -\gamma\beta_x^2 l + \left(1 + (\gamma - 1)\frac{\beta_x^2}{\beta^2}\right) l = l\left(\frac{\gamma - 1 - \gamma\beta^2}{\beta^2}\beta_x^2 + 1\right) \tag{6.11}$$

$$y'_b - y'_h = \gamma\beta_x\beta_y l - (\gamma - 1)\,\frac{\beta_x\beta_y}{\beta^2} l = l\left(-\frac{\gamma - 1 - \gamma\beta^2}{\beta^2}\beta_x\beta_y\right) \tag{6.12}$$

Aus

$$\beta^2 = 1 - (1 - \beta^2) = 1 - \frac{1}{\gamma^2}$$

folgt

$$\frac{\gamma - 1 - \gamma\beta^2}{\beta^2} = \frac{\gamma - 1 - \gamma\left(1 - \frac{1}{\gamma^2}\right)}{1 - \frac{1}{\gamma^2}} = \frac{-\left(1 - \frac{1}{\gamma}\right)}{\left(1 - \frac{1}{\gamma}\right)\left(1 + \frac{1}{\gamma}\right)} = \frac{-1}{1 + \frac{1}{\gamma}} = -\frac{\gamma}{\gamma + 1},$$

womit sich (6.11) und (6.12) noch weiter vereinfachen lassen in:

Lage der Rakete aus der Sicht von S′

$$x'_b - x'_h = l\left(1 - \frac{\gamma}{\gamma + 1}\beta_x^2\right) \quad (6.13)$$

$$y'_b - y'_h = l\left(\frac{\gamma}{\gamma + 1}\beta_x\beta_y\right) \quad (6.14)$$

Aus der Sicht von S′ weisen das Heck und der Bug also nicht nur eine unterschiedliche x-Koordinate, sondern auch eine unterschiedliche y-Koordinate auf. Genau hier liegt der Fehler, der in Abbildung 6.25 den logischen Widerspruch hervorrief. Dort sind wir stillschweigend davon ausgegangen, dass die Rakete bei ihrem Landeanflug in beiden Bezugssystemen waagerecht, d. h. parallel zur x-Achse, ausgerichtet ist. Genau dies ist aber nicht der Fall. Aus der Sicht von S′ ist die Rakete um den in Abbildung 6.26 eingezeichneten Winkel θ eingedreht. Mithilfe von (6.13) und (6.14) können wir θ mit wenig Mühe ausrechnen:

$$\tan\theta = \frac{y'_b - y'_h}{x'_b - x'_h} = \frac{\frac{\gamma}{\gamma+1}\beta_x\beta_y}{1 - \frac{\gamma}{\gamma+1}\beta_x^2} = \frac{\gamma\beta_x\beta_y}{\gamma + 1 - \gamma\beta_x^2} = \frac{\gamma\beta_x\beta_y}{1 + \gamma(1 - \beta_x^2)}$$

Hieraus folgt:

Drehwinkel der Rakete aus der Sicht von S′

$$\theta = \arctan\frac{\gamma\beta_x\beta_y}{1 + \gamma(1 - \beta_x^2)}$$

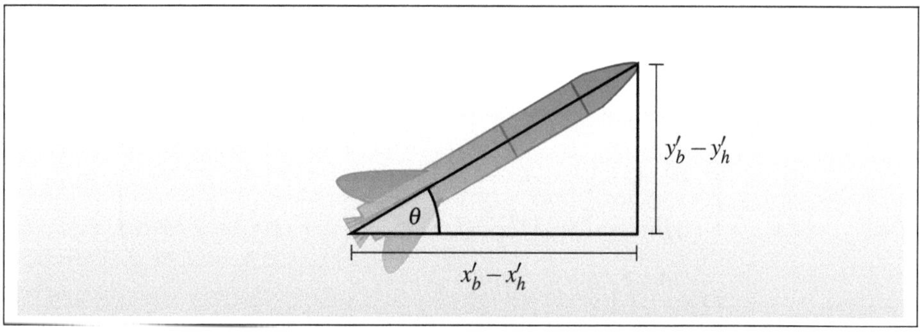

Abbildung 6.26: Der Landeanflug aus der Sicht von S′

Die Drehung der Rakete hat eine unmittelbare Auswirkung auf die Bewegungslinien des Hecks und des Bugs, und wir werden gleich sehen, dass sie den vermeintlichen Widerspruch des Maßstabsparadoxons vollständig auflösen wird. Vorher dürfen wir aber nicht vergessen, dass nicht nur die Rakete, sondern auch der Boden und damit auch die Landeöffnung aus der Sicht von S′ eine Drehung erfährt. Um zu erkennen, wie ein Beobachter in S′ die Landeöffnung wahrnimmt, gehen wir genauso vor wie oben und beschreiben die Weltlinien der beiden Glocken zunächst aus der Sicht von S. Wir erhalten dann:

$$\underbrace{\begin{pmatrix} ct_l \\ x_l \\ y_l \end{pmatrix}}_{\substack{\text{Linke}\\\text{Glocke}}} = \begin{pmatrix} ct_l \\ -v_x t_l \\ v_y t_l \end{pmatrix} \qquad \underbrace{\begin{pmatrix} ct_r \\ x_r \\ y_r \end{pmatrix}}_{\substack{\text{Rechte}\\\text{Glocke}}} = \begin{pmatrix} ct_r \\ l - v_x t_r \\ v_y t_r \end{pmatrix}$$

Transformieren wir die Ortskoordinaten mithilfe der allgemeinen Lorentz-Transformation nach S′, so erhalten wir für die linke Glocke das folgende Ergebnis:

$$\begin{aligned}
\begin{pmatrix} x'_l \\ y'_l \end{pmatrix} &= \begin{pmatrix} \gamma\beta_x ct_l - \left(1 + (\gamma-1)\frac{\beta_x^2}{\beta^2}\right) v_x t_l - (\gamma-1)\frac{\beta_x\beta_y}{\beta^2} v_y t_l \\ -\gamma\beta_y ct_l + (\gamma-1)\frac{\beta_x\beta_y}{\beta^2} v_x t_l + \left(1 + (\gamma-1)\frac{\beta_y^2}{\beta^2}\right) v_y t_l \end{pmatrix} \\
&= \begin{pmatrix} \beta_x ct_l \left(\gamma - \left(1 + (\gamma-1)\frac{\beta_x^2}{\beta^2}\right) - (\gamma-1)\frac{\beta_y^2}{\beta^2}\right) \\ \beta_y ct_l \left(-\gamma + (\gamma-1)\frac{\beta_x^2}{\beta^2} + \left(1 + (\gamma-1)\frac{\beta_y^2}{\beta^2}\right)\right) \end{pmatrix} \\
&= \begin{pmatrix} \beta_x ct_l \left((\gamma-1) - (\gamma-1)\left(\frac{\beta_x^2+\beta_y^2}{\beta^2}\right)\right) \\ \beta_y ct_l \left((\gamma-1)\left(\frac{\beta_x^2+\beta_y^2}{\beta^2}\right) - (\gamma-1)\right) \end{pmatrix} \\
&= \begin{pmatrix} \beta_x ct_l (\gamma-1) - (\gamma-1) \\ \beta_y ct_l (\gamma-1) - (\gamma-1) \end{pmatrix}
\end{aligned}$$

$$= \begin{pmatrix} 0 \\ 0 \end{pmatrix}$$

Die gleiche Rechnung ergibt für die rechte Glocke:

$$\begin{pmatrix} x'_r \\ y'_r \end{pmatrix} = \begin{pmatrix} \gamma\beta_x ct_r + \left(1+(\gamma-1)\frac{\beta_x^2}{\beta^2}\right)(l - v_x t_r) - (\gamma-1)\frac{\beta_x\beta_y}{\beta^2} v_y t_r \\ -\gamma\beta_y ct_r - (\gamma-1)\frac{\beta_x\beta_y}{\beta^2}(l - v_x t_r) + \left(1+(\gamma-1)\frac{\beta_y^2}{\beta^2}\right) v_y t_r \end{pmatrix}$$

$$= \begin{pmatrix} x'_l \\ y'_l \end{pmatrix} + \begin{pmatrix} \left(1+(\gamma-1)\frac{\beta_x^2}{\beta^2}\right) l \\ -(\gamma-1)\frac{\beta_x\beta_y}{\beta^2} l \end{pmatrix}$$

$$= \begin{pmatrix} \left(1+(\gamma-1)\frac{\beta_x^2}{\beta^2}\right) l \\ -(\gamma-1)\frac{\beta_x\beta_y}{\beta^2} l \end{pmatrix}$$

Wir halten fest:

Position der Glocken aus der Sicht von S′

$$\begin{pmatrix} x'_l \\ y'_l \end{pmatrix} = \begin{pmatrix} 0 \\ 0 \end{pmatrix} \tag{6.15}$$

$$\begin{pmatrix} x'_r \\ y'_r \end{pmatrix} = \begin{pmatrix} \left(1+(\gamma-1)\frac{\beta_x^2}{\beta^2}\right) l \\ -(\gamma-1)\frac{\beta_x\beta_y}{\beta^2} l \end{pmatrix} \tag{6.16}$$

Beachten Sie, dass die Zeitparameter t_l und t_r durch die Transformation allesamt verschwunden sind. Dies war zu erwarten, da wir die Weltlinien in das Ruhesystem der Landeöffnung umgerechnet haben, wo die Glocken ortsfest sind.

Von besonderem Interesse ist für uns die Tatsache, dass die vertikalen Positionen der beiden Glocken aus der Sicht von S′ nicht mehr gleich sind. Das bedeutet, dass sich die Rakete in dem geschilderten Szenario gar nicht auf einen waagerechten Boden zubewegt, wie es in Abbildung 6.25 suggeriert wird. Im seinem Ruhesystem ist der Boden mitsamt seiner Landeöffnung geneigt, und nur durch die aufgetretene Drehung hat der Pilot in der Rakete den Eindruck, sich auf einen waagerechten Boden zuzubewegen.

Die Frage, die wir als Nächstes klären wollen, ist die folgende: Wenn die Rakete, wie es in der linken Hälfte von Abbildung 6.25 zu sehen ist, bei ihrer Landung den linken und den rechten Rand der Bodenöffnung streift, so muss dies auch aus der Sicht von S′ geschehen. Wir wollen nachrechnen, dass dies tatsächlich der Fall ist, und hierfür die horizontale Lage des Hecks auf der Höhe der linken Glocke und die horizontale Lage des Bugs auf der Höhe der rechten Glocke untersuchen. Mit anderen Worten: Wir wollen die Ortskoordinate x'_h für den Fall $y'_h = y'_l$ und die Ortskoordinate x'_b für den Fall $y'_b = y'_r$ bestimmen. Wenn alles mit rechten Dingen zugeht, dann trifft die Rakete auch in S′ sowohl die linke als auch die rechte Glocke, was symbolisch über die Beziehungen $x'_h = x'_l$ bzw. $x'_b = x'_r$ ausgedrückt wird.

- Ist $y'_h = y'_l$, dann ist

$$y'_h \overset{(6.15)}{=} 0.$$

  Aus (6.9) folgt dann

$$ct'_h = 0$$

  und hieraus wiederum

$$x'_h = 0 \overset{(6.15)}{=} x'_l.$$

  Demnach ist die Raumkoordinate (x'_h, y'_h) genau jene, an der sich in S′ die linke Glocke befindet. Das bedeutet, dass die Rakete bei ihrem Landeanflug, anders als es rechts in Abbildung 6.25 dargestellt ist, auch aus der Sicht von S′ die linke Bodenöffnung streift.

- Ist $y'_b = y'_r$, dann ist

$$y'_b \overset{(6.16)}{=} -(\gamma - 1)\frac{\beta_x\beta_y}{\beta^2}l.$$

  Aus (6.10) folgt dann

$$ct'_b = \gamma\beta_x l$$

  und hieraus wiederum

$$x'_b = \left(1 + (\gamma - 1)\frac{\beta_x^2}{\beta^2}\right)l \overset{(6.16)}{=} x'_r$$

  Demnach ist die Raumkoordinate (x'_b, y'_b) genau jene, an der sich in S′ die rechte Glocke befindet. Das bedeutet, dass die Rakete aus der Sicht von S′ auch die rechte Bodenöffnung streift. Alles passt perfekt zusammen.

Damit ist Abbildung 6.25 so zu korrigieren, wie es in Abbildung 6.27 gezeigt ist. Erneut ist es die Relativität der Gleichzeitigkeit, die das Paradoxon löst. Die Verschiebung der Gleichzeitigkeitslinien führt zu einer Drehung der Rakete und der Landeöffnung, und nur hierdurch kann die Rakete, ihrer kontrahierten Länge zum Trotz, beide Glocken anschlagen.

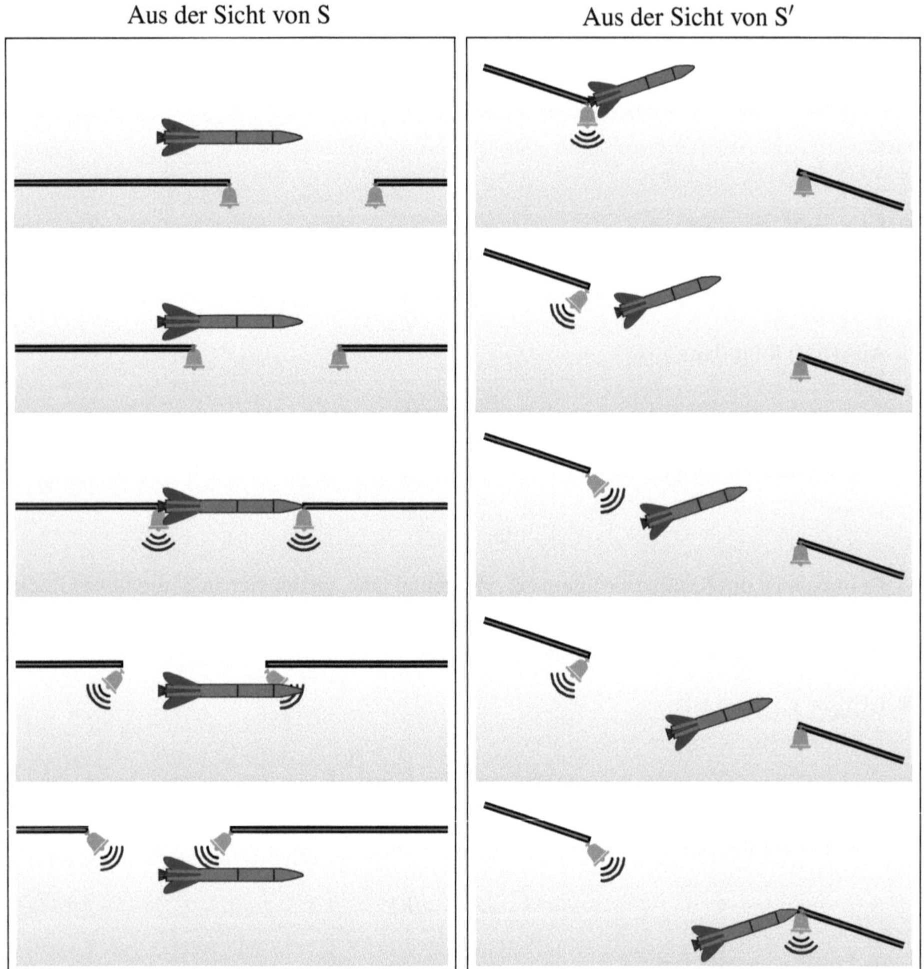

Abbildung 6.27: Das Maßstabsparadoxon (was wirklich geschieht)

6.8 Übungsaufgaben

Aufgabe 6.1

In dieser Aufgabe betrachten wir eine Rakete, die mit hoher Geschwindigkeit auf ein Hufeisen prallt. Wir gehen davon aus, dass die Raketenhülle aus so festem Stahl gefertigt ist, dass sie bei der Kollision nicht auseinanderbricht.

Die folgenden Momentaufnahmen machen deutlich, wie sich die Kollision aus dem Ruhesystem des Hufeisens (System S) und dem Ruhesystem der Rakete (System S′) darstellt:

Aus der Sicht von S

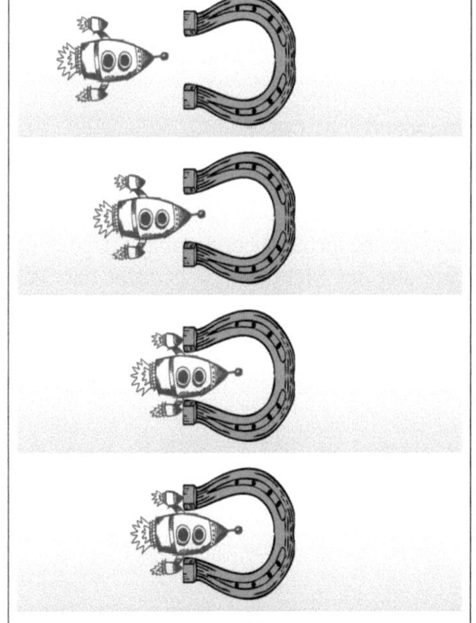

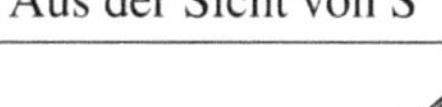

Aus der Sicht von S′

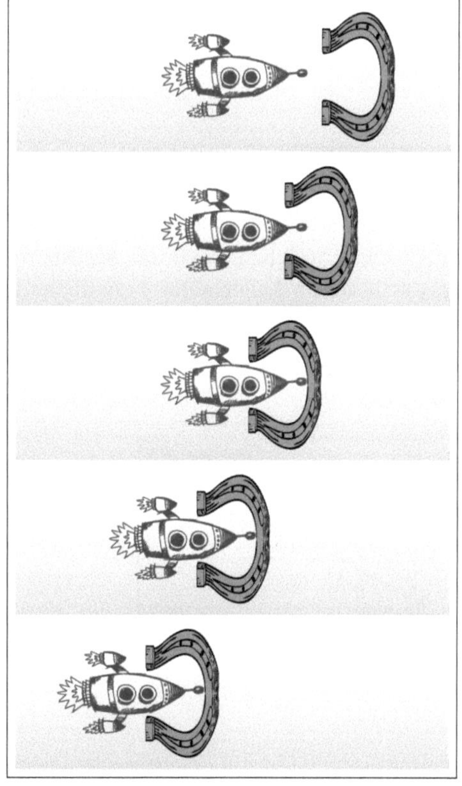

Für einen Beobachter in S ist die Rakete aufgrund der Längenkontraktion in der Bewegungsrichtung kürzer, so dass die Triebwerke mit den Enden des Hufeisens kollidieren. Hierdurch wird die Rakete gestoppt, und die Spitze bleibt intakt. In S′ scheinen sich die Geschehnisse ganz anders abzuspielen. Dort ist das Hufeisen in der Bewegungsrichtung verkürzt, so dass die Spitze der Rakete mit dem Hufeisen kollidiert und nicht der Antrieb.

Da beide Szenarien nicht gleichzeitig eintreten können, muss mindestens eines der beiden falsch sein. Lösen Sie den entstandenen Widerspruch auf.

Aufgabe 6.2

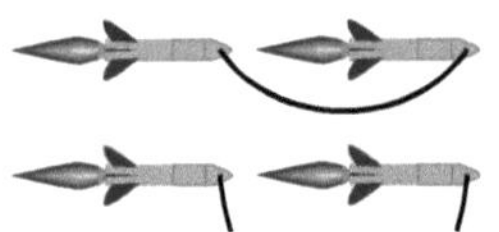

Die Diskussion des Dewan-Beran-Bell-Paradoxons hat gezeigt, dass ein Seil, das zwischen zwei gleichmäßig beschleunigten Raketen gespannt ist, irgendwann reißen wird.

Wir wollen versuchen, das Paradoxon aus einer dritten Perspektive zu betrachten, dem Ruhesystem des Seils.

a) Geben Sie eine formale Definition für den Begriff des Ruhesystems an.

b) Erklären Sie, warum das Seil aus dieser dritten Perspektive reißt, oder begründen Sie, warum eine solche Perspektive gar nicht existiert.

Aufgabe 6.3

In Abschnitt 6.7 haben wir das *Maßstabsparadoxon* besprochen und dabei festgestellt, dass sich die im Landeanflug befindliche Rakete aus der Sicht von S′ gedreht hat. Wir kamen zu dem folgenden Ergebnis:

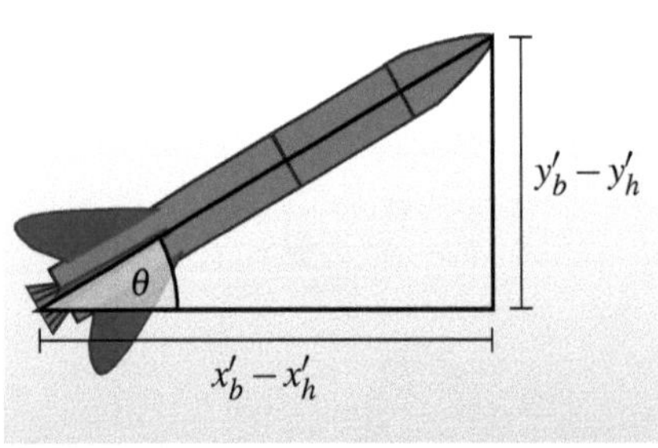

$$x'_b - x'_h = l\left(1 - \frac{\gamma}{\gamma+1}\beta_x^2\right)$$

$$y'_b - y'_h = l\left(\frac{\gamma}{\gamma+1}\beta_x\beta_y\right)$$

a) Beweisen Sie in einer Nebenrechnung die folgende Beziehung:

$$\left(\frac{\gamma}{\gamma+1}\right)^2 \beta_x^2\,(\beta_x^2 + \beta_y^2) = \frac{\gamma-1}{\gamma+1}\beta_x^2$$

b) Zeigen Sie mit dem Ergebnis der vorherigen Teilaufgabe, dass die Länge der Rakete aus der Sicht von S′ um den Kontraktionsfaktor

$$\sqrt{1-\beta_x^2}$$

schrumpft.

c) Berechnen Sie die Eigenlänge der Landeöffnung.

Aufgabe 6.4

Was passiert, wenn ein Passagier in einem mit Lichtgeschwindigkeit fahrenden Zug nach vorne läuft? Gestellt wurde diese Frage von meinem ehemaligen Physiklehrer, und die Klasse gab damals ganz unterschiedliche Antworten. Manche Schüler waren der Meinung, dass sich die Raumrichtung umkehren würde, andere gaben an, dass die Zeit dann rückwärts liefe. Beides klingt wahrhaft paradox.

a) Welche Argumentationslinie könnten die Schüler im Sinn gehabt haben?

b) Warum hat es diese Frage verdient, als Fangfrage bezeichnet zu werden?

7 Relativistische Dynamik

„There is a fact, or if you wish, a law, governing all natural phenomena that are known to date. [...] The law is called the conservation of energy. It states that there is a certain quantity, which we call energy, that does not change in the manifold changes which nature undergoes. [...] It is important to realize that in physics today, we have no knowledge of what energy is. [...] However, there are formulas for calculating some numerical quantity[.][...] It is an abstract thing in that it does not tell us the mechanism or the reasons for the various formulas.“

Richard P. Feynman [23]

„Space-time does not exist without mass-energy“

Donald Lynden-Bell [37]

In den zurückliegenden Kapiteln haben wir uns ausführlich mit den kinematischen Konsequenzen der Einstein'schen Axiome befasst und dabei die Erkenntnis gewonnen, dass Raum und Zeit zu einer untrennbaren Einheit verschmelzen. Wie es in der Kinematik üblich ist, hatten wir die Bewegung und die Beschleunigung von Objekten untersucht, ohne uns Gedanken über die Ursachen zu machen; weder der Kraftbegriff noch der Energiebegriff spielten in den bisherigen Überlegungen eine Rolle. Dies werden wir in diesem Kapitel ändern und unsere Überlegungen auf jenes Teilgebiet der Mechanik ausweiten, das sich mit der Wirkung von Kräften beschäftigt: die *Dynamik*.

7.1 Impuls und Energie

Wir beginnen unsere Diskussion mit einem der grundlegendsten Begriffe der klassischen Dynamik: dem *Impuls* eines materiellen Körpers. Was sich hinter diesem Begriff verbirgt, lässt sich anschaulich am Beispiel einer Kugel mit der Masse m erklären, die sich gleichförmig mit der Geschwindigkeit v bewegt: Der Impuls p dieser Kugel ist das Produkt aus m und v. Betrachten wir eine gerichtete Bewegung, so tritt an die Stelle der skalaren Größe v der Geschwindigkeitsvektor $\boldsymbol{v}$:

Impuls (klassisch)

$$\text{Skalare Form:} \quad p = mv$$

$$\text{Vektorielle Form:} \quad \boldsymbol{p} = m\boldsymbol{v} \qquad (7.1)$$

In der Form (7.1) ist der Impuls ein dreidimensionaler Vektor, der in die Bewegungsrichtung des untersuchten Körpers zeigt. In der Newton'schen Mechanik ist der Impulsbegriff eng mit dem Kraftbegriff verflochten. Um dies einzusehen, müssen wir uns lediglich daran erinnern, dass die Beschleunigung $\boldsymbol{a}$ als die Änderung der Geschwindigkeit $\boldsymbol{v}$ definiert ist. Damit können wir Newtons zweites Gesetz, das Aktionsprinzip (2.32), in die folgende Form bringen:

$$\boldsymbol{F} = m\boldsymbol{a} = m\frac{\mathrm{d}\boldsymbol{v}}{\mathrm{d}t} = \frac{\mathrm{d}(m\boldsymbol{v})}{\mathrm{d}t} = \frac{\mathrm{d}\boldsymbol{p}}{\mathrm{d}t}$$

Tatsächlich verbirgt sich hinter dieser Gleichung eine gängige Definition des Kraftbegriffs: Die Kraft ist die zeitliche Änderung des Impulses.

Zu den grundlegendsten Prinzipien der klassischen Mechanik gehört die *Impulserhaltung*, die sich sehr anschaulich am Beispiel von Kugelstößen erklären lässt. Hierfür nehmen wir an, dass sich zwei Kugeln mit den Massen m_1 und m_2 aus beliebigen Richtungen aufeinander zubewegen und zusammenstoßen. Die Richtungen und die Geschwindigkeiten der beiden Kugeln seien durch die Richtungen und die Beträge der beiden Vektoren $\boldsymbol{u}_1$ und $\boldsymbol{u}_2$ gegeben. Gehen wir von einem elastischen Stoß aus, so prallen die Kugeln voneinander ab und erfahren dadurch eine Impulsveränderung. Sind $\boldsymbol{v}_1$ und $\boldsymbol{v}_2$ die Geschwindigkeitsvektoren nach dem Stoß, so hat sich der Impuls der ersten Kugel von $\boldsymbol{u}_1 m_1$ in $\boldsymbol{v}_1 m_1$ und der Impuls der zweiten Kugel von $\boldsymbol{u}_1 m_1$ in $\boldsymbol{v}_2 m_2$ geändert. Das Prinzip der Impulserhaltung besagt, dass sich der Gesamtimpuls, d. h. die Summe der Einzelimpulse vor und nach dem Stoß, nicht ändert:

Impulserhaltung (klassisch)

$$\boldsymbol{u}_1 m_1 + \boldsymbol{u}_2 m_2 = \boldsymbol{v}_1 m_1 + \boldsymbol{v}_2 m_2 \qquad (7.2)$$

Beachten Sie, dass der Impulserhaltungssatz in der gewählten Formulierung eine Vektorgleichung ist. Das bedeutet, dass wir es in Wirklichkeit mit drei separaten Gleichungen zu tun haben, und der Impuls in jeder Raumrichtung separat erhalten bleibt. Der Impulserhaltung liegt die stillschweigende Annahme zugrunde, dass die kinetische Energie, wie es bei einem perfekten elastischen Stoß der Fall ist, vollständig erhalten bleibt. In der Praxis ist dies immer nur näherungsweise gegeben, da ein Teil der Energie durch die Verformung oder die Erwärmung der kollidierenden Körper verloren geht.

Die Impulserhaltung der klassischen Physik ist Galilei-invariant. Das bedeutet, dass es unerheblich ist, ob wir ein Kollisionsszenario, wie das eben geschilderte, in einem Inertialsystem S betrachten oder in einem Inertialsystem S′, das sich relativ zu S mit einer Geschwindigkeit bewegt, die durch den Vektor $\boldsymbol{v}$ beschrieben wird. Mathematisch folgt die Galilei-Invarianz aus dem klassischen Additionstheorem für Geschwindigkeiten. Gilt Gleichung (7.2) in einem Inertialsystem S, so gilt dort auch

$$(\boldsymbol{u}_1 - \boldsymbol{v})\, m_1 + (\boldsymbol{u}_2 - \boldsymbol{v})\, m_2 = (\boldsymbol{v}_1 - \boldsymbol{v})\, m_1 + (\boldsymbol{v}_2 - \boldsymbol{v})\, m_2,$$

und da sich Relativgeschwindigkeiten im Sinne der klassischen Physik aufaddieren, können wir diese Gleichung in die folgende zu (7.2) äquivalente Form bringen:

$$\boldsymbol{u}_1' m_1 + \boldsymbol{u}_2' m_2 = \boldsymbol{v}_1' m_1 + \boldsymbol{v}_2' m_2$$

Wir wissen aus Abschnitt 4.2.1, dass sich Geschwindigkeiten in der speziellen Relativitätstheorie nicht nach diesem einfachen Schema umrechnen lassen, und damit ist bereits jetzt klar, dass sich die Impulserhaltung in der Form (7.2) nicht aufrechterhalten lässt.

7.1.1 Relativistische Massenzunahme

Wir könnten uns von dieser Misere befreien, indem wir das Prinzip der Impulserhaltung für nichtig erklären, doch dies wäre ein Affront gegen jedwede physikalische Intuition. Um den gordischen Knoten an dieser Stelle zu lösen, wollen wir eine andere Grundannahme der klassischen Mechanik zur Disposition stellen: die Annahme, die Masse sei eine bewegungsunabhängige Größe, die einem Körper in einem absoluten Sinne zukommt. In der speziellen Relativitätstheorie erleidet der Begriff der Masse damit das gleiche Schicksal wie der Raum und die Zeit. Auch bei diesen Begriffen mussten wir uns daran gewöhnen, sie nicht mehr länger in einem absoluten Sinne zu interpretieren.

Auch wenn wir noch nicht wissen, wie die Masse und die Geschwindigkeit eines Körpers exakt zusammenhängen, ist eines bereits klar: Aufgrund der Isotropie des Raums kann die Masse nur vom Betrag der Geschwindigkeit abhängen, und nicht von dessen Richtung. Folgerichtig muss der relativistische Impulserhaltungssatz die folgende Form annehmen:

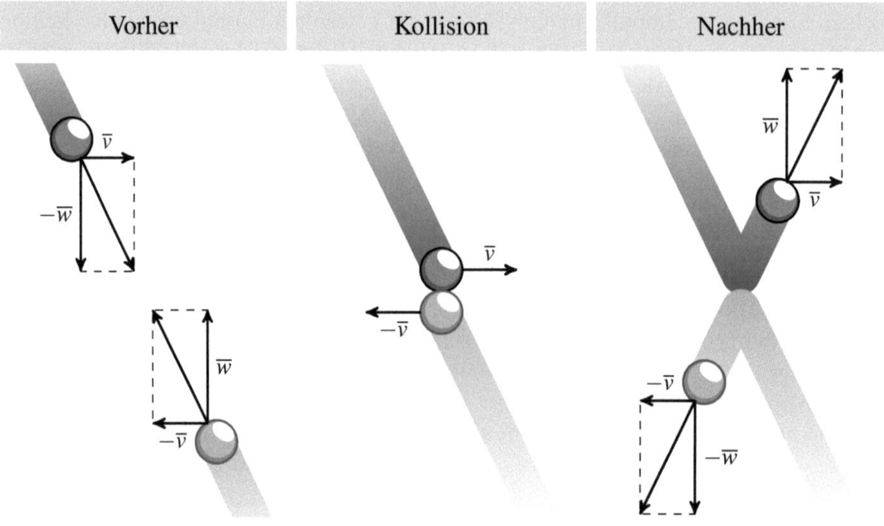

Abbildung 7.1: Das Kollisionsszenario aus der Sicht des Mittelsystems

$$\boldsymbol{u}_1 m_1(|\boldsymbol{u}_1|) + \boldsymbol{u}_2 m_2(|\boldsymbol{u}_2|) = \boldsymbol{v}_1 m_1(|\boldsymbol{v}_1|) + \boldsymbol{v}_2 m_2(|\boldsymbol{v}_2|)$$

Als Nächstes wollen wir herausarbeiten, wie die Masse von der Geschwindigkeit abhängen muss, damit diese Gleichung tatsächlich zu einem universellen Erhaltungssatz wird. Zum Ziel führt uns das in Abbildung 7.1 gezeigte Stoßszenario (vgl. [29]). Sie sehen dort zwei gleich schwere Kugeln, von denen sich die erste von links oben und die zweite von rechts unten in die Mitte der Zeichenfläche bewegt. Sobald die Kugeln aufeinandertreffen, führen sie einen elastischen Stoß aus und bewegen sich anschließend voneinander weg: die erste Kugel nach rechts oben und die zweite Kugel nach links unten. Die Bewegungslinien zeigen, dass die Kollision die vertikalen Komponenten der Geschwindigkeitsvektoren umkehrt, auf die horizontale Bewegung aber keinen Einfluss hat.

Um dem relativistischen Zusammenhang zwischen Geschwindigkeit und Masse auf die Spur zu kommen, betrachten wir das geschilderte Szenario nun aus einem Bezugssystem S heraus, das sich horizontal mit der gleichen Geschwindigkeit bewegt wie die linke Kugel. In S führt diese Kugel dann lediglich eine vertikale Bewegung aus, wie sie in Abbildung 7.2 zu sehen ist. Die Geschwindigkeit dieser vertikalen Bewegung bezeichnen wir mit w. Die rechte Kugel bewegt sich vor der Kollision mit einer Geschwindigkeit auf einen Beobachter in S zu, die durch den Vektor $\boldsymbol{u}_2$ beschrieben wird. Die horizontale Geschwindigkeitskomponente von $\boldsymbol{u}_2$ sei v. Wie groß die vertikale Geschwindigkeitskomponente dieses Vektors ist, wissen wir aus Kapitel 4. Dort hatten wir anhand des Beispielszenarios, das auf Seite 223 in Abbildung 4.14 zu sehen ist, herausgearbeitet, dass die vertikale Geschwindigkeitskomponente von w verschieden ist und $\frac{w}{\gamma}$ beträgt.

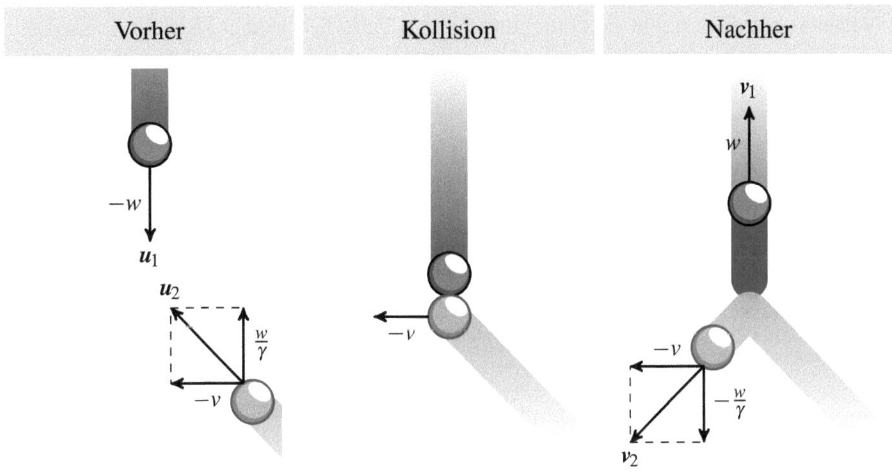

Abbildung 7.2: Das Kollisionsszenario aus einer anderen Perspektive

Damit können wir den vertikalen Gesamtimpuls, den die beiden Kugeln in S vor der Kollision aufweisen, folgendermaßen beziffern:

$$-m(|\boldsymbol{u}_1|)w + m(|\boldsymbol{u}_2|)\frac{w}{\gamma} \tag{7.3}$$

Nach der Kollision ist die Situation ähnlich. Der vertikale Gesamtimpuls beider Kugeln beträgt dann

$$m(|\boldsymbol{v}_1|)w - m(|\boldsymbol{v}_2|)\frac{w}{\gamma}. \tag{7.4}$$

Nach dem Prinzip der Impulserhaltung sind die Größen (7.3) und (7.4) gleich, es gilt also:

$$-m(|\boldsymbol{u}_1|)w + m(|\boldsymbol{u}_2|)\frac{w}{\gamma} = m(|\boldsymbol{v}_1|)w - m(|\boldsymbol{v}_2|)\frac{w}{\gamma}$$

Die Vektoren $\boldsymbol{u}_1$ und $\boldsymbol{v}_1$ haben die gleiche Länge, genauso wie die Vektoren $\boldsymbol{u}_2$ und $\boldsymbol{v}_2$. Damit können wir die Impulserhaltungsgleichung folgendermaßen vereinfachen:

$$-m(|\boldsymbol{u}_1|) + m(|\boldsymbol{u}_2|)\frac{1}{\gamma} = m(|\boldsymbol{u}_1|) - m(|\boldsymbol{u}_2|)\frac{1}{\gamma}$$

Dies ist wiederum das Gleiche wie:

$$m(|\boldsymbol{u}_2|) = m(|\boldsymbol{u}_1|)\gamma \tag{7.5}$$

Als Nächstes betrachten wir die Gleichung für den Fall, dass w sehr klein ist. Lassen wir diese Größe gedanklich gegen 0 streben, so strebt $|\boldsymbol{u}_1|$ ebenfalls gegen 0 und $|\boldsymbol{u}_2|$ gegen v. Damit erhalten wir aus (7.5) die Beziehung

$$m(v) = \gamma m(0). \tag{7.6}$$

Die Größe $m(0)$ beschreibt die Masse eines Körpers in seinem Ruhesystem und wird daher als dessen *Ruhemasse* bezeichnet. Verwenden wir für sie das übliche Symbol m_0, dann erhalten wir aus (7.6) genau jene Formel, die wir suchen:

Relativistische Massenzunahme

$$m(v) = \gamma m_0 = \frac{1}{\sqrt{1-\frac{v^2}{c^2}}} m_0 \tag{7.7}$$

In der speziellen Relativitätstheorie wird die Masse eines Körpers also tatsächlich zu einer relativen Größe, die mit der Geschwindigkeit variiert. Aus der abgeleiteten Formel geht hervor, dass die Masse im Ruhesystem des Körpers am kleinsten ist und sich für einen Beobachter, der sich relativ zu diesem Ruhesystem bewegt, um den Lorentzfaktor γ erhöht.

Mit dem Gesetz der relativistischen Massenzunahme in Händen sind wir in der Lage, die Formel für den relativistischen Impuls niederzuschreiben. Sie lautet:

Relativistischer Impuls

Skalare Form: $$p(v) = \gamma m_0 v = \frac{1}{\sqrt{1-\frac{v^2}{c^2}}} m_0 v \tag{7.8}$$

Vektorielle Form: $$\boldsymbol{p}(\boldsymbol{v}) = \gamma m_0 \boldsymbol{v} = \frac{1}{\sqrt{1-\frac{v^2}{c^2}}} m_0 \boldsymbol{v} \tag{7.9}$$

Relativistische Massenzunahme im Large Hadron Collider

Das Phänomen der Massenzunahme wirkt sich unmittelbar auf die Konstruktion von Teilchenbeschleunigern aus. Der derzeit leistungsstärkste Beschleuniger ist der *Large Hadron*

Abbildung 7.3: Blick in den Tunnel des *Large Hadron Colliders* (LHC) [10]

Collider (LHC), den das Europäische Kernforschungszentrum CERN betreibt (Abbildung 7.3). Der LHC ist ein sogenanntes *Synchrotron*, in dem die untersuchten Partikel in einer geschlossenen ringförmigen Röhre kreisen und bei jeder Umdrehung kontinuierlich beschleunigt werden. Die Teilchen werden dabei nicht aus dem Stand in Bewegung versetzt, sondern von einem *Injektor* mit hoher Geschwindigkeit in die Röhre geschossen. Installiert ist der LHC in einem 26,7 km langen Ringtunnel, der in den 1980er-Jahren für den Large Electron-Positron Collider (LEP) in der unmittelbaren Nähe von Genf gegraben wurde. Um die radioaktive Strahlung abzuschirmen, die bei der Kollision atomarer Teilchen unweigerlich entsteht, wurde der Tunnel unter der Erdoberfläche errichtet, in einer Tiefe, die an der höchsten Stelle 50 m und an der niedrigsten Stelle 175 m beträgt. Ausgelegt ist der LHC für Kollisionsexperimente mit Protonen oder Bleikernen, die beide zu den *Hadronen* zählen.

Das Kernstück des LHC sind zwei separate, nebeneinander installierte Stahlröhren, in denen Protonenpakete, sogenannte *Bunches*, zirkulieren. Jedes dieser Pakete besteht aus ca.

115 Milliarden Protonen. Ist der Teilchenbeschleuniger vollständig befüllt, befinden sich mehrere 100 Bunches innerhalb des Rings. Die Bewegungsrichtung ist in beiden Röhren gegenläufig, so dass ein Teil der Pakete im Uhrzeigersinn und ein anderer Teil gegen den Uhrzeigersinn kreist. An vier Stellen des Rings sind Kreuzungspunkte eingebracht, in denen die beschleunigten Hadronen zur Kollision gebracht werden.

Der LHC ist dafür ausgelegt, Protonen auf über 99,9999991% der Lichtgeschwindigkeit zu beschleunigen. Um die Teilchen auf einer ringförmigen Bahn zu halten, wird in den beiden Stahlröhren ein homogenes Magnetfeld erzeugt. Um die Protonen auf die korrekte Kreisbahn zu zwingen, muss die Flussdichte des Magnetfelds kontinuierlich an deren aktuelle Geschwindigkeit angepasst werden, und zwar so, dass sich die Lorentzkraft F_B und die Zentripetalkraft F_Z vollständig kompensieren. Wie sich diese Kräfte berechnen lassen, wissen wir aus den Abschnitten 2.2 und 2.4. Es ist:

$$F_B = q \cdot v \cdot B \qquad (\text{☞ Lorentzkraft})$$

$$F_Z = \frac{mv^2}{r} \qquad (\text{☞ Zentripetalkraft})$$

In diesen Formeln ist q die Ladung des Protons in Coulomb, v die Geschwindigkeit des Protons in Metern pro Sekunde, B die magnetische Flussdichte in Tesla, m die Masse des Protons in Kilogramm und r der Radius der Kreisbahn in Metern. Setzen wir beide Größen gleich und lösen anschließend nach B auf, so erhalten wir die Formel:

Magnetische Flussdichte eines Synchrotrons

$$B = \frac{mv}{qr} = c\frac{m\beta}{qr} \tag{7.10}$$

Der Tunnel des LHC ist 26659 m lang, was einem Radius von

$$r \approx 4250\,\text{m}$$

entspricht. Die Ladung und die Ruhemasse des Protons betragen:

Ladung und Ruhemasse des Protons

$$\begin{aligned} q &\approx 1{,}602 \cdot 10^{-19}\,\text{C} \\ m_0 &\approx 1{,}67262178 \cdot 10^{-27}\,\text{kg} \\ &\approx 1{,}00727647\,\text{u} \\ &\approx 938{,}272046\,\tfrac{\text{MeV}}{\text{c}^2} \end{aligned} \tag{7.11}$$

Die Ruhemasse des Protons ist in drei verschiedenen Einheiten angegeben. Eine davon ist die SI-Einheit kg, die wir alle gut kennen. In Kilogramm ausgedrückt ist die Masse eines Protons allerdings so winzig, dass sich diese Einheit in der Praxis nicht für die Angabe atomarer Massen eignet. Aus diesem Grund wird in der Atom- und Kernphysik gerne auf die *atomare Masseneinheit* (*unified atomic mass unit*) zurückgegriffen. Per Definition entspricht die Masse 1 u dem zwölften Teil der Masse des Kohlenstoffatoms ${}^{12}_{6}\mathrm{C}$ und lässt sich folgendermaßen in kg umrechnen:

Atomare Masseneinheit (u)

$$1\,\mathrm{u} \approx 1{,}660\,538\,92 \cdot 10^{-27}\,\mathrm{kg}$$
$$1\,\mathrm{kg} \approx 6{,}022\,141\,29 \cdot 10^{26}\,\mathrm{u}$$

Die dritte Einheit $\frac{\mathrm{MeV}}{\mathrm{c}^2}$ werden wir in Abschnitt 7.1.3 legitimieren, mit der Herleitung von Einsteins berühmter Formel $E = mc^2$.

In der folgenden Rechnung gehen wir von einer Endgeschwindigkeit der Protonen von

$$\beta = 0{,}999\,999\,991 \tag{7.12}$$

aus. Ignorieren wir für den Moment die relativistische Massenzunahme und setzen die angegebenen Größen in Formel (7.10) ein, so erhalten wir:

$$B \approx 0{,}000\,736\,\mathrm{T}$$

Dies ist die erforderliche magnetische Flussdichte des Synchrotrons, wie es die klassische Physik vorhersagt. Ein einfacher Hufeisenmagnet erzeugt eine Flussdichte von ca. $0{,}1$ T, so dass ein Hundertstel davon ausreichen würde, um ein Proton auf seiner Umlaufbahn zu halten.

In Wirklichkeit ist die Situation aber eine völlig andere, da wir aufgrund der relativistischen Massenzunahme in (7.10) anstelle der Ruhemasse m_0 die *dynamische Masse* γm_0 einsetzen müssen. Legen wir für β den in (7.12) angegebenen Wert zugrunde, so vergrößert sich die Ruhemasse um den Faktor

$$\gamma = \frac{1}{\sqrt{1 - 0{,}999\,999\,991^2}} \approx \frac{1}{\sqrt{1{,}8 \cdot 10^{-8}}} \approx 7500. \tag{7.13}$$

Das bedeutet, dass ein auf die Endgeschwindigkeit beschleunigtes Proton mehr als 7000 Mal schwerer ist als ein ruhendes. Folgerichtig muss auch die Flussdichte des homogenen Magnetfelds mehr als 7000 Mal so groß gewählt werden, als es die klassische Physik vorhersagt. Aufgrund der hohen Verlustleistung lässt sich ein Magnetfeld dieser Stärke nicht mit gewöhnlichen Dipolmagneten erzeugen. Aus diesem Grund sind die beiden Röhren des LHC mit supraleitenden Drahtspulen umgeben, in denen der Strom unter geeigneten Umgebungsbedingungen widerstandsfrei fließen kann. Um die aufwendig konstruierten Spulen in den supraleitenden Zustand zu versetzen, muss die Anlage vor der Inbetriebnahme für ca. 1 Monat abgekühlt werden. Für diesen Zweck ist der LHC mit einem komplexen Kühlsystem ausgestattet, das die Temperatur mit flüssigem Stickstoff zunächst auf $-193°C$ absenkt und anschließend mit flüssigem Helium auf $-271°C$ weiter reduziert.

7.1.2 Relativistische Energiezunahme

In diesem Abschnitt werden wir aus der Formel des relativistischen Impulses eine weitere wichtige Größe ableiten: die relativistische *kinetische Energie*. Aus der Schulphysik wissen wir, dass sich die kinetische Energie eines Körpers, der sich mit der Geschwindigkeit v bewegt, folgendermaßen berechnen lässt:

$$E_{\text{kin}} = \frac{1}{2}mv^2$$

Bevor wir diese Formel auf den relativistischen Fall verallgemeinern, wollen wir uns deren Herleitung ins Gedächtnis rufen. Als Erstes erinnern wir uns an den Begriff der *Arbeit*. In der Physik wird damit beschrieben, wie viel Energie aufgewendet werden muss, um einen Körper beispielsweise auf eine gewisse Höhe anzuheben oder um eine gewisse Wegstrecke zu verschieben.

Den zuletzt genannten Fall wollen wir uns genauer ansehen. Wirkt eine Kraft F über einen gewissen Zeitraum auf einen Körper ein und verschiebt diesen dabei um eine Strecke Δs, so verrichtet sie eine mechanische Arbeit W, die sich aus dem Produkt von F und Δs berechnet:

$$W = F \cdot \Delta s$$

Ist die einwirkende Kraft F nicht konstant und weist an verschiedenen Wegpunkten s einen anderen Wert auf, so hilft die Integralrechnung weiter. Sie lässt uns den aufgestellten Zusammenhang folgendermaßen verallgemeinern:

Bewegungsarbeit (Wegintegration)

$$W = \int_{s_0}^{s_1} F_s(s)\,\mathrm{d}s \tag{7.14}$$

In dieser Formel ist s_0 der Startpunkt des bewegten Körpers, s_1 der Endpunkt und F_s eine ortsabhängige Funktion. $F_s(s)$ gibt an, welche Kraft auf den Körper am Ortspunkt s einwirkt. Nach dem Prinzip der Energieerhaltung geht die verrichtete Arbeit nicht verloren und wird in Form von kinetischer Energie gespeichert. Ist $v(s_0)$ die Startgeschwindigkeit des Körpers und $v(s_1)$ die Endgeschwindigkeit, so ist (7.14) der Betrag, um den die kinetische Energie über den Betrachtungszeitraum zugenommen hat. Ist die Startgeschwindigkeit $v(s_0)$ gleich 0, so entspricht (7.14) der kinetische Energie des Körpers, nachdem er auf die Geschwindigkeit $v(s_1)$ beschleunigt wurde.

Weiter unten werden wir die ortsabhängige Funktion $F_s(s)$ nicht mehr benötigen. An deren Stelle wird die zeitabhängige Funktion $F(t)$ treten, die angibt, welche Kraft auf den Körper zum Zeitpunkt t einwirkt. Bezeichnen wir den Ort, an dem sich der Körper zum Zeitpunkt t befindet, mit $s(t)$, so gilt zwischen den Größen $F_s(s)$ und $F(t)$ der folgende Zusammenhang:

$$F_s(s(t)) = F(t) \tag{7.15}$$

Bevor wir Gleichung (7.14) in die von uns gesuchte Form bringen, wollen wir das Integral zunächst so umschreiben, dass nicht mehr länger über die Wegvariable s, sondern über die Zeitvariable t integriert wird. Dies gelingt mit der Substitutionsregel der Integralrechnung, die wir bereits auf Seite 233 verwendet haben. Mit ihr können wir (7.14) folgendermaßen umformen:

$$\begin{aligned}
W &= \int_{s_0}^{s_1} F_s(s)\,\mathrm{d}s \\
&= \int_{s(t_0)}^{s(t_1)} F_s(s)\,\mathrm{d}s \\
&\overset{(4.19)}{=} \int_{t_0}^{t_1} F_s(s(t))\frac{\mathrm{d}s}{\mathrm{d}t}(t)\,\mathrm{d}t \\
&\overset{(7.15)}{=} \int_{t_0}^{t_1} F(t)\frac{\mathrm{d}s}{\mathrm{d}t}(t)\,\mathrm{d}t \\
&= \int_{t_0}^{t_1} F(t)v(t)\,\mathrm{d}t
\end{aligned} \tag{7.16}$$

Als Nächstes erinnern wir uns daran, dass die Kraft die Änderung des Impulses ist:

$$F = \frac{\mathrm{d}p}{\mathrm{d}t}$$

Das bedeutet, dass wir (7.16) wie folgt umschreiben können:

Bewegungsarbeit (Zeitintegration)

$$W = \int_{t_0}^{t_1} \frac{\mathrm{d}p}{\mathrm{d}t} v\,\mathrm{d}t \tag{7.17}$$

In der Newton'schen Physik ist

$$\frac{\mathrm{d}p}{\mathrm{d}t} = \frac{\mathrm{d}(mv)}{\mathrm{d}t} = m\frac{\mathrm{d}v}{\mathrm{d}t}.$$

Damit können wir (7.17) in

$$W = m\int_{t_0}^{t_1} v\frac{\mathrm{d}v}{\mathrm{d}t}\,\mathrm{d}t$$

umformen, was nach der Substitutionsregel wiederum das Gleiche ist wie:

$$W = m\int_{v(t_0)}^{v(t_1)} v\,\mathrm{d}v = \frac{1}{2}mv^2\Big|_{v(t_0)}^{v(t_1)} = \frac{1}{2}m\left(v(t_1)^2 - v(t_0)^2\right) \tag{7.18}$$

Startet der Körper zum Zeitpunkt t_0 mit der Geschwindigkeit 0 und erreicht zum Zeitpunkt t_1 die Endgeschwindigkeit v, gilt also $v(t_0) = 0$ und $v(t_1) = v$, so erhalten wir aus (7.18) die aus der Schulphysik bekannte Formel zur Berechnung der kinetischen Energie:

Kinetische Energie (klassisch)

$$E_{\text{kin}} = \frac{1}{2}mv^2 \tag{7.19}$$

Im nächsten Schritt wollen wir die durchgeführte Rechnung auf den relativistischen Fall übertragen. Genau wie oben bilden wir zunächst die Ableitung des Impulses, greifen dieses Mal aber auf die relativistische Impulsgleichung (7.8) zurück. Wir erhalten dann:

$$\begin{aligned}\frac{\mathrm{d}p}{\mathrm{d}t} &= \frac{\mathrm{d}(\gamma m_0 v)}{\mathrm{d}t}\\ &= m_0\left(\frac{\mathrm{d}\gamma}{\mathrm{d}t}v + \frac{\mathrm{d}v}{\mathrm{d}t}\gamma\right)\\ &= m_0\left(\frac{\mathrm{d}\gamma}{\mathrm{d}v}\frac{\mathrm{d}v}{\mathrm{d}t}v + \frac{\mathrm{d}v}{\mathrm{d}t}\gamma\right)\\ &= m_0\left(\frac{\mathrm{d}\gamma}{\mathrm{d}v}v + \gamma\right)\frac{\mathrm{d}v}{\mathrm{d}t}\end{aligned} \tag{7.20}$$

Mit der Beziehung

$$\begin{aligned}\frac{\mathrm{d}\gamma}{\mathrm{d}v} &= \frac{\mathrm{d}}{\mathrm{d}v}\left(1 - \frac{v^2}{c^2}\right)^{-\frac{1}{2}}\\ &= -\frac{1}{2}\left(1 - \frac{v^2}{c^2}\right)^{-\frac{3}{2}}\frac{\mathrm{d}}{\mathrm{d}v}\left(1 - \frac{v^2}{c^2}\right)\end{aligned}$$

$$= \frac{v}{c^2}\left(1-\frac{v^2}{c^2}\right)^{-\frac{3}{2}} = \frac{v}{c^2}\gamma^3$$

können wir (7.20) weiter vereinfachen zu:

$$\begin{aligned}
\frac{\mathrm{d}p}{\mathrm{d}t} &= m_0\left(\frac{v^2}{c^2}\gamma^3+\gamma\right)\frac{\mathrm{d}v}{\mathrm{d}t}\\
&= m_0\gamma\left(\frac{v^2}{c^2}\gamma^2+1\right)\frac{\mathrm{d}v}{\mathrm{d}t}\\
&= m_0\gamma\left(\frac{\frac{v^2}{c^2}}{1-\frac{v^2}{c^2}}+\frac{1-\frac{v^2}{c^2}}{1-\frac{v^2}{c^2}}\right)\frac{\mathrm{d}v}{\mathrm{d}t}\\
&= m_0\gamma\left(\frac{1}{1-\frac{v^2}{c^2}}\right)\frac{\mathrm{d}v}{\mathrm{d}t}\\
&= m_0\gamma^3\frac{\mathrm{d}v}{\mathrm{d}t}
\end{aligned}$$

Eingesetzt in die oben hergeleitete Integralgleichung (7.17) ergibt dies:

$$W = \int_{t_0}^{t_1}\frac{\mathrm{d}p}{\mathrm{d}t}v\,\mathrm{d}t = m_0\int_{t_0}^{t_1}\gamma^3 v\frac{\mathrm{d}v}{\mathrm{d}t}\,\mathrm{d}t$$

Wieder ist es die Substitutionsregel, die uns dieses Integral auf einfache Weise lösen lässt. Sie ergibt:

$$\begin{aligned}
W &= m_0\int_{v(t_0)}^{v(t_1)}\gamma^3 v\,\mathrm{d}v\\
&= m_0\int_{v(t_0)}^{v(t_1)} v\left(1-\frac{v^2}{c^2}\right)^{-\frac{3}{2}}\mathrm{d}v\\
&= m_0c^2\left(1-\frac{v^2}{c^2}\right)^{-\frac{1}{2}}\Bigg|_{v(t_0)}^{v(t_1)} = \frac{m_0c^2}{\sqrt{1-\frac{v^2}{c^2}}}\Bigg|_{v(t_0)}^{v(t_1)}\\
&= m_0c^2\left(\frac{1}{\sqrt{1-\frac{v(t_1)^2}{c^2}}}-\frac{1}{\sqrt{1-\frac{v(t_0)^2}{c^2}}}\right) \qquad (7.21)
\end{aligned}$$

Startet der Körper zum Zeitpunkt t_0 mit der Geschwindigkeit 0 und erreicht zum Zeitpunkt t_1 die Endgeschwindigkeit v, gilt also $v(t_0) = 0$ und $v(t_1) = v$, so erhalten wir aus (7.21) die relativistische Formel für die Berechnung der kinetischen Energie:

Kinetische Energie (relativistisch)

$$E_{\text{kin}} = (\gamma - 1)m_0c^2 \tag{7.22}$$

Bewegt sich ein Körper erheblich langsamer als das Licht, so macht es kaum einen Unterschied, ob wir die kinetische Energie über die klassische Formel (7.19) oder die relativistische Formel (7.22) berechnen. Ein Blick auf Abbildung 7.4 macht deutlich, dass die Graphen der beiden Funktionen für kleine Geschwindigkeiten nahezu deckungsgleich sind. Rechnerisch lässt sich dies mit wenig Mühe verifizieren. Hierfür müssen wir uns lediglich an die Abschätzung (2.10) auf Seite 38 erinnern und damit die folgende Umformung vornehmen:

$$\gamma = \frac{1}{\sqrt{1-\frac{v^2}{c^2}}} \overset{(2.10)}{\approx} 1 + \frac{1}{2}\frac{v^2}{c^2}$$

Setzen wir die rechte Seite in (7.22) ein, so erhalten wir mit

$$E_{\text{kin}} = \left(1 + \frac{1}{2}\frac{v^2}{c^2} - 1\right) m_0c^2 = \frac{1}{2}m_0v^2$$

das erwartete Ergebnis: Für kleine Geschwindigkeiten v approximiert (7.22) die klassische Formel zur Berechnung der kinetischen Energie.

Je weiter sich v der Lichtgeschwindigkeit nähert, umso stärker klaffen die Vorhersagen der klassischen und der relativistischen Formel auseinander. Unsere besondere Beachtung verdient der Fall $v = c$. Nach Formel (7.22) wäre die kinetische Energie dann unendlich groß, so dass wir die Hoffnung aufgeben müssen, einen materiellen Körper jemals auf diese Geschwindigkeit zu beschleunigen. Damit hat sich die Lichtgeschwindigkeit abermals als eine Grenzgeschwindigkeit entpuppt, die von keinem materiellen Körper erreicht, geschweige denn überboten werden kann.

Als Nächstes wollen wir abschätzen, wie sich die relativistische Energiezunahme auf die Partikel in einem Teilchenbeschleuniger auswirkt. Weiter oben haben wir dargelegt, dass die Protonen im LHC auf die Geschwindigkeit

$$\beta = 0{,}999999991$$

beschleunigt werden. Rechnen wir mit der in (7.11) auf Seite 338 angegebenen Masse, so können wir die kinetische Energie des beschleunigten Protons nach den Formeln der klassischen Physik folgendermaßen beziffern:

$$E_{\text{kin}} = \frac{1}{2}mv^2 \approx \frac{1}{2}\left(938{,}272046\,\text{MeV} \cdot 0{,}999999991^2\right) \approx 469\,\text{MeV}$$

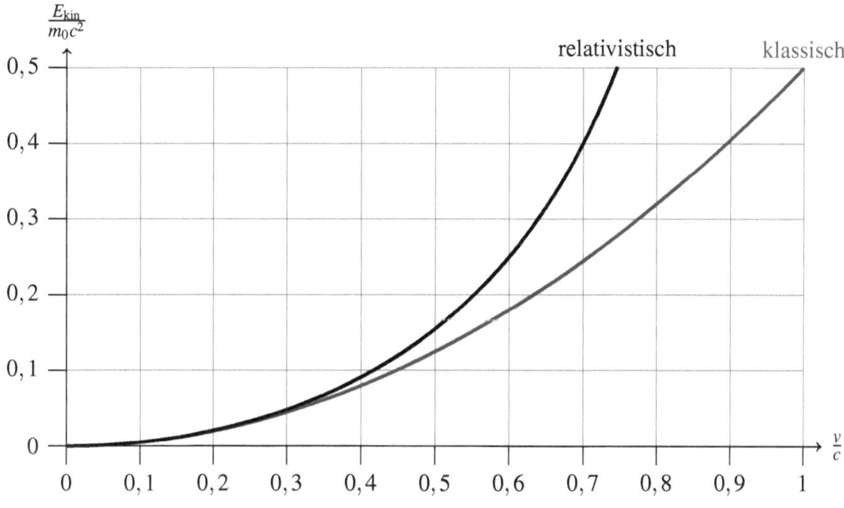

Abbildung 7.4: Kinetische Energie

Die relativistische Formel (7.22) lehrt uns, dass wir diesen Wert erheblich nach oben korrigieren müssen. Sie sagt die kinetische Energie folgendermaßen vorher:

$$E_{\text{kin}} = m_0 c^2(\gamma - 1) \overset{(7.11)}{\underset{(7.13)}{\approx}} 938{,}272046\,\text{MeV}(7500-1) \approx 7 \cdot 10^6\,\text{MeV} = 7\,\text{TeV}$$

Die relativistische Rechnung macht klar: Die Energie des beschleunigten Protons ist rund 15 000 Mal größer, als es die Formeln der klassischen Physik vorhersagen. Legen wir zugrunde, dass im LHC knapp 3000 Protonenpakete gleichzeitig zirkulieren und jedes Paket rund 115 Milliarden Protonen umfasst, so ergibt sich für die zirkulierenden Teilchen eine Gesamtenergie, die der kinetischen Energie eines 500 Tonnen schweren ICE bei Tempo 140 entspricht.

Als Nächstes wollen wir einen elementaren Zusammenhang formulieren, mit dem wir in Abschnitt 7.1.4 die relativistischen Transformationsgleichungen für Kräfte herleiten werden. Der gesuchte Zusammenhang basiert auf der folgenden Überlegung: Wirkt eine Kraft über einen bestimmten Zeitraum auf einen Körper ein, so verrichtet sie an diesem Körper die Arbeit (7.17) und erhöht dessen Energie um genau diesen Betrag. Folgerichtig können wir für die Änderung der Energie den folgenden Zusammenhang aufstellen:

$$\frac{\mathrm{d}E}{\mathrm{d}t} = \frac{\mathrm{d}p}{\mathrm{d}t}v = F \cdot v$$

Die Größe auf der rechten Seite ist die *Leistung* der Kraft und der formulierte Zusammenhang eine spezielle Ausprägung des *Leistungssatzes der Mechanik*. Dieser besagt, dass die Leistung einer einwirkenden Kraft der zeitlichen Änderung seiner Energie entspricht.

Dieser Zusammenhang lässt sich auf vektorielle Größen verallgemeinern. Sind die Kraft und die Geschwindigkeit durch zwei Vektoren gegeben, so beschreibt das Skalarprodukt die Leistung der Kraft:

Leistungssatz der Mechanik

Skalare Form: $$\frac{\mathrm{d}E}{\mathrm{d}t} = F \cdot v$$

Vektorielle Form: $$\frac{\mathrm{d}E}{\mathrm{d}t} = \boldsymbol{F} \cdot \boldsymbol{v} \qquad (7.23)$$

7.1.3 Masse-Energie-Äquivalenz

In diesem Abschnitt werden wir untersuchen, wie die Energie und die Masse eines Körpers im Detail zusammenhängen. Dass sich der Aufwand auszahlen wird, sei bereits jetzt verraten. Er wird uns mit jener Formel belohnen, die von den meisten Menschen rezitiert werden kann, jedoch nur von wenigen in ihrer vollen inhaltlichen Tiefe verstanden wird: Einsteins Formel $E = mc^2$. Sie ist die unangefochtene Gallionsfigur der speziellen Relativitätstheorie, doch vergleichsweise wenigen ist bekannt, dass sie in der Arbeit *Zur Elektrodynamik bewegter Körper*, in der Einstein 1905 die spezielle Relativitätstheorie entwickelt hat, noch gar nicht vorkommt. Einstein hat sie erst drei Monate später publiziert, in einem dreiseitigen Artikel mit der Frage als Titel: *Ist die Trägheit eines Körpers von seinem Energieinhalt abhängig?* Gleich werden Sie sehen, dass diese Frage eine positive Antwort erfährt.

Wir beginnen mit dem gleichen gedanklichen Szenario, das Einstein verwendet hat: einem Körper, der in seinem Ruhesystem S in zwei entgegensetzte Richtungen ein Lichtbündel ausstrahlt. Die linke Seite in Abbildung 7.5 klärt die Details und führt die Variablen ein, die wir für die Herleitung von Einsteins berühmter Formel benötigen werden. Diese sind:

E_0 : Energie des Körpers vor der Emission der Lichtbündel

E_1 : Energie des Körpers nach der Emission der Lichtbündel

ΔE : Abgestrahlte Energie

f : Frequenz der abgestrahlten Welle

Jetzt wollen wir das geschilderte Szenario aus der Perspektive eines Inertialsystems S′ betrachten, das sich gegenüber S mit der Geschwindigkeit v entlang der positiven x-Achse bewegt. Wie es auf der rechten Seite in Abbildung 7.5 zu sehen ist, nimmt ein Beobachter

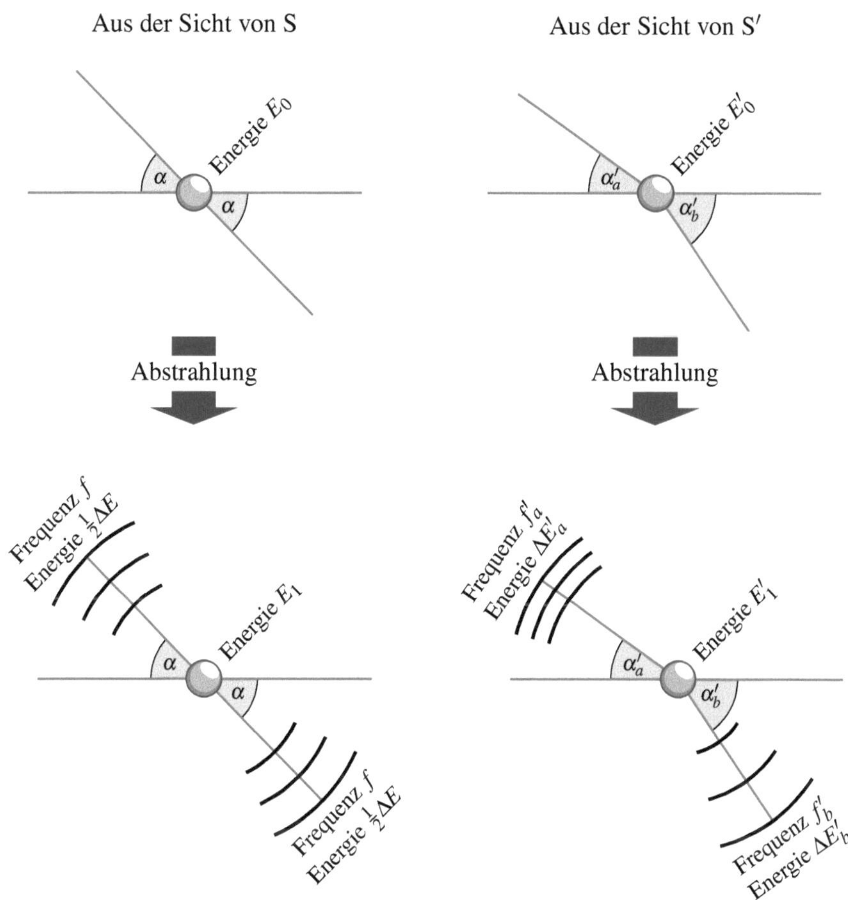

Abbildung 7.5: Emission zweier Lichtbündel aus der Sicht von S und S′

in S′ für beide Lichtbündel sowohl eine Änderung der Frequenz als auch eine Änderung des Einfallswinkels wahr.

Die Frequenzänderung ist eine Folge des relativistischen Doppler-Effekts, den wir detailliert in Abschnitt 5.2.2 besprochen haben. Die dort entwickelten Formeln (5.25) und (5.26) besagen, wie die Sendefrequenz f mit den Empfangsfrequenzen f'_a, f'_b und den Einfallswinkeln α'_a, α'_b zusammenhängt. Es gilt:

$$f'_a \stackrel{(5.26)}{=} f \frac{\sqrt{1-\beta^2}}{1-\beta\cos\alpha'_a} \qquad (7.24)$$

$$f'_b \stackrel{(5.25)}{=} f\frac{\sqrt{1-\beta^2}}{1+\beta\cos\alpha'_b} \tag{7.25}$$

Die Richtungsänderungen sind eine Folge der relativistischen Aberration, mit der wir uns in Abschnitt 4.3.2 ausführlich beschäftigt haben. Die dort entwickelten Formeln (4.31) und (4.32) geben an, wie die Einfallswinkel α'_a und α'_b mit dem Winkel α zusammenhängen. Es gilt:

$$\cos\alpha'_a \stackrel{(4.31)}{=} \frac{\cos\alpha+\beta}{1+\beta\cos\alpha}$$

$$\cos\alpha'_b \stackrel{(4.32)}{=} \frac{\cos\alpha-\beta}{1-\beta\cos\alpha}$$

Damit können wir (7.24) und (7.25) folgendermaßen umschreiben:

$$\begin{aligned}
f'_a &= f\frac{\sqrt{1-\beta^2}}{1-\beta\frac{\cos\alpha+\beta}{1+\beta\cos\alpha}}\\
&= f\frac{\sqrt{1-\beta^2}(1+\beta\cos\alpha)}{1+\beta\cos\alpha-\beta\cos\alpha-\beta^2}\\
&= f\frac{\sqrt{1-\beta^2}(1+\beta\cos\alpha)}{1-\beta^2}\\
&= \frac{f}{\sqrt{1-\beta^2}}(1+\beta\cos\alpha)\\
&= f\gamma(1+\beta\cos\alpha)
\end{aligned} \tag{7.26}$$

$$\begin{aligned}
f'_b &= f\frac{\sqrt{1-\beta^2}}{1+\beta\frac{\cos\alpha-\beta}{1-\beta\cos\alpha}}\\
&= f\frac{\sqrt{1-\beta^2}(1-\beta\cos\alpha)}{1-\beta\cos\alpha+\beta\cos\alpha-\beta^2}\\
&= f\frac{\sqrt{1-\beta^2}(1-\beta\cos\alpha)}{1-\beta^2}\\
&= \frac{f}{\sqrt{1-\beta^2}}(1-\beta\cos\alpha)\\
&= f\gamma(1-\beta\cos\alpha)
\end{aligned} \tag{7.27}$$

Nach Einsteins Photonenhypothese ist die Energie einer Lichtwelle proportional zu deren Frequenz, so dass wir die folgenden Beziehungen formulieren können:

$$\frac{\Delta E'_a}{\frac{1}{2}\Delta E} = \frac{f'_a}{f}$$

$$\frac{\Delta E'_b}{\frac{1}{2}\Delta E} = \frac{f'_b}{f}$$

Hieraus folgt:

$$\Delta E'_a = \frac{f'_a}{f}\frac{\Delta E}{2} \overset{(7.26)}{=} \gamma(1+\beta\cos\alpha)\frac{\Delta E}{2}$$
$$\Delta E'_b = \frac{f'_b}{f}\frac{\Delta E}{2} \overset{(7.27)}{=} \gamma(1-\beta\cos\alpha)\frac{\Delta E}{2}$$

Die Summe dieser beiden Größen ist die abgestrahlte Gesamtenergie:

$$\begin{aligned}\Delta E' &= \gamma(1+\beta\cos\alpha)\frac{\Delta E}{2} + \gamma(1-\beta\cos\alpha)\frac{\Delta E}{2} \\ &= \gamma\frac{\Delta E}{2}(1+\beta\cos\alpha+1-\beta\cos\alpha) \\ &= \gamma\Delta E \end{aligned} \tag{7.28}$$

Sowohl in S als auch in S$'$ gilt das Prinzip der Energieerhaltung. Es fordert in S, dass die Differenz zwischen E_1 und E_0 der abgestrahlten Energie ΔE entspricht, und es fordert in S$'$, dass der gleiche Zusammenhang zwischen den gestrichenen Größen E'_0, E'_1 und $\Delta E'$ besteht:

$$E_1 - E_0 = \Delta E \tag{7.29}$$
$$E'_1 - E'_0 = \Delta E' \tag{7.30}$$

Als Nächstes wollen wir der Frage nachgehen, wie sich die kinetische Energie des Körpers in S$'$ durch die Emission verändert hat. Da der Körper in S in Ruhe ist, ist die Differenz $E'_0 - E_0$ die kinetische Energie des Körpers in S$'$ vor der Abstrahlung der Lichtbündel und die Differenz $E'_1 - E_1$ die kinetische Energie des Körpers in S$'$ nach der Abstrahlung. Das bedeutet, dass sich die kinetische Energie folgendermaßen verändert hat:

$$\begin{aligned}\Delta E'_{\text{kin}} &= (E'_1 - E_1) - (E'_0 - E_0) \\ &= (E'_1 - E'_0) - (E_1 - E_0) \\ &\overset{(7.29)\,(7.30)}{=} \Delta E' - \Delta E \\ &\overset{(7.28)}{=} \gamma\Delta E - \Delta E \\ &= (\gamma - 1)\Delta E \end{aligned} \tag{7.31}$$

So harmlos diese Formel optisch wirkt, so verstörend ist ihre physikalische Interpretation. Um dies einzusehen, müssen wir uns lediglich daran erinnern, dass der betrachtete Körper in S vor und nach der Emission der Lichtbündel ruht und sich deshalb in S$'$ vor und nach der Emission mit der gleichen Geschwindigkeit v bewegt. Da die Größe (7.31) von 0 verschieden ist, sehen wir uns mit der folgenden Frage konfrontiert: Wie kann es sein, dass sich die kinetische Energie des Körpers geändert hat, obwohl dessen Geschwindigkeit gleich geblieben ist? Ein zweiter Blick auf Formel (7.22), die Formel zur Berechnung der relativistischen kinetischen Energie, stellt klar, dass es für die vorgefundene Situation nur eine Lösung gibt: Der Körper muss durch die Abstrahlung der Lichtbündel einen Teil seiner Ruhemasse verloren haben. Bezeichnen wir diesen Massenverlust mit Δm_0, so können wir daraus den folgenden Schluss ziehen:

$$(\gamma-1)\Delta E \overset{(7.31)}{=} \Delta E'_{\text{kin}} \overset{(7.22)}{=} (\gamma-1)\Delta m_0 c^2$$

Dividieren wir die linke und die rechte Seite durch $(\gamma-1)$, so erhalten wir die erstaunliche Beziehung:

$$\Delta E = \Delta m_0 c^2 \tag{7.32}$$

Damit haben wir ein fulminates Ergebnis erreicht, das wir in Worten so ausdrücken können: *„Gibt ein Körper die Energie ΔE in Form von Strahlung ab, so verkleinert sich seine Masse um $\frac{\Delta E}{c^2}$.“* Bis auf die Wahl der Bezeichner sind dies Einsteins historische Worte, mit denen er die gefundene Äquivalenz von Energie und Masse in [13] formuliert hat. Das Gesagte gilt genauso für den Fall, dass ein Körper die Energie ΔE aufnimmt, so dass wir, in Einsteins Worten, konstatieren können:

> *„Wenn die Theorie den Tatsachen entspricht, so überträgt die Strahlung Trägheit zwischen den emittierenden und absorbierenden Körpern.“*
>
> Albert Einstein [13]

Beachten Sie, dass Einsteins historische Formel (7.32) eine Aussage über *Differenzen* postuliert. Sie sagt aus, dass die Zunahme von Energie mit der Zunahme von träger Masse und die Abnahme von Energie mit der Abnahme von träger Masse einhergehen muss. Heute wissen wir, dass sich Masse und Energie restlos ineinander verwandeln können. Kollidiert beispielsweise ein Elektron mit einem seiner Antiteilchen, einem Positron, so führt dies zur vollständigen Zerstrahlung beider Teilchen. Dieser Vorgang heißt *Paarvernichtung* oder *Annihilation*. Auch der umgekehrte Fall ist möglich. Im Zuge einer *Paarerzeugung* kann sich beispielsweise ein Photon in ein Elektron und ein Positron verwandeln.

Hieraus folgt, dass wir Formel (7.32) durch eine offensivere Variante ersetzen dürfen, die die uneingeschränkte Äquivalenz von Masse und Energie postuliert. Schreiben wir (7.32) in dieser allgemeinen Form auf, so entsteht im Wortlaut genau jene Formel, mit der die spezielle Relativitätstheorie einer breiten Öffentlichkeit bekannt geworden ist:

Masse-Energie-Äquivalenz

$$E = mc^2 \tag{7.33}$$

Mit dieser Formel können wir auch die Masseneinheit $\frac{\text{MeV}}{\text{c}^2}$ legitimieren, die weiter oben bereits verwendet wurde. Sie basiert auf dem *Elektronenvolt* (eV), einer Energieeinheit, die in der Physik häufig verwendet wird, um Vorgänge auf der atomaren oder der subatomaren Ebene zu beschreiben. Per Definition ist 1 eV die Energiezunahme, die ein Elektron erfährt, wenn es eine Beschleunigungsspannung von 1 V durchläuft. In die Einheit Joule (J) lässt sich diese Größe folgendermaßen umrechnen:

Elektronenvolt (Einheit)

$$1\ \text{eV} \approx 1{,}602\,176\,565 \cdot 10^{-19}\ \text{J}$$

Die Division durch c^2 macht das Elektronenvolt nach Einsteins Formel (7.33) zu einer Masseneinheit, die folgendermaßen mit den anderen uns bekannten Einheiten zusammenhängt:

Elektronenvolt als Masseneinheit

$$\begin{aligned} 1\ \tfrac{\text{MeV}}{\text{c}^2} &\approx 1{,}782\,662 \cdot 10^{-30}\ \text{kg} \\ 1\ \text{kg} &\approx 5{,}609\,588 \cdot 10^{29}\ \tfrac{\text{MeV}}{\text{c}^2} \\ 1\ \tfrac{\text{MeV}}{\text{c}^2} &\approx 0{,}001\,073\,54\ \text{u} \\ 1\ \text{u} &\approx 931{,}494\,061\ \tfrac{\text{MeV}}{\text{c}^2} \end{aligned}$$

Die Einheit u ist die atomare Masseneinheit, die wir auf Seite 339 eingeführt haben.

7.1.4 Transformationsformeln

Mithilfe der Lorentz-Transformation haben wir in Kapitel 4 mehrere Additionstheoreme hergeleitet, mit denen Geschwindigkeiten und Beschleunigungen von einem Inertialsystem S in ein relativ dazu bewegtes Inertialsystem S′ übersetzt werden können. In diesem

Abschnitt werden wir noch einen Schritt weitergehen und unseren Fundus um die Transformationsformeln für den Impuls, die Energie und die Kraft erweitern.

Energie-Impuls-Transformation

Für die Herleitung der Energie-Impuls-Transformation gehen wir von einem Körper mit der Ruhemasse m_0 aus, der sich in einem Inertialsystem S mit der Geschwindigkeit $\boldsymbol{u}$ bewegt. Ein in S ruhender Beobachter wird dem Körper die folgende Energie zuweisen:

$$E \overset{(7.33)}{=} mc^2 \overset{(7.7)}{=} \gamma_u m_0 c^2 \tag{7.34}$$

Für den Impuls gilt nach (7.9) auf Seite 336 die Beziehung

$$\boldsymbol{p} = \gamma_u m_0 \boldsymbol{u},$$

die stellvertretend für die folgenden drei Einzelgleichungen steht:

$$p_x = \gamma_u m_0 u_x \tag{7.35}$$

$$p_y = \gamma_u m_0 u_y \tag{7.36}$$

$$p_z = \gamma_u m_0 u_z \tag{7.37}$$

Uns interessiert die Frage, wie die Beziehungen (7.34) bis (7.37) für einen Beobachter umgerechnet werden müssen, der sich relativ zu S mit der Geschwindigkeit v entlang der positiven x-Achse bewegt. Entsprechend der Nomenklatur, die wir auf Seite 222 verwendet haben, sei $\boldsymbol{u}'$ die Geschwindigkeit des Körpers in S', dem Ruhesystem des Beobachters.

Mit der auf Seite 226 hergeleiteten Beziehung (4.10) können wir mit wenigen Umformungen die Transformationsgleichung für die Energie erhalten. Es ist:

$$\begin{aligned} E' &= \gamma_{u'} m_0 c^2 \\ &\overset{(4.10)}{=} \gamma\gamma_u \left(1 - \frac{u_x v}{c^2}\right) m_0 c^2 \\ &= \gamma\left(\gamma_u m_0 c^2 - v\gamma_u m_0 u_x\right) \\ &\overset{(7.34)\,(7.35)}{=} \gamma(E - v p_x) \end{aligned}$$

Eine ähnliche Rechnung ergibt für den Impuls:

$$\begin{aligned} p'_x &= \gamma_{u'} m_0 u'_x \\ &\overset{(4.10)}{=} \gamma\gamma_u \left(1 - \frac{u_x v}{c^2}\right) m_0 u'_x \\ &\overset{(4.7)}{=} \gamma\gamma_u \left(1 - \frac{u_x v}{c^2}\right) m_0 \frac{u_x - v}{1 - \frac{u_x v}{c^2}} \end{aligned}$$

$$
\begin{aligned}
&= \gamma\gamma_u m_0 (u_x - v) \\
&= \gamma(\gamma_u m_0 u_x - \gamma_u m_0 v) \\
&\overset{(7.35)}{\underset{(7.34)}{=}} \gamma\left(p_x - \frac{v}{c^2}E\right) \\
p'_y &= \gamma_{u'} m_0 u'_y \\
&\overset{(4.10)}{=} \gamma\gamma_u \left(1 - \frac{u_x v}{c^2}\right) m_0 u'_y \\
&\overset{(4.8)}{=} \gamma\gamma_u \left(1 - \frac{u_x v}{c^2}\right) m_0 \frac{u_y}{\gamma\left(1 - \frac{u_x v}{c^2}\right)} \\
&= \gamma_u m_0 u_y \\
&\overset{(7.36)}{=} p_y
\end{aligned}
$$

Die Berechnung von p_z verläuft analog, so dass wir unser Ergebnis folgendermaßen zusammenfassen können:

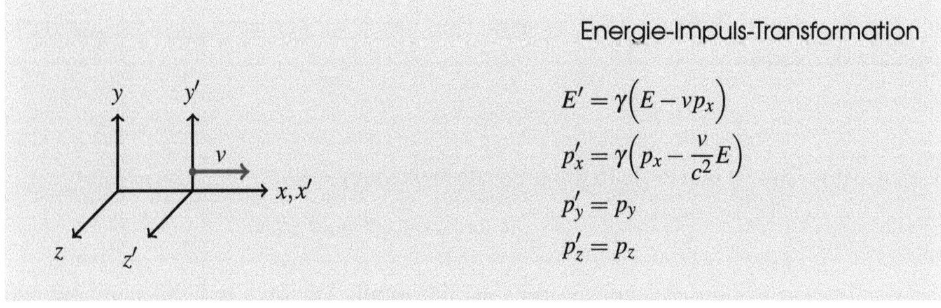

Ein Blick auf Seite 150 offenbart Erstaunliches: Die Transformationsgleichungen für die Energie und den Impuls weisen die gleiche Form auf wie die Transformationsgleichungen für die Raumzeit und sind auf exakt dieselbe Weise miteinander verzahnt. Noch deutlicher kommt die Analogie zum Vorschein, wenn wir die Energie in der Form $\frac{E}{c}$ ausdrücken. Es gilt dann:

$$
\begin{aligned}
\frac{E'}{c} &= \gamma\left(\frac{E}{c} - \frac{v}{c}p_x\right) = \gamma\left(\frac{E}{c} - \beta p_x\right) \\
p'_x &= \gamma\left(p_x - \frac{v}{c}\frac{E}{c}\right) = \gamma\left(p_x - \beta\frac{E}{c}\right) \\
p'_y &= p_y \\
p'_z &= p_z
\end{aligned}
$$

Fassen wir die Energiegröße $\frac{E}{c}$ mit den drei Impulsgrößen p_x, p_y und p_z zu einem Vierervektor zusammen, dann können wir die Energie-Impuls-Transformation elegant durch eine Matrixmultiplikation ausdrücken:

Energie-Impuls-Transformation (Matrixschreibweise)

$$\begin{pmatrix} \frac{E'}{c} \\ p'_x \\ p'_y \\ p'_z \end{pmatrix} = \begin{pmatrix} \gamma & -\gamma\beta & 0 & 0 \\ -\gamma\beta & \gamma & 0 & 0 \\ 0 & 0 & 1 & 0 \\ 0 & 0 & 0 & 1 \end{pmatrix} \cdot \begin{pmatrix} \frac{E}{c} \\ p_x \\ p_y \\ p_z \end{pmatrix}$$

Ein vergleichender Blick auf Seite 151 macht deutlich, dass unsere Umformung die Matrix der Lorentz-Transformation hervorgebracht hat. Das bedeutet, dass die Relativitätstheorie den Energie- und den Impulsbegriff auf exakt die gleiche Weise zusammenführt, wie den Raum- und den Zeitbegriff. Ein faszinierendes Ergebnis!

Tatsächlich ergibt sich noch eine weitere Parallele zwischen den *Energie-Impuls-Vektoren* $(\frac{E}{c}, p_x, p_y, p_z)$ und den Raum-Zeit-Vektoren (t, x, y, z). Sie wird sichtbar, wenn wir uns an die Ergebnisse aus Abschnitt 3.5.2 erinnern. Dort haben wir bewiesen, dass die quadrierte Minkowski-Norm

$$c^2t^2 - x^2 - y^2 - z^2$$

Lorentz-invariant ist und deshalb die folgende Beziehung erfüllt:

$$c^2t^2 - x^2 - y^2 - z^2 = c^2t'^2 - x'^2 - y'^2 - z'^2$$

Da die Transformationsgleichungen für Energie-Impuls-Vektoren die gleichen sind wie die Transformationsgleichungen für Raum-Zeit-Vektoren, muss eine solche Invarianz auch für Energie-Impuls-Vektoren gelten. Eine kurze Rechnung bestätigt dies:

$$\begin{aligned}
&\frac{E'^2}{c^2} - p_x'^2 - p_y'^2 - p_z'^2 \\
&= \left(\gamma\frac{E}{c} - \gamma\beta p_x\right)^2 - \left(\gamma p_x - \gamma\beta\frac{E}{c}\right)^2 - p_y^2 - p_z^2 \\
&= \gamma^2\left(\frac{E^2}{c^2} - 2\frac{E}{c}\beta p_x + \beta^2 p_x^2 - p_x^2 + 2p_x\beta\frac{E}{c} - \beta^2\frac{E^2}{c^2}\right) - p_y^2 - p_z^2 \\
&= \gamma^2\left(\frac{E^2}{c^2}(1-\beta^2) - p_x^2(1-\beta^2)\right) - p_y^2 - p_z^2 \\
&= \gamma^2(1-\beta^2)\left(\frac{E^2}{c^2} - p_x^2\right) - p_y^2 - p_z^2 \\
&= \frac{E^2}{c^2} - p_x^2 - p_y^2 - p_z^2
\end{aligned}$$

Damit haben wir das Ergebnis direkt vor Augen:

Energie-Impuls-Invarianz

Die Energie-Impuls-Größe

$$\frac{E^2}{c^2} - p_x^2 - p_y^2 - p_z^2 \tag{7.38}$$

ist Lorentz-invariant.

Da die Größe (7.38) in allen Inertialsystemen den gleichen Wert annimmt, können wir sie im Ruhesystem des betrachteten Körpers berechnen. Dort verschwindet der Impuls und die Energie ist das Produkt aus der Ruhemasse m_0 und dem Quadrat der Lichtgeschwindigkeit. Im Ruhesystem gilt also:

$$\begin{aligned} \frac{E^2}{c^2} &= \frac{\left(m_0 c^2\right)^2}{c^2} \\ &= m_0^2 c^2 \end{aligned}$$

Zusammen mit der Lorentz-Invarianz spielt uns dieses Ergebnis eine Beziehung in die Hände, die in der Literatur etwas nüchtern als die *Energie-Impuls-Beziehung* bezeichnet wird. Sie besagt, dass in jedem Inertialsystem der folgende Zusammenhang gilt:

Energie-Impuls-Beziehung

$$\frac{E^2}{c^2} - p_x^2 - p_y^2 - p_z^2 = m_0^2 c^2$$

Krafttransformation

Nachdem wir nun wissen, wie sich die Energie und der Impuls eines Körpers von einem Inertialsystem S in ein anderes Inertialsystem S′ transformieren lassen, wollen wir uns der dritten und letzten in diesem Kapitel betrachteten Größe zuwenden: der Kraft. Für die Herleitung der Transformationsformeln müssen wir gar kein neues Terrain betreten. Wir können genauso vorgehen wie in Abschnitt 4.2.1, wo wir uns die Additionstheoreme für Geschwindigkeiten erarbeitet haben. Alles was wir tun müssen, ist, die Kraft als die zeitliche Änderung des Impulses zu interpretieren, genauso wie wir in Abschnitt 4.2.1 die Geschwindigkeit als die zeitliche Änderung des Ortes aufgefasst haben. Im Ergebnis führt dies zu einer vollständig analogen Rechnung, in der lediglich die Lorentz-Transformation durch die oben hergeleitete Energie-Impuls-Transformation ersetzt ist (vgl. Seite 221).

Demnach wird eine Kraft $\boldsymbol{F} = (F_x, F_y, F_z)$, die auf einen Körper wirkt, der sich in S mit der Geschwindigkeit $\boldsymbol{u} = (u_x, u_y, u_z)$ bewegt, von einem Beobachter in S′ folgendermaßen wahrgenommen:

$$F_x = \frac{\mathrm{d}p_x}{\mathrm{d}t} = \frac{\frac{\mathrm{d}p_x}{\mathrm{d}t'}}{\frac{\mathrm{d}t}{\mathrm{d}t'}} = \frac{\frac{\mathrm{d}}{\mathrm{d}t'}\gamma\left(p'_x + \frac{v}{c^2}E'\right)}{\frac{\mathrm{d}}{\mathrm{d}t'}\gamma\left(t' + \frac{v}{c^2}x'\right)} = \frac{\frac{\mathrm{d}p'_x}{\mathrm{d}t'} + \frac{v}{c^2}\frac{\mathrm{d}E'}{\mathrm{d}t'}}{\frac{\mathrm{d}t'}{\mathrm{d}t'} + \frac{v}{c^2}\frac{\mathrm{d}x'}{\mathrm{d}t'}} \overset{(7.23)}{=} \frac{F'_x + \frac{v}{c^2}(\boldsymbol{F}' \cdot \boldsymbol{v})}{1 + \frac{v}{c^2}u'_x}$$

$$F_y = \frac{\mathrm{d}p_y}{\mathrm{d}t} = \frac{\frac{\mathrm{d}p_y}{\mathrm{d}t'}}{\frac{\mathrm{d}t}{\mathrm{d}t'}} = \frac{\frac{\mathrm{d}p'_y}{\mathrm{d}t'}}{\frac{\mathrm{d}}{\mathrm{d}t'}\gamma\left(t' + \frac{v}{c^2}x'\right)} = \frac{\frac{\mathrm{d}p'_y}{\mathrm{d}t'}}{\gamma\left(\frac{\mathrm{d}t'}{\mathrm{d}t'} + \frac{v}{c^2}\frac{\mathrm{d}x'}{\mathrm{d}t'}\right)} = \frac{F'_y}{\gamma\left(1 + \frac{v}{c^2}u'_x\right)}$$

$$F_z = \frac{\mathrm{d}p_z}{\mathrm{d}t} = \frac{\frac{\mathrm{d}p_z}{\mathrm{d}t'}}{\frac{\mathrm{d}t}{\mathrm{d}t'}} = \frac{\frac{\mathrm{d}p'_z}{\mathrm{d}t'}}{\frac{\mathrm{d}}{\mathrm{d}t'}\gamma\left(t' + \frac{v}{c^2}x'\right)} = \frac{\frac{\mathrm{d}p'_z}{\mathrm{d}t'}}{\gamma\left(\frac{\mathrm{d}t'}{\mathrm{d}t'} + \frac{v}{c^2}\frac{\mathrm{d}x'}{\mathrm{d}t'}\right)} = \frac{F'_z}{\gamma\left(1 + \frac{v}{c^2}u'_x\right)}$$

Wir fassen zusammen:

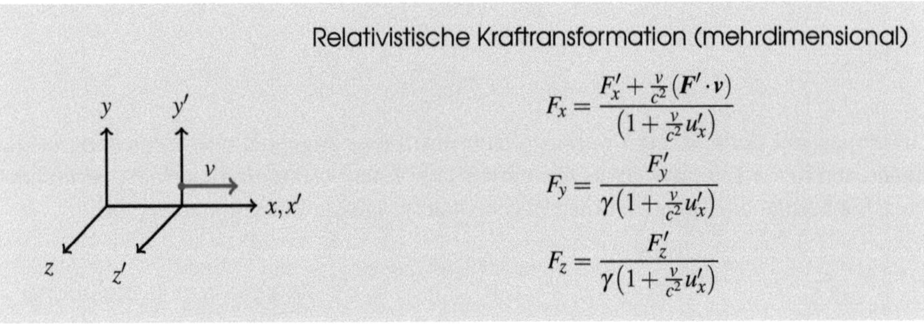

Relativistische Kraftransformation (mehrdimensional)

$$F_x = \frac{F'_x + \frac{v}{c^2}(\boldsymbol{F}' \cdot \boldsymbol{v})}{\left(1 + \frac{v}{c^2}u'_x\right)}$$

$$F_y = \frac{F'_y}{\gamma\left(1 + \frac{v}{c^2}u'_x\right)}$$

$$F_z = \frac{F'_z}{\gamma\left(1 + \frac{v}{c^2}u'_x\right)}$$

Sind anstelle der Größen v und $\boldsymbol{u}'$ die Größen v und $\boldsymbol{u}$ bekannt, dann können wir den Kraftvektor $\boldsymbol{F}'$ auf eine ähnliche Weise berechnen. Zu diesem Zweck müssen wir in den hergeleiteten Gleichungen lediglich die gestrichenen mit den ungestrichenen Größen vertauschen und das Vorzeichen von v negieren:

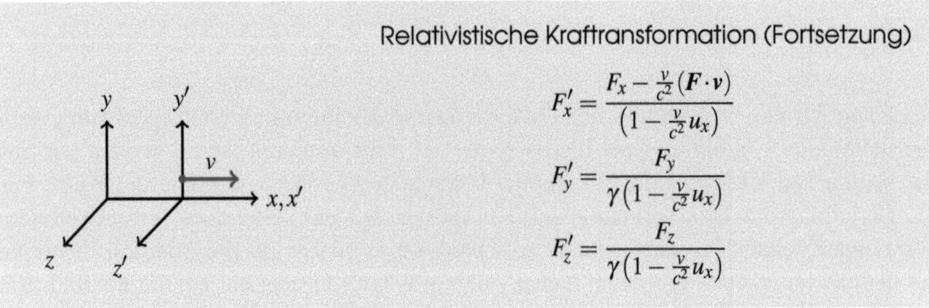

Relativistische Kraftransformation (Fortsetzung)

$$F'_x = \frac{F_x - \frac{v}{c^2}(\boldsymbol{F} \cdot \boldsymbol{v})}{\left(1 - \frac{v}{c^2}u_x\right)}$$

$$F'_y = \frac{F_y}{\gamma\left(1 - \frac{v}{c^2}u_x\right)}$$

$$F'_z = \frac{F_z}{\gamma\left(1 - \frac{v}{c^2}u_x\right)}$$

Befindet sich der Körper in S in Ruhe, gilt also

$$\boldsymbol{u} = (u_x, u_y, u_z) = (0, 0, 0),$$

so können wir die hergeleiteten Formeln in eine noch sehr viel übersichtlichere Form bringen. Sie lauten dann schlicht:

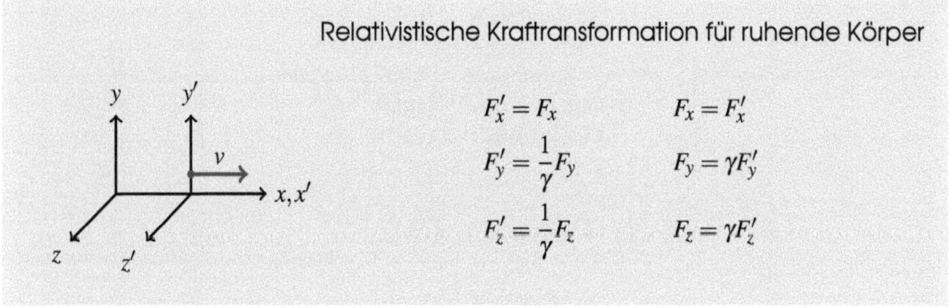

Damit ist unser Repertoire an Transformationsformeln komplett.

7.2 Kernphysik

Nachdem wir in diesem Abschnitt eine Vielzahl an theoretischen Erörterungen gemeistert haben, drängt sich eine naheliegende Frage auf: Lassen sich die formal abgeleiteten Vorhersagen auch in einem realen Experiment bestätigen? Einstein geht in seiner Arbeit aus dem Jahr 1905 mit einem lapidaren Satz auf eine solche Möglichkeit ein:

> *„Es ist nicht ausgeschlossen, dass bei Körpern, deren Energieinhalt in hohem Maße veränderlich ist (z. B. bei den Radiumsalzen), eine Prüfung der Theorie gelingen wird."*
>
> Albert Einstein [13]

Wir wissen heute, dass Einstein recht behielt. Seine berühmte Formel $E = mc^2$ ist einer der Grundpfeiler der Kernphysik, wo sich ihre Richtigkeit stets auf das Neue bestätigt. Wir wollen deshalb einen flüchtigen Blick darauf werfen, wie die Atome in ihrem Inneren beschaffen sind.

Die Kerne von Atomen setzen sich aus zwei Bausteinen zusammen: den positiv geladenen *Protonen* und den elektrisch neutralen *Neutronen*. Beide Kernbausteine werden als *Nukleonen* bezeichnet. Ein chemisches Element ist eindeutig durch die Anzahl der Protonen charakterisiert. Beispielsweise sind alle Atome mit einem Proton Wasserstoffatome und alle Atome mit zwei Protonen Heliumatome. Im *Periodensystem* sind die chemischen Elemente aufsteigend nach ihrer Protonenzahl sortiert, so dass die *Ordnungszahl* eines Elements immer seiner Protonenzahl entspricht. Wasserstoff trägt demnach die Ordnungszahl 1, Helium die Ordnungszahl 2 und so fort. Die *Nukleonenzahl*, d. h. die Summe aus der

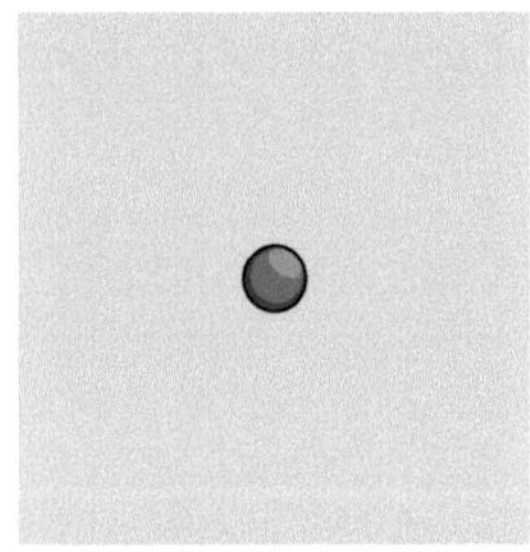

$^1_1$H (Protium)

Protonen:	1
Neutronen:	0
Atommasse:	1,00782506 u
Kernmasse:	1,00727647 u
Bindungsenergie:	0 MeV
Massendefekt:	0 u

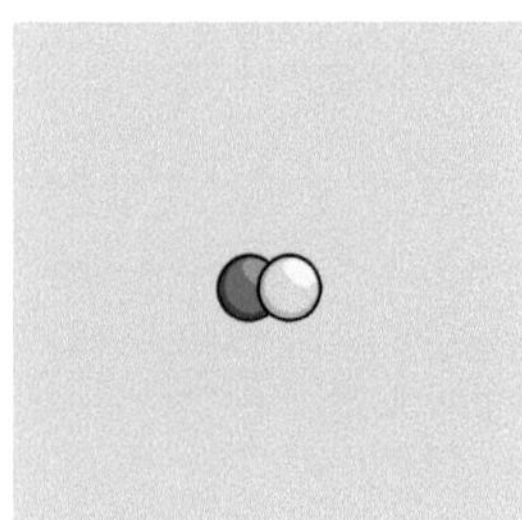

$^2_1$H (Deuterium, D)

Protonen:	1
Neutronen:	1
Atommasse:	2,01410175 u
Kernmasse:	2,01355317 u
Bindungsenergie:	2,225 MeV ($2 \times 1,113$ MeV)
Massendefekt:	0,00238822 u

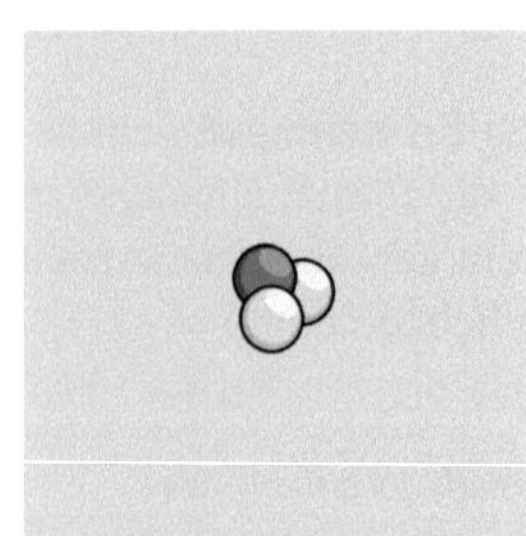

$^3_1$H (Tritium, T)

Protonen:	1
Neutronen:	2
Atommasse:	3,01604927 u
Kernmasse:	3,01550069 u
Bindungsenergie:	8,482 MeV ($3 \times 2,827$ MeV)
Massendefekt:	0.00910561 u

Abbildung 7.6: Wasserstoff-Isotope

Protonenzahl Z und der Neutronenzahl N gibt in guter Näherung Auskunft über die Masse eines Atoms und wird deshalb als die *Massenzahl* bezeichnet. Um Klarheit über den Aufbau der Kerne zu schaffen, werden chemische Elemente in den Reaktionsgleichungen der Kernphysik gerne in der Schreibweise

$$^A_Z E$$

dargestellt, wobei A für die Massenzahl und E für das Symbol des chemischen Elements steht. Die Anzahl der Neutronen ergibt sich direkt aus der Differenz des oberen und des unteren Werts. Auf die Angabe der Protonenzahl Z wird manchmal verzichtet, da sie der Ordnungszahl entspricht und damit für jedes chemische Element eindeutig bestimmt ist.

Keinesfalls fehlen darf jedoch die Massenzahl A, und ein Blick auf Abbildung 7.6 zeigt, warum. Sie sehen dort drei unterschiedliche Atomkerne, die sich lediglich in der Anzahl der Neutronen unterscheiden. Da alle Kerne ein einziges Proton enthalten, handelt es sich in allen drei Fällen um Wasserstoff (H). Unterscheiden sich Atomkerne, wie in unserem Beispiel, nur in der Anzahl der Neutronen, aber nicht in der Anzahl der Protonen, so spricht man von *Isotopen* des gleichen Elements.

Die Wasserstoff-Isotope sind in der Praxis so wichtig, dass sie eigene Namen tragen. Das Element ${}^{1}_{1}\mathrm{H}$ heißt *Protium* und ist mit über 99,9 % das mit Abstand am häufigsten vorkommende Wasserstoff-Isotop auf der Erde. Das Element ${}^{2}_{1}\mathrm{H}$ heißt *Deuterium* und wird mit dem chemischen Symbol D abgekürzt. Obwohl dieser *schwere Wasserstoff* ein stabiles Isotop ist, kommt er in der Natur nur in geringen Spuren vor. Noch viel seltener ist das Isotop ${}^{3}_{1}\mathrm{H}$. Es wird als *Tritium* bezeichnet und setzt sich aus einem Proton und zwei Neutronen zusammen.

Im Gegensatz zu Protium- und Deuteriumkernen sind Tritiumkerne radioaktiv und zerfallen mit einer Halbwertszeit von ca. 12 Jahren. Die dabei ablaufende Reaktion wird als *Beta-Minus-Zerfall* bezeichnet und wandelt ein Neutron unter der Emission eines Elektrons (e^-) und eines Elektron-Antineutrinos ($\overline{\nu}_e$) in ein Proton um:

$$ {}^{3}_{1}\mathrm{H} \to {}^{3}_{2}\mathrm{He} + \mathrm{e}^- + \overline{\nu}_e $$

Oder, was dasselbe in kürzerer Schreibweise ist:

$$ {}^{3}_{1}\mathrm{H} \xrightarrow{\beta^-} {}^{3}_{2}\mathrm{He} $$

Durch die Umwandlung eines Neutrons in ein Proton ist ein chemisches Element entstanden, das die gleiche Massenzahl, aber eine um 1 erhöhte Ordnungszahl aufweist. In unserem Fall ist das Wasserstoff-Isotop ${}^{3}_{1}\mathrm{H}$ in das Helium-Isotop ${}^{3}_{2}\mathrm{He}$ übergegangen, dessen Kennzahlen, zusammen mit den Kennzahlen von ${}^{4}_{2}\mathrm{He}$, in Abbildung 7.7 zu sehen sind. Insgesamt sind heute acht Helium-Isotope bekannt (${}^{3}_{2}\mathrm{He}$ bis ${}^{10}_{2}\mathrm{He}$), allerdings sind von diesen nur die beiden in Abbildung 7.7 gezeigten stabil. Alle anderen Helium-Isotope sind radioaktiv und zerfallen mit extrem kurzen Halbwertszeiten.

Neben der Protonen- und der Neutronenzahl sind in den Abbildungen 7.6 und 7.7 für jedes Isotop weitere Maßzahlen angegeben, darunter die Atommasse und die Kernmasse. Die Atommasse beinhaltet die Masse der Elektronen in der Atomhülle, während die Kernmasse diese außen vor lässt. Aus der Wertetafel des Protiums lässt sich direkt die Masse des Protons ablesen. Da keine anderen Nukleonen im Kern vorhanden sind, entspricht sie der Kernmasse des Protiums. Ein Deuteriumkern unterscheidet sich von einem Protiumkern durch ein zusätzliches Neutron. Auf den ersten Blick sieht es daher so aus, als könnten wir die Masse des Neutrons berechnen, indem wir die Kernmasse des Protiums von der Kernmasse des Deuteriums subtrahieren. Führen wir die Rechnung mit den in Abbildung 7.6 angegebenen Werten aus, so erhalten wir die folgende Massendifferenz:

$$ \Delta M = 2{,}01355317\ \mathrm{u} - 1{,}00727647\ \mathrm{u} = 1{,}00627670\ \mathrm{u} $$

Tatsächlich ist die Ruhemasse eines einzelnen Neutrons aber geringfügig größer als der berechnete Wert. Er beträgt:

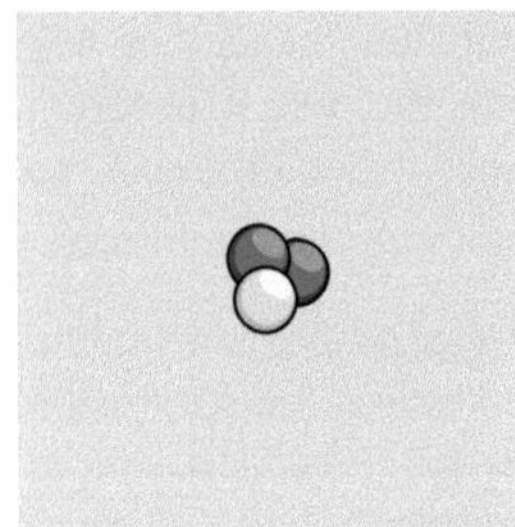

$^{3}_{2}$He (Helium)

Protonen:	2
Neutronen:	1
Atommasse:	3,016 029 32 u
Kernmasse:	3,014 932 14 u
Bindungsenergie:	7,718 MeV (3 × 2,573 MeV)
Massendefekt:	0,008 285 71 u

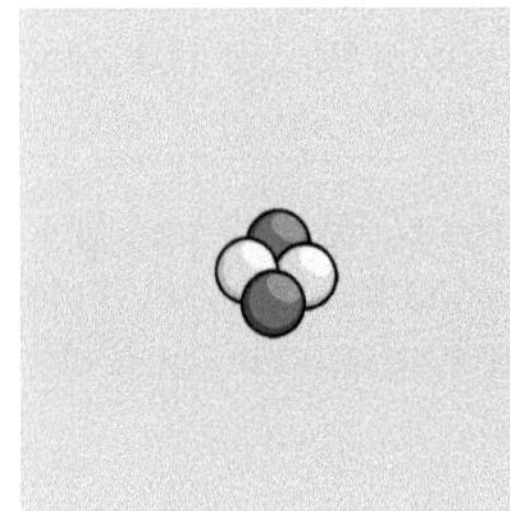

$^{4}_{2}$He (Helium)

Protonen:	2
Neutronen:	2
Atommasse:	4,002 603 24 u
Kernmasse:	4,001 506 08 u
Bindungsenergie:	28,296 MeV (4 × 7,074 MeV)
Massendefekt:	0,030 376 69 u

Abbildung 7.7: Helium-Isotope (Auswahl)

Ruhemasse des Neutrons

$$\begin{aligned} m_0 &\approx 1{,}67492735 \cdot 10^{-27}\ \mathrm{kg} \\ &\approx 1{,}00866492\ \mathrm{u} \\ &\approx 939{,}565379\ \tfrac{\mathrm{MeV}}{\mathrm{c}^2} \end{aligned}$$

Das bedeutet, dass der Kern des Deuteriums um

$$1{,}00866492\ \mathrm{u} - 1{,}00627670\ \mathrm{u} = 0{,}00238822\ \mathrm{u}$$

leichter ist als die Summe seiner Teile. Aus Abschnitt 7.1.3 wissen wir, wie sich diese Massendifferenz in Energie umrechnen lässt. Es ist:

$$\begin{aligned} E = mc^2 &\approx 0{,}00238822\ \mathrm{u} \cdot c^2 \\ &\approx 0{,}00238822 \cdot 931{,}494061\ \tfrac{\mathrm{MeV}}{\mathrm{c}^2} \cdot c^2 \\ &\approx 2{,}225\ \mathrm{MeV} \end{aligned}$$

Diese Energiemenge ist die *Bindungsenergie*. Sie muss aufgebracht werden, um die Nukleonen eines Atomkerns voneinander zu trennen, und sie wird freigesetzt, wenn sich

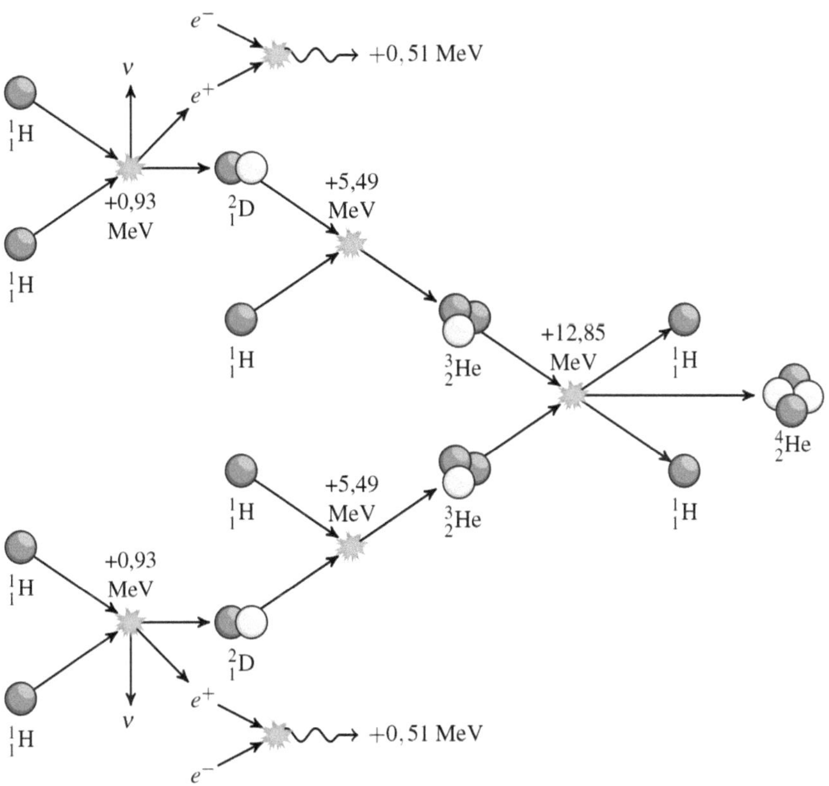

Abbildung 7.8: Proton-Proton-Kette

ein Proton und ein Neutron zu einem Deuteriumkern verbinden. In den Abbildungen 7.6 und 7.7 sind die Bindungsenergien für alle aufgelisteten Isotope auf zwei Arten angegeben: einmal als Gesamtenergie, wie wir sie am Beispiel des Deuteriums gerade ausgerechnet haben, und ein anderes Mal als die Gesamtenergie, dividiert durch die Massenzahl des Isotops. Der zweite Wert entspricht also der Bindungsenergie pro Nukleon. Ein Blick auf die Wertetafeln macht deutlich, dass sich die Isotope in diesem Punkt erheblich unterscheiden. Während die Bindungsenergie pro Nukleon in einem Deuteriumkern lediglich $1,113$ MeV beträgt, ist sie in einem Tritiumkern mit $2,827$ MeV bereits mehr als doppelt so hoch. Noch stärker fallen die Unterschiede bei den beiden besprochenen Helium-Isotopen aus. In einem $^3_2$He-Kern beträgt die Bindungsenergie pro Nukleon $2,573$ MeV, während sie in einem $^4_2$He-Kern mit $7,074$ MeV fast dreimal so hoch ist.

Die beiden Helium-Isotope $^3_2$He und $^4_2$He, die wir weiter oben als Beispiele gewählt haben, spielen eine wichtige Rolle für die Energiegewinnung in Sternen. Sie sind dort an einer komplexen Kettenreaktion beteiligt, die als *Wasserstoffbrennen* bezeichnet wird. In vergleichsweise kleinen Sternen, zu denen auch die Sonne gehört, wird die Energiegewinnung durch die sogenannte *Proton-Proton-Reaktion*, kurz *p-p-Reaktion*, dominiert, die in Abbildung 7.8 zu sehen ist.

Die Reaktionskette beginnt mit Wasserstoffkernen, die paarweise miteinander verschmelzen. Im Zuge eines Beta-Minus-Zerfalls wandelt sich ein Proton in ein Neutron um und lässt dadurch ein Deuteriumkern entstehen. Im nächsten Schritt fusionieren die Deuteriumkerne mit weiteren Wasserstoffkernen zu Helium-3. Im letzten Schritt verschmelzen jeweils zwei Helium-3-Kerne unter der Freisetzung von zwei Protonen zu einem Helium-4-Kern, dem Endprodukt der Reaktion. Betrachten wir lediglich die Eingangs- und die Endprodukte der Proton-Proton-Kette, so können wir die ablaufende Reaktion so notieren:

$$4\,^1_1\mathrm{H} \to \,^4_2\mathrm{He} + 26{,}7\ \mathrm{MeV}$$

Zwei Dinge sind an dieser Stelle zu beachten. Die im Beta-Minus-Zerfall freigesetzten Positronen zerstrahlen mit Elektronen aus der Umgebung und produzieren dabei weitere Energie. Jedes Elektron erhöht die Bilanz um $0{,}51$ MeV, so dass die insgesamt freigesetzte Energie um $1{,}02$ MeV größer ist, als es die Massenverlustrechnung für die Wasserstoffkerne vorhersagt. Eine andere Besonderheit betrifft die freigesetzten Neutrinos (ν), die mit Materie kaum interagieren und damit keinen Beitrag zur Leuchtkraft eines Himmelskörpers leisten. Unbemerkt verlassen mit jedem Neutrino $0{,}25$ MeV den Stern.

Damit ist klar, dass die von Einstein entdeckte Masse-Energie-Äquivalenz weit mehr ist als eine kuriose Laune der Natur. Sie ist die Ursache für das Leuchten der Sterne und damit gleichsam die Grundlage für jedwedes Leben in der uns bekannten Form.

7.3 Übungsaufgaben

Aufgabe 7.1

In dieser Aufgabe beschäftigen wir uns mit den Auswirkungen der relativistischen Massenzunahme.

a) Mit welcher Geschwindigkeit muss sich ein Körper bewegen, damit seine Masse doppelt so groß ist wie seine Ruhemasse?

b) Wir nehmen an, ein Flugzeug bewege sich so schnell durch die Luft, dass die Massenzunahme von der Erde aus gemessen werden könnte. Würden wir uns an Bord des Jets dicker fühlen?

Aufgabe 7.2

In Abschnitt 7.1.1 haben wir die Formel für die relativistische Massenzunahme über das Prinzip der Impulserhaltung gewonnen. Als gedankliches Anschauungsszenario diente uns der elastische Stoß. In dieser Aufgabe wollen wir uns mit dem unelastischen Stoß auseinandersetzen, bei dem die kollidierenden Objekte nicht mehr länger wie Billardkugeln voneinander abprallen, sondern wachsartig miteinander verschmelzen. Das folgende Bild zeigt das Ergebnis eines solchen Zusammenstoßes:

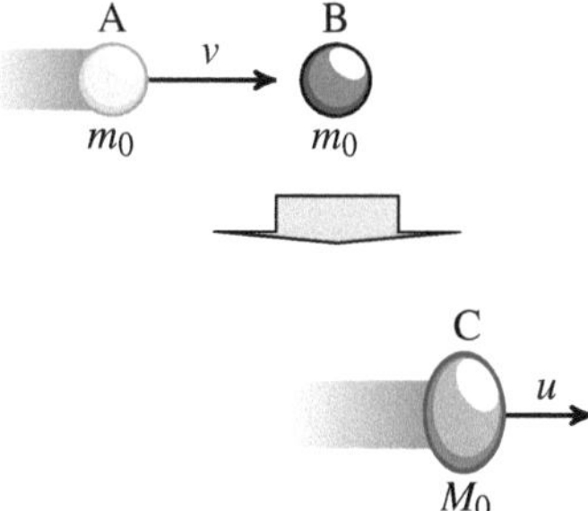

Wir wollen in dieser Aufgabe der Frage nachgehen, wie groß die Ruhemasse M_0 der neu geformten Kugel C ist, wenn A und B beide vor der Kollision die Ruhemasse m_0 besaßen. Es sei an dieser Stelle vorweg verraten, dass die Ruhemasse M_0 größer ist als die Summe der beiden Ruhemassen. Die sich intuitiv aufdrängende Formel $M_0 = m_0 + m_0$ wird sich demnach als falsch erweisen. Um den wahren Wert von M_0 zu erfahren, wird Ihnen in dieser Aufgabe abermals das Prinzip der Impulserhaltung weiterhelfen.

a) Begründen Sie, warum die Geschwindigkeit u, mit der sich die neu geformte Kugel bewegt, der Geschwindigkeit $\overline{v}$ des Mittelsystems entspricht.

b) Stellen Sie für das gezeigte Szenario die Impulserhaltungsgleichung auf.

c) Zeigen Sie in einer Nebenrechnung die folgende Beziehung:

$$\frac{\gamma_v \cdot \beta_v}{\gamma_u^2 \cdot \beta_u} = 2$$

d) Zeigen Sie mit den Ergebnissen der bereits gelösten Teilaufgaben, dass sich die Ruhemasse M_0 folgendermaßen berechnet:

$$M_0 = 2\gamma_u m_0 = \frac{2m_0}{\sqrt{1-\beta_u^2}}$$

Aufgabe 7.3

Wir wollen das Ergebnis der vorherigen Aufgabe nochmals herleiten, und zwar über das Prinzip der Masse-Energie-Äquivalenz. Für diesen Zweck betrachten wir das Szenario aus der Sicht des Mittelsystems:

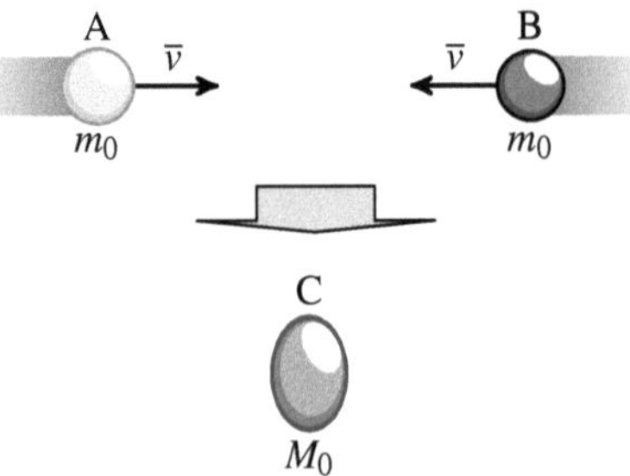

a) Welche kinetische Energie weisen die Kugeln A und B vor der Kollision auf?

b) Die neu geformte Kugel C hat im Mittelsystem keine kinetische Energie. Wenn wir annehmen, dass die Energie von A und B nicht durch die Entwicklung von Wärme oder Ähnlichem entwichen ist, dann muss sich ihr Verschwinden in einer Massenzunahme von C äußern. Die Ruhemasse M_0 müsste demnach um das Massenäquivalent der kinetischen Energie von A und B größer sein als die Summe der Ruhemassen, es müsste also gelten:

$$M_0 = 2m_0 + 2\frac{E_{\text{kin}}}{c^2}$$

Zeigen Sie, dass wir auf diese Weise exakt die Formel erhalten, die wir in der vorherigen Aufgabe über das Prinzip der Impulserhaltung gewonnen haben.

Aufgabe 7.4

Die im Magnetfeld der Erde gespeicherte Energie liegt in der Größenordnung von einem Exa-Joule (1 EJ).

a) Wie viel trägt das Feld zur Masse der Erde bei?

b) Angenommen, es gäbe eine Möglichkeit, dieses Reservoir anzuzapfen und die Energie nach und nach zu entnehmen. Hätten wir damit eine Lösung für den stetig wachsenden Energiebedarf der Industrieländer in Händen?

Aufgabe 7.5

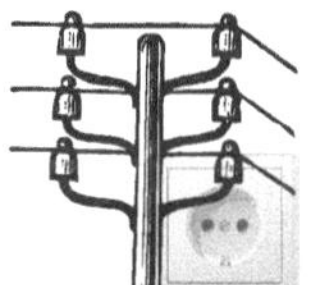

Nehmen Sie an, Ihr örtlicher Stromversorger berechnet 0,40 € für jede kWh (Kilowattstunde) verbrauchter Energie. Aufgrund der Äquivalenz von Masse und Energie könnte der Stromanbieter auch in Gramm oder Kilogramm abrechnen. Wie hoch ist die Rechnung eines Kunden, der 1 kg Energie bezogen hat?

Aufgabe 7.6

Erinnern Sie sich an den Roman-Bestseller *Illuminati*, in dem der Harvard-Professor Robert Langdon gegen die bevorstehende Zerstörung des Vatikans kämpft? Bedroht wird der kleine Stadtstaat durch eine Antimaterie-Bombe, bestehend aus einem Viertelgramm Antimaterie, das dunkle Mächte aus der Europäischen Organisation für Kernforschung (CERN) entwendet haben.

In Dan Browns packendem Thriller spielt Langdon gegen die Zeit. Das Magnetfeld, das die Antimaterie vor einem Kontakt mit der Umgebung schützt, wird von einer Batterie gespeist, die in weniger als 24 Stunden entladen sein wird.

a) In der Romanerzählung kam die Bombe in einem Helikopter im Luftraum über Rom zur Explosion. Wie viel Energie wurde dabei freigesetzt?

b) Die Hiroshima-Bombe hatte eine Sprengkraft von rund 15 kT (TNT), was der Energiemenge von $15 \cdot 4,184 \cdot 10^{12}$ J entspricht. Vergleichen Sie diese Sprengkraft mit Dan Browns fiktiver Kernwaffe. War der Explosionsort der Antimaterie-Bombe weit genug entfernt, um den Untergang von Rom zu verhindern?

c) Die Physiker am CERN sind tatsächlich in der Lage, Antimaterie zu erzeugen. Durch die Teilchenkollisionen im Large Hadron Collider entstehen ca. 10 Millionen Antiprotonen pro Sekunde. Angenommen, diese Teilchen könnten vor dem sofortigen Zerfall bewahrt und genauso problemlos gespeichert werden, wie es Dan Browns Roman suggeriert: Wie lange würde es dauern, bis das Viertelgramm Antiwasserstoff hergestellt wäre, das den Sprengsatz der Bombe bildet?

d) Ist die Konstruktion des Bombenbehälters, der nach dem Prinzip einer *magnetischen Flasche* funktioniert, realistisch dargestellt?

Aufgabe 7.7

In der Chemie spielt das *Prinzip der Massenerhaltung* eine fundamentale Rolle. Es wurde das erste Mal im Jahr 1748 durch Michail Wassiljewitsch Lomonossow formuliert und im Jahr 1789 durch den französischen Chemiker Antoine Laurent de Lavoisier zu einem fundamentalen Grundsatz der modernen Chemie erklärt. In Lavoisiers berühmter Arbeit *Traité élémentaire de chimie* finden wir die folgende Passage in französischer Sprache vor:

> *„Nichts wird bei den Operationen künstlicher oder natürlicher Art geschaffen, und es kann als Axiom angesehen werden, dass bei jeder Operation eine gleiche Quantität Materie vor und nach der Operation existiert.“*
>
> Antoine Laurent de Lavoisier, 1789
> zitiert nach [47]

Müssen wir Lavoisiers Axiom heute als falsch bezeichnen?

Aufgabe 7.8

Die Energie, die bei der Verbrennung von einem Mol Magnesium (Mg) freigesetzt wird, beträgt:

$$\Delta E = 602 \text{ kJ}$$

a) Recherchieren Sie die molare Masse von Magnesium und berechnen Sie daraus, wie viel Energie bei der Verbrennung von 100 g Magnesium freigesetzt wird.

b) Wie groß ist der relativistische Massendefekt bei dieser chemischen Reaktion?

c) Tatsächlich wird die Masse größer! Das Magnesiumoxid, das bei der Verbrennung als Reaktionsprodukt entsteht, bringt rund 166 g auf die Waage. Was geht hier vor?

Aufgabe 7.9

Im Large Hadron Collider zirkulieren mehrere 100 Protonenpakete gleichzeitig durch den Beschleunigerring. Die Wahrscheinlichkeit, dass zwei Protonen an einer Kreuzungsstelle kollidieren, ist dabei äußerst gering. Unter den 115 Milliarden Protonen eines Pakets kommt es durchschnittlich zu gerade einmal 20 Proton-Proton-Kollisionen.

a) Mit welcher Frequenz zirkulieren die Pakete durch die 26 659 m lange Röhre?

b) Wie viele Kollisionen finden an einem Kreuzungspunkt pro Sekunde statt, wenn in jeder Richtung 400 Protonenpakete gleichzeitig im Ring umherlaufen.

Aufgabe 7.10

Mit dem Large Hadron Collider haben Sie in diesem Kapitel den weltweit leistungsstärksten Teilchenbeschleuniger kennengelernt. Der LHC ist ein sogenanntes *Synchrotron* und fällt damit in die größere Gruppe der *Ringbeschleuniger*. Eine alternative Bauart ist das *Zyklotron*. Hierbei handelt es sich um einen Ringbeschleuniger, in dem sich die atomaren Teilchen auf spiralförmigen Bahnen bewegen.

Die untenstehenden Grafiken skizzieren, wie ein solcher Beschleuniger aufgebaut ist. Er besteht aus einer Vakuumkammer, in die zwei hohle, zu Halbkreisen geformte Elektroden eingelassen sind: die sogenannten *Duanden*. Im Betrieb wird eine hohe Wechselspannung angelegt, die im Zwischenraum, aber nicht innerhalb der Duanden, ein elektrisches Feld erzeugt. In diesem Feld erfahren die Ladungsträger bei jedem Seitenwechsel eine Beschleunigung. Damit sich die Ladungsträger auf einer spiralförmigen Bahn bewegen, wird mit starken Elektromagneten ein homogenes Magnetfeld erzeugt, dessen Feldlinien in unserer Grafik senkrecht zur Zeichenebene verlaufen.

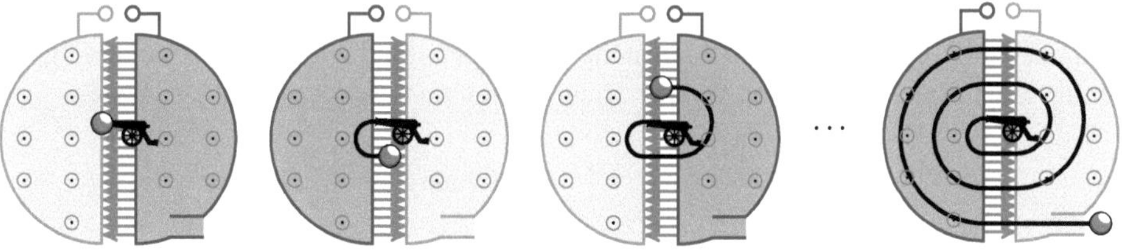

Wird ein Ladungsträger in den Beschleuniger eingebracht, wird er durch die Lorentzkraft auf eine Kreisbahn gezwungen. Durch die Beschleunigung, die er bei jedem Wechsel zwischen den beiden Duanden erfährt, steigt seine Geschwindigkeit immer weiter an, und das bedeutet, dass sich auch der Bahnradius schrittweise vergrößert.

Wir wollen das Funktionsprinzip des Zyklotrons jetzt quantitativ betrachten. Zunächst halten wir fest, dass der Radius der Kreisbahn, auf dem sich ein geladenes Teilchen bewegt, so groß ist, dass sich die Zentripetalkraft und die Lorentzkraft ausgleichen. Folgerichtig gilt die Beziehung:

$$m\frac{v^2}{r} = qvB \qquad (7.39)$$

In dieser Gleichung sind r der Radius der Kreisbahn, m, q und v die Masse, die Ladung und die Geschwindigkeit des Teilchens und B die Flussdichte des homogenen Magnetfelds.

a) Zeigen Sie, dass ein geladenes Teilchen immer mit der gleichen Frequenz f rotiert, unabhängig von seiner momentanen Geschwindigkeit und dem momentanen Radius seiner Kreisbahn.

b) In der Form (7.39) ist die Formel nur für Teilchen richtig, die sich deutlich langsamer als das Licht bewegen. Wie muss sie für relativistische Geschwindigkeiten korrigiert werden?

c) Welche Auswirkung hat dies auf die Umlauffrequenz? Welche Lösung fällt Ihnen für das entdeckte Problem ein?

d) Wie wirken sich die relativistischen Effekte auf den Bahnradius aus? Welche Lösung fällt Ihnen für das entdeckte Problem ein?

Aufgabe 7.11

Die folgende Grafik zeigt eine *Diode*, den einfachsten Fall einer *Elektronenröhre*. Hierbei handelt es sich um eine Vakuumröhre, an deren Enden zwei Elektroden eingelassen sind: die *Anode* und die *Kathode*. Wird die Anode mit dem Pluspol und die Kathode mit dem Minuspol einer Spannungsquelle verbunden, so drängen Elektronen in den geheizten Kathodendraht und werden von der Anode angezogen. Ist die angelegte Spannung groß genug, können sich Elektronen von der Kathode lösen und zur Anode überspringen.

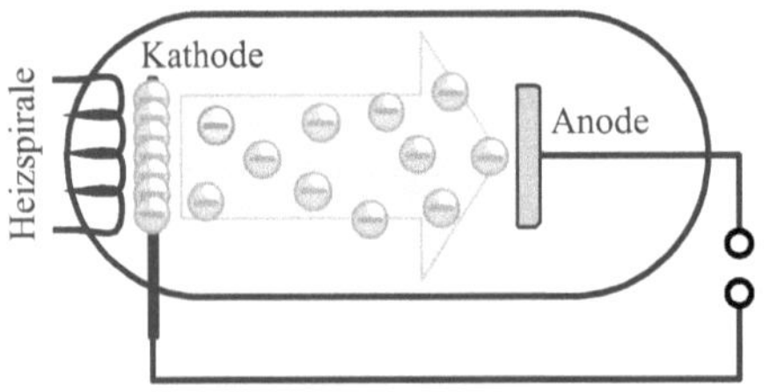

- Ladung eines Elektrons
  $-e \approx -1,602176565 \cdot 10^{-19}$ C
- Das *Elektronenvolt* (eV)
  $1\,\text{eV} \approx 1,602176565 \cdot 10^{-19}$ J

Die kinetische Energie eines gelösten Elektrons berechnet sich nach der Formel:

$$E = U \cdot q$$

Hierin ist U ist die angelegte Spannung in Volt, q die Ladung eines Elektrons mit positivem Vorzeichen in Coulomb und E die daraus resultierende Energie in Joule. Dies führt uns direkt zur Einheit *Elektronenvolt*, von der wir in diesem Kapitel ausgiebig Gebrauch gemacht haben. Per Definition ist 1 eV die Energiezunahme, die ein Elektron erfährt, wenn es eine Beschleunigungsspannung von 1 V durchläuft.

Natürlich erfahren nicht nur Elektronen einen Energiezuwachs, wenn sie eine Beschleunigungsspannung durchlaufen; das Gesagte gilt für alle geladenen Teilchen gleichermaßen.

a) Wie hoch ist die kinetische Energie eines Protons, wenn es die Beschleunigungsspannung von 1 V durchläuft?

b) Wie hoch ist die kinetische Energie eines Heliumkerns, wenn es die Beschleunigungsspannung von 1 V durchläuft?

c) Ist die Antwort der vorherigen Teilaufgabe davon abhängig, welches Helium-Isotop wir betrachten?

d) Aus 1 kg Körperfett kann der menschliche Körper rund 7000 kCal Energie gewinnen. Wie viel Elektronenvolt entspricht diese Energiemenge?

Aufgabe 7.12

Auf Seite 361 haben Sie die Proton-Proton-Reaktionskette kennengelernt, die bei der Energiegewinnung in der Sonne die Hauptrolle spielt. In Sternen, die deutlich größer sind, dominiert eine Reaktionskette, die von Carl Friedrich von Weizsäcker und Hans Bethe in den Jahren 1938 und 1939 unabhängig voneinander entdeckt wurde.
Anders als bei der Proton-Proton-Kette handelt es sich dabei um eine zyklische Reaktionskette, in der die 6 Isotope

$$^{12}_{6}C,\ ^{13}_{6}C,\ ^{15}_{8}O,\ ^{13}_{7}N,\ ^{14}_{7}N,\ ^{15}_{7}N$$

als Katalysatoren dienen.

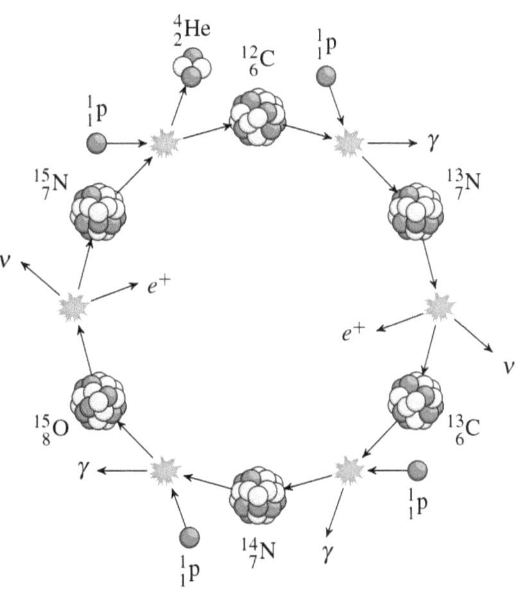

a) Recherchieren Sie die Kernmassen der beteiligten Isotope und tragen Sie die ermittelten Werte in die folgende Tabelle ein:

Isotop	Kernmasse [u]	Isotop	Kernmasse [u]
${}^{13}_{7}N$		${}^{12}_{6}C$	
${}^{14}_{7}N$		${}^{13}_{6}C$	
${}^{15}_{7}N$		${}^{15}_{8}O$	

b) Berechnen Sie die Energiemenge, die beim Durchlaufen des *Bethe-Weizsäcker-Zyklus* freigesetzt wird. Ergänzen Sie hierfür die folgende Bilanzrechnung:

$$
\begin{array}{rll}
{}^{12}_{6}C + {}^{1}_{1}p \rightarrow {}^{13}_{7}N & + \quad\square & \text{MeV} \\
{}^{13}_{7}N \rightarrow {}^{13}_{6}C & + \quad\square & \text{MeV} \\
{}^{13}_{6}C + {}^{1}_{1}p \rightarrow {}^{14}_{7}N & + \quad\square & \text{MeV} \\
{}^{14}_{7}N + {}^{1}_{1}p \rightarrow {}^{15}_{8}O & + \quad\square & \text{MeV} \\
{}^{15}_{8}O \rightarrow {}^{15}_{7}N & + \quad\square & \text{MeV} \\
{}^{15}_{7}N + {}^{1}_{1}p \rightarrow {}^{12}_{6}C + {}^{4}_{2}He & + \quad\square & \text{MeV} \\
\hline
& = \quad\square & \text{MeV}
\end{array}
$$

c) Wir haben in der Rechnung noch nicht berücksichtigt, dass die beiden Positronen durch den Kontakt mit Elektronen zerstrahlen. Die Energie des Positrons ist in unserer Bilanz bereits enthalten, nicht aber die Energie der Elektronen, die an den Paarvernichtungen teilnehmen. Korrigieren Sie die Bilanz, indem Sie für jedes zerstrahlte Elektron $0,51$ MeV an zusätzlich freigesetzter Energie einrechnen.

d) Vergleichen Sie die Energiebilanz des Bethe-Weizsäcker-Zyklus mit der Energiebilanz der Proton-Proton-Kette. Warum muss bei beiden Reaktionsabläufen, so unterschiedlich sie auch sind, der gleiche Wert herauskommen?

Übrigens: Der Bethe-Weizsäcker-Zyklus wird äußerst langsam durchlaufen, da die Wahrscheinlichkeit einer Teilchenkollision gering ist. Im Mittel vergehen mehrere 100 Millionen Jahre, bis ein einzelner Zyklus vollendet ist.

Für die Entdeckung dieser bedeutenden Reaktionskette wurde Hans Bethe im Jahr 1967 mit dem Nobelpreis ausgezeichnet, „*for his contributions to the theory of nuclear reactions, especially his discoveries concerning the energy production in stars*“.

8 Gravitation

„Das Aufgeben gewisser bisher als fundamental behandelter Begriffe über Raum, Zeit und Bewegung darf nicht als freiwillig aufgefasst werden, sondern nur als bedingt durch beobachtete Tatsachen.“

Albert Einstein [20]

„Die allgemeine Relativitätstheorie verdankt ihre Entstehung in erster Linie der Erfahrungstatsache von der numerischen Gleichheit der trägen und der schweren Masse der Körper, für welche fundamentale Tatsache die klassische Mechanik keine Interpretation geliefert hat.“

Albert Einstein [ebd.]

Einstein wusste, dass er mit der Formulierung der speziellen Relativitätstheorie Großes geleistet hatte; gleichsam war ihm früh bewusst, dass sein Gedankengebäude unter einer entscheidenden Schwäche litt. Die Gültigkeit der SRT war von vornherein auf Inertialsysteme beschränkt, also auf Bezugssysteme, in denen das Trägheitsgesetz der Mechanik gilt. In der Form, wie Einstein sie damals im Sinn hatte, sind solche Systeme in der Natur aber gar nicht vorhanden, da jedes materielle Objekt den Anziehungskräften naher und ferner Himmelskörper unterworfen ist.

In den Jahren nach 1905 arbeitete Einstein intensiv daran, die spezielle Relativitätstheorie weiterzuentwickeln und zu einer Theorie der Gravitation auszubauen. Eines war ihm dabei immer klar: Eine solche Theorie müsste unter allen Umständen das schwache Äquivalenzprinzip bewahren, das in seinen Arbeiten als das *galileische Prinzip* bezeichnet wird. Wir erinnern uns: Das schwache Äquivalenzprinzip besagt, dass die träge und die schwere Masse eines Körpers stets gleich sind.

Eines der fundamentalen Ergebnisse der speziellen Relativitätstheorie ist der Satz über die Trägheit der Energie, symbolisch manifestiert in der Formel $E = mc^2$. Wird ein materieller Körper in einem Schwerefeld nach oben gehoben, so gewinnt er an potenzieller Energie, so dass sich die träge Masse eines Körpers in Abhängigkeit des Gravitationspotenzials ändern muss. Nach dem schwachen Äquivalenzprinzip sollte sich die schwere Masse des Körpers dann aber in dem gleichen Maße ändern, doch, wie Einstein es ausdrückte, *„liefert uns die gewöhnliche Relativitätstheorie kein Argument, aus dem wir folgern könnten, dass das Gewicht* [die Schwere] *eines Körpers von dessen Energieinhalt abhängt.“* [16]

In Einstein wuchs die Überzeugung, dass er die zwei Axiome, auf denen er die spezielle Relativitätstheorie errichtet hatte, um ein drittes ergänzen musste, um ein Axiom, das die Trägheit und die Schwere eines Körpers in einen noch viel stärkeren Zusammenhang rücken würde, als es das schwache Äquivalenzprinzip tat. Einstein fand die Lösung in einem Grundsatz, den wir heute als das *starke Äquivalenzprinzip* bezeichnen:

Starkes Äquivalenzprinzip

In einem räumlich begrenzten Bezugssystem sind Gravitationskräfte und Trägheitskräfte äquivalent.

Wir wollen an einer bekannten Analogie präzisieren, was damit gemeint ist. Hierzu stellen wir uns einen Wissenschaftler vor, der in einer abgeschlossenen Kammer, die in etwa so groß ist wie die Fahrgastzelle eines Fahrstuhls, an den Fallgesetzen forscht. Wie es in Abbildung 8.1 angedeutet ist, lässt er aus verschiedenen Höhen Gegenstände fallen und vergleicht deren Bewegungslinien. Der Wissenschaftler, der sich in seiner Kammer auf der Erde wähnt, erklärt das Fallen der Gegenstände mit dem Schwerefeld, in dem er sich befindet. Aus seiner Sicht ist es die Gravitationskraft, die den Körper gleichmäßig in Richtung des Bodens beschleunigt. Nachdem er den Versuch wieder und wieder mit verschiedenen Körpern durchgeführt hat, kommt er zu dem gleichen Schluss, zu dem einst Galilei kam: Alle Körper fallen gleich schnell nach unten, unabhängig von ihrer äußeren Form oder ihrer chemischen Zusammensetzung.

Und wie stellt sich die Situation dar, wenn das Labor des Wissenschaftlers gar nicht auf der Erde steht, sondern gleichmäßig beschleunigt durch das Weltall rast, wie es in Abbildung 8.2 gezeigt ist? Innerhalb seines Labors kann der Wissenschaftler den Unterschied nicht bemerken. Durch die gleichmäßige Beschleunigung drückt der Boden jetzt permanent gegen seine Füße und vermittelt ihm dadurch ein Gefühl der Schwere. Öffnet der Wissenschaftler seine Hand, so wird die Beschleunigung der Kammer nicht mehr auf den bisher von der Hand gehaltenen Gegenstand übertragen. Da die Kammer aber weiterhin von außen beschleunigt wird, kollidiert die immer schneller werdende Bodenplatte kurze Zeit später mit dem Gegenstand, der seine Geschwindigkeit seit dem Loslassen nicht mehr verändert hat. Für unseren Forscher sind beide Szenarien völlig äquivalent. Innerhalb der Kammer kann er mit keinem Experiment entscheiden, ob ein Gravitationsfeld die losgelassenen Gegenstände nach unten beschleunigt oder eine äußere Kraft die Kammer nach oben. Genau dies ist die Aussage des starken Äquivalenzprinzips: Gravitationskräfte und Trägheitskräfte sind in einem räumlich begrenzten Bezugssystem äquivalent.

Im Lichte des starken Äquivalenzprinzips wirkt die Gleichheit von träger und schwerer Masse wie eine Trivialität. Auch ein anderes Problem hatte Einstein damit bereits auf der konzeptionellen Ebene gelöst, denn *„man kann bei dieser Auffassung ebensowenig von der absoluten Beschleunigung des Bezugssystems sprechen, wie man nach der gewöhnlichen Relativitätstheorie von der absoluten Geschwindigkeit eines Systems reden*

Abbildung 8.1: Fallexperiment im Gravitationsfeld

kann" [16]. Tatsächlich hatte das starke Äquivalenzprinzip die letzten Spuren verschwinden lassen, die ein Bezugssystem in einem absoluten Sinne als beschleunigt auszeichnen konnten.

An dieser Stelle drängt sich die folgende Frage auf: Was passiert, wenn die äußere Kraft verschwindet? Von außen betrachtet würde die vormals beschleunigte Kammer ihre momentane Geschwindigkeit beibehalten und sich gleichförmig durch das Weltall weiterbewegen. Sie würde dann aufhören, mit ihrem Boden gegen die Füße des Wissenschaftlers zu drücken und befände sich ab jetzt, physikalisch gesehen, im freien Fall. Der Wissenschaftler in der Kammer wird die Situation anders empfinden: Er würde konstatieren, dass die Schwerkraft urplötzlich abgeschaltet wurde. Diese Sichtweise eröffnet uns eine zweite Möglichkeit, das starke Äquivalenzprinzip zu charakterisieren:

Starkes Äquivalenzprinzip (alternative Formulierung)

In einem lokalen, frei fallenden Bezugssystem laufen alle physikalischen Vorgänge so ab, als sei keine Schwerkraft vorhanden.

Abbildung 8.2: Das gleiche Experiment in einem beschleunigten Labor

Achten Sie darauf, das starke Äquivalenzprinzip im Geiste nicht überzuinterpretieren. Aus der Tatsache, dass zwischen Gravitationskräften und Beschleunigungskräften in einem räumlich begrenzten Labor nicht experimentell unterschieden werden kann, folgt mitnichten deren uneingeschränkte Gleichheit. Dies wird spätestens dann deutlich, wenn wir die geometrischen Strukturen von Schwerefeldern vergleichen. Wir wissen, dass ein Planet ein Gravitationsfeld erzeugt, das andere Körper in die Richtung seines Massenzentrums beschleunigt, und zwar mit einer Kraft, die quadratisch mit der Entfernung abnimmt. Ein solches Feld ließe sich aber niemals durch eine geschickt ausgeführte Beschleunigung als Ganzes simulieren. In [19] weist Einstein explizit auf diesen wichtigen Punkt hin:

> *„Man könnte nun leicht meinen, dass die Existenz eines Gravitationsfeldes stets eine nur scheinbare sei. Man könnte denken, dass, was auch immer für ein Gravitationsfeld vorhanden sein mag, man immer einen anderen Bezugskörper so wählen könne, dass in Bezug auf ihn kein Gravitationsfeld existiert. Dies trifft aber keineswegs für alle Gravitationsfelder zu, sondern nur für solche von ganz speziellem Bau. So ist es beispielsweise unmöglich, einen Bezugskörper so zu wählen, dass von ihm aus beurteilt das Gravitationsfeld der Erde (in seiner ganzen Ausdehnung) verschwindet."*
>
> Albert Einstein [19]

Das starke Äquivalenzprinzip war der erste Schritt auf dem Weg zur Formulierung der *allgemeinen Relativitätstheorie*, die Einstein am 25. November 1915, nach vielen Jahren harter Arbeit, vor der Preußischen Akademie der Wissenschaften präsentierte. Auch wenn diese Theorie nicht der Gegenstand dieses Buchs ist, wollen wir mit unserem Protagonisten dennoch ein paar Schritte gehen und dabei die Frage klären, wie sich Uhren in einem Gravitationsfeld verhalten.

8.1 Uhren im Gravitationsfeld

8.1.1 Gravitative Zeitdilatation

Zu den fundamentalen Konsequenzen aus dem starken Äquivalenzprinzip gehört eine Eigenschaft, die uns das erste Mal im Rahmen der relativistischen Kinematik begegnet ist. In Kapitel 4 hatten wir erarbeitet, dass die Zeit in relativ zueinander bewegten Bezugssystemen unterschiedlich schnell verstreicht. Dieser Effekt ist die Zeitdilatation, den wir plakativ so formuliert hatten: Bewegte Uhren gehen langsamer. Die Gravitation besitzt diese Eigenschaft gleichermaßen, denn auch ein Schwerefeld dehnt die Zeit.

Um dieses Ergebnis auf möglichst einfache Weise herzuleiten, stellen wir die nachfolgenden Überlegungen in einem Gravitationsfeld an, dessen Feldvektoren raumunabhängig sind, d. h. an jedem Punkt die gleiche Länge aufweisen und in die gleiche Richtung zeigen. Ein solches Feld heißt *homogen* und ist beispielsweise in Abbildung 8.2 innerhalb des beschleunigten Labors vorhanden.

Um die Auswirkung eines homogenen Gravitationsfelds auf den Gang von Uhren zu verstehen, stellen wir uns einen langen Fahrstuhlschacht vor, in dem unsere Laborkammer gleichmäßig beschleunigt heraufgezogen wird. Dabei wird unsere Kammer unzählige Stockwerke passieren, und wir wollen annehmen, dass sich in jedem dieser Stockwerke ein externer Beobachter befindet. Ferner gehen wir davon aus, dass der Wissenschaftler auf seiner Fahrt nach oben zwei Uhren mitführt: eine Uhr A, die sich auf dem Boden befindet, und eine Uhr B, die an der Decke angebracht ist. Der vertikale Abstand dieser beiden Uhren sei h.

Als Nächstes wollen wir uns überlegen, wie der Gang der beiden Uhren von den Beobachtern wahrgenommen wird, die der Wissenschaftler auf der Fahrt nach oben der Reihe nach passiert. Ist der Fahrstuhl einer Beschleunigung a ausgesetzt, die in der Größenordnung der Erdbeschleunigung liegt, so ist er für lange Zeit sehr viel langsamer unterwegs als das Licht. Das bedeutet, dass wir die Geschwindigkeit, die er zu einem gewissen Zeitpunkt nach dem Start aufweist, ruhigen Gewissens mit den Formeln der klassischen Kinematik abschätzen dürfen. Für die Uhr A, die sich auf dem Boden befindet, gilt dann das Folgende: t_A Sekunden nach dem Start bewegt sich die Uhr mit der Geschwindigkeit

$$v_A = at_A$$

nach oben und hat dabei die Strecke

$$s_A = \frac{1}{2}at_A^2 = \frac{v_A^2}{2a}$$

zurückgelegt. Die gleiche Überlegung können wir für die Uhr B anstellen, die an der Decke angebracht ist. Auch für diese Uhr gilt die Beziehung:

$$s_B = \frac{1}{2}at_B^2 = \frac{v_B^2}{2a}$$

Als Nächstes begeben wir uns in Gedanken in eines der Stockwerke und überlegen, wie der dort positionierte Beobachter die Situation wahrnimmt. Nach einer gewissen Wartezeit wird der Beobachter die Ankunft unserer Kammer registrieren und zunächst die Uhr B mit der Geschwindigkeit v_B und danach die Uhr A mit der Geschwindigkeit v_A an sich vorbeiziehen sehen. Da die Uhr A später an ihm vorbeikommt und der Fahrstuhl kontinuierlich beschleunigt wird, ist v_A größer als v_B. Um v_A zu berechnen, erinnern wir uns daran, dass die Uhr A von ihrer Startposition bis zur Position des Beobachters eine Wegstrecke zurückgelegt hat, die um den Abstand h größer ist als die Wegstrecke, die B von ihrer Startposition bis zur Position des Beobachters zurückgelegt hat. Demnach gilt

$$s_A = s_B + h,$$

was uns nach dem oben Gesagten den Zusammenhang

$$\frac{v_A^2}{2a} = \frac{v_B^2}{2a} + h$$

beschert. Lösen wir diese Gleichung nach v_B auf, so erhalten wir das Zwischenergebnis:

$$v_B = \sqrt{v_A^2 - 2ah} \tag{8.1}$$

Ferner wird der Beobachter konstatieren, dass die Zeit auf den bewegten Uhren A und B langsamer verstreicht als auf seiner eigenen. Der Grund hierfür ist die Zeitdilatation, die das Folgende besagt: Während auf der Uhr des Beobachters eine kurze Zeitspanne ΔT verstreicht, vergehen auf den bewegten Uhren A und B die Zeitspannen $\Delta\tau_A$ und $\Delta\tau_B$, die mit ΔT folgendermaßen zusammenhängen:

$$\Delta\tau_A = \Delta T\sqrt{1 - \beta_A^2}$$

$$\Delta\tau_B = \Delta T\sqrt{1 - \beta_B^2}$$

Der Quotient

$$\frac{\Delta\tau_B}{\Delta\tau_A}$$

beschreibt, wie sich die beiden bewegten Uhren relativ zueinander verhalten. Mithilfe der Näherungsformel (2.16), die wir auf Seite 39 hergeleitet haben, können wir diese Größe folgendermaßen abschätzen:

$$\begin{aligned}
\frac{\Delta\tau_B}{\Delta\tau_A} = \frac{\sqrt{1-\beta_B^2}}{\sqrt{1-\beta_A^2}} &\overset{(2.16)}{\approx} 1 + \frac{\beta_A^2 - \beta_B^2}{2} \\
&= 1 + \frac{1}{2c^2}\left(v_A^2 - v_B^2\right) \\
&\overset{(8.1)}{=} 1 + \frac{1}{2c^2}\left(v_A^2 - v_A^2 + 2ah\right) \\
&= 1 + \frac{a}{c^2}h
\end{aligned} \tag{8.2}$$

In der hergeleiteten Formel sind die variablen Größen v_A und v_B vollständig verschwunden, so dass wir immer das gleiche Ergebnis erhalten, egal in welchem Stockwerk die Berechnung stattfindet. Folglich läuft die obere Uhr gegenüber der unteren Uhr während der gesamten Beschleunigungsphase um den gleichen Faktor langsamer, und dies wiederum bedeutet, dass (8.2) der Quotient der Zeitspannen ist, die während der gesamten Reise auf der oberen und der unteren Uhr verstreichen. Mit anderen Worten: (8.2) ist der Quotient der beiden Eigenzeiten τ_B und τ_A:

$$\frac{\tau_B}{\tau_A} \approx 1 + \frac{a}{c^2}h \tag{8.3}$$

Diese Formel kennen wir bereits aus Abschnitt 6.3. Sie entspricht exakt jener, die wir auf Seite 306 auf einem ganz anderen Weg hergeleitet haben.

Als Nächstes wollen wir diese Abschätzung geringfügig anders aufschreiben, in der Form:

$$\frac{a}{c^2}h \approx \frac{\tau_B}{\tau_A} - 1 = \frac{\tau_B - \tau_A}{\tau_A}$$

Benutzen wir für $\tau_B - \tau_A$ das Symbol $\Delta\tau$ und für τ_A das Symbol τ, dann können wir (8.3) in die folgende häufig benutzte Form bringen:

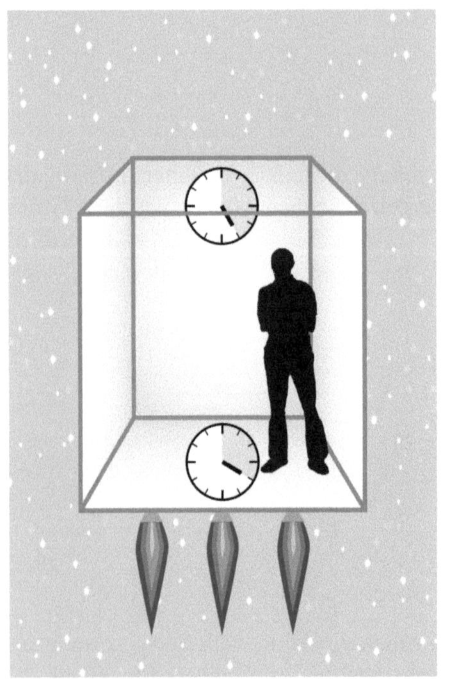

Abbildung 8.3: Gravitative Zeitdilatation, abgeleitet aus dem starken Äquivalenzprinzip

Gravitative Zeitdilatation

$$\frac{\Delta\tau}{\tau} \approx \frac{a}{c^2}h \tag{8.4}$$

Nach dem starken Äquivalenzprinzip überträgt sich das gewonnene Ergebnis unmittelbar auf die Geschehnisse in einem Gravitationsfeld. Befindet sich das Labor beispielsweise auf der Oberfläche eines Planeten, dann muss sich die Situation für den Wissenschaftler so darstellen, wie es in Abbildung 8.3 zu sehen ist. Dort verstreicht die Zeit auf einer Uhr, die sich näher am Massenzentrum befindet, langsamer als auf einer Uhr, die weiter vom Massenzentrum entfernt ist.

8.1.2 Gravitative Rotverschiebung

Wir wollen das bisher erarbeitete Ergebnis auf den Prüfstand stellen und ein weiteres Gedankenexperiment durchführen. Für diesen Zweck platzieren wir auf dem Laborboden in

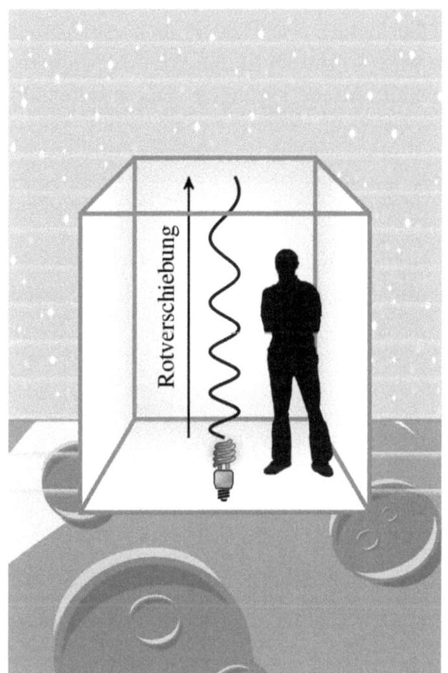

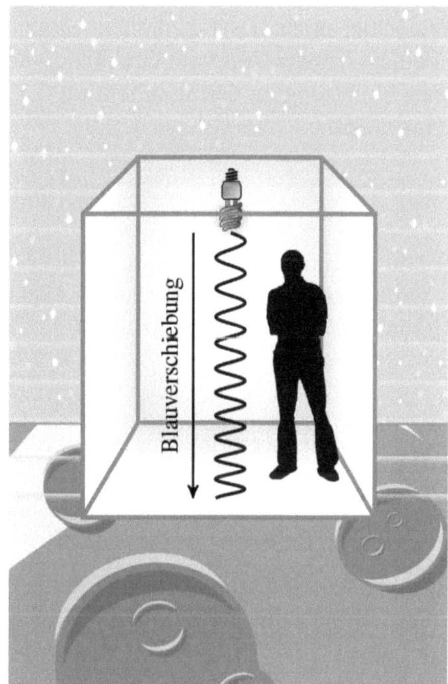

Abbildung 8.4: Gravitative Frequenzverschiebung

Gedanken eine Lampe, die einen Lichtstrahl zur Decke sendet. Wenn die Zeit am Boden des Labors tatsächlich langsamer verstreicht als an der Decke, dann sollte der Empfänger pro Zeiteinheit weniger Wellenberge registrieren, als der Sender pro Zeiteinheit emittiert. Die gravitative Zeitdilatation müsste sich demnach in einer Rotverschiebung des emittierten Lichtstrahls äußern, wie sie in Abbildung 8.4 links zu sehen ist. In den folgenden Abschnitten wollen wir uns damit befassen, wie stark die gravitative Rotverschiebung ausfällt. Wir werden unsere Überlegungen zunächst in einem homogenen Schwerefeld anstellen und anschließend auf inhomogene Felder übertragen.

Rotverschiebung in homogenen Gravitationsfeldern

Die quantitative Analyse der gravitativen Rotverschiebung gelingt am einfachsten, wenn wir uns den Lichtstrahl im Teilchenmodell als eine Armada von Photonen vorstellen. Wir wissen aus Abschnitt 2.3.2, dass die Energie eines Photons eine zur Lichtfrequenz proportionale Größe ist und sich mit der folgenden Formel berechnen lässt:

$$E = \mathrm{h}f \tag{8.5}$$

Die Konstante h ist das plancksche Wirkungsquantum.

Wir schieben an dieser Stelle eine allgemeine Überlegung ein: Bewegt sich ein Körper in einem Schwerefeld vom Gravitationszentrum weg, so muss er eine Arbeit verrichten, die sich, analog zu den in Abschnitt 7.1.2 angestellten Überlegungen, folgendermaßen erfassen lässt:

$$W = \int_{r_0}^{r_1} F(r)\,\mathrm{d}r \tag{8.6}$$

Hierin ist r_0 der Abstand zwischen der Startposition des Körpers und dem Gravitationszentrum und r_1 der entsprechende Abstand für die Endposition. In einem homogenen Gravitationsfeld der Feldstärke g ist

$$F(r) = gm,$$

so dass wir die zu erbringende Arbeit folgendermaßen angeben können:

$$W = \int_{r_0}^{r_1} gm\,\mathrm{d}r = gm \int_{r_0}^{r_1} \mathrm{d}r = gm(r_1 - r_0)$$

Ersetzen wir die Differenz $r_1 - r_0$ durch die Höhe h, so erhalten wir die aus dem Schulunterricht bekannte Formel für die Berechnung der potentiellen Energie eines Körpers:

Potentielle Energie (homogenes Gravitationsfeld)

$$E_{\mathrm{pot}} = mgh \tag{8.7}$$

Da Photonen keine Ruhemasse besitzen, lässt sich diese Formel nicht direkt anwenden. In eine Sackgasse haben wir uns dennoch nicht manövriert. Nach Einsteins Formel (7.33) können wir die Energie des Photons als ein Massenäquivalent

$$m = \frac{E}{c^2}$$

auffassen, das uns, in Gleichung (8.7) eingesetzt, die folgende Beziehung liefert:

$$E_{\mathrm{pot}} = \frac{E}{c^2} gh$$

Um diesen Betrag muss sich die Energie des Photons durch das Aufsteigen in einem homogenen Gravitationsfeld vermindern. Bezeichnen wir die Energie, die das Photon an seiner Endposition aufweist, mit E', dann können wir das Gesagte folgendermaßen aufschreiben:

$$E' = E - E_{\mathrm{pot}} = E - \frac{E}{c^2} gh = E\left(1 - \frac{g}{c^2} h\right)$$

Oder, was nach (8.5) dasselbe ist:

$$\mathrm{h}f' = \mathrm{h}f\left(1 - \frac{g}{c^2}h\right) \tag{8.8}$$

Aufgelöst nach f' erhalten wir den folgenden wichtigen Zusammenhang:

$$f' = f\left(1 - \frac{g}{c^2}h\right)$$

Auch diese Gleichung wollen wir noch ein wenig weiter umformen. Sie ist das Gleiche wie:

$$\frac{g}{c^2}h = 1 - \frac{f'}{f} = \frac{f - f'}{f}$$

Bezeichnen wir die Differenz $f - f'$ mit Δf und die Feldstärke g mit dem allgemeineren Beschleunigungssymbol a, so erhalten wir die Formel, nach der wir gesucht haben. Sie lautet:

Gravitative Rotverschiebung (homogenes Gravitationsfeld)

$$\frac{\Delta f}{f} = \frac{a}{c^2}h$$

Die Formel für die Berechnung der gravitativen Rotverschiebung hat die gleiche Form wie die Formel für die Berechnung der gravitativen Zeitdilatation, die wir auf Seite 378 hergeleitet haben. Beachtenswert ist an dieser Stelle, dass die gewählte Herleitung eine völlig andere war. Während wir die Formel (8.4) mithilfe des Äquivalenzprinzips aus der Zeitdilatation der speziellen Relativitätstheorie gewonnen haben, erhielten wir die Formel für die gravitative Rotverschiebung aus dem Photonenmodell des Lichts und der Annahme, dass Arbeit geleistet werden muss, um in einem Gravitationsfeld aufzusteigen.

Rotverschiebung in inhomogenen Gravitationsfeldern

Besonders deutlich müsste die gravitative Rotverschiebung ausfallen, wenn wir nicht, wie es in Abbildung 8.4 angedeutet wurde, Licht von einer im Labor installierten Lampe betrachten, sondern Licht, das von der Sonne oder von fernen Sternen emittiert wird. Für die korrekte Analyse des zu erwartenden Effekts müssen wir beachten, dass sich die Gravitationskraft mit dem Quadrat der Entfernung abschwächt und das Schwerefeld daher nicht mehr länger als homogen angesehen werden darf.

Trotzdem ist es mit der geleisteten Vorarbeit nicht schwierig, die Ergebnisse auf den Fall eines inhomogenen Gravitationsfelds zu übertragen. Der Ausgangspunkt unserer Überlegung ist Formel (8.6), aus der wir die Berechnungsvorschrift für die potentielle Energie gewonnen haben. Setzen wir in diese Formel das Newton'sche Gravitationsgesetz ein, so können wir die Arbeit, die ein Photon für den Aufstieg in einem Gravitationsfeld leisten muss, wie folgt berechnen:

$$\begin{aligned} W &= \int_{r_0}^{r_1} F(r)\,\mathrm{d}r \\ &\overset{(2.33)}{=} \int_{r_0}^{r_1} G\frac{Mm}{r^2}\,\mathrm{d}r \\ &= -GMm\frac{1}{r}\bigg|_{r_0}^{r_1} \\ &= GMm\left(\frac{1}{r_0}-\frac{1}{r_1}\right) \end{aligned}$$

Wir halten fest:

Potentielle Energie (radiales Gravitationsfeld)

$$E_{\text{pot}} = GMm\left(\frac{1}{r_0}-\frac{1}{r_1}\right)$$

Analog zur Herleitung von Gleichung (8.8) können wir jetzt den folgenden Zusammenhang zwischen der Sendefrequenz f und der Empfangsfrequenz f' aufstellen:

$$\mathrm{h}f' = \mathrm{h}f - \frac{\mathrm{h}f}{c^2}GM\left(\frac{1}{r_0}-\frac{1}{r_1}\right)$$

Dies liefert uns die Beziehung

$$f' = f\left(1-\frac{GM}{c^2}\left(\frac{1}{r_0}-\frac{1}{r_1}\right)\right),$$

die wiederum das Gleiche ist wie:

Gravitative Rotverschiebung (radiales Gravitationsfeld)

$$\frac{\Delta f}{f} = \frac{GM}{c^2}\left(\frac{1}{r_0}-\frac{1}{r_1}\right) \tag{8.9}$$

Himmelskörper	Masse M	R_S	Radius R	$\frac{R_S}{R}$
Erde	$6 \cdot 10^{24}$ kg	0,9 cm	6000 km	10^{-9}
Sonne	$2 \cdot 10^{30}$ kg	3 km	700000 km	10^{-6}
Weißer Zwergstern	$2 \cdot 10^{30}$ kg	3 km	10000 km	$3 \cdot 10^{-4}$
Neutronenstern	$2 \cdot 10^{30}$ kg	3 km	10 km	0,3

Tabelle 8.1: Gravitative Rotverschiebung für verschiedene Himmelskörper (nach [49])

Diese Formel wollen wir noch ein wenig weiter umformen und dabei eine Größe einführen, die als *Schwarzschild-Radius* bezeichnet wird. Sie ist nach dem deutschen Astronomen Karl Schwarzschild benannt und spielt eine prominente Rolle in der allgemeinen Relativitätstheorie:

Schwarzschild-Radius der Masse M

$$R_S = \frac{2GM}{c^2}$$

Mit der neu eingeführten Größe lässt sich Gleichung (8.9) folgendermaßen aufschreiben:

$$\frac{\Delta f}{f} = \frac{R_S}{2}\left(\frac{1}{r_0} - \frac{1}{r_1}\right) \tag{8.10}$$

Betrachten wir das Licht der Sonne oder das Licht eines fernen Sterns, so können wir die Größe r_0 durch den Sternenradius R und die Größe $\frac{1}{r_1}$ in guter Näherung durch 0 ersetzen. Gleichung (8.10) nimmt dann die folgende besonders einfache Form an:

Gravitative Rotverschiebung (Licht ferner Sterne)

$$\frac{\Delta f}{f} = \frac{R_S}{2R} \tag{8.11}$$

Diese Formel stellt klar: Das Licht, das von einem fernen Stern emittiert wird, unterliegt einer gravitativen Rotverschiebung, die zum einen durch den Sternenradius R und zum anderen durch den Schwarzschild-Radius R_S beeinflusst wird. Halten Sie im Gedächtnis, dass der erste ausschließlich von der räumlichen Ausdehnung und der zweite ausschließlich von der Masse des Sterns abhängt.

In Tabelle 8.1 sind die beiden Parameter für verschiedene Himmelskörper aufgelistet, zusammen mit der zu erwartenden Frequenzverschiebung $\frac{\Delta f}{f}$. Die Unterschiede sind gewaltig. Während sich im Falle des Sonnenlichts eine gravitative Rotverschiebung in einer Größenordnung von gerade einmal 10^{-6} ergibt, ist sie bei weißen Zwergsternen bereits mehr als 100 Mal so groß. Noch viel kompakter sind Neutronensterne. Bei einer ähnlichen Masse sind ihre Radien rund 1000 Mal kleiner als die Radien von weißen Zwergsternen, was nach Formel (8.11) dazu führt, dass die gravitative Rotverschiebung um den gleichen Faktor größer wird.

8.2 Experimente zur Zeitdilatation

8.2.1 Das Hafele-Keating-Experiment

„Four cesium beam clocks flown around the world on commercial jet flights during October 1971, once eastward and once westward, recorded directionally dependent time differences which are in good agreement with predictions of conventional relativity theory.“

J. C. Hafele und R. E. Keating [31]

Bereits wenige Jahre nach ihrer Formulierung polarisierte die Relativitätstheorie die Forschergemeinde. Manche Physiker waren von der inneren mathematischen Schönheit so fasziniert, dass sie Einsteins Werk zu keiner Zeit anzweifelten. Andere sahen darin einen massiven Angriff auf die Grundfeste der Physik, dem sie mit aggressiver Rhetorik entgegentraten. Wasser auf den Mühlen der Kritiker waren vor allem die kontraintuitiv wirkenden Konsequenzen. Sollte es wirklich wahr sein, dass die Zeit auf einer Uhr langsamer verstreicht, nur weil sie sich schnell bewegt oder näher am Gravitationszentrum befindet? Die empirische Bestätigung der Relativitätstheorie war zu einer dringlichen Aufgabe geworden, doch ein entsprechendes Experiment galt zu Beginn des 19. Jahrhunderts als ein schier unmögliches Unterfangen.

Dies änderte sich in den Sechzigerjahren, als die relativistischen Effekte in die Nähe der Messgenauigkeit von Atomuhren rückten. Einige Physiker schlugen vor, die Zeitdilatation mit präzisen Uhren an Bord von Satelliten zu messen, doch die Planungen dieser aufwendigen Projekte gingen nur schleppend voran. Ende der Sechzigerjahre arbeiteten die Atomuhren dann bereits so genau, dass der Rückgriff auf Satelliten gar nicht mehr nötig war. Die Physiker Joseph Hafele und Richard Keating rechneten aus, dass sich die Zeitdilatation bereits in gewöhnlichen Verkehrsflugzeugen mithilfe von Cäsium-Uhren nachweisen lassen müsste.

Ausgestattet mit vier Atomuhren, die zuvor mit Referenzuhren am Naval Observatory in Washington, D. C., synchronisiert wurden, flogen Hafele und Keating an Bord von

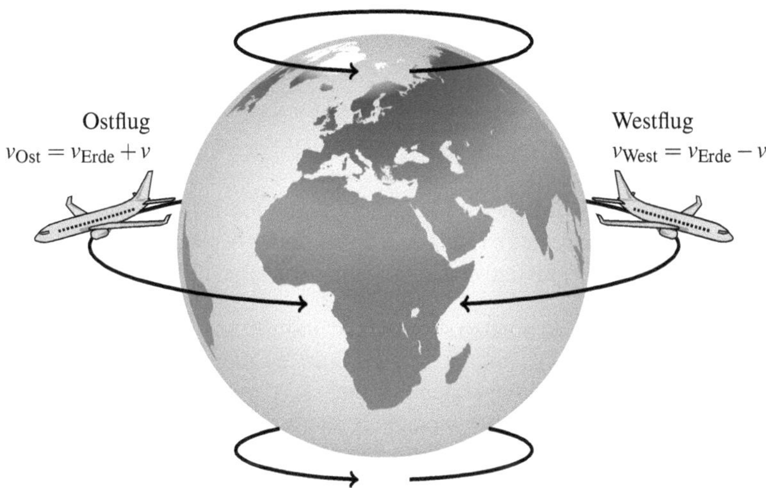

Abbildung 8.5: Hafele-Keating-Experiment

gewöhnlichen Verkehrsmaschinen in östlicher Richtung um den Globus, und genau wie es Einsteins Theorie vorhergesagt hatte, liefen die Uhren danach nicht mehr synchron. Nach dem Flug gingen die mitgeführten Uhren gegenüber den am Boden verbliebenen um ca. 59 ns nach. Im Anschluss daran wiederholten Hafele und Keating das Experiment entlang westlicher Flugrouten, und auch dieses Mal gerieten die Uhren aus dem Takt. Nach dem Flug gingen die westwärts transportierten Uhren gegenüber den am Boden verbliebenen um ca. 273 ns vor. Wir werden nun rechnerisch belegen, dass die beobachteten Effekte in gutem Einklang mit der Zeitdilatation stehen, wie sie die Relativitätstheorie vorhersagt.

In der Analyse des Experiments müssen wir drei Bezugssysteme unterscheiden:

- Das Bezugssystem der ostwärts fliegenden Maschine
- Das Bezugssystem der westwärts fliegenden Maschine
- Das Bezugssystem der im Kontrollzentrum ruhenden Uhr

Beachten Sie, dass die genannten Bezugssysteme allesamt um die Erdachse rotieren. Das bedeutet, dass keines ein Inertialsystem ist und wir unseren erarbeiteten Formelapparat deshalb gar nicht anwenden dürfen. Wir sind daher gezwungen, die drei genannten Bezugssysteme um ein viertes zu ergänzen, in dem die bewegten Uhren mit den Formeln der speziellen Relativitätstheorie studiert werden dürfen. Für die Analyse nehmen wir daher eine Beobachterposition im Weltraum ein, aus der sich das Experiment so darstellt, wie es in Abbildung 8.5 zu sehen ist.

Um die Rechnung zu erleichtern, gehen wir von der vereinfachenden Annahme aus, dass die Uhren ohne Zwischenstopp transportiert wurden. Ferner nehmen wir an, dass die ostwärts fliegende Maschine für die Umrundung der Erde, von unserer Beobachterposition aus beurteilt, die gleiche Zeit

$$T \approx 180000\,\text{s} \tag{8.12}$$

benötigt wie die westwärts fliegende Maschine.

Jetzt gehen wir in zwei Schritten vor. Zunächst bestimmen wir die Zeitabweichung, wie sie die Zeitdilatation der speziellen Relativitätstheorie vorhersagt, und korrigieren diesen Wert anschließend um die gravitative Zeitdilatation der allgemeinen Relativitätstheorie.

Für den erstgenannten Effekt spielen drei Geschwindigkeiten eine Rolle. Eine davon ist die Bahngeschwindigkeit v_{Erde}, mit der sich die Erde um ihre eigene Achse dreht. Die anderen beiden sind die Geschwindigkeiten v_{Ost} und v_{West}, mit denen die beiden Maschinen unterwegs sind. Ist v die Reisegeschwindigkeit relativ zum Erdboden, dann bewegt sich der ostwärts fliegende Jet mit der Geschwindigkeit

$$v_{\text{Ost}} = v_{\text{Erde}} + v$$

und der westwärts fliegende Jet mit der Geschwindigkeit

$$v_{\text{West}} = v_{\text{Erde}} - v.$$

Dass wir die Geschwindigkeiten nichtrelativistisch addieren dürfen, liegt daran, dass v_{Erde} und v mit

$$v_{\text{Erde}} \approx 1670\,\frac{\text{km}}{\text{h}} \approx 464\,\frac{\text{m}}{\text{s}} \tag{8.13}$$

$$v \approx 800\,\frac{\text{km}}{\text{h}} \approx 222\,\frac{\text{m}}{\text{s}} \tag{8.14}$$

im Vergleich zur Lichtgeschwindigkeit vernachlässigbar klein sind.

Damit gilt zwischen der Zeit T und den Eigenzeiten τ_{Erde}, τ_{Ost}, τ_{West}, d. h. den Zeiten, die auf den beteiligten Atomuhren verstreichen, der folgende Zusammenhang:

$$\tau_{\text{Erde}} = T\sqrt{1-\frac{v_{\text{Erde}}^2}{c^2}}$$

$$\tau_{\text{Ost}} = T\sqrt{1-\frac{v_{\text{Ost}}^2}{c^2}} = T\sqrt{1-\frac{(v_{\text{Erde}}+v)^2}{c^2}}$$

$$\tau_{\text{West}} = T\sqrt{1-\frac{v_{\text{West}}^2}{c^2}} = T\sqrt{1-\frac{(v_{\text{Erde}}-v)^2}{c^2}}$$

Mithilfe der Näherungsformel (2.12) auf Seite 38 können wir die Zeiten τ_{Erde}, τ_{Ost}, τ_{West} folgendermaßen abschätzen:

$$\tau_{\text{Erde}} = T\left(1-\frac{1}{2}\frac{v_{\text{Erde}}^2}{c^2}\right)$$

$$\tau_{\text{Ost}} = T\left(1 - \frac{1}{2}\frac{(v_{\text{Erde}} + v)^2}{c^2}\right)$$

$$\tau_{\text{West}} = T\left(1 - \frac{1}{2}\frac{(v_{\text{Erde}} - v)^2}{c^2}\right)$$

Damit erhalten wir für die Laufzeitdifferenzen zwischen der Bodenuhr und den bewegten Uhren die folgenden Zusammenhänge:

$$\Delta\tau_{\text{Ost}}^{\text{SRT}} := \tau_{\text{Ost}} - \tau_{\text{Erde}} = \frac{T}{2}\left(-\frac{(v_{\text{Erde}} + v)^2}{c^2} + \frac{v_{\text{Erde}}^2}{c^2}\right) = -\frac{v\,(2v_{\text{Erde}} + v)}{2c^2}T$$

$$\Delta\tau_{\text{West}}^{\text{SRT}} := \tau_{\text{West}} - \tau_{\text{Erde}} = \frac{T}{2}\left(-\frac{(v_{\text{Erde}} - v)^2}{c^2} + \frac{v_{\text{Erde}}^2}{c^2}\right) = \frac{v\,(2v_{\text{Erde}} - v)}{2c^2}T$$

Legen wir die in (8.12), (8.13) und (8.14) festgelegten Werten zugrunde, so erhalten wir das folgende Ergebnis:

$$\begin{aligned}
\Delta\tau_{\text{Ost}}^{\text{SRT}} &\overset{(8.12)\,(8.13)}{\approx} -\frac{222\,\frac{\text{m}}{\text{s}}\left(2\cdot 464\,\frac{\text{m}}{\text{s}} + 222\,\frac{\text{m}}{\text{s}}\right)}{2\cdot 3\cdot 10^8\,\frac{\text{m}}{\text{s}}\cdot 3\cdot 10^8\,\frac{\text{m}}{\text{s}}}\cdot 180000\,\text{s} \\
&\approx -255\cdot 10^{-9}\,\text{s} = -255\,\text{ns} \qquad (8.15) \\
\Delta\tau_{\text{West}}^{\text{SRT}} &\approx \frac{222\,\frac{\text{m}}{\text{s}}\left(2\cdot 464\,\frac{\text{m}}{\text{s}} - 222\,\frac{\text{m}}{\text{s}}\right)}{2\cdot 3\cdot 10^8\,\frac{\text{m}}{\text{s}}\cdot 3\cdot 10^8\,\frac{\text{m}}{\text{s}}}\cdot 180000\,\text{s} \\
&\approx 157\cdot 10^{-9}\,\text{s} = 157\,\text{ns} \qquad (8.16)
\end{aligned}$$

Die Zeitdilatation der speziellen Relativitätstheorie sagt demnach vorher, dass die Atomuhr des ostwärts fliegenden Jets um ca. 255 ns gegenüber der auf der Erde verbliebenen Uhr nachgeht und die Atomuhr des westwärts fliegenden Jets um ca. 157 ns gegenüber der auf der Erde verbliebenen Uhr vorgeht.

Als Nächstes wollen wir die berechneten Zeitdifferenzen um die gravitative Zeitdilatation korrigieren. Da sich beide Jets während des Flugs in der Höhe

$$h \approx 10000\,\text{m} \qquad (8.17)$$

befinden, laufen die Uhren aufgrund ihrer größeren Entfernung zum Gravitationszentrum schneller als die Uhr auf dem Boden. Während auf der Bodenuhr die Zeit τ_{Erde} verstreicht, sind die Uhren an Bord der Jets um die folgende Zeitspanne schneller gelaufen:

$$\begin{aligned}
\Delta\tau^{\text{ART}} &\overset{(8.4)}{\approx} \tau_{\text{Erde}}\frac{a}{c^2}h \\
&\approx 180000\,\text{s}\cdot\frac{9,81\,\frac{\text{m}}{\text{s}^2}}{9\cdot 10^{16}\,\frac{\text{m}^2}{\text{s}^2}}\cdot 10000\,\text{m}
\end{aligned}$$

$$\approx 196 \cdot 10^{-9}\,\mathrm{s} = 196\,\mathrm{ns} \tag{8.18}$$

Kombinieren wir dieses Ergebnis mit dem oben erzielten, so können wir den Ausgang des Hafele-Keating-Experiments folgendermaßen vorhersagen:

$$\Delta\tau_{\mathrm{Ost}} = \Delta\tau^{\mathrm{ART}} + \Delta\tau_{\mathrm{Ost}}^{\mathrm{SRT}} \overset{(8.15)}{\underset{(8.18)}{=}} 196\,\mathrm{ns} - 255\,\mathrm{ns} = -59\,\mathrm{ns}$$

$$\Delta\tau_{\mathrm{West}} = \Delta\tau^{\mathrm{ART}} + \Delta\tau_{\mathrm{West}}^{\mathrm{SRT}} \overset{(8.16)}{\underset{(8.18)}{=}} 196\,\mathrm{ns} + 157\,\mathrm{ns} = 353\,\mathrm{ns}$$

Hafele und Keating hatten den zu erwartenden Versuchsausgang auf eine ganz ähnliche Weise berechnet, dabei aber die realen Parameter der Flugbahn berücksichtigt. Da wir in der obigen Rechnung die Flughöhe und die Reisegeschwindigkeit als konstant angesehen haben, nähern die ermittelten Werte das real zu erwartende Ergebnis nur an. In [32] haben die beiden Physiker die Zeitdifferenzen anhand der exakten Flugbahnen berechnet und in [31] den experimentell ermittelten Differenzen gegenübergestellt:

Hafele-Keating-Experiment, 1971

Relativistische Vorhersage	Ergebnis der Messung
$\Delta\tau_{\mathrm{Ost}} = -40 \pm 23\,\mathrm{ns}$	$\Delta\tau_{\mathrm{Ost}} = -59 \pm 10\,\mathrm{ns}$
$\Delta\tau_{\mathrm{West}} = 273 \pm 7\,\mathrm{ns}$	$\Delta\tau_{\mathrm{West}} = 275 \pm 21\,\mathrm{ns}$

Mit ihrem kurios anmutenden Experiment war Hafele und Keating ein doppelter Wurf gelungen. Zum einen hatten sie die damals kontrovers diskutierte Frage, ob makroskopische Uhren tatsächlich der Zeitdilatation unterliegen, positiv beantwortet. Zum anderen stimmten die gemessenen Werte so gut mit den vorhergesagten überein, dass an der Korrektheit von Einsteins Theorie kaum noch zu zweifeln war. Entsprechend optimistisch blickten Hafele und Keating am Ende ihrer Arbeit in die Zukunft:

> „*In conclusion, we have shown that the effects of travel on the time recording behavior of macroscopic clocks are in reasonable accord with predictions of the conventional theory of relativity* [...]. *In fact, the experiments were so successful that it is not unrealistic to consider improved versions* [...].“
>
> J. C. Hafele und R. E. Keating [31]

8.2.2 Das Maryland-Experiment

Von der Fachwelt wurde das Hafele-Keating-Experiment mit Begeisterung mitverfolgt und wenige Jahre später von Forschern der University of Maryland in hoher Präzision wiederholt. Anstatt die Erde komplett zu umrunden, ließ die Forschergruppe um Carroll O.

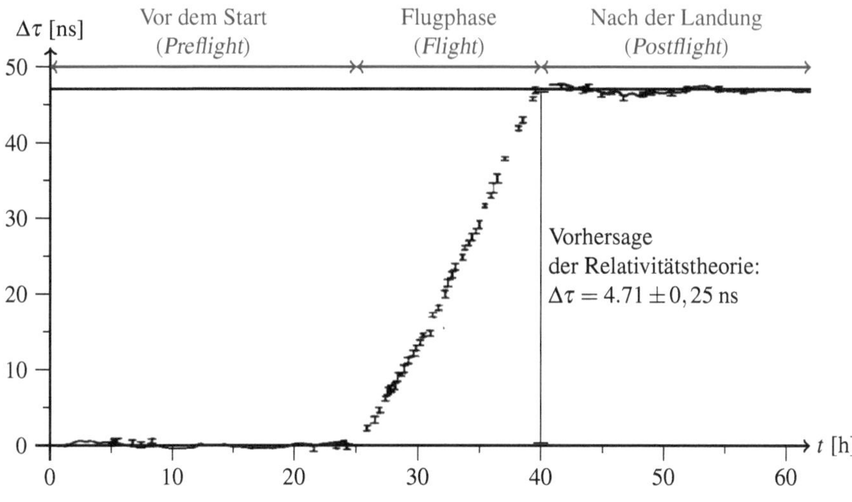

Abbildung 8.6: Ausgang des Maryland-Experiments

Alley ein Flugzeug 15 Stunden über dem Marineflieger-Stützpunkt Patuxent River kreisen. Als Versuchsträger kam eine langsam fliegende Propellermaschine zum Einsatz, die durch permanente Radarmessungen exakt überwacht wurde. Zum Nachweis der gravitativen Zeitdilatation waren an Bord drei Cäsium-Atomuhren installiert, die aufgrund ihrer größeren Entfernung zum Gravitationszentrum in 15 Stunden rund 53 ns schneller laufen sollten als die Uhren auf der Erde. Diesen Effekt bereinigten die Forscher um 6 ns, die durch die Zeitdilatation der speziellen Relativitätstheorie verursacht wurden, und kamen unter der Einbeziehung von diversen Unsicherheitsfaktoren zu der folgenden Prognose:

$$\Delta\tau = 47,1 \pm 0,25 \text{ ns}$$

Um diese Zeitspanne sollten die an Bord installierten Uhren gegenüber den am Boden gebliebenen Uhren nach der Landung vorgehen.

Im Gegensatz zu Hafele und Keating konnten die Forscher den Gang der bewegten Uhren permanent mit dem Gang der Uhren im Kontrollzentrum abgleichen. Hierfür wurden vom Boden und aus der Luft kontinuierlich Laserimpulse ausgesandt und deren Ankunftszeiten registriert. Das Diagramm in Abbildung 8.6 zeigt das Ergebnis. Auf der horizontalen Achse ist die Zeit in Stunden abgetragen, die seit dem Start der Messung vergangen war, und auf der vertikalen Achse der momentane Gangunterschied zwischen den beiden Uhren. Der horizontal eingetragene Zeitraum ist in drei Phasen gegliedert. In der ersten Phase befand sich die Maschine am Boden und die Uhren liefen synchron. Bei $t = 25$ begann die Flugphase, die sich über 15 Stunden erstreckte. Während des Flugs liefen die Uhren an Bord tatsächlich schneller als die Uhren am Boden; die Zeitdifferenz stieg kontinuierlich an, bis das Flugzeug bei $t = 40$ zum Stützpunkt zurückkehrte. Mit der Landung begann die dritte Phase, in der die Uhren wieder gleich schnell liefen.

Der hohe Aufwand des Maryland-Experiments hatte sich ausgezahlt. Mit einer Abweichung von weniger als 2 % konnten die Physiker die Vorhersage der Relativitätstheorie beeindruckend genau bestätigen.

8.2.3 Das Global Positioning System (GPS)

In der modernen Satellitentechnik sind die Einflüsse der speziellen und der allgemeinen Relativitätstheorie allgegenwärtig. Wie sich die relativistischen Effekte dort im Detail auswirken, wollen wir am Beispiel eines Systems demonstrieren, das viele von uns täglich nutzen, dem satellitengestützten Navigationssystem GPS.

Die vom US-Verteidigungsministerium betriebene GPS-Flotte setzt sich aus 24 Satelliten zusammen, die sich in einer Höhe von ca. 20.185 km über der Erdoberfläche mit der Geschwindigkeit

$$v_{\mathrm{GPS}} = 3\,874\ \tfrac{\mathrm{m}}{\mathrm{s}} \tag{8.19}$$

auf kreisförmigen Bahnen bewegen. Vom Erdmittelpunkt sind die Satelliten rund

$$r_0 = 26\,563\ \mathrm{km} \tag{8.20}$$

entfernt. Die Größe r_1 schätzen wir in der folgenden Rechnung mit dem Erdradius ab. Sie beschreibt den Abstand zwischen dem Erdmittelpunkt und einem fiktiven GPS-Empfänger:

$$r_1 = 6\,378\ \mathrm{km} \tag{8.21}$$

Auf der linken Seite in Abbildung 8.7 ist zu sehen, dass jeweils 4 GPS-Satelliten auf einer von insgesamt 6 Bahnebenen kreisen, die gegenüber der Äquatorialebene um 55° geneigt und in einem Winkelabstand von jeweils 60° um die Polachse angeordnet sind.

Jeder GPS-Satellit strahlt zwei hochfrequente Trägerwellen auf die Erde ab, die Vielfache einer gemeinsamen Grundfrequenz sind. Damit ein Beobachter die Signale auf der Erde tatsächlich als Vielfache dieser Grundfrequenz, die 1,023 MHz beträgt, wahrnimmt, müssen die relativistischen Effekte ausgeglichen werden, die den Lauf der Atomuhren an Bord des GPS-Satelliten beeinflussen. Wie groß diese Effekte sind, wollen wir uns nun näher ansehen.

Als Erstes berechnen wir die Zeitdilatation, die ein Satellit gegenüber einem Erdbeobachter aufgrund seiner Bewegung erfährt. Da weder das Ruhesystem des GPS-Empfängers noch das Ruhesystem des Satelliten ein Inertialsystem ist, gehen wir genauso vor wie bei der Analyse des Hafele-Keating-Experiments und nehmen eine Beobachterposition im Weltraum ein. In diesem Bezugssystem können wir in guter Näherung davon ausgehen, dass sich sowohl der Empfänger als auch der Satellit mit einer konstanten Geschwindigkeit auf einer Kreisbahn bewegt.

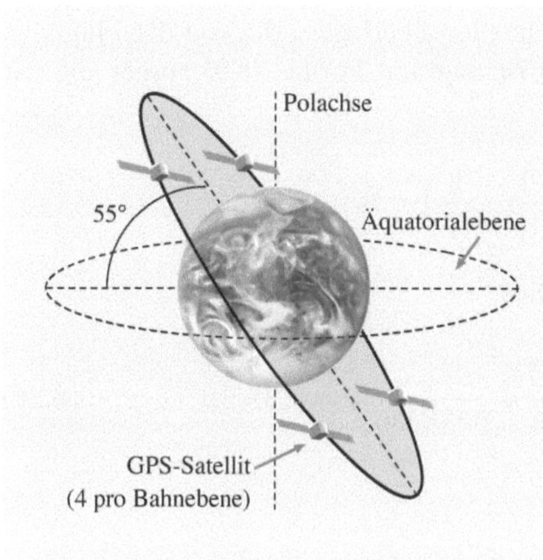

Abbildung 8.7: Global Positioning System (NAVSTAR GPS)

Die spezielle Relativitätstheorie sagt vorher, dass zwischen der Sendefrequenz f_{GPS} des Satelliten, der Empfangsfrequenz f_{E} des GPS-Empfängers und der Frequenz f_{B}, mit der die Sendefrequenz in unserem Beobachtungssystem wahrgenommen wird, die folgenden Zusammenhänge bestehen:

$$f_{\mathrm{E}} = \gamma_{\mathrm{E}} f_{\mathrm{B}} \tag{8.22}$$

$$f_{\mathrm{GPS}} = \gamma_{\mathrm{GPS}} f_{\mathrm{B}} \overset{(8.22)}{=} \frac{\gamma_{\mathrm{GPS}}}{\gamma_{\mathrm{E}}} f_{\mathrm{E}} \tag{8.23}$$

Bezeichnen wir die Differenz $f_{\mathrm{E}} - f_{\mathrm{GPS}}$ mit Δf, dann können wir diese Gleichung in

$$\Delta f \overset{(8.23)}{=} f_{\mathrm{E}} \left(1 - \frac{\gamma_{\mathrm{GPS}}}{\gamma_{\mathrm{E}}} \right)$$

umformen, was wiederum dasselbe ist wie:

$$\frac{\Delta f}{f_{\mathrm{E}}} = 1 - \frac{\gamma_{\mathrm{GPS}}}{\gamma_{\mathrm{E}}} = 1 - \sqrt{\frac{c^2 - v_{\mathrm{E}}^2}{c^2 - v_{\mathrm{GPS}}^2}}$$

Die Größe v_{E} ist die Geschwindigkeit des GPS-Empfängers. Schätzen wir sie mit der Bahngeschwindigkeit ab, mit der sich ein Beobachter am Äquator um die Erdachse bewegt, dann gilt in guter Näherung

$$v_{\mathrm{E}} \approx 463,8\,\frac{\mathrm{m}}{\mathrm{s}}. \tag{8.24}$$

Mit den gewählten Werten ist

$$\frac{\Delta f}{f_{\mathrm{E}}} \overset{\substack{(8.19)\\(8.24)}}{=} 1 - \sqrt{\frac{299\,792\,458^2 - 463,8^2}{299\,792\,458^2 - 3\,874^2}} \approx -0,82 \cdot 10^{-10}. \tag{8.25}$$

Dieser Effekt wird von der gravitativen Zeitdilatation überlagert, die von der Flughöhe des Satelliten abhängt. Wie groß dieser Effekt ist, sagt uns Formel (8.9) vorher, die wir auf Seite 382 hergeleitet haben:

$$\frac{\Delta f}{f_{\mathrm{E}}} = \frac{GM}{c^2}\left(\frac{1}{r_0} - \frac{1}{r_1}\right)$$

Mit den Radien r_0 (8.20) und r_1 (8.21) ergibt dies:

$$\frac{\Delta f}{f_{\mathrm{E}}} = \frac{3{,}986 \cdot 10^5\ \frac{\mathrm{km}^3}{\mathrm{s}^2}}{c^2}\left(\frac{1}{26\,563\ \mathrm{km}} - \frac{1}{6\,378\ \mathrm{km}}\right) \approx 5{,}28 \cdot 10^{-10} \tag{8.26}$$

Wir halten fest:

Zeitdilatation (GPS)

- Aufgrund ihrer Bewegung gehen die Uhren eines GPS-Satelliten um $0{,}82 \cdot 10^{-8}$ % langsamer als die Uhren auf der Erde.
- Aufgrund der größeren Entfernung zum Gravitationszentrum gehen die Uhren eines GPS-Satelliten um $5{,}28 \cdot 10^{-8}$ % schneller als die Uhren auf der Erde.

Die Addition von (8.25) und (8.26) liefert uns den Gesamteffekt:

$$\frac{\Delta f}{f_{\mathrm{E}}} \approx 4{,}46 \cdot 10^{-10} \tag{8.27}$$

So aufwendig die Berechnung dieses Effekts erscheinen mag, so simpel ist dessen Korrektur. Um die Verschiebung auszugleichen, müssen wir lediglich die Sendefrequenz um einen Betrag Δf absenken, der so gewählt ist, dass sich die Empfangsfrequenz f_{E} auf die gewünschten 10,23 MHz reduziert. Mithilfe von (8.27) können wir die Absenkung sofort berechnen. Es ist:

$$\Delta f \approx 10{,}23\ \mathrm{MHz} \cdot 4{,}46 \cdot 10^{-10} \approx 0{,}000\,000\,004\,6\ \mathrm{MHz}$$

Damit sind wir am Ziel. Wir wissen nun, warum GPS-Satelliten mit künstlich verlangsamten Taktgebern arbeiten und damit die folgende Grundfrequenz erzeugen:

GPS-Grundfrequenz (relativistisch korrigiert)

$$f_{\mathrm{GPS}} = 10{,}229\,999\,995\,4\ \mathrm{MHz}$$

Eine Notiz am Rande: In der Planungsphase des GPS-Projekts wurde von den USA das Timation-Programm ins Leben gerufen, das den Start von vier Testsatelliten beinhaltete. Zwei dieser Satelliten umkreisten die Erde in einer Höhe von 925 km und ein dritter in einer Höhe von 13 800 km. Der vierte Satellit wurde am 23. Juni 1977 in einer Höhe ausgesetzt, in der sich die heutige GPS-Flotte befindet. Um die Auswirkungen der Relativitätstheorie experimentell zu überprüfen, ließ sich die Sendefrequenz vom Kontrollzentrum aus variieren, so dass etwaig auftretende Frequenzänderungen flexibel korrigiert werden konnten. Als der Generator die ersten 20 Tage ohne eine relativistische Korrektur betrieben wurde, waren die Ergebnisse eindeutig. Die Borduhr des Satelliten lief um den Faktor $4,425 \cdot 10^{-10}$ schneller als die Uhren im Kontrollzentrum, in exzellenter Übereinstimmung mit Einsteins Theorie [8].

8.3 Übungsaufgaben

Aufgabe 8.1

Space Station V ist der Name einer rotierenden Raumstation, die in Stanley Kubricks epochalem Werk *2001: Odyssee im Weltraum* imposant in Szene gesetzt wurde. Von der Erde kommende Passagiere nutzen die Station im Film als Umsteigebahnhof, um zum Mond oder zu den anderen Planeten weiterzureisen.

Space Station V besteht aus zwei nebeneinander angeordneten Tori, die mit vier Speichen an einer gemeinsamen Mittelachse befestigt sind. Im Film führt die Station in 61 s eine vollständige Umdrehung aus und erzeugt auf diese Weise ein künstliches Schwerefeld. Auf Konstruktionsplänen wird der Radius der Raumstation mit 984 ft angegeben.

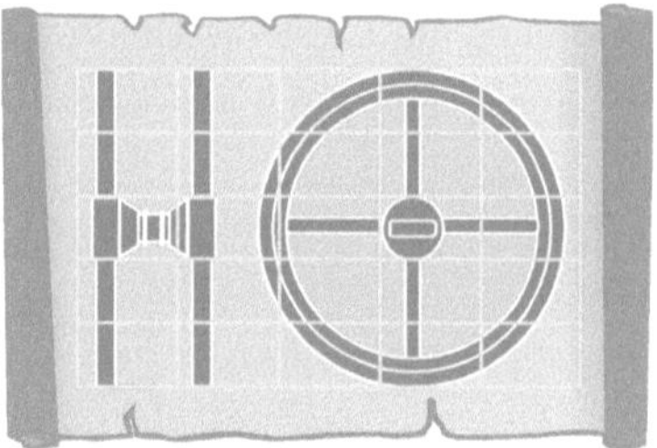

Space Station V

a) Wie hoch ist die Bahngeschwindigkeit am Rand der beiden Tori?

b) Wie groß ist die künstliche Gravitationskraft am Rand der beiden Tori?

c) Im Film entspricht die Beschleunigung, die ein Passagier am Rand der äußeren Schale erfährt, der Fallbeschleunigung auf der Mondoberfläche. Steht dies im Einklang mit den physikalischen Parametern der Station?

Aufgabe 8.2

Stanford-Torus der NASA

Im Jahr 2013 erweckte Hollywood den *Stanford-Torus*, den die NASA in den Siebzigerjahren als Konzeptstudie entwickelt hat, cineastisch perfekt zum Leben. Im Film *Elysium* wohnen in der gleichnamigen Raumstation 500 000 Menschen auf einer Fläche von 375 km^2. In der rotierenden Raumstation spüren die Bewohner ein künstliches Schwerefeld, in dem sie sich genauso bewegen können wie auf der Erde.

a) Die Bewohner nehmen den besiedelbaren Teil von Elysium als einen langen Streifen mit einer Breite von ca. 2 km wahr. Wie groß ist der Durchmesser des Torus?

b) Mit welcher Frequenz muss sich die Raumstation drehen, damit die Fallbeschleunigung auf dem besiedelten Streifen genauso groß ist wie auf der Erde?

c) In den Filmaufnahmen ist zu sehen, dass die Rotationsachse nicht in die Richtung der Erde zeigt. Ist dies ein Problem für die künstliche Schwerkraft?

d) Im Gegensatz zur Konzeptstudie der NASA, die einen geschlossenen Torus vorsieht, ist Elysium nach innen geöffnet. Raumschiffe von der Erde können dort also problemlos landen oder starten. Ist eine solche Konstruktion realistisch im Hinblick auf die Sauerstoffversorgung der Bevölkerung?

Aufgabe 8.3

KARL SCHWARZSCHILD
1873 – 1916

In diesem Kapitel haben Sie den Schwarzschild-Radius kennengelernt, der für einen Körper der Masse M folgendermaßen definiert ist:

$$R_S = \frac{2GM}{c^2}$$

a) Verifizieren Sie, dass die angegebene Größe die Dimension einer Länge hat.

b) Berechnen Sie die Schwarzschild-Radien für die folgenden aus [49] entnommenen Beispiele:

	Masse M	R_S
Atomkern:	10^{-26} kg	
Mensch:	10^{2} kg	
Galaxie:	10^{41} kg	

Übrigens: Der Schwarzschild-Radius, der in diesem Buch nur eine untergeordnete Rolle spielt, ist eine fundamentale Größe in der Theorie der Schwarzen Löcher. In der Astronomie wird ein Raumbereich als Schwarzes Loch bezeichnet, wenn die dort wirkenden Gravitationskräfte so hoch sind, dass weder ein materielles Objekt noch das Licht daraus entweichen kann.

Schwarze Löcher entstehen durch stark komprimierte Massen, und der Schwarzschild-Radius gibt Auskunft darüber, wie hoch die Verdichtung mindestens sein muss, damit die Schwerkraft die erforderliche Stärke erreicht. Das bedeutet konkret: Verteilt sich eine Masse M auf eine Kugel, deren Radius kleiner als der Schwarzschild-Radius ist, so übersteigt die Fluchtgeschwindigkeit, d. h. die Geschwindigkeit, die notwendig ist, um dem Gravitationsfeld zu entkommen, die Lichtgeschwindigkeit. Eine solche Masse bildet dann ein Schwarzes Loch.

Aufgabe 8.4

Im Februar 1960 wurde der *Jefferson Tower* auf dem Campus der Harvard University zum Schauplatz eines bedeutenden Experiments. Der Physikprofessor Robert Pound installierte dort zusammen mit seinem Doktoranden Glen Rebka eine aufwendige Konstruktion, mit der sich Gammastrahlen einer exakt spezifizierten Frequenz durch das Innere einer heliumdurchströmten Polyesterröhre senden ließen.

In ihrem Experiment nutzten Pound und Rebka einen zwei Jahre vorher von Rudolf Mößbauer entdeckten Effekt aus, mit dem sich winzige Frequenzverschiebungen detektieren lassen. Die Messgenauigkeit war so groß, dass sich die gravitative Rotverschiebung in einem terrestrischen Experiment nachweisen lassen müsste, und nichts Geringeres war das Ziel der beiden Physiker.

Pound und Rebka führten ihr Experiment über einen Zeitraum von zehn Tagen durch und wechselten dabei mehrmals die Position des Emitters und des Empfängers. Die Ergebnisse der ersten vier Tage können wir detailliert in der Publikation aus dem Jahr 1961 nachlesen [45]:

Period	Shift observed	Temperature correction	Net shift
	Source at bottom		
Feb. 22, 5 p.m.	-11.5 ± 3.0	-9.2	-20.7 ± 3.0
	-16.4 ± 2.2[a]	-5.9	-22.3 ± 2.2
	-13.8 ± 1.3	-5.3	-19.1 ± 1.3
	-11.9 ± 2.1[a]	-8.0	-19.9 ± 2.1
	-8.7 ± 2.0[a]	-10.5	-19.2 ± 2.0
Feb. 23, 10 p.m.	-10.5 ± 2.0	-10.6	-21.0 ± 2.0
			Weighted average = -19.7 ± 0.8
	Source at top		
Feb. 24, 0 a.m.	-12.0 ± 4.1	-8.6	-20.6 ± 4.1
	-5.7 ± 1.4	-9.6	-15.3 ± 1.4
	-7.4 ± 2.1[a]	-7.4	-14.8 ± 2.1
	-6.5 ± 2.1[a]	-5.8	-12.3 ± 2.1
	-13.9 ± 3.1[a]	-7.5	-21.4 ± 3.1
	-6.6 ± 3.0	-5.7	-12.3 ± 3.0
Feb. 25, 6 p.m.	-6.5 ± 2.0[a]	-8.9	-15.4 ± 2.0
	-10.0 ± 2.6	-7.9	-17.9 ± 2.6
			Weighted average = -15.5 ± 0.8
			Mean shift = -17.6 ± 0.6
			Difference of averages = -4.2 ± 1.1

[a]These data were taken simultaneously with a sensitivity calibration.

Die ersten beiden Messreihen wurden mit einem Sender durchgeführt, der am Boden installiert war, und die dritte und vierte mit einem Sender an der Decke. In der zweiten Spalte (*Shift observed*) sind die gemessenen Frequenzverschiebungen $\frac{\Delta f}{f}$ zusammengefasst. Wie sich die Temperaturdifferenz zwischen Emitter und Empfänger auf die Frequenz auswirkt, ist in der dritten Spalte (*Temperature correction*) vermerkt, und die vierte Spalte (*Net shift*) enthält die damit korrigierten Werte.

a) Der Abstand zwischen Emitter und Empfänger betrug $22,56\,\mathrm{m}$. Berechnen Sie für diesen Wert die zu erwartende Frequenzverschiebung $\frac{\Delta f}{f}$.

b) Sicher haben Sie bemerkt, dass der von Ihnen ermittelte Wert deutlich kleiner ist als die Werte, die Pound und Rebka in den beiden mit „*Weighted average*" markierten Zeilen aufgelistet haben. Offensichtlich wird die gravitative Frequenzverschiebung noch von anderen Effekten überlagert. Wie konnten Pound und Rebka diese zusätzlichen Effekte eliminieren? Die letzte Zeile in der Tabelle kann Ihnen den entscheidenden Hinweis darauf geben.

c) Die Differenz der Durchschnittswerte (*Difference of averages*) betrug im Pound-Rebka-Experiment

$$-4,2 \cdot 10^{-15}\,\mathrm{Hz}.$$

Welchen Wert sagt die Relativitätstheorie voraus?

d) Die über alle Messreihen gemittelte Differenz der Durchschnittswerte ergab

$$(-5,13 \pm 0,51) \cdot 10^{-15}\,\mathrm{Hz}.$$

Wie stark weicht dieser Wert von der theoretischen Vorhersage ab?

A Die keplerschen Gesetze

„[...] es wurde mir als Student nicht klar, dass der Zugang zu den tieferen prinzipiellen Erkenntnissen in der Physik an die feinsten mathematischen Methoden gebunden war.“

Albert Einstein [17]

Die Umlaufbahnen von Planeten lassen sich mit drei Gesetzen beschreiben, die der deutsche Astronom Johannes Kepler Anfang des 17. Jahrhunderts formulierte. Die Reihenfolge der Entdeckung stimmt dabei nicht vollständig mit der heute verwendeten Nummerierung überein. Kepler fand das zweiten Gesetz vor dem ersten und entdeckte 10 Jahre später das dritte.

Das erste keplersche Gesetz

Das erste keplersche Gesetz ist der *Ellipsensatz*. Er besagt, dass sich ein Planet auf einer elliptischen Bahn bewegt und sich der umrundete Zentralkörper in einem der Brennpunkte befindet. Mathematisch können wir diese Aussage folgendermaßen erfassen:

Erstes keplersches Gesetz (Ellipsensatz)

$$r = \frac{p}{1 - \varepsilon \cos \theta} \tag{A.1}$$

Abbildung A.1 macht deutlich, was es mit dieser Formel auf sich hat. Die Grafik auf der linken Seite zeigt, dass die Ellipse, die ein Planet bei seiner Bewegung um den Zentralkörper beschreibt, durch die beiden Halbachsen a und b definiert ist. Die längere Achse a ist die *große Halbachse* und die kürzere Achse b die *kleine Halbachse*. Die mit F_1 und F_2 bezeichneten Punkte heißen *Brennpunkte* (*focal points*) und definieren die Form der Ellipse in dem folgenden Sinne: Für jeden Randpunkt P ist die Strecke $\overline{F_1P} + \overline{F_2P}$ konstant.

Die rechts abgebildete Ellipse erklärt die Bedeutung der Variablen, die in Formel (A.1) auftauchen. r und θ sind die polaren Koordinaten eines Punkts auf dem Ellipsenrand, und

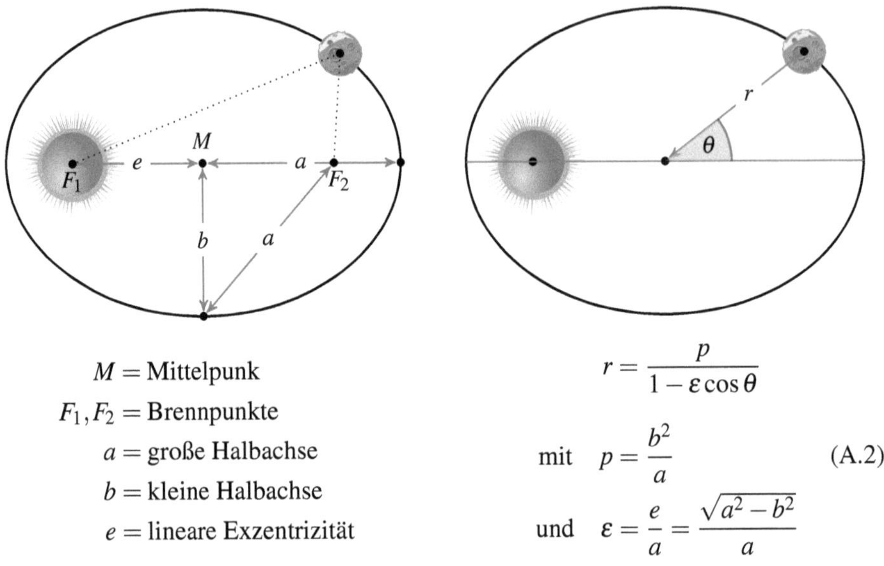

M = Mittelpunk
F_1, F_2 = Brennpunkte
a = große Halbachse
b = kleine Halbachse
e = lineare Exzentrizität

$$r = \frac{p}{1 - \varepsilon \cos \theta}$$

$$\text{mit} \quad p = \frac{b^2}{a} \tag{A.2}$$

$$\text{und} \quad \varepsilon = \frac{e}{a} = \frac{\sqrt{a^2 - b^2}}{a}$$

Abbildung A.1: Beschreibung einer Ellipse in Polarkoordinaten

p und ε sind Konstanten, die die geometrische Form bestimmen. Der Parameter e, der für die Berechnung von ε benötigt wird, heißt *lineare Exzentrizität* und ist der Abstand zwischen einem der Brennpunkte und dem Mittelpunkt. Da die lineare Exzentrizität niemals negativ und immer kleiner als die große Halbachse ist, erfüllt jede Ellipse die Beziehung:

$$0 \leq \varepsilon < 1$$

Der Fall $\varepsilon = 0$ verdient besondere Aufmerksamkeit. In diesem und nur in diesem Fall liegen die beiden Brennpunkte und der Mittelpunkt übereinander, und die Ellipse nimmt die Gestalt eines Kreises an. Wir fassen zusammen:

Ellipsengleichung in Polarkoordinaten

Jede Ellipse lässt sich in der Form

$$r = \frac{p}{1 - \varepsilon \cos \theta} \quad \text{mit} \quad 0 \leq \varepsilon < 1$$

beschreiben. Für $\varepsilon = 0$ wird die Ellipse zu einem Kreis mit dem Radius p.

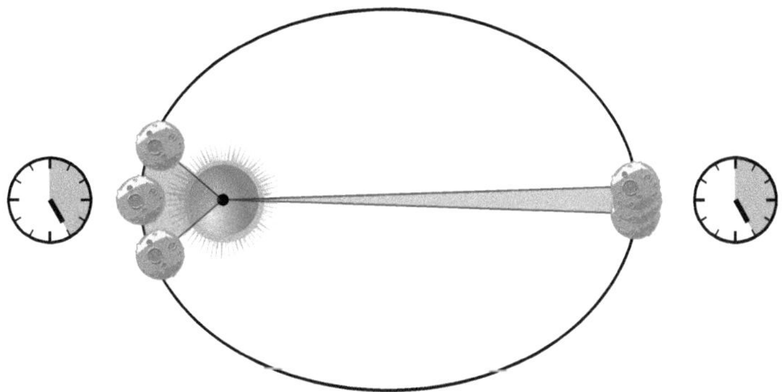

Abbildung A.2: Zu Keplers zweitem Gesetz, dem Flächensatz

Das zweite keplersche Gesetz

Noch bevor Kepler die Ellipse als die wahre geometrische Form der Planetenbahnen erkannte, war er auf den *Flächensatz* gestoßen, den wir heute als das zweite keplersche Gesetz bezeichnen. Konkret besagt er das Folgende: Ziehen wir in Gedanken eine Verbindungslinie zwischen dem Mittelpunkt der Sonne und dem Mittelpunkt eines Planeten, so überstreicht diese in gleichen Zeitintervallen die gleiche Fläche (Abbildung A.2).

Bezeichnen wir die Fläche, die unsere gedachte Linie vom Beobachtungsstart bis zum Zeitpunkt t überstreicht, mit $A(t)$, so ist die oben angegebene Formulierung äquivalent zu der Aussage, die zeitliche Veränderung von $A(t)$ sei konstant:

Zweites keplersches Gesetz (Flächensatz)

$$A'(t) = const$$

Das dritte keplersche Gesetz

Keplers drittes Gesetz formuliert einen Zusammenhang zwischen zwei Planeten, die sich um den gleichen Zentralkörper bewegen (Abbildung A.3). Konkret besagt es, wie die beiden Umlaufzeiten T_1 und T_2 mit den großen Halbachsen a_1 und a_2 zusammenhängen. Kepler hatte entdeckt, dass sich der Quotient der Umlaufzeiten und der Quotient der großen Halbachsen angleichen, wenn der erstgenannte zur zweiten Potenz und der letztgenannte zur dritten Potenz erhoben wird:

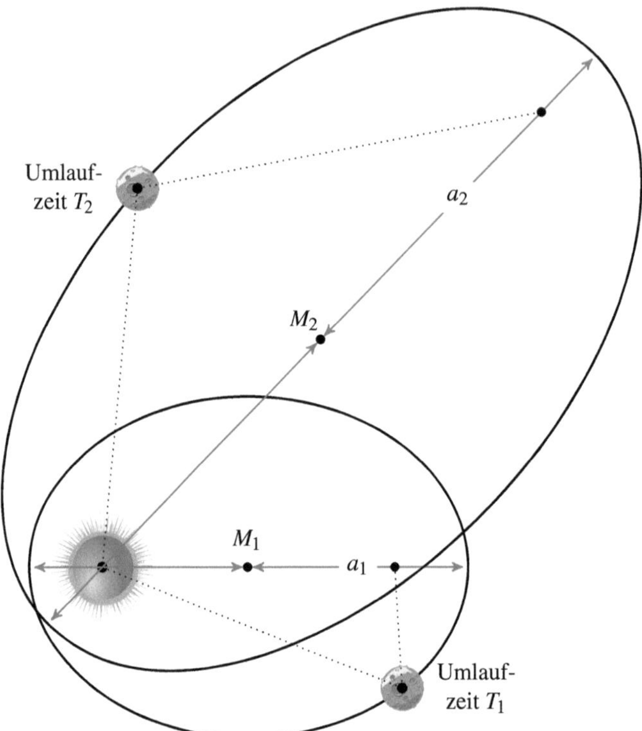

Abbildung A.3: Zu Keplers drittem Gesetz

Drittes keplersches Gesetz

$$\left(\frac{T_1}{T_2}\right)^2 = \left(\frac{a_1}{a_2}\right)^3 \tag{A.3}$$

Bringen wir die Parameter der ersten Umlaufbahn auf die linke Seite und die Parameter der zweiten auf die rechte, dann nimmt Gleichung (A.3) die folgende Gestalt an:

$$\frac{T_1^2}{a_1^3} = \frac{T_2^2}{a_2^3}$$

Das bedeutet, dass der Quotient aus der zweiten Potenz der Umlaufzeit und der dritten Potenz der großen Halbachse eine Konstante ist und wir das dritte keplersche Gesetz deshalb auch so formulieren können:

Drittes keplersches Gesetz (äquivalente Formulierung)

$$\frac{T^2}{a^3} = const \tag{A.4}$$

Die Konstante auf der rechten Seite heißt *Kepler-Konstante* und wird gewöhnlich mit dem Buchstaben C abgekürzt. Beachten Sie, dass es sich hierbei um keine universelle Naturkonstante handelt, da ihr Wert von der Masse des Zentralkörpers abhängt.

Wird die Kepler-Konstante unseres Sonnensystems in der Einheit $\frac{\mathrm{s}^2}{\mathrm{m}^3}$ ausgedrückt, nimmt sie den folgenden verschwindend geringen Wert an:

Kepler-Konstante unseres Sonnensystems

$$C = 2{,}97 \cdot 10^{-19}\,\frac{\mathrm{s}^2}{\mathrm{m}^3}$$

Mathematische Herleitung

In diesem Abschnitt werden wir erarbeiten, wie sich die drei keplerschen Gesetze aus der Newton'schen Gravitationsformel herleiten lassen. Um die Rechnung so einfach wie möglich zu gestalten, beschränken wir uns auf den Fall, dass die Masse des Trabanten um ein Vielfaches kleiner ist als die Masse des umrundeten Zentralkörpers. In diesem Fall dürfen wir die Gravitationswirkung des Trabanten vernachlässigen und den Zentralkörper als unbewegt ansehen.

Während der Trabant den Zentralkörper umkreist, erfährt er nach Newtons Formel (2.37) die Beschleunigung

$$a = \frac{GM}{r^2} \tag{A.5}$$

in Richtung des Gravitationszentrums. Hierin ist r der Abstand zwischen dem Trabanten und dem Zentralkörper, M die Masse des Zentralkörpers und G die Gravitationskonstante.

Um die Bahnbewegung zu beschreiben, benutzen wir zwei skalare Größen, die sich in Abhängigkeit der Zeit verändern:

$r(t)$: Abstand zwischen Trabant und Zentralkörper zum Zeitpunkt t

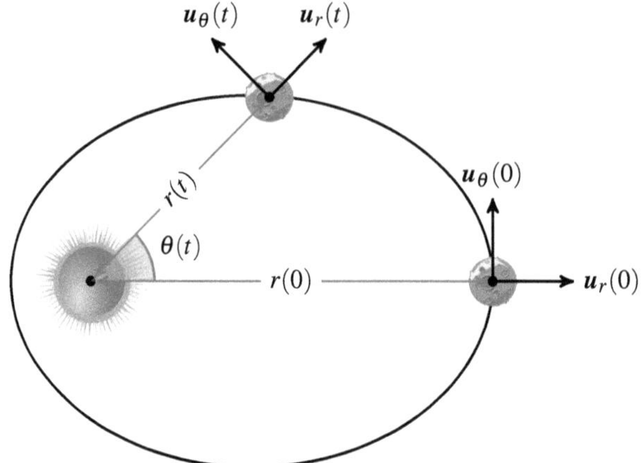

Abbildung A.4: Die Basisvektoren $\boldsymbol{u}_r$ und $\boldsymbol{u}_\theta$

$\theta(t)$: Überstrichener Winkel, vom Beobachtungsstart bis zum Zeitpunkt t

Ausgehend vom Startwert $\theta(0) = 0$ nimmt der überstrichene Winkel ständig zu. Ist T die Umlaufzeit des Trabanten, so erreicht die Funktion θ zum Zeitpunkt T den Wert 2π, zum Zeitpunkt $2T$ den Wert 4π und so fort. Im Gegensatz zu $r(t)$ ist die Funktion $\theta(t)$ also streng monoton steigend.

Die Position des Trabanten auf der (x,y)-Ebene beschreiben wir mithilfe der Funktion $\boldsymbol{p}(t)$. Eine Formel für $\boldsymbol{p}(t)$ lässt sich sehr einfach finden, wenn sie mit den folgenden zeitlich veränderlichen Basisvektoren formuliert wird:

Basisvektoren zum Zeitpunkt t

$$\boldsymbol{u}_r(t) := \begin{pmatrix} \cos\theta(t) \\ \sin\theta(t) \end{pmatrix} \qquad \boldsymbol{u}_\theta(t) := \begin{pmatrix} -\sin\theta(t) \\ \cos\theta(t) \end{pmatrix}$$

Die Bedeutung der beiden Basisvektoren ist leicht ausgemacht. Ein Blick auf Abbildung A.4 zeigt, dass $\boldsymbol{u}_r(t)$ und $\boldsymbol{u}_\theta(t)$ so ausgerichtet sind, dass $\boldsymbol{u}_r(t)$ zu jedem Zeitpunkt dem Gravitationszentrum radial entgegengerichtet ist und $\boldsymbol{u}_\theta(t)$ im rechten Winkel dazu steht. Ferner sind beide Vektoren normiert, weisen also die Länge 1 auf.

Mit den eingeführten Basisvektoren können wir die Position $\boldsymbol{p}(t)$ zum Zeitpunkt t folgendermaßen beschreiben:

Planetenposition zum Zeitpunkt t

$$\boldsymbol{p}(t) = r(t)\boldsymbol{u}_r(t)$$

Indem wir diese Gleichung nach der Zeit ableiten, erhalten wir die Geschwindigkeit, mit der sich der Trabant zum Zeitpunkt t bewegt:

$$\boldsymbol{v}(t) = \boldsymbol{p}'(t) = r'(t)\boldsymbol{u}_r(t) + r(t)\boldsymbol{u}_r'(t)$$

Die zweite Ableitung gibt Auskunft darüber, welche Beschleunigung $\boldsymbol{a}(t)$ der Trabant zum Zeitpunkt t erfährt. Aus

$$\begin{aligned}
\boldsymbol{u}_r'(t) &= \theta'(t)\begin{pmatrix} -\sin\theta(t) \\ \cos\theta(t) \end{pmatrix} = \theta'(t)\boldsymbol{u}_\theta(t) \\
\boldsymbol{u}_\theta'(t) &= \theta'(t)\begin{pmatrix} -\cos\theta(t) \\ -\sin\theta(t) \end{pmatrix} = -\theta'(t)\boldsymbol{u}_r(t) \qquad \text{(A.6)} \\
\boldsymbol{u}_r''(t) &= \theta''(t)\boldsymbol{u}_\theta(t) + \theta'(t)\boldsymbol{u}_\theta'(t) \overset{(A.6)}{=} \theta''(t)\boldsymbol{u}_\theta(t) - \theta'(t)^2\boldsymbol{u}_r(t)
\end{aligned}$$

folgt für die Beschleunigung:

$$\begin{aligned}
\boldsymbol{a}(t) = \boldsymbol{v}'(t) &= r''(t)\boldsymbol{u}_r(t) + r'(t)\boldsymbol{u}_r'(t) + r'(t)\boldsymbol{u}_r'(t) + r(t)\boldsymbol{u}_r''(t) \\
&= r''(t)\boldsymbol{u}_r(t) + 2r'(t)\boldsymbol{u}_r'(t) + r(t)\boldsymbol{u}_r''(t) \\
&= r''(t)\boldsymbol{u}_r(t) + 2r'(t)\theta'(t)\boldsymbol{u}_\theta(t) + r(t)\theta''(t)\boldsymbol{u}_\theta(t) - r(t)\theta'(t)^2\boldsymbol{u}_r(t) \\
&= \left(r''(t) - r(t)\theta'(t)^2\right)\boldsymbol{u}_r(t) + \left(2r'(t)\theta'(t) + r(t)\theta''(t)\right)\boldsymbol{u}_\theta(t) \qquad \text{(A.7)}
\end{aligned}$$

In Newtons Gravitationstheorie erfährt ein Körper die in (A.5) angegebene Beschleunigung immer in die Richtung des Gravitationszentrums. Da wir die Basisvektoren $\boldsymbol{u}_r$ und $\boldsymbol{u}_\theta$ so justiert haben, dass $\boldsymbol{u}_r$ entlang der kraftwirkenden Achse verläuft, können wir aus (A.7) die folgende Beziehung ableiten:

$$r''(t) - r(t)\theta'(t)^2 = -\frac{GM}{r(t)^2} \qquad \text{(A.8)}$$

Aus der Tatsache, dass der Trabant in Richtung des Gravitationszentrums beschleunigt wird, können wir gleichsam folgern, dass senkrecht dazu die Kraft verschwindet. Das bedeutet im Hinblick auf (A.7):

$$2r'(t)\theta'(t) + r(t)\theta''(t) = 0 \qquad \text{(A.9)}$$

Mit den Gleichungen (A.8) und (A.9) haben wir eine wichtige Zwischenetappe erreicht, da sich aus ihnen das erste und das zweite keplersche Gesetz ergeben. Wir beginnen mit der Herleitung des zweiten Gesetzes, da wir einen Teil der darin gewonnenen Erkenntnisse für die Herleitung des ersten Gesetzes benötigen.

Herleitung des zweiten keplerschen Gesetzes

Das zweite keplersche Gesetz ist eine direkte Folge aus Gleichung (A.9). Um dies zu erkennen, multiplizieren wir beide Seiten zunächst mit $r(t)$. Die Gleichung geht dann in die Form

$$2r(t)r'(t)\theta'(t) + r^2(t)\theta''(t) = 0$$

über, was dasselbe ist wie

$$\left(r^2(t)\theta'(t)\right)' = 0. \tag{A.10}$$

Vereinbaren wir die Abkürzung

$$L(t) := r^2(t)\theta'(t), \tag{A.11}$$

so ist (A.10) äquivalent zu der Aussage

$$L'(t) = 0.$$

Die Tatsache, dass die Ableitung von $L(t)$ überall verschwindet, ist gleichbedeutend mit der Aussage, dass $L(t)$ eine Konstante ist. Aus diesem Grund schreiben wir im Folgenden nur noch L anstatt $L(t)$.

Als Nächstes wollen wir den Flächeninhalt berechnen, den eine gedachte Linie zwischen dem Zentralkörper und dem betrachteten Trabanten überstreicht. Die Berechnung gelingt sehr einfach, wenn wir den Abstand zum Gravitationszentrum nicht, wie bisher, in Form der zeitabhängigen Funktion $r(t)$, sondern in Form der winkelabhängigen Funktion

$$r_{\measuredangle}(\theta) := r(t(\theta)) \tag{A.12}$$

beschreiben. Achten Sie darauf, diese Definition richtig zu lesen. Das Symbol θ ist jetzt eine freie Variable und nicht die Funktion $\theta(t)$, die wir weiter oben definiert haben. Das Symbol t, das auf der rechten Seite vorkommt, beschreibt die Umkehrfunktion der oben eingeführten Funktion $\theta(t)$. Dass die Umkehrfunktion existiert, folgt unmittelbar aus der oben herausgearbeiteten Eigenschaft von $\theta(t)$, streng monoton steigend zu sein.

Den Zusammenhang zwischen $r_{\measuredangle}$ und r können wir auch umgekehrt formulieren, in der Form:

$$r(t) = r_{\measuredangle}(\theta(t)) \tag{A.13}$$

Dass wir die Symbole θ und t sowohl für die Bezeichnung von freien Variablen als auch für die Beschreibung von Funktionen verwenden, brauchen wir nicht zu fürchten. Aus dem Kontext heraus ist immer eindeutig erkennbar, welche Bedeutung gemeint ist.

Mithilfe von $r_\measuredangle$ können wir den Flächeninhalt, den unsere gedachte Linie zum Zeitpunkt t überstrichen hat, sehr einfach berechnen, über die Formel:

$$A(t) = \int_0^{\theta(t)} \frac{1}{2} r_\measuredangle^2(\theta)\,\mathrm{d}\theta$$

Das zweite keplersche Gesetz macht eine Aussage über die Zeit. Es behauptet, dass in gleichen Zeitabschnitten gleiche Flächen überstrichen werden, die zeitliche Änderung der Funktion $A(t)$ also eine Konstante ist.

Wir wollen versuchen, dies rechnerisch zu verifizieren. Zunächst liefert uns die aus der Integralrechnung bekannte Substitutionsregel den Zusammenhang

$$A(t) = \int_0^t \frac{1}{2} r_\measuredangle^2(\theta(t))\theta'(t)\,\mathrm{d}t,$$

und unter Verwendung von (A.13) wird daraus

$$A(t) = \int_0^t \frac{1}{2} r^2(t)\theta'(t)\,\mathrm{d}t.$$

Jetzt können wir die zeitliche Veränderung der Funktion $A(t)$ mit Leichtigkeit berechnen. Es ist

$$A'(t) = \frac{1}{2} r^2(t)\theta'(t) - \frac{1}{2} r^2(0)\theta'(0) = \frac{1}{2} r^2(t)\theta'(t) \overset{\text{(A.11)}}{=} \frac{L}{2}.$$

Weiter oben haben wir L als Konstante identifiziert, und daraus folgt sofort das zweite keplersche Gesetz:

$$A'(t) = const$$

Herleitung des ersten keplerschen Gesetzes

Um das erste keplersche Gesetz zu beweisen, bringen wir (A.8) zunächst in die folgende äquivalente Form:

$$r''(t) - \frac{\left(r^2(t)\theta'(t)\right)^2}{r^3(t)} = -\frac{GM}{r^2(t)} \tag{A.14}$$

Jetzt nutzen wir ein weiteres Mal aus, dass die Größe $L = r^2(r)\theta'(t)$ eine Konstante ist. Mit diesem Wissen können wir Gleichung (A.14) in die sogenannte *Orbitalgleichung* überführen, die folgendermaßen lautet:

Orbitalgleichung

$$r''(t) - \frac{L^2}{r^3(t)} = -\frac{GM}{r^2(t)}$$

Die Lösung dieser Differentialgleichung ist die von uns gesuchte zeitabhängige Funktion r. Trotz ihres harmlosen Erscheinungsbilds ist die Orbitalgleichung vergleichsweise schwer zu lösen. Um uns die Arbeit zu erleichtern, formen wir sie zunächst so um, dass darin die winkelabhängige Funktion $r_\measuredangle$ vorkommt. Schreiben wir die Differentialgleichung in der Form

$$r''(t(\theta)) - \frac{L^2}{r^3(t(\theta))} = -\frac{GM}{r^2(t(\theta))}$$

nieder, so können wir zwei Vorkommen von r mithilfe von (A.12) unmittelbar durch die Funktion $r_\measuredangle$ substituieren:

$$r''(t(\theta)) - \frac{L^2}{r_\measuredangle^3(\theta)} = -\frac{GM}{r_\measuredangle^2(\theta)} \tag{A.15}$$

Unterliegen Sie nicht der Versuchung, den Ausdruck $r''(t(\theta))$ durch $r_\measuredangle''(\theta)$ zu ersetzen. Letzterer entspräche dem Ausdruck $(r \circ t)''(\theta)$, der Ausdruck $r''(t(\theta))$ ist aber eine andere Schreibweise für $(r'' \circ t)(\theta)$.

Um das korrekte Substitut für $r''(t(\theta))$ zu erhalten, greifen wir auf einen Trick zurück, der erst einmal undurchsichtig wirkt. Wir gehen zur reziproken Funktion $r_\measuredangle^{-1}(\theta)$ über und leiten diese zweimal ab. Die erste Ableitung lautet

$$\left(\frac{1}{r_\measuredangle(\theta)}\right)' = -\frac{r_\measuredangle'(\theta)}{r_\measuredangle^2(\theta)} = -\frac{(r \circ t)'(\theta)}{r_\measuredangle^2(\theta)} = -\frac{r'(t(\theta))t'(\theta)}{r^2(t(\theta))}. \tag{A.16}$$

Die Funktion t ist die Umkehrfunktion von θ, so dass ihre Ableitung über die Beziehung

$$t'(\theta) = \frac{1}{\theta'(t(\theta))} \tag{A.17}$$

mit θ zusammenhängt. Damit können wir (A.16) weiter umformen in:

$$\left(\frac{1}{r_\measuredangle(\theta)}\right)' = -\frac{r'(t(\theta))}{r^2(t(\theta))\theta'(t(\theta))} = -\frac{1}{L}r'(t(\theta))$$

Die zweite Ableitung ergibt

$$\left(\frac{1}{r_\measuredangle(\theta)}\right)'' = -\frac{1}{L}r''(t(\theta))t'(\theta) \overset{(A.17)}{=} -\frac{1}{L}\frac{r^2(t(\theta))}{r^2(t(\theta))}\frac{r''(t(\theta))}{\theta'(t(\theta))} = -\frac{r_\measuredangle^2(\theta)}{L^2}r''(t(\theta)),$$

und hieraus folgt

$$r''(t(\theta)) = -\left(\frac{1}{r_\measuredangle(\theta)}\right)'' \frac{L^2}{r_\measuredangle^2(\theta)}.$$

Setzen wir die rechte Seite in (A.15) ein, so entsteht daraus die Gleichung

$$-\left(\frac{1}{r_\measuredangle(\theta)}\right)'' \frac{L^2}{r_\measuredangle^2(\theta)} - \frac{L^2}{r_\measuredangle^3(\theta)} = -\frac{GM}{r_\measuredangle^2(\theta)},$$

die wir weiter vereinfachen können zu:

$$\left(\frac{1}{r_\measuredangle(\theta)}\right)'' + \frac{1}{r_\measuredangle(\theta)} = \frac{GM}{L^2}$$

Jetzt haben wir eine gewöhnliche Differentialgleichung zweiter Ordnung vor uns, die sich folgendermaßen lösen lässt:

$$\frac{1}{r_\measuredangle(\theta)} = \frac{GM}{L^2} + C\cos(\theta + \psi)$$

In dieser Gleichung sind C und ψ frei wählbare Konstanten. Den Versatzwinkel ψ können wir bedenkenlos mit 0 identifizieren, da er lediglich die Achse bestimmt, an der wir den Winkel θ abtragen. Die Wahl $\psi = 0$ bedeutet, dass die Achse die Planetenbahn in jenem Punkt schneidet, der dem Gravitationszentrum am nächsten ist.

Damit haben wir für die Funktion $r_\measuredangle(\theta)$ die folgende Darstellung gefunden:

$$r_\measuredangle(\theta) = \frac{1}{\frac{GM}{L^2} + C\cos\theta} = \frac{\frac{L^2}{GM}}{1 + \frac{CL^2}{GM}\cos\theta}$$

Mit dieser Formel haben wir die Ziellinie überquert. Wir wissen nun, dass die Funktion $r_\measuredangle$ die folgende Form annimmt:

Orbitalbahn eines Planeten

$$r_\measuredangle(\theta) = \frac{p}{1 - \varepsilon\cos\theta} \quad \text{mit} \tag{A.18}$$

$$p = \frac{L^2}{GM} \tag{A.19}$$

$$\varepsilon = -\frac{CL^2}{GM}$$

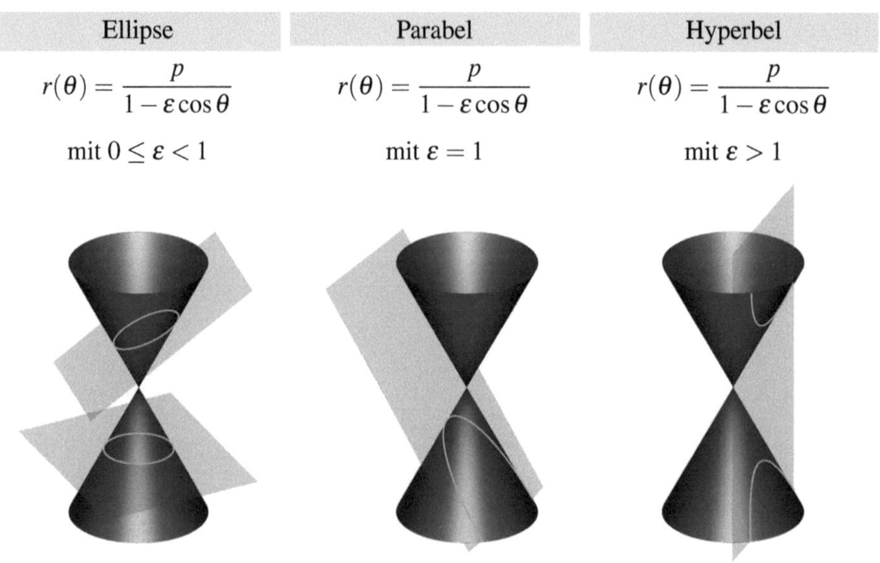

Abbildung A.5: Kegelschnitte [43]

Es lässt sich zeigen, dass alle Planeten, die sich auf geschlossenen Bahnen bewegen, die Beziehung $0 \leq \varepsilon < 1$ erfüllen. Weiter oben haben wir bereits vorweggenommen, was die Formel (A.18) in diesem Fall bedeutet. Sie ist die Darstellung einer Ellipse in Polarkoordinaten, und damit ist das erste keplersche Gesetz bewiesen.

Tatsächlich können wir aus (A.18) noch ein viel weitreichenderes Ergebnis ableiten, als es Kepler durch die empirische Analyse von Beobachtungsdaten gelungen war. Hinter der Formel (A.18) verbirgt sich die allgemeine Form eines Kegelschnitts, und die Ellipse ist nur eine geometrische Form, die ein solcher Schnitt hervorbringen kann. Abbildung A.5 zeigt, dass neben der Ellipse zwei weitere geometrische Formen möglich sind: die Parabel und die Hyperbel. Eine Parabel entsteht, wenn der Kegel in einem ganz bestimmten Winkel geschnitten wird, und eine Hyperbel, wenn die Schnittebene noch steiler angesetzt wird. In Bezug auf Gleichung (A.18) entspricht die Parabel dem Fall $\varepsilon = 1$ und die Hyperbel dem Fall $\varepsilon > 1$.

Damit hat unsere Rechnung als Ergebnis hervorgebracht, dass sich ein Himmelskörper auf drei möglichen Bahnkurven um einen Zentralkörper bewegen kann.

Keplerbahn

Die Bewegungslinie, auf der sich ein kleiner Himmelskörper um einen größeren bewegt, heißt *Keplerbahn.* Sie hat

- die Form einer *Ellipse*, mit dem *Kreis* als Spezialfall, oder
- die Form einer *Hyperbel* oder
- die Form einer *Parabel*.

Beachten Sie, dass von den drei Keplerbahnen nur die Ellipse geschlossen ist. Ein Himmelskörper, der sich auf einer Parabel oder einer Hyperbel um den Zentralkörper bewegt, besitzt so viel Energie, dass er von der Gravitationskraft nicht dauerhaft eingefangen werden kann. Viele Kometen folgen solchen parabolischen oder hyperbolischen Bahnen, aber nicht alle. Eine der wenigen Ausnahmen ist der *Halley'sche Komet*, der sich auf einer ausgeprägten elliptischen Bahn um die Erde bewegt. Auf seiner Reise durch das All kommt er der Erde alle 76 Jahren so nahe, dass er mit dem bloßen Auge sichtbar wird.

Herleitung des dritten keplerschen Gesetzes

Das dritte keplersche Gesetz lässt sich vergleichsweise einfach aus den ersten beiden herleiten. In der Deduktion des zweiten Gesetzes hatten wir gezeigt, dass eine gedachte Linie zwischen dem Trabanten und dem Zentralkörper in der Zeit t die Fläche

$$A(t) = \frac{L}{2}t$$

überstreicht. Ersetzen wir t durch die Umlaufzeit T, so wird die von der Umlaufbahn eingeschlossene Fläche vollständig überstrichen.

Das erste keplersche Gesetz besagt, dass die Umlaufbahn die Form einer Ellipse aufweist. Der Flächeninhalt einer Ellipse lässt sich über die Formel πab berechnen, wobei a die Länge der großen Halbachse bezeichnet und b die Länge der kleinen. Hieraus können wir die Beziehung

$$\frac{L}{2}T = \pi ab$$

ableiten und daraus den folgenden Schluss ziehen:

$$\frac{L^2}{4}T^2 = \pi^2 a^2 b^2 \tag{A.20}$$

Als Nächstes erinnern wir uns daran, wie der Parameter p in der Ellipsengleichung (A.18) mit den beiden Halbachsen zusammenhängt. Nach (A.2) gilt

$$p = \frac{b^2}{a},$$

was wir in

$$b^2 = ap \overset{(A.19)}{=} a\frac{L^2}{GM}$$

umformen können. In (A.20) eingesetzt wird daraus die Gleichung

$$\frac{L^2}{4}T^2 = \pi^2 a^3 \frac{L^2}{GM},$$

die sich auch so aufschreiben lässt:

$$\frac{T^2}{a^3} = \frac{4\pi^2}{GM}$$

Auf der rechten Seite stehen lediglich Konstanten, so dass wir das dritte keplersche Gesetz in der Darstellung (A.4) vor uns haben:

$$\frac{T^2}{a^3} = const$$

B Zur mathematischen Notation

In der Herleitung der keplerschen Gesetze haben wir die Ableitung der Funktion $r(t)$ in der Schreibweise

$$r'(t)$$

dargestellt. Diese auf Joseph-Louis Lagrange zurückgehende Notation ist die bevorzugte Schreibweise in der modernen mathematischen Literatur. In den Naturwissenschaften werden Differentiale zumeist in einer Quotientenschreibweise notiert, die auf den deutschen Gelehrten Gottfried Wilhelm Leibniz zurückgeht. Die folgenden beiden Gleichungen demonstrieren diese Schreibweise für die erste und die zweite Ableitung:

Leibniz'sche Quotientenschreibweise

$$\frac{\mathrm{d}r}{\mathrm{d}t}(t) := r'(t)$$
$$\frac{\mathrm{d}^2r}{\mathrm{d}t^2}(t) := r''(t)$$

In der Leibniz'schen Notation werden zusätzliche Vereinfachungen vereinbart, die wir am Beispiel der in Anhang A benutzten Funktionen $r_\measuredangle$, r und t herausarbeiten wollen. Zunächst erinnern wir uns daran, dass diese Funktionen folgendermaßen zusammenhängen:

$$r(t) = r_\measuredangle(\theta(t)) = (r_\measuredangle \circ \theta)(t)$$

Die zeitliche Veränderung von r lässt sich nach der Kettenregel der Differentialrechnung wie folgt berechnen:

$$r'(t) = r'_\measuredangle(\theta(t))\theta'(t)$$

In der Leibniz'schen Notation sieht dies so aus:

$$\frac{\mathrm{d}r}{\mathrm{d}t}(t) = \frac{\mathrm{d}r_\measuredangle}{\mathrm{d}\theta}(\theta(t))\frac{\mathrm{d}\theta}{\mathrm{d}t}(t) \tag{B.1}$$

In der Physik ist es eine gängige Konvention, die Argumentklammern wegzulassen und die eben präsentierte Gleichung folgendermaßen aufzuschreiben:

$$\frac{\mathrm{d}r}{\mathrm{d}t} = \frac{\mathrm{d}r_\measuredangle}{\mathrm{d}\theta}\frac{\mathrm{d}\theta}{\mathrm{d}t}$$

Im Gegensatz zur Notation von Lagrange hebt die Leibniz'sche Quotientenschreibweise explizit hervor, nach welcher Variablen eine Funktion abgeleitet wird. Eine Wahlfreiheit entsteht dadurch nicht, denn so wie unsere Funktionen definiert sind, muss $r_{\measuredangle}$ immer nach θ und die Funktion r immer nach t abgeleitet werden. Folgerichtig kann $\mathrm{d}r_{\measuredangle}$ immer nur in Kombination mit $\mathrm{d}\theta$ und $\mathrm{d}r$ immer nur in Kombination mit $\mathrm{d}t$ auftreten. In der physikalischen Literatur werden die Funktionen r und $r_{\measuredangle}$ auf der symbolischen Ebene deshalb gar nicht unterschieden und für beide schlicht r geschrieben. Dieser Konvention folgend, nimmt Gleichung (B.1) die folgende Gestalt an:

$$\frac{\mathrm{d}r}{\mathrm{d}t} = \frac{\mathrm{d}r}{\mathrm{d}\theta}\frac{\mathrm{d}\theta}{\mathrm{d}t} \tag{B.2}$$

Im direkten Vergleich mit (B.1) wirkt die physikalische Schreibweise viel eleganter, birgt aber gerade deshalb auch die Gefahr der Fehlinterpretation in sich. Wird die Bedeutung des unscheinbaren Symbols ‚d' missachtet, dann reduziert sich Gleichung (B.2) zu einer mathematischen Trivialität. Es scheint, als hätten wir zwei gewöhnliche Brüche vor uns, die wir durch Kürzen ineinander überführen könnten. Versuchen Sie, dieser vereinfachten Sichtweise zu widerstehen, auch wenn sie Ihnen durch das optische Erscheinungsbild der Formeln regelrecht aufgedrängt wird. Hinter dem Ausdruck (B.2) verbirgt sich die Kettenregel der Differentialrechnung, die, wie jede Überlegung im Infinitesimalen, mit mathematischer Sorgfalt zu behandeln ist.

Noch deutlicher wird die Gefahr einer Missinterpretation am Beispiel der Formel (A.17), die in der Leibniz'schen Schreibweise die folgende Gestalt annimmt:

$$\frac{\mathrm{d}t}{\mathrm{d}\theta} = \frac{1}{\frac{\mathrm{d}\theta}{\mathrm{d}t}}$$

Abermals wirkt die Gleichung wie eine Trivialität, da wir einen vergleichbaren Ausdruck aus der Bruchrechnung kennen. In Wirklichkeit haben wir es aber auch hier mit einem komplexen mathematischen Satz zu tun: dem Satz über die Ableitung der Umkehrfunktion.

Dass sich die Quotientenschreibweise in der Physik dennoch durchsetzen konnte, ist kein Zufall. Dort spielen mehrdimensionale Funktionen eine große Rolle, die in der Leibniz'schen Notation viel übersichtlicher abgeleitet werden können als in der Lagrange'schen. Als Beispiel betrachten wir eine zweistellige Funktion f über den kartesischen Koordinaten x und y. Die partiellen Ableitungen nach x und y werden in der Leibniz'schen Notation dann folgendermaßen notiert:

Leibniz'sche Quotientenschreibweise (mehrdimensional)

$$\frac{\partial f}{\partial x}(x,y) := f_x(x,y) \qquad \frac{\partial f}{\partial y}(x,y) := f_y(x,y)$$
$$\frac{\partial^2 f}{\partial x^2}(x,y) := f_{xx}(x,y) \qquad \frac{\partial^2 f}{\partial y^2}(x,y) := f_{yy}(x,y)$$
$$\frac{\partial^2 f}{\partial x \partial y}(x,y) := f_{yx}(x,y) \qquad \frac{\partial^2 f}{\partial y \partial x}(x,y) := f_{xy}(x,y)$$

Wird eine Darstellung mit polaren Koordinaten angestrebt, so können wir eine Funktion

$$f_{\measuredangle}(r,\theta) \tag{B.3}$$

definieren, die mit f folgendermaßen zusammenhängt:

$$f(x,y) = f_{\measuredangle}(r(x,y),\theta(x,y)) \tag{B.4}$$

Beachten Sie, dass r und θ in (B.3) und (B.4) jeweils etwas anderes bedeuten. In (B.3) handelt es sich um die freien Variablen einer Funktion, und in (B.4) sind r und θ selbst Funktionen.

Aus der Kettenregel der mehrdimensionalen Analysis folgt:

$$f_x(x,y) = f_{\measuredangle r}(r(x,y),\theta(x,y))r_x(x,y) + f_{\measuredangle\theta}(r(x,y),\theta(x,y))\theta_x(x,y)$$
$$f_y(x,y) = f_{\measuredangle r}(r(x,y),\theta(x,y))r_y(x,y) + f_{\measuredangle\theta}(r(x,y),\theta(x,y))\theta_y(x,y)$$

In der Leibniz'schen Schreibweise sieht dies so aus:

$$\frac{\partial f}{\partial x}(x,y) = \frac{\partial f_{\measuredangle}}{\partial r}(r(x,y),\theta(x,y))\frac{\partial r}{\partial x}(x,y) + \frac{\partial f_{\measuredangle}}{\partial \theta}(r(x,y),\theta(x,y))\frac{\partial \theta}{\partial x}(x,y)$$
$$\frac{\partial f}{\partial y}(x,y) = \frac{\partial f_{\measuredangle}}{\partial r}(r(x,y),\theta(x,y))\frac{\partial r}{\partial y}(x,y) + \frac{\partial f_{\measuredangle}}{\partial \theta}(r(x,y),\theta(x,y))\frac{\partial \theta}{\partial y}(x,y)$$

Verzichten wir, wie es üblich ist, auf die Niederschrift der Klammern, so erhalten wir eine deutlich vereinfachte Darstellung:

$$\frac{\partial f}{\partial x} = \frac{\partial f_{\measuredangle}}{\partial r}\frac{\partial r}{\partial x} + \frac{\partial f_{\measuredangle}}{\partial \theta}\frac{\partial \theta}{\partial x}$$
$$\frac{\partial f}{\partial y} = \frac{\partial f_{\measuredangle}}{\partial r}\frac{\partial r}{\partial y} + \frac{\partial f_{\measuredangle}}{\partial \theta}\frac{\partial \theta}{\partial y}$$

Ein noch übersichtlicheres Bild entsteht, wenn wir, wie oben vereinbart, auf die Unterscheidung zwischen f und $f_{\measuredangle}$ verzichten. Wir erhalten dann die in der Physik übliche Darstellung:

$$\frac{\partial f}{\partial x} = \frac{\partial f}{\partial r}\frac{\partial r}{\partial x} + \frac{\partial f}{\partial \theta}\frac{\partial \theta}{\partial x}$$

$$\frac{\partial f}{\partial y} = \frac{\partial f}{\partial r}\frac{\partial r}{\partial y} + \frac{\partial f}{\partial \theta}\frac{\partial \theta}{\partial y}$$

Ein besonderer Charme der Leibniz'schen Schreibweise ist die Möglichkeit, Funktionsnamen auf der symbolischen Ebene auszuklammern. Sie erlaubt es, die Gleichungen in diese, ebenso gebräuchliche Darstellung zu übersetzen:

$$\frac{\partial}{\partial x} f = \left(\frac{\partial}{\partial r}\frac{\partial r}{\partial x} + \frac{\partial}{\partial \theta}\frac{\partial \theta}{\partial x}\right) f$$

$$\frac{\partial}{\partial y} f = \left(\frac{\partial}{\partial r}\frac{\partial r}{\partial y} + \frac{\partial}{\partial \theta}\frac{\partial \theta}{\partial y}\right) f$$

Eliminieren wir das Funktionssymbol gänzlich, so verbleiben zwei Ausdrücke, die als *partielle Differentialoperatoren* bezeichnet werden:

Partielle Differentialoperatoren

$$\frac{\partial}{\partial x} = \left(\frac{\partial}{\partial r}\frac{\partial r}{\partial x} + \frac{\partial}{\partial \theta}\frac{\partial \theta}{\partial x}\right)$$

$$\frac{\partial}{\partial y} = \left(\frac{\partial}{\partial r}\frac{\partial r}{\partial y} + \frac{\partial}{\partial \theta}\frac{\partial \theta}{\partial y}\right)$$

Achten Sie auch bei diesen Beispielen darauf, nicht dem Charme der Ästhetik zu erliegen. Beide Differentialoperatoren drücken tiefgründige mathematische Sachverhalte aus, die dem Auge, aufgrund der eleganten Schreibweise, weitgehend verborgen bleiben.

Literaturverzeichnis

[1] Bell, J. S.: How to Teach Special Relativity. In: *Progress in Scientific Culture* 1 (1976)

[2] Bergmann, L.; Schaefer, C.: *Lehrbuch der Experimentalphysik*. Bd. 3: *Optik. Wellen- und Teilchenoptik*. 10. Auflage. Berlin: Walter de Gruyter Verlag, 2004

[3] Boltzmann, L.; Sexl, R. U. (Hrsg.): *Vorlesungen über Maxwells Theorie der Elektricität und des Lichtes*. Bd. 2. Gesamtausgabe. Berlin, Heidelberg, New York: Springer-Verlag, 2001

[4] Born, M.: *Mein Leben*. München: Nymphenburger Verlagshandlung, 1975

[5] Born, M.: *Die Relativitätstheorie Einsteins*. 7. Auflage. Berlin, Heidelberg, New York: Springer-Verlag, 2003

[6] Bradley, J.: Account of a new Discovered Motion of the Fix'd Stars. In: *Philosophical Transactions* 35 (1727), Januar, S. 637–661

[7] Bührke, T.: *Sternstunden der Physik. Von Galilei bis Heisenberg*. München: Verlag C. H. Beck, 2003

[8] Buisson, J. A.; Easton, R. L.; McCaskill, T. B.: Initial Results of the NAVSTAR GPS NTS-2 Satellite. In: *Proceedings of the 9th Annual Precise Time and Time Interval (PTTI) Applications and Planning Meeting*, 1977, S. 177–200

[9] Burghard, F. J.: *Die Raumvorstellung bei Newton und Leibniz*. Köln: `http://www.burghardt-koeln.de`, 1990

[10] CERN: *Large Hadron Collider*. `http://creativecommons.org/licenses/by-sa/3.0/`. – Creative Commons License (CC BY-SA 3.0)

[11] Dewan, E.; Beran, M.: Note on Stress Effects Due to Relativistic Contraction. In: *American Journal of Physics* 27 (1959), S. 517–518

[12] Doppler, C.: *Über das farbige Licht der Doppelsterne und einiger anderer Gestirne des Himmels*. Prag: Böhmische Gesellschaft der Wissenschaften, 1842

[13] Einstein, A.: Ist die Trägheit eines Körpers von seinem Energieinhalt abhängig? In: *Annalen der Physik* 323 (1905), Nr. 13, S. 639–641

[14] Einstein, A.: Über einen die Erzeugung und Verwandlung des Lichtes betreffenden heuristischen Gesichtspunkt. In: *Annalen der Physik* 322 (1905), Nr. 6, S. 132–148

[15] Einstein, A.: Zur Elektrodynamik bewegter Körper. In: *Annalen der Physik* 17 (1905), S. 891–921

[16] Einstein, A.: Über den Einfluss der Schwerkraft auf die Ausbreitung des Lichtes. In: *Annalen der Physik* 35 (1911), S. 898–908

[17] Einstein, A.: Autobiographisches. In: Schilpp, P. A. (Hrsg.): *Albert Einstein als Philosoph und Naturforscher*. Braunschweig: Vieweg Verlag, 1979, S. 1–35

[18] Einstein, A.; Seelig, C. (Hrsg.): *Mein Weltbild*. Berlin: Ullstein Taschenbuch, 2005

[19] Einstein, A.: *Über die spezielle und die allgemeine Relativitätstheorie*. 24. Auflage. Berlin, Heidelberg, New York: Springer-Verlag, 2009

[20] Einstein, A.: Über Relativitätstheorie. Eine Londoner Rede. In: Seelig, C. (Hrsg.): *Albert Einstein. Mein Weltbild*. 31. Auflage. Ullstein, 2010, S. 146–149

[21] Eisele, Ch.; Nevsky, A. Y.; Schiller, S.: Laboratory Test of the Isotropy of Light Propagation at the 10^{-17} Level. In: *Physical Review Letters* 103 (2009), August, S. 090401

[22] Evenson, K. M.; Wells, J. S.; Petersen, F. R.; Danielson, B. L.; Day, G. W.; Barger, R. L.; Hall, J. L.: Speed of Light from Direct Frequency and Wavelength Measurements of the Methane-Stabilized Laser. In: *Physical Review Letters* 29 (1972), November, S. 1346–1349

[23] Feynman, R. P.: *The Feynman Lectures on Physics*. Bd. 1. Reading, MA: Addison-Wesley, 1964

[24] Fizeau, H.: Über die Hypothesen vom Lichtäther und über einen Versuch, welcher zu beweisen scheint, daß die Geschwindigkeit, mit welcher sich das Licht im Innern der Körper fortpflanzt, durch deren Bewegung geändert wird. In: *Annalen der Physik* Ergänzungsband 3 (1853), S. 118–465

[25] FL0: *Interferenz-michelson.jpg*. de.wikipedia.org. `http://commons.wikimedia.org/wiki/File:Interferenz-michelson.jpg`. – Creative Commons License 3.0, Typ: Attribution-ShareAlike

[26] Freund, J.: *Spezielle Relativitätstheorie für Studienanfänger*. Zürich: vdf Hochschulverlag, 2007

[27] Frisch, D. H.; Smith, J. H.: Measurement of the Relativistic Time Dilation Using μ-Mesons. In: *American Journal of Physics* 31 (1936), S. 342–355

[28] Galilei, Galileo: *Dialog über die beiden hauptsächlichsten Weltsysteme, das Ptolemäische und das Kopernikanische. Aus dem Italienischen übersetzt und erläutert von Emil Strauss*. Leipzig: B. G. Teubner, 1890

[29] Giulini, D.: *Special Relativity. A First Encounter*. Oxford: Oxford University Press, 2005

[30] Günther, H.: *Die Spezielle Relativitätstheorie: Einsteins Welt in einer neuen Axiomatik*. Berlin, Heidelberg, New York: Springer-Verlag, 2013

[31] Hafele, J. C.; Keating, R. E.: Around the World Atomic Clocks: Observed Relativistic Time Gains. In: *Science Magazine* 177 (1972), Nr. 4044, S. 168–170

[32] Hafele, J. C.; Keating, R. E.: Around the World Atomic Clocks: Predicted Relativistic Time Gains. In: *Science Magazine* 177 (1972), Nr. 4044, S. 166–168

[33] Herrmann, S.; Senger, A.; Möhle, K.; Nagel, M.; Kovalchuk, E. V.; Peters, A.: Rotating optical cavity experiment testing Lorentz invariance at the 10^{-17} level. In: *Physical Review D* 80 (2009), November, S. 105011

[34] Hoek, M.: Determination de la vitesse avec laquelle est entraînée une onde lumineuse traversant un milieu en mouvement. In: *Archives Neerlandaises des Sciences Exactes et Naturelles* 3 (1868), S. 180–185

[35] Hoffmann, D. W.: *Grenzen der Mathematik. Eine Reise durch die Kerngebiete der mathematischen Logik*. 2. Auflage. Heidelberg: Springer Spektrum, 2013

[36] Laue, M. von: Zwei Einwände gegen die Relativitätstheorie und ihre Widerlegung. In: *Physikalische Zeitschrift* 3 (1912), S. 118–120

[37] Lynden-Bell, D.; Lahav, O. (Hrsg.); Terlevich, E. (Hrsg.); Terlevich, R. J. (Hrsg.):

Gravitational dynamics. Cambridge: Cambridge University Press,, 1996. – 235 S.

[38] Maxwell, J. C.: On Physical Lines of Force. In: *Philosophical Magazine and Journal of Science* 21 and 23 (1861)

[39] Michelson, A. A.: The relative motion of the Earth and the Luminiferous ether. In: *American Journal of Science* 22 (1881), S. 120–129

[40] Michelson, A. A.; Morley, E. W.: On the relative motion of the earth and the luminiferous ether. In: *American Journal of Science* 34 (1887), S. 333–345

[41] Minkowski, H.; Gutzmer, A.: *Raum und Zeit: Vortrag, gehalten auf der 80. Naturforscher-Versammlung zu Köln am 21. September 1908*. Leipzig: B.G. Teubner, 1909

[42] Morgenstern, C.: *Palmström. Alle Galgenlieder*. Zürich: Diogenes, 1987

[43] Pbroks13: *Conic sections*. commons.wikimedia.org. `http://creativecommons.org/licenses/by/3.0`. – Creative Commons License 3.0, Typ: Attribution

[44] Planck, M.: *Acht Vorlesungen über theoretische Physik*. Hirzel Verlag: Leipzig, 1910

[45] Pound, R. V.; Rebka, G. A.: Apparent weight of photons. In: *Physical Review Letters* 4 (1960), April, Nr. 7, S. 337–341

[46] Rindler, W.: Length Contraction Paradox. In: *American Journal of Physics* 29 (1961), S. 365–366

[47] Röker, K. D.: *Chemische Zeitreisen*. Norderstedt: Books on Demand, 2012

[48] Rossi, B.; Hall, D. B.: Variation of the Rate of Decay of Mesotrons with Momentum. In: *Physical Review* 59 (1941), February, S. 223–228

[49] Sexl, R.; Sexl, H.: *Weiße Zwerge, Schwarze Löcher*. Braunschweig: Vieweg Verlag, 1979

[50] Slipher, V. M.: *The Radial Velocity of the Andromeda Nebula*. Lowell Observatory, 1913 (Bulletin (Lowell Observatory))

[51] Sonar, T.: *3000 Jahre Analysis: Geschichte, Kulturen, Menschen (Vom Zählstein zum Computer)*. Berlin, Heidelberg, New York: Springer-Verlag, 2011

[52] Stachel, J.: *Einstein's Miraculous Year: Five Papers That Changed the Face of Physics*. Princeton, NJ: Princeton University Press, 2005

[53] Stokes, G. G.: On the Aberration of Light. In: *Philosophical Magazine* 27 (1845), S. 9–15

[54] Taylor, E. F.; Wheeler, J. A.: *Spacetime Physics. Introduction to Special Relativity*. New York: W. H. Freeman and Company, 1991

[55] Van Helden, A.: Rømer's Speed of Light. In: *Journal for the History of Astronomy* 14 (1983), S. 137–140

[56] Weyl, H.: *Raum. Zeit. Materie. Vorlesungen über allgemeine Relativitätstheorie*. Berlin, Heidelberg, New York: Springer-Verlag, 1919

Namensverzeichnis

N

O

P

R

S

T

W

Sachwortverzeichnis

A

B

C

D

E

F

G

H

I

K

L

M

N

O

P

Q

R

S

T

U

V

W

Z